HÉTÉROGÉNIE

OU

TRAITÉ DE LA GÉNÉRATION SPONTANÉE

HÉTÉROGÉNIE

OU

TRAITÉ

DE LA GÉNÉRATION SPONTANÉE,

BASÉ SUR DE NOUVELLES EXPÉRIENCES,

PAR

F. A. POUCHET

CORRESPONDANT DE L'INSTITUT (ACADÉMIE DES SCIENCES),

Directeur du Muséum d'histoire naturelle de Rouen,
Professeur à l'École de médecine et à l'École supérieure des Sciences de la même ville;
Chevalier de l'ordre impérial de la Légion d'honneur, officier de l'ordre impérial du Lion et du Soleil.
Membre des Sociétés de Biologie, philomatique, d'histoire naturelle et des Sciences physiques
de Paris; membre fondateur de la Société impériale zoologique d'acclimatation de Paris;
Associé de la Société d'Anthropologie; membre de l'Académie des Sciences et des Lettres de Rouen,
et des académies de Strasbourg, Toulouse, Caen, Cherbourg, Lisieux, Venise, Philadelphie,
Turin, Bruges; de la Société linnéenne et de la Société des Antiquaires
de Normandie; correspondant du ministère de l'instruction
publique pour les travaux scientifiques, etc., etc.

Multa renascentur, quæ jam cecidere.

Hor., *Art Poét.*

AVEC TROIS PLANCHES GRAVÉES.

PARIS

J. B. BAILLIÈRE et FILS,

LIBRAIRES DE L'ACADÉMIE IMPÉRIALE DE MÉDECINE,

rue Hautefeuille, 19.

LONDRES	NEW-YORK
HIPPOLYTE BAILLIÈRE, 219, REGENT-STREET.	HIPP. ET CH. BAILLIÈRE FRÈRES, 440, BROADWAY

MADRID, C. BAILLY-BAILLIÈRE, CALLE DEL PRINCIPE, 11.

1859

A

MONSIEUR P. RAYER,

MÉDECIN ORDINAIRE DE SA MAJESTÉ L'EMPEREUR,
MEMBRE DE L'INSTITUT (ACADÉMIE DES SCIENCES),
MEMBRE DE L'ACADÉMIE IMPÉRIALE DE MÉDECINE, COMMANDEUR DE L'ORDRE
IMPÉRIAL DE LA LÉGION D'HONNEUR,
PRÉSIDENT DE LA SOCIÉTÉ DE BIOLOGIE,
PRÉSIDENT DU COMITÉ CONSULTATIF D'HYGIÈNE PUBLIQUE
DE FRANCE, ETC., ETC.

MONSIEUR ET TRÈS-ILLUSTRE CONFRÈRE,

En plaçant votre nom en tête de cet écrit, je n'ai eu que l'intention de dédier celui-ci à l'un des savants dont s'honore le plus la France, et non d'en sauvegarder les doctrines à l'aide d'un patronage illustre.

Vous remplissez une noble mission au milieu du tourbillon scientifique de notre époque; c'est celle d'un homme qui, voué lui-même aux travaux intellectuels, aime à placer sous son égide protectrice tous ceux qui s'en occupent aussi.

J'ai été à même de pouvoir l'apprécier, et c'est un hommage public de ma reconnaissance que je me plais ici à vous adresser.

F. POUCHET.

Au Muséum d'histoire naturelle de Rouen, 15 juillet 1859.

PRÉFACE

Cet ouvrage est le fruit de trois années d'expériences et de recherches incessantes. Lorsque, par la méditation, il fut évident pour moi que la génération spontanée était encore l'un des moyens qu'emploie la nature pour la reproduction des êtres, je m'appliquai à découvrir par quels procédés on pouvait parvenir à en mettre les phénomènes en évidence : là fut la tâche laborieuse. Au milieu de mille essais infructueux, j'ai poursuivi celle-ci, sans relâche comme sans découragement, jusqu'au moment où l'expérience est enfin venue la sanctionner de toute son autorité.

L'ensemble de cet ouvrage peut naturellement se partager en deux sections : la partie expérimentale, qui en est la seule fondamentale, et la partie théorique, qui n'en forme qu'un fragment accessoire.

Je n'ai eu pour but que de démontrer un fait, et

non d'en discuter l'essence et les nébuleuses théories.

J'appelle toutes les sévérités de la critique sur la partie réellement essentielle de cet écrit; de cette critique loyale et indépendante qui, en dehors des idées préconçues ou des passions, cherche la vérité partout où elle se trouve, et signale l'erreur avec une louable fermeté; de cette critique, enfin, qui honore autant ceux qui en sont l'objet que ceux dont elle émane.

Je dois avouer qu'une telle critique m'a déjà été fort utile dans l'achèvement de cette œuvre. Deux des expériences qu'elle contient y ont donné lieu, et elle m'a permis de connaître quelles étaient ses exigences. Je me suis efforcé de m'y conformer. Ce sont ces mêmes conseils éclairés que je réclame encore aujourd'hui.

Mais en même temps que j'appelle toutes les sévérités de l'opinion sur la partie expérimentale, j'implore toute son indulgence à l'égard des théories. Sur celles-ci, chacun peut avoir ses idées, et les disputes incessantes n'éclairciront peut-être rien; aussi je serai heureux de voir écarter ce sujet, jusqu'au moment où l'on reconnaîtra généralement que le fait capital est incontestablement démontré, ce qui, je l'espère, n'est pas éloigné.

Quelques naturalistes illustres de notre époque, en

tête de leurs ouvrages, ont cru devoir protester avec amertume du peu d'encouragement qu'ils avaient trouvé dans les sphères élevées de l'enseignement. Je viens remplir une tâche plus douce, et parler de mes sentiments de reconnaissance envers les personnes qui m'ont entouré de leur protection. J'ai dû à M. le baron Ernest Le Roy, sénateur, préfet de la Seine-Inférieure, un acte tout spontané de justice, et je me plais à lui en exprimer ma vive gratitude dans les premières lignes de ce livre, destiné probablement à se répandre dans tant de lieux divers. D'un autre côté, M. Verdrel, maire de Rouen, avec une bienveillance qui n'a été dépassée que par le sentiment de courtoisie qui l'accompagnait, a mis le directeur du Muséum d'histoire naturelle de Rouen dans une situation propre à faciliter ses travaux; je dois l'en remercier bien vivement.

Enfin, ce Muséum lui-même, auquel l'administration de M. H. Barbet et celle de M. Fleury ont donné une si grande impulsion, par ses laboratoires, si bien disposés pour la méditation et le travail, est venu aussi m'offrir les plus amples ressources. Là j'ai pu répéter presque toutes les expériences de mes devanciers, et en instituer un grand nombre de nouvelles.

Je ne puis non plus omettre de dire que j'ai trouvé

en Angleterre les plus vastes moyens d'étude, dans la magnifique bibliothèque du *British museum*. C'est un vrai paradis pour ceux qui se consacrent aux sciences; d'autres l'ont déjà exprimé avant moi. Je regrette sincèrement d'avoir à reporter à l'étranger une admiration pour une institution qui n'a point d'égale en France, où le manque absolu de confiance empêche de rien réaliser de grand dans cette direction. Cependant, il serait injuste de ne pas dire que, si j'ai été loin de rencontrer les mêmes ressources, les mêmes matériaux, dans les bibliothèques de l'Institut et du Jardin des Plantes, j'y ai toujours rencontré la plus grande obligeance de la part des hommes instruits qui les dirigent.

ERRATA.

—

Page 113, *lig.* 4ᵉ, au lieu de *décomposition*, lisez *de composition*.

Page 138, lisez *chapitre* III.

Page 152, au lieu de *Muséum d'histoire naturelle de Rome*, lisez *de Rouen*.

Page 544, *lig.* 10ᵉ, au lieu de *Rudolphi*, lisez *Redi*.

BIBLIOGRAPHIE

A

Adanson. *Voyage au Sénégal.* Paris,1757. — *Famille des plantes.* Paris, 1763.

Adelon. *Physiologie de l'homme.* Paris, 1828.

Agassiz. *Recherches sur les poissons fossiles.* Neufchâtel, 1835. — *Études sur les glaciers.* Neufchâtel, 1840. — *Annals of nat. hist.* 1850.

Aldrovande. *De mollibus crustaceis,* etc. Bologne, 1642.

Alt. *Dissertatio de Phthiriasi.* Bonn, 1824.

Andry. *De la génération des vers dans le corps de l'homme.* Paris, 1741.

Arago. *Système osseux, aqueux et volcanique.*

Aristote. *Opera omnia. Meteor.,* lib. — *De cœlo,* cap. II et XII. — *Histoire des animaux.* Paris, 1783. — *Traité de la génération.*

Avicenne. *De congelatione et conglutinatione lapidum,* dans l'*Ars aurifera.* Bâle, 1610.

B

Bacon (François). *Novum organum.* Paris, 1843.

Bacon (Roger). *Opus majus.* Londres, 1733.

Baer (De). *De ovi mammalium et hominis genesi.* — *Nov. act. nat. cur.*

Balbiani. Note sur l'existence d'une génération sexuelle chez les infusoires. (*Comptes rendus de l'Académie des sciences,* 1858, t. XLVI, p. 628, et *Journal de la physiologie de l'homme et des animaux,* 1858.)

Baillet (C.). *Compte rendu des expériences faites à l'école impériale vétérinaire de Toulouse sur la reproduction des cestoïdes.* Toulouse, 1858.

Baillie. *Morbid anatomy.*

Barry. *Researches in embryology, three series.* Philosophical transactions. London, 1840.

Barthez. *Nouveaux éléments de la science de l'homme.*

Bartholin (Th.). *De vermibus in aceto et semine.* Copenhague, 1671.

Bayle. *Dictionnaire historique et critique.* Paris, 1820.

BAZIN. *Recherches sur la nature et le traitement des teignes*. Paris, 1853.

BEAUMONT (Élie de). *Recherches sur quelques-unes des révolutions de la surface du globe*. Acad. des scienc. 1829. — Système des montagnes. *Dictionnaire universel d'histoire naturelle*. Paris. t. XII, — *Leçons de géologie*, Paris, 1843.

BÈCHE (De la). *Geological researches*. 1834, p. 239.

BÉCLARD (J.). *Traité élémentaire de physiologie*. Paris, 1856.

BENNET DOWLER. *Tableaux of New-Orleans*. 1852.

BENNETT. *On the presence of confervæ in some exsudative masses passed by the bowels*. (Lectures in clinical medicin. Edinburgh, 1851.)

BÉRARD. *Cours de physiologie*. Paris, 1848.

BERG et CREPLIN. *Archiv. skandinavischer Beiträge zur Naturgeschichte*. 1845. — *Archives scandinaves d'histoire naturelle*.

BERNARD (Claude). *Leçons sur les propriétés physiologiques et les altérations pathologiques des liquides de l'organisme*. Paris, 1859.

BERNARDIN DE SAINT-PIERRE. *Harmonies de la nature*. Paris, 1826.

BERTHELOT. *Thèse inaugurale*. Montpellier, 1856.

BERTHELUE. *Revue zoologique*, 1848.

BERTHOLD. *Beiträge zur Anatomie, Zootomie und Physiologie*. Gœttingue, 1851. — *Recherches anatomiques, zootomiques et physiologiques*.

BEUDANT. *Cours de géologie*. Paris, 1837. — *Minéralogie et géologie*. Paris, 1837.

BIBLIA SACRA. Juges. Chap. XIV, v. 14. — ECCLÉSIASTE, chap. III.

BICHAT. *Recherches physiologiques sur la vie et la mort*. Paris, 1818.

BILHARZ. *Beiträge zur Helminthographia humana*, in der Zeitschrift für wissenschaftliche Zoologie. Jahrgang 1852.

BISCHOFF. *Traité du développement de l'homme et des mammifères*. Paris, 1843.

BLAINVILLE (DE). *Dictionnaire des sciences naturelles*, t. XXIII, p. 410. — *Ostéographie*, Paris, 1844. — *Dissertation sur la place que la famille des ornithorhinques et des échidnés doit occuper dans la série naturelle*. Paris, 1812. — *Bulletin de la Société philomatique*. — *Dict. des sc. nat.* Art. Zoophytes, Paris, 1830. — *Manuel d'actinologie et de zoophytologie*. Paris, 1834. — *Cours de physiologie générale et comparée*. Paris, 1835.

BLAINVILLE et MAUPIED, *Histoire des sciences de l'organisation*. Paris, 1843, 3 vol. in-8.

BLANCHARD. *Mémoire lu à l'Académie des sciences* en 1848.

BLOCH. *Abhandl. über die Erzeugung der Eingew.*, 1852. (Mémoire sur la génération des vers intestinaux.)

BLUMENBACH. *Manuel d'histoire naturelle*. Metz, 1803.

BOBRIK. *System der Logik*. Zurich, 1838. *Traité de logique*.

Boerhaave. *Institutiones rei medicæ*. Leyde, 1708.

Bojanus. *Isis*, 1818.

Bonanni. *Ricreazione del occhio et della mente nell' osservazione delle Chiocciole*. Rome, 1681. — *Observationes circa viventia , quæ in rebus non viventibus reperiuntur cum micrographia curiosa*. Rome, 1691.

Bonifas. *De la génération spontanée*. Paris, 1858.

Bonet (Th.). *Sepulcretum sive Anatomia practica*. Genève, 1697.

Bonnet (Ch.). *Lettre sur les animalcules, adressée à Spallanzani*. 1771 (OEuv. de Spallanzani). — *Considérations sur les corps organisés*, Paris, 1772.

Bonomi. *Nineveh and its palaces*. London, 1852.

Borelli. *De motu animalium*. Romæ, 1680.

Bory de Saint-Vincent. *Mémoire sur les microzoaires.* — *Encyc. méth. Zoophytes*, art. *Psychodiaires*. — *Dictionnaire class. d'hist. nat.*, art. *Géographie botanique. Matière*.

Bosc. *Mémoire sur la génération spontanée*.

Bost (J. A.). *Dictionnaire de la Bible*. Paris, 1849.

Boudin (Ch. M.). *Traité de géographie et de statistique médicales*. Paris, 1857.

Boué. *Guide du géologue voyageur*. Paris, 1835, 2 vol.

Bourdon. *Principes de physiologie comparée*. Paris, 1830.

Brachet. *Physiologie élémentaire de l'homme*. Paris, 1855.

Brecher. *L'immortalité de l'âme chez les Juifs*. Trad. de l'allem. par I. Cahen. Paris, 1857. *Sanh.*, 90, 91.

Bremser. *Traité zoologique et physiologique des vers intestinaux*. Paris, 1824. — *Icones helminthum systema Rudolphi illustrantes*. Vienne, 1823.

Brongniart (Alex.). *Mémoire sur la Limnadie.* — *Mém. du Mus. d'hist. nat.* 1820, t. VI. — *Tableau des terrains qui composent l'écorce du globe*. Paris, 1829. — *Description géologique des environs de Paris*, en collaboration avec Cuvier.

Brongniart (Adol.). *Histoire des végétaux fossiles*. Paris, 1828.

Broussais. *Examen des doctrines médicales*. Paris, 1829. — *Cours de phrénologie*. Paris, 1836.

Bruch. *Annales de la zoologie scientifique de Ch. de Siebold et Kölliker*. Leipzig, 1853.

Brunetta. *Scienziati italiani atti*. Lucca, 1814, p. 5.

Buch (De). *Voyage en Norwège et en Laponie*. Berlin, 1810. — *Description des îles Canaries*.

Buckland. *La géologie et la minéralogie dans leurs rapports avec la théologie naturelle*. Paris, 1838. — *Reliquiæ diluvianæ*. Londres, 1823. — *Account of an assemblage of fossil and bones discovered in the cave of Kirkdale*. (Trans. phil. 1821.)

Buffon. *Histoire naturelle*. Paris, 1749. Suppl., t. IV, p. 343. — *Époques de la nature*, hist. nat. Deux-Ponts, 1785. — *Histoire naturelle*. Suppl., t. IV, p. 335, édit. de Deux-Ponts, t. XI, p. 17. *Théorie de la terre*, hist. nal. Deux-Ponts, 1785.

Bulliard. *Histoire des champignons de France*. Paris, 1809.

Burdach. *Traité de physiologie*. Trad. de Jourdan. Paris, 1837.

Burmeister. *Handbuch der Entomologie*, Berlin, 1832 (Manuel de l'entomologie). — *Genera insectorum*. Berolini, 1838.

Burnett. *Reviews and Records in Anatomy and Physiology*. The american Journal of science and arts. 1854.

Burnett (W.). *The family of vibrionia* (Ehrenberg) *not animals, but plants*. — Proceedings of the American association for the advancement of science. 1851.

Burnet (T.). *Archœol. philosoph.* Amsterdam, 1694.

C

Cabanis. *Rapports du physique et du moral.* Paris, 1824.

Cadet de Gassicourt. *Dictionnaire des sciences médicales.* Paris, 1813.

Cahen. *La Bible avec l'hébreu en regard, ou les principales variantes de la version des Septante.* Paris, 1834.

Camus. Note sur l'histoire des animaux d'Aristote.

Candolle (De). *Flore française.* Paris, 1815. — *Physiologie végétale.* Paris. 1832.

Champollion (Figeac). *Égypte ancienne.* Paris, 1839.

Champollion (jeune). *Panthéon égyptien.* Paris, 1823.

Cardan. *De subtilitate*, trad. franç. Rouen, 1542.

Carter (H. J.). *On the organization of infusoria.* The annals and magazine of natural history. Lond., 1856.

Carus. *Traité d'anatomie comparée.* Paris, 1835.

Cavolini. *Memorie per servire alla storia dei Polipi marini.* Naples, 1785.

Chevreul. Lettres adressées à M. Villemain sur la méthode en général. Paris, 1856.

Claparède. *Recherches sur la génération des infusoires* (Mémoire présenté au concours de l'Académie des sciences. — *Supplément au mémoire sur la reproduction des infusoires* (Mémoire présenté au concours, 1858).

Cloquet (J.). *Anatomie des vers intestinaux.* Paris, 1824.

Clos. *Origine des champignons.* Toulouse, 1858.

Cordier. *Essai sur la température de l'intérieur de la terre.* Académie des sciences, 1827.

Conny (R.). *Lettres dans les Transactions philosophiques.* Londres, 1816, t. XX, p. 289.

CONYBEARE. *Rapport sur la géologie*, 1832, dans lequel il développe les vues de Leibnitz.

COOPER. *On intestinal worms*. Londres.

COSTE et DELPECH. *Recherches sur la génération des mammifères*. Paris, 1834.

CREPLIN. *Observ. de Entozois*. Gryphiswaldiæ, 1825.

CREUZER (F.). *Religions de l'antiquité*. Paris, 1825.

CORVISART. *Observation sur une hydropisie enkystée du foie avec hydatides. Journ. de méd.*

CULLERIER. *Observation sur une tumeur du tibia qui contenait une grande quantité d'hydatides. Journ. de méd.*, 1806.

CAUSII. *Anleitung über, etc.* (Manière de bien penser sur les événements naturels. Leipzig, 1749.

CUVIER et VALENCIENNES. *Histoire naturelle des poissons*. Paris, 1828.

CUVIER (G.). *Discours sur les révolutions du globe*. Paris, 1851. — *Tableau élémentaire de l'histoire naturelle*. Paris, 1798. — *Règne animal*. Paris, 1829. — *Nouvelles Annales du Muséum d'histoire naturelle*. — *Recherches sur les ossements fossiles*. Paris, 1812. *Ann. du Muséum*, cah. 78, p. 411. — *Éloge historique de Palisot de Beauvois. Mémoires de l'Académie des sciences*. 1819.

D

DARWIN. *Journal des voyages dans l'Amérique du Sud*, de 1832-1836. *Voyage du Beagle*, t. III, p. 557. — *Proceedings of the geolog. soc.* n. 51, p. 552.

DECHRISTOL. *Note sur les ossements fossiles des cavernes du département du Gard*. Montpellier, 1829.

DELAFOND et GRUBY. *Comptes rendus de l'Académie des sciences*,

DE LAMÉTHERIE. *Traité de la perfectibilité et de la dégénérescence des êtres organisés*. Paris, 1806; ou t. III des *Considérations sur les êtres organisés*. — *Leçons de géologie*. Paris, 1846. — *Journal de physique*, t. LXXIX, p. 196.

DEMAILLET. *Telliamed* ou *Entretiens d'un philosophe indien avec un missionnaire français*. Amsterdam, 1748.

DENON. *Voyage dans la haute et basse Égypte pendant les campagnes du général Bonaparte*. Paris, 1802.

DESCARTES. *Œuvres*. Édition de V. Cousin. — *Traité des passions*, art. 9. Paris, 1844. — *Discours sur la méthode*.

DESLONCHAMPS (Éudes). *Encyclopédie méthodique. Zoophytes*.

DESMOULINS (Charles). *Écho du monde savant*. 2ᵉ année.

DEVERGIE. *Traité pratique des maladies de la peau*. Paris, 1856.

DIKESON and BROWN, *Cypress timber of the Mississippi*. 1848.

DIESING. *Systema helminthum.* Vindobonæ, 1850.

DIODORE DE SICILE. *Bibliothèque historique.* Paris, 1846.

DIOGÈNE LAERT. Lib. 2, num. 12.

DOLOMIEU. *Journal de physique.* Paris, 1792. — *Rapports à l'Institut,* an V et VI.

D'ORBIGNY (Alcide). *Paléontologie française.* Paris, 1840.

D'ORBIGNY (Ch.). *Géologie appliquée aux arts et à l'agriculture.* Paris, 1851.

DOYÈRE. *Mémoire sur les Tardigrades.* — *Annales des sciences naturelles.* Paris, 1842.

DUFOUR (Léon). *Recherches anatomiques et physiologiques sur les orthoptères, les hyménoptères et les névroptères.* — *Mém. des savants étrangers.* 1841.

DUGÈS. *Traité de physiologie comparée.* Paris, 1839.

DUJARDIN. *Histoire naturelle des infusoires.* Paris, 1841, et *Histoire naturelle des helminthes,* 1845. — *Dict. univ. d'hist. natur.* Paris, 1846.

DUHAMEL. *Traité des semis et plantations des arbres.* Paris, 1760.

DUMAS. *Annales des sciences naturelles.* — *Dictionnaire classique d'histoire naturelle.* Paris, 1825. — *Essai de statique chimique des êtres organisés.* Paris, 1842.

DUMÉRIL (Aug.). *Ichthyologie analytique.* Acad. des sciences,

DUMÉRIL et BIBRON. *Erpéthologie générale.* Paris, 1834.

DUPETIT-THOUARS. *Observations faites aux îles Gallapagos.* Comptes rendus. Paris, 1859.

E

EBERHARD (F.). *Recherches sur le passage des matières insolubles de l'intestin et de la peau dans le sang.* Zurich, 1847 (en allemand).

EHRENBERG. *Organisation, systematische und geographische Verhältnisse der Infusionsthierchen.* Berlin, 1830. (*Organisation, classification et géographie des infusoires.*) *Die geographische Verbreitung der Infusionsthierchen,* etc. 1828. (De la répartition géographique des infusoires sur le globe).—*Zusätze zur Erkenntniss,* etc., 1836. Suppléments.

EICHHORN. *Kleinste Wasserthiere,* Berlin, 1781.— *Les infusoires.*

ELLIS. *Philos. trans.* Londres, 1770.

ERCOLANI et VELLA. *On the embryogeny and propagation of intestinal worms.* Ann. and mag. of nat. hist. London, 1854, t. XIV. — Comptes rendus de l'Ac. des sciences. 1855, 24 av.

ESCHRICHT. *Undersøgelser over den i Island endemiske hydatidesyqdom.* Copenhague, 1854.

Euler. *Lettres sur divers sujets de physique et de philosophie.* Paris, 1843.

Euripide. *Ménalippe.*

F

Fabri. *Tractatus duo, quorum prior est : De plantis et de generatione animalium, posterior : De homine.* Paris, 1666.

Ferdoucy. *Le Châh-Nâmeh,* suite de poëmes héroïques sur l'ancienne histoire de la Perse, traduits en français par M. Jules Mohl, 1839.

Fichte (J.). *Doctrine de la science.*

Filippi (De). *Mémoires de l'Académie de Turin,* 2ᵉ série.

Fischer. *Bulletin de la société impériale des naturalistes de Moscou.* 1831.

Fischer. *Brevis entozoorum seu verm. intest. exercitio.* Viennæ, 1822.

Flourens. *Cours sur la génération, l'ovologie et l'embryologie.* Paris, 1835. — *Buffon, histoire de ses idées et de ses travaux.* Paris, 1844.

Fontenelle. *Éloge d'Hartsoeker.* Paris.

Fourrier. *Théorie analytique de la chaleur.* Paris, 1822.

Fournier. Art. *Cas rares. Dict. des sciences médicales.* Paris, 1813.

Fray. *Essai sur l'origine des corps organisés et inorganisés.* Paris, 1817.

Freyer. Lettre adressée à M. Ch. Lyell, communiquée à la Société géologique de Londres, 1835.

G

Galen (Roger). *Philosophical Transactions.* London, 1742.

Galien. *De formatione fœtus.*

Gassendi. *De vita, moribus et placitis Epicuri. Physica,* t. I. Lyon, 1648.

Gaultier de Claubry. *Note relative aux générations spontanées des végétaux et des animaux.* Comptes rendus, 1859.

Geoffroy Saint-Hilaire (Et.). *Philosophie anatomique.* Paris, 1818. — *Études progressives d'un naturaliste.* — Sur le degré d'influence du monde ambiant pour modifier les formes animales. *Mém. de l'Acad. des sc.* 1833. — *Principes de philosophie zoologique.* Paris, 1830. — *Considérations et rapports nouveaux d'ostéologie comparée.* Mém. du Muséum, t. V.

Geoffroy Saint-Hilaire (I.). *Histoire naturelle générale des règnes organiques.* Paris, 1854.

GÉRARD. *Dictionnaire univ. d'histoire naturelle*. Paris, 1845.

GÉRARDIN. *Propriété conservatrice des graines*.

GERDY. *Physiologie philosophique des sensations et de l'intelligence.* Paris, 1846.

GERHARDT. *Traité de chimie organique*. Paris, 1856.

GERLACH. *Le Nouveau Testament*, avec notes explicatives. Paris, 1846.

GERVAIS et VAN BENEDEN. *Zoologie médicale*. Paris, 1859.

GERVAIS (P.). *Dictionnaire d'histoire naturelle*. Paris, 1836.

GESNER. *Historiæ animalium*. Tiguri, 1551.

GIGOT (L.). *Recherches expérimentales sur la nature des émanations marécageuses*. Paris, 1859.

GLEICHEN. *Dissertation sur la génération, les animalcules spermatiques et ceux d'infusion*. Paris, an VII. — *Infusionsthierchen,* 1778.

GLISSON. *Tractatus de naturâ substantiæ energeticâ.* Londres 1772.

GLUGE. *Sur un entozoaire dans le sang de la grenouille.* Archives de médecine comparée de Rayer, t. I, p. 44.

GMELIN. *Reisen, 3ter Theil.* S. 302, tab. 30. — *Voyages*, t. III.

GODRON. *De l'espèce et des races.* Mém. de la Soc. de Nancy. 1847.

GOEDAERT. *Histoire naturelle des insectes.* Amsterdam, 1700.

GOEZE. *Mémoire sur les animalcules mères d'infusions.*—Cité par Gleichen, Collection de Berlin, t. IV, p. 94 (*Berliner Sammlungen*). —Dans sa traduction de Ch. Bonnet. — *Versuch einer Naturgeschichte der Eingeweidewürmer thierischer Körper*, 1782.— *Essai d'une histoire naturelle des vers intestinaux.*

GOLDFUSS, *Petrefacta Germaniæ.* Dusseldorf, 1826. — *Manuel de zoologie.* Nuremberg, 1820.

GORINI (Paolo). *Sull' origine delle montagne e dei vulcani studio sperimentale.* Lodi, 1851.

GOULD. *An introduction to the birds of Australia.* Londres, 1843. — *The Birds of Australia.* Londres, 1840.

GRAETZER. *Maladies du fœtus.* Breslau, 1837.

GRANT. *Heusinger's Zeitschrift für organische Physik* (Annales de physique organique).

GROS. *De la génération primitive ascendante, facultative. — Bulletin de la Société impériale des naturalistes de Moscou*, 1854.

GRIFFITH et A. HENFREY. *The micrographic dictionary.* London, 1856.

GRUBY, *Comptes rendus de l'Acad. des sciences.* Paris, 1841. — *Recherches et observations sur une nouvelle espèce d'hématozoaire.* Ann. sc. nat. Zoologie, 1844. — *Sur une espèce de mentagre contagieuse résultant du développement d'un nouveau cryptogame.*

Académie des sciences, 1842. — *Note sur des plantes cryptogames, se développant en grande masse dans l'estomac. Comptes rendus de l'Académie des sciences*, 1844.

GRUITHUISEN. *Organozoonomie*. Munich, 1821. — *Beiträge zur Physiognosie*. — Idées sur la physiognosie.

GUENEAU. *Bible de la nature de Swammerdam*. Introduction, collection académique, t. V.

GUÉPIN. *Philosophie du dix-neuvième siècle*. Paris, 1854.

GUERSANT. *Bulletin de la société philomatique*.

GUILLOUTET. *Nouvelle théorie de la vie*. Paris, 1807.

H

HAIME (J.). *Observations sur les métamorphoses et sur l'organisation de la Trychoda lynceus*. Ann. sc. nat. Zoologie. 3ᵉ série, 1853, t. XIX.

HALLEN. *Naturgeschichte der Thiere* (Histoire naturelle des animaux).

HARTIG (S.). *Zweiter Nachtrag zur Naturgeschichte der Gallwespen*, dans *Germar's Zeitsch. f. die Entomol.* 1843 (Recherches sur le Cynips de la noix de galle. Dans les Annales entomologiques de Germar).

HARTSOEKER. *Conjectures physiques*. Amsterdam, 1706. — *Éclaircissements sur les conjectures physiques*. Amsterdam, 1710. — *Suite des conjectures physiques et des éclaircissements sur les conjectures physiques*. Amsterdam, 1712.

HARVEY. *Exercitationes de generatione animalium*. London, 1651.

HAUBNER. *Journal agronomique de Hamm*. 1854.

HEBERDEN (G.). *Commentarii de morborum historiá et curatione*. Londini.

HEINE (H.). *De l'Allemagne*. Paris, 1855.

HERBART. *Lehrbuch zur Psychologie*. Kœnigsberg, 1834 (Traité de psychologie).

HERBST. *Expériences sur la transmission des vers intestinaux*. Société des sciences de Gœttingue, 1851 ; Institut, nᵒ 956. *Ann. des sc. nat.* 1852. — *Le système lymphatique et ses opérations*. Gœttingue.

HILL. *Essay of natural history*. 1752.

HILTON. *Medical Gazette*. February 1833.

HOFFMANN. *Froriep's Notizen*.

HOFFMANN (C. E.). *Sur le passage du mercure et de la graisse dans le courant du sang, dissertation inaugurale*. Würtzbourg, 1854 (en allemand).

HOLLARD. *Nouveaux éléments de zoologie*. Paris, 1838.

Home. *Philosophical transactions*, 1793.

Hopkinson. *Account of a worm in a horse's eye. In Trans. of the amer. philos. society.* 1786, p. 183.

Humboldt (Alex. de). *Mélanges de géologie et de physique générale.* Paris, 1854. — *Histoire de la Nouvelle-Espagne*; et *Journal de physique*, t. XIX, p. 149. — *Cosmos. Essai d'une description physique du monde.* Paris, 1855. — *Tableaux de la nature.* Paris, 1828. — *Lettre à M. Panckoucke*, en tête de la traduction de Bremser. — *De distributione geographicâ plantarum*, Paris, 1817.

Humboldt et Bonpland. *Essai politique sur la Nouvelle-Espagne*, ouvrage dédié à S. M. Catholique Charles IV. Paris, 1811.

Humboldt et Provençal. *Sur la respiration des poissons.* — *Recueil d'observations zoologiques.* Paris, 1805.

Huot. *Nouveau cours de géologie.* Paris, 1837.

Hyde (Th.). *Veterum Persarum religionis historia, eorumque Magorum.* Oxonii, 1760.

I

Ilmoni. *Mémoire de la troisième assemblée des naturalistes scandinaves à Stockholm*, 1842.

Ingen-housz. *Journal de physique*, 1784. — *Miscellanea medico-physica.* — *Expériences sur les végétaux.* Paris, 1800.

J

Jacobson. *Nouvelles annales du muséum*, t. III, p. 80.

Jarchi. *Comment. in Pentateuchum.* Naples, 1491.

Jérémie. Comp. Cahen, *Genèse*, I.

Jobard. *De la vitalité des germes.* — *Comptes rendus de l'Académie des sciences*, t. XLVIII.

Joblot. *Observations d'histoire naturelle faites avec le microscope*, 1754.

Joerdens. *Entomologie und Helminthologie des menschlichen Körpers*, 1801.

Joly. *Mémoire sur une nouvelle espèce d'hématozoaire, observée dans le cœur d'un phoque.* Compt. rend. 1858, t. XLVI.

Jomard. *Recueil d'observations et mémoires sur l'Égypte.* Paris, 1823.

Jonston. *Theatrum universale omnium animalium.* Amsterdam, 1718.

Jurine. *Histoire des Monocles qui se trouvent aux environs de Genève*, 1820.

Justinien. *Inst. Just.*, lib. II, tit. 1.

K

KEIL. *Tentamina medico-physica*. Londres, 1718.

KEPLER. *De motibus stellæ Martis. — Harmonice mundi*. 1619.

KING (R.) *Edinburgh new philosophical journal*.

KIRCHER. *OEdipus ægyptiacus*. Romæ, 1653. — *Mundus subterraneus*. Amsterdam, 1778. Cap. *De Panspermia rerum*.

KLEE (F.). *Le Déluge. Considérations géologiques et historiques sur les derniers cataclysmes du globe*. Paris, 1847.

KŒNIG. *Mémoire sur un squelette humain de la Guadeloupe*. Trans. phil., 1814.

KÖLLIKER. *Éléments d'histologie humaine*. Paris, 1856.

KOREN (J.) et D. DANIELSSEN. *Recherches sur le développement des pectinibranches*. Ann. sc. nat. Zoologie, 1853.

KRAUSE. *Muller's Archiv. — Wiegmann's Archiv.*,1840.

KUCHENMEISTER. Mémoire présenté à l'Académie des sciences, avec cette devise : *Omne vivum ex ovo ; Generatio æquivoca nulla*, 1853. — *On the cœnurus cerebralis of the sheep*, dans *the annals and magazine of the natural history*. Lond., 1854.— *On animal and vegetable parasites of the human body*. London, 1857.

KUTZING (T.). *Sulla metamorfosi degli infusori in alghe inferiori*. Giornale dell' I. R. instituto lombardo di scienze, lettere ed arti. Milan, 1845. — *Phycologia generalis*, Leipzig, 1843. — *Species algarum*. Lipsiæ, 1849.

L

LACAZE-DUTHIERS. *Lettre sur les recherches de M. Haime, concernant les générations spontanées*. Comptes rendus de l'Académie des sciences, t. XLVIII. — *Recherches sur les organes génitaux des acéphales lamellibranches*. Ann. sc. nat. Zoologie, 1854.

LACTANCE. *Divinar. Institution.*, lib. III, ch. XVII, p. 190. — *De Irá Dei*, cap. x.

LAENNEC. *Bulletins de l'École de médecine*, 13ᵉ année. — *Dictionnaire des sciences médicales*.

LAMARCK. *Philosophie zoologique*. Paris, 1809. — *Système des animaux sans vertèbres*. Paris, 1801. — *Recherches sur l'organisation des corps vivants*. Paris, 1802. — *Système des connaissances positives*. Paris, 1820. — *Histoire naturelle des animaux sans vertèbres*. Paris, 1815.

LAMARCK et DECANDOLLE. *Flore française*. Paris, 1805.

LANCISI. *De noxiis paludum effluviis*. Romæ, 1687.

LAPLACE (DE). *Exposition du système du monde*, t. II.

LARTET. *Les migrations anciennes des mammifères.* Comptes rendus, 1858.

LATREILLE. *Familles naturelles du règne animal.* Paris, 1825.

— *Cours d'entomologie.* Paris, 1831.

LAURAS. *Lettre pour servir à l'histoire des générations spontanées.* Ann. des sc. 1859.

LAURENT (P.). *Études physiologiques sur les animalcules des infusions végétales.* Nancy, 1854.

LAURENT. *Recherches sur l'hydre et l'éponge d'eau douce.* Paris, 1844.

LAUBILLARD. *Éloge de Cuvier.*

LEBERT. *Physiologie pathologique.* Paris, 1845. — *Mémoire sur la formation des organes de la circulation du sang dans l'embryon du poulet.*

LEBLOND. *Quelques matériaux pour servir à l'histoire des filaires.* Acad. des sc. de Rouen. 1836.

LECOQ (H.). *Études sur la géographie botanique de l'Europe.* Paris, 1854.

LEHMANN. *Précis de chimie physiologique animale.* Paris, 1855.

LEIBNITZ. *Acta eruditorum.* Leipzig, 1693. — *Protogœa.* Gœttingue, 1749. *Protogée, ou de la formation et des révolutions du globe.* Paris, 1859. — *Monadologie.* Paris, 1842. — *Systeme nouveau de la nature et de la communication des substances.*

LEMOINE (Albert). *Stahl et l'animisme.* Paris, 1858.

LEREBOULLET. *Embryologie comparée de la perche, du brochet et de l'écrevisse.* Ann. sc. nat. Zoologie. 1854.

LESSON. *Traité d'ornithologie*, Paris, 1831.

LEUCKART. *Parasiten und Parasitismus.* Archiv. für physiol. Heilkunde. Stuttgart (Archives de physiologie). — *Lettre relative à de nouvelles expériences sur le développement des vers intestinaux.* Ann. sc. nat. Zoologie, 1855.

LEUDET (E.). *Comptes rendus de la Société de biologie de Paris,* serie 1, vol. V.

LEUVENHOEK. *Arcana naturæ detecta.* Delpf. 1695.

LEWALD. *De cysticercorum in tænias metamorphosi.*

LICETUS, *De monstris.* Amsterdam, 1665.

LIDTH DE JEUDE. *Recueil de figures des vers intestinaux.* Leyde, 1829.

LIEBERKUHN. Mémoire présenté à l'Académie des sciences et qui a obtenu le grand prix des sciences physiques, 1858.

LIEBIG. *Nouvelles lettres sur la chimie.* Paris, 1852.

LIEUTAUD, *Historia anatomico-medica.* Paris, 1767.

LINCK. *Elementa philosophiæ botanicæ,* p. 462. — *Versuch einer*

Geschichte und Physiologie der Thiere (Essai d'une histoire et physiologie des animaux). — *Grundlehren der Anatomie und Physiologie der Pflanzen* (Anatomie et physiologie des plantes).

Linnée. *Systema naturæ*, 1775. — *Fundamenta botanica*, 1736. — *Oratio de telluris habitabilis incremento*, 1743. — *Philosophia botanica*, 1751. — *Generatio ambigena*, thèse de Rainstrœm. Upsal, 1759. — *Amœnitates*, édit. d'Erlang, 1789. — *Critica botanica*, p. 155.

Longet. *Traité de physiologie*.

Lucrèce. *De rerum naturâ*, lib. 1.

Ludersdorff. *Ann. der Physik und Chemie von Poggendorf*.

Lyell. *Comptes rendus de l'association britannique*. Edimbourg, 1834. — *Transactions philosophiques*, 1825. — *Second visit to the United states*, part. 2. — *Éléments de géologie*. Paris, 1839.

<h2 style="text-align:center">M</h2>

Magendie. *Phénomènes physiques de la vie*. Paris, 1842.

Malbranche. *De l'origine des espèces en botanique*. Rouen, 1854.

Mantegazza. *Recherches sur la génération des infusoires*, Journal de l'Institut Lombard., t. III.

Mantell. *The medals of creation*. Londres, 1846.

Marchal (de Calvi). *Idée de la bio-pathologie*. Union médic. 1859.

Marchelli. *Memorie della soc. medic. di Genova*.

Marfels (F.). *Recherches sur la voie par laquelle de petits corpuscules solides, etc.*

Martin (Henri). *Philosophie spiritualiste de la nature*. Paris, 1849.

Martini. *Éléments de physiologie*, trad. de l'italien. Paris, 1824.

Marquis. *Fragments de philosophie botanique*. Paris, 1821.

Marsigli. *De generatione fungorum epistola ad Lancisum*. Romæ, 1714.

Matougues (B. de). *Saint Jérôme et son siècle*, 1841 (préface de l'édition du *Panthéon littéraire*).

Matthiole. *Commentarii in sex libros Pedar. Dioscorid*. Venise, trad. de J. Desmoulins.

Mauduyt. *Monde savant*, art. Ichthyologie, 1835.

Mayer. *De organo electrico et de hæmatozois*. Bonn, 1843. — *Deutsches Archiv für die Physiologie*, t. I (Archives allemandes de physiologie).

Meckel. *Ornithorynchi paradoxi descriptio anatomica*. Leipzig, 1826. — *Vergleichende Anatomie*, t. I (Anatomie comparée).

MEUNIER (Victor). *Histoire philosophique des progrès de la zoologie générale.* Paris, 1840. — *L'Ami des sciences.* Paris, 1859.

MICHELET. *L'Insecte.* Paris, 1858.

MICHELI. *Nova plantarum genera.* Florentiæ, 1779.

MILNE EDWARDS. *Répertoire général d'anatomie et de physiologie.* Paris, 1827. — *Comptes rendus de l'Académie des sciences.* Paris, 1859, t. XLVIII, p. 25. — *Mémoire sur la distribution géographique des crustacés.* Ann. sc. nat. 1838.

MIRAN. *Wiegmann's Archiv.* 1840.

MIRBEL. *Physiologie végétale.* Paris, 1815.

MOIGNO (L'abbé). *Cosmos.* Paris, 1859.

MÖLLER, *Gazette médicale.* 1851.

MONTAGNE. *Plantes cellulaires nouvelles, exotiques et indigènes.* Paris, 1859.

MONTFAUCON. *L'antiquité expliquée et représentée en figures.* Paris, 1719.

MOQUIN-TANDON. *Éléments de tératologie végétale.* Paris, 1841.

MORELLO. *Scienziati italiani atti.* Lucca, 1844.

MORGAN. *Of a living snake in a living horse's eye, etc.* In Trans. of the amer. society, 1786.

MORREN. *Expériences sur l'absorption de l'azote par les animalcules et les algues.* Ann. des sc. nat. Zoologie. 1854.

— *Essai pour déterminer l'influence qu'exerce la lumière sur le développement des végétaux et des animaux dont l'origine avait été attribuée à la génération spontanée.* Observateur médical belge, 1834, et Ann. des sc. nat., 1835.

MORRO (Lazare). *De crostacei e degli altri marini corpi che si trovano su' monti.* Venezia, 1741.

MORTON (S. G.). *Types of mankind, or Ethnological researches.* Philadelphie, 1854.

MOSCATI. *Acta acad. Bonon.,* t. CXI.

MOUFET. *Insectorum sive minimorum animalium Theatrum.* Londres, 1634.

MÜLLER (O. F.). *Animalcula infusoria, fluviatilia et marina quæ detexit, etc. Op. posth. cura Othon Fabricii.* Leipzig, 1787.

— *Animalium infusorium succincta historia.* Copenh., 1773. — *Vermium terrestrium et fluviatilium historia,* 1774.

MÜLLER (J.). *Manuel de physiologie,* traduit de l'allemand par A. J. L. Jourdan. Deuxième édition. Paris, 1851.

MÜLLER (O.). *Manuel d'archéologie.* Paris, 1841, atlas.

MÜLLER (Nicolas). In Dorow's *morgenland. Alterthum.*

MUNSTER. *Cosmographie universelle.* Paris, 1575 (Antiquités orientales, publiées par Dorow).

N

Nacquart. *Dictionnaire des sciences médicales*. Paris, 1819.

Naudin. *Considérations philosophiques sur l'espèce et la variété.* Revue horticole, 1852.

Nathusius. *Wiegmann's Archiv.* 1837.

Necker (De). *Traité sur la mycétologie.*

Needham. *Nouvelles recherches sur les découvertes microscopiques.* — *Notes sur les nouvelles découvertes microscopiques de Spallanzani.* — *Nouvelles recherches physiques et mathématiques sur la nature.* Paris, 1768.

Nelson. *The reproduction of the* Ascaris mystax. Phil. trans. 1852.

Neuber. *Des mouches volantes de l'œil.* Hambourg, 1830.

Nitzsch. Art. *Anthocephalus*, dans l'*Encyclopédie* d'Ersch et de Gruber, 1820. — *Beiträge zur Infusorienkunde.* Halle, 1817 (Suppléments à l'histoire des infusoires).

Nordmann. *Mikrographische Beiträge.* Berlin, 1832 (Recherches micrographiques).

Nysten. *Dictionnaire de médecine*, onzième édition, par Robin et Littré. Paris, 1858.

O

Olfers. *De vegetativis et animalis corporibus in corporibus reperiundis.* Berlin, 1816.

Olaus Magnus. *Historia de gentibus septentrionalibus.* Rome, 1555. — *De piscibus monstruosis.*

Omalius (D') d'Halloy. *Éléments de géologie.* Paris, 1831.

Œsterlen. *Annales de Henle et Pfeufer pour la médecine rationnelle*, t. V, p. 434.

Ovide. *Métamorphoses*, trad. par Villenave. Paris, 1806.

Owen (R.). *On Parthenogenesis or the successive production of individuals from a single ovum.* 1849. — *Lecture on the comparative anatomy and physiology of the invertebrate animals.* Londres, 1843. — *Transactions de la Société géologique.* Londres, 1835.

P

Pallas. *De infestis viventibus intra viventia.* Rotterdam. — *Elenchus zoophytorum.* 1766. — *Observations sur la formation des montagnes*, traduction française. — *Neue nordische Beiträge, erster Band.* Leipzig, 1781.

Paracelse. *Operum medico-chimicorum sive paradoxorum, tomus genuinus primus.* Francfort, 1603. — *De vita rerum naturalium.* — Chap. *De generationibus rerum naturalium.*

Paré (A.). *OEuvres chirurgicales.* Paris, 1840.

Passalacqua. *Catalogue raisonné des antiquités égyptiennes.* Paris, 1818.

Pasteur. *Nouveaux faits pour servir à l'histoire de la levûre lactique.* Comptes rendus de l'Académie des sciences, 1859.

Paulus Sanctinus. *De machinis bellicis.*

Payen. *Précis de chimie industrielle.* Paris, 1849. — *Annales de chimie,* 1843.

Pelletier (A.). *Observations et recherches expérimentales sur les trombes.* Paris, 1840.

Pennetier. Journal *l'Ami des sciences.* Paris, 1850.

Pictet. *Traité de paléontologie* ou *Histoire naturelle des animaux fossiles.* Paris, 1853.

Pirri (Filippo). *Riproduzione de' corpi organizati con licenza.*

Pineau (J.). *Observations sur les animalcules infusoires.* Ann. sc. nat. Zoologie, 1848. — *Recherches sur le développement des animalcules infusoires et des moisissures.* Ann. des sc. nat. Zoologie. — *Supplément aux recherches sur le développement des animalcules infusoires.* Ann. sc. nat. Zoologie, 1845.

Plater. *Observ.,* lib. III.

Platner. *Dissertatio de pestiferis aquarum putrescentium expirationibus.* Leipzig, 1747.

Plenck. *Hygrologia,* Vienne, 1794.

Pline. *Hist. nat.,* liv. XII.

Plutarque. *De placit. philos.,* cap. XIX. — *Adv. Coloten.*

Poggiale. *Bulletin de l'Académie de médecine,* 1856. — Journal *l'Ami des sciences,* 1856.

Poiret. *Cours complet de botanique.* Paris, 1813.

Pouchet (F. A.). *Annales françaises et étrangères d'anatomie et de physiologie.* Paris, 1838. — *Comptes rendus de l'Académie des sciences,* 1847. — *Théorie positive de l'ovulation et de la fécondation dans les mammifères et l'espèce humaine.* Paris, 1847. — *Recherches sur les organes de la circulation, de la digestion et de la respiration des animaux infusoires.* Acad. des sciences, 1848-49. — *Zoologie classique.* Paris, 1841.

Pouchet (Georges). *De la pluralité des races humaines.* Paris, 1858, p. 174.

Priestley. *Expériences et observations sur différentes espèces d'air,* etc. Paris, 1779. — *Versuche und Beobachtungen über verschiedene Theile der Naturlehre.* Vienne, 1795. — *Expériences et observations sur quelques parties de la physique.*

Q

Quatrefages (De). *Souvenirs d'un naturaliste*. Paris, 1856. — — *Rapport sur le concours*. Comptes rendus, 1858. — *Rapport sur l'helminthologie*. Ann. sc. nat. Zoologie, 1854. — *Comptes rendus de l'Académie des sciences*. Paris, 1859. — *Études embryogéniques*. Ann. sc. nat. Zoologie. 1848.

R

Raspail. *Nouveau système de physiologie végétale*. Paris, 1837. — *Nouveau système de chimie organique*. Paris, 1838.

Rathke. *In Froriep's Notizen*.

Rayer. *Traité théorique et pratique des maladies de la peau*. Paris, 1835.

Rayer et de Nordmann. *Helminthes dans l'œil de l'homme*. Archives de médecine comparée, par P. Rayer, Paris, 1842, t. 1.

Rayer et Montagne. *Journal l'Institut*, 1842.

Réaumur. *Mémoires pour servir à l'histoire des insectes*. Paris, 1734.

Redi. *Experienzi intorno alla generazione degli insetti*. Florence, 1668. — *Osservazioni intorno animali viventi che si trovano negli animali viventi*. 1681.

Regnault et Reiset. *Recherches chimiques sur la respiration des animaux des diverses classes*. Paris, 1849.

Reinbein. *Bemerkungen über den Ursprung, die Entwickelung, die Ursachen, Symptome und Heilart des breiten Bandwurmes in den Gedärmen der Menschen*. Vienne, 1855 (Sur l'origine, le développement, les causes, les symptômes et le traitement du ténia large chez l'homme).

Remak. *Diagnost. und pathologische Untersuchungen* (Recherches diagnostiques et pathologiques). Berlin, 1855. — *Canstatt's Jahresbericht*, 1842 (Annales de Canstatt).

Retzius. *Lectiones publicæ de vermibus intestinalibus*. Holm., 1786. — *Froriep's Notizen*, 5.

Richard (A.). *Histoire naturelle médicale*. Zoologie. Paris, 1849. — *Éléments de botanique et de physiologie végétale*. Paris, 1846.

Robin (Ch.). *Histoire naturelle des végétaux parasites qui croissent sur l'homme et les animaux vivants*. Paris, 1853. — *Des fermentations*. Paris, 1847.

Robin (Ch.) et Verdeil. *Traité de chimie anatomique normale et pathologique*. Paris, 1852.

Rœmer. *Mémoires de l'Académie des sciences*, 1673. — *Théorie élémentaire*, trad. de l'allemand.

Roesel. *Insect. Belustigung*, 1747. — *Récréations entomologiques*, part. II.

Roll. *On the result of the administration of the tape-worm.*

Rondelet. *Libri de piscibus marinis.* Lyon, 1554.

Rosier. *Observations sur la physique.*

Rougemont (F. de). *Fragments d'une histoire de la terre.*

Rousseau et Serrurier. *Développement de cryptogames sur les tissus de vertébrés vivants.* Comptes rendus de l'Institut.

Rudolphi. *Observ. circa vermes intestinales.* Greifesw., 1793. — *Entozoorum sive vermium intestinalium historia naturalis.* Amsterdam, 1808. — *Entozoorum synopsis.* Berlin, 1819.

Ruysch. *Thesaurus anatomicus.*

S

Saint Augustin. *Enchiridion*, cap. xv. — *De civitate Dei.*

Saint Basile le Grand. *Homélies sur l'ouvrage des six jours.* Lyon, 1827.

Saint Jean. *Apocalypse*, iv, 11. — Ps. cxlviii, 5.

Saint Jérôme. *Œuvres de saint Jérôme.* Paris, 1841. — *Traité contre saint Jean, évêque de Jérusalem* (préface).

Saint Thomas. *Tract. de indulgentiâ.*

Salomon. Psalm. ciii, 30.

Sanctorius. *Ars de staticâ medicinâ.* Venise, 1614.

Sauvages. *Physiologiæ elementa.* Avenione, 1754.

Scaliger. Traduction latine de l'*Histoire des animaux* d'Aristote. Toulouse, 1619.

Schacht (Hermann). *Rapport au collége royal d'économie rurale sur la pomme de terre et ses maladies.* Berlin, 1856.

Schæffer. *Die Egelschnecken.* S. 29.

Schelling. *Idées pour servir à une philosophie de la nature.* — — *Zeitschrift*, 1800 (Annales). — *Sur la spéculation et l'expérience en physique*, p. 365; trad. par Bénard. — *Philosophische Briefe über Dogmatismus und Kriticismus*, 1795 (Lettres philosophiques, dogmatiques et critiques).

Scheuchzer. *Physica sacra iconibus illustrata.* Zurich, 1721. — *Musæum diluvianum*, 1716.

Schleiden. *Sur la formation de l'ovule et l'origine de l'embryon dans les phanérogames.* Ann. sc. nat. Botanique.

Schleisner. *Forsog til en Nosographie of Island.* Copenhague, 1849 (Essai d'une nosographie d'Islande).

Schmalz. *Tabulæ anatomicæ entozoorum*. Dresde, 1831.

Schmeerling. *Recherches sur les ossements fossiles de la province de Liége*, 1825.

Schmitz. *De vermibus in circulatione viventibus*. Berolini.

Schrank. *Fauna Boica*. Nuremberg, 1798.

Schroeder. *Cosmos*. Revue encyclopédique. Paris, 1859.

Schultze. *Annales de Poggendorf*, 1837. — *Edinburgh new philosophical Journal*, octobre 1827. — *Notice of the result of an experimental observation made regarding equivocal generation*. — *Expériences sur les générations équivoques*. Ann. sc. nat., 2e série. Zoologie, t. VIII, p. 320. — *Mikroskopische Untersuchungen über Brown's Entdeckung lebender Theilchen in allen Körpern*, p. 29 (Recherches microscopiques sur le mouvement brownien).

Schwann. *Observations microscopiques sur l'analogie de struction et d'accroissement des végétaux et des animaux*. Ann. sc. nat.

Schweinitz. *Carol.*, n° 1298.

Senebier. *Journal de physique*, 1781. — *Sur la lumière solaire*, 1782. — *Ebauche de l'histoire des êtres organisés avant leur fécondation*.

Sénèque. *Natur. quæst.*, lib. II, cap. xxvi.

Serres. *Anatomie transcendante*. Ann. sc. nat. 1827, p. 47.

Serrurier. *Dict. scienc. médicales*, t. XLII, art. *Phthiriase*.

Sichel. *Iconographie ophthalmologique*. Paris, 1859. — *Historiæ phthiriasis internæ veræ fragmentum*.

Siebold (T. de). Art. *Parasites* du *Handwörterbuch* (Encyclopédie d'his. nat., article *parasites*). — *Manuel de physiologie*, 1844. — *Zeitschr. für wiss. Zool.*, 1850 (Annales de zoologie). — *Mémoire sur les vers rubanés et vésiculaires de l'homme et des animaux*. Ann. sc. nat. Zoologie, 1855. — *Mémoire sur la génération alternante des cestoïdes*. Ann. sc. nat. Zoologie, 1851.

Siebold et Stannius. *Anatomie comparée*. Paris, 1850.

Sluyter. *De vegetabilibus organismi animalis parasitis*. Berolini, 1847.

Sonnerat. *Voyage aux Indes orientales*. Paris, 1782.

Spallanzani. *Opuscules de physique animale et végétale*. Pavie, 1787. — *Observations et expériences sur les animalcules*.

Sperlingius (J.). *Zoologie*.

Spinosa. *Tractatus theologico-politicus*. Amst., 1670.

Sprengel. *Von dem Bau und der Natur der Gewächse*. Halle, 1812 (De la structure et de la nature des végétaux).

Spring. *Sur une mucédinée développée dans la poche abdominale d'un pluvier doré*. Bulletin de l'Académie royale de Bruxelles, 1848.

Stahl (E.). *Theoria medica vera*. Halæ, 1737, p. 385. — *Disqui-*

sitio de mechanismi et organismi diversitate. — Demonstratio de mixti et vivi corporis vera diversitate.

STEENSTRUP. *Generationswechsel.* Copenhague, 1842 (De la génération alternante). — *On the alternation of generations.* Londres, 1845.

STEIN. *Recherches sur le développement des vorticelles.* Ann. sc. nat. Zoologie, 1842. — *Siebold and Kölliker's Zeitschr.* V. — *Die Infusionsthierchen, etc.* (Les infusoires).

STÉNON. *De solido intra solidum naturaliter contento dissertationis prodromus.* Florence, 1669.

STRABON. *Géographie*; trad. franç.

STRAUS. *Théologie de la nature.* Paris, 1852.

SUIDER. *La création.* Paris, 1859.

SYLVIUS. *Opera medica.* Amstel., 1679.

SWAMMERDAM. *Biblia naturæ, seu historia insectorum.* Leyde, 1737.

T

TERECHOVSKI. *Diss. de chao infusorio Linnæi.*

THÉNARD. *Traité de chimie.* Paris, 1815.

THEUET. *Cosmographie.*

THOMSON (Allen). *Generation. Todd's cyclopedia of anatomy and physiology.*

THOMPSON. *Transactions philosophiques*, 1787.

TIEDEMANN. *Physiologie de l'homme.* Paris, 1831.

TINEL. *L'Union médicale.* Paris, 1859, n. 1.

TRÉCUL. *Comptes rendus*, 1858.

TREUTLER. *Observ. pathol. anat. ad Helminthologiam corp. humani.* Leipz., 1793.

TREVIRANUS (L. C.). *Beiträge zur Pflanzenphysiologie* (Supplément à la physiologie végétale). — *Traité de physiologie de l'homme.* Paris, 1851. — *Biologie.* Gœttingue, 1802.

TURPIN. *Règne organique.* — *Dictionnaire des sciences naturelles.* Végétaux microscopiques, pl. IV, fig. 1. — *Mémoires de l'Institut*, t. XVII.

V

VALENCIENNES. *Observation d'une espèce de ver de la cavité abdominale d'un lézard vert* (*Dithyridium lacertæ*, Val.). Ann. sc. nat. Zoologie, 1844, t. II, p. 248. — Institut, t. XIX.

VALENTIN. *Repertorium*, 1840. — *De la présence d'entozoaires dans le sang.* Archives de médecine comparée de Rayer, t. I, p. 42, 43.

—*Nov. act. nat. cur.*, t. XIX.—*Tex book of physiology*. Londres.— *De functionibus nervorum cerebralium et nervi sympathici*, 1839.

VALLISNERI. *Dialoghi fra Malpighi e Plinio, intorno la curiosa origine di molti insetti*. Venise, 1700. — *Considerazioni ed esperienze intorno alla generazione dei vermi ordinari del corpo umano*. Padoue, 1710.

VAN BENEDEN. *De l'homme et de la perpétuation des espèces*. Bruxelles, 1859.—*Les vers cestoïdes ou acotyles*. Bruxelles, 1850.—*Bulletin de l'Académie royale des sciences de Belgique*, t. XXI, n. 5 et 7.— *Note sur des expériences relatives au développement des Cysticerques*. Ann. sc. nat. Zoologie, 1855. — *Nouvelles observations sur le développement des vers cestoïdes*. Ann. sc. nat. Zoologie, 1853.

VAN BENEDEN et GERVAIS. *Zoologie médicale*. Paris, 1859.

VAN HELMONT. *Ortus medicinæ*. Amsterdam, 1648.

VAN DER HOEVEN (J.). *Handbook of zoology*. Londres, 1856.

VAN SWIETEN. *Comment. VI, ad s.* CXXV, *de Podagrá*.

VIBORG. *Magazin der Gesellchafft naturforschender Freunde zu Berlin*, t. XI, p. 74. — *Ann. de la Soc. des nat. de Berlin*.

VIREY. *Dict. sc. méd.*, article *Fermentation*. — *Dictionnaire d'hist. nat.* de Déterville, article *Génération*, t. XII.

VIRGILE. *Géorgiques*, épis. d'Aristée.

VOGEL. *Anatomie pathologique générale*. Paris, 1846.

VOGT. *Bilder aus dem Thierleben*, 1852, p. 217 (Scène de la vie animale). — *Sur la transmigration des vers*. Bib. univ. de Genève, 1851.

VOIGT. *Éléments d'histoire naturelle*. 1817.

Z

ZIMMERMANN. *Archiv. für gesammte Naturlehre*, t. 1 (Archives de l'histoire naturelle).

W

WAGNER (R.). *Handwörterbuch der Physiologie*. Braunschweig, 1844 (Dictionnaire de la physiologie). — *Icones physiologicæ*, tab. II. — *Histoire de la génération et du développement*. Bruxelles, 1841.

WERNER. *Vermium intestinalium, etc., brevis expositio*. Leipzig, 1782.

WHEWELL (W.). *The philosophy of the inductive sciences*. London, 1847.

WILLIS (T.). Opera omnia. Genève, 1680. *De fermentatione*.

WISEMAN. *Lectures on science and revealed Religion*.

WOLKE. Relations du professeur Wolke. *Gilbert's Annalen*, t. X.

WOLF. *Theoria generationis*, t. II, p. 2-16.

WOODWARD. *Géographie physique ou Essai sur l'histoire naturelle de la terre*. 1695.

WRISBERG. *Observationum de animalculis infusoriis naturâ*. Gœttingue, 1765.

HÉTÉROGÉNIE

ou

TRAITÉ DE LA GÉNÉRATION SPONTANÉE

CHAPITRE PREMIER.

HISTORIQUE.

La génération spontanée est la production d'un être organisé nouveau, dénué de parents, et dont tous les éléments primordiaux ont été tirés de la matière ambiante. Cette définition se rapproche de toutes celles des physiologistes modernes, mais elle est seulement un peu plus explicite, plus précise.

Cette génération, ainsi que l'exprime Burdach, étant la manifestation d'un être dénué de parents, est par conséquent une génération primordiale, une Création! L'illustre savant qui a soutenu si magnifiquement l'existence de ce phénomène auquel il donne le nom d'*hétérogénie*, ajoute qu'on le reconnaît partout où nous voyons paraître un corps organisé sans apercevoir un autre corps de même nature dont il puisse procéder (1).

---

(1) BURDACH, *Traité de physiologie*. Trad. de Jourdan. Paris, 1837, t. I, p. 8.

C'est ce mode de reproduction qui a été successivement appelé *génération primitive, primigène, originaire, directe, équivoque* (1) et *spontéparité* (2).

La question de la génération spontanée a divisé les savants en deux camps opposés, et les hommes les plus illustres ont pris part aux luttes animées et incessantes auxquelles ce grave sujet a donné lieu depuis tant de siècles. La victoire est encore indécise; aussi reste-t-il quelque gloire à conquérir pour celui qui la fera pencher de son côté.

Pour nous, nous combattons à l'abri d'une bannière bien respectable et bien imposante, puisque déjà, dans l'antiquité, elle portait les noms d'Anaxagore, de Leucippe, de Démocrite, d'Épicure, d'Aristote, de Pline, de Lucrèce et de Diodore de Sicile; et que depuis la Renaissance jusqu'à nos jours, on a vu successivement s'y inscrire ceux de Kircher, Rondelet, Aldrovande, Matthiole, Fabri, Bonanni, Burnet, Gassendi, Morison, Dillen, Buffon, Guéneau de Montbéliard, Needham, Priestley, Ingenhousz, Gleichen, Stenon, Baker, Wrisberg, Fray, Werner, O. F. Muller, Braun, Pallas, Rudolphi, Bremser, Goeze, Nees d'Esenbeck, Eschricht, Unger, Allen Thomson, de Lamétherie, Cabanis, Lavoisier, Lamarck, Saint-Amans, Turpin Desmoulins, Latreille, Bory Saint-Vincent, Dumas, Dugès, Eudes Deslonchamps, Gros, Tiedemann, Treviranus, Bauer, J. Muller, Burdach,

(1) Burdach, *Traité de physiologie.* Paris, 1837, t. I, p. 8.
(2) Dugès, *Traité de physiologie comparée.* Paris, 1839, t. II, p. 197.

Carus, Oken, Valentin, Dujardin, et A. Richard (1).
Nous n'entendons nullement, en nous appuyant de
l'autorité de tant d'hommes, dont la plupart se sont

(1) Comp. ARISTOTE, *Histoire des animaux*. Paris, 1783. — Traité
de la génération. — DIODORE DE SICILE, *Bibliothèque historique*.
Trad. Paris, 1846. — PLINE. *Histoire naturelle*, liv. X, chap. LXXXVII.
LUCRÈCE, *De rerum naturâ*. Paris, 1680. — KIRCHER, *Mundus subterraneus*. Amsterdam, 1678. — RONDELET, *Universæ aquatilium
Historiæ pars altera*, etc. Lyon, 1554. — GASSENDI, *De vita, moribus et placitis Epicuri*. Lyon, 1648. — BURNET, *Telluris theoria
sacra*. Londres, 1689. — MATTHIOLE, *Commentarii in sex libros
Ped. Dioscorid*. Venise, 1565. — BUFFON, Histoire naturelle, Suppléments, t. IV. — GUÉNEAU DE MONTBÉLIARD, Notes sur la bible de
la nature de Swammerdam. Dijon, 1758. — NEEDHAM, Observations upon the generation, composition and decomposition of
animal and vegetable substances. Londres, 1749. — PRIESTLEY,
Versuche und Beobachtungen ueber verschiedene Theile der Naturlehre. Vienne, 1793. — INGENHOUSZ, *Miscellanea physico-medic.*
ed. Scherer. — GLEICHEN, Dissertation sur la génération, les animalcules spermatiques et ceux d'infusion. Paris, au VII. — BAKER,
The Microscope made easy. Londres, 1743. — WRISBERG, *Observationes de animalcul. infusor. naturâ*. Gottingue, 1764. — FRAY,
Essai sur l'origine des corps organisés et inorganisés. Paris, 1817.
— WERNER, *Vermium intestinalium præsertim tæniæ humanæ*. Leipzig, 1782. — BURMEISTER, Handbuch der Entomologie. (Manuel d'entomologie). Berlin, 1793. — O. F. MULLER, *Animalium infusoriorum
succincta historia*. Copenh., 1773. — PALLAS, *De insectis viventibus
intra viventia*. Leyde, 1760. — RUDOLPHI, *Entozoorum sive vermium intestinalium historia naturalis*. Amsterdam, 1809. —
BREMSER, Traité zoologique et physiologique sur les vers intestinaux. Paris, 1824. — GOEZE, Mémoire sur les animalcules d'infusion. — J. MULLER, Manuel de physiologie. Paris, 1845. — ALLEN
THOMSON, Generation of Todd's Cyclopædia of Anatomy and Physiology, t. II. p. 421. — DE LAMÉTHERIE, Sur l'organisation animale
et végétale. Vues physiologiques. — CABANIS, Rapports du physique et du moral de l'homme. Paris, 1824. — LAMARCK, Philosophie zoologique. Paris, 1809. Histoire naturelle des animaux sans
vertèbres. Paris, 1822. — TURPIN, Règne organique, p. 28. — BORY

illustrés dans les sciences ou la philosophie, que
leurs doctrines reposent toujours sur des bases solides, bien loin s'en faut; mais ce que nous prétendons seulement, c'est que le sentiment de l'existence
de la spontéparité était inhérent à tous, et que tous
le possédaient.

Mais nous n'ignorons pas non plus que, d'un autre
côté, il existe aussi des savants, dont quelques-uns
ont une immense valeur, qui ont combattu vivement
cette hypothèse : parmi eux on compte Redi, Vallisneri, Swammerdam, Réaumur, Bonnet, Spallanzani,
Andry, Virey, Cuvier, Flourens, Ehrenberg, I. Bourdon etLonge t (1).

SAINT-VINCENT, Essai sur les animaux microscopiques. Paris, 1826.
Encycl. méth., art. Phsychodiaires. Zooph. Dict. class. d'hist. nat.
— Dumas, Dictionnaire classique d'histoire naturelle. Paris, 1825,
t. VII. — Dugès, Physiologie comparée. Paris, 1838. — Eudes
Deslongchamps, Encyclopédie méthodique. Zoophytes, t. XI,
p. 773. — Gros, Bulletin de la Société impériale des naturalistes de
Moscow. — Burdach, Traité de physiologie. Paris, 1837. — Carus,
Traité d'anatomie comparée. Paris, 1835. — G. Treviranus, Biologie. Gottingue, 1802. — F. Tiedemann, Traité complet de physiologie de l'homme. Paris, 1831. — Dujardin, Histoire naturelle des
infusoires. Paris, 1841. Histoire naturelle des helminthes. Paris, 1845. — Valentin, A Text-book of Physiology. Londres. —
Richard, Histoire naturelle médicale. Paris, 1849. — Gérard,
Dict. univ. d'hist. nat., art. Génération.
   (1) Comp. Redi, *Experimenta circa generationem insectorum.* Amsterdam, 1671. — Vallisneri, Dialoghi fra Malpighi e Plinio intorno
alla curiosa origine di molti insetti. Venise, 1700. — Considerazioni ed esperienze intorno alla generazione de' vermi ordinari del
corpo umano. Padoue, 1710. — Swammerdam, *Biblia naturæ sive
historia insectorum.* Leyde, 1737. — Réaumur, Mémoires pour
servir à l'histoire des insectes. Paris, 1734. — Andry, De la génération des vers dans le corps de l'homme. Paris, 1741. — Bonnet,

De Blainville et de Candolle sont restés absolument indécis au milieu de tant de combattants, et plusieurs physiologistes modernes, tels que Martini, Béclard, les ont imités (1).

Les antagonistes de la génération spontanée ont parfois traité ses partisans avec une rigueur qu'on n'a jamais en défendant une loyale cause; et souvent même ils ont représenté leurs théories comme n'étant que le fruit de la démence; cependant les noms illustres qui abritent celle-ci de leur autorité, devaient avoir droit à plus de respects, et les opinions d'hommes qui ont tant honoré les sciences méritaient bien un simple examen avant d'obtenir une si dédaigneuse réprobation.

Nous, nous combattons avec une armée plus magnanime et plus disciplinée, et si nous aspirons à faire triompher nos opinions, confiant en nos forces, nous ne voulons devoir ce succès qu'à une lutte libre et

Considérations sur les corps organisés. Amsterdam, 1762. — SPALLANZANI. Opuscules de physique anim. et végét. Paris, 1787. — Saggio di osservazioni microscopiche concernenti il sistema della generazione di Needham e Buffon. Modène, 1767. — VIREY, Dictionnaire de Déterville, art. Génération, t. XII, p. 543.—EHRENBERG, Die Infusionsthierchen als vollkommene Organismen. (Les infusoires organisés complétement.) Leipzig, 1838. — CUVIER, Règne animal. Paris, — FLOURENS, Cours sur la génération, l'ovologie et l'embryologie. Paris, 1835. Histoire des travaux de Buffon, p. 97. — I. BOURDON, Principes de physiologie comparée. Paris, 1830. — LONGET, Traité de physiologie. Paris, 1841.

(1) DE BLAINVILLE, Manuel de zoophytologie. Paris, 1834. — Cours de physiologie générale et comparée, Paris, 1835. —DE CANDOLLE, Physiologie végétale. Paris, 1832. — BÉCLARD, Traité élémentaire de physiologie. Paris, 1856. — MARTINI, *Éléments de physiologie.* trad. de l'italien. Paris, 1824, p. 539.

vive peut-être, mais vierge de tout excès et de tout reproche.

La vérité, comme le dit le savant Chevreul, est pour tout homme de bien, quelle que soit sa position dans le monde, ce qu'il y a de plus précieux; car tôt ou tard elle triomphera de l'erreur (1). Nous y comptons et nous avons foi en l'avenir et en nos travaux consciencieux.

Descartes voulait qu'on examinât toutes les questions scientifiques, même les plus invraisemblables et les plus fausses, « afin, disait-il, de connaître leur «juste valeur et de se garder d'en être trompé. » C'est cette faveur que j'implore ici; et je demande en grâce qu'on ne juge cet écrit qu'après l'avoir lu et médité (2).

Nous devons avouer, en débutant, que c'est en poussant leurs prétentions jusqu'au delà du possible et parfois même jusqu'à l'absurde, que certains partisans de l'hétérogénie ont entravé une cause qu'ils prétendaient défendre. Fray est malheureusement tombé dans cet excès en prétendant avoir vu des limaçons et des vers de terre naître au milieu des substances organiques en fermentation (3).

Est-ce la faute de cette sérieuse question, qui exigeait les plus délicates observations des naturalistes, les plus abstraites méditations des philosophes, si

(1) Chevreul, Lettres adressées à M. Villemain sur la méthode en général. Paris, 1856, p. 3.

(2) Descartes, Discours de la méthode. Paris, 1845, p. 4.

(3) Fray, Essai sur l'origine des corps organisés et inorganisés. Paris, 1817. — Burdach, Phys., p. 17.

elle a subi de compromettantes interprétations? Les
rêveries de l'alchimie ont-elles fait condamner la
science des Lavoisier et des Davy? L'immense savoir
d'Aristote est-il compromis pour avoir avancé que
c'est du limon de nos fleuves que naissent les anguilles (1) ?

Ainsi M. Camus se révolte à l'idée « d'attribuer à un
assemblage fortuit ou au hasard, la production d'un
être qui a des organes aussi parfaits dans leur genre,
aussi propres à remplir la fin à laquelle ils sont destinés. Comment, ajoute-t-il, rapprocher jamais deux
termes aussi éloignés que le sont une *opération fortuite* et un résultat aussi parfait que l'est le corps
d'un animal quelconque (2)? »

Je ne me soulève pas avec moins d'énergie contre
cette idée que ne le fait ce savant helléniste ; c'est là
justement qu'est le point culminant de la dissidence,
et il faut bien spécifier que par génération spontanée, nous n'entendons pas plus que celle-ci forme
un insecte de toutes pièces, que nous n'entendons
qu'il naît fortuitement un homme dans l'ovaire de la
femme. Mais nous prétendons seulement que, sous
l'influence de forces analogues encore inexpliquées,
et qui, comme le dit Cabanis (3), resteront vraisem-
blablement inexplicables, il se produit, soit dans les
animaux eux-mêmes, soit ailleurs, une manifestation

(1) ARISTOTE. *Histoire des animaux*. Paris, 1783, p. 367. —
Traité de la génération, liv. III, ch. II.
(2) CAMUS, Notes sur l'Histoire des animaux d'Aristote, p. 345.
(3) CABANIS, Rapports du physique et du moral de l'homme.
Paris, 1824, t. II. p. 236.

plastique qui tend à grouper des molécules; à leur
imposer un mode spécial de vitalité dont il résulte enfin un nouvel être, en rapport avec le milieu où ses
éléments ont été primitivement puisés.

J'espère que nous abordons la question sans am-
bages.

C'est en prêtant aux hétérogénistes de notre temps
les prétentions des atomistes de l'antiquité, qu'on a
soulevé contre eux de légitimes répugnances. Laissons à chaque siècle la responsabilité de ses doctrines
et de ses erreurs, et n'entravons point la marche du
nôtre en accumulant les fautes des autres époques;
la gloire des sciences modernes n'a plus à compter
avec les vieilleries des temps passés.

Étudions la question dans ses proportions rationnelles, et nous verrons ses adversaires disparaître.

Lorsqu'on envisage celle-ci sous ce point de vue,
on voit que l'épreuve que Balbus propose aux épicuriens, et que reproduisent sans cesse tous les scolastiques, n'est réellement qu'une puérilité (1). Car il ne
doit pas être plus permis aux molécules de la matière
de se grouper *fortuitement* dans l'ovaire d'un animal
pour y donner naissance à un nouvel être, qu'il ne
leur est permis de s'agglomérer dans un milieu différent pour arriver au même résultat. Il ne s'agit plus

(1) Camus, Notes sur l'histoire des animaux d'Aristote, p. 345.
— Balbus voulait que les épicuriens, pour prouver leur système,
jetassent épars une foule de caractères pour voir s'il résulterait
jamais de leur groupement fortuit quelque poëme suivi ou au
moins quelques vers. Cicéron, *De nat. Deor.*, lib. II.

ici que de savoir si l'Intelligence suprême, si l'*ordre de Dieu*, comme l'appelait Van Helmont dans son style poétique (1), a ou non permis que la même force plastique qui est mise en œuvre dans l'organisme des animaux et des plantes, puisse aussi, dans certaines circonstances, se manifester au milieu des débris de ceux-ci ; ou enfin si la même loi qui préside à la formation d'un ovule dans le tissu du stroma peut également élever à la puissance d'un œuf les molécules organiques dispersées en d'autres endroits.

C'est dans une autre direction qu'on ne l'a fait généralement qu'il faut considérer la génération spontanée. Lui prêter, comme on le fait, la création immédiate d'animaux parfaits, surgissant instantanément de la rencontre fortuite de leurs éléments au milieu de la matière, c'est nous reporter aux absurdités antiques, dont la critique a fait ample justice ; et c'est prêter à ce mode de génération une puissance que n'a même pas la reproduction sexuelle, où tout commence par des phénomènes de l'ordre le plus obscur et se manifeste successivement. La génération spontanée ne crée pas un être adulte, elle procède par les mêmes voies que la génération sexuelle, qui, comme nous le démontrerons, est elle-même *d'abord* un acte tout spontané, par lequel la force plastique rassemble dans un organe spécial les éléments primitifs de l'organisme. De façon que la génération qu'on appelle sexuelle, comme l'ont déjà démontré nos travaux, est réellement précédée d'un

(1) Van Helmont, *Ortus medicinæ.* Amsterdam, 1648.

phénomène tout individuel et tout spontané (1).

Dans l'ovaire d'un animal, si la force vitale est réglée pour produire un être dont l'essence dérive des conditions particulières qu'y offre la matière animée, il en est de même dans la substance proligère primaire; la force plastique y est réglée aussi pour produire des êtres dont l'essence dérive du milieu qui les engendre. Le contraire serait tout aussi anormal dans un cas que dans l'autre.

C'est donc sur un autre terrain que nous voulons poser la question. Il faut absolument, pour la vider scientifiquement, la reporter au *point initial*, et c'est ce que nous ferons dans tout le cours de cet ouvrage.

§ I. — Antiquité.

L'idée de l'existence des générations spontanées est si naturelle, qu'on en trouve des traces dans les plus graves écrits de toutes les nations et de tous les temps. J'avoue que celles-ci n'ont ordinairement rien de sérieux, surtout lorsqu'elles figurent dans les anciens mythes ou les croyances populaires, mais il n'en ressort pas moins un argument de quelque valeur, c'est que la notion de la spontéparité est universellement répandue, et a traversé tous les siècles de la civilisation.

Dans les Juges, l'écrivain inspiré fait naître un essaim d'abeilles de la corruption des entrailles d'un

(1) Poucnet, Théorie positive de l'ovulation et de la fécondation dans les mammifères et l'espèce humaine. Paris, 1847.

jeune lion, et Samson en dérobe le miel pour son festin. Plus loin, ne trouve-t-on pas dans l'Ecclésiaste une idée des perpétuelles mutations de la matière, lorsque le sage Roi s'écrie : « Tout va en un même lieu, tout a été fait de poudre, et tout retourne en poudre (1) ? »

Le rabbin Ame cite des chapitres du Sanhédrin où il est question de souris et de vers que l'on croyait engendrés par le limon (2).

La génération spontanée était presque un dogme pour la plupart des philosophes de l'antiquité, et cette sentence : *Corruptio unius est generatio alterius*, restait incontestée comme l'expression d'une vérité fondamentale. Pour eux, tous les animaux dont la génération n'était pas ostensiblement ses mystères à nos yeux, étaient réputés comme naissant spontanément des éléments des corps parmi lesquels on les découvrait, sous l'influence fécondante de la chaleur, de l'air et de l'humidité. On attribuait même à la terre la formation des serpents, des rats et des taupes ; à la fange des marécages, la production des grenouilles, des anguilles et de quelques autres poissons ; aux substances animales en putréfaction ou aux végétaux, les divers insectes qui s'en nourrissent et en sortent parfois par légions innombrables (3). Et ces

____

(1) Bibl. sac, Juges, ch. xiv, v. 14. — Ecclésiaste, chap. iii, v. 20.

(2) Baecher, L'immortalité de l'âme chez les Juifs. Trad. de l'allemand par I. Cahen. Paris, 1857, *Sanh.*, 90, 91.

(3) Aristote, Histoire des animaux. Trad. de Camus, t. I, p. 313. — Lucrèce, Diodore de Sicile, etc.

croyances furent admises par la plupart des écrivains jusqu'au seizième siècle.

L'un des plus illustres et des plus anciens philosophes de la Grèce, Anaxagore, qui naquit l'an 500 avant l'ère chrétienne, avait déjà prêté la plus extrême extension aux générations spontanées, en supposant qu'au commencement du monde les animaux avaient été formés à même la terre sous l'influence de l'humidité et de la chaleur (1). Mais, ce que le système d'Anaxagore offre de réellement remarquable, c'est le rôle qu'il fait jouer, dans la formation des corps, à l'élément coordonnateur. Il est le premier, à ce que dit Bayle, qui n'abandonne pas les combinaisons de la matière au hasard, à l'aveugle fatalité, en professant qu'une intelligence élevée produisit le mouvement et débrouilla le chaos. Là il met en scène la cause efficiente et la matière passive, l'ouvrier et les matériaux (2).

Cependant c'est à Leucippe que l'on attribue généralement l'invention du fameux système des atomes, qui a joué un si grand rôle dans la philosophie ancienne et moderne, quoique plusieurs écrivains, ainsi qu'on peut le voir dans Strabon, en reportent l'origine au delà de la guerre de Troie (3), ce qui a été réfuté par T. Burnet (4) et Bayle.

(1) Diog. Laert., lib. II, num. 12.— Bayle, Dict. hist. et crit., t. II, p. 21.

(2) Bayle, Dictionnaire historique et critique. Paris, 1820, t. II, p. 24.

(3) Strabon, lib. XVI, p. 512.

(4) T. Burnet, *Archæol. philosoph.*, lib. I, p. 314. Amsterdam, 1694.

L'hypothèse de Leucippe, qui a subi tant de développements dans les mains de Démocrite et surtout dans celles d'Épicure, et que Lactance a combattue à diverses reprises avec un si grand éclat (1) ; après avoir fourni de nombreux éléments aux divers systèmes des philosophes de toutes les époques, semble jeter ses dernières lueurs dans les écrits de Kepler, de Descartes et de Gassendi, pour succomber tout à fait sous l'ascendant de la science actuelle (2).

A l'égard de la doctrine des atomes, un incommensurable espace sépare les physiologistes modernes et les philosophes anciens, car il n'existe rien de commun entre le rôle de ces atomes, à la rencontre fortuite desquels presque tous ceux-ci prêtaient l'incessante production des globes et des créatures animées, et les modestes prétentions des hétérogénistes, qui se bornent à ne considérer que le point initial de la force vitale et de la matière.

Mais, malgré la distance qui sépare les atomistes anciens des modernes partisans de la génération spontanée, les exagérations des premiers n'en doivent pas moins trouver place dans l'histoire de celle-ci, parce que ce sont elles qui l'ont si amplement discréditée ; leurs rêveries, confondues avec un phénomène positif, ont déprécié celui-ci à tel point que des esprits sérieux, sans se rendre compte de l'im-

_____

(1) Lactance, *Divinar. Institution.* lib. III, c. xvii, p. 190. — *De irâ Dei*, c. x, p. 533.

(2) Comp. Bayle, *Dict. philos.* Paris, 1820, t. IX, p. 196. — Id., t. VIII, p. 549.

mense différence des prétentions de l'une et de l'autre hypothèse, les ont toutes les deux confondues dans le même anathème. Aussi demandons-nous ici que l'on forme une scission nette entre les atomistes et les spontéparistes ; leurs prétentions réciproques étant désormais bien tranchées, la vérité surgira plus facilement.

Démocrite et quelques autres philosophes, ainsi que le confirment saint Augustin et Plutarque, avaient cru que chaque atome possédait une âme et des facultés sensitives (1), d'autres les leur avaient refusées.

L'on est vraiment étonné de voir Plutarque et Galien traiter sérieusement cette question, et être imités par quelques écrivains modernes (2). Dans l'hypothèse, disent les premiers, où chaque atome serait destitué d'âme et de faculté sensitive, on voit manifestement qu'aucun assemblage d'atomes ne peut devenir un être animé et sensible. Mais si chaque atome avait une âme et des sentiments, on comprendrait que les assemblages d'atomes pourraient être un composé susceptible de sensation et de mouvement. La diversité que l'on remarque entre les passions des animaux raisonnables et irraisonnables s'expliquerait par la combinaison différente des atomes ; audacieuse hypothèse s'il en fut, que Bayle lui-même paraît cependant fort disposé à admettre (3). Mais ne

(1) S. AUGUSTIN, epist. 56. — PLUTARQUE, *Adv. Coloten*, p. 1111.

(2) PLUTARQUE, *Adv. Coloten*, p. 1111. — GALIEN.

(3) BAYLE, *Dict. philos.*, art. Leucippe. Paris, 1820, t. IX, p. 196.

nous arrêtons pas davantage sur de tels errements qui ne sont plus de notre siècle.

Ce que l'on a débité si souvent à l'égard des atomes a été reporté avec usure aux molécules organiques employées à la génération primaire ; mais c'était tout à fait sans fondement, car les spontéparistes rationnels n'attribuent aucune activité spéciale aux particules des corps, et selon eux elles ne se groupent, pour former ceux-ci, que sous l'empire des mêmes lois qui président à la formation de l'être dans la génération ovarique. Les molécules primaires ne sont pas plus capables de former instantanément une monade adulte que l'ovaire d'un quadrumane de produire un singe tout développé. Et je m'étonne qu'il faille arriver au dix-neuvième siècle pour s'apercevoir qu'au point initial tout se passe de même dans les deux générations.

Les prétentions des anciens philosophes au sujet de la génération spontanée ont été poussées jusqu'à l'extrême. Ainsi, Anaximandre et Empédocle, attribuaient à cette génération tous les êtres vivants qui peuplèrent primitivement le globe ; seulement ils pensaient qu'à leur apparition ceux-ci étaient loin d'avoir la suprême perfection qu'ils revêtirent après en se reproduisant (1). Aristote, selon les plus éclairés commentateurs, paraît au contraire penser qu'à l'origine des choses tout a été créé par la volonté divine, mais que malgré cela quelques animaux n'en sont pas moins produits par la génération spontanée (2).

(1) PLUTARQUE, *De placit. philos.*, cap. XIX.
(2) CAMUS, *Notes sur l'Histoire des animaux*, d'Aristote, p. 344.

Dans ses écrits, le grand philosophe revient à diverses reprises sur ce sujet, de manière qu'il est évident qu'il a été pour lui l'objet de méditations soutenues. Il admet plusieurs sources à ce mode de production : tantôt, selon lui, les animaux se forment dans la terre putréfiée ; tantôt dans les plantes, et enfin, tantôt dans les humeurs des autres animaux (1).

Aristote, que l'on doit placer à la tête des plus illustres partisans de l'hétérogénie, lui donnait même beaucoup plus d'extension qu'on ne l'a généralement fait depuis. Dans son livre cinquième, qu'il consacre à l'étude de la Génération, le savant auteur de l'*Histoire des animaux* émet que beaucoup de ceux-ci ne se propagent pas à l'aide d'êtres semblables à eux, et qu'ils s'engendrent de la matière lorsqu'elle se trouve dans des conditions particulières. Il généralise même ce précepte en prétendant « que tout corps « sec qui devient humide, et tout corps humide qui « se sèche, produit des animaux, pourvu qu'il soit « susceptible de les nourrir (2). »

Ainsi, il prétend que la fermentation du limon de la mer et des marécages donne fréquemment naissance à certaines espèces de poissons, en se fondant principalement sur ce que souvent les voyageurs ont observé que de nombreuses légions de ceux-ci apparaissaient dans des marais absolument desséchés, lorsque les pluies y ramenaient une quantité d'eau suffi-

(1) ARISTOTE, *Hist.* liv. V, ch. xv, xix, xxxi, xxxii; liv. VI, ch. xv. — *De la génération*, liv. I, ch. i; liv. III, ch. ii.

(2) ARISTOTE, *Histoire des animaux*. Trad. de Camus, t. I, p. 313.

sante(1). Il cite particulièrement à ce sujet les marais des environs de Cnide, qui, à l'époque de la canicule, devenaient absolument à sec, et dans lesquels on voyait pulluler une espèce de muge, aussitôt que les premières pluies de l'automne y avaient ramené l'eau (2). « Il se forme, dit-il, de la même manière, « en Asie, à l'embouchure des fleuves, d'autres petits « poissons de la grosseur de ceux dont on fait les « sauces (3); » ailleurs il prête la même origine aux anguilles (4); selon ce philosophe, les chenilles de divers papillons ne seraient que le produit des plantes diverses sur lesquelles elles vivent (5), et il va même jusqu'à prétendre que certains insectes dérivent de la rosée qui baigne les feuilles à l'époque du printemps (6), et que les poux du corps s'engendrent spontanément dans les chairs et viennent ensuite surgir à la surface de la peau (7).

Théophraste a été le continuateur de son maître relativement à ses opinions sur la spontéparité. On a de lui un livre sur les *animaux qui apparaissent subitement*; on le trouve dans la *Bibliothèque* de Photius (8).

(1) ARISTOTE, *Histoire des animaux*. Traduct. de Camus, t. I, p. 363.

(2) ADANSON dit quelque chose d'analogue des marécages de la Sénégambie (*Voyage au Sénégal*).

(3) ARISTOTE, *Histoire des animaux*. Traduct. de Camus, t. I, p. 363.

(4) *Id.*, p. 367.

(5) *Id.*, p. 287.

(6) *Id.*, p. 287.

(7) *Id.*, p. 311.

(8) F. REDI, *Génération des insectes*, coll. acad., t. VI, p. 443, cite ce livre.

Dans la suite, les théories des philosophes grecs que nous venons de citer se répandirent parmi les écrivains de la république et de l'empire romain , et plusieurs de ceux qui illustrèrent l'époque d'Auguste, les admirent même sans le moindre contrôle.

C'est ici le lieu de rappeler Lucrèce, qui a traité son sujet comme poëte et comme physicien, et a si audacieusement développé les théories atomistiques de Leucippe et d'Épicure (1). Rien n'arrête ce penseur téméraire. Il croit possible , dit Bayle, que les mêmes atomes dont un homme a été composé, et qui se dissipent par la mort, reprennent, avec le temps, la même situation et reproduisent un homme : mais il veut que les accidents de ce nouvel homme ne concernent en aucune manière le premier (2).

Pline assure qu'il existe quelques animaux qui sont engendrés par des êtres non engendrés, et dont l'origine n'est nullement semblable à celle des autres espèces (3), et il assure aussi qu'il se forme une foule d'insectes ailés à même la poussière des cavernes (4).

(1) LUCRÈCE, *De rerum naturâ.* Paris, 1680 :

> Nonne vides quæcumque morâ, fluidoque liquore
> Corpora tabuerint, in parva animalia verti ?

(2) BAYLE, *Dictionnaire historique et critique.* Paris, 1820, t. IX, p. 528.

(3) PLINE, *Histoire naturelle*, liv. X, ch. LXXXVII : « Quædam vero gignuntur ex non genitis, et sine ullâ simili origine. »

(4) PLINE, *Hist. nat.*, liv. XII, cité par Buffon, t. XI, p. 30, édition de Deux-Ponts.

Diodore de Sicile, en décrivant le sol de la fertile Égypte, prétend que, lorsque le soleil échauffe et dessèche le récent limon du Nil, on voit sortir de celui-ci une foule d'animaux dont l'origine ne peut être douteuse, puisqu'il en est encore parmi eux qui, incomplétement formés, débattent à la surface du sol leur tronc tout à fait achevé, tandis que leur train de derrière encore informé et incomplet reste adhérent à la terre (1).

Ovide, dans de magnifiques vers, a raconté le même fait (2); et lorsqu'il décrit le déluge de Deucalion, il va même plus loin, en prétendant que c'est à la terre seule que fut abandonnée la reproduction des animaux (3). Plutarque dit lui-même, que le sol de l'Égypte passait pour engendrer spontanément des rats (4), et Porphyre fait aussi mention de cette croyance (5). Enfin, tout le monde sait que Virgile

---

(1) Diodore de Sicile, *Bibliothèque historique*. Paris, 1846, t. I, p. 12.

(2) Ovide, *Métamorphoses*, liv. I, v. 422 :

> ...... Et eodem in corpore sæpè
> Altera pars vivit; rudis est pars altera tellus.

(3) Ovide, *Métamorphoses*. Paris, t. I, p. 35 :

> Cætera diversis tellus animalia formis
> Sponte suâ peperit...

(4) Plutarque, *Symposiacon*, lib II, p. 131. Par ce mot il faut entendre de petits mammifères de l'ordre des Rongeurs, car le Rat proprement dit était inconnu aux anciens.

(5) Comp. Camus, *Notes sur l'Histoire des animaux d'Aristote*, p. 711. — Villenave, *Notes sur les Métam. d'Ovide*, p. 129.

prétendait que les abeilles naissaient au milieu des chairs en putréfaction d'un taureau (1).

§ II. — Moyen âge.

A l'époque du moyen âge, les écoles étant sous l'empire absolu de la philosophie péripatéticienne, les idées des maitres de la scolastique, lorsqu'ils ne furent pas entraînés par le sentiment chrétien, rappellent évidemment celles du chef de l'école antique. C'est ainsi qu'Avicenne, dans son ouvrage sur les Déluges, prétend qu'après les grandes inondations du globe, de nouvelles races d'hommes se sont produites à même les amas de cadavres humains abandonnés par l'eau (2).

Les auteurs citent encore comme l'un des partisans de la génération spontanée, Crescenzi, le plus savant agriculteur du moyen âge (3). Et, d'après eux, celui-ci, à l'exemple des anciens, prétendait que des essaims d'abeilles pouvaient naitre des entrailles d'un taureau.

§ III. — Renaissance.

A l'époque de la Renaissance et durant les pre-

(1) Virgile, *Géorg.*, épis. d'Aristée.

(2) Avicenne, *De congelatione et conglutinatione lapidum*, dans *Ars aurifera*. Bâle, 1610, t. I.—Villenave, *Métam. d'Ovide*, Paris, 1806. Notes, t. I, p. 129.

(3) Cité par Redi, *Générat. des ins.*, collect. académ., t. VI, p. 424. — Je pense qu'il est question ici du célèbre agronome du moyen âge, n'ayant pu vérifier cette citation.

mières années qui la suivirent, les écoles, malgré l'effort des deux Bacon (1), ne s'étant point encore soustraites au joug de la philosophie du Stagyrite, il en résulta nécessairement que les idées du chef inattaquable y furent généralement professées, et que presque tous les savants d'alors, à l'exemple d'Aristote, admirent, sans le moindre doute, l'existence des générations spontanées. Parmi eux, on peut citer principalement Matthiole, qui n'hésite pas à considérer les grenouilles comme naissant du limon des marécages (2); Cardan, qui prétend que l'eau engendre les poissons et que beaucoup d'animaux naissent de la putréfaction (3).

On peut ajouter à ceux-ci, Aldrovande (4), Séb. Munster (5), Rondelet (6), Licetus, (7), Moufet (8), Jonston (9), Th. Bartholin (10), Gassendi (11), Scali-

(1) ROGER BACON, *Opus majus*. Londres, 1733. — FRANÇOIS BACON, *Novum organum*. Paris, 1843.

(2) MATTHIOLE, *Commentarii in sex libros Pedar. Dioscorid.* Venise, trad. de J. Desmoulins, p. 216.

(3) CARDAN, *De subtilitate*, trad. franç. Rouen, 1542, p. 256.

(4) ALDROVANDE, *Opera omnia.* Bononiæ, 1642.

(5) SÉB. MUNSTER, *Cosmographie universelle*. Paris, 1575.

(6) RONDELET, *Universæ aquatilium historiæ pars altera, etc.* Lyon, 1554.

(7) LICETUS, *De monstris.* Amsterdam, 1665.

(8) MOUFET, *Insectorum sive minimorum animalium theatrum.* Londres, 1634.

(9) JONSTON, *Theatrum universale omnium animalium.* Amsterdam, 1718.

(10) TH. BARTHOLIN, *De vermibus in aceto et semine.* Copenhague, 1671.

(11) GASSENDI, *De vita, moribus et placitis Epicuri.* Lyon, 1648.

ger (1), qui pour la plupart admirent sur ce sujet les errements des anciens (2).

Vers l'époque de la Renaissance, la cause de l'hétérogénie fut aussi embrassée sans scrupule par plusieurs religieux, et entre autres par quelques jésuites, qui ont joui d'une grande réputation scientifique, tels que le P. Kircher, connu par sa vaste érudition (3); le P. Fabri, savant mathématicien français, qu'on prétend avoir connu la circulation avant Harvey, et qui mourut à Rome grand pénitencier du pape (4); puis le P. Bonanni, naturaliste et antiquaire italien (5), et enfin le P. Cabée (6).

Dans son *Mundus subterraneus*, le P. Kircher a écrit de longs et curieux chapitres sur la question qui nous occupe et il s'en déclare l'un des plus ardents partisans. Pour lui, les exemples abondent, et il en trouve même des plus extraordinaires. La ferveur du savant jésuite était telle pour cette thèse, qu'il allait jusqu'à prétendre que des fragments de tiges de certains végétaux, en tombant dans l'eau s'y transformaient en animaux divers; et, pour convaincre ses lecteurs, il a même fait reproduire quelques figures de

(1) SCALIGER, *Traduction latine de l'Histoire des animaux d'Aristote*. Toulouse, 1619.

(2) Comp. REDI, *Génération des insectes*, coll. acad., t. VI, p. 424.

(3) P. KIRCHER, *Mundus subterraneus*.

(4) P. FABRI, *Tractatus duo : quorum prior est De plantis, et de generatione animalium; posterior De homine*. Paris, 1666.

(5) BONANNI, *Observationes circa viventia, quæ viventibus reperiuntur, cum micrographiâ curiosâ*. Rome, 1691.

(6) CABÉE.

ceux-ci dans son œuvre (1). Là il présente les choses avec tant d'assurance que Redi ne dédaigna pas d'essayer de les vérifier par l'expérience (2). Le P. Kircher avait une si grande ferveur pour la cause de la génération spontanée qu'il allait jusqu'à professer qu'il suffisait d'ensemencer la terre avec des serpents pulvérisés pour récolter une moisson d'ophidiens !

Le P. Bonanni, naturaliste connu par son livre sur la conchyliologie (3), a été aussi l'un des plus zélés partisans de la génération spontanée (4), et ses opinions ont eu de son temps assez de retentissement pour que Redi ait aussi cru devoir lui répondre (5). Il a même été assez avancé pour prétendre que les diverses espèces animales et végétales, en se décomposant, produisaient chacune des espèces particulières ; opinion que Buffon a lui-même reproduite lorsqu'il était dans toute la maturité de sa carrière (6).

Amis du merveilleux et frappés de l'étrange aspect de tous ces monstres plus ou moins authentiques qu'ils décrivirent dans leurs œuvres, Aldrovande et

<hr>

(1) KIRCHER, *Mundus subterraneus.* Amsterdam, 1778, lib. XII *De panspermiâ rerum*, p. 371.

(2) J. REDI, *De la génération des insectes*, coll. acad., t. VI, p. 443.

(3) BONANNI, *Ricreazione dell' occhio e della mente nell' osservazione delle chiocciole.* Rome, 1681.

(4) BONANNI, *Observationes, etc.*

(5) F. REDI, *Osservazioni intorno agli animali viventi che si trovano negli animali viventi.* Florence, 1684. Trad. de la coll. acad., t. VI, p. 487.

(6) BUFFON, *Hist. nat.*, Suppléments. Deux-Ponts, 1786, t. II, p. 38.

Licetus (1) se déclarèrent naturellement partisans de la génération spontanée. L'audace du premier n'est arrêtée par rien. Dans son *Ornithologie*, il existe même un passage fort curieux dans lequel il expose que les bernaches sont produites par certains arbres qui habitent le nord de notre continent; et, pour mieux persuader ses lecteurs, il consacre une grande planche à illustrer ce sujet. Celle-ci représente un arbre portant des anatifes en guise de fruits, et au-dessous de celui-ci des bernaches, qui sont censées en être sorties, nagent à la surface d'un lac (2). Séb. Munster a reproduit une fable analogue, et l'a aussi illustrée par une figure dans son important ouvrage. D'après cet érudit, ce serait un arbre des rivages des Orcades qui produirait les bernaches, et il représente même celles-ci sortant de ses fruits oviformes (3).

Enfin, je me plais à croire que, par respect pour notre espèce, Rondelet (4), Gesner (5), Theuet (6), A. Paré (7), Olaus Magnus (8) et Aldrovande (9) ont

(1) ALDROVANDE, *De mollibus crustaceis, etc.*, p. 583. — LICETUS, *De monstris.* Amsterdam. 1665.

(2) ALDROVANDE, *De mollibus crustaceis, etc.*, p. 543, appelle ce prétendu fruit *Concha anatifera.*

(3) S. MUNSTER, *Cosmographie universelle.* Paris, 1575, t. I, p. 100.

(4) RONDELET, *Libri de piscibus marinis.* Lyon, 1554.

(5) GESNER, *Historiæ animalium.* Tiguri, 1551.

(6) THEUET, *Cosmographie*, ch. X-XXII, etc.

(7) A. PARÉ, *OEuvres chirurgicales*, édition de J. F. Malgaigne. Paris, 1841, t. III, liv. XIX.

(8) OLAUS MAGNUS, *Historia de gentibus septentrionalibus.* Rome, 1555. *De piscibus monstruosis.*

(9) ALDROVANDE, *Monstrorum historia.* Bologne, 1642.

dû considérer comme le produit d'une génération
anormale ces monstres étranges, dont leurs œuvres
renferment de longues descriptions ou d'incroyables
dessins, véritables conceptions d'une crédulité sans
bornes ou d'une imagination en démence.

Cependant nous devons avouer, en terminant, que
quelques-uns des savants de la Renaissance, vaincus
par l'observation, pour concilier celle-ci avec la foi
qu'imposaient les doctrines du maître révéré, s'effor-
cèrent déjà de trouver quelques expédients. Rondelet fut du nombre. Tout en admettant avec Aristote
que les anguilles s'engendrent spontanément du limon en putréfaction, il ajoute que, cependant, dans
certaines circonstances, ces poissons sont également
le produit du rapprochement des sexes (1).

§ IV. — Époque moderne.

L'époque moderne fut remarquable par l'accroissement extrême des partisans de la génération spontanée. La découverte du microscope ne contribua
pas peu à ce résultat. Le monde nouveau d'êtres organisés que cet instrument révélait ; ces animalcules,
dont l'infinie petitesse étonnait tous les observateurs,
leur paraissaient ne pouvoir s'expliquer qu'en supposant que la matière elle-même parvenait à s'animer.
La plupart des savants, en voyant surgir presque sous
leurs yeux ces myriades d'animalcules nouveaux
pour eux, supposaient même avoir pris la nature

(1) RONDELET, *Des poissons de rivière*, chap. XX.

sur le fait; quelques-uns seulement doutaient encore. On reconnaît, d'après cela, que durant les deux derniers siècles qui ont précédé notre temps, l'histoire de l'hétérogénie se lie intimement à la découverte et aux perfectionnements du microscope; les partisans ou les adversaires de cette hypothèse ayant souvent trouvé dans l'emploi de cet instrument des arguments nouveaux pour l'appuyer ou la combattre!

Aussi, d'après nous, l'histoire des découvertes qui doivent être embrassées pour apprécier tout ce qui concerne l'hétérogénie, doit-elle se diviser, pour l'époque moderne, en trois périodes, qui sont aussi les trois grandes phases de l'histoire des microzoaires. La première ne comprend que les temps où le microscope simple est employé; c'est une époque d'investigation superficielle; on ne voit guère y briller que Leeuwenhoek, Hartsoeker et Baker. La seconde commence au temps où le microscope composé est inventé et permet un plus scrupuleux examen des faits; c'est l'époque durant laquelle Needham, Buffon et O. F. Muller font leurs observations. Enfin, on arrive au dernier perfectionnement de l'instrument ou au microscope achromatique; c'est la troisième période, alors que les Ehrenberg, les Dujardin, les Valentin et les Czermak (1) font leurs beaux travaux sur l'organisation des microzoaires; et ce fut seulement alors, aussi, que l'on parvint à embrasser toute l'immensité du monde nouveau révélé par cet instrument.

(1) VALENTIN, *Nov. act. nat. cur.*, t. XIX. — CZERMAK, *Beitraege zu der Lehre von der Spermatozoen*. Vienne.

L'imagination n'avait rien supposé d'aussi extraordinaire! Ce fut alors qu'on put découvrir ce *Monas
crepuscu'us*, Ehr., dont le diamètre n'a guère que
0,0005 de millimètre, ténuité qui est telle que
M. R. Owen suppose qu'une seule goutte d'eau en
contient parfois cinq cents millions d'individus,
nombre qui égale celui de l'espèce humaine répandue à la surface de la terre (1).

Les premiers observateurs qui firent usage du
microscope, étonnés de tant d'êtres inattendus qu'il
leur révélait et n'ayant encore que des instruments
assez imparfaits, admirent généralement la génération spontanée ; mais lorsque de grands perfectionnements permirent de mieux apprécier les objets et de
découvrir que des animalcules, que l'on avait considérés précédemment comme de simples fragments
de gélatine doués de formes et de vie, possédaient
parfois une organisation fort avancée, l'opinion de
quelques naturalistes fut ébranlée et les doutes commencèrent à surgir parmi eux. Il y a donc, comme
nous venons de le dire, une liaison intime entre
l'histoire de la génération spontanée et celle du microscope, si souvent invoqué pour en dissiper les
ténèbres.

1° Microscope simple (dix-septième siècle).

La Hollande peut, à juste titre, revendiquer d'avoir

(1) R. Owen, *Lecture on the comparative Anatomy and Physiology
of the Invertebrate Animals*. Londres, 1843, p. 18. — « Number
equalling that of the whole human species now existing upon
the surface of the earth. »

été le berceau de la micrographie, car ce fut dans ce pays que Leeuwenhoek et Hartsoeker employèrent pour la première fois le microscope, dont ils se disputèrent si vivement l'invention.

Mais ces premiers investigateurs n'employèrent que des microscopes simples, et leur patience infinie, leur sagacité, en triomphant de tous les obstacles, leur permirent cependant, malgré l'imperfection de leurs instruments, de faire une foule d'observations précieuses qui ont servi de point de départ à la science des infiniment petits.

Leeuwenhoek, que la Hollande compte au nombre de ses plus illustres enfants, n'en a jamais possédé d'autres; et ce fut avec ceux-ci que ce savant, que l'on considère à juste titre comme le père de la micrographie, fit ses plus importantes découvertes. On peut encore vérifier cette assertion dans les collections de la Société royale de Londres; car, en mourant, il légua à ce corps savant, dont il était membre, tous ceux dont il s'était servi (1).

A l'aide de ses microscopes simples, Leeuwenhoek découvrit les animalcules spermatiques, découverte qui eut un immense retentissement, ainsi que quelques autres animalcules qui dérivent évidemment de la génération spontanée (2). Cependant ce naturaliste n'en fut pas moins un ardent antagoniste de cette thèse, dont on aurait cru qu'il devait être le défen-

(1) Baker dit que les plus fortes lentilles de Leeuwenhoek ne grossissaient les objets que cent soixante fois en diamètre. GLEICHEN, p. 15.

(2) LEEUWENHOEK, *Arcana naturæ detecta*. Delft. 1695.

scur-né. Quelques auteurs, avec M. Dujardin, ont
attribué à Leeuwenhoek la découverte des infusoires;
mais la sagacité du micrographe hollandais s'est plutôt exercée sur d'autres animalcules que sur ceux des
infusions proprement dits, et il possède assez de
titres de gloire sans qu'on ait besoin d'y ajouter celui-ci (1).

Lorsqu'il est question de Leeuwenhoek, on ne peut
oublier de citer Hartsoeker, qui fut son émule et eut
de si vives luttes avec lui à l'égard de la priorité de la
découverte des animalcules spermatiques et de divers
autres sujets. Ce savant, qui a écrit plusieurs traités
sur l'optique, a acquis plus de célébrité comme physicien que comme micrographe (2); cependant il s'est
aussi occupé des animalcules microscopiques, qu'il
n'observa également qu'avec de simples lentilles (3).
Hartsoeker s'est encore fait remarquer par ses étranges conjectures concernant certains êtres organisés.

En renouvelant l'hypothèse de la panspermie, ce
physicien imagina que les germes invisibles des animalcules spermatiques voltigeaient dans l'air, et qu'ils
entraient dans le corps des animaux par la respiration ou avec les aliments; puis que ceux qui conve-
naient à chaque espèce se rendaient aux organes génitaux des mâles, où ils subissaient leurs divers développements. Mais cette étrange hypothèse ayant été

(1) DUJARDIN, *Dict. univ. d'hist. nat.* Paris, 1846, art. *Infusoires*, t. VII, p. 43.

(2) HARTSOEKER, *Principes de physique.* 1696.

(3) Il se servit d'abord de lentilles fabriquées avec des fils de
verres exposés à la flamme d'une chandelle.

abandonnée par lui, il admit ensuite que la formation des êtres dépendait d'une *force plastique intelligente* qui, comme une espèce d'âme végétative, préside à leur création et régit le jeu régulier de leurs fonctions. Hartsoeker a développé ce système dans plusieurs de ses ouvrages (1).

Ainsi que le fait observer Fontenelle, l'âme plastique ou formatrice du physicien hollandais est fort analogue aux *natures plastiques* de Cudworth qui ont compté tant de partisans, si ce n'était que ces dernières, selon le philosophe anglais, agissent sans connaissance, tandis que la force plastique d'Hartsoeker est intelligente (2).

Un naturaliste hollandais qui vivait vers la même époque que les deux savants précédents, Goedaert, semble admettre la génération spontanée des insectes, puisque l'on trouve cette phrase dans son ouvrage : « Les vers s'engendrent de toute substance et les animaux terrestres, comme les aquatiques, en produisent à foison (3). »

Baker, micrographe anglais qui a joui d'une grande célébrité durant le siècle dernier, ne se servait aussi que du microscope simple, et ce fut à l'aide de celui-ci qu'il ajouta si amplement aux travaux de Leeuwen-

(1) HARTSOEKER, *Conjectures physiques*. Amsterdam, 1706. — *Éclaircissements sur les Conjectures physiques*. Amsterdam, 1710. — *Suite des Conjectures physiques et des Éclaircissements sur les Conjectures physiques*. Amsterdam, 1712.

(2) FONTENELLE, *Éloge d'Hartsoeker*. Paris. — CUDWORTH, *True intellectual System of the Universe*. Londres, 1678.

(3) GOEDAERT, *Histoire naturelle des insectes*. Amsterdam, 1700.

hoek, en décrivant, mais il est vrai assez imparfaitement, un assez grand nombre d'animalcules qui
avaient échappé à ce savant, et qu'il observa dans l'eau
des marais et dans les infusions de foin et de quelques autres plantes (1).

L'hypothèse de la génération spontanée avait traversé une succession de siècles sans que l'on songeât
même à l'attaquer, mais nécessairement, en passant
par le criterium de l'école expérimentale de la Renaissance, elle perdit une partie de son prestige. Les
premiers coups lui furent portés dans l'Académie
del Cimento d'immortelle mémoire; là, au dix-septième siècle, Redi, qui en fut l'un des plus illustres
membres, démontra par de nombreuses expériences
que beaucoup d'insectes que l'on avait crus s'engendrer spontanément dans les chairs en putréfaction,
ne se dérobaient pas à la loi générale. Cet expérimentateur ayant recouvert des viandes en putréfaction
avec une gaze, reconnut qu'aucun ver ne naissait
à leur surface, et que les mouches attirées par l'odeur
infecte de la chair voltigeaient sans cesse autour de
l'appareil; et, dans l'impossibilité d'approcher de la
substance qu'il contenait, se bornaient à déposer
leurs œufs sur la gaze vers les points les plus rapprochés de la viande. Cette expérience fut répétée avec
du fromage et diverses autres substances, et toujours
elle eut le même résultat; aussi la conclusion du savant italien fut « que les vers qui naissent dans les

____

(1) BAKER, *The Microscope made easy.* London, 1743. — *Em-
ployment for the Microsc.* 1752.

chairs y sont produits par les mouches et non par ces chairs elles-mêmes (1). »

Les expériences de Redi eurent à son époque un immense retentissement, et il les compléta à son point de vue en soutenant que les entozoaires qui s'engendrent dans les autres animaux, et qu'on regardait comme étant essentiellement le produit de l'hétérogénie, avaient des organes sexuels et suivaient, pour se reproduire, la voie normale (2).

C'était là, comme on le voit, toute une révolution dans les idées généralement admises; cependant Redi, qui fut certainement trop facile à l'égard des vers intestinaux, manqua d'audace lorsqu'il s'agit des insectes qui s'engendrent à l'intérieur des tissus des plantes; il crut que ceux-ci pourraient bien dériver d'une génération spontanée.

Redi, dont les travaux ont encore une grande célébrité, avait victorieusement renversé toutes les traditions de l'antiquité concernant la génération encore inexpliquée d'une foule d'animaux inférieurs. Mais après avoir bien convaincu son époque que ceux-ci ne naissaient nullement par des voies anormales, mais simplement à l'aide d'œufs, cet heureux novateur voulut trop généraliser ses observations, en prétendant que ce mode de reproduction est universel. Là est le reproche qu'on peut lui adresser; cependant il faut dire que lorsqu'on lit attentivement son œuvre, on y rencontre de place en place quel-

(1) REDI, *Esperienze intorno alla generazione degl' insetti.* 1638.
(2) REDI, *Osservazioni intorno agli animali viventi che si trovano negli animali viventi.* 1684.

ques aveux indiquant qu'il n'était pas parfaitement convaincu; aveux qui s'élèvent contre les prétentions de ceux qui rangent l'illustre naturaliste de Florence parmi les adversaires absolus de l'hétérogénie.

Il suffit de citer quelques passages des œuvres de Redi pour se convaincre de la vérité de ce que nous avançons. Au début de son *Traité de la génération des insectes*, il semble déjà refuser le combat, en disant qu'il ne prétend nullement examiner les opinions des philosophes, ni se prononcer à leur égard (1). Presque immédiatement après avoir parlé de la création, il dit qu'il est *porté à croire* que depuis celle-ci, la terre n'a produit d'elle-même aucun être organisé, et il ajoute, enfin, qu'il lui *paraît vraisemblable* que toutes les espèces se perpétuent par des semences (2). De telles assertions sont loin d'être aussi explicites qu'on le prétend.

Plus loin, le doute est encore plus manifeste; et là, il est impossible de ne pas voir que le savant florentin admet aussi la génération spontanée. En parlant des vers qui habitent les végétaux, il prétend que leur génération s'opère de deux manières : « L'une, dit-il, c'est lorsque ces vers viennent du dehors; l'autre, *qui ne me paraît point incroyable*, c'est que la même vertu qui produit les fleurs et les fruits y fait naître aussi les vers qui se trouvent renfermés dans ceux-ci (3). »

(1) F. Redi, *Experimenta circa generationem insectorum.* Amstelodami, 1671, p. 24.

(2) F. Redi, *ib.*

(3) F. Redi, *Expériences sur la génération des insectes.* Trad. collect. acad., t. VI, p. 147.

Mais lorsque Redi arrive aux vers intestinaux , il ne résiste plus à l'évidence , et là , il en explique franchement l'apparition en invoquant la génération spontanée. On lit dans un de ses chapitres : « Je suis porté à croire que toute matière vivante peut d'elle-même produire quelques vers qui se transforment en insectes volants... » Et deux lignes plus bas, il ajoute : « Je suis *très-porté* à croire que les vers et les autres insectes qui se trouvent dans les intestins et dans les autres parties du corps humain s'y engendrent de la même manière (1). » Redi, ainsi qu'on le voit, ne doit donc pas être compté au nombre des adversaires absolus de l'hétérogénie !

Dans d'autres circonstances , Redi. malgré la nature de ses travaux et son opinion arrêtée , a plusieurs fois failli à ses convictions. Ainsi , en parlant de larves qu'il a observées à diverses reprises dans le crâne des cerfs, et dont il donne la figure dans son œuvre (2), il dit que le même principe actif et vivifiant qui produit ces petits animaux dans la tête des cerfs et des moutons donne peut-être aussi naissance aux poux qui tourmentent les hommes, les quadrupèdes et les oiseaux (3). N'omettons pas ce-

(1) F. Redi, *Expériences sur la génération des insectes.* Coll. acad., t. VI, p. 458. Osservazioni intorno agli animali viventi che si trovano negli animali viventi. Florence, 1684.

(2) F. Redi, *Experimenta circa generationem insectorum.* Amsterdam, 1771, p. 303. Aristote avait déjà parlé de ces vers ou larves que l'on trouve dans la tête des cerfs. *Hist. des anim.*, liv. II, ch. XV.

(3) F. Redi, *Experimenta circa generationem insectorum,* Amsterdam, 1771, p. 309, et Collect. académique, p. 460.

pendant de dire qu'il ajoute qu'il est porté à croire
avec J. Sperlingius, que ces insectes naissent des
œufs déposés par les femelles (1). Il est bien question ici d'un insecte, et non d'un cœnure, ce que
quelques naturalistes avaient pensé (2), car Redi
représente exactement sa larve dans ses planches.
Ainsi donc voici le chef des adversaires de l'hétérogénie que nous surprenons doutant à plusieurs
reprises.

Mais la lacune que l'illustre médecin florentin
laissa dans son œuvre fut rapidement comblée par
Vallisneri, qui fut l'élève et le continuateur des travaux de Redi, et qui traita le même sujet avec plus
de sévérité que son maître, en n'y admettant aucune
exception. En effet, Vallisneri dans ses *Dialogues*,
publiés en 1700, démontra que les insectes qui résident à l'intérieur des plantes se reproduisent aussi
par les lois ordinaires de la génération (3).

Enfin, vers la même époque, Swammerdam contribua avec Redi et Vallisneri à former le trio auquel
revient toute la gloire du premier effort vigoureux
dirigé contre l'hypothèse, si populaire, alors de la
génération spontanée. Ce grand observateur, en décrivant la reproduction des insectes, dans sa *Bible
de la nature*, et en suivant les diverses phases de
leurs merveilleuses métamorphoses, est venu apporter aussi d'incontestables preuves en faveur de tout

(1) J. Sperlingius, *Zoologie*.

(2) Gerard, *Dict. univ. d'hist. nat.* Paris, 1845, p. 57.

(3) Vallisneri, *Dialoghi fra Malpighi e Plinio intorno la curiosa origine di molti insetti,* Venise, 1700.

ce qu'avaient avancé les deux savants italiens (1).

Swammerdam ne paraît être que le trait d'union qui relie les travaux de Redi à ceux de notre époque ; il embrassa naturellement les vues de l'illustre médecin de Cosme III, dont il ne fut, en quelque sorte, que le continuateur ; mais Swammerdam se montra beaucoup plus inexorable que son prédécesseur envers les générations spontanées (2). Il combat victorieusement, il est vrai, quelques vestiges de la crédulité des anciennes époques, encore abondamment dispersés dans les écrits des savants d'alors, mais il n'attaque aucun des faits transcendants que la science et la philosophie modernes ont évoqués avec autorité pour démontrer l'hétérogénie. Et d'ailleurs, Swammerdam ne possédait guère le calme d'esprit nécessaire pour éclairer toutes les obscurités de la question ; ses relations avec Antoinette Bourignon l'avaient conduit à une vie ascétique peu propre à la découverte de la vérité ; aussi l'antagonisme de Swammerdam est-il d'une moins grande importance pour nous que celui de Redi.

Mais une étrange chose se passa par rapport à Swammerdam, c'est que, tandis que toute sa sollicitude s'épuisait à combattre les générations spontanées, l'un des éditeurs de la traduction de sa *Bible de la nature*, M. Gueneau, de son côté, sapait à ou-

(1) SWAMMERDAM, *Biblia naturæ, seu historia insectorum.* Leyde, 1737. Traduite dans le tome XVII de la Collection académique.

(2) SWAMMERDAM, *Biblia naturæ seu historia insectorum.* Leyde, 1737.

trance ses vues dans une longue introduction qui précède cet ouvrage (1).

En France, M. de Réaumur, l'un des membres les plus saillants de l'Académie des sciences, eut la gloire de populariser les découvertes des trois savants que nous venons de citer. Et, dans un ouvrage, monument impérissable de la science, il consigne une foule de curieuses recherches sur la reproduction des insectes, dont les lois générales, posées par ses devanciers, avaient encore besoin d'être étayées par de nouvelles observations. Les travaux du naturaliste français sont un modèle de précision et de sagacité; aussi sont-ils encore consultés de nos jours comme ayant la fraîcheur de la veille, et laissent-ils loin derrière eux ceux de ses prédécesseurs (2).

Lesser, naturaliste allemand, qui vécut à la même époque que Réaumur, professa des vues analogues aux siennes, relativement à la génération spontanée. En effet, le savant auteur de la *Théologie des insectes* ne pouvait naturellement être compté au nombre des hétérogénistes, lui qui, armé du texte sacré et le prenant partout comme point de départ, commence son livre en livrant une bataille en règle à toute l'ancienne philosophie (3).

Si jusqu'ici nous avons omis le nom d'Harvey, c'est que son aphorisme, devenu si célèbre, *omne*

<hr>

(1) GUENEAU, *Bible de la nature*. Introduction, Collection académique, p. 24.

(2) RÉAUMUR, *Mémoires pour servir à l'histoire des insectes*. Paris, 1734.

(3) LESSER, *Théologie des insectes*. Paris, 1745, liv. 1, p. 55.

vivum ex ovo, n'a peut-être pas toute la portée que lui accordent la plupart des ovaristes; car il semble qu'en dehors de cette proposition générale, le savant physiologiste admettait aussi la génération primaire. « Les animaux et les végétaux, dit-il, naissent tous spontanément, soit d'autres êtres organisés, soit entre eux, soit de partie d'entre eux, soit par la putréfaction de leurs excréments…. (1). » On voit donc par tout ce que nous rapportons que nos adversaires ne sont pas aussi absolus qu'on le pense généralement. On peut ajouter que cet aphorisme a été frappé d'inexactitude par la science moderne, du moment où celle-ci a signalé qu'un grand nombre d'animaux inférieurs font exception; et comme le dit Ch. Robin, sous une meilleure rédaction, *omne vivum ex vivo*, il constituera toujours l'une des principales bases de la biologie systématique (2).

2° Microscope composé (dix-huitième siècle).

L'invention du microscope composé ayant suivi de près celle du microscope simple, les savants commencèrent spécialement à l'employer vers le milieu du siècle dernier. Les travaux de Redi (3), de Vallis-

---

(1) Harvey, *Exercitationes de generatione animalium.* Londres, 1651, p. 54.

(2) Ch. Robin, *Histoire naturelle des végétaux parasites qui croissent sur l'homme et les animaux.* Paris, 1853, p. 87.

(3) Redi *Esperienze intorno alla generazione degli insetti.* Florence, 1668. — *Osservazioni intorno agli animali viventi che si trovano negli animali viventi.* 1681.

neri (1), de Swammerdam (2), de Réaumur (3), en nous dévoilant la reproduction d'une foule d'animaux inférieurs, avaient porté une profonde atteinte à l'existence des générations spontanées, admise depuis tant de siècles comme un fait positif. Celles-ci paraissaient même alors contestées de toutes parts, lorsque l'usage du microscope composé, en se répandant, transforma de nouveau l'opinion. Les animalcules d'une infinie petitesse, que cet instrument révélait partout où l'on en supposait le moins l'existence, firent naturellement penser qu'ils s'y engendraient spontanément; et jamais peut-être l'hypothèse de l'hétérogénie ne compta une armée plus compacte de partisans que durant cette seconde phase de la micrographie.

On peut considérer Othon Frédéric Muller, naturaliste danois, comme ayant été le prince des micrographes de cette époque (4). En effet, ce fut lui qui, pour ses grands travaux sur les infusoires, employa le microscope composé avec un art encore inconnu jusqu'alors. Le temps durant lequel vécut ce savant célèbre fut fécond en observateurs qui, presque tous, ainsi qu'il le fit lui-même, embrassèrent la défense de l'hétérogénie.

(1) VALLISNERI, *Dialoghi fra Malpighi e Plinio intorno la curiosa origine di molti insetti.* Venise, 1700. — *Considerazioni ed esperienze intorno alla generazione de' vermi ordinari del corpo umano.* Padoue, 1710.

(2) SWAMMERDAM, *Biblia naturæ seu historia insectorum.* Leyde, 1737.

(3) RÉAUMUR, *Mémoires pour servir à l'histoire des insectes.* Paris, 1734.

(4) O. F. MULLER, *Vermium terrestrium et fluviatilium Historia,* 1774. — *Animalcula infusoria,* etc. Copenh., 1786.

Tels furent principalement Hill, que l'on cite comme le premier nomenclateur des microzoaires(1), Joblot (2), Rœsel (3) et Wrisberg (4); puis, bientôt après, les infusoires furent étudiés accessoirement par Pallas(5) et Ellis (6), dans leurs ouvrages sur les zoophytes; Eichhorn (7), Needham (8), Gleichen(9), produisirent sur ces animaux des travaux remarquables; enfin Goeze(10) et Bloch (11), dans leurs œuvres sur l'helminthologie, signalèrent quelques espèces qui vivent dans le tube digestif des grenouilles.

Les travaux de plusieurs de ces savants, ainsi que ceux de divers grands naturalistes de leur époque, ayant eu une immense influence sur les questions qui nous préoccupent, nous leur consacrerons spécialement quelques lignes, afin d'en mieux apprécier toute l'importance.

En suivant à peu près l'ordre dans lequel leurs observations et leurs opinions ont pris rang dans la

(1) Hill, *Essay of natural history*, 1752.

(2) Joblot, *Observations d'hist. nat. faites avec le microscope*, 1754.

(3) Roesel, *Insecten Belustigung von Rösel*. 1746. Récréations entomologiques.

(4) Wrisberg, *Observationes de animalcul. infusor. naturâ*. Goettingue, 1764.

(5) Pallas, *Elenchus zoophytorum*. 1766.

(6) Ellis, *Philos. Trans.*, Londres, 1770.

(7) Eichhorn, *Kleinste Wasserthiere*. Berlin, 1781. Les infiniment petits aquatiques.

(8) Needham, *Découvertes faites avec le microscope*. Leyde, 1747.

(9) Gleichen, *Infusionsthierchen*. 1778. Des infusoires.

(10) Goeze, *Naturgeschichte der Eingeweidewürmer*, 1782. Histoire naturelle des vers intestinaux.

(11) Bloch, *Abhandl. über die Erzeugung der Eingew.* 1782. Sur la génération des vers intestinaux.

science, nous voyons se présenter successivement les noms de Needham, de Buffon, de Spallanzani, de Bonnet, de Gleichen, d'O. F. Muller, etc.

Needham, physicien anglais, auquel plusieurs savants attribuent exclusivement la découverte des infusoires (1), a été l'un des plus vigoureux athlètes de la génération spontanée ; trop vigoureux peut-être, car en voulant la démontrer par des faits controuvés ou impossibles, il a peut-être plus discrédité qu'avancé la question. Ayant reçu le jour dans une patrie où les convictions religieuses ont de profondes racines, le célèbre membre de la Société royale de Londres sentit qu'un semblable système ne serait jamais accepté s'il heurtait les croyances. Aussi le voit-on, tout d'abord, annoncer que l'hypothèse de la spontéparité est dans un parfait accord avec la plus saine métaphysique ainsi qu'avec nos croyances religieuses (2).

Il est en effet d'accord avec les préceptes métaphysiques de Leibnitz, qui admet une force active dans les éléments des corps (3) ; il a la conviction que ses théories ne sont nullement en opposition avec la religion, en considérant Dieu comme le grand régulateur de cette force végétative, *attingens a fine usque ad finem et disponens omnia suaviter.* N'étant embarrassé par aucun obstacle, il dit avec raison que le premier homme surgit de la matière

(1) J. MULLER, *Manuel de physiologie.* Paris, 1845, p. 10.

(2) NEEDHAM, *Notes de Needham sur les nouvelles recherches sur les découvertes microscopiques et la génération des corps organisés par Spallanzani,* p. 144.

(3) LEIBNITZ, *Monadologie.*

à la voix du Créateur, et le savant d'outre-mer
termine ce paragraphe par un singulier rapprochement en prétendant qu'elle aussi, Ève, sous la même
inspiration, n'a été qu'une expansion subite de
cette même matière, se détachant du corps d'Adam
comme un jeune polype se détache du polype
mère (1) !

C'était à Needham qu'il appartenait de mettre un
frein aux prétentions exagérées des successeurs de
Redi. Le premier, selon J. Muller (2), il eut la gloire
de démontrer que si la putréfaction n'engendre
point d'insectes, au moins, sous son influence, il se
produit des myriades d'animalcules auxquels les
naturalistes imposèrent d'abord la dénomination
d'infusoires (3).

Ses travaux ouvrirent une nouvelle carrière à l'observation ; aussi les traces du micrographe anglais
furent-elles rapidement suivies par des naturalistes
du plus grand mérite. Parmi eux on remarqua d'a-
bord Wrisberg, O. F. Muller, Ingenhousz ; puis par
la suite, Treviranus, Schultz, Bory Saint-Vincent,
Ehrenberg, Dujardin.

Needham, si souvent associé à Buffon lorsqu'il s'agit
de travaux microscopiques, avait au sujet de l'origine
des microzoaires une théorie à lui ; il pensait qu'ils se

(1) NEEDHAM, *Notes sur les nouvelles recherches microscopiques
de Spallanzani*, p. 144 et suiv.

(2) J. MULLER, *Manuel de physiologie*. Paris, 1845, p. 10.

(3) NEEDHAM, *New microscopical discoveries*. Londres, 1745. —
Trad. en franç. sous le titre de *Découvertes faites avec le microscope*. Leyde, 1747.

produisaient à l'aide d'une *force végétative* particulière (1).

Les travaux de Buffon doivent se trouver naturellement placés après ceux de Needham, dont il fut presque le commensal, à l'égard de ses observations microscopiques, car c'était souvent ce dernier qui les lui préparait.

Un homme comme Buffon, dont la pensée est si souvent audacieuse, devait marcher témérairement en avant de son siècle : aussi le voit-on embrasser sans hésitation la cause de l'hétérogénie, alors si controversée. Et dans l'un de ces moments où le naturaliste s'efface devant le philosophe, il s'écrie : « Il y a peut-être autant d'êtres, soit vivants, soit végétants, qui se reproduisent par l'assemblage fortuit des molécules organiques, qu'il y a d'animaux ou de végétaux qui peuvent se reproduire par une succession constante de générations (2). » Dans un autre endroit de ses œuvres il fouille encore plus avant la question. « On s'assurera même, dit-il, que cette manière de génération est non-seulement la plus fréquente et la plus générale, mais *la plus ancienne*, c'est-à-dire *la première et la plus universelle* (3). »

C'est absolument cette même thèse, qu'a développée récemment l'école allemande, en s'appuyant de toutes les ressources de la science moderne.

(1) NEEDHAM, *Nouvelles Recherches sur les découvertes microscopiques*, t. I, p. 171.

(2) BUFFON, *Histoire naturelle. Suppléments*, t. IV, p. 335 ; édit. de Deux-Ponts, t. XI, p. 17.

(3) BUFFON, *Histoire naturelle*, t. II, p. 420.

Buffon, n'ayant encore en sa possession que d'imparfaits instruments d'optique, et trompé par l'apparence confuse de certaines infusions, avait cru reconnaître qu'il existait une matière ou des *molécules organiques et vivantes*, universellement disséminées dans les animaux et les plantes, et servant successivement à leur génération et à leur développement. Quoique parti d'observations inexactes, l'illustre naturaliste n'en était pas moins dans une voie rationnelle, seulement il fallait reporter sa pensée dans l'inconnu du monde moléculaire.

Quelques lignes empruntées à Buffon donneront une idée exacte de son système; nous citons ici textuellement l'illustre naturaliste, parce que souvent on a exposé fort inexactement ses opinions. « Lorsque les molécules organiques vivantes, dit-il, ne sont plus contraintes par la puissance du moule intérieur, lorsque la mort fait cesser le jeu de l'organisation, c'est-à-dire, la puissance de ce moule, la décomposition du corps suit, et les molécules organiques qui toutes survivent, se retrouvant en liberté dans la dissolution et la putréfaction des corps, passent dans d'autres corps aussitôt qu'elles sont pompées par la puissance de quelques autres moules; en sorte qu'elles peuvent passer de l'animal au végétal, et du végétal à l'animal sans altération (1). » Peu de lignes plus bas il ajoute que si pendant leur état de liberté ces

______

(1) Ses convictions sont tellement grandes, qu'il rapporte que des populations de l'Éthiopie qui se nourrissent de sauterelles, ont parfois le corps envahi et dévoré par ces insectes, qui se sont reproduits à même leurs débris. Édit. de Deux-Ponts, t. XI, p. 26.

molécules ne se trouvent pas sous la puissance d'un moule identique, il en résulte une infinité de générations spontanées (1).

Ce qu'il y eut de remarquable, c'est que l'audacieuse idée du savant Français passa en Italie et y fut soutenue par Filippo Pirri (2) dans un ouvrage qui reçut en quelque sorte le baptême de l'Église, dans les mêmes États où Galilée, plus de cent ans avant, prononçait l'impérissable abjuration de son système (3).

Buffon ne se bornait pas à limiter aux animaux microscopiques la génération spontanée, il l'étendait aussi aux ténias, aux ascarides et aux autres vers intestinaux (4) ; ce grand naturaliste croyait aussi que chaque espèce en se putréfiant, donnait naissance à une espèce particulière d'infusoires (5).

Mais, avouons-le sans détour, Buffon était peu apte à élucider un tel sujet. L'illustre historien de la nature ne s'entendait qu'à décrire les plus majestueux phénomènes de celle-ci ; et c'était à d'autres, c'était à Daubenton, à Needham, qu'il abandonnait presque entièrement le soin d'en explorer les plus

(1) Buffon, *Histoire naturelle*. Deux-Ponts, 1785, t. XI, p. 21-22.

(2) Filippo Pirri, *Riproduzione de' corpi organizati, con licenza de' superiori*.

(3) *Solem esse in centro mundi et immobilem motu locali, est propositio absurda et falsa in philosophia, et formaliter hæretica, quia est expresse contraria sacræ Scripturæ.*

(4) Buffon, *Suppléments à l'hist. nat.* Deux-Ponts, 1786, t. II, p. 27.

(5) *Id.*, p 38.

obscurs replis. En effet, que pouvait-on attendre de Buffon, lui qui, sans jamais avoir bien vu les animalcules spermatiques des chiens, qui sont cependant si faciles à observer, prétend, nonobstant, en trouver de pareils sur les ovaires de la chienne, elle qui n'en possède pas le moindre vestige! Et pour constater une telle découverte, il cite deux témoins oculaires, Needham et Daubenton, assurant que ces savants ont répété dix fois cette observation (1).

Le plus rude antagoniste des générations spontanées est incontestablement l'abbé Spallanzani. Jusqu'à lui, elles n'avaient été attaquées que par boutades et souvent avec assez d'incohérence ; mais le professeur de Pavie se passionne contre elles, et accumule les expériences et les volumes pour en démontrer la fausseté. A-t-il réussi ? C'est ce que nous prouvera la suite de cet ouvrage.

C'est principalement sur les travaux de Spallanzani que s'appuient les antagonistes de l'hétérogénie, et cependant on peut dire, sans sévérité, que ces travaux, qui n'ont pas été sans valeur à l'époque à laquelle existait l'illustre expérimentateur, sont aujourd'hui largement distancés par les découvertes modernes. Il faut aussi ajouter que le naturaliste de Pavie n'était peut-être pas assez zoologiste pour embrasser complétement la question.

L'œuvre de Spallanzani, au premier abord, paraît

____

(1) Il se servait cependant de microscope composé. GLEICHEN, *Dissertation sur la génération, les animalcules et ceux d'infusion.* Paris, an VII, p. 55-56.

assez volumineuse ; mais quand on la soumet aux sévérités de l'analyse, on s'aperçoit immédiatement qu'elle contient bien moins de matière qu'on ne l'aurait cru, à cause de la manière prolixe dont tous les faits sont exposés : c'est plutôt un rhéteur qui écrit qu'un expérimentateur qui expose. Souvent même les faits sont narrés avec tant de détails qu'il en résulte un certain embarras pour les débrouiller et que l'auteur lui-même n'est pas toujours exempt d'obscurité ou de contradictions.

Cependant, les plus exclusifs antagonistes de la spontéparité se groupent tous autour de l'étendard de Spallanzani qui pour eux est presque un prophète. Nonobstant, de place en place, vaincu par l'évidence, celui-ci avoue les faiblesses de la cause qu'il soutient, et fait quelques concessions au sujet d'une matière qui n'en souffre aucune; car dans celle-ci, la moindre concession est une défaite absolue... Ainsi, n'est-ce pas un aveu sans réplique que celui qui échappe au célèbre professeur de Pavie lorsqu'il dit : « Les infusoires tirent sans doute leur première origine de principes préorganisés; mais ces principes sont-ils des œufs, des germes ou d'autres semblables corpuscules? S'il faut offrir des faits pour répondre à cette question, j'avoue ingénument que nous n'avons sur ce sujet aucune certitude (1). » Que peuvent être, en effet, ces corpuscules préorganisés, si ce ne sont des molécules organiques toutes prêtes à entrer en

(1) Spallanzani, *Opuscules de physique animale et végétale.* Pavie, 1787, t. I, p. 230.

combinaison pour la production de quelque nouvel être ?

La lecture de Spallanzani révèle même à chaque page, qu'il sent son impuissance pour expliquer l'apparition des microzoaires dans les expériences de nos laboratoires. Là, il dit, « que l'on n'a aucun fondement « pour croire qu'ils commencent à paraître dans les « infusions, lorsqu'ils y tombent de l'air (1). » Ailleurs, et c'est sa théorie de prédilection, il émet, au contraire, que c'est ce fluide qui transporte partout avec lui les germes de l'immense variété de protozoaires que nous observons; mais il ne sait dire au juste quelle est la nature de leurs introuvables éléments procréateurs. Il avoue seulement qu'il est raisonnable de croire qu'ils proviennent de quelques germes ou de quelque *principe préorganisé* (2). Ce principe qu'il prétend n'être pas toujours visible est un vrai mythe; admettre l'existence de ce moteur organique impalpable, c'est substituer la prééminence de la matière à celle de la force biologique.

Spallanzani prétend que le système de Buffon n'est qu'une fiction ingénieuse, c'est déjà quelque chose et l'on pourrait lui répondre que son espèce de Panspermie, à lui, repose encore sur de bien plus fragiles bases, et nous espérons le démontrer dans cet écrit. Du reste, comme le dit J. Muller, le savant italien, n'ayant pas fait connaître précisément les espèces d'infusoires qu'il a observées, ses expériences perdent beau-

(1) SPALLANZANI, *Opuscules de physique animale et végétale.* Pavie, 1787, t. I, p. 231.

(2) *Id.*, p. 231.

coup de leur valeur (1); et celles de Treviranus, qui
les renversent, sont bien autrement concluantes (2).

Dans une de ses lettres à Bonnet, l'abbé Spallanzani disait que la théologie naturelle pourrait reti-
rer de vives lumières de la connaissance du développement des animalcules infusoires; mais le célèbre
professeur de Pavie avouait qu'il n'existait aucun
sujet qui exigeât du naturaliste une logique plus serrée (3). Je partage aussi cette opinion; mais c'est justement parce que cet élément lui a été tout à fait
enlevé que de si longues controverses ont entravé
son avancement.

Bonnet, qui par l'importance de son œuvre a été
placé à la tête du parti des ovaristes, nous paraît avoir
traité la question de la génération plutôt en philosophe qu'en observateur profond et en naturaliste.
Et ceux qui ont parlé des opinions de ce savant,
qui a joui d'une si grande célébrité durant le siècle
dernier, l'ont fréquemment cité, plutôt d'après son
ancienne réputation que d'après la lecture de son
livre. Celui-ci n'est que le produit de la jeunesse de
l'auteur, car l'on sait que Bonnet, lassé prématuré-
ment par ses observations microscopiques, abandonna de bonne heure les sciences naturelles pour
se livrer entièrement à la philosophie. Son ouvrage
sur les corps organisés porte partout l'empreinte
d'une production incomplétement élaborée; c'est

____

(1) J. MULLER, *Manuel de physiologie*, Paris, 1845.
(2) TREVIRANUS, *Biologie*, t. II, p. 279.
(3) *Lettre de Ch. Spallanzani à Bonnet*, mentionnée par Gleichen,
op. cit., p. 174.

plutôt une succession de propositions sur des sujets fort variés que ce n'est l'exposition d'une doctrine appuyée sur l'expérience ; il est coupé par une multitude de chapitres et d'innombrables alinéa. L'un des deux volumes, qui est formé de 328 pages, offre 360 chapitres : c'est plus de chapitres que de feuilles ; il y en a parfois trois dans chacune d'elles, ce qui en rend la lecture difficile. Souvent même, les faits sont bien moins clairement énoncés qu'on n'aurait le droit de s'y attendre de la part d'un professeur de philosophie.

La réputation de celui-ci a peut-être fait la fortune de ses doctrines sur l'histoire naturelle; mais ce que nous pouvons affirmer, c'est que, pour notre compte, l'ouvrage du célèbre Genevois nous a paru loin d'avoir la valeur scientifique qu'on lui prête généralement, quand on ne l'a pas sondé d'un bout à l'autre, et j'avoue que quelques-uns de ses passages m'ont été absolument inintelligibles. Bonnet est même fort vague, lorsqu'à la première page de son œuvre il expose ce qu'il entend par l'emboîtement des germes, hypothèse dont il va devenir l'ardent défenseur.

Il débute en avançant que cette hypothèse *« accable « l'imagination sans effrayer la raison* (1). » Je commence par ne pas être de cette opinion, car, pour moi, elle me semble les épouvanter l'une et l'autre. On oppose à l'emboîtement d'effrayants calculs, et l'on sait qu'Hartsoeker assurait que « la première graine serait à la dernière et « la plus petite qui paraîtrait la dernière année

(1) Bonnet, *Considérations sur les corps organisés*. Amsterdam, 1772, t. I, p. 2.

« du soixantième siècle, comme l'unité suivie de
« trente mille zéros est à l'unité, » d'où le physicien
hollandais concluait que l'emboîtement était absurde (1). M. Hallen disait que l'imagination se
trouvait comme étourdie en voyant qu'un seul ver
spermatique, millionième partie de l'homme, renferme un million d'autres petits animalcules qui se
développent successivement (2); Gleichen n'était
pas moins effrayé d'une telle supposition (3).

On lit quelques lignes plus bas : « Le soleil un
« million de fois plus grand que la terre a pour ex-
« trême un globule de lumière, dont plusieurs mil-
« liards entrent à la fois dans l'œil de l'animal vingt
« millions de fois plus petit qu'un ciron. »

« Mais la raison perce encore au delà. De ce glo-
« bule de lumière, elle voit sortir un autre univers
« qui a son soleil, ses planètes, ses végétaux, ses
« animaux, et parmi ces derniers un animalcule qui
« est à ce nouveau monde ce que celui dont je viens
« de parler est au monde que nous habitons. »

C'est là toute la substance de l'un des plus importants chapitres de l'œuvre de Bonnet, où il est question de définir ce qu'il entend par emboîtement ;
chapitre qui ne renferme que dix-huit lignes (4)!
Voici les grands antagonistes que l'on nous oppose.

(1) HARTSOEKER, *Physique*.

(2) HALLEN, *Naturgeschichte der Thiere* (Histoire naturelle des
animaux), p. 74.

(3) GLEICHEN, *Dissertation sur la génération, etc.* Paris, an VII,
p. 65.

(4) BONNET, *Considérations sur les corps organisés.* Amsterdam,
1772, t. I, p. 2.

Je ne sais si quelques personnes pourront considérer
tout cela comme sérieux, mais pour moi j'aime à
traiter les sciences avec plus de rectitude. J'avoue ne
pas connaître les yeux de ces animaux vingt-sept
millions de fois plus petits que le ciron; et que mon
imagination ne va pas jusqu'à suspendre des soleils autour d'un atome de lumière, et à le peupler de végétaux et d'animaux!.....

En somme, l'hypothèse de Bonnet n'est que la
Panspermie renouvelée de l'antiquité. Il sature toute
la création de germes près d'éclore; les êtres animés,
comme les substances inertes, en sont gorgés, et,
selon lui, ils tombent de l'air dans les infusions, ou
ils y préexistent; et il les fait parfois résister aux
agents les plus désorganisateurs, au feu lui-même (1).
Et cependant tous les naturalistes ne savent-ils pas que
des températures peu élevées anéantissent à jamais
les organes reproducteurs des animaux et des plantes (2)? Dugès tuait à volonté les germes du *vibrio
glutinis* à l'aide d'une chaleur de 80° (3); et Morren
va plus loin, en prétendant qu'il ne faut qu'élever la
température à 45° pour détruire tous les germes organiques qui cheminent dans l'espace (4).

Mais lorsqu'on lit attentivement Bonnet, on voit
que ce savant, à plusieurs reprises, avoue la faiblesse
de ses convictions. Il dit lui-même que son système

(1) SPALLANZANI, *Opuscules de physique animale et végétale.*
Paris, 1789, t. II, p. 304.

(2) MOSCATI, *Acta Acad. Bonon.*, t. CXI.

(3) DUGÈS, *Traité de physiologie comparée.* Paris, 1839, t. III,
p. 210.

(4) MORREN, Cf. DUGÈS, *Phys. comp.*, t. III, p. 210.

est sujet à de grandes difficultés (1). En développant celui-ci il s'est fréquemment attaqué à Buffon, en essayant de renverser sa théorie des molécules organiques ; mais, hélas ! comme il est loin de notre Pline français, pour l'élévation des pensées et l'entraînement du style !

Comme observateur, le baron de Gleichen mérite d'être placé fort au-dessus de Spallanzani et de Bonnet. S'il n'a pas embrassé un aussi grand cadre qu'eux, évidemment, lorsqu'il se rencontre sur le même terrain, l'avantage reste de son côté. Ainsi, quand Gleichen représente les zoospermes de l'homme, il le fait avec une remarquable précision pour son époque (2), tandis que Spallanzani n'en donne qu'une figure absurde (3). Mais ce qui a peut-être empêché l'œuvre du micrographe allemand d'avoir tout le retentissement qu'elle méritait, c'est qu'il y combattait les plus rudes athlètes de son époque, les Buffon, les Bonnet, et Spallanzani lui-même.

Gleichen a exposé ses idées avec modestie, mais non pas sans avoir la conscience de sa force. Il sait qu'il a contre lui les hommes les plus éminents de son époque, mais il sait aussi qu'il peut s'appuyer sur quinze années d'observations et de patientes méditations, et il ne craint pas de s'avancer.

(1) BONNET, *Considérations sur les corps organisés*. Paris, 1772, t. I, p. 118.

(2) GLEICHEN, *Dissertation sur la génération*. Paris, an VII, pl. 1, fig. 1. — Certains histologistes de notre époque, je regrette de le dire, n'ont pas surpassé cette figure.

(3) SPALLANZANI, *Opuscules de physique animale et végétale*. Paris, 1787, pl. 3, fig. 1.

Dans son important ouvrage, Gleichen, admirateur des idées d'O. F. Muller sur la génération spontanée, les admet et les regarde comme étant en parfaite concordance avec ce qu'il a appelé *germes originaux*.

Gleichen a eu le courage d'attaquer de front Buffon, pour avoir méconnu l'animalité des zoospermes et les avoir confondus avec ses molécules organiques (1); car en effet l'intendant du Jardin du Roi avait pensé que les animalcules de la semence représentaient ces molécules auxquelles il fait jouer un si extraordinaire rôle dans la genèse de l'organisme.

On peut dire que Gleichen ne s'est pas borné à de simples supputations logiques, il a voulu éclairer la question par l'observation ; et malgré l'imperfection de ses instruments, il n'en trace pas moins clairement les phénomènes qui président au groupement des molécules organiques pour former un animalcule complet (2).

Enfin l'investigation anatomique des infusoires doit une idée heureuse au baron de Gleichen. Ce fut lui qui conçut le premier de faire avaler des substances colorées aux microzoaires pour éclairer leurs organisations et leurs fonctions ; il leur donna du carmin. Mais le célèbre observateur ne tira aucun fruit de ces expériences à cet égard, et il avoue, après les avoir exposées, qu'il ne sait nullement que penser de leur

(1) Gleichen, *Dissertation sur la génération*. Paris, an VII, p. 17.

(2) *Id., ibid.*, p. 109.

résultat (1). Il faut arriver à Ehrenberg pour obtenir la solution du problème (2).

On pourrait seulement reprocher à Gleichen d'avoir trop délayé son sujet ; car c'est à peine si dans son ouvrage, qui offre une certaine étendue, il attaque au vif la question de la production des microzoaires ; mais, au contraire, il dépense de longues pages à discuter les opinions de Buffon, de Spallanzani et de ses autres antagonistes, à l'égard de la génération des grands animaux. Cette direction scientifique, il faut malheureusement l'avouer, était celle de son époque ! Bonnet et Spallanzani semblent eux-mêmes n'écrire que pour attaquer, ou combattre les systèmes de leurs adversaires.

Cependant au milieu des longueurs de l'ouvrage de Gleichen, on trouve de place en place quelques vues fort larges, quelques aperçus épars que la science n'a fait que développer. C'est ainsi que déjà il y parle fort nettement de la pénétration du sperme à l'intérieur de l'œuf (3); acte déjà entrevu sérieusement par Lesser et le baron de Wolf (4), et remis en lumière récemment par MM. Claparède, F. Keber et Bischoff (5).

(1) GLEICHEN, *Dissertation sur la génération, les animalcules spermatiques et ceux d'infusion*. Paris, an VII, p. 200.

(2) EHRENBERG, *Die Infusionsthierchen, etc.*

(3) GLEICHEN, *Dissertation sur la génération, les animalcules spermatiques et ceux d'infusion*. Paris, an VII, p. 63.

(4) WOLF, *Pensées sur les ouvrages de la nature*, p. 730.

LESSER, *Théologie des insectes.*

(5) CLAPARÈDE, *Biblioth. univ. de Genève*, 185, t. XXIX, p. 306.

F. KEBER, *Eintritt der Samenzellen in das Ei* (De l'entrée des cellules spermatiques dans l'œuf). Kœnigsb., 1854.

BISCHOFF, *Bestätigung des Eindringens der Spermatozoïden in das Ei* (Sur l'entrée des spermatozoïdes dans l'œuf). Giessen, 1854.

Gleichen, qui, dans tout le cours de son œuvre, avoue, de place en place, combien l'explication de la génération des infusoires lui paraît difficile, en terminant son livre, fruit de tant d'années de travail, revient un peu sur ce sujet : c'est qu'en effet, à ce moment seulement, il a cru avoir soulevé un coin du voile de cette importante question; mais il n'est guère plus heureux là qu'il ne le fut à l'égard de l'emploi des substances colorantes. En cet endroit il parle des vorticelles, qui paraissent lui avoir été jusqu'à ce moment peu connues, et par une étrange aberration il considère leur filament postérieur comme un oviducte, et la substance de l'infusion qui y adhère parfois, comme des amas d'œufs. C'est aussi à cet endroit seulement qu'il confesse avoir observé la scission de quelques vorticelles, et il ne figure celles-ci que dans l'une de ses dernières planches. Alors seulement, et pour la première fois, il pose en principe, que les infusoires se propagent de trois manières : par des œufs, par des petits vivants, et par scission (1). Mais pour cette dernière, Gleichen, qui a passé quinze années de sa vie à manier un microscope, confesse ne l'avoir jamais observée que trois fois..... que trois fois lorsqu'il achève son œuvre!

A l'égard de la reproduction des protozoaires, un observateur scrupuleux qui consacra quinze années de sa vie à observer des infusoires, Gleichen, confesse qu'il n'est pas plus avancé que je ne le suis moi-même. « Je dois avouer, dit-il, que malgré toute l'activité que j'ai mise dans mes observations, ma pa-

(1) GLEICHEN, *Dissertation sur la génération.* Paris, an VII, p. 218 et pl. 29.

tience, le temps que j'y ai employé, il ne m'a point été possible pendant plusieurs années d'en rien dire de certain (1). » Après cela que des physiologistes qui n'ont peut-être jamais observé ce phénomène viennent avec assurance parler de scission comme d'un fait normal ! Vraiment il y a plus que de la présomption.

Othon-Frédéric Müller, qui fut réellement le premier des micrographes de son époque, n'hésita pas un moment à admettre que les infusoires, dont il a été le plus fécond historien, ne sont que le résultat de l'hétérogénie, et qu'ils se produisent *ex moleculis brutis et quoad sensum nostrum inorganicis* (2).

Le grand naturaliste avait même sur la génération spontanée une théorie spéciale qu'il a exposée dans la préface de son important ouvrage. « Les animaux « et les végétaux, y lit-on, se décomposent en par- « ticules organiques, douées d'un certain degré de « vitalité et constituant des animalcules très-simples, « lesquels sont susceptibles de se développer comme « des germes par l'adjonction d'autres particules, « ou de concourir eux-mêmes au développement de « quelque autre animal, pour redevenir libres après « la mort et recommencer éternellement un pareil « cycle de transmutations. » O. F. Müller n'admettait ce mode de formation que pour les microzoaires les plus infimes et il pensait, en quelque sorte, l'avoir saisi à son origine, et avoir vu les particules

---

(1) GLEICHEN, *Dissertation sur la génération*. Paris, an VII, p. 122.

(2) O. F. MULLER, *Animalcula infusoria, fluviatilia et marina, quæ detexit , etc. Opus posth. cura Othon. Fabricii*. Leipzig, 1787.

organiques dont il parle dans le mouvement de décomposition des corps (1).

Mais ce qui est très-regrettable, c'est que le savant auquel la science doit de si amples travaux sur les infusoires, lui ait été ravi avant d'avoir terminé son œuvre; lui qui avait tant éclairé l'histoire de ces animalcules, aurait pu, à n'en pas douter, jeter aussi de vives lumières sur leur génération, encore si imparfaitement connue (2).

On s'accorde aussi à attribuer à O. F. Müller la dénomination d'*infusoires*, sous laquelle on désigne les animalcules qui vont tant nous occuper (3). Cette dénomination, qui a été généralement acceptée, nous paraît cependant absolument défectueuse, par la raison que l'essence de ces animalcules n'est point d'apparaître seulement dans les infusions, puisqu'on en trouve aussi dans tous les liquides où il existe des produits organiques en macération. On découvre également des infusoires dans la mer, dans toutes les eaux stagnantes; aussi à ce nom nous préférons ceux de *Microzoaires* employé par de Blainville (4) ou de *Protozoaires* dont Goldfuss, Carus et Siebold ont fait usage (5), parce que ces noms, que nous avons

(1) O. F. MULLER, *Vermium terrestrium et fluviatilium Historia*, 1774.

(2) Le traité d'O. F. Müller fut publié par les soins d'Othon Fabricius.

(3) DE BLAINVILLE, *Dict. des sciences naturelles*, t. XXIII, p. 416, et autres auteurs.

(4) *Id.*, *ibid.*, 1830, t. LX, p. 140.

(5) GOLDFUSS, *Manuel de zoologie*. Nuremberg. 1820, en allemand.

nous-même adoptés depuis longtemps, nous paraissent infiniment plus convenables et ne donnent aucune idée fausse sur ces animalcules, surtout les premiers (1).

De Blainville les appelait aussi *Agastraires* (2), et Latreille *Agastriques* (3), dénominations qui ont nécessairement dû être abandonnées du moment où Ehrenberg, et après lui, R. Owen et Carus reconnaissaient que loin d'être privés d'estomac, ces animalcules possèdent souvent de nombreuses cavités gastriques (4).

Goeze, observateur habile et pasteur à Quedlimbourg, a suivi de près O. F. Müller et a même contribué à faire connaître l'œuvre de celui-ci en en publiant quelques fragments (5). On lui doit des observations sur la scission des microzoaires, qu'il a même représentée (6). Il a aussi observé plusieurs de ces animalcules dans les infusions (7).

Plus on étudie les protozoaires, plus on reconnaît qu'il est difficile de débrouiller les ténèbres de

Carus, *Traité élémentaire d'anatomie comparée*. Paris, 1835.

Siebold et Stannius, *Anatomie comparée*.

(1) Pouchet, *Zoologie classique*. Paris, 1841, t. II, p. 588.

(2) De Blainville, *Bull. de la Soc. philom.*

(3) Latreille, *Familles naturelles du règne animal*. Paris, 1825, p. 550.

(4) Ehrenberg, *Die Infusionsthierchen, etc.*

R. Owen, *Lectures on the comparative Anatomy and Physiology of the invertebrate animals*. Londres, 1843, p. 22.

Carus, *Traité élémentaire d'anatomie comparée*. Paris, 1835.

(5) Goeze, *Berliner Sammlungen* (Collections de Berlin), t. IV, p. 94.

(6) Goeze, dans sa Traduction de Bonnet, pl. 7, fig. 7.

(7) Goeze, *Recueil de la Société des amis de la nature de Berlin*, t. III, p. 375.

leur origine. Il n'y a que les physiologistes superficiels qui tranchent la question avec une imperturbable présomption. Ce que nous disons avait été parfaitement senti il y a longtemps par Goeze. « Il nous manque, dit ce laborieux ministre protestant, des expériences suffisantes et concordantes qui puissent servir de base à un système parfait et certain, qui réponde à toutes les difficultés sur ce sujet obscur, et qui nous permette de dire : Ainsi, et non autrement, s'opère toute génération des animalcules d'infusions (1). »

3o Microscope achromatique (dix-neuvième siècle).

Vers les premières années du dix-neuvième siècle, l'étude des sciences prit un immense essor, et les instruments mis à la disposition des savants ayant subi de grands perfectionnements, celles-ci entrèrent dans une nouvelle et brillante phase. L'anatomie et la physiologie comparées, dans leurs progrès incessants, jetaient alors de vives lumières sur l'organisation et la vie des moindres êtres de la série zoologique comme sur les plus obscurs végétaux.

Depuis cette époque jusqu'à ce moment, les plus illustres zoologistes et les physiologistes les plus en renom, favorisés par l'emploi du microscope achromatique et le progrès de l'iconographie, éclairèrent sans relâche et avec une rectitude inaccoutumée, la structure et la génésie d'un grand nombre d'animaux inférieurs et en particulier celles des microzoaires. La connaissance plus intime de ceux-ci fit faire un

____

(1) GOEZE, *Mémoire sur les animalcules mères d'infusions.* — Cité par Gleichen, p. 174.

grand pas à la question qui nous préoccupe, et l'on peut dire qu'à compter de cette époque, l'histoire des générations spontanées entre dans une nouvelle voie plus sévère et plus philosophique.

Il est vrai de dire aussi que la science moderne, en découvrant les organes génitaux et le mode de reproduction de certains organismes inférieurs dans lesquels ceux-ci étaient précédemment inconnus, a semblé restreindre le cercle de la génération spontanée et les prétentions des hétérogénistes. Mais ce résultat a souvent été plus apparent que réel, car, ainsi que nous le démontrerons avec les physiologistes les plus considérables de l'époque, de ce que l'on découvre l'appareil sexuel dans un certain être et qu'à un moment donné il se reproduit par la génération normale, il n'en résulte pas qu'à sa première apparition il ne se soit pas formé par la spontéparité. Telle est aussi l'opinion des Buffon (1), des Lamarck (2), des Burdach (3) et des Bremser (4).

Lamarck doit occuper l'une des premières places parmi la série des grands naturalistes modernes qui ont abordé la question de la génération spontanée, et cela non-seulement à cause de l'époque à laquelle il vécut et qu'il a tant contribué à illustrer, mais aussi à cause du courage et de la rectitude avec lesquels il émet son opinion à cet égard.

(1) Buffon, *Suppléments à l'Hist. nat.* Deux-Ponts, 1786, t. II, p. 27.

(2) Lamarck, *Philosophie zoologique.* Paris, 1809, t. II, p. 88.

(3) Burdach, *Traité de physiologie.* Paris, 1837, t. I.

(4) Bremser, *Traité zoologique et physiologique des vers intestinaux.* Paris, 1824, in-8°, et atlas de 15 planches.

Il n'était guère possible que Lamarck, dans son écrit sur la philosophie zoologique, passât sous silence la question de l'hétérogénie; il en parle en effet, non avec ces phrases entortillées qu'affectent certains auteurs pour tourner le sujet et décliner presque à l'avance la responsabilité de leurs opinions, mais avec la netteté et l'assurance d'un homme convaincu (1).

« Les corps, dit le Linnée français, sont sans cesse assujettis à des mutations d'état, de combinaison et de nature, au milieu desquelles les uns passent continuellement de l'état de corps inerte ou passif à celui qui permet en eux la vie, tandis que les autres repassent de l'état vivant à celui de corps brut et sans vie. Ces passages de la vie à la mort et de la mort à la vie, font évidemment partie du cercle immense de toutes les sortes de changements auxquels, pendant le cours des temps, tous les corps physiques sont soumis (2). »

Mais déjà Lamarck avait préludé à cette exposition catégorique du sujet, en disant, dans un autre ouvrage, que la nature crée elle-même les premiers traits de l'organisation dans des masses où il n'en existait pas précédemment, et qu'ensuite le mouvement vital développe et compose les organes (3).

Plus loin Lamarck pose la question avec une netteté qui ne souffre aucun doute, et sa conviction est si

<hr>

(1) Lamarck, *Philosophie zoologique.* Paris, 1809, t. II, p. 80.
(2) *Id., ibid.,* p. 61.
(3) Lamarck, *Recherches sur les corps vivants,* p. 92.

profonde que pour mieux l'inculquer à ses lecteurs, il souligne chacune de ses phrases. « *La nature, dit-il, à l'aide de la chaleur, de la lumière, de l'électricité et de l'humidité, forme des générations spontanées ou directes, à l'extrémité de chaque règne des corps vivants, où se trouvent les plus simples de ces corps* (1). »

Le grand zoologiste, après avoir si franchement tracé ses convictions, s'avance même bien au delà de cette première pensée, et déjà il explore une route que suivront plus tard la plupart des naturalistes philosophes de l'Allemagne. Après avoir dit : « C'est pour moi une *vérité des plus évidentes*, que la nature forme des générations spontanées au commencement de l'échelle animale ou végétale, » il se demande s'il ne s'en produit pas également dans des régions plus élevées de l'organisme? Il n'a pas encore des convictions arrêtées à l'égard du dernier fait, mais il avoue qu'il y a tant d'observations bien constatées qui l'indiquent, et que la nature a tant de ressources, qu'il est presque tenté d'y croire. Il lui paraît même présumable que les vers intestinaux, et que quelques insectes parasites pourraient bien n'être que le résultat de la génération directe, et que les moisissures et divers champignons pourraient aussi avoir la même origine (2).

Cependant, après avoir si nettement tranché la question, nous devons avouer que, lorsque, six ans plus tard, Lamarck publie son grand ouvrage sur les

(1) LAMARCK, *Philosophie zoologique*. Paris, 1809, t. II, p. 80.
(2) *Id., ibid.*, p. 88.

Invertébrés, il semble devenu moins hardi que ne l'était l'auteur de la *Philosophie zoologique*. Sa description des infusoires est embrouillée ; et lorsqu'il parle de leur reproduction, lui qui précédemment poussait l'audace si loin, il devient là de la plus extrême timidité. Il ne parle plus que des cissiparité, sans faire attention que, pour que celle-ci s'accomplisse, il faut qu'il y ait nécessairement d'abord, dans une infusion, une procréation spontanée ou par des œufs (1). Cependant plus loin , comme par un aveu qui lui échappe, en décrivant les monades, il dit que ces véritables ébauches de l'animalité se *forment*, lorsqu'il fait chaud, dans les eaux croupissantes ou dans les marécages (2).

On eût désiré trouver dans les œuvres des savants qui suivirent Lamarck des opinions sinon d'accord avec les siennes, au moins exprimées avec la même franchise et sans la moindre équivoque, et c'est ce que l'on ne rencontre nullement dans celles des hommes qui, tels que Cuvier et De Blainville, pourront en quelque sorte être regardés comme ses successeurs.

Cuvier ne doit être mentionné ici que pour compléter cette esquisse historique ; car ce naturaliste d'une immense valeur a traité la question qui nous occupe, si légèrement et si vaguement, qu'en conscience, si nous pénétrons le sens de ses paroles,

(1) Lamarck, *Histoire naturelle des animaux sans vertèbres.* Paris, 1815, t. I, p. 404.
(2) *Id., ibid.*
(3) *Id., ibid.*, p. 411.

nous ne sondons réellement pas dans celles-ci les replis cachés de sa pensée. M. Laurillard, qui a été l'un des plus intimes confidents du grand homme, nous apprend que celui-ci « croyait à la *préexistence des germes*. Non pas, dit-il, à la préexistence d'un être tout formé, puisqu'il est bien évident que ce n'est que par des développements successifs que l'être acquiert sa forme, mais, si l'on peut s'exprimer ainsi, à la présence du *radical de l'être*, radical qui existe avant la série des évolutions, et qui remonte au moins certainement, suivant la belle observation de Bonnet, à plusieurs générations (1). »

Cuvier admet donc une sorte d'emboîtement autre que celui de Bonnet, une espèce d'emboîtement métaphysique ; car le *radical de l'être* n'est réellement que cette force qui préside à tout mouvement organique ; cette force, tellement évidente qu'elle a été pressentie et admise par tous les physiologistes, car ceux-ci n'ont réellement différé que sur le nom qu'ils lui imposaient et sur son mode d'action.

Que cette force culminante de l'organisme soit appelée Radical de l'être par Cuvier ; Archée, *formarum ortus* et *spiritus vitæ*, par Van Helmont (2) ; Principe vital, par Barthez (3) ; Ame, par Stahl (4), cela n'y fait absolument rien, c'est l'aveu de son existence et de son impulsion qui constitue toute la doctrine. Mais cet être abstrait, Cuvier ne le fait

(1) LAURILLARD, *Éloge de Cuvier*, p. 55.
(2) VAN HELMONT, *Opera omnia. Tract. de anima.*
(3) BARTHEZ, *Nouveaux éléments de la science de l'homme.*
(4) STAHL, *De organismi et mechanismi diversitate.* Halle, 1706.

remonter qu'à plusieurs générations ; il a donc été précédemment libre de toute liaison organique, et ce n'est donc qu'à un certain moment qu'il s'est conjugué, uni à la matière pour lui imposer une période d'évolutions. Là, à cet instant, a commencé une génération primordiale ; c'est évident : un principe abstrait a coordonné des matériaux épars, en a dominé l'arrangement et a créé un nouvel être. Nous ne demandons pas autre chose ; seulement, pour nous, ce principe a tantôt sa sphère d'action dans le tissu ovarique, tantôt dans la matière organique amorphe ; dans l'un comme dans l'autre cas, sa puissance et son œuvre offrent d'aussi profondes ténèbres à notre intellect.

Latreille a suivi les mêmes errements que Cuvier ; cependant il s'avance assez pour qu'on puisse le compter parmi les partisans de la génération primitive, puisqu'il dit, dans l'un de ses ouvrages, que les protozoaires naissent à nu dans les diverses matières animales ou végétales en infusion (1).

L'illustre successeur de Lamarck et de Cuvier, M. De Blainville, en reprenant leurs travaux, y a laissé de vivaces empreintes de son génie. Dans son histoire des zoophytes (2), qui n'est pas l'un de ses moindres titres de gloire, ainsi que dans plusieurs de ses articles du *Dictionnaire des sciences naturelles*, il se trouve forcément appelé à se prononcer sur

(1) LATREILLE, *Familles naturelles du règne animal.* Paris, 1825, p. 551.

(2) DE BLAINVILLE, *Manuel d'actinologie ou de zoophytologie.* Paris, 1834.

l'organisation et la reproduction des microzoaires. Dans un très-court article sur ceux-ci, écrit en 1822, on voit poindre de toutes parts les plus ingénieux aperçus sur l'organisation et la classification de ces êtres : c'est en quelques lignes toute une ébauche de leur histoire (1). Dans ses écrits subséquents, le grand naturaliste ne s'avance guère au delà, surtout pour ce qui concerne leur reproduction et leur organisation.

On devait essentiellement s'attendre à ce résultat; car ce savant, dont je me glorifie d'être l'élève, et qu'un de ses plus illustres antagonistes, par une bien noble abnégation, en conversant avec moi, rangeait parmi les princes de la zoologie moderne, n'était guère apte aux patientes observations que nécessite l'exploration des infiniment petits; son naturel bouillant, impatient, était l'obstacle insurmontable. Ne l'ai-je pas entendu, dans ses cours de physiologie comparée, employer toutes les ressources de sa logique pour démontrer que les zoospermes n'existaient nullement (2)? A l'égard de la génération des microzoaires, il est constamment indécis; lorsqu'il prélude à leur histoire, il récuse la génération spontanée à l'égard d'une grande partie de ceux-ci, mais il paraît disposé à l'admettre pour les autres (3); huit ans après, lorsqu'il produit son grand travail sur les

(1) DE BLAINVILLE, *Dictionnaire des sciences naturelles.* Paris, 1822, t. III, p. 419; — t. LX, p. 141.

(2) DE BLAINVILLE, *Cours de physiologie générale et comparée.* Paris, 1835.

(3) DE BLAINVILLE, *Dictionnaire des sciences naturelles.* Paris, 1822, t. XXIII, p. 420.

zoophytes, il n'est encore nullement fixé, et on le voit se résumer, en disant : « Nous n'avons, du reste, rien de bien positif sur le mode de reproduction de ces animaux (1). »

Était-il possible que l'ardent anatomiste parvînt à une autre conclusion sans de patientes et longues observations? et il n'en avait jamais fait, puisqu'il confesse lui-même, dans son dernier travail sur les microzoaires, que toutes les expériences qu'il a entreprises ne sont point encore terminées au moment où il écrit l'histoire de ces animaux.

Dans son premier article sur les infusoires, De Blainville, sans être influencé par les assertions de Spallanzani, acceptées sans contrôle par tant de physiologistes (2), avoue seulement que l'espèce de scission par laquelle on a *cru* que les infusoires se reproduisaient, peut se concevoir *à priori*, mais il ajoute qu'il serait cependant important de voir si elle a certainement lieu (3). Ce n'est que huit ans plus tard, en revenant sur ce sujet, qu'il dit enfin : « Nous nous sommes assuré positivement que plusieurs espèces de kolpodes peuvent se propager en se coupant à peu près par le milieu du corps. Nous avons vu, ajoute-t-il, cette *singulière scissure* plusieurs fois d'une manière indubitable (4). »

(1) De Blainville, Art. *Zoophytes*, *Dict. des sc. nat.* Paris, 1830, t. LX, p. 144.

(2) Longet, *Traité de physiologie*, etc.

(3) De Blainville, *Dictionnaire des sc. naturelles.* Paris, 1822, t. XXIII, p. 420.

(4) De Blainville, *Dict. des sc. nat.* Paris, 1830, t. LX, p. 144. — *Manuel de zoophytologie.* Paris, 1834.

Nous en sommes absolument au même point, n'ayant vu cette scission que comme une rare exception durant plus de dix années d'observation.

L'un des élèves de M. De Blainville, M. P. Gervais, a montré moins d'hésitation que son maître. Quoique confessant que la science ne possède pas assez de faits pour trancher la question, il n'en considère pas moins l'hypothèse de la génération spontanée comme tout à fait inadmissible. Selon lui, les germes des infusoires et des entozoaires sont probablement tenus en suspension dans les fluides que nous respirons ou dans ceux qui composent notre nourriture ou qui circulent dans notre organisme. Partout, dans cette véritable panspermie, ils se trouveraient à l'état latent, pour ne commencer leur évolution qu'au moment où ils rencontrent les circonstances favorables (1).

A l'étonnante indécision qui a régné dans les œuvres des deux naturalistes auxquels leur incontestable célébrité imposait de nous éclairer sur une aussi grave question, nous pouvons actuellement opposer les opinions d'une série d'hommes illustres, philosophes, naturalistes et physiologistes, qui ont marché sans hésitation sous la même bannière que les Buffon, les O. F. Müller et les Lamarck.

A leur tête, on compte Cabanis, deux fois illustre, et comme philosophe et comme médecin. Ses allures franches contrastent ostensiblement avec la contenance timorée de Cuvier. Dans ses considé-

____

(1) E. Gervais, *Dict. d'histoire nat. et des phénom. de la nature.* Paris, 1836, t. IV, p. 148.

rations sur la vie animale, il revient assez souvent sur l'organisation de la matière, et là, de place en place, on peut apprécier ses doctrines sur la génération spontanée, qu'il admet d'une manière fort étendue.

Cabanis professe que, suivant certaines circonstances, la matière inanimée est capable de s'organiser, de vivre et de sentir (1) !

Il ne se borne pas à croire que la force plastique s'épuise au delà de la production des infusoires ; cet illustre penseur n'est pas moins audacieux que l'école allemande. Selon lui, fréquemment, les poux et les vers intestinaux qui assiégent l'homme, devraient leur origine à la génération spontanée. A l'égard de ces derniers, ses convictions sont telles, qu'on le voit s'égarer avec la même bonhomie que le firent quelques auteurs de l'antiquité (2). Il prétend qu'on peut parfois en suivre à l'œil le développement, parce que l'on voit assez fréquemment des enfants expulser des lambeaux de vers intestinaux « à peine ébauchés et traînant après eux des portions plus ou moins considérables de glaire, dans lesquelles les parties organisées vont s'évanouir et se fondre par d'insensibles dégradations (3). »

Ces animaux, suivant Cabanis, se forment au milieu et à l'aide des humeurs des êtres chez lesquels

(1) Cabanis, *Rapports du physique et du moral de l'homme.* Paris, 1824, t. II, p. 240.

(2) Diodore de Sicile, *Bibliothèque historique.* Paris, 1846, t. II, p. 12.

(3) Cabanis, *Rapports du physique et du moral de l'homme.* Paris, 1824, t. II, p. 242.

on les observe ; car après ce que l'on vient de lire il ajoute : « On trouve sur les quadrupèdes, sur les oiseaux et dans les différentes parties de leur corps, des peuplades d'animalcules très-variées, que l'on peut, à juste titre, regarder comme des générations de la substance même de l'individu (1). »

Parmi les plus ardents partisans de la génération spontanée qui apparurent au commencement du dix-neuvième siècle, et envisagèrent la question plus sérieusement qu'on ne l'avait fait d'abord, il faut citer en première ligne Bory Saint-Vincent. Déjà il s'exprime à ce sujet fort nettement dans l'un des articles de l'*Encyclopédie méthodique*, en disant : « Il est bien démontré maintenant qu'il existe des créatures végétantes, et même très-vivantes, qui peuvent naître spontanément sans œufs ni germes, sauf à disparaître sans se reproduire, ou bien à se reproduire par scission (2). » Il émet là une idée exacte, selon moi, car il existe quelques microzoaires qui me paraissent ne jamais se reproduire autrement que par l'hétérogénie ; mais en terminant il est moins audacieux que l'école qui va le suivre immédiatement, et prétendre que certains animaux naissent primitivement par spontéparité, puis, après cela, sécrètent des œufs et se reproduisent par le mode normal (3).

(1) Cabanis, *Rapports du physique et du moral*. Paris, 1824, t. II, p. 241.

(2) Bory Saint-Vincent, *Ency. méth. Zoophytes*, art. *Psychodiaires*, t. II, p. 691.

(3) Bremser, *Traité zoologique et physiologique des vers intestinaux*. Paris, 1824.

Burdach, *Traité de physiologie*. Paris, t. I.

Dans la suite, Bory Saint-Vincent n'abandonne point son idée. Ses méditations le portent, au contraire, à la développer plus ostensiblement ; c'est ce qu'on le voit faire dans plusieurs articles du *Dictionnaire classique d'histoire naturelle*, où il semble déjà éclairer, mais encore timidement cependant, la route presque inexplorée que les physiologistes allemands vont franchir audacieusement, en ne craignant pas d'affronter les mystères de l'inconnu à l'aide des seules forces de la pensée (1).

Dans son article Microscopiques, du *Dictionnaire classique*, ce naturaliste s'exprime ainsi : « L'idée de générations spontanées révolta d'abord de très-bons esprits, et le microscope en démontre pourtant l'existence. Ces assertions seront sans doute traitées légèrement par la presque totalité des savants qui, ayant formé leur manière de voir d'après des créatures où les sexes sont incontestables, ne sauraient consentir à ne pas avoir tout connu ; mais lorsque l'habitude des observations du genre de celles où nous nous sommes longtemps et patiemment exercé, sera très-répandue, et que pour étudier la nature on adoptera la marche du simple au composé, force sera de ne les plus trouver absurdes (2). »

M. Dumas, qui a jeté de si vives lumières sur certains points de la physiologie comparée, et en particulier sur la génération, a été conduit par ses nom-

____

(1) Bory Saint-Vincent, *Dictionnaire class. d'hist. nat.*, article *Matière.*

(2) Bory, *Dictionnaire classique d'histoire naturelle.* Paris, 1826, t. X, p. 541.

breuses expériences sur celle-ci, à considérer certains animaux inférieurs, tels que les infusoires et quelques vers intestinaux, comme pouvant devoir leur origine à la génération spontanée. Selon lui les spermatozoaires n'auraient pas une autre source. L'illustre chimiste a formulé ses opinions avec une netteté, avec une précision qu'on voudrait souvent retrouver dans les œuvres de beaucoup de naturalistes de notre époque, qui sont souvent fort obscurs, fort indécis, lorsque la nécessité les conduit à traiter ce sujet.

M. Dumas ne se borne pas à combattre les étranges prétentions de quelques-uns des partisans de la thèse qu'il embrasse sans hésitation ; il en pose les conditions, et il en trace minutieusement les phénomènes, tels qu'il les a observés durant ses délicates expériences (1).

Si là il condamne de trop crédules observateurs qui, à l'exemple de Fray, imbus des idées anciennes, s'imaginent encore que les substances en putréfaction peuvent engendrer des mouches ou d'autres insectes aussi compliqués ; s'il s'élève énergiquement contre les prétentions de Spallanzani, lorsqu'il professe que les germes des infusoires résistent à l'ébullition, ailleurs il sait tracer avec une admirable précision tous les phénomènes à l'aide desquels la nature procède au développement spontané des moindres êtres de la création. Devenu l'un des plus habiles micrographes de son époque, il nous révèle

(1) Dumas, *Annales des sciences naturelles*, t. I, II, III. — *Dictionnaire classique d'histoire naturelle*. Paris, 1825, t. VII, p. 194.

comment, dans les infusions, les molécules animées se groupent successivement pour donner enfin naissance à des êtres plus élevés, à des microzoaires résultant de ces agglomérations. M. Dumas a tracé la route que devraient suivre tous les observateurs. Il donne l'exemple en ne décrivant que ce qu'il a vu; et il appelle de nouvelles expériences qui, comme il le dit, débarrassées aujourd'hui de toutes les chances d'erreurs que la physique et la chimie peuvent nous permettre d'éviter, pourront enfin éclairer une si importante question, et rendre à la physiologie le plus éminent service (1).

Mais si la question de l'hétérogénie a jamais été traitée avec une grande élévation, et parfois même avec une profonde philosophie, c'est assurément en Allemagne qu'on l'a observé. Ce que nous avons à peine effleuré, l'audacieuse persévérance des naturalistes allemands l'a fouillé à fond, et ceux-ci se sont livrés à ce sujet à toutes les témérités de la pensée. Au premier rang des défenseurs de l'hétérogénie, brillent principalement les noms des Bremser, des Tiedemann, des Burdach, des Carus, et surtout celui de Treviranus, qui s'en est occupé avec toute la sagacité d'un expérimentateur consommé.

Les magnifiques développements que prit l'étude des sciences au commencement de notre siècle portèrent les penseurs à sonder les plus mystérieuses opérations de la nature. Des instruments d'une rare perfection leur étaient offerts, et en s'aidant de toutes

(1) Dumas, *Annales des sciences naturelles*, t. I, II, III. — *Dictionnaire classique d'histoire naturelle*. Paris, 1825, t. VII, p. 221.

les ressources synthétiques que les découvertes récentes leur donnaient si libéralement, ils ont pu s'avancer moins timidement que leurs prédécesseurs, et c'est alors qu'ils ont quitté la voie uniquement hypothétique pour lui substituer des théories philosophiques, ou de véritables déductions tirées de l'observation et de la comparaison des faits.

Bremser, savant médecin allemand, intervint dans la discussion en 1818, dans son *Traité des vers intestinaux*. Son but était de démontrer que, lorsque ceux-ci apparaissent pour la première fois dans le corps des animaux, ils s'y produisent par la génération spontanée. Cet auteur a traité ce sujet fort largement, et souvent même il lui donne une grande élévation en empruntant ses arguments aux phases géologiques du globe ou à la zoologie.

Bremser a non-seulement considéré les infusoires et les vers intestinaux comme étant dus à l'hétérogénie, mais il prétend aussi que certains insectes, tels que les poux, lui doivent parfois naissance. Il n'ignore pas que ces animaux possèdent des ovaires et des œufs, et même que plusieurs sont vivipares ; mais ces objections n'enchaînent nullement un esprit aussi indépendant que le sien, et on le voit professer que, lorsqu'ils apparaissent pour la première fois chez l'homme ou les animaux, ils y naissent spontanément (1).

Les théories de Bremser ont reçu indirectement la sanction d'un des plus illustres savants de notre

____

(1) Bremser, *Traité zoologique et physiologique des vers intestinaux*. Paris, 1824, p. 65.

siècle : Humboldt semble s'y associer, puisque dans une de ses lettres il cite l'ouvrage de l'helmintholo-giste allemand comme un excellent traité (1).

L'esprit philosophique d'Oken ne pouvait laisser passer inaperçue une thèse telle que la spontépa-rité, encore toute pleine d'obscurité, il est vrai, mais qui se prêtait à de si magnifiques développements. Il l'admet sans conteste et va même plus loin, puis-qu'il considère tous les êtres comme n'étant compo-sés que d'animalcules microscopiques (2). Cependant on doit dire que ce grand naturaliste a plutôt traité cette question à l'aide de l'argumentation qu'en ex-posant des faits.

Carus, qui est peut-être le plus audacieux de ses compatriotes lorsqu'il affronte les questions délicates de l'anatomie transcendante, traite la question des générations primordiales avec moins de clarté que ceux-ci; mais cependant on s'aperçoit assez qu'il en est partisan lorsqu'il dit, dans son *Anatomie comparée*, « que toute naissance, toute génération, « est, quant à son essence, la production d'une « chose déterminée par une chose non déterminée, « mais déterminable, et que le déplacement spon-« tané d'un être déterminé qui naît d'un être indé-« terminé, est la ligne primordiale et en même temps « le symbole de la vie (3). »

(1) HUMBOLDT, *Lettre* à M. Panckouke, imprimée en tête de la traduction de Bremser.

(2) GÉRARD, *Dict. univ. d'hist. nat.*, t. VI, p. 56. DUJARDIN, *Histoire naturelle des infusoires*. Paris, p. 92.

(3) CARUS, *Anatomie comparée*. Paris, 1835, t. III, p. 13.

Mais parmi les savants allemands qui se sont occupés de la génération spontanée, Treviranus et Tiedemann doivent être cités au nombre de ceux qui l'ont défendue avec plus d'autorité (1). Le premier a analysé avec la même sagacité les travaux de Needham, Wrisberg, O. F. Müller, Ingenhousz, etc., qui en furent d'ardents partisans, et ceux de Spallanzani, de Terechovski, leurs antagonistes (2); et, en physiologiste consciencieux, avant de combattre ou d'approuver les doctrines des autres, il a répété leurs expériences, et ensuite il les a diversement variées.

Ainsi que presque toute l'école allemande, Treviranus et Tiedemann admettent, comme Buffon l'avait fait, une matière organique primaire, amorphe, susceptible par sa concentration de se revêtir de formes diverses, sous l'influence de la vie qui vient l'animer. En parlant de cette véritable matière plastique, subissant toutes les mutations imaginables, Treviranus dit qu'elle est dépourvue de formes, mais qu'elle est apte à prendre toutes celles de la vie et à les conserver sous l'influence des causes extérieures; mais que, quand ces causes cessent d'agir, elle prend d'autres formes sous des influences nouvelles (3).

Mais Tiedemann, surtout, expose ses opinions en des termes dont la netteté ne laisse rien à désirer: « Les êtres organisés, dit ce célèbre physiologiste, « sont produits par leurs semblables ou doivent nais-

(1) TREVIRANUS, *Biologie*. Gœttingue, 1802.

TIEDEMANN, *Physiologie de l'homme*. Paris, 1831.

(2) TERECHOVSKI, *Diss. de chao infusorio Linnæi*.

(3) TREVIRANUS, *Biologie*. Gœttingue, 1802, t, II, p. 267-403.

« sance à la matière des corps organisés en état de
« décomposition (1). » Ailleurs il ajoute : « La puis-
« sance plastique de la matière ne s'éteint pas après
« la mort; elle conserve la faculté de revêtir une nou-
« velle forme et de se montrer apte à jouir de la vie.
« La mort ne porte donc que sur les individus orga-
« nisés, tandis que les matières organiques entrant
« dans la composition de ces êtres, continuent à pou-
« voir prendre forme et recevoir la vie (2). »

Poussant l'investigation des faits jusqu'à sa dernière limite, Tiedemann va même jusqu'à tracer les
conditions dans lesquelles les molécules de la matière
vivante peuvent animer d'autres existences ou celles
qui leur en interdisent la puissance; c'est alors qu'il
dit : « Les matières organiques qui se séparent de leur
« organisation conservent, lorsqu'elles ne sont pas
« ramenées à leurs éléments ou converties en com-
« posés binaires par l'action des affinités chimiques,
« la propriété de reparaître, avec le concours d'in-
« fluences extérieures favorables, de la chaleur, de
« l'eau, de l'air et de la lumière, sous des formes
« animales ou végétales plus simples, qui varient
« toutefois en raison des influences à l'action des-
« quelles elles se trouvent soumises (3). »

Burdach, l'un des savants les plus éminents de la
laborieuse Allemagne, ayant dû, dans son œuvre, se
prononcer sur la génération spontanée, on reconnaît
qu'il l'a considérée comme un fait indubitable. A cet

(1) TIEDEMANN, *Physiologie de l'homme.* Paris, 1831, t. I, p. 100.
(2) *Id.*, p. 104.
(3) *Id.*, p. 152.

égard, rien n'arrête l'illustre physiologiste; et sortant
des voies où la timidité enchaîne ordinairement les
plus ardents partisans de l'hétérogénie, lui, il en
étend les phénomènes beaucoup plus loin qu'eux. Ne
se bornant pas à admettre qu'elle ne produit de nos
jours que des êtres de la plus infime organisation, il
lui prête aussi le pouvoir de donner naissance à certaines créatures d'un ordre élevé dans la série zoologique ou botanique. Il va même jusqu'à concevoir
que dans certains cas exceptionnels il peut en naître
encore des champignons (1), des vers, des insectes,
des crustacés et peut-être même certains animaux
vertébrés (2).

Le traité de Burdach contient le plus complet exposé qui ait encore paru sur la matière. Il s'y appuie
de tant d'autorités imposantes, il cite tant de faits et
il les élucide avec une si laborieuse persistance, qu'il
convainc ses lecteurs, sinon de l'existence absolue
de tous ceux-ci, au moins de celle de la plupart d'entre eux.

J. Müller a marché dans la même voie que ses
compatriotes. Il admet une génération spontanée
qui ne serait que le résultat de la décomposition
des grands organismes, dont les molécules, en se
dissociant, deviendraient autant d'animalcules. « Or-
« dinairement, dit-il, les corps organiques d'une cer-
« taine espèce ne naissent que d'autres corps de la
« même espèce qu'eux, c'est-à-dire, par des œufs
« ou des bourgeons. Mais on peut se demander si,

(1) Burdach, *Traité de physiologie*. Paris, 1837, t. I, p. 32.
(2) *Id.*, p. 30-45, etc.

« lorsqu'un corps organique se décompose, la ma-
« tière qui le constitue ne produit pas aussi, sous
« certaines influences, des organismes d'une autre
« espèce; si non-seulement elle est apte à vivre,
« mais encore continue de vivre avec d'autres modi-
« fications; si par le concours de certaines condi-
« tions, c'est-à-dire, par l'action de l'air atmosphé-
« rique, de l'eau, de la lumière, elle se résout en
« infusoires vivants, tandis qu'en d'autres circon-
« stances elle revit dans des plantes appartenant aux
« classes inférieures, les moisissures (1). »

Plusieurs des savants allemands que nous venons
de citer ont même donné à la génération spontanée
une puissance que nous sommes loin de lui accorder, mais qui témoigne de leurs profondes convictions. Nous ne la plaçons que sur l'extrême limite
des deux règnes; là où l'anatomie et la physiologie
semblent presque faire défaut, eux n'ont pas craint
de lui attribuer des organismes parfaitement déterminés. Burmeister prétend que les poux et l'acarus
de la gale peuvent en être le résultat (2); Bremser,
comme nous venons de le dire, lui attribue aussi
les poux et certains entozoaires munis d'appareils sexuels (3); Burdach semble croire que non-
seulement elle produit des infusoires, mais encore
qu'il peut en résulter des poissons (4), opinion que

(1) J. MULLER, *Manuel de physiologie*. Paris, 1851, p. 9.
(2) BURMEISTER, *Handbuck der Entomologie*. Berlin, 1703 (Manuel
de l'entomologie).
(3) BREMSER, *Traité des vers intestinaux de l'homme*. Paris, 1824.
(4) BURDACH, *Traité de physiologie*. Paris, t. I, p. 45.

nous avons déjà vu être celle du prince des zoologistes (1).

Mais si l'Allemagne paya largement son contingent à la question de l'hétérogénie et si ses physiologistes les plus éminents l'acceptèrent comme un fait démontré, les zoologistes anglais s'en occupèrent beaucoup moins; les uns ne l'admirent qu'avec un extrême doute, les autres la combattirent vivement.

Au nombre des Anglais qui n'ont abordé qu'avec réticence la question de l'hétérogénie, Allen Thomson doit être cité au premier rang. Ce savant avoue que celle-ci n'a dû son discrédit qu'à l'obstination de quelques-uns de ses partisans à invoquer des faits manifestement impossibles, et que, sans cela, elle eût conquis plus de prosélytes (2).

Tandis que le majorité des hommes transcendants de l'Allemagne embrassait si énergiquement la cause de l'hétérogénie, en France, on voyait surgir de moment en moment quelques partisans de cette hypothèse; mais ceux-ci plus timides et moins disciplinés, loin d'avoir la ferveur des Bremser, des Burdach, des Tiedemann et des Treviranus, n'émettaient leurs opinions que comme autant d'aveux arrachés de vive force par les circonstances.

Cependant, quelques-uns des naturalistes, élevés à l'école philosophique de Geoffroy Saint-Hilaire, avec l'indépendance du maître, ont aussi abordé la

____

(1) Aristote, *Histoire des animaux*, traduct. de Camus, t. I, p. 363.

(2) Allen Thomson, *Generation. todd's Cyclopædia of Anatomy and Physiology*, t. XI, p. 431.

question à l'aide de la même franchise que nous avons rencontrée chez les Allemands. Parmi eux, Dugès doit occuper l'un des premiers rangs. Moins hardi que les physiologistes que nous venons de citer, et peut-être moins préparé qu'eux par l'expérience et la méditation, il se contente seulement d'exprimer ses convictions, mais sans leur donner ce développement qu'on aurait pu attendre de lui, et qu'on aurait cru devoir entrer dans le plan de sa physiologie comparée.

Cependant Dugès n'hésite pas à dire que les objections qu'on oppose à la spontéparité lui paraissent de peu de valeur, et que c'est aux doctrines opposées qu'il faut adresser le reproche d'être inintelligibles (1); assertion tout à fait marquée au cachet de l'exactitude; car, ainsi que nous le démontrerons, l'hétérogénie explique lucidement certains phénomènes dont les ovaristes ne peuvent donner la moindre solution; et ses vérités, facilement accessibles, contrastent ostensiblement avec les obscures conceptions de ses antagonistes.

Parmi les derniers travaux relatifs aux Infusoires, viennent ceux de M. Dujardin. L'œuvre de ce naturaliste laborieux a une réelle importance soit par les bonnes observations dont il est rempli, soit par son étendue. L'auteur, avec une grande indépendance, attaque avec vigueur les hypothèses qui lui paraissent erronées, et il ne craint pas, pour le triomphe de ses opinions, d'affronter les plus rudes antagonistes. C'est

____

(1) Dugès, *Traité de physiologie comparée.* Paris, 1839, t. III, p. 207, 208.

ainsi qu'il reproche à Ehrenberg d'avoir attribué aux Infusoires une richesse d'organisation qu'on ne leur découvre nullement (1). En cela il a tort, et une longue pratique du microscope nous a convaincu de l'authenticité de ce qu'avance l'illustre micrographe de Berlin. Avec la moindre attention on vérifie sur plusieurs genres cette disposition polygastrique contre laquelle s'élève le naturaliste français : on précise le diamètre des estomacs, et on les voit se remplir à volonté d'aliments, comme nous l'avons observé à tant de reprises (2).

M. Dujardin, dans divers endroits de ses œuvres, admet évidemment la génération spontanée, soit pour les infusoires, soit pour quelques helminthes (3). Mais ce que l'on devait attendre d'un naturaliste qui est si riche d'observations, c'eût été de formuler nettement ses principes à ce sujet et d'émettre sur quels faits il les fonde principalement ; et c'est ce que l'on ne trouve pas nettement exprimé dans ses généralités sur la physiologie de ces animaux. A diverses reprises il dit aussi que plusieurs de ceux-ci sont dépourvus de sexe et se reproduisent par scission. N'avoir point de sexe, c'est n'avoir point d'œufs, et comme avant que de pouvoir se diviser il faut naître, alors, forcément, il faut bien que le premier

<hr>

(1) DUJARDIN, *Histoire naturelle des infusoires*. Paris, 1841.

(2) POUCHET, *Recherches sur les organes de la circulation, de la digestion et de la respiration des infusoires.* — Comptes rendus de l'Académie des sciences, 1848-1849.

(3) DUJARDIN, *Histoire naturelle des infusoires*. Paris, 1841, et *Histoire naturelle des helminthes*, 1844.

microzoaire qui se produit dans une macération, y soit engendré spontanément !

Cependant, M. Dujardin, en traçant l'histoire des vers intestinaux, est forcé d'avouer que l'apparition de plusieurs d'entre eux ne peut se concevoir rationnellement que par l'hétérogénie (1). C'est ainsi qu'il explique seulement par elle l'apparition de certains helminthes microscopiques (*trichina spiralis*, R. Ow.), qui envahissent parfois presque tous les muscles de l'homme (2).

Dans son *Histoire naturelle des Infusoires*, la même question, si vivace à l'égard de ce sujet, s'était déjà présentée ; mais dans cet ouvrage il oscille à diverses reprises : là il semble avoir de grandes tendances à expliquer par la génération primaire l'apparition de certains protozoaires ; ailleurs ce mode de reproduction lui paraît moins clair (3).

En s'occupant de l'histoire des vers intestinaux, M. Eudes Deslongchamps a aussi été conduit à se prononcer sur leur mode de propagation et il n'a pas hésité à embrasser à ce sujet les vues généralement professées par les helminthologistes allemands, et à dire qu'il considérait ces animaux comme étant le résultat de la génération spontanée. Il ne prétend pas en avoir découvert aucune preuve directe, mais ainsi que tous les naturalistes consciencieux, il trouve que, sans invoquer ce moyen, il est absolument

(1) DUJARDIN, *Histoire naturelle des helminthes*. Paris, p. 294-408.
(2)   *Id.*,   *Ibid.*, Paris, 1844.
(3)   *Id.*,   *Histoire naturelle des infusoires*. Paris, 1841,
p. 100.

impossible d'expliquer comment s'engendrent certains entozoaires (1).

Au nombre des derniers naturalistes qui admettent la génération spontanée il faut encore compter A. Richard. Il passe, sans s'y arrêter, sur la reproduction des Infusoires; mais entraîné par ses convictions, avec cette probité dont il a été un si vivant modèle, l'illustre professeur dont je m'honore d'avoir été l'ami, termine son œuvre sur la zoologie médicale en disant que pour un grand nombre de vers intestinaux, la génération spontanée lui paraît le mode le plus probable qu'on puisse admettre pour expliquer leur origine (2).

Quelques naturalistes éminents de notre époque, ayant restreint le cercle de la génération spontanée, n'admirent plus guère celle-ci que dans les êtres dont l'organisation s'était jusqu'alors dérobée à nos recherches; et à mesure que leur structure nous fut dévoilée par la micrographie, on craignit désormais d'attribuer cette origine à des animaux doués d'appareils vitaux assez complexes.

En suivant cette impulsion, Ehrenberg, auquel on doit de si belles observations et un si magnifique ouvrage sur les Microzoaires, passa naturellement parmi les adversaires de la spontéparité (3),

(1) Eudes Deslongchamps, *Encyclopédie méthodique. Zoophytes*, Paris, 1824, t. II, p. 773.

(2) A. Richard, *Histoire naturelle médicale. Zoologie*. Paris, 1849, t. I, p. 510.

(3) Ehrenberg, *Die Infusionsthierchen als vollkommene Organismen*. Leipsig, 1838.

Le célèbre professeur de Berlin nous apprit que divers animalcules microscopiques, auxquels certains naturalistes refusaient toute trace d'organisation (1), étaient cependant doués d'appareils vitaux fort multiples et d'une merveilleuse ténuité. Ses découvertes étaient tellement inattendues, que plusieurs savants proclamèrent que l'on était presque tenté de les considérer comme un roman ingénieux (2); elles étaient cependant bien positives.

Les volumineux travaux d'Ehrenberg ayant amplement éclairé l'organisation des infusoires, le savant de Berlin voulut les compléter en signalant les organes génitaux de ceux-ci; mais dans cette dernière tentative il fut moins heureux que dans les autres. N'ayant jamais observé d'accouplement entre ces animaux, il en conclut qu'ils devaient être hermaphrodites. Il prit parfois pour des œufs les molécules produites par la diffluence, et considéra comme des appareils générateurs mâles les vésicules contractées que présentent certains microzoaires (3); vésicules que Spallanzani regardait comme des appareils de respiration (4) et que nous avons enfin exactement déterminées, en démontrant qu'elles ne pouvaient être que des cœurs lançant le sang dans toutes les

(1) O. F. Muller, *Animalium infusoriorum succincta historia.* Copenh., 1773. — Dujardin, *Histoire naturelle des infusoires.* Paris, 1841. — *Dict. univ. d'hist. natur.* Paris, 1846, t. VII, p. 44.

(2) Comp. Gérard, *Dict. univ. d'hist. nat.* Paris, 1845, t. VI, p. 58.

(3) Ehrenberg, *Zusätze zur Erkenntniss,* etc., 1836. Suppléments, etc.

(4) Spallanzani, *Opusc. de phys. anim. et veg.*

parties du corps, et que nous avons signalés jusque dans l'œuf où on en constate déjà les pulsations (1).

Ehrenberg doit être compté au nombre des plus savants antagonistes de la génération spontanée. Il l'attaqua vivement dans plusieurs de ses écrits, mais c'est surtout dans son *Mémoire sur le développement et la durée de la vie des Infusoires* que se trouvent ses principaux arguments, ceux à l'aide desquels il croit principalement faire triompher ses opinions. Dans cet écrit il prétend avoir constaté que la reproduction de ces animalcules se fait normalement à l'aide d'œufs; ce que nous combattrons victorieusement plus loin, au moins à l'égard de la plupart (2). Car si nous croyons fermement avec Ehrenberg que les microzoaires les plus élevés, tels que les Rotifères, possèdent des organes génitaux et pondent des œufs, nos observations nous ont convaincu que cela ne se produit nullement dans ceux d'une plus simple texture, tels que les Kolpodes et encore plus les Monades. De Siebold partage absolument notre opinion (3).

Quelques physiologistes de notre époque, entraînés par l'ascendant d'Ehrenberg, se sont aussi déclarés contre l'hétérogénie. Parmi eux on compte M. Longet, qui, quoique n'ayant répété aucune des expériences de ses prédécesseurs, n'en tranche pas

(1) Poucuet, *Recherches sur les organes de la circulation, de la digestion et de la respiration des animaux infusoires.* Acad. des sciences, 1848-1849.

(2) Comp. *le chapitre de la polémique.*

(3) De Siebold et Stannius, *Anatomie comparée.* Paris, 1850, p. I, p. 23.

moins nettement toutes les questions les plus délicates du sujet ; puis, en suivant la tactique des antagonistes de la génération spontanée, expose longuement les faits qui peuvent lui être opposés, et passe
sous silence les principaux arguments qu'on peut invoquer en sa faveur (1).

Ce physiologiste considère même certains faits
comme la loi générale, tandis qu'ils ne forment probablement qu'une rare exception ; telle est, entre autres, la scission spontanée des infusoires. Mais si dans
l'œuvre de ce savant, l'hétérogénie est attaquée sans
discussion, nous voyons, par compensation, un de nos
plus célèbres physiologistes français, M. Bérard, soumettre la question à toutes les sévérités de la logique,
et avouer avec franchise que, dans certains cas, il est
impossible de ne pas reconnaître l'existence de la génération primordiale (2).

Devons-nous nous arrêter sur les opinions d'un
autre physiologiste, M. Bourdon, qui, au dix-neuvième siècle, lorsque les beaux travaux des O. F.
Müller, des Bory de Saint-Vincent, des Ehrenberg et
des Dujardin, ont vu le jour ; et lorsque nous possé-
dons des microscopes achromatiques et des micro-
mètres qui mesurent un dix millième de millimètre,
vient soutenir que les infusoires ne sont pas des animaux, et que peut-être ils ne se meuvent pas (3)!...

Mais si certains physiologistes français attaquaient

<hr>

(1) LONGET, *Traité de physiologie*. Paris, 1848.

(2) BÉRARD, *Cours de physiologie*. Paris, 1848.

(3) BOURDON, *Principes de physiologie comparée*. Paris, 1830,
p. 51, 55.

l'hétérogénie sans apporter contre elle aucun argument solide, il n'en était pas de même en Allemagne et en Belgique. Là, les découvertes de Steenstrup sur les générations alternantes ayant ouvert la voie, on vit successivement Küchenmeister, de Siebold, Lewald, Leuckart, Kœlliker et Van Beneden, donner naissance à d'importants travaux sur la génération des Helminthes et s'efforcer de rétrécir ainsi le cercle des générations spontanées (1). Devant revenir, en son lieu, sur l'effort nouveau tenté par ces savants, nous n'insisterons pas ici sur leurs expériences.

Parmi les naturalistes qui ont travaillé, durant ces dernières années, à débrouiller la question qui nous occupe, on ne peut omettre de citer M. Gros, médecin français résidant à Moscou. C'est un ardent partisan de l'hétérogénie; mais il est à regretter que ce savant ait souvent traité cette question avec plus d'entraînement que de logique. Il annonce, sans la moindre hésitation, d'inconcevables métamorphoses. Selon lui, il n'existe aucune différence entre la cellule végétale et la cellule animale, et tels animaux, tels que les Euglènes, en se parifissant, donnent parfois naissance à des conferves; et les Rotifères peuvent produire des

(1) Steenstrup, *On the alternation of generations.* Lond., 1845. — Küchenmeister, *On animal and vegetable parasites of the human body.* Londres, 1857 (traduction anglaise).

De Siebold, *Exp. sur la transf. des Cysticerques en Ténias.* 1852, etc.

Lewald, *De cysticercorum in tœnias metamorphosi.*

Leuckart, *Parasiten und parasitismus* (Archiv. für physiol. Heilkunde, t. XI.).

Kölliker, *Zeitschrift für Wiss. zool.*, t. VII, p. 139.

Van Beneden, *Les vers cestoïdes.* Bruxelles, 1850.

champignons (1)... Mais nous ne suivrons pas plus loin M. Gros ; ce fragment de ses œuvres suffit seul pour nous justifier.

Les derniers travaux ayant trait à la génération spontanée, qui soient parvenus à notre connaissance, sont ceux de MM. Claparède et J. Lachmann, de Lieberkuhn et de Balbiani.

MM. Claparède et Lachmann, dans leur Mémoire présenté à l'Académie des sciences (2), n'ont, à ce que dit le savant rapporteur, ajouté à ce que l'on connaissait déjà aucun de ces faits fondamentaux qui ouvrent des voies nouvelles (3), et n'ont guère fait que mieux signaler ce qui avait été étudié précédemment.

M. Lieberkuhn est entré plus au vif dans la question, et paraît avoir découvert chez quelques paramécies des organes remplis de spermatozoaires. En outre, il a mieux précisé, qu'on ne l'avait fait, un grand nombre d'assertions sur la scissiparité, la gemmiparité et le développement des embryons des protozoaires (4).

Enfin, M. Balbiani a ajouté quelques faits curieux aux observations qui précèdent, et est venu clore les divers travaux émis récemment sur la reproduction des infusoires. Il a reconnu que la paramécie verte,

(1) Gros, *Bulletin de la Société impériale des naturalistes de Moscou*, 1854, n. 3, p. 273.

(2) Claparède et Lachmann, Mémoire couronné, portant pour épigraphe : *Omne vivum ex ovo*.

(3) De Quatrefages, *Rapport sur le concours* (Comptes rendus, 1858, t. xlvi, p. 275).

(4) Lieberkuhn, *Mémoire présenté à l'Académie des sciences et qui a obtenu le grand prix des sciences physiques*, 1858.

paramecium bursaria de Focke, après s'être multipliée par scission spontanée pendant un certain temps, finissait par présenter des organes des sexes, mâles et femelles, reconnaissables à leurs ovules et à leurs spermatozoaires ; et que ces animalcules donnaient naissance à des embryons, après y avoir préludé par un accouplement, qui se prolonge durant cinq à six jours(1).

Les faits avancés par M. Balbiani paraissent être le résultat d'observations attentivement exécutées, mais ainsi que ceux que l'on doit à MM. Claparède, Lachmann et Lieberkuhn, ils touchent à peine à la question qui nous préoccupe, parce qu'ils n'impliquent nullement qu'à leur première apparition ces êtres n'ont point été le résultat de la spontéparité ; et il est même de doctrine parmi les hétérogénistes, d'admettre que certains animaux, chez lesquels on observe des sexes et qui se reproduisent à l'aide d'œufs, à certaines époques, cependant, n'en doivent pas moins leur primitive apparition à la génération spontanée (2).

Nous ne pouvons omettre, en terminant, cette esquisse historique de l'hétérogénie, de parler de nos premiers efforts pour arriver à la démonstration de ce phénomène. Dans un ouvrage qui avait pour objet l'étude de l'ovulation spontanée des mammifères,

(1) BALBIANI, *Note sur l'existence d'une génération sexuelle chez les Infusoires* (Comptes-rendus de l'Académie des sciences), 1858, t. XLVI, p. 628, et *Journal de la physiologie de l'homme et des animaux*, par Brown-Sequard. Paris, 1858, p. 347).

(2) C'est ce que Bremser, Rudolphi et d'autres ont professé à l'égard des vers intestinaux.

nous avons déjà fait entrevoir que la scissiparité est
beaucoup moins fréquente qu'on ne le suppose ordinairement (1) ; le temps et un nombre énorme
d'observations nous en ont de plus en plus convaincu. Dans cet ouvrage aussi, nous nous sommes
attaché à démontrer qu'à de rares exceptions près,
dans tout le règne animal, la génération a lieu à
l'aide d'œufs ; et nous verrons ici que les microzoaires
eux-mêmes, dans la génération primordiale, se développent souvent, ainsi que les autres animaux, à l'aide
d'ovules ; mais seulement que les leurs ont pour
site une pseudo-membrane et non le stroma de l'o-
vaire ; voilà la seule différence.

Beaucoup d'animaux inférieurs avaient paru se
soustraire à la loi générale de la reproduction ; mais
les recherches de Rudolphi, de Cavolini, de Berthold, de Gaede, de Rathke, de Valentin, de Grant
et de Laurent, nous ont démontré que la plupart de
ceux-ci, tels que les helminthes, les gorgones, les
actinies, les méduses, les astéries, les échinodermes,
les flustres et les éponges, produisent des œufs (2).

(1) Pouchet, *Théorie positive de l'ovulation spontanée*. Paris,
1847, p. 27.

(2) Rudolphi, *Entozoorum seu vermium intestinalium historia
naturalis*. Amsterdam, 1808.

Cavolini, *Memorie per servire alla storia dei Polipi marini*.
Naples, 1785.

Berthold, *Beiträge zur anatomie, zootomie und physiologie*.
Gœttingue, 1831.

Rathke, *In floriep's notizen*, t. XXI.

Valentin, *Repertorium*, 1840.

Grant, *Heusinger's zeitschrift für organische Physik*, t. II, p. 53.

Laurent, *Recherches sur l'hydre et l'éponge d'eau douce*.

Ehrenberg nous a fait connaître ceux de quelques espèces d'infusoires, et nous-mêmes nous avons suivi le développement de plusieurs de ces œufs spontanés et avons signalé leur gyration et leur *punctum saliens* (1).

En terminant cet exposé historique, nous dirons que ce que l'on peut reprocher aux adversaires de la spontéparité, c'est d'être restés immobiles en présence de la marche ascendante des sciences philosophiques. C'est à cent ans en arrière de notre époque qu'ils vont souvent emprunter leurs arguments. Quelques phrases des naturalistes du siècle dernier sont citées par eux comme inexpugnables ! Et n'est-ce donc rien que d'avoir pour soi toute l'antiquité et tous les penseurs de l'école moderne? Si les Redi, les Swammerdam, et les Spallanzani furent de respectables adversaires, ne pouvons-nous pas leur opposer les Treviranus, les Tiedemann, les Bremser et les Burdach?

Ainsi que l'observe judicieusement M. Gérard, dans un excellent article sur la génération spontanée, on a toujours opposé à ses partisans de simples dénégations et pas d'argumentation serrée. Cette question, dit-il avec raison, est plus vivace que jamais, et l'on ne peut, sans fermer les yeux à l'évidence, se refuser à voir que, depuis Buffon, les naturalistes les plus éminents y ont ajouté foi ; qu'aujourd'hui les hommes

(1) EHRENBERG, *Organisation, systematik und geographische Verhaeltniss der Infusionsthierchen*. Berlin, 1830.

POUCHET, *Recherches sur les organes de la circulation, de la digestion et de la respiration des animaux infusoires.* (Comptes rendus de l'Institut, 1848-1849.)

qui ont le plus reculé devant les idées philosophiques des encyclopédistes, les Anglais et les Allemands, admettent eux-mêmes cette théorie (1). »

GÉRARD, *Dict. univ. d'hist. nat.* Paris, 1845, t. VI, p. 50, article *Génération*.

CHAPITRE II.

MÉTAPHYSIQUE.

Certains savants se révoltent à l'idée que des êtres organisés puissent sortir fortuitement de la matière amorphe. Ils n'y ont pas songé, car la cause est jugée affirmativement et sans réplique ; il ne s'agit simplement ici que de savoir si le phénomène se continue avec la succession des siècles, ou s'il a été anéanti à tout jamais.

Personne ne contestera, je l'espère, qu'au moment du *fiat lux* toute la création d'alors fut évoquée du néant ; le chaos s'organisa, les globes se dispersèrent dans l'espace, et de la matière sans forme et sans vie, la toute-puissante main de Dieu fit surgir les animaux et les plantes. Cette première phase de l'organisation ne fut donc qu'une véritable génération spontanée s'opérant sous l'inspiration divine !

Pour quelques-uns, la question de la génération spontanée est un imprudent défi jeté à la face de la religion ; question formidable s'il en fût, qui, selon eux, sape les bases de nos croyances et renverse les lois de la terre et du ciel ! frayeurs illégitimes, car si le phénomène existe, c'est que Dieu a voulu l'employer à ses fins; et nous ne pouvons y voir que l'une de ces mystérieuses voies, aussi variées que merveilleuses, qui forcent notre front à s'incliner en présence de sa sagesse infinie. A ceux qui ne le concevront pas, nous nous contenterons de répondre par ce verset, que l'un de nos poëtes a si noblement interprété.

Qui vides multa, nonne custodies? qui apertas habes aures, nonne audies? (Is, xliii, 20.)

Étrange anomalie! c'est cette suprême intelligence qui sonde les profondeurs des cieux, pèse les globes disséminés dans l'immensité; puis, trop à l'étroit sur sa plage terrestre, s'élance dans les sphères de l'infini et pénètre les mystères incréés; c'est cette même intelligence, inquiète, audacieuse, qui enchaîne impérieusement la main de Dieu, et lui défend d'animer d'une étincelle de vie quelques molécules inertes!

C'est ce même homme aussi, dont à chaque instant le cerveau crée spontanément la pensée immatérielle, qui prétend qu'il ne peut rien surgir de la matière! On le voit, à son gré, rêver des régions imaginaires, se bercer de visions féeriques, et c'est lui qui, si magnifiquement doté par la libéralité divine, prétend lui arracher le sceptre de la création!

Si Dieu renverse parfois les lois immuables qui régissent l'univers, pour susciter au milieu de nous ces miracles qui étonnent le vulgaire et fortifient la foi; si à sa voix suprême les murailles s'écroulent, les morts sont ressuscités, n'est-ce pas le comble de l'orgueil que de lui contester le pouvoir de créer un ciron? Et si, à un moment donné, il a plu au sublime architecte de tant de merveilles d'anéantir quelques fragments de son œuvre, pourquoi donc vouloir lui défendre d'en combler les lacunes? aux Mastodontes, aux Rhinocéros, aux Hippopotames, aux Éléphants, qui animaient autrefois le sol que nous foulons aujourd'hui, ont succédé d'autres races d'animaux ; tout a changé à la surface de la terre, et, durant notre éphémère passage sur celle-ci, nous, nous prétendons effacer les impérissables traces du passé et limiter les phénomènes de l'avenir !

Il est certain que parmi les savants qui ont repoussé l'existence de la spontéparité, beaucoup ont été dominés par de respectables convictions : *oppressa gravi sub religione* (1). Mais rien n'autorise ce zèle insensé, et tout, dans le vivant spectacle de la création et dans notre conscience intime, proteste contre lui.

La Genèse dit bien qu'après le sixième jour Dieu se reposa. Mais quel est donc le verset du livre sacré qui nous annonce qu'il s'impose de ne jamais reprendre son œuvre? Où donc est-il dit qu'après ce repos, il ait brisé ses moules et anéanti sa faculté créatrice?

Enfin, si l'on prétendait que c'est faire déroger la majesté suprême que de l'astreindre à de journalières innovations; pour ne pas immobiliser le génie créateur dans l'éternité, ce qui serait la négation de l'omnipotence divine, n'est-il pas possible d'admettre que celui dont les mains ont façonné le germe de tant d'êtres merveilleux, ait, avant d'abandonner son

____

(1) LUCRÈCE, *De rerum naturâ*, lib. I.

œuvre, posé des lois dominatrices de la matière et de la vie, déterminant les circonstances dans lesquelles la puissance organisatrice peut se manifester et donner naissance à de nouvelles combinaisons. Ces lois, en définitive, ne seraient qu'un parallèle de celles qui régissent la génération sexuelle, la scissiparité, la gemmiparité, etc.

Les théories des hétérogénistes, loin d'énerver les attributs du Créateur, ne font qu'en augmenter la divine majesté. Si parfois, dans le silence de son laboratoire, le savant produit l'évolution de quelque être nouveau, son orgueil ne saurait s'abuser ; il sait qu'il n'est là que l'ouvrier intelligent qui réalise les conceptions du sublime maître. Il s'est borné à placer la matière dans les circonstances où, conformément à la loi suprême, la force organisatrice devait s'y manifester : ainsi fait le chimiste lorsqu'il produit un cristal inconnu !

Nous nous abritons sous l'éclat des plus vives lumières de l'Église ; mais si cela n'était pas, à ceux qui nous le reprocheraient nous répondrions avec saint Augustin : que la science et la théologie s'avancent par des sentiers divers, mais que toutes deux mènent à la connaissance de la vérité (1).

De place en place, en effet, l'Écriture proteste contre ce repos dans lequel on veut inutilement enchaîner l'esprit de l'Éternel, et tout semble, au contraire, y indiquer que celui-ci n'est jamais inactif. Moïse lui fait

____

(1) *Duo sunt quæ in cognitionem Dei ducunt, creatio et Scriptura.*

dire : *je tue et vivifie*, comme si c'était l'œuvre de tous les instants (1).

Lorsque Dieu commence à débrouiller le chaos, les commentateurs se trouvent embarrassés pour exprimer l'état des choses à la suite de ce premier grand acte de la suprême volonté. La terre était informe et en désordre, et Jérémie la compare à un pays désolé, ravagé (2) ; les ténèbres régnaient à la surface de l'abîme, et l'Esprit de Dieu planait au-dessus des eaux.

Telle est la version de la Septante. Mais S. Cahen pense que le dernier membre de phrase pourrait bien n'exprimer que l'action d'un vent violent qui labourait la surface de l'abîme (3); et selon le rabbin Jarchi, le texte exprime mot à mot l'action de l'oiseau qui plane ou qui couve (4).

C. Morton, dans ses *Recherches ethnologiques*, a donné une traduction rigoureuse du verset de la Bible qui commence le récit de la création, et qui a été l'objet de tant de commentaires. Voici sa version :

Dans le commencement Élohim créa l'universalité des cieux et l'universalité de la terre. Et la terre fut tohu et bohu (5), masculin et féminin, principes disloqués ou confondus, paraphrastiquement « sans forme et en masse confuse ; » et les ténèbres furent sur la face

(1) Moïse, xxxii, 39.

(2) Jérémie. Comp. Cahen, *Genèse*, i.

(3) Cahen, *La Bible avec l'hébreu en regard, ou les principales variantes de la version des Septante*. Paris, 1834, p. 1.

(4) Jarchi, *Comment. in Pentateuchum*. Naples, 1491.

(5) *Thohou vabohou*, littéralement, selon J. A. B. Bost., *Dict. de la Bible*. Paris, 1849, t. I, p. 231.

de l'abime ; et (le souffle) l'esprit d'Elohim plana comme un oiseau qui descend sur la face des eaux (1).

Saint Basile dit aussi qu'à l'origine de la création les eaux couvraient toute la surface de la terre ; et, en suivant la version syrienne, qui, selon lui, se rapproche le plus du sens exact de l'Écriture, que l'Esprit-Saint en planant sur l'abime, les *échauffait et les fécondait*, semblable à un oiseau qui couve ses œufs, et, en les échauffant, en excite la puissance vitale (2).

Nous avons fait quelque attention au texte de la Genèse, parce que, comme l'exprime Luther, *Scriptura primum intelligi debet grammaticè antequam possitexplicari theologicè* (3).

Il est évident qu'après avoir décrit la création d'une si large manière, l'auteur inspiré de la Genèse n'en reparle plus, et que rien, dans ce livre, n'autorise à supposer qu'il puisse advenir une répétition de l'action créatrice. Nous le savons, mais rien non plus n'y autorise à prétendre que l'Esprit divin s'est imposé de ne jamais retoucher son œuvre ! cette immense épopée occupe à peine quelques ligues, et sans doute qu'après avoir esquissé si brièvement un si grandiose tableau, on ne devait pas s'attendre à y rencontrer des détails sur les actes subséquents; ils

(1) S. G. Morton, *Types of mankind*, or *Ethnological researches.* Philadelphie, 1854, p. 562.

(2) Saint Basile le Grand, *Homélies sur l'ouvrage des six jours.* Lyon, 1827, p. 386.

(3) Comp. Gliddon. Archæological introduction to the XII chapter of Genesis. Supr. à Morton, p. 573.

découlent naturellement de l'intelligence suprême et de l'incessante activité du Créateur.

Cependant, de place en place, nos livres sacrés protestent contre l'immobilité dont on prétend frapper la création. Nous avons déjà vu qu'on rencontrait dans le livre des Juges quelques faits qui sembleraient dériver de l'hétérogénie (1). Mais dans d'autres endroits les indices sont bien autrement manifestes, bien autrement irrécusables.

L'audace du Psalmiste, par exemple, ne s'arrête pas aux étroites considérations qui enchaînent notre époque. Dans ses chants inspirés, lorsque ses pensées s'élancent vers la région des nuages, abandonnant l'esprit de Dieu à ses mobiles inspirations, il s'écrie dans l'une de ses brillantes métaphores :

Emittes spiritum tuum et creabuntur, et renovabis faciem terræ; avertente autem te faciem, turbabuntur; auferes spiritum eorum et deficient, et in pulverem suum revertentur (2).

Lorsque dans un autre endroit le Psalmiste proteste que *les limites de la terre sont dans la main de Dieu*, il est évident qu'il fait une allusion à la volonté du Créateur, pouvant à son gré suspendre ou continuer son œuvre (3).

L'idée de l'action incessante de l'Éternel sur la création ne surgit pas seulement dans l'esprit de ceux qui méditent ce sujet, mais on trouve même, de

---

(1) Historique, p. 10 *Bib. sac.* Juges, xiv, 14. Ecclésiaste, iii, 20.

(2) Salomon, Psalm. ciii, 30.

(3) Salomon, Psalm. xciv, 4.

place en place, des passages des saintes Écritures qui viennent la confirmer. Ainsi, lorsque le Christ était poursuivi par les Juifs pour avoir guéri un malade, le jour du sabbat, il se retourne en leur disant, *Pater meus usque modo operatur, et ego operor*, Mon père travaille jusqu'à maintenant, et je travaille aussi (1). » Tous les commentateurs ont considéré cette phrase comme signifiant que Dieu avait travaillé jusqu'à présent, constamment, sans cesse, toujours (2). « Dieu s'était reposé au septième jour de la création, dit Gerlach en s'inspirant de l'œuvre de saint Matthieu ; mais ce repos n'était que la joie du Créateur, prenant son plaisir au bonheur de la créature qui venait de sortir de ses mains. Or, ajoute-t-il, la conservation du monde, et surtout son rétablissement après la chute, exige l'action créatrice de Dieu, sans aucune interruption (3). »

Dans sa magnifique définition de la création, saint Jean s'exprime comme si elle s'exerçait sans discontinuer. C'est un acte du Dieu éternel et tout-puissant, s'écrie-t-il, par lequel il appelle à l'existence, des choses visibles et invisibles, matérielles et spirituelles (4).

Les opinions d'Aristote sur la génération spontanée eurent presque autant de sectateurs que sa phi-

(1) Évangile selon saint Jean, chap. v, 17.

(2) Gerlach, L. Bonnet et Ch. Baup, *Le Nouveau Testament*. Paris, 1846, p. 365.

(3) Gerlach, *Le Nouveau Testament*, avec notes explicatives. Paris, 1846, p. 365.

(4) Saint Jean, Apocalypse, iv, 11. Ps. cxlviii, 5. (Bost, t. I, p. 227.)

losophie, et l'on n'est pas surpris d'en retrouver quelques vestiges dans les écrits des Pères de l'Église eux-mêmes. Saint Augustin s'exprime ainsi dans un passage de ses œuvres : « *Ut omittam aliter de homine nasci filium, aliter capillum, pediculum, lumbricum, quorum nihil est filius*, etc. (1). »

Enfin la preuve manifeste que les prétentions des hétérogénistes n'ont jamais dérogé à l'orthodoxie, c'est que nous ne sommes absolument aujourd'hui que l'interprète des opinions de l'un des plus grands philosophes chrétiens, de ce même saint Augustin que nous venons de citer. C'est sa thèse que nous développons ici avec l'assurance et la précision que nous donnent les sciences au dix-neuvième siècle. Voici ce qu'il dit dans ses lettres sur la Genèse : « La pro-
« duction des êtres vivants et animés n'était complète
« et terminée que d'une certaine manière dans leur
« principe et dans leur cause, en ce sens que la terre
« et les eaux, en passant du néant à l'être, avaient
« reçu en même temps le pouvoir d'amener au jour,
« à l'époque fixée, les êtres vivants destinés à ré-
« pandre dans les airs, dans les abîmes des mers et
« sur tous les points du globe, la vie et le mouve-
« ment qui forment le plus bel ornement de la na-
« ture... Ainsi les êtres vivants n'ont apparu dans
« l'état actuel que dans le temps, ou autrement dit,
« par le déroulement successif des siècles (2). »

Saint Jérôme, ce génie audacieux des beaux temps de l'Église, combat aussi avec nous pour restituer à

____

(1) Saint Augustin, *Enchiridion*, cap. xv.
(2) Id., *Lettres sur la Genèse*.

l'Éternel sa puissance suprême. Dieu, dit-il, ne cesse pas d'être Créateur et d'être continuellement agissant. Selon lui, la nature, soit matérielle, soit spirituelle, est dans un mouvement permanent ; et cette vie permanente, cette puissance d'action est un caractère ou plutôt le grand caractère de la Divinité (1). Ce principe de saint Jérôme, comme le dit **M. Benoît de Matougues**, est la base de toute philosophie, et en cela il est d'accord avec les savants de nos jours (2).

Enfin, si la question de l'hétérogénie était aussi brûlante que le prétendent certaines consciences timorées, eût-on vu des Pères de l'Église en devenir eux-mêmes partisans ? eût-on vu aussi le béatifié Albert le Grand, l'ami de saint Thomas d'Aquin, et plusieurs savants jésuites tels que les Kircher (3), les Fabri (4), et les Bonanni (5), l'embrasser sans le moindre scrupule ? Et l'un de ces ardents défenseurs de la foi eût-il dédié au pape Alexandre VII, l'œuvre dans laquelle il traite cette question avec une audace à nulle autre pareille (6) ?

La philosophie moderne, dépouillée de tout le mys-

(1) Saint Jérôme, Œuvres de saint Jérôme. Paris, 1841.—*Traité contre saint Jean, évêque de Jérusalem* (préface, p. 26).

(2) B. de Matougues, *Saint Jérôme et son siècle*, 1841 (préface de l'édition du *Panthéon littéraire*).

(3) Kircher, *Mundus subterraneus*. Amsterdam, 1778.

(4) Fabri *Tractatus duo, quorum prior est : De plantis et de generatione animalium, posterior : De homine*. Paris, 1666.

(5) Bonanni, *Observationes circa viventia quæ in rebus viventibus reperiuntur, cum micrographiâ curiosâ*. Rome, 1691.

(6) Le père Kircher a dédié à ce pape son ouvrage le plus célèbre, le *Mundus subterraneus*. Édit. d'Amsterdam, 1778.

ticisme qui l'enchaînait naguère, ne vient-elle pas elle-même prêter un auguste appui à la thèse de l'hétérogénie? Elle restitue à la matière sa véritable dignité en l'associant intimement à l'esprit, et, par cette étroite combinaison, elle en explique d'une plus satisfaisante manière les mobiles mutations. La philosophie de la nature conduit à cette conclusion, car, ainsi que Heine en convient lui-même, elle n'est qu'un développement du panthéisme ancien (1). L'école allemande, après avoir successivement dédaigné le matérialisme de Locke et l'idéalisme de Leibnitz, en est revenue au panthéisme de Spinosa, qui forme le point initial et la base des doctrines de Fichte (2) et de Schelling (3). En effet, ces deux philosophes enseignent qu'il n'existe qu'un seul être, le *moi*, l'absolu ; et qu'il y a identité entre l'idéal et le réel (4).

Il n'est pas à dédaigner, en traitant un sujet aussi abstrait que le nôtre, de rechercher quels sont les procédés par lesquels on peut s'aventurer dans son étude. Nous avons reconnu que la route la plus sûre était de suivre, presque toujours, cette méthode expérimentale qui, depuis Galilée, a tant fait progresser les sciences naturelles, et qui consiste à prendre pour point de départ l'observation des phénomènes, à en rechercher les causes, conformément à ce que l'on appelle la *méthode à posteriori*, méthode que nos sa-

(1) H. HEINE, *De l'Allemagne*. Paris, 1855, t. I, p. 169.
(2) J. FICHTE, *Doctrine de la science*.
(3) SCHELLING, *Idées pour servir à une philosophie de la nature*.
(4) H. HEINE, *De l'Allemagne*. Paris, 1855, t. I, p. 165.

vants les plus profonds nous conseillent tous pour éviter l'erreur (1).

Cependant pour élucider l'importante question de la génération spontanée, ce n'est pas trop d'appeler à son secours toutes les ressources de l'esprit humain, et de mettre en œuvre ses plus nobles facultés. Là aussi on peut répéter ce que dit Is. Geoffroy Saint-Hilaire, en parlant des sciences naturelles en général : L'observation, l'analyse sont indispensables ; mais elles ne suffisent pas ; le raisonnement, la synthèse ont aussi leurs droits (2). Mais pour arriver à la découverte de la vérité, à la vraie science, selon l'expression de la philosophie germanique, il ne faut abuser ni des moyens de Galilée, ni des inspirations de Schelling.

Après avoir traversé des époques d'inexplicable crédulité, nous sommes tombés dans un excès contraire. En embrassant la voie de l'expérimentation, nous avons affecté le plus profond scepticisme pour tout ce qui n'en découlait pas ; nous avons ainsi tari une des plus fécondes sources de tout progrès, le criterium de l'intellect, qui discute et qui juge. Nos devanciers en avaient abusé, mais nous, nous l'avons trop dédaigné. Si Zénon et les stoïciens subordonnaient toute la nature à l'action d'un feu vital intellectuel ; si Aristote admettait que les éléments et les astres sont dominés par un agent universel intelligent (3) ;

(1) Chevreul., *Lettres sur la méthode en général.* Paris, 1856, p. 12.
(2) Is. Geoffroy Saint-Hilaire, *Histoire naturelle générale.* Paris, 1854, t. I, p. 317.
(3) Aristote, *De cœlo,* cap. ii et xii.

si Descartes prétend qu'une flamme vitale pénètre le cœur des animaux et en règle tout le mécanisme (1); si Gassendi considérait comme une sorte d'âme du monde la chaleur latente qui pénètre les globes et l'espace (2) ; enfin, si saint Thomas, pour expliquer une métaphore de Job et de saint Matthieu (3), a pu penser qu'il existait des espèces d'âmes dans les astres et les cieux (4), faut-il, à cause de ces écarts de l'imagination, nier l'attraction planétaire et le principe vital? On n'oserait le prétendre. Il en est de même de l'hétérogénie; quoique certains naturalistes aient poussé trop loin leurs prétentions, en lui attribuant une fantastique puissance, il n'en est pas moins positif qu'elle s'exerce dans une sphère déterminée, plus modeste, il est vrai, mais que ses résultats sont évidents.

Ainsi que le dit Is. Geoffroy Saint-Hilaire, dans son magnifique ouvrage, l'expérimentation, telle que la conçoit Schelling, n'est que la vérification d'une idée préexistante; et d'après lui on ne doit condescendre à interroger les faits matériels que pour constater, en quelque sorte, les prophéties de l'intelligence (5). Mais, selon nous, le philosophe allemand sacrifie ici l'un des plus féconds résultats des expériences ; car si fréquemment celles-ci ne torturent la matière et

(1) Descartes, *Traité des passions*, art. 9. Paris, 1844, p. 508.

(2) Gassendi, *Physic.*, t. I, p. 158.

(3) Métaphore dans laquelle il est question des vertus des cieux. (Job, chap. IX ; saint Matthieu, chap. XXIV.)

(4) *Tract. de indulgentiâ.*

(5) Is. Geoffroy Saint-Hilaire, *Histoire naturelle générale des règnes organiques.* Paris, 1854, t. I, p. 308.

l'organisation que pour les faire déposer en faveur des théories préconçues, souvent aussi le savant, en voyant des phénomènes insolites, inattendus, surgir pendant ses opérations, en déduit *à posteriori* des lois que jamais son esprit n'eût fait éclore spontanément.

Professer une théorie opposée, c'est sacrifier l'utile moitié des recherches expérimentales. Nous, nous avons essayé de les mettre en œuvre sur leurs deux faces et de leur donner ainsi toute leur force.

Pour la recherche des majestueux phénomènes de la création, il ne faut ni trop oser, ni trop craindre ; l'intelligence et l'expérimentation ont leurs écueils, et on ne les évite qu'en les unissant étroitement : c'est là la vraie science. L'esprit seul, dans son infinie fécondité, édifie dans l'immensité du vide, et l'expérience reste souvent stérile si ses résultats ne se trouvent ni vivifiés, ni agrandis. Il ne faut se laisser entraîner ni par les témérités des *philosophes de la nature*, ni par la timide réserve de l'*école des faits* ; il faut savoir observer et oser, c'est là que nous conduit la méthode philosophique introduite dans la science par l'immortel E. Geoffroy Saint-Hilaire (1).

C'est, armé du flambeau dont on lui doit les premières clartés, que nous voulons ici nous avancer.

En se bornant à une étude philosophique ou spéculative de la nature, on se plonge dans un inextricable dédale, et l'esprit se perd au milieu des plus chimériques conceptions : c'est le règne de la sco-

____

(1) Comp. Geoffroy Saint-Hilaire, *Philosophie anatomique*. Paris, 1818. — Serres, *Anatomie transcendante*, Mém. inséré dans les *Ann. des sc. nat.*, 1827, p. 47.

lastique replacé sur le trône des sciences modernes ! Schelling impose le plus modeste rang aux observateurs, et prétend qu'il leur serait aussi difficile d'édifier un système que de *traverser l'Océan sur un brin de paille* (1). Mais on pourrait lui demander si c'est toujours *à priori* que nos plus illustres savants ont conçu ces systèmes magnifiques devenus la gloire de notre époque ? Rœmer cherchait-il à préciser la vitesse de la lumière quand il découvrait la différence d'immersion des satellites de Jupiter (2)? Goethe avait-il rêvé la structure du crâne, quand, en se déchirant sous ses pieds, une tête de Mouton la lui révélait au milieu d'un cimetière du Lido (3)?

Lorsque toute notre carrière a été consacrée à l'expérimentation, nous ne pouvons accepter, avec Schelling, que la pensée est la source de toute vraie science, et que les faits sans théorie n'expriment rien (4)! Ce que nous voulons, c'est que l'intelligence soit fécondée par les faits, et, que, dans ses déductions les plus audacieuses, elle s'appuie toujours sur les éléments du connu pour en abstraire les théories. C'est là la vraie science, qui ne peut être que l'expression philosophique des faits acquis et développés dans toutes leurs conséquences.

Nous faisons entrer largement dans la science de la nature, le même élément intellectuel que le chef

(1) Schelling. Traduction de Bénard, p. 177.

(2) Rœmer, *Mémoires de l'Académie des sciences*, 1673.

(3) Goethe, *OEuvres d'histoire naturelle*. Paris, 1837.

(4) Schelling, *Zeitschrift*. 1800. (Annales). *Sur la spéculation et l'expérience en physique*, p. 365. Traduit par Bénard.

de la philosophie allemande y introduisait, mais, contrairement à lui, nous, nous voulons des théories essentiellement *déductives*, et non des *théories intuitives*; car, selon Schelling, si l'observation et l'expérience ont à intervenir dans la *vraie science*, c'est, non pour découvrir, mais pour vérifier les conceptions de notre esprit.

Ainsi, sur ce vaste champ clos où depuis si longtemps luttent, sans victoire décisive, tant d'adversaires d'un haut mérite, nous venons jeter un élément nouveau ; c'est le large exercice de la pensée, s'appliquant à scruter des masses de faits pour en déduire des lois.

L'histoire naturelle est essentiellement une science de faits, comme le dit Cuvier (1), mais elle resterait bien au-dessous de ses splendeurs, si on l'enserrait dans le pur examen de ceux-ci (2). La science de la nature ne s'élève au niveau de la philosophie que lorsqu'on y associe l'exercice des plus hautes facultés humaines, et les expériences et les observations n'ont de prix qu'autant que l'intelligence en déduit toutes les conséquences. C'est ce que nous avons prétendu faire aujourd'hui, non plus en opérant sur des bases restreintes, mais en étendant immensément le champ de l'observation, en multi-

(1) Cuvier et Valenciennes, *Histoire naturelle des poissons.* Paris, 1828, t. I, p. 1.

(2) Cuvier, *Nouvelles Annales du Muséum d'histoire naturelle,* 1832.

Comp. Is. Geoffroy Saint-Hilaire, *Histoire naturelle générale des règnes organiques.* Paris, 1844, t. I, p. 289.

pliant à l'infini les expériences, et en ne déduisant aucune loi de celles-ci en particulier, mais en tirant nos conclusions de ce que nous présentait leur ensemble. Ainsi, la pensée et l'expérimentation ont pu s'avancer avec une certitude presque mathématique.

Nous ne prétendons pas pousser la hardiesse de la pensée jusque dans les sphères de l'inconnu, et oser dire comme Schelling, que celle-ci est la science tout entière (1); mais ce que nous voulons, c'est qu'elle apparaisse largement sur la scène de l'expérimentation, et que la majesté de ses conceptions vienne corroborer les faits et en déduire des lois stables. La science de l'observation ! mais c'est celle du vulgaire, et prétendre y restreindre le savoir et le génie c'est les faire descendre de leur trône élevé. Que les témérités de l'intelligence aient leur libre cours, dans nos laboratoires ou au milieu de nos bibliothèques, nous l'accordons bien volontiers ; mais qu'au moins, lorsqu'elles apparaissent sur la scène de l'enseignement, elles ne s'y montrent qu'avec la corroboration de l'expérience et de l'observation.

Nous nous résumons en disant que ce que nous voulons, c'est la doctrine de l'illustre E. Geoffroy Saint-Hilaire, ce sont : les faits d'abord, et leurs conséquences ensuite, c'est là la science complète (2);

(1) Schelling, *Philosophische Briefe über dogmatismus und kriticismus.* 1795. (Lettres philosophiques, dogmatiques et critiques.)

(2) Ét. Geoffroy Saint-Hilaire, *Considérations et rapports nouveaux d'ostéologie comparée* (Mém. du Muséum, t. X, p. 184). —

car, comme l'exprime Henri Martin, il serait illusoire de supposer que la découverte des formules biologiques pût se faire *à priori* (1).

On a poussé beaucoup trop loin le scepticisme, lorsque l'on a jugé la question qui nous occupe, et généralement ses antagonistes ont considéré comme un axiome, qu'il fallait repousser tout ce qui se dérobait à l'investigation matérielle. Mais nous ne consentons pas à ce que l'on écarte ainsi le plus noble attribut de notre nature, l'exercice de la raison, consacré à la démonstration de la vérité. Nous demandons que celle-ci jouisse de toute sa prérogative, en prenant pour point de départ l'expérimentation. Si, au milieu de ses infinies combinaisons, elle peut mal interpréter quelques faits, lorsqu'elle n'aspire qu'à statuer sur l'ensemble d'un immense nombre de ceux-ci, il nous paraît que ses prétentions sont réellement bien légitimes.

Nous n'avons voulu suivre ici ni cette science uniquement rationnelle, spéculative, philosophique; ni celle qui nous restreint à l'observation matérielle. Nous avons emprunté des ressources de toutes parts, pour féconder notre œuvre. Tantôt nous nous sommes appuyé sur l'autorité des faits, et tantôt sur les déductions qu'en peut abstraire la pensée ; tantôt sur l'observation, tantôt sur les commentaires de l'in-

Principes de philosophie zoologique. Paris, 1830, p. 188, 189. — Comp. Victor Meunier, *Histoire philosophique des progrès de la zoologie générale.* Paris, 1840, p. 78.

(1) Henri Martin, *Philosophie spiritualiste de la nature.* Paris, 1849, t. I, p. 41.

telligence. Nous avons employé les deux éléments : la méthode empirique et la méthode rationnelle.

La matière organique subit un incessant travail de décomposition et de désagrégation, véritable cycle de vie et de mort, dans lequel elle se trouve à jamais enchaînée, et qu'elle parcourt en présence des siècles qui passent et servent de muets témoins à la renaissance et aux perpétuelles funérailles des êtres. Telle est la loi suprême, tout naît et périt tour à tour ; l'homme et la Monade elle-même ne sauraient s'y dérober. De tout temps l'intelligence humaine s'est efforcée de débrouiller quelles sont les mystérieuses puissances qui président à cette immense arène de destruction permanente et d'efforts organisateurs.

Les recherches sur l'origine des choses ne semblent-elles pas un attribut de notre esprit inquiet et témérairement investigateur ? Ne voit-on pas la même tendance se révéler dans toutes les cosmogonies, dans tous les écrits des philosophes, comme pour rappeler que Dieu même *tradidit mundum disputationibus eorum ?*

Cette puissance qui produit à la surface du globe ce mouvement intime de la matière, durant lequel celle-ci s'anime et expire tour à tour, était regardé par Kircher comme le Monde archétype ou idéal des Égyptiens, *Mundus archetypus*, qu'il appelait aussi *Mundus causæ causarum* (1). Ce mythe, n'est-ce pas cet immense mouvement générateur qu'engendrent partout la matière et la vie, la substance et l'esprit ?

(1) Kircher, *OEdipus ægyptiacus.* Romæ, 1653, t. II, p. 404.

Mais si ce grand acte générateur de la nature est partout ostensible, les mystérieux phénomènes par lesquels il s'opère sont l'objet de perpétuelles dissidences parmi les philosophes et les savants, et ceux-ci se trouvent partagés, à cet égard, en groupes fort distincts. William Whewell, auquel on doit d'importants efforts tendant à introduire l'ascendant de la philosophie dans les sciences, a fort bien tracé, à ce sujet, la limite des différentes écoles qui ont successivement régné dans celles-ci (1).

Trois hypothèses ont tour à tour été exhumées pour expliquer les phénomènes de la vie, et sont devenues le partage de trois écoles distinctes.

Dans la première, tous les actes de l'organisme se trouvent sous l'empire des lois qui régissent la matière brute. Les physiciens atomistes de l'antiquité ont été les promoteurs de ce grand système, seulement, l'obscurité qui régnait alors dans les sciences les restreignit à de vagues généralités ; mais les modernes ayant mieux scindé les connaissances humaines, il se manifesta parmi eux plusieurs sectes très-tranchées.

Les uns ne voyant uniquement dans la manifestation de la vie que des phénomènes de mécanique et d'hydrodynamique, pour eux tout s'y réduit à un simple jeu de leviers et de siphons. Sanctorius, Boerhaave, Borelli, Keil, Robinson et Sauvages peuvent être regardés comme les chefs de cette phalange de physio-

____

(1) W. Whewell, *The philosophy of the inductive sciences*. London, 1847, t. I, p. 518.

logistes que l'on a appelés *Iatromécaniciens* (1). Les autres, transformant les organes vitaux en de véritables matras de chimie, réduisaient l'existence aux simples lois des affinités de la matière; telle était l'école des *Iatrochimistes*, dont Sylvius et T. Willis furent les principaux apôtres (2), et que l'illustre Newton lui-même parut sanctionner (3). Mais ce fut T. Willis surtout qui lui donna un grand renom, en prétendant expliquer une foule d'actes physiologiques par les seuls phénomènes de la fermentation (4).

Ces deux écoles ne sont en réalité que des reflets de la philosophie cartésienne et, l'on peut en somme considérer Descartes comme en ayant été le principal promoteur par sa métaphysique (5).

Les partisans de la seconde école, au contraire, détrônent la matière et n'expliquent la vie qu'à l'aide d'un principe immatériel, intelligent, qui en régit et en domine mystérieusement tous les actes : c'est là l'école du *spiritualisme*. Dans l'antiquité, ses chefs étaient Platon, Aristote et Galien (6). Durant

(1) Comp. Sanctorius, *Ars de staticâ medicinâ.* Venise, 1614.
Boerhaave, *Institutiones rei medicæ.* Leyde, 1708.
Borelli, *De motu animalium.* Romæ, 1680.
Keil, *Tentamina medico-physica.* Londres, 1718.
Robinson, *Traité de l'économie animale.* Londres, 1738.
Sauvages, *Physiologiæ elementa.* Avenione, 1754.

(2) Sylvius, *Opera medica.* Amstel., 1679.

(3) Haller dit dans ses œuvres : *Neque magna illa mens Newtoni, ita ab hypothesium amore pura fuit, quin ex fermentatione humorum, spiritus in ipso corde generari conjecerit.*

(4) T. Willis, *De fermentatione.* In opera omnia. Genève, 1680.

(5) Descartes, *Traité des passions,* etc.

(6) Galien, *De formatione fœtûs.* — Galien admettait trois sortes

l'époque moderne, ce furent Paracelse, Van Helmont(1) et Stahl(2), qu'on s'étonne de ne pas compter au nombre des chimiâtres.

Cette école, ainsi que celle qui précède, porta l'empreinte du génie de ceux qui en furent les adeptes : ses doctrines sont tempérées par une philosophie rationnelle, quand elle est dirigée par des hommes d'un génie élevé; mais elle tombe dans les extravagances de l'illuminisme, lorsqu'elle se trouve dans les mains des fauteurs de la Cabale ou de l'Alchimie (3). W. Whewell lui donne même alors le nom d'*école mystique* (4), lorsque ses partisans, et tel fut Paracelse, font intervenir les esprits élémentaires, les salamandres et les gnomes, dans l'accomplissement des phénomènes de la vie (5).

Enfin, vient la troisième école, ou le *vitalisme*, qui dérive frauduleusement des deux autres. Selon celle-ci, les phénomènes vitaux ne résultent ni d'un principe immatériel, intelligent, ni des lois qui régissent les corps bruts, mais d'une force particulière inhérente à l'organisme. C'est cette force qu'on a

d'âmes : une âme végétative pour les plantes; une âme sensitive qui s'y ajoutait chez les animaux; et enfin une âme raisonnable qu'on rencontrait, en outre, chez l'homme.

(1) Van Helmont, *Ortus medicinæ.* Amsterdam.

(2) Stahl, *Theoria medica vera. Physiologia.* Hale, 1737.

(3) Ainsi Paracelse, dominé par ses errements cabalistiques, admettait aussi que les astres influençaient directement nos organes. Le soleil agissait sur le cœur, la lune sur le cerveau, Vénus sur les organes génitaux.

(4) W. Whewell, *The philosophy of the inductive sciences.* London, 1847, t. I, p. 548.

(5) Paracelse, *De vità rerum naturalium.*

appelée *principe vital*. Cette école, qu'on a nommée aussi *école organiciste*, ne remonte pas au delà du dix-septième siècle ; on en trouve les premiers rudiments dans les œuvres de Glisson, savant anatomiste de Cambridge ; mais elle a surtout été illustrée dans ces derniers temps par les Bichat et les Broussais (1).

Cette prétendue propriété vitale n'est qu'un emprunt fait à l'animisme ancien, dont seulement l'école moderne a fait un usage moins rationnel. Les philosophes de l'antiquité et les stahliens de notre époque entouraient d'un certain prestige ce principe animateur ; aucun lien ne l'unissait à la matière qu'il régissait souverainement : c'était un être d'une essence suprême. Les vitalistes d'aujourd'hui le font descendre de ses régions élevées, et immolent sa suprématie en l'enchaînant étroitement à l'organisme dont, selon eux, il semble plutôt le résultat que le coordonnateur.

Quelle que soit l'autorité et le génie de ceux qui ont propagé le vitalisme, il est cependant évident que s'il y a une mutuelle influence entre la matière et le principe de la vie, ce principe n'en dérive certainement pas. Il est évident qu'un agent coordonnateur domine toutes les manifestations vitales, mais aucune des écoles ne l'a suffisamment défini.

(1) Glisson, *Tractatus de naturâ substantiæ energeticâ*. Londres, 1672.

Bichat, *Recherches physiologiques sur la vie et la mort*. Paris, 1818.

Broussais, *Examen des doctrines médicales*. Paris, 1821. — *Cours de phrénologie*. Paris, 1836.

Deux systèmes sont seulement restés en présence aujourd'hui : l'un est celui de l'école de Montpellier, qui représente l'*animisme*; l'autre celui de l'école de Paris, l'*Organicisme*.

La première école, sous les inspirations de Stahl et magnifiquement secondée par le génie de Barthez, s'est peut-être perdue par son spiritualisme exagéré (1). L'autre, éblouie par l'éclat des sciences modernes, en voulant trop leur emprunter, est menacée du même naufrage.

Ainsi que l'a dit avec une profonde raison un grand physiologiste de notre époque, M. Bérard, nous ne connaissons les causes premières de rien, et ces causes seront placées à tout jamais au delà de notre intelligence (2).

Et, en effet, l'essence du principe vital est tout aussi difficile à déterminer que l'est celle du principe immatériel des stahliens. Quelques physiologistes se révoltent même contre son existence. « On a imaginé, dit Magendie, des propriétés vitales et je m'étonne que l'esprit puisse se contenter d'une semblable mystification (3). » Nous dirons avec plus de calme, que l'intervention de celles-ci n'explique pas mieux les phénomènes de la vie que ne le faisait l'animisme, qu'on a prétendu détrôner. A notre sens, les doctrines de l'école de Stahl auraient même un immense avantage sur le vitalisme, c'est d'être plus ingénieuses et plus élevées.

(1) Barthez, *Nouveaux éléments de la science de l'homme.* 1778.
(2) Bérard, *Cours de physiologie.* Paris, 1848, t. I, p. 142.
(3) Magendie, *Phénomènes physiques de la vie.*

Les partisans de cette dernière école ne sont du reste pas plus d'accord entre eux sur le nombre des propriétés vitales, que ne l'étaient les successeurs de Stahl et de Van Helmont sur le nombre et les attributs des archées et des âmes. Les uns, avec Adelon, englobent toutes les propriétés vitales en une seule, qui est la sensibilité (1). D'autres multiplient celles-ci à l'infini, tel est Gerdy, qui en compte jusqu'à dix-huit (2).

Bichat et Broussais ont beau protester qu'il n'existe dans l'organisme que des tissus et des appareils excitables et vivants, et que l'animisme n'est qu'une entité chimérique ; notre sens intime se révolte contre une telle prétention ; elle blesse la dignité humaine, et tout révèle au philosophe que si dans le jeu de l'organisme une foule d'actes peuvent avoir leur mobile dans des forces inhérentes à la matière elle-même, il en est d'autres, d'un ordre plus élevé, qui dérivent d'une puissance immatérielle.

S'il faut se garantir des écarts de l'animisme des stahliens, il faut non moins se préserver des efforts irrationnels de l'école moderne. M. Bérard se borne à penser qu'un arrangement particulier de la matière organique pourrait donner naissance à des phénomènes que ni la physique ni la chimie ne nous expliquent complétement, et c'est à eux seulement qu'il entendrait donner le nom de *propriétés vitales* ou

(1) Adelon, *Physiologie de l'homme*. Paris, 1828.

(2) Gerdy, *Physiologie philosophique des sensations et de l'intelligence*. Paris, 1840.

mieux de *propriétés organiques* (1). Dans ce cas ce serait donc le corps brut qui, par ses combinaisons, produirait l'essence immatérielle.

Nous aimons mieux penser que le principe coordonnateur domine et régit l'organisme, que de croire que l'harmonieux ensemble des phénomènes vitaux est subordonné à la modalité de la matière vivante. Pour nous, le génie de l'architecte devance la construction de l'édifice, et les matériaux de celui-ci n'engendrent nullement l'intelligence qui préside à son admirable disposition. D'après nous enfin, la force vitale rassemble les particules et en forme des organes; mais cette force ne puise pas ses matériaux dans les éléments chimiques environnant le lieu où elle se manifeste, elle ne groupe que des molécules organiques binaires ou ternaires; car c'est en vain qu'on en voudrait saisir la manifestation là où se rencontreraient isolés les divers corps dont la combinaison constitue chimiquement l'organisme. Ce sont probablement ces molécules que M. Lebert nomme *globules organo-plastiques* (2).

Cependant, au milieu de ce conflit entre les organicistes et les spiritualistes, nous qui bientôt allons nous efforcer de saisir les premières traces du mouvement vital, nous devons préliminairement essayer d'indiquer quel doit être là le rôle simultané de la matière ostensible et du principe insaisissable qui l'anime.

(1) Bérard, *Cours de physiologie*. Paris, 1848.
(2) Lebert, *Mémoire sur la formation des organes de la circulation du sang dans l'embryon du poulet.*

Lorsque la philosophie antique, avec Épicure,
prétend que le groupement fortuit de myriades atomiques, purement matérielles et inertes, peut faire
surgir des images animées et sensibles, c'est là une
hypothèse qui est aussi confuse que le chaos d'Hé-
siode. Mais si l'on admet que les atomes eux-mêmes
sont animés, ainsi que le prétendaient quelques
sages de la Grèce, on conçoit alors qu'une pensée, qu'un sentiment en dirige les combinaisons,
et que de celles-ci peuvent surgir des êtres aux formes
variées à l'infini, et se reproduisant avec les mêmes
caractères lorsque des combinaisons, qui ne sont
plus l'effet d'un hasard incommensurable, se présentent de nouveau. Envisagée ainsi, l'hypothèse des
atomistes devient beaucoup plus élevée et plus sérieuse, et les hommes les plus éminents, tels que
Bayle et Leibnitz (1), ne dédaignent pas de la prendre
en considération.

On admet bien sans conteste que c'est par une
force spéciale, un mode particulier de sensibilité,
d'affinité, que les molécules, s'attirent et se combi-
nent pendant les opérations de la chimie. Pourquoi
donc voudrait-on que les molécules qui se groupent
pour former l'organisme fussent dépouillées d'une
qualité que l'on accorde si libéralement aux particules
minérales? Si les molécules qui entrent dans un être
organisé ne sont point aussi somptueusement parta-
gées que le voulait Démocrite, au moins faut-il abso-

____

(1) BAYLE, *Dictionnaire philosophique*. Paris, 1820, t. IX, p. 178.
— LEIBNITZ, *Monadologie*. Paris, 1842, p. 392.

lument leur accorder un mode spécial de sensibilité, qui régit et domine leurs combinaisons. De Blainville n'était pas éloigné d'admettre une espèce de sensibilité dans les molécules minérales (1) et M. Trécul ne vient-il pas de décrire des cristaux organiques vivants (2)?

Les plus ardents partisans de l'hétérogénie ne renouvellent nullement aujourd'hui l'hypothèse surannée d'Épicure. Il semblerait absurde de soutenir que les Monades inorganiques peuvent en se groupant engendrer spontanément le plus simple organisme. Les défenseurs actuels de la génération spontanée émettent que celle-ci ne peut se produire qu'aux dépens des corps organisés subissant les phénomènes de la décomposition, ou dans l'intérieur des corps vivants. Selon eux l'énergie avec laquelle se manifeste la spontéparité et l'élévation organique des êtres qu'elle engendre dépend du plus ou moins d'abondance de matériaux au sein desquels les nouveaux êtres créés se sont développés (3).

Les doctrines de l'organicisme pâlissent en présence des merveilleux phénomènes de la vie ; tout atteste qu'une sagesse suprême a réglé le cours de ceux-ci, et qu'ils ne peuvent être abandonnés au caprice de

---

(1) De Blainville. Dans le moment où les molécules composantes s'attirent, dit-il, pour former la molécule composante, il y a réellement quelque chose de la vie. (*Anatomie comparée*. Strasb., 1822, Introd., p. 15.)

(2) Trécul, *Comptes rendus* 1858.

(3) Burdach, *Traité de physiologie*. Paris, 1837, t. I.

Bremser, *Traité zoologique et physiologique sur les vers intestinaux*. Paris, 1837, p. 70.

la matière aveugle ; aussi, à toutes les époques, voit-
on les philosophes et les naturalistes s'efforcer d'évo-
quer des causes mystérieuses, des êtres incorporels,
pour jeter quelque lumière sur l'existence des animaux et des plantes. L'antiquité se fit remarquer par
ses tentatives dans cette direction, et le moyen âge
religieux tomba dans les exagérations du spiritualisme le plus outré.

Comme s'ils étaient encore sous l'ascendant de la
scolastique, Adanson et Kepler multiplient les intel-
ligences au sein de la matière, pour en expliquer les
plus insaisissables mystères. Rien n'arrête même
l'astronome allemand : craignant d'abandonner les
astres errant sans guide dans l'espace, et troublant
l'harmonie des cieux, il leur accorde une âme di-
rectrice qui coordonne leurs courbes savantes ; il va
même jusqu'à les considérer, ainsi que la terre,
comme de grands êtres organisés dont les montagnes
réprésentent l'ossature, les fleuves l'appareil vasculaire, et les volcans les bouches destinées à leur servir
d'émonctoires (1).

Dans presque toutes les cosmogonies on semble indiquer que l'esprit divin est en quelque sorte infiltré
dans chaque fragment de la création : *Jovis omnia
plena*, disaient les anciens. Cette pénétration indéfinie des parcelles de la Divinité dans toutes les mo-

---

(1) Adanson accorde des âmes aux plantes, et, selon lui, chacune d'elles en a même plusieurs. (*Familles des plantes.* Paris,
1763, t. I, p. 32.

Kepler, *De stellâ Martis. — Harmon. mundi,* 1619.

lécules de la matière, ce panthéisme, enfin, qui anime d'un souffle divin tous les atomes, né au sein de l'antiquité et ressuscité par la moderne philosophie allemande, ne vient-il pas prêter son appui à l'hétérogénie?

Selon les panthéistes, Dieu pénètre tout le monde matériel et son esprit remplit tous les espaces intermoléculaires. Saint Augustin pour rendre ce fait palpable au milieu de l'harmonie des globes, compare Dieu à un grand lac et le monde à une éponge qui nage au milieu et se gonfle de sa divinité (1). Mais les successeurs de Kant vont plus loin, et pour eux la matière n'est pas seulement imprégnée de l'esprit divin, elle est une parcelle de Dieu même.

Cet esprit immatériel, intimement uni à la matière, ne doit-il pas en régler les mouvements, en présider les transformations et lui imposer des lois? là, la faire apparaître par la succession harmonieuse de la génération, ailleurs l'animer spontanément?

Ce principe suprême, identique avec la substance du monde, d'après les audacieuses conceptions des Spinosa, des Kant et des Schelling, se révèle déjà dans l'existence presque automatique des plantes comme dans la vie sensitive et mobile des animaux (2); et il se révèle surtout chez l'homme, cette plus haute manifestation de la création, lui dont l'intelligence est déjà assez exquise pour isoler sa propre individualité de la nature objective; chez l'homme,

____

(1) H. HEINE, *De l'Allemagne*. Paris, 1855, t. I, p. 78.
(2) SPINOSA, *Tractatus theologico-politicus*. Amst., 1670.

où, d'après la philosophie allemande, la divinité arrive à la conscience d'elle même (1).

Nous ne voulons pas rétrograder jusqu'aux doctrines de Van Helmont et de Stahl, en prétendant que l'organisme est le résultat d'une puissance architectonique inhérente à l'âme, et que celle-ci se fabrique en quelque sorte le corps qu'elle habite. Mais sans ravaler à ce rôle l'essence immatérielle de la vie, il faut bien qu'il y ait une harmonie intime entre le choix des matériaux et le principe immatériel qui doit les animer, et que des lois suprêmes en déterminent la corrélation.

Il est évident que pour Stahl, l'âme est à la fois le principe de la vie organique et celui de la pensée; mais ce puissant promoteur de tous les ressorts de l'existence matérielle et intellectuelle perd de ses prérogatives en siégeant chez les animaux; cependant il est évident que Stahl accorde également à ceux-ci une âme architectonique, et, comme le dit M. Lemoine, les passages abondent dans son œuvre pour le prouver (2). C'était une conséquence des doctrines du grand philosophe, puisque pour lui l'âme est le principe vital, et que c'est ce principe qui édifie et conserve l'organisme (3).

Dans son chapitre sur le conflit entre l'âme et l'organisme, J. Müller, qui s'est inspiré des idées de deux métaphysiciens allemands, Herbart et

____

(1) H. HEINE, *De l'Allemagne*. Paris, 1855, t. I, p. 83.
(2) LEMOINE, *Stahl et l'animisme*. Paris, 1858, p. 83.
(3) STAHL, *Disquisitio de mechanismi et organismi diversitate*, p. 83.

Bobrik (1), admet que, outre la force vitale qui est
inhérente au germe, celui-ci possède une aptitude
latente aux phénomènes intellectuels ou qui dérivent de l'âme, et que celle-ci y établit ses manifestations à mesure que les appareils où elle réside
se développent eux-mêmes. L'illustre physiologiste,
qui se rapproche ainsi des doctrines de Stahl, compare les relations qui existent entre l'âme et l'organisme aux rapports des corps impondérables et de la
matière (2).

Nous devons avouer que lorsque l'on fouille fort
avant dans les primitives manifestations de l'organisme, les voiles s'épaississent et les difficultés abondent. En suivant les philosophes on tombe souvent
dans les exagérations du spiritualisme ; en marchant
avec les physiologistes on se surprend matérialiste.
La vérité plane entre les deux opinions opposées.

Enhardis par les témérités de Leibnitz, les premiers
observateurs des Microzoaires se sont égarés en attribuant des facultés d'élite à d'aussi frêles animaux. En
effet, ne les a-t-on pas vus, avec Gleichen (3) et
Crusius, se plonger dans le dédale de la métaphysique (4), et, renouvelant à l'égard de ces animalcules,

(1) HERBART, *Lehrbuch zur psychologie*. Kœnisberg, 1834.
BOBRIK, *System der logik*. Zurich, 1838.
(2) J. MULLER, *Manuel de physiologie*. Paris, 1851, t. II, p. 536.
(3) GLEICHEN, *Dissertation sur la génération*, etc. Paris, an VII,
p. 144.
(4) Le professeur Crusius va jusqu'à prétendre que leur âme
surpasse en perfection celle de certains animaux. — CHRIST. AUG.
CRUSII *Anleitung-uber*, etc. (Manière de bien penser sur les événements naturels). Leipsig, 1749, part. II, p. 126. — Comp. ROESEL,
Récréations entomologiques, p. II, p. 544.

les prétentions de quelques philosophes et de saint
Basile lui-même, relativement à l'âme des bêtes (1),
discuter gravement pour établir si les Infusoires en
possèdent une ou non ! C'est par de tels errements
qu'ils ont si profondément déprécié l'hétérogénie.

L'étude du principe vital est l'une des plus difficiles que l'on puisse offrir à la sagesse humaine ; et
plus on examine les systèmes des philosophes, plus
on tombe dans l'incertitude.

Le principe de vitalité dérive-t-il des Monades de
Leibnitz, ces atomes de la nature, ces éléments des
choses, comme il les appelait aussi ! monades qu'il
considère comme de véritables automates incorporels (2), ou comme des forces qu'on peut assimiler
à des *points métaphysiques*, ayant quelque chose de
vital et une espèce de perception (3), et qu'il va même
jusqu'à dire qu'on pourrait appeler *âmes* (4) ?

La succession de la vie à la surface du globe enchaîne la matière dans un cercle étroit auquel elle
ne peut se soustraire : elle est successivement attirée
et repoussée par des phénomènes incessants. Mais
les particules organiques, tantôt intimement unies,
et formant des organismes, et tantôt à l'état de liberté
dans l'espace, n'en sont pas moins animées d'une *vie
latente*, qui paraît n'attendre que leur groupement

(1) Saint Basile, *Hexaëmeron*, ou l'*OEuvre des six jours*. Lyon,
1827.

(2) Leibnitz, *Monadologie*. Paris, 1842, p. 391.

(3) Leibnitz, *Système nouveau de la nature et de la communication des substances.* — Euler, int., p. 15.

(4) Leibnitz, *Monadologie*. Paris, 1842, p. 392.

pour se manifester ostensiblement. Il semble que pour les molécules organiques, il n'y ait pas de mort réelle dans toute l'acception du mot, et qu'il n'y a pour elles qu'une transition à une nouvelle vie; c'est ce que Plenck (1), Bremser (2) et Treviranus (3) ont parfaitement senti.

Brachet embrasse la question d'une manière élevée. Selon lui, la vie de la matière organique dérive d'un principe qui lui est étranger, le *principe vital*, qui se répand dans toutes les parties de l'être organisé, par l'intermédiaire du système nerveux ganglionnaire, dont il prétend même reconnaître l'existence dans l'organisation végétale.

D'après ce physiologiste, quoique ce principe vital ne puisse être isolé de l'organisme, il n'en a pas moins une existence indépendante, distincte à la fois de la matière et de l'âme intelligente, et pourtant il est intelligent lui-même puisqu'il préside au développement des organes et qu'il en règle les lois physiologiques. Brachet pense que celui-ci stagne dans « un vaste réservoir ou tourbillon vital, qui enveloppe le globe terrestre, et que c'est de lui que part cette

----

(1) PLENCK dans son *Hygrologia*, s'exprime ainsi :

« Terra nostræ telluris putredinis producta absorbendo nigra et fertilissima evadit, hinc plantis præstantissimum præbet pabulum. Hinc elucescit morte, et putrefactione hominis corpus non perire, sed duntaxat ejusdem structuram organicam deleri , et perenni circulo elementorum unius destructionem alterius esse generationem. »

(2) BREMSER, *Traité zoologique et physiologique sur les vers intestinaux.* Paris, 1837, p. 89.

(3) TREVIRANUS, Mull., p. 1.

étincelle de vie qui anime chaque être organisé… et à lui qu'elle retourne toutes les fois qu'elle abandonne le corps (1). »

Cette idée qui fractionne d'une manière indéfinie l'essence vitale et la matière, est extrêmement avancée. En subordonnant ainsi l'arrangement de la matière à la rencontre du principe qui le régit et le domine, on arrive à la production de l'hétérogénie dans tout et partout.

Mais si le sens intime nous révèle facilement quelles sont les diverses puissances qui président à toutes les manifestations organiques, leur pondération et leur modalité nous offrent d'insolubles difficultés, lorsque nous tentons d'en élucider la portée. Faut-il, en sapant toutes les merveilles de l'organisme, ainsi que le fait Guilloutet, ne voir dans les diverses fonctions vitales que le simple jeu des forces attractives et répulsives du calorique (2)? Et ce sont de tels adversaires que l'on oppose aux Stahl et aux Barthez!

La grave question de l'essence des corps avait été l'objet de longues méditations de la part d'Euler. Ceux-ci, selon lui, sont constitués par deux principes liés étroitement ensemble, l'un matériel et l'autre spirituel, donnant lieu aux remarquables phénomènes de la vie (3). Comme l'a dit Barthez, il faut reconnaître que toutes les parties de l'organisme ont

(1) Brachet, *Physiologie élémentaire de l'homme.* Paris, 1855.

(2) Guilloutet, *Nouvelle théorie de la vie.* Paris, 1807, p. 11.

(3) Euler, *Lettres sur divers sujets de physique et de philosophie.* Paris, 1843, p. 208.

une faculté vitale et même une sorte de perception, ce qui peut seul expliquer les divers actes qui s'accomplissent dans les corps vivants (1).

Mais c'est à la moderne *philosophie de la nature* qu'est due la démonstration la plus incisive de l'*éternel antagonisme qui règne entre l'esprit et la matière*, l'idéal et le réel ; et enfin l'établissement de ce parallélisme qui s'observe dans la plus sublime conception de la création, l'espèce humaine (2) !

Toutes les cosmogonies s'accordent sur ce point, c'est que la matière a précédé le souffle divin qui l'anime (3). Le livre fondamental de notre foi s'exprime dans ce sens, lorsqu'il nous dépeint les scènes imposantes de la création. Celle-ci n'a été qu'un grand acte de la volonté de Dieu réagissant sur l'inertie de la matière préexistante, et lui intimant la vie et le mouvement. Quelques philosophes chrétiens pensent aussi, avec Gassendi, que le texte sacré ne dit nullement que le monde a été produit de rien, mais au contraire qu'il a été formé à l'aide d'une substance inapercevable, *ex invisâ materiâ* (4).

Il est évident que les êtres organisés sont sous l'empire d'un principe vital, sans lequel toutes leurs fonctions s'anéantissent ; mais les liens qui enchaînent cet agent immatériel à la matière elle-même,

(1) Barthez, *Nouv. éléments de la science de l'homme*, t. I, p. 48.

(2) Comp. Bremser, *Traité zoologique et physiologique sur les vers intestinaux*. Paris, 1837, p. 74.

H. Heine, *De l'Allemagne*. Paris, 1855, t. I, p. 77.

(3) Bory Saint-Vincent, *Dict. class. d'hist. nat.*, art. *Matière*, t. X, p. 248.

(4) Gassendi, *Physica*, t. I, p. 163.

sont loin d'être connus. L'esprit qui coordonne la marche des organismes est-il éternellement lié à leur ensemble matériel, ou change-t-il seulement d'édifice à mesure que ceux-ci se succèdent? Qu'est devenu ce régulateur de tous les actes de la vie chez ces Rotifères, ces Tardigrades, ces Vibrions, que, dans leurs expériences, Spallanzani (1), Donné (2), Gérard (3), voyaient tour à tour périr et renaître? On rapporte que des Microzoaires exhumés des profondeurs de la terre, où ils gisaient compris dans des roches extrêmement anciennes, ramenés à la lumière, reprennent la vie au contact de l'eau, comme s'ils venaient de s'engourdir (4)! Mais où donc s'était réfugié cet immatériel agent qui régissait anciennement ces imperceptibles êtres? Est-il resté près d'eux pendant tant de milliers d'années de sommeil, ou un esprit nouveau s'y est-il mêlé au moment où le hasard les a rappelés à l'existence? Il faudrait s'expliquer pour savoir si la vie est restée latente dans les cadavres de ces anciens contemporains du déluge, ou si une force vitale nouvelle vient les ranimer au moment de leur immersion!

C'est en exagérant à l'extrême les plus simples phénomènes de la vie, que certains philosophes ont perdu la cause qu'ils voulaient défendre. Ainsi il y a des forces souvent définies, sinon expliquées, qui

(1) SPALLANZANI, *Opuscules de physique animale et végétale.* Paris, 1787, t. II, p. 203.

(2) DONNÉ. *Cours de Microscopie*, Paris, 1844.

(3) GÉRARD, *Dict. univ. d'hist. nat.*, art. *Génération.*

(4) *Id., ibid.*, p. 60.

président aux mutations de la matière et à la formation des corps bruts et des êtres organisés ; et c'est en voulant les élever au rang des plus hautes facultés, que souvent les sophistes anciens ont soulevé tant de répulsion. A des prétentions qui dérogeaient à la simple raison on a répondu par une dénégation formelle. Par exemple, évidemment, il existe une force qui préside au groupement des molécules ; quoique insaisissable, toutes les ressources de l'intelligence se réunissent pour la démontrer. Mais Démocrite l'a rendue ridicule en professant que les atomes avaient une âme, car la lecture de saint Augustin ne nous permet pas de douter en effet que ce philosophe ait enseigné que les atomes étaient animés. *Democritus, dit-il, hoc distare in naturalibus quæstionibus ab Epicuro dicitur, quod iste sentit inesse concursioni atomorum vim quamdam animalem et spiritalem...... Epicurus verò neque aliquid in principiis rerum ponit præter atomos* (1).

Pourquoi donc ainsi, par de stériles observations de laboratoire, vouloir intervenir dans le domaine des faits que la suprématie de la pensée résout avec bien plus de profondeur et de maturité que le microscope et la pointe du scalpel ? Les anatomistes ont trop de tendance à se laisser entraîner aux exigences du matérialisme. Il y a deux parties dans tout être organisé : la substance grossière qui le compose, et la puissance vitale qui en régit et coordonne tous les éléments ; et c'est cette dernière cependant que l'on

____

(1) Augusr., *Epist.* lvi.

oublie, elle qui, au fond, en constitue la seule essence biologique; c'est tout à fait comme si, en faisant l'histoire des splendeurs monumentales d'une cité, on omettait qu'on les doit à la féconde intelligence de ses architectes! Nous, nous admirons l'organisme, et nous oublions l'élément intelligent qui le met en mouvement; nous voyons la matière, nous n'apercevons pas la vie.

Mais hâtons-nous de proclamer, en achevant ce chapitre, que quelques penseurs ont sondé la question d'une manière élevée, et parmi eux on peut citer en première ligne Burdach et Treviranus.

La théorie de Burdach relativement aux grandes mutations vitales qui se manifestent à la surface du globe se trouve résumée dans les lignes suivantes : « La génération, dit l'illustre physiologiste, est la « réalisation de la tendance à la totalité ou à l'indi- « vidualité; les deux directions de la nature dyna- « mique et matérielle se réalisent simultanément « dans le produit organique; une pluralité de parties « en activité continuelle se trouve englobée dans une « forme déterminée, et ramenée à l'unité d'action « par le conflit ou la réaction mutuelle des activités « diverses. Cette réunion de ce qui était isolé dans le « corps inorganique, fait que le produit organique « de la nature ressemble davantage à l'univers; son « corps est un monde en petit, un microcosme, et « l'unité idéale de sa vie une émanation de l'âme du « monde; le particulier y devient individu et tout, « par le fait de sa participation à l'infini. Chaque « chose terrestre est une partie de l'univers et prend part à l'idée primordiale. » Ainsi, selon Burdach, le même esprit unique qui produit l'univers, y crée des individualités portant en soi le caractère du tout, et c'est ainsi que primordialement la vie apparaît sur la terre comme génération spontanée (1).

Déjà Gleichen avait touché le côté philosophique de la question. Il lui semble qu'il serait peut-être plus noble de supposer que la sagesse suprême a imprimé des lois immuables aux éléments de l'organisation, que d'admettre qu'elle en dirige à chaque instant la force plastique, pour coopérer à l'incessante fécondité de la nature (2).

Après s'être reposé de ses expériences et en avoir médité les résultats, Treviranus est arrivé à professer, comme dernière conclusion, qu'il existe dans toutes les parties du globe une matière absolument indestructible et d'une incessante activité, et que c'est d'elle que dérivent les végétaux et les animaux les plus simples et les plus complexes ; elle est l'essence du plus humble Byssus et du Chêne altier ; de la Monade invisible et de la monstrueuse Baleine. Il pense que cette matière invariable dans son essence, mais variant comme les circonstances, peut prendre toutes les apparences des corps vivants dans ses multiples et infinies combinaisons. Matière amorphe pendant son état de liberté, mais revêtant toutes les formes des

(1) BURDACH, *Traité de physiologie.* Paris, 1838, t. II, p. 336.
(2) GLEICHEN, *Dissertation sur la génération, etc.* Paris, an VII, p. 109.

corps organisés pendant le temps que dure leur existence (1).

En effet, en considérant les forces décomposantes qui s'emparent des grands organismes, et le résultat de leur désagrégation, on voit que chacun de leurs atomes n'abandonne momentanément ses affinités, que pour rentrer dans une autre sphère d'attraction active et vivante, après avoir éprouvé un temps d'arrêt entre deux existences, un stage momentané, entre les perpétuelles oscillations de son activité vitale. Aussi, en considérant abstractivement chaque molécule organique, est-on tenté de se demander, si elle ne recèle pas quelques étincelles de vie, *Lateat scintillula forsan?*

Mais le principe vital ne préside pas à la formation de l'ovule par les mêmes procédés qu'à l'exercice de la pensée ou du mouvement. Le premier acte est tout à fait intime et résulte de lois préétablies, qui opèrent sans que l'individu en ait conscience, et qui peuvent se manifester sur une foule de points, sous une foule de formes. Les actes du mouvement, au contraire, résultent du libre arbitre de l'individu. Ce n'est pas plus l'organisme qui engendre un nouvel être par son concours intelligent, que ce n'est celui-ci qui régit l'acte respiratoire. Chacun de ces phénomènes est le résultat de l'action vitale, dont le seul souffle a animé et a *primitivement* fait surgir l'organisme aux dépens de la matière; et c'est ce même souffle vital qui peut, loin d'un ovaire, comme

____

(1) Treviranus, *Biologie*, t. II.

dans le sein de celui-ci, présider à l'évolution primaire des êtres de la création.

A l'aide de cette conception, l'on n'abandonne plus les combinaisons de la matière aux chances inespérées du hasard, et chaque particule animée a son but et ses instincts de combinaison. Ainsi se trouvent réfutées les imposantes objections de Galien et de Plutarque (1).

Lorsque, contrairement aux idées généralement reçues, nous venons ici prétendre que ce n'est pas la mère qui forme l'œuf, par un mouvement expansif de son organisme, mais que c'est, au contraire, l'ovule qui recèle en lui-même toute sa puissance architectonique, nous sommes loin d'être le seul qui professions cette idée. Stahl la soutenait déjà de son temps. « Le fœtus, dit-il, et toutes les parties qui l'enveloppent et le contiennent immédiatement, jouissent d'une vitalité qui leur est propre et non étrangère (2). » C'est là, mot à mot, ce que nous prétendons soutenir aujourd'hui.

Les hétérogénistes peuvent se partager en deux groupes distincts : les uns, à l'exemple de Lamarck, considèrent les agents physiques comme suffisants pour déterminer la matière brute à s'organiser ; les autres, au nombre desquels on compte Redi lui-même, suivant M. De Quatrefages, et surtout Rudolphi, Oken, Morren et Nordmann, admet-

(1) Plutarque, *Adv. Colot.* — Comp. Bayle, *Dict. hist.*, t. VI p. 178.

(2) Stahl, *Theoria medica vera.* Halæ, 1737, p. 385.

tent une force plastique existant dans les êtres vivants, et pouvant y produire certains êtres organisés (1). On voit, par ce qui précède, que nous appartenons à la dernière école.

(1) DE QUATREFAGES, *Rapport sur l'helminthologie* (Ann. sc. nat. zoolog. 1854, t. I, p. 8).

CHAPITRE III

La génération spontanée, pour se manifester, exige généralement le concours de trois éléments : un corps solide putrescible, de l'eau et de l'air. Déjà Wrisberg avait parfaitement signalé ceci (1) ; et l'on sait, en outre, que divers agents généraux tels que la chaleur, l'électricité et la lumière, concourent également à ce phénomène important.

Contrairement à certains physiologistes (2), nous n'admettons pas que ces trois corps soient absolument nécessaires à l'hétérogénie, car nous verrons plus loin que si leur concours est constamment simultané dans la nature, dans nos expériences nous pouvons nous passer d'un ou de deux de ceux-ci.

Il est évident que chacun des trois corps dont la réunion est presque indispensable à la production spontanée des Proto-organismes, joue dans celle-ci un rôle spécial ; mais nous pensons que le rôle d'agent procréateur immédiat n'appartient qu'à un seul d'entre eux, au corps solide, et que l'eau et l'air ne doivent être ordinairement considérés, que comme

(1) Wrisberg, *Observationum de animalculis infusoriis natura*, p. 82.

(2) Burdach, *Traité de physiologie*. Paris, 1837, t. I, p. 19.

fournissant l'un le milieu vital, et l'autre le fluide respiratoire.

Les expériences multipliées que nous avons entreprises pour arriver à cette démonstration, nous ont fait voir, en effet, qu'en variant à l'infini la substance solide de l'infusion, lorsque l'on employait toujours la même eau et le même air, les Infusoires variaient également à l'infini, comme les substances employées. Là c'était donc uniquement et incontestablement le corps solide, qui était l'agent fondamental de la procréation primordiale. Le même corps, avec la même eau, donne même des Protozoaires différents selon que ce corps a subi ou non l'ébullition. Ce n'est donc pas la nature du liquide qui fait varier la génération qu'on voit apparaître, puisque l'eau n'a pas éprouvé d'addition. Ceci nous l'avons vérifié dix fois après Spallanzani, qui déja avait annoncé qu'il naissait des Infusoires différents dans du trèfle soumis à l'ébullition, et dans celui qui était simplement en macération (1).

Burdach, qui est ordinairement si audacieux quand il traite des hautes conceptions de la physiologie, devient timide dans le cas dont il s'agit. Il dit que la nature des Infusoires est déterminée, non pas par la nature de l'un des corps indispensables à leur formation mais par celle de tous (2). Nous ne pensons nullement ainsi.

Il est vrai qu'en mettant le même corps solide dans

<hr>

(1) SPALLANZANI, *Opuscules de physique végétale et animale*. Pavie, 1787.

(2) BURDACH, *Traité de Physiologie*. Paris, 1837, t. I.

des liquides différents, on obtient des générations d'animalcules dissemblables, mais cela n'infirme nullement que celles-ci n'ont pas le même corps pour élément procréateur spécial. En effet, il se peut que sans participer à l'organisation des productions primaires, l'action particulière de tel liquide sur la substance solide en fasse surgir des éléments organisables d'une nature différente : le produit est varié, mais il n'en tire pas moins son origine de la même base. En considérant la question sous ce point de vue, on ne s'étonne plus si, dans ses expériences, Terechovsky, en employant des eaux différentes, voyait y apparaître des Infusoires différents (1). Essentiellement dérivés du corps solide, ceux-ci n'apparaissaient sous une forme variée qu'à cause de la diversité d'action de l'eau sur ce même corps.

Vaincu par l'évidence des preuves, J. Muller est forcé de dire qu'ordinairement les corps organiques ne se perpétuent que par des œufs ou des germes. « Mais, ajoute-t-il, on peut se demander si, lorsqu'un « corps organique se décompose, la matière qui le « constitue ne produit pas aussi, sous certaines in- « fluences, des organismes d'une autre espèce ; si « par le concours de certaines conditions de l'air at- « mosphérique, elle se résout en Infusoires vivants, « tandis que dans d'autres circonstances elle revit « dans des plantes appartenant aux classes infé- « rieures (2). »

(1) Terechovski, *Dissert. de chao infusorio Linnæi*, p. 53.
(2) Muller, *Manuel de physiologie*, 2ᵉ édition, Paris, 1851, p. 9.

Le grand physiologiste allemand admet donc la génération spontanée dans sa plus stricte acception : c'est presque l'antique tradition d'Aristote (1).

Il faut bien s'entendre à l'égard des sources dans lesquelles les Proto-organismes, qui naissent spontanément puisent leurs premiers éléments. Ceux-ci ne sont pas extraits de la matière brute proprement dite, ainsi que l'ont prétendu quelques fauteurs de l'hétérogénie, mais bien des particules organiques, débris des anciennes générations d'animaux et de plantes, qui se trouvent combinées aux parties constituantes des minéraux. Selon cette doctrine, ce ne sont donc pas des molécules minérales qui s'organisent, mais bien des particules organiques qui sont appelées à une nouvelle vie. Les créations qui apparaissent semblent même se présenter avec des proportions qui sont en rapport avec la masse d'éléments qui se trouvent en présence ; de manière que si dans nos expériences de laboratoire nous n'obtenons jamais *in vitro* que de chétives productions, dans la nature, là où tant de particules animales ou végétales se trouvent en fermentation, les générations qui surgissent ont une bien autre puissance. Bremser a développé cette thèse avec autant de logique que d'audace (2). Ainsi le Proto-organisme qui naît au sein de la substance expirante, y apparaît avec des formes d'autant plus élevées qu'il se trouve environné d'une plus grande abondance de matière organisable.

(1) ARISTOTE, *Histoire des animaux.* Paris, 1783.

(2) BREMSER, *Traité zoologique et physiologique des vers intestinaux de l'homme.* Paris, 1824, p. 69 et suiv.

SECTION I. — DU CORPS PUTRESCIBLE.

Les naturalistes professent généralement que le corps solide, cet indispensable élément de la production des Infusoires, doit absolument appartenir au règne organique. J. Muller soutient cette proposition en se fondant sur ce que les végétaux ont seuls la propriété de transformer les substances minérales en êtres organisés (1). Mais Burdach se renferme dans le doute à cet égard (2). Cette question mérite d'être examinée, puisque Gruithuisen prétend qu'il a vu naître des Microzoaires dans des infusions de granit, d'anthracite ou de marbre coquillier (3). A l'égard des deux derniers corps, le phénomène peut être facilement expliqué. Si l'on se rappelle leur origine géologique, résultat d'un mélange d'êtres organisés et de particules minérales, ne se peut-il pas qu'il existe encore dans leurs interstices quelques vestiges de substance organique qui se trouve mise en liberté par le contact du liquide? J. Muller, a fait, avant nous, cette supposition (4).

Ce qu'il y a de positif, cependant, c'est qu'aucun animalcule n'apparaît dans l'eau contenant des corps métalliques, tels que du fer, du cuivre, du plomb ou des sels de mercure (5). Le sel marin n'en produit

(1) MULLER, *Manuel de physiologie*, 2e édition, Paris, 1851, t. I, p. 10.

(2) BURDACH, *Traité de physiologie*. Paris, 1837, t. I, p. 16.

(3) GRUITHUISEN, *Beiträge zur Physiognosie und Eautognosie.* — Idées sur la physiognosie et sur la génération spontanée.

(4) MULLER, *Manuel de physiologie*. Paris, 1851, t. I, p. 8.

(5) Comp. GRUITHUISEN, *Beiträge zur Physiognosie und Eautogno-*

pas non plus, suivant Gruithuisen, tandis que Treviranus prétend qu'il en a vu naître dans l'eau qui en contenait. Je partage absolument l'opinion de l'illustre physiologiste, car je suis parvenu au même résultat dans mes expériences. *A priori*, on devait le supposer, le sel marin contenant toujours quelques particules organiques. — Si Gruithuisen a eu des résultats différents des nôtres, cela est peut-être dû à ce que ses solutions étaient trop chargées de particules minérales.

Selon Burdach, la propriété inhérente à certaines substances de produire des Infusoires, dépendrait de leur affinité pour l'eau (1), et non point de leur solubilité, comme le veut Gruithuisen (2). La solubilité est si bien une qualité accessoire, que certaines substances qui en sont parfaitement douées, telles que le quinquina, le sirop, les acides azotique, sulfurique, etc., ne fournissent jamais d'infusoires.

C'est, je ne dirai pas par erreur, mais simplement par inattention, que Burdach mentionne les acides, sans restriction, comme s'opposant à la production des Infusoires (3); l'acide acétique affaibli, et d'autres, en fournissent, on le sait, en abondance.

Les animalcules apparaissent d'autant plus rapide-

sie, p. 100. — Idées sur la physiognosie et sur la génération spontanée.

TREVIRANUS, *Biologie*, t. II, p. 305.

(1) BURDACH, *Traité de physiologie*. Paris, t. I, p. 17.

(2) GRUITHUISEN, *Beiträge zur Physiognosie und Eautognosie*, p. 100. — Idées sur la physiognosie et sur la génération spontanée.

(3) BURDACH, *Traité de physiologie*. Paris, t. I, p. 17.

ment, que la substance mise en expérience est plus putrescible. Ce fait, reconnu par Priestley, et mentionné par Treviranus et Burdach, n'est pas douteux.

Le premier de ces savants avait vu aussi qu'il se développait beaucoup plus de Microzoaires dans de l'eau contenant des fraises, que dans celle où l'on avait mis des graines de lin ou d'autres corps organisés d'une difficile décomposition. Spallanzani rapporte à l'appui de cette assertion, qu'il a observé que le gluten produisait plus d'Infusoires que l'amidon. D'après cela on s'accorde généralement à penser que les infusions les plus putrescibles sont celles où les Microzoaires se montrent avec plus d'abondance (1). Comment expliquerait-on ce fait dans l'hypothèse où l'on suppose que les germes de ces animaux proviennent du dehors et tombent dans le liquide? Or, comme on ne peut admettre que des êtres aussi microscopiques exigent le superflu de matière nutritive qu'on observe dans les infusions les plus chargées, il faut bien convenir que s'ils sont plus abondants parmi celles-ci, c'est que leur production n'est réellement due qu'à l'exubérance des molécules organiques qui s'y trouvent mises en liberté, et toutes prêtes à entrer dans de nouvelles combinaisons.

En s'occupant du rôle de la substance putrescible, il serait important de se faire une idée des phénomènes intimes de désagrégation et de recomposition

(1) Comp. TREVIRANUS, *Biologie*. Gœttingue, 1822, t. II, p. 360. BURDACH, *Traité de physiologie*. Paris, t. I, p. 14.

SPALLANZANI, *Opuscules de physique animale et végétale*. Pavie, 1787, t. I.

qu'elle éprouve durant les phases de la génération
primaire, mais c'est là le point le plus obscur de la
question. Nous avons déjà vu que, selon Buffon, il
existerait une mutation continue dans les éléments
matériels et animés des animaux, ainsi que dans la
forme de ceux-ci ; les molécules organiques devenues libres par la désagrégation, pouvant entrer dans
une série infinie de combinaisons nouvelles, et produire des êtres tout à fait différents de ceux dont
elles provenaient (1). Ceci, est comme on le voit, la
génération spontanée dans toute son extension. Cette
hypothèse est naturellement la conséquence de
l'autre, ainsi que M. Flourens l'avait déjà exprimé
en analysant les travaux de notre Pline moderne (2).

M. Longet, après avoir émis, en abrégé, les idées
de Buffon, dit qu'il est inutile aujourd'hui de les répéter, et que nos connaissances histologiques ne nous
permettent pas le moindre doute à cet égard (3).
Nous ne traitons pas aussi cavalièrement un semblable sujet ; et, lorsque les physiologistes les plus
considérables de notre époque émettent encore des
opinions qui se rapprochent de celles de notre immortel compatriote, ses hypothèses ont bien le droit
d'être considérées comme étant de quelque valeur.
Naguère encore, M. Milne Edwards les partageait
en partie ; s'il s'est éloigné de cette voie, d'autres

(1) BUFFON, *Histoire naturelle.* Paris, 1749. Suppl., t. IV,
p. 343.

(2) FLOURENS, *Histoire des travaux et des idées de Buffon.* Paris,
1844, p. 78.

(3) LONGET, *Traité de Physiologie.* Paris, t. II, p. 7.

savants persistent encore à la suivre : il faut débrouiller où gît la vérité (1).

Selon Wrisberg, les Infusoires ne seraient que les particules des corps soumis à la putréfaction, et qui, pendant que ce phénomène se manifeste, deviennent libres, et s'animent d'une vie propre. Cette hypothèse se rapproche donc des vues de Buffon, dont il vient d'être question. S. Schultze soutient une thèse analogue en prétendant que les Microzoaires ne sont parfois que le résultat des métamorphoses de la substance organique : c'est une grande concession de la part de ce savant, lui dont les expériences tendent à prouver que l'air renferme les germes des Protoorganismes.

Dans la manifestation de ses sublimes harmonies, la nature répartit à chaque être son rôle physiologique. Les végétaux possèdent le privilége presque exclusif de s'approprier les molécules minérales, de les transformer en leur propre substance, tandis que les animaux, au contraire, ne s'alimentent que d'éléments organisés, ainsi que l'ont largement développé Burdach et J. Muller (2). De là chacun des deux règnes du monde animé a sa fonction spéciale ; les végétaux semblent avoir seuls la propriété de transformer en leur propre substance les composés binaires minéraux, tels que l'eau, l'acide carbonique et l'ammoniaque, en élevant leur combinaison à l'é-

(1) Milne Edwards, *Répertoire général d'anatomie et de physiologie*. Paris, 1827, t. III, p. 47.

(2) Burdach, *Traité de physiologie*. Paris, 1837, t. IX, p. 401.
J. Muller, *Manuel de physiologie*. Paris, 1845, t. I, p. 16.

lat de composés ternaires organiques. Les végétaux, comme l'a dit M. Dumas, savent organiser la matière et l'accumuler, et les animaux, pour lesquels cette matière a été amassée, la consomment pour l'entretien de leur vie (1). C'est par cette raison que dans les milieux où il n'existe aucun vestige animé, ce sont des végétaux qui apparaissent d'abord, et que les animaux les suivent.

Il est utile, dans toutes les expériences que l'on entreprend sur la génération spontanée, de tenir compte de l'état du corps solide putrescible ; et c'est pour ne pas l'avoir fait, que souvent les physiologistes ont obtenu d'inexacts résultats. Une certaine température arrêtant le mouvement fermentescible, et celui-ci étant un phénomène indispensable à la production des Proto-organismes, il arrive que ceux-ci n'apparaissent qu'après un temps fort long ou même *cessent absolument de se produire*, lorsque le corps solide a subi une ébullition prolongée. Dans les décoctions, ce n'est même souvent qu'après plus d'un mois qu'elles ont été exposées à l'air que cela a lieu. Parfois même, après un temps beaucoup plus long encore, on n'y voit pas le moindre vestige d'organisme.

Que signifient donc quelques rares expériences à vaisseaux clos faites par certains physiologistes, qui n'ayant point rencontré d'animalcule dans leurs vases, ont argué de là qu'il ne s'en produisait pas dans la matière soumise à l'expérimentation !

(1) Dumas, *Essai de statique chimique des êtres organisés*. Paris, 1842 , 11.

Lors même qu'on laisse dans l'eau le corps qui a subi la décoction, ce n'est souvent qu'après un temps considérable, parfois plus d'un mois, qu'il s'y développe des animalcules. Voici des faits à l'appui de cette assertion.

EXPÉRIENCE. — Une forte décoction de foin, exposée à l'air durant trente-cinq jours, n'a présenté aucun animalcule vivant, soit à cette époque, soit dans les observations qui ont été faites dans l'intervalle.

Au contraire, des macérations de foin également exposées à l'air, près de cette décoction, nous ont constamment offert des myriades de longs Vibrions, au bout de vingt-quatre heures, quand la température était de 25 à 28°; et des Kolpodes et d'autres Microzoaires d'un ordre élevé, après trois ou quatre jours.

EXPÉRIENCE. — Quatre grands verres à expériences ont été placés sous une même cloche, très-ample, pour qu'ils soient soumis tous les quatre aux mêmes influences. Chacun d'eux avait reçu 300 grammes de liquide. Ils furent examinés trois jours après, la température moyenne ayant été de 24°, et la pression de 0,755.

Le premier verre était rempli d'eau qui avait bouilli pendant 15 minutes, et de 5 grammes de foin, qui avait aussi subi l'ébullition. La couleur du liquide était d'un fauve extrêmement pâle; la pellicule membraneuse à peine apparente; sa surface était seulement parcourue par un certain nombre de longs Vibrions (*Vibrio granifer*, Pouch. et *Vibris levis*, Pouch.), de 20 à 25 divisions micrométriques de longueur.

Le deuxième verre était rempli d'eau qui avait bouilli, mais de 5 grammes de foin qui n'avait point subi l'ébullition. Le liquide était fauve et sa pellicule bien formée. Il contenait les mêmes Vibrions que l'on rencontrait dans le vase précédent, mais en quantité immensément plus considérable. En outre on y observait une abondance de Kolpodes triticiformes.

Le troisième verre contenait de l'eau qui n'avait point été chauffée, et 5 grammes de foin qui avait, au contraire, été dans l'eau en ébullition pendant quinze minutes. Le liquide était d'un fauve très-pâle comme celui du premier vase ; à la surface on rencontrait les mêmes Vibrions que dans les deux précédents vases ; seulement ils y étaient plus abondants que dans le premier vase, mais en bien moindre nombre que dans le second ; en outre on y voyait quelques Kolpodes triticiformes.

Le quatrième vase, que l'on pourrait considérer comme un criterium, contenait de l'eau n'ayant point été chauffée, et 5 grammes de foin n'ayant subi aucune préparation. Son liquide était trouble et d'une couleur fauve, et sa pellicule offrait beaucoup plus d'épaisseur que dans tous les autres vases. Sa faune était la même, mais plus abondante que celle des autres verres. On y voyait à la fois des Vibrions granifères, des Vibrions lisses, et des Kolpodes triticiformes.

Ces expériences rendent donc évident ce que nous avons avancé, à savoir : que le corps putrescible qui a subi l'ébullition, est moins propre qu'auparavant à fournir les particules élémentaires des Protozoaires.

Cette conclusion aurait pu se déduire *à priori*, car on conçoit que l'action d'une chaleur élevée et le contact de l'eau ont dû attaquer une partie de la substance organique du solide, et par cela même le rendre moins apte à reformer d'autres organismes.

Il est certain que la diversité des substances organiques soumises à la macération, entraîne des différences notables dans les Microzoaires qui se développent au milieu d'elles. Bory de Saint-Vincent l'avait depuis longtemps reconnu (1), et Treviranus insiste également sur ce fait (2). Le premier de ces naturalistes a même remarqué que certaines infusions de produits exotiques donnaient naissance à des espèces particulières, et que même si l'on unissait deux infusions différentes, il en résultait des microzoaires qui n'étaient nullement les mêmes que ceux que produisait ordinairement chaque liquide séparé (3). M. Gérard a émis une semblable opinion (4). De tels faits sont, je pense, embarrassants à expliquer pour les physiologistes qui s'obstinent à ne voir dans les Infusoires que le résultat de cette panspermie aérienne que nous combattons.

Treviranus avait aussi prouvé que les mêmes substances fournissent des espèces différentes, lorsque l'on fait varier les conditions de l'expérience. Ainsi, une infusion de Pois dans laquelle on ajoute de l'eau

(1) Bory, *Dictionnaire classique d'histoire naturelle.* Paris, t. V , p. 16.

(2) Treviranus, *Biologie.* Gottingue, 1822 , t. II, p. 325.

(3) Bory, *oper. cit.*, t. V, p. 16.

(4) Gérard, *Dict. univ. d'hist. nat.* Paris, 1845, t. VI,, p. 66.

de Laurier-cerise, donne des animalcules plus fins et plus vifs que ceux de la simple infusion (1). M. Bérard n'hésite pas à accepter cette opinion, nonobstant l'opposition d'Ehrenberg (2), et pour notre compte c'est un fait incontestable.

En effet, nos expériences, si nombreuses, nous ont fait reconnaître l'exactitude des opinions de Bory de Saint-Vincent et de Treviranus; et nous allons au delà, car, pour nous, chaque substance donne non-seulement naissance à des organismes particuliers, mais ceux qu'elle produit peuvent encore varier infiniment selon les conditions dans lesquelles celle-ci se trouve : la saison, la température, la pression atmosphérique, la nature du liquide, etc., agissent avec plus ou moins d'intensité sur la procréation. Aussi, pour l'œil qui sait saisir les moindres nuances morphologiques, il semble que presque jamais chez les animalcules une forme zoologique ne se reproduit deux fois *parfaitement identique*.

Des substances absolument analogues produisent même souvent des animalcules entièrement différents, quoique placés dans des circonstances tout à fait identiques. Ainsi, des fragments de crânes d'hommes de diverses nations anciennes et modernes, mis macérer à la même époque, et près les uns des autres, nous ont donné des Proto-organismes animaux et végétaux incontestablement différents. Les faits suivants démontrent ce que nous venons d'avancer :

Expérience. — Le même jour on prit trois vases

(1) Treviranus, *Biologie*. Gottingue, 1822, t. II.
(2) Bérard, *Cours de physiologie*. Paris, 1848, t. I, p. 93.

en verre, et chacun d'eux fut rempli avec 300 grammes de la même eau filtrée. Dans le premier on mit 5 grammes d'os d'un crâne d'Égyptien, que j'avais rapporté des nécropoles de Sakkara. Le second reçut 5 grammes de fragments d'os provenant d'un crâne de mérovingien; enfin, dans le troisième on mit 5 grammes de fragments du crâne de l'un de nos contemporains.

Chacun de ces vases fut placé sous une cloche particulière, et abandonné pendant un mois. Au bout de ce temps, durant lequel la température moyenne avait été de 20°, on inspecta scrupuleusement leur contenu, et l'on reconnut que dans chacun d'eux il était absolument différent :

Le vase qui contenait des fragments de crâne d'Égyptien, était rempli d'une énorme quantité d'Épistylis, d'Enchéliydes et de Vibrionides.

Le vase contenant des portions de crâne de mérovingien était peuplé d'immenses légions du *Glaucoma scintillans*, Ehr. et on y observait en outre, çà et là, quelques *Vorticella infusionum* Duj., mais en fort petit nombre. — Il ne s'y trouvait aucune des espèces du vase précédent (1).

Enfin, le liquide qui contenait des fragments d'un crâne contemporain, avait aussi sa zoologie particulière. — Il était seulement rempli de Kolpodes.

(1) Les crânes que nous avons employés dans nos expériences provenaient de sépultures du sixième siècle, contemporaines de Chilpéric ou de Mérovée. Le Muséum d'histoire naturelle de Rome les avait reçus de notre savant et infatigable ami l'abbé Cochet, auteur de la *Normandie souterraine*.

Immédiatement après cette première observation, les trois vases qui avaient été séparés jusqu'alors, furent placés sous une même cloche en verre; et par la suite, les débris du contemporain des Pharaons et ceux du compagnon de Mérovée ou de notre compatriote, continuèrent toujours à présenter une faune absolument différente.

Expérience. — Dans une autre expérience, 10 grammes des os d'un crâne de mérovingien ayant été mis dans un grand verre, celui-ci, après avoir été rempli d'eau filtrée, fut abandonné dans mon laboratoire pendant six mois d'été, ayant été simplement recouvert d'une lame de verre.

Dix grammes des os d'un crâne que j'avais rapporté des hypogées de Thèbes, furent placés à côté et dans les mêmes circonstances.

On observa d'abord que les animalcules de l'un et de l'autre vase étaient absolument différents; puis avec le temps, ceux-ci ayant disparu des deux macérations, il se produisit de la matière verte dans l'une et dans l'autre. La macération des débris de mérovingien fut toujours beaucoup moins verte que l'autre, qui finit même par être d'un beau vert d'émeraude très-foncé. Lorsqu'au bout du temps mentionné, on examina au microscope les deux produits, on reconnut qu'il existait dans la macération d'os de mérovingien une algue remarquable, que je n'ai vue nulle part figurée, et qui était formée de cordons verts et courts, fort contournés, paraissant étendus à la surface d'un tube membraneux, excessivement mince; ces cordons ressemblaient absolument à des phrases d'écriture arabe.

Dans la macération de fragments du crâne de Thébain, il n'existait rien d'analogue. La coloration d'un vert foncé était simplement due à de la matière verte de Priestley, composée de petits granules isolés, et d'un beau vert.

Dix grammes d'une Turritelle fossile, provenant des terrains tertiaires de Bordeaux (*Turritella terebralis*, Lam.), ayant été placés le même jour dans une égale quantité d'eau, et abandonnés dans le même endroit, offraient une Algue tout à fait différente de celles des deux vases précédents. Celle-ci se composait de petits bâtonnets d'un vert très-pâle, articulés, et contenant dans leur intérieur, entre chaque article, quatre nodules, plus ou moins distincts.

Nous devons ajouter à ce qui précède, qu'il est également fort notable que le corps putrescible n'influe pas seulement, par sa nature intime, sur les êtres qui se produisent à même de sa substance, mais que les proportions dans lesquelles on l'emploie, ont aussi une influence manifeste sur l'essence et sur l'abondance de ces mêmes êtres. Les expériences qui suivent, le démontrent suffisamment :

EXPÉRIENCE. — On a pris quatre vases de même forme, et dans chacun d'eux on a mis 300 grammes d'eau de fontaine, et une quantité de foin différente. Ces vases ont ensuite été placés séparément sous des cloches. Huit jours après, par une température moyenne de 24° et une pression de 0,76, on a observé ce qui suit :

Le premier vase, contenant 10 grammes de foin,

offrait une pellicule épaisse et de teinte foncée. Le microscope signale dans sa macération une grande quantité de Kérones, *Kerona lepus*, Mull., de 0,1120 de millimètre de longueur, des animalcules piriformes offrant 0,0560 de millimètre de longueur, et un grand nombre de gros kistes de 0,0420 de millimètre de diamètre. En outre la pellicule proligère était remplie par une innombrable quantité de petits kistes de 0,0084 à 0,0140 de millimètre de diamètre, tellement serrés de toutes parts qu'ils se touchaient.

Le second vase contenait 5 grammes de foin. Sa pellicule est moins épaisse. On n'y observe aucune Kérone et il y existait seulement quelques animalcules pir iformes moins gros que dans le premier vase. Les gros kistes, y étaient bien moins nombreux et les petit, sencore en quantité considérable, étaient seulement moins tassés.

Le troisième vase avait reçu seulement 2 grammes 5 décigrammes de foin. Il n'offrait aucune Kérone, aucun gros kiste et l'on y distinguait seulement quelques animalcules très-petits, indéterminables. On y voyait encore quelques petits kistes, mais ceux-ci y étaient infiniment moins nombreux et moins serrés que dans le cas précédent.

Enfin, le quatrième vase qui ne contenait que 1 gramme 25 centigrammes de foin, n'offrait aucun Kérone, aucun animalcule piriforme, aucun grand kiste. Il présentait seulement quelques Microzoaires infiniment plus petits que dans les trois premiers vases et encore indéterminables. Cette macération contenait aussi quelques petits kistes; mais ceux-ci y étaient tellement rares qu'au lieu de s'offrir par centaines dans le champ du microscope, comme dans les cas qui précèdent, l'on n'y en comptait pas plus de douze à quinze à chaque observation.

Il ressort évidemment de cette expérience comparative, comme de tant et tant d'autres, entreprises par nous dans la même direction, 1° que l'organisation et le nombre des animalcules s'élève en raison directe de la masse des corps en état de décomposition, et 2° que ces animalcules se forment de toutes pièces dans le milieu où on les rencontre.

Il est évident en effet que si la nature, le développement et le nombre des animalcules n'étaient pas absolument subordonnés au volume et à la nature du corps en décomposition, on eût rencontré les mêmes Microzoaires, et en même nombre dans les quatre vases, et il en a été tout autrement. Dans le liquide qui contenait le plus de matériaux putrescibles ils étaient d'une organisation infiniment plus élevée et en nombre infiniment plus grand que dans les autres; et on les voyait successivement diminuer à mesure que l'on arrivait aux vases qui contenaient la moindre quantité de foin. Là ils étaient même excessivement rares. Il résulte aussi de cette expérience que ce n'est point l'air qui est le véhicule des germes, car comme ces quatre vases étaient remplis d'une macération identique, si ce n'est sous le rapport de la masse du corps putrescible, on ne voit pas pourquoi les mêmes germes n'auraient pas tombé et n'auraient pas acquis un égal développement dans le dernier vase comme dans le premier.

Dira-t-on que si le dernier vase ne présentait pas plus d'animalcules, c'est que l'aliment n'y était pas en assez grande proportion? ce serait une objection puérile. Si elle était admissible, il y existerait néanmoins quelques spécimens des grosses espèces du prèmier, et les kistes, eux qui ne mangent point, seraient aussi nombreux dans chaque macération, c'est évident.... et il n'en était pas ainsi. On pourrait objecter que ne m'étant pas servi d'une même macération, les germes se trouvaient dans le foin, mais ce résultat qu'on obtient constamment serait alors vraiment extraordinaire. Cependant pour prévenir toute controverse, j'ai aussi opéré avec une décoction de la même substance, qui avait bouilli une demi-heure, et j'ai obtenu absolument les mêmes résultats!

Nous pouvons ajouter que les mêmes macérations ayant été observées à quinze jours de distance, on reconnut constamment que la population zoologique était devenue absolument différente de ce quelle était lors des premières observations, et qu'elle offrait également des différences notables dans chacun des vases en expérimentation.

Nous avons reconnu aussi qu'entre les diverses influences que nous venons d'énumérer, l'état de division du corps putrescible avait une action très-prononcée sur les phénomènes de l'hétérogénie; et que ceux-ci se manifestaient d'autant plus promptement et plus énergiquement que ce corps était plus finement broyé. C'est là un fait incontestable, et que cent expériences nous ont démontré. On voit même parfois, dans des observations exécutées parallèlement, se produire des espèces différentes, dans des macérations absolument identiques, sauf l'état de division de la substance. Ces divers faits sont une preuve de plus en faveur de l'hypothèse que c'est à la décomposition du corps solide seul, et aux diverses circonstances dans lesquelles elle se produit, que les Proto-organismes doivent leur modalité.

Nous choisissons parmi nos expériences les deux suivantes ; elles nous semblent suffire pour démontrer ce que nous avançons :

Expérience. — Après douze heures, à une température moyenne de 23 degrés et sous la pression de 0,76 une macération de 5 grammes d'étoupe dans 300 grammes d'eau, offre seulement quelques petits Vibrions, peu agiles, rectilignes, ayant de 2 à 4 divisions micrométriques de longueur.

De l'étoupe hachée placée dans les mêmes conditions, contenait un bien plus grand nombre de ces petits Vibrions et ils étaient tous en grande agitation. On y rencontrait en outre une quantité considérable de Vibrions gigantesques ayant de 20 à 25 divisions micrométriques de longueur, animés de vifs mouvements anguilloïdes.

Expérience. — Dans deux vases de même capacité, contenant la même quantité d'eau, le même jour, on met un poids égal de foin ; seulement, dans l'un celui-ci est entier et lié en une petite botte ; et dans l'autre il est haché excessivement fin et contenu dans un sac de tulle. Au bout de huit jours, la température ayant été en moyenne de 21 degrés et la pression de 0,755 on observa les deux vases en expérience, et l'on reconnut que la population zoologique de l'un était absolument différente de celle de l'autre.

Dans le vase où le foin était entier l'eau offrait une teinte fauve nébuleuse et la pellicule présentait peu d'épaisseur et était arachnoïde. Sa trame encore distincte était formée de l'enchevêtrement de longs Vibrions, dans l'intervalle desquels on distingue une énorme quantité de *Monas lens* Duj. morts. Le liquide était rempli d'animalcules piriformes de 15 divisions micrométriques de longueur.

Dans le vase où le foin a été haché la faune est plus riche et absolument différente. Elle se compose d'une énorme quantité de Kérones, parfaitement adultes et d'une abondance de Kolpodes d'une taille extraordinaire, et que je n'ai jamais rencontrés, du moins avec une telle dimension. Ces Kolpodes ont 40 et même 45 divisions micrométriques de longueur et offrent des estomacs nombreux, disséminés dans une substance diaphane. En outre il existe aussi dans le liquide une Algue rameuse, cloisonnée, et de tous côtés nagent des Vibrions et des Monades.

SECTION II. — DE L'EAU.

L'eau joue un rôle important dans les phénomènes de l'hétérogénie, et elle est regardée, avec raison, comme l'un des éléments indispensables au développement des Proto-organismes. En considérant le sujet d'un point de vue plus élevé, on reconnaît même que toute existence soit végétale, soit animale, dérive primitivement de celle-ci, et que dans la suite, soit à l'état liquide, soit à l'état de vapeur, elle continue d'être de la plus haute importance pour l'entretien de la vie.

C'est donc avec une sorte de raison instinctive, que les auteurs inspirés des principales cosmogonies, font tous sortir de l'eau la majeure partie de la création. En traçant le tableau de l'origine des choses, les livres sacrés de presque toutes les nations nous représentent la superficie du globe comme étant submergée par un immense océan. Les commentateur de la Bible, ainsi que l'indique lui-même saint Jean, s'accordent à émettre qu'à l'époque du chaos, la terre était entièrement couverte par une vaste mer, qui disparut pour faire place à la création (1). Le mot abîme de notre texte sacré a même été considéré par la plupart des commentateurs comme synonyme des eaux sur lesquelles planait l'esprit de Dieu (2).

L'élément fluide joue aussi un très-grand rôle dans les cosmogonies indiennes. Là, les védas représentent Siva, le suprême auteur de la création, déposant dans le sein de l'Océan les germes de l'universalité des êtres (3). Ailleurs ils peignent Vichnou, qui en est le symbole, flottant sur l'abîme des eaux,

(1) Saint Jean, *Apocalypse*, ch. xxi, 1. — Comp. Bost, t. I, p. 238.

(2) Comp. J. A. Bost, *Dictionnaire de la Bible*. Paris, 1849, t. I, p. 231. — Job, xxxviii, 30. Ps. xlii, viii, civ, vi. — Jonas, ii, 6.

(3) Siva, principe de la chaleur et de la lumière, y tient manifestement la place du grand générateur ou créateur. Son action a précédé toute autre action, et c'est lui qui déposa dans les eaux primitives (représentées par Bhavani), les germes producteurs de toutes choses. (F. Creuzer, *Religions de l'antiquité*. Paris, 1825, t. I, p. 177.)

paisiblement endormi dans les replis du serpent *adysséchen* (1). Enfin, dans d'autres endroits, s'offre la charmante figure de *Maya*, mère de la mer de lait, matière première de toutes choses (2), et d'où naquit la déesse des sciences elle-même, *Sarassouadi*, épouse de Brama (3).

Dans les anciennes théogonies des Persans, on voit que ceux-ci regardaient la terre, l'air et l'eau, comme les principes de toutes choses (4).

Au milieu de leurs errements, les alchimistes du moyen âge et de la renaissance, accordent aussi à l'eau une suprême puissance et la considèrent comme le grand agent de la vie universelle. Dans un endroit de ses œuvres, le trop célèbre Paracelse la désigne sous la dénomination de *creaturarum universarum matrix* (5). Et plus loin, comme s'il avait une con-

---

(1) Selon Creuzer, Vichnou n'est pas seulement l'eau, mais bien plutôt l'esprit ou le souffle divin, *se mouvant ou marchant sur les eaux*, c'est-à-dire les vivifiant. (*Relig. de l'ant.*, t. I, p. 169.)

(2) C'est une des plus gracieuses conceptions de l'art indien. Cette déesse, richement parée et entourée du voile des préformations, dont les plis recèlent toute la création, effleure légèrement la surface de la mer de lait qui s'écoule de son sein en deux longs ruisseaux.

Comp. Niclas MULLER, in Donow's *morgenland. Alterthum*, t. II, pl. 2, fig. 2. — CREUZER, *Relig. de l'ant.*

(3) SONNERAT, *Voyage aux Indes orientales*. Paris, 1782, t. I, p. 154-172.

(4) TH. HYDE, *Veterum Persarum religionis historia, eorumque Magorum*. Oxonii, 1760, t. I.

(5) PARACELSE. *Nobilis, clarissimi ac probatissimi philosophi et medici, Dn. Aureoli Philippi Theophrasti Bombast, ab Hohenheim, dicti Paracelsi, operum medico-chimicorum sive paradoxorum, tomus genuinus primus*. Francfort, 1603, t. III, p. 25.

fuse idée du rôle des principaux agents de l'hétérogénie, on le voit dire : « *Vita in omnibus animalibus*
« *a duabus sphæris gubernatur : a superiore quæ*
« *aer est et ignis; ab inferiore, quæ aqua est et*
« *terra* (1). »

Si, abandonnant ces supputations purement historiques, nous passons à l'examen de la fonction de
l'eau dans la production des phénomènes de l'hétérogénie, nous reconnaissons que, quoique l'apparition normale des Proto-organismes nécessite ordinairement la présence simultanée de ce fluide, de l'air
et d'un corps putrescible, il est cependant non douteux
que des organismes peuvent apparaître, ainsi que le
dit Gleichen, dans l'eau simple, filtrée ou distillée;
seulement leur formation y marche beaucoup plus
lentement que dans les infusions, la nourriture y
manquant (2). Selon Fray, l'eau pure seule pourrait
même engendrer des Microzoaires; il assure en avoir
parfois observé dans celle-ci (3). Si ce savant ne prétendait y avoir rencontré que des végétaux rudimentaires, nous pourrions partager son opinion, mais
jamais nous n'avons vu de l'eau distillée produire des
animalcules, si ce n'est de la matière verte.

En effet, lorsque de l'eau très-pure, ou même de
l'eau distillée, est abandonnée à la lumière dans les
vases de nos laboratoires, au bout d'un temps qui
varie, selon la température, on voit y apparaître des

(1) PARACELSE, *Id., ibid.*, p. 27.
(2) GLEICHEN, *Dissertation sur la génération.* Paris, an VII,
p. 116.
(3) FRAY, *Essai sur l'origine des corps organisés.* Paris, 1817.

granulations d'un beau vert, rondes ou elliptiques, plus ou moins abondantes et rapprochées. Celles-ci sont immobiles ou douées de mouvements excessivement prononcés.

Cette matière verte, dont il est souvent question lorsqu'il s'agit de génération spontanée, fut signalée au monde savant par Priestley, dans un travail devenu célèbre. Ce physicien ne l'avait d'abord considérée que comme un sédiment muqueux (1); mais à peine deux ans s'étaient écoulés depuis sa découverte, qu'il revint sur sa première idée, et éleva cette matière au rang des végétaux, en la regardant comme une espèce de Conferve (2). Forster, Senebier et De Candolle, ont successivement partagé cette erreur. Le premier la prit pour le *Bissus botryoides* de Linnée; Senebier ne vit en elle que le *Conferva cespitosa filis rectis undique divergentibus* de Haller (3); et De Candolle créa pour celle-ci son *Vaucheria infusionum* (4).

Ingen Housz, patient observateur, jeta un jour nouveau sur la nature de la matière verte, qui avait déjà donné lieu à tant de controverses (5). Il la considéra d'abord comme une espèce de mousse; puis plus tard il se rangea de l'opinion de M. Thompson de la société royale de Londres, qui ne vit en

(1) Priestley, *Expériences et observations sur différentes espèces d'air*, etc. Paris, 1779, t. IV.

(2) Priestley, *Expériences et observations*, etc. 1781, t. V.

(3) Senebier, *Journal de physique*. 1781, t. XXVII, p. 209. Ouvrage sur *la lumière solaire*. 1782.

(4) De Candolle, *Flore française*. Paris 1805, t. II, p. 63.

(5) Ingen Housz, *Journal de physique*. 1784, t. XIV, p. 356.

elle que des animalcules (1) et il l'envisagea comme
n'étant que le groupement d'une immense quantité
de Microzoaires auxquels il donna improprement le
nom d'Insectes (2). Cette matière se développe également dans l'eau de pluie, dans les infusions, et
même dans l'eau de la mer, et elle abonde parfois
aux environs des fontaines, sur les pierres qui sont
imbibées d'eau. Selon Bory de Saint-Vincent, elle se
développe bientôt après que l'eau a manifesté son
sédiment muqueux, et celui-ci s'en remplit pour
constituer le végétal qui, par son extrême simplicité,
a le droit d'être placé à la tête de la série, le *Chaos
primordialis*. Ainsi donc, pour ce savant, celui-ci
n'est que le résultat de l'apparition de la matière
verte, qu'il appelle *matière végétative* de la matière
muqueuse (3). Enfin, plus récemment, cette matière
paradoxale a été regardée par Wagner comme n'é-
tant formée que par les cadavres de plusieurs espèces
d'infusoires de couleur verte, et surtout par ceux de
l'*Euglena viridis* (4). Nos observations nous ont conduit à la même conclusion, en voyant cette matière
verte s'animer à certains moments de mouvements
qui ne peuvent appartenir qu'à l'animalité.

Des Proto-organismes peuvent aussi apparaître
dans des liquides de composition variée. Retzius dit

(1) Thompson, *Transactions philosophiques*. 1787.
(2) Ingen Housz, *Expériences sur les végétaux*. Paris, 1789, t. II,
p. 365.
(3) Bory de Saint-Vincent, *Dictionnaire classique d'histoire naturelle*. Paris, 1826, t. I, p. 264.
(4) Comp. J. Muller, *Manuel de physiologie*, t. I, p. 11.

avoir vu des Conferves se développer dans une dissolution de chlorure de baryte, opérée à l'aide d'eau distillée, et contenue dans un flacon bouché à l'émeri (1).

Dans certaines circonstances, la composition de l'eau peut à elle seule expliquer l'apparition des Microzoaires, sans qu'il soit utile d'invoquer la présence de germes. De l'eau météorique, analysée par Zimmermann, lui a fourni une certaine quantité d'une substance particulière, dégageant de l'ammoniaque, différente du mucus, et qu'il a appelée *Pyrrhine*. Cette eau contenait en outre du fer, du manganèse, de la chaux et quelques autres substances (2). Selon Nees d'Esenbeck, lorsque cette pyrrhine vient à se précipiter, il se peut qu'elle produise des animalcules.

Selon Burdach, l'eau qui, dans nos expériences, se fait remarquer par sa plus grande fécondité en produits organiques, est celle de la rosée ; l'eau de pluie vient après, et enfin celle de source (3).

On peut considérer comme une règle générale que le mouvement fermentescible qui précède constamment l'apparition des Protozoaires, se manifeste beaucoup plus lentement et plus difficilement dans l'eau qui a bouilli, que dans celle qui n'a pas subi l'action de la chaleur. Les observations viennent à satiété établir ce que nous avançons.

(1) Retzius. Froriep, *Notizen* 5, n° 56,

(2) Zimmermann, *Archiv. für gesammte Naturlehre*, t. I, p. 257. Archives de l'histoire naturelle.

(3) Burdach, *Traité de physiologie*. Paris, t. I, p. 18.

Expérience. — Les diverses combinaisons suivantes ont été abandonnées durant cinq jours à l'air libre, par une température moyenne de 24°, et une pression de 0,755. On opérait sur 300 grammes d'eau.

Le premier vase contenait une décoction de foin, filtrée, ayant subi une heure d'ébullition. Le liquide était un peu trouble et fortement coloré en fauve; sa surface n'offrait aucune trace de pellicule. Seulement de place en place on voyait nager quelques petits îlots d'un Bissus microscopique, inarticulé, rameux. Il n'existait aucun animalcule dans la liqueur.

Le second vase contenait, outre la même décoction que le précédent, 5 grammes du foin qui avait servi à la confectionner. Le liquide n'offrait pas la moindre trace de pellicule. Le microscope y signala quelques rares fragments du même Bissus que dans le vase précédent, et de plus une immense quantité de Vibrions en mouvement. Aucun autre animalcule n'y existait.

Le troisième vase contenait de l'eau de citerne filtrée, dans laquelle on avait mis 5 grammes de foin qui avait subi l'ébullition. Le liquide était d'une couleur fauve, et recouvert d'une pellicule bien formée. Il était peuplé de Kolpodes, de Glaucomes et d'une innombrable quantité de Vibrions dispersés au milieu de filaments bissoïdes.

Enfin, un quatrième vase était rempli d'eau de citerne, et contenait 5 grammes de foin, n'ayant subi aucune préparation. Dans ce vase la pellicule était encore plus épaisse que dans le précédent. L'examen y fit reconnaître un nombre de Vibrions, de Kolpodes et de Glaucomes encore beaucoup plus considérable que dans le troisième matras, et en outre une infinité de petits kistes oviformes, représentant les nouveaux éléments d'une immense population de Monade lentille, qui va apparaître.

Cette expérience, que nous avons répétée plusieurs fois, en variant l'intervalle du temps, nous a toujours donné les mêmes résultats. Elle démontre donc : 1° que l'eau qui a subi un certain temps d'ébullition est infiniment moins apte à produire des animalcules que ne l'est l'eau ordinaire ; 2° que le foin qui a subi l'ébullition, comme nous l'avons déjà vu, est lui-même moins rapidement prolifique que celui qui est naturel. Elle prouve, en outre, que ce n'est pas le foin qui recèle les germes des animalcules, puisqu'il s'en développe d'abondantes légions dans les expériences où lui seul a subi l'ébullition ; et enfin, que ce n'est pas non plus l'eau qui contient ces germes, puisque dans l'eau qui a bouilli on découvre également des animalcules, mais seulement ceux-ci n'y apparaissent qu'avec plus de lenteur.

On peut aussi considérer comme une loi fondamentale que les phénomènes de l'hétérogénie se manifestent avec d'autant plus d'intensité que le corps putrescible est placé davantage vers la surface du liquide. Cela est tellement évident, que lorsque nous voulons activer dans nos bocaux la production de certains animalcules, nous nous bornons à laisser surnager une petite portion de la substance sur laquelle nous opérons. Il est même fort curieux de noter que la profondeur à laquelle se trouve le corps putrescible, influe même sur la nature des espèces qui sont produites, ainsi que le prouvent les dernières expériences que nous citons ici à l'appui de nos assertions.

EXPÉRIENCE. — Une forte éprouvette est remplie d'eau de citerne jusqu'à la hauteur de 30 centimètres ; 1 centimètre au-dessous de la surface du liquide on a suspendu 5 grammes de foin haché, maintenu dans un sac de tulle. Le troisième jour, le liquide est légèrement trouble ; sa surface offre une pellicule mince, fragile, et des bulles d'acide carbonique. On y rencontre des Kolpodes piriformes et des Kérones nageant au milieu d'une immense quantité de Vibrions granifères, de Vibrions gigantesques, et de Monades.

Dans une éprouvette absolument semblable, avec la même quantité d'eau, on met le foin au fond du vase. La pellicule est excessivement mince, et cette macération est infiniment moins peuplée que la précédente. Les Monades y sont clair-semées ; les Vibrions gigantesques et les Vibrions granifères sont beaucoup moins nombreux ; on n'y rencontre ni Kolpodes ni Kérones.

EXPÉRIENCE. — Dans une autre expérience, nous avons placé 5 grammes de foin à 50 centimètres de profondeur dans un long tube de 2 centimètres de diamètre. Parallèlement, on a placé la même substance, et en quantité égale, au fond d'un tube, à 1 mètre au-dessous du niveau de l'eau ; enfin, dans un troisième tube, le foin a été placé à 2 mètres de profondeur. Vingt-quatre heures après, voici ce que l'on observait, la température étant de 25°, la pression de 0,757.

Dans le tube où le foin était à 50 centimètres sous l'eau, il existait une innombrable quantité de Monades, et d'innombrables légions de Vibrions gigantesques et de Vibrions granifères, tous fort agiles.

Dans le tube où le foin était placé à 1 mètre sous l'eau, il y avait moins de ces animalcules.

Enfin, dans le tube où le foin était situé à 2 mètres au-dessous du niveau de l'eau, on ne rencontrait plus que des *Monas termo*, Mull. fort espacés, fort rares, entremêlés de quelques Vibrions très-fins. On ne découvre plus ici un seul Vibrion gigantesque, ni un seul Vibrion granifère.

Expérience. — J'ai répété cette expérience, mais en observant seulement ses résultats quatre jours après qu'elle avait été commencée. Voici ce qui eut lieu :

Dans le tube où le foin a été placé à 2 mètres de profondeur, la pellicule est aréniforme et composée de granules immobiles : la liqueur ne contient pas le moindre animalcule vivant.

Dans le vase où le corps putrescible est à 1 mètre de profondeur, il existe quelques animalcules indéterminables, très-agiles, allongés, d'une division micrométrique de longueur, puis un assez bon nombre de fins Vibrions.

Dans le tube où le corps fermentescible est placé à 50 centimètres au-dessous du niveau de l'eau, on trouve une immense quantité d'animalcules très-agiles, d'une division micrométrique de longueur, encore indéterminables ; puis des Vibrions très-fins ; et en outre un nombre considérable de Protées, tandis que les autres tubes ne contiennent pas un seul de ces animalcules.

Ces expériences, que nous avons répétées à diverses reprises, et toujours avec des résultats analogues, viennent donc nous démontrer que la profondeur à laquelle le corps putrescible est placé sous l'eau, a une extraordinaire influence, non-seulement sur la rapidité de l'évolution des Microzoaires, mais encore qu'elle suscite l'apparition d'espèces absolument différentes, quoique l'on fasse usage de la même substance. Ces expériences prouvent en outre, que si les germes des animalcules étaient dans l'un des trois corps que l'on en a fait successivement dépositaires, il n'y aurait pas de raison pour que les animalcules ne fussent pas identiques et aussi abondants dans un tube que dans l'autre ; au contraire, cela s'explique, si leur production n'est que le résultat de l'action combinée des éléments de l'eau, du solide et de l'air.

Expérience. — En expérimentant sur de l'eau contenant du Trèfle ordinaire, je suis parvenu aux mêmes résultats que précédemment. Si ce végétal se trouvait submergé par une abondance d'eau, les infusoires étaient fort longtemps à apparaître, et peu nombreux. Au contraire, plus j'approchais de la surface du liquide le végétal en expérience, plus la génération était copieuse et rapide. Enfin, si même je laissais une portion du Trèfle sortir de l'eau, dans ce cas j'obtenais une production de Microzoaires d'une abondance à nulle autre pareille, et dans le moindre espace de temps.

Fray et Burdach, dans d'autres expériences, avaient déjà obtenu des résultats analogues aux miens, mais pas tout à fait aussi nettement tranchés, aussi précis. Le premier dit seulement que si la substance qui macère est surmontée d'une trop haute colonne de liquide, il ne se produit pas d'animalcules distincts (1); et Burdach avance simplement qu'en plongeant un morceau de granit dans de l'eau, si cette roche y est totalement submergée, la matière verte ne se reproduit que lentement; et qu'au contraire, si elle ne l'est qu'imparfaitement, et qu'une partie surpasse le niveau du liquide, cette matière apparaît plus promptement et plus abondamment (2).

SECTION III. — DE L'AIR.

Il est à peine besoin de dire que l'air est indispensable à la production des Microzoaires, l'atmosphère, selon l'expression d'un illustre chimiste, renfermant les matières premières de toute l'organisation (3). Une expérience de Wrisberg suffirait, s'il en était besoin, pour le démontrer. En couvrant ses infusions d'une couche d'huile d'olive, d'une ligne d'épaisseur, jamais il ne vit d'animaux apparaître;

(1) FRAY, *Essai sur l'origine des corps organisés et inorganisés.* Paris, 1817.

(2) BURDACH, *Traité de physiologie.* Paris, 1831, t. I, p. 21.

(3) DUMAS, *Essai de statique chimique des êtres organisés.* Paris, 1842, p. 10.

tandis que s'il ne mettait à la surface du liquide que quelques gouttelettes d'huile, dans les intervalles desquelles celui-ci se trouvait en contact avec l'atmosphère, on voyait des Protozoaires s'y former (1). D'un autre côté, Spallanzani affirme, ce qui *à priori* semble n'être pas douteux, que dans le vide de la machine pneumatique, aucun animalcule ne se produit (2). Gruithuisen est venu aussi, par ses expériences, apporter une nouvelle preuve de l'indispensable nécessité de l'air pour la production des Protozoaires. En renfermant une infusion produisant ordinairement d'abondants animalcules, dans des flacons bouchés à l'émeri, et dont le bouchon touchant au liquide entravait la présence de l'air, jamais il ne vit de Microzoaires apparaître (3).

L'air est tellement indispensable à la vie des Microzoaires que si sa masse n'est pas suffisante, lorsqu'on opère à vaisseaux clos, on n'en voit aucun apparaître. Lorsque dans ceux-ci son volume est trop restreint, on observe même que jamais il ne s'y développe que des animalcules de l'ordre le plus infime (4). Ceux-ci y meurent même rapidement, de façon que lorsqu'on ouvre les vases, on n'y trouve plus que leurs vestiges. Spallanzani avait déjà signalé l'influence léthifère qu'exercent sur les animal-

(1) WRISBERG, *Observationum de animalculis infusoriis Natura*, etc. Gottingue, 1765, p. 82.

(2) SPALLANZANI. *Observations et expériences sur les animalcules*, p. 140.

(3) GRUITHUISEN. — GEHLER, *Journal für die Chemie und Physik*, t. VIII, p. 523.

(4) Monas, vibrio, bacterium, etc.

cules microscopiques les vases fermés hermétiquement (1). Mais il ne nous paraît point en avoir pénétré la cause réelle, qui, selon nous, est peut-être la stagnation à la surface de l'eau de l'acide carbonique et des gaz méphitiques produits par la fermentation putride.

Voici quelques expériences propres à élucider ce sujet.

EXPÉRIENCE. — Ayant pris un flacon d'un litre de capacité, bouchant à l'émeri, on y mit un demi-litre d'eau de citerne, passée au filtre, et 5 grammes de foin. Ce flacon qui contenait en conséquence un demi-litre d'air, après avoir été bouché hermétiquement fut laissé quarante six-jours dans mon laboratoire, en été, à une température moyenne de 23 degrés. Après ce laps de temps l'eau était d'une teinte légèrement citrine, limpide, sans dépôt au fond et sans pellicule à sa surface. Cette eau ne contenait aucun animalcule ni aucune autre production organisée ; de place en place seulement de rares granules, soit globuleux, soit allongés, sont animés d'un mouvement brownien ; mais ces granules, qui pourraient en imposer à des observateurs inattentifs, examinés aux plus forts grossissements, ne sont ni des Monades ni des Vibrions. L'air qui se trouve dans le vase a contracté une grande fétidité et son odeur rappelle celle de l'hydrogène sulfuré.

EXPÉRIENCE. — Quatre flacons d'un litre de capacité, bouchant à l'émeri, ont été remplis aux deux

(1) SPALLANZANI, *Opuscules de physique animale et végétale.* Paris, 1787, t. II, p. 199.

tiers d'eau ; on a ensuite introduit dans chacun d'eux 10 grammes de foin, lié en une petite botte ; puis ils ont été bouchés hermétiquement, contenant, par conséquent au-dessus de l'eau, un tiers de litre d'air atmosphérique. La température moyenne a été de 22 degrés pendant le cours de cette expérience.

Le deuxième jour, le premier de ces flacons a été observé. La macération était d'une teinte fauve, trouble ; sa superficie était couverte d'un peu d'écume, mais il n'existait encore aucune pseudo-membrane. La macération contenait alors une immense quantité de Vibrions de grande et de petite dimension, *Vibrio tremulans*, *Vibrio levis*. Tous étaient morts ; seulement le réseau formé par leurs débris était parcouru de place en place par quelques *Monas lens*, Duj.

Le quatrième jour, le second flacon a été ouvert ; sa surface était écumeuse et sans pellicule apparente. Il n'y existait absolument que des corps morts du *Bacterium triloculare*, Ehr. assez espacés, et quelques rares *Monas lens* en mouvement ; souvent même on n'en rencontrait pas un seul dans le champ du microscope.

Le troisième flacon, ouvert le septième jour, ne présente à sa surface que de rares bulles gazeuses. Son liquide est jaune fauve, un peu nébuleux. La pellicule à peine formée se compose de cadavres de *Monas crepusculum* ; dans la liqueur rien autre chose que quelques-uns de ses monas morts et flottants, et quelques *Bacterium triloculare* également sans mouvement. Vie absolument nulle. Le premier flacon, resté ouvert depuis cinq jours, est rempli au con-

traire d'une abondance de *Glaucoma scintillans*
Duj. et de *Kolpoda cucullus*, Mull. etc.

Le dix-huitième jour on ouvrit le quatrième flacon; la macération était de couleur citrine, légèrement nébuleuse; à sa surface existait une pellicule
extrêmement mince, formée de cadavres de *Bacterium termo*, mais on ne rencontrait *aucun* animalcule
vivant dans la macération.

EXPÉRIENCE. — Deux flacons à large ouverture reçoivent un litre d'eau, 10 grammes de foin et contiennent en outre un demi-litre d'air.

L'un de ces flacons, dont l'ouverture est abritée
d'une simple cloche en verre, est examiné le quatrième jour, une température moyenne de 23 degrés
ayant régné pendant la durée de l'expérience; il
offre alors à sa surface une pellicule cassante, peu
épaisse, peuplée de *Monas lens*, de *Bacterium termo*,
de *Vibrio undulta*, de *Vibrio levis*, de *Vibrio granifer Kerona lepus* et de vivants.

Le même jour on débouche l'autre flacon qui a
été au contraire hermétiquement fermé. Il n'existe
aucune pellicule à sa surface, ni aucune bulle gazeuse; son liquide est d'un jaune pâle, peu nébuleux. Les gaz contenus dans l'intérieur sont fétides.
La macération n'offre *absolument* aucun animalcule
vivant.

EXPÉRIENCE. — Un flacon ayant un litre de contenance est à moitié rempli d'eau de citerne, et on y
introduit 5 grammes de foin. Ce flacon, bouchant
à l'émeri, est fermé hermétiquement, ayant par
conséquent un demi-litre d'air dans son intérieur.

Après quatre jours écoulés, par une température de 25 degrés en moyenne, on ne rencontre dans ce flacon que des Monades et de très-petits Vibrions. Aucun Vibrion gigantesque, aucun Vibrion granifère, et aucun autre animal plus élevé, tandis que dans vingt expériences commencées à la même époque et dans lesquelles l'air est en contact avec l'eau, déjà depuis deux jours, l'époque des grands Vibrions est passée et l'on découvre des Kolpodes, des Glaucomes et des Kérones.

Il est à noter aussi que dans cette expérience, comme dans toutes celles qui sont analogues, le foin s'était mieux conservé que lorsqu'on expérimentait au contact de l'atmosphère, comme si l'absence d'une quantité suffisante d'air arrêtait le mouvement putrescible.

Ainsi donc ces diverses expériences concernant ce qui se passe dans les vaisseaux clos, prouvent plusieurs choses : 1° que la stagnation de l'air peut anéantir absolument la production des Proto-organismes; 2° que s'il n'y a pas une complète absence de ceux-ci, leur développement est considérablement entravé : qu'ils sont moins nombreux et constamment d'une organisation moins élevée; 3° que l'atmosphère ne contient pas normalement les germes des organismes, puisque le demi-litre d'air compris dans le flacon n'en dépose parfois pas un seul dans l'eau et n'en dépose jamais d'un ordre élevé; tandis que dans des expériences où l'eau est en contact avec un bien moindre volume d'air, mais dans lesquelles les gaz produits par la décomposition putride peuvent s'échapper en liberté, on voit s'engendrer des myriades d'animalcules de toute espèce.

Cependant, si l'air pur est indispensable à la vie des Microzoaires, on peut ajouter qu'il ne leur en faut qu'une quantité infiniment petite, car on les voit prolonger longtemps leur existence dans le vide de la machine pneumatique. Malgré la délicatesse de leur organisation, ils supportent même mieux son influence que certains animaux immensément plus robustes, qui, tels que les poissons et les grenouilles, sont bien plus rapidement tués qu'eux par la raréfaction de l'air.

Expérience. — Un vase rempli de Kolpodes, de Kérones et de Vibrions est placé sous le récipient d'une machine pneumatique. On fait le vide, sans en constater l'intensité, et on laisse ces animaux pendant une nuit sous son influence. Le lendemain tous ceux-ci étaient parfaitement vivants. La raréfaction de l'air ne peut donc pas influencer la vie des Microzoaires, quand elle n'est pas portée à un trop haut degré.

Expérience. — Le vide, même assez intense, ne semble pas non plus nuire aux animalcules. Une macération de Dahlia qui contenait une nombreuse population de Kérones, fut exposée sous la cloche d'une machine pneumatique et l'on fit le vide. Bientôt le liquide bouillonna avec beaucoup de force et l'on obtint le vide à deux centimètres. Au bout de deux jours, par une température de 25 degrés, l'on examina l'appareil, et tous les Kérones étaient parfaitement portants et semblaient avoir grossi.

Expérience. — Une coupe contenant une macération remplie de Kolpodes et de Vibrions est exposée sous la machine pneumatique ; à côté d'elle, dans un vase pareil, on place un petit Cyprin doré, de 6 centimètres de longueur. On fait le vide, et au bout de deux minutes l'eau de l'infusion bouillonne fortement et se couvre d'écume ; après cinq minutes le Cyprin vient à la surface de l'eau et reste sans mouvement. Le vide est fait à 1 centimètre. Après dix minutes le Cyprin expire ; et après vingt minutes on rend l'air au récipient et l'on observe la macération. Le microscope fait reconnaître que tous les Kolpodes et les Vibrions sont vivants, comme auparavant. Ainsi donc pour tuer ces animaux, il faut une plus puissante action que celle qui tue un poisson.

Dans les belles expériences entreprises par Messieurs V. Regnault et J. Reiset, les animaux que l'on plaçait dans des appareils où leur respiration n'était entretenue qu'à l'aide d'un air factice, y ont resté trois ou quatre jours sans en éprouver aucun malaise apparent (1). Nous avons vu aussi que les Microzoaires pouvaient vivre pendant un temps assez long dans un mélange de gaz azote et de gaz oxygène, exécuté dans les proportions rigoureuses pour constituer de l'air artificiel.

Selon Fray, l'air atmosphérique ne serait pas indispensable au développement des Microzoaires, et l'on pourrait le remplacer par divers autres gaz sans qu'il soit entravé. Ce savant dit avoir vu de nombreux Infusoires s'engendrer dans de l'eau qui était en con-

____

(1) Regnault et J. Reiset, *Recherches chimiques sur la respiration des animaux des diverses classes.* Paris, 1849, p. 24.

tact avec de l'hydrogène ou de l'azote (1). Burdach assure avoir répété ces expériences et avoir obtenu les mêmes résultats (2).

Déjà Humboldt avait fait pressentir qu'il était très-douteux qu'un animal pût vivre dans l'azote pur (3). Pour nous, à diverses reprises, nous avons répété les expériences de Fray et de Burdach, et, comme semblaient à l'avance nous l'indiquer les notions physiologiques, nous avons obtenu des résultats absolument opposés à ceux que mentionnent ces deux savants (4). On conçoit cependant que s'ils ont opéré en employant de l'eau qui contenait beaucoup d'air, il ait pu se faire que celui-ci suffit à la vie des Microzoaires à mesure qu'ils apparaissaient; mais il est certain que toutes les fois que l'on fait usage d'eau qui ne contient point d'air atmosphérique, aucun animalcule ne se développe avec les gaz précités. Dans les expériences suivantes, exécutées avec toute la précision possible, nous n'avons jamais vu aucun Proto-organisme apparaître, soit dans l'eau privée d'air, soit même dans l'eau aérée, que nous avons mise en contact avec de l'azote, de l'hydrogène, ou de l'acide carbonique; l'oxygène seul, comme on pouvait s'y attendre, a offert une exception.

EXPÉRIENCES AVEC L'EAU AÉRÉE. — Ayant mis 10 grammes de foin dans un demi-litre d'eau filtrée

(1) FRAY, *Essai sur l'origine des corps organisés et inorganisés.* Paris, 1821, p. 5-8.

(2) BURDACH, *Traité de physiologie.* Paris, 1837, t. I, p. 19.

(3) HUMBOLDT, *Tableaux de la nature.* Paris, 1828, t. II, p. 89.

(4) HUMBOLDT ET PROVENÇAL, *Sur la respiration des poissons.* — Recueil d'observations zoologiques, t. II, p. 194.

en contact avec 1 décimètre cube d'oxygène, au bout de vingt-cinq jours, la température moyenne ayant été de 18 degrés, la macération offrait une pellicule mince, et l'on reconnut au microscope que la surface du liquide était animée par une grande quantité de *Monas termo*, Mull. et de Vibrions, *Vibrio lineola*, Mull. *Vibrio tremulans*, Ehr. *Vibrio spirillum*, Mull.

Une pareille macération de foin, dans les mêmes circonstances, mise en contact avec de l'azote, ne présentait à sa surface aucune pellicule, ni aucun Microzoaire.

En contact avec l'acide carbonique, une même macération ne m'a offert aucune pellicule à sa surface et aucun organisme.

Enfin, un flacon de la même macération, mais étant en partie rempli d'hydrogène et qu'on n'examina que deux mois et demi après, n'offrait à sa surface aucune pellicule, aucune bulle gazeuse et ne contenait pas le moindre vestige d'animalcules.

EXPÉRIENCES AVEC DE L'EAU PRIVÉE D'AIR. — Ayant rempli d'eau bouillante un flacon d'un litre de capacité, et l'ayant renversé et bouché hermétiquement sous une cuve à mercure, lorsque l'eau fut refroidie, on introduisit dans celui-ci un demi-litre de gaz azote, et 10 grammes de foin, ayant subi quinze minutes l'action d'une étuve à la température de 110 degrés. Ce foin fut introduit avec les plus grandes précautions possibles, afin d'éviter la moindre introduction d'air. Ensuite le flacon fut bouché à l'émeri, et pour plus d'exactitude on recouvrit le

contour du bouchon d'un enduit de vernis au copal mêlé à du vermillon. Six jours après, la température ayant été en moyenne de 19 degrés, l'eau
n'offrait aucune pellicule. Alors, ce flacon ayant été
ouvert et examiné attentivement, on n'y découvrit
aucune trace d'animalcules, ni de végétaux rudimentaires.

EXPÉRIENCE. — En prenant les mêmes précautions
que dans l'expérience qui précède, et en employant
de l'hydrogène, au bout de douze jours, la macération était d'un jaune citrin, limpide, et ne présentait à sa surface aucune bulle de gaz et aucune pellicule. Cette macération examinée au microscope
n'offrit pas la moindre trace d'organismes vivants ou
morts.

EXPÉRIENCE. — De l'acide carbonique nous a
donné un résultat absolument négatif. Après douze
jours, l'eau colorée en fauve clair, était diaphane,
sans pellicule et sans bulles à sa surface. Le microscope n'y fit découvrir aucune trace d'organisation.
On s'assura à l'ouverture que le gaz était resté in-
tact.

EXPÉRIENCE. — De l'oxygène, au contraire, après
un moindre temps, huit jours seulement, ainsi que
nous le reverrons en son lieu, avait permis à de
fortes touffes d'une espèce d'*Aspergillus* de se développer dans l'eau dont il baignait la superficie (1).

Mais outre son indispensable nécessité comme

(1) Voyez le chapitre de l'élimination de l'air, considéré comme
véhicule des germes, où cette expérience et son résultat sont décrits avec les détails qu'ils comportent.

fluide respiratoire, quelques physiologistes considèrent encore l'air comme le véhicule des germes
des Microzoaires. Pour eux il en est absolument saturé et les dissémine dans tous les endroits où il
pénètre (1). Nous prouverons plus loin, à l'aide
d'expériences de précision, que l'atmosphère ne
possède nullement la vertu qu'on lui suppose, et que
les faits qui suivent suffiraient seuls pour lui faire
contester.

Expérience. — Quatre vases en verre, à large
ouverture, ont été remplis chacun avec 300 grammes d'eau de source, filtrée. Dans le premier de ces
vases on mit 10 grammes de foin ; dans le second,
on en mit 5 grammes ; dans le troisième, 2 grammes
et 5 décigrammes ; enfin, dans le quatrième, seulement 1 gramme 25 centigrammes. Ce foin était parfaitement homogène ; les brins en avaient été finement hachés et mêlés ensemble, pour qu'on ne pût
pas arguer que certaines de ses parties pouvaient recéler plus de germes que d'autres.

Après vingt jours d'expérimentation, à une température moyenne de 19 degrés, à une pression
de 0,756, et après que durant ce laps de temps on
eut plusieurs fois constaté que les Protozoaires
abondaient d'autant plus dans les macérations que
l'on observait les vases qui contenaient le plus de
foin, on s'aperçut que le troisième vase, en vingt-
quatre heures seulement, s'était rempli sur toute sa
superficie, d'une quantité considérable de matière

____

(1) Spallanzani, *Opuscules de physique animale et végétale.* Paris, 1787, t. I, p. 295.

verte de Priestley, qui donnait une teinte d'un vert foncé ou liquide dans une épaisseur de 4 centimètres. La surface de ce liquide était occupée par de très-grosses bulles de gaz, dont quelques-unes pouvaient avoir un centimètre cube de capacité. Ce gaz, ayant été examiné, fut reconnu être de l'oxygène. La matière verte était formée de petits grains verts ovoïdes, très-allongés.

Chacun des vases, dans cette expérience, avait été placé sous une cloche particulière, et les quatre cloches étaient groupées sur la même table, et cependant dans aucun des autres vases rien de semblable ne s'observait.

Dans l'hypothèse vulgairement admise de la dissémination aérienne des germes, comment expliquerait-on ce qui se présenta ici? Pourquoi donc, lorsqu'il existe dans les autres vases des macérations analogues, est-ce cependant dans un seul de ceux-ci que l'on voit, tout à coup, se produire cette grande abondance de matière verte, et ces bulles d'oxygène qu'elle engendre? Si les vases étaient restés à découvert, on pourrait, on ne craindrait pas de dire, pour m'exprimer plus exactement, qu'une étroite veine d'air chargée de corps reproducteurs imperceptibles, s'est promenée sur l'un des vases sans s'étendre sur les autres! mais chaque vase était sous une cloche, et si un effort de pression atmosphérique, une aspiration, a rempli un vase de séminules de matière verte, il a dû remplir aussi les autres de la même manière, et c'est ce qui ne s'observait pas. On ne pourrait pas arguer que les autres vases contenaient des macérations impropres au développement de la matière verte, puisqu'ils étaient remplis d'une infusion de la même substance.

On peut donc dire, selon nous, que si cette matière verte est tellement abondante dans le troisième vase, et si elle manque absolument dans les autres, c'est que ce vase possédait seulement et fortuitement l'aptitude à la production de cette matière. Tandis que si les germes de ce corps organisé avaient été transmis du dehors, ils se fussent à la fois introduits dans tous les bocaux, et en égale abondance; car tous étaient évidemment aptes à les laisser se développer s'ils s'y étaient introduits, et si la matière verte ne se formait pas de toutes pièces là où on l'observe.

Nous avons déjà reconnu que la production des Proto-organismes dépendait de la nature des substances qu'on employait, et des influences concomitantes.

On se souvient que les os d'un crâne d'Égyptien ancien, nous ont donné des produits tout à fait différents de ceux d'un crâne de Mérovingien. Dans des expériences subséquentes, nous avons rempli un vase d'une quantité d'eau déterminée, et nous avons mis macérer dans celle-ci des fragments d'un tibia, que nous avions rapporté des hypogées de Thèbes. Dans un autre vase, on mit une égale quantité d'eau et des fragments d'os qui appartenaient à la jambe d'un Mérovingien du sixième siècle.

Ces deux vases furent placés dans mon laboratoire, à côté l'un de l'autre, et ils furent observés huit jours après le commencement de l'expérience. Celle-ci avait lieu au mois de juin.

Ainsi que dans les expériences précédentes, les Protozoaires qui existaient dans chaque vase, étaient absolument différents.

Après m'être bien assuré de ce fait, je mis mes deux vases en contact sous une même cloche, afin qu'ils se trouvassent sous les mêmes influences. Je les abandonnai ainsi pendant un mois l'un à côté de l'autre, la température ayant été en moyenne de 22°. Examinés attentivement alors, on reconnut que l'eau avait considérablement diminué dans ces deux vases, et c'était à peine s'il en restait le tiers de la quantité qu'on y avait mise. Le liquide de l'un et de l'autre vase avait contracté, dans les derniers temps, une couleur verte très-intense, mais dont la teinte était fort différente dans chacun d'eux ; le vert de la macération des os de l'Égyptien était d'un beau vert pur, transparent ; la teinte verte du tibia de Mérovingien, qui s'était déclarée beaucoup après, était moins translucide, plus foncé et d'un vert bleu. Il était évident, à priori, que dans cette seconde phase de l'expérience, on allait encore, après deux mois, comme après huit jours, rencontrer des produits absolument différents. C'est ce qui eut lieu :

La macération d'os d'Égyptien était peuplée, à sa surface, d'une abondance de Vorticelles et d'Épistylis, et sur le fond on rencontrait une épaisse couche de Globuline très-fine, et dont tous les grains verts étaient séparés. Leur diamètre était de 0,0028 millimètre. Il n'existait dans cette macération aucune Paramécie, aucun Vibrion, aucun Bacillaire, aucune Arthrodiée.

La macération d'os de Mérovingien, au contraire, était remplie de Paramécies, de globules d'un beau vert remplis de granules; ces globules, tout à fait différents de la globuline de la macération précédente, offraient de 0,0095 à 0,0119 de millimètre de diamètre. Le fond de cette macération était encombré d'une Arthrodiée, dont beaucoup de compartiments étaient isolés; on y rencontrait aussi de nombreux Vibrions et des Bacillaires. Il n'y existait aucun Épistylis, ni aucun grain de globuline.

Comment donc les partisans de la panspermie aérienne, et c'est le dernier refuge de nos antagonistes, expliqueraient-ils pourquoi deux macérations presque absolument identiques, et qui par cela même pourraient nourrir les mêmes êtres, si elles les recevaient en même temps, offraient-elles cependant deux faunes absolument différentes? Dira-t-on que la nappe d'atmosphère qui a labouré l'une d'elles était différente de celle qui baignait l'autre? ce n'est pas soutenable, quand le contact a été continuel. Mais bien plus, les deux vases ont été rapprochés sous la même cloche, les deux tiers de leur eau se sont vaporisés, et une partie de leur population animée a été mise à nu, desséchée sur leurs parois. Si c'est l'air qui transporte les germes avec cette immense facilité qu'on lui prête, les deux vases en expérimentation devaient nécessairement mélanger leurs progénitures diverses : la dessiccation d'une partie de celles-ci favorisait elle-même le transport; l'air pouvait s'emparer d'une multitude de germes, les vases se touchaient, toute la population de l'un d'eux pouvait et devait envahir l'autre. Et, cependant, on peut dire que pas un germe n'a été déplacé par l'atmosphère; pas un, parce que ce n'est pas lui qui est chargé de ce rôle, et que les générations se forment spontanément, et dépendent de la nature intime des substances sur lesquelles on expérimente, et de l'influence des agents extérieurs !...

SECTION IV. — DU CALORIQUE, DE LA LUMIÈRE, ETC.

Outre les agents fondamentaux de toute procréation, il existe encore certaines forces physiques générales, qui réagissent sur celle-ci avec une variable intensité. Tantôt elles lui sont absolument indispensables, et tantôt leur influence est plus ou moins accessoire. On peut citer principalement la chaleur, la lumière et l'électricité.

M. Gros admet aussi cette influence des agents extérieurs sur la nature des Proto-organismes. Il a raison de dire qu'un fait qui se présente fort souvent, c'est que les mêmes formes Polygastriques ou Systolidiennes, suivant la saison, la quantité d'eau, de lumière, de chaleur, etc., peuvent présenter d'autres phases évolutives, et donner naissance à d'autres produits (1). Gruithuisen avait depuis un certain temps soutenu à peu près la même thèse, en prétendant que dans plus de mille expériences, il n'avait jamais trouvé ces animaux parfaitement semblables (2). Nos observations, répétées depuis tant d'années, nous

(1) Gros, *Bulletin de la Société impériale des naturalistes de Moscou*, 1854, n° 3, p. 274.

(2) Gruithuisen, *Organozoonomie*. Munich, 1821, p. 164.

ont absolument conduit aux mêmes conclusions que ces savants. Adanson disait, en parlant des végétaux, que l'espèce est un champ dans lequel chacun peut errer en liberté (1); nous pouvons assurer que cette maxime est on ne peut plus applicable à la généralité des Microzoaires.

La chaleur est non-seulement le plus énergique des agents qui contribuent au développement des Protozoaires, mais on peut même dire qu'elle lui est tout à fait indispensable. En effet, nous n'avons jamais vu aucun animalcule se produire, lorsque la température était au-dessous de $+ 5°$ cent.

Dans le chapitre remarquable sur les générations spontanées, qui se trouve dans sa philosophie zoologique, Lamarck a fait ressortir toute l'importance de cet agent à l'égard des créations primaires. Selon lui, la chaleur, à laquelle il donne le nom de mère de toutes les générations, d'*âme matérielle des corps vivants*, est le moteur principal qu'emploie la nature, pour tirer des substances inertes les premières ébauches de l'organisation; et il compare son action, qu'il appelle un *acte de vitalisation*, à la fécondation sexuelle (2).

Spallanzani s'était contenté de dire que la température requise pour la production des Infusoires, était simplement celle qui suffisait au mouvement fermentescible des substances soumises à l'expé-

---

(1) ADANSON, *Famille des plantes.* Paris, 1763, préface, p. 153 et suiv.

(2) LAMARCK, *Philosophie zoologique.* Paris, 1807, t. II, p. 82.

rience (1). Il aurait dû préciser plus exactement l'action de cet important agent. Dans nos expériences, nous avons généralement reconnu que, plus la température était élevée, plus la production des Infusoires était rapide et abondante. Des macérations qui étaient sous l'influence d'une température de + 12 degrés centig., ont mis souvent huit à dix jours pour nous fournir des Kolpodes adultes et très-disséminés; tandis que sous une température de + 26 degrés, nous en obtenions en quatre jours de nombreuses légions, parfaitement développées.

Selon nous, l'action du calorique influe non-seulement d'une manière manifeste sur l'abondance avec laquelle apparaissent et se développent les Microzoaires, mais il est certain aussi que le degré d'activité qu'il suscite dans les phénomènes de décomposition putride, réagit sur les organismes qui en sont le produit; il en augmente ou en diminue le perfectionnement, de manière que sous une température opposée, avec le même corps, on obtient des espèces différentes. Ainsi, si une même substance est mise à macérer à une température de 10 à 12 degrés et à celle de 25 à 28 degrés, souvent, dans les deux cas, elle produira des Protozoaires d'une espèce particulière. Nos expériences nous ont mis à même de vérifier cela cent fois. Nous en citerons seulement quelques-unes.

EXPÉRIENCE. — Vers les premiers jours de septembre, par une température de 22 degrés en moyenne, une macération de 25 grammes d'*Aster*

____

(1) SPALLANZANI, *Opuscules de physique animale et végétale*, t. 1.

chinensis dans un litre d'eau, au bout de huit jours, est remplie d'une immense quantité d'une petite espèce de Kolpodes, très-grêles, n'ayant jamais plus de 15 divisions micrométriques de longueur et 4 de diamètre. Ces animalcules observés pendant quinze jours n'augmentèrent pas de taille, et, pressés les uns sur les autres, ne parurent pas non plus augmenter en nombre. C'est pour moi une espèce que je ne trouve décrite nulle part.

Une macération de la même plante exécutée dans les mêmes proportions, durant les premiers jours d'octobre, mais par une température moyenne de 12 degrés, au bout d'un nombre égal de jours, offrait une espèce de Kolpodes absolument différente de celle qui avait été observée dans la macération précédente ; elle était ovoïde et présentait une longueur presque double, 25 à 30 divisions micrométriques.

Expérience. — En septembre, par une température de 26 degrés en moyenne, après vingt-quatre heures, et à la pression de 0,75, une macération d'*Aster chinensis* et une macération de lin sont peuplées d'une immense quantité de *Monas crepusculum*, de *Vibrio granifer* et de *Vibrio levis*, doués de mouvements fort énergiques.

La température s'étant abaissée subitement à + 12 degrés en moyenne, deux macérations des mêmes plantes ayant été faites dans les mêmes proportions et examinées après le même laps de temps, on n'y rencontre absolument qu'une espèce de Bactérium, le *Bacterium triloculare* Ehr. On n'y trouve aucun vestige ni de Monade, ni de Vibrion granifère, ni de Vibrion lisse. La même expérience répétée avec d'autres végétaux a donné des résultats analogues.

EXPÉRIENCE. — Une macération de 10 grammes de foin sur 250 grammes d'eau, durant huit jours, sous une température moyenne de 12 degrés, ne m'a jamais donné, dans les premiers jours du mois de mai, que des *Monas lens*, Duj. et des Vibrions. Tandis que la même macération, dans les derniers jours du même mois, mais sous l'influence d'une température beaucoup plus élevée, en moyenne 24 degrés, me donnait, dans le même espace de temps, une immense abondance de Vorticelles.

D'après Gruithuisen, la température ne doit pas dépasser 80 à 96 degrés du thermomètre de Fahrenheit (1). Je partage cette opinion, ayant vu que rien ne se produisait dans mes vases quand, pendant l'été, je les exposais à une chaleur trop élevée.

Mais si les animalcules ne s'engendrent point lorsque l'atmosphère est trop chaude ou trop froide, quand une fois ils sont formés ils supportent d'assez extrêmes températures. Spallanzani avait déjà reconnu ce que nous avançons; mais ses expériences sur ce sujet manquent de précision; ce savant ne donnant aucune indication sur les espèces qu'il a employées, nous avons cru devoir répéter ses essais (2).

(1) GRUITHUISEN, *Beiträge zur Physiognosie*, p. 298. — Idées sur la physiognosie.

(2) SPALLANZANI, *Opuscules de physique animale et végétale*. Pavie, 1787, t. I, p. 76.

Nous avons vu que des animalcules qui vivaient
dans une eau dont la température était de 22 degrés,
s'étant, en peu de minutes, trouvés dans un liquide
qui était descendu à 0, ne parurent nullement s'a-
percevoir de ce brusque changement. On peut dire
que tous les animalcules supportent la température
de la glace fondante. Il en est même, dans les régions
polaires, pour lesquels celle-ci est l'état normal ; et
tel est aussi le cas des animalcules que nous avons vus
colorer en un beau rouge la neige des Hautes-Alpes.

O. F. Muller prétend que certains animalcules
peuvent se ranimer après avoir été totalement gelés
dans leurs infusions. « *Quædam sic animalia infusoria rigorem frigoris sustinent, aquâque gelu solutâ,
eodem numero vigoreque pristino circumnatant ; alia
gelu enecta periere* (1). » Spallanzani soutient, au
contraire, que les animalcules ne survivent jamais à
la congélation (2).

Les assertions de ces deux naturalistes étant contradictoires, j'ai dû entreprendre quelques expériences pour me fixer à cet égard ; et j'ai reconnu
que c'était O.-F. Muller qui avait le mieux observé
les faits. En faisant congeler de l'eau dans laquelle
il y avait des Infusoires de diverses espèces, j'ai vu
que toutes les fois qu'il restait dans la glace quelques
petits interstices liquides, quoique toute la masse
parût solidifiée, dans ce cas, tous les animalcules

(1) O. F. MULLER, *Animalium infusoriorum succincta historia.*
Leipzig, 1773-1774.

(2) SPALLANZANI, *Opuscules de physique animale et végétale.* Pavie, 1787, t. I, p. 77.

résistaient à l'épreuve, et, après la fonte de la glace, semblaient aussi vivants que précédemment. Mais si dans l'expérience le mélange frigorifique agit avec assez d'intensité pour congeler totalement le liquide, alors toutes les grosses espèces périssent, tels que les Dileptes, les Glaucomes, les Kolpodes, etc., et l'on retrouve leurs cadavres inanimés; mais les petites, au contraire, tels que les Monades, les Vibrions, les Bactériums, échappent en grande partie à l'action destructive de la congélation.

EXPÉRIENCE. — Nous avons entouré d'un mélange frigorifique des vases qui contenaient plusieurs espèces d'animalcules. Bientôt le liquide a été totalement pris en glace, et le thermomètre placé au milieu était descendu à — 2°. Une heure après, ces vases ont été extraits du mélange et se sont peu à peu dégelés. Tous les grands animalcules qu'ils contenaient étaient morts, et l'on distinguait parfaitement leurs cadavres flottant çà et là. Voici la liste des espèces que nous avons vu périr dans cette expérience : *Kolpoda cucullus*, *Glaucoma scintillans*, *Dileptus folium*, *Vibrio granifer*, Pouch., *Vibrio levis*, Pouch.

EXPÉRIENCE. — Une éprouvette contenant de l'eau dans laquelle vivent des *Kolpoda cucullus*, des *Glaucoma scintillans*, des *Monas lens*, des *Vibrio tremulans*, des *Bacterium triloculare*, etc., est placée dans un vase et entourée de glace fondante. Un thermomètre placé dans l'eau contenant ces Microzoaires, en dix minutes, s'abaisse de vingt-quatre degrés et tombe à 0. Les animalcules ne paraissent nullement en être affectés, et tous sont aussi vifs que pré-cédemment.

Expérience. — Une autre éprouvette, contenant les mêmes animalcules, est entourée d'un mélange de sel et de glace pilée. Un thermomètre placé dans l'eau qu'elle contient, s'abaisse rapidement à un degré au-dessous de zéro. On laisse cette éprouvette une heure dans le mélange frigorifique, et quand on la retire, le liquide semble être totalement congelé, et le thermomètre se trouve solidement fixé au milieu de lui. On fit dégeler lentement la glace, et quand l'eau fut revenue à l'état liquide, on l'observa et on la trouva peuplée exactement comme auparavant. Ses Kolpodes, ses Glaucomes, ses Monas, ses Vibrions, ses Bactériums, etc., nageaient au milieu d'elle sans paraître avoir été le moindrement affectés par l'épreuve qu'ils venaient de subir. Nous attribuons ce résultat à ce que sans doute il aura resté au milieu de la glace quelque espace non congelé où les animalcules se sont réfugiés ; car pas un seul ne semble avoir péri, puisque l'on ne rencontre pas un seul de leurs cadavres. L'expérience qui suit confirme ce que nous avançons.

Expérience. — Une éprouvette, contenant de l'eau où vivent des Kolpodes, des Glaucomes, des Dileptes, des Monades, des Vibrions et des Bacteriums, est placée dans un mélange frigorifique, et, pour plus d'efficacité, on la recouvre d'une petite cloche, qui est elle-même surmontée de glace. Cette éprouvette reste une heure exposée à l'action d'un froid de — 5°, et quand on l'y soustrait, l'eau qu'elle contenait a subi la plus absolue congélation possible. Celle-ci ayant été ramenée lentement à l'état liquide, et ensuite examinée au microscope, on reconnut que la congélation avait tué toutes les grosses espèces, les Dileptes, les Kolpodes et les Glaucomes, dont on rencontrait çà et là les cadavres, très-reconnaissables ; mais qu'au contraire beaucoup de Monas, de petits Vibrions et de Bactériums avaient échappé à cette destruction et étaient encore pleins de vie dans la liqueur.

Certains petits Vibrions supportent même, sans périr, un froid beaucoup plus intense que celui que nous venons de mentionner ; une température de quinze degrés au-dessous de zéro ne les tue même pas ; mais les Monades n'y résistent point.

Expérience. — Un tube contenant de l'eau dans laquelle il y a des Kolpodes, des Dileptes, des Glaucomes, des Monades et des Vibrions, est plongé dans un mélange frigorifique énergique pendant une heure, et le thermomètre y reste pendant ce temps à — 15°. Le tube ayant été alors retiré de l'eau et son eau ayant été dégelée, on n'y rencontra de vivants qu'un petit nombre de *Vibrio tremulans*. Tous les autres animalcules étaient morts, même les Monades.

M. Boudin prétend que la génération spontanée n'est jamais plus active qu'au printemps (1). Nous pensons que c'est une erreur et qu'elle n'est nullement influencée par la saison, mais seulement par le retour de la chaleur à cette époque. Pour nous, nous

(1) Ch. Boudin, *Traité de géographie et de statistique médicales.* Paris, 1857, t. I, p. 244.

avons constamment vu que c'était, au contraire, en été et en automne, qu'elle se manifestait avec une plus grande intensité, surtout pendant les journées chaudes et orageuses de ces deux saisons. Au moment où nous écrivons ces lignes, l'automne tire vers sa fin et notre laboratoire se peuple chaque jour d'aussi nombreux Protozoaires qu'il nous en naissait au printemps. Nous avons aussi obtenu des Infusoires en hiver, lorsque nous placions nos vases macératoires dans les endroits où la température était constamment au-dessus de 12 à 15° cent. Mais, dans cette circonstance, les phénomènes marchaient toujours beaucoup plus lentement.

Une lumière peu intense semble, en général, favoriser le développement des Protozoaires ; aussi ne puis-je adopter l'opinion de Burdach, qui prétend que ces animalcules se produisent mieux au soleil qu'à l'ombre (1). J'ai même observé que l'insolation, pendant les jours les plus chauds, leur nuisait, tandis que, sous des cloches noires, mes générations marchaient rapidement. Ainsi, selon nous, une température élevée, unie à la lumière diffuse, est ce qui convient le mieux à la génération spontanée, et, avec les mêmes conditions de chaleur, cet acte se produit parfaitement à l'obscurité absolue.

Les expériences de Treviranus ont mieux déterminé qu'on ne l'avait fait jusqu'alors le rôle important de la lumière dans la génération spontanée. Nous pensons avoir poussé plus loin que ce physiolo-

(1) BURDACH, *Traité de physiologie.* Paris, 1838, t. II, p. 28.

giste l'étude de l'influence de cet agent sur la production des Microzoaires. A l'aide d'expériences répétées à des températures différentes, nous avons reconnu que la couleur des rayons lumineux influait énormément sur l'abondance, le développement et même sur la nature des animalcules en voie de procréation.

La lumière blanche paraît être la plus favorable au développement des Microzoaires; après elle vient le rouge, puis le violet, le bleu et enfin le vert. Il est à remarquer, cependant, que cette action des éléments de la lumière est absolument inverse lorsqu'il s'agit des Proto-organismes végétaux, ainsi que de la matière verte de Priestley, qui semble se rapprocher de ceux-ci par quelques caractères. Il résulte de nos observations que le rayon vert est pour eux le plus favorable de tous; le bleu et le violet viennent après, et ensuite la lumière blanche. Le rouge, au contraire, en entrave le développement, lui qui est si favorable à la production des animalcules.

Voici le résultat d'une de nos expériences sur l'influence des couleurs sur la production des Proto-organismes végétaux et de la matière verte.

EXPÉRIENCE. — Pour donner au liquide employé une même tendance à la production de la matière verte, nous avons employé de l'eau qui contenait déjà de cette matière, après l'avoir exactement filtrée. L'expérience a été commencée le 1ᵉʳ janvier, et ses résultats examinés trois mois après, le 1ᵉʳ mars.

Sous un vitrail vert, l'eau contient une quantité considérable de globules de matière verte, sphériques ou ovoïdes, paraissant dus à l'agglomération de nombreux grains simples.

Sous un vitrail bleu, on observe des globules de matière verte analogues à ceux qui viennent d'être mentionnés, seulement moins nombreux ; et, outre ceux-ci, de petits granules simples de la même couleur.

Sous un vitrail violet, l'eau ne contient que peu de granules simples.

Sous un vitrail rouge, il existe à peine quelques granules verts ; celui-ci étant évidemment beaucoup moins favorable que les autres au développement de ces Proto-organismes.

Enfin, sous un vitrail incolore, on trouve les mêmes produits que sous le vert, mais seulement un peu moins abondants.

Selon M. Morren, l'action de la lumière est tellement indispensable à la génésie des végétaux, que, si l'on expose une série de vases remplis d'eau à une lumière de moins en moins intense, la production de ceux-ci diminue et la simplicité de leur organisation augmente à mesure que ces vases sont de moins en moins éclairés ; et même, d'après ce naturaliste, à un certain degré d'obscurité, il ne se développe absolument rien dans le liquide mis en expérience.

La loi établie par M. Morren ne nous paraît pas fondée sur des observations positives. En répétant ses expériences, ou en en faisant d'autres ayant pour

(1) Morren, *Essais pour déterminer quelle est l'influence qu'exerce la lumière sur la manifestation et le développement des êtres organisés. (Ann. des sciences naturelles. Zoologie, 1822, t. III.)*

objet de préciser quelle est l'action de la lumière sur l'évolution des Proto-organismes, je suis parvenu à des résultats absolument opposés aux siens. On sait que quelques moisissures se plaisent mieux à l'ombre qu'à la lumière (1); et il en est même, telles sont celles qui abondent à l'intérieur du pain qui se gâte, qui croissent dans l'obscurité la plus absolue. C'est dans des cavernes que l'on cultive le mieux les Champignons, et Humboldt a trouvé certaines Rumex dans l'obscurité des mines. Dans l'économie animale on voit même des végétaux apparaître dans des lieux tout à fait inaccessibles à la lumière. M. Rayer a observé des productions Bissoïdes sur la plèvre d'un phthisique (2). Enfin, les expériences qui suivent achèvent de démontrer ce que nous avançons.

EXPÉRIENCE. — On mit un morceau de mie de pain dans un grand verre à expérience; celui-ci fut recouvert de trois cloches noires et placé dans un endroit où régnait une profonde obscurité. Huit jours après, la température de l'appartement ayant été de 21 degrés en moyenne, toute la surface de l'eau est occupée par le *Penicillium glaucum*, Link (3), en fructification, entre les filaments duquel nagent en abondance des *Monas lens*, Duj., des *Monas oblonga*, Duj., et diverses espèces de Vibrions.

EXPÉRIENCE. — Ayant placé du lait absolument dans les mêmes circonstances, nous obtenons des résultats tout à fait analogues. Sa surface est couverte

(1) BÉRARD, *Cours de physiologie*. Paris, 1848, t. I, p. 89.
(2) RAYER, Journal *l'Institut*, 1842, n° 492.
(3) LINK, *Species*, t. I. — Synonymie : *Mucor penicillatus*, Bull.

de *Penicillium glaucum*, Link, et d'*Aspergillus glaucus*, Fries (1); et en outre elle est parcourue par un grand nombre de *Monas attenuata*, Duj.

M. Morren prétend aussi que la lumière est indispensable à la production des Protozoaires. Il rapporte qu'ayant mis macérer des substances végétales dans deux vases dont un se trouvait absolument dérobé à l'action de la lumière, tandis que l'autre y restait exposé, il vit qu'il ne se formait aucun Infusoire dans le premier, tandis qu'ils pullulaient dans le second. Cependant M. Morren ajoute qu'en substituant des substances animales à celles que l'on avait employées, on trouva quelques *Monas termo* dans le vase placé dans l'obscurité, mais que celui qui, au contraire, était exposé à la lumière, contenait une foule d'animalcules d'un ordre plus élevé (2). De là le naturaliste que nous venons de citer proclame comme une loi, que l'on obtient d'autant moins de Protozoaires dans les macérations, que l'on soumet celles-ci à une obscurité de plus en plus intense.

Dans ses expériences relatives à l'influence qu'exerce la lumière sur l'apparition et le développement des Microzoaires, M. Morren aura sans doute été victime de l'une des nombreuses causes d'erreurs qui égarent parfois les physiologistes. Nous avons

---

(1) Fries, *Systema mycologicum*, 1829, t. III, p. 385. — Synonymie : *Mucor glacusa danica*, Lin., Species; *Mucor aspergillus*. Bulliard, *Histoire des champignons*; *Monilia glauca*, Persoon., *Synopsis methodica fungorum*.

(2) Morren, *Essais pour déterminer quelle est l'influence qu'exerce la lumière sur la manifestation et le développement des êtres organisés. (Ann. des sciences naturelles. Zoologie*, vol. III.)

obtenu des résultats absolument opposés aux siens, et ce sont nos expériences qui doivent faire autorité parce que nous sommes parvenu à constater un fait positif, précis, tandis que le savant de Bruxelles n'a obtenu qu'un résultat négatif.

EXPÉRIENCE. — Dans nos expériences sur ce sujet, nous avons pris toutes les précautions imaginables pour qu'il régnât l'obscurité la plus absolue là où nous opérions. Dans une pièce de mon laboratoire, soustraite à la lumière à l'aide de rideaux doubles, noirs et fauves, on prit un vase à précipiter et celui-ci fut rempli d'eau et reçut 5 grammes de foin. Après l'avoir mis sur un pied, on le recouvrit d'une cloche peinte en noir. Sur celle-ci on plaça une forte feuille de papier gris ; puis enfin, le tout fut recouvert d'une seconde cloche noire dont le pied était environné d'un linge roulé, afin que le vase ne reçût pas le moindre rayon de lumière.

Le troisième jour après que cette expérience avait été commencée, on examina la macération. La température avait été en moyenne de 26 degrés, la pression de 0, 759. La liqueur était trouble et d'un fauve foncé ; sa surface était recouverte d'une pellicule épaisse, muqueuse. On y trouva des Monades, des Bactériums, des Vibrions gigantesques et des Vibrions granifères, en quantité ; enfin on y voyait aussi de nombreux *Kolpoda lepus*, Mull., de 10 à 12 divisions micrométriques de longueur. Nous avons diverses fois répété cette expérience avec des résultats analogues.

On voit, par l'apparition de cette nombreuse population zoologique, qu'il n'est pas possible de prétendre que l'obscurité, même l'obscurité la plus absolue, entrave la production des Microzoaires. L'expérience qui suit vient encore à l'appui de nos prétentions.

Expérience. — Dans un matras de verre, on met un litre d'eau et un morceau de pain. Ce vase est placé sous trois cloches en verre, peintes en noir en dedans, et se recouvrant les unes les autres; on en entoure le pied avec des linges, et l'appareil, ainsi disposé, est même placé dans un cabinet où règne une obscurité profonde. Après quatre jours, durant lesquels la température a été de 14 degrés en moyenne, et la pression de 0, 75, on ouvre cette pièce et on examine le liquide. On le trouve rempli de *Monas oblonga*, de *Monas lens* et de *Monas crepusculum*, parfaitement vivants. Là nous avons une population moins élevée que dans l'autre expérience, ce qui dépend seulement du refroidissement de l'atmosphère.

L'observation seule suffisait même pour rendre toutes ces expériences inutiles. Ainsi que le dit de Humboldt, la vie remplit les lieux les plus cachés de la nature (1); et ne sait-on pas qu'une foule d'Entozoaires naissent et vivent dans des sites de l'organisme tout à fait inaccessibles à la lumière (2)?

Parmi les agents qui ont une remarquable influence sur l'évolution des êtres organisés, l'électricité occupe une place importante; et son action, qui est si remarquable sur le développement des animaux

(1) Humboldt, *Tableaux de la nature*. Paris, 1828, t. II, p. 9.
(2) Le cerveau, le foie, le canal intestinal sont habités par des Cysticerques, des Distomes, des Ténias, etc.

élevés, ne l'est pas moins sur celui des Proto-organismes les plus infimes.

A l'égard des premiers j'ai constamment vu dans six expériences comparatives, que, sous l'influence d'un simple élément d'une pile de Bunsen, des œufs de la grenouille verte, *Rana esculenta*, éclosaient un jour et parfois deux plus tôt que ceux du même reptile qui se trouvaient soustraits à l'action de l'électricité. A une température moyenne de 18 degrés, les œufs que je soumettais à un faible courant électrique éclosaient au bout de neuf jours; et ceux qui ne subissaient point son influence n'éclosaient que le dixième ou le onzième jour.

Expérience. — Sous l'influence de l'électricité il est évident aussi que les Infusoires apparaissent et se développent beaucoup plus vite qu'ils ne le font normalement. Je m'en suis assuré à l'aide de plusieurs expériences. Au mois de mai, en faisant traverser par un courant électrique constant, obtenu à l'aide d'un élément de Bunsen, un vase rempli d'une macération de lin, j'ai vu, à une température moyenne de 18 degrés et sous une pression de 0,75, que des *Kolpoda cucullus*, Mull., y parvenaient à leur entier accroissement en six à sept jours, tandis que dans les vases placés dans des circonstances analogues mais soustraits à l'influence de la pile, pour atteindre cet état, ils mettaient neuf à dix jours.

L'influence de l'électricité atmosphérique est encore plus remarquable. Plus elle est abondante, plus j'ai reconnu que les Infusoires s'engendraient vite, surtout si l'air n'en est pas surchargé instantanément par un orage, et si sa tension électrique se prolonge plusieurs jours : dans ce cas, j'ai vu une accélération de moitié dans le développement des Kolpodes. En trois jours, par une température de 25 degrés, j'obtenais de ces animalcules offrant une dimension qu'ils mettaient six jours à acquérir par la même température lorsque l'air n'était pas surchargé d'électricité.

Treviranus avait fait des expériences analogues mais sur les végétaux. Il dit que sous l'influence du galvanisme on voit des Bissus se former sur des infusions qui, soustraites à son action, ne donnent que des moisissures, au moins le plus communément (1).

Quand on reconnaît cette influence si manifeste de l'électricité sur le développement non-seulement des organismes inférieurs, mais encore sur celui des êtres d'un ordre élevé, n'est-il pas permis de croire que ce fluide joue un grand rôle sur les phénomènes primaires de la vie, au moment où le premier groupement des molécules organiques va se former? MM. Coste et Delpech le lui prêtent en effet, et prétendent qu'il domine les premiers éléments générateurs (2).

Il y a une vingtaine d'années, qu'un expérimentateur anglais, M. Cross, fit retentir le monde savant de faits non moins extraordinaires que ceux que Fray avait avancés. Dans des essais qu'il avait, dit-il, répétés à plusieurs reprises, en soumettant de la lave arrosée d'une solution de silice à l'action

(1) TREVIRANUS, *Biologie*, t. II, p. 327.
(2) COSTE ET DELPECH, *Recherches sur la génération des mammifères*. Paris, 1834.

d'un courant électrique, il vit bientôt se produire, à
la surface de cette roche, de petits corps qui s'ani-
mèrent enfin, prirent une forme déterminée, celle
d'un Acarus d'une espèce encore inconnue (1). Mais
cette assertion ne nous paraît pas assez sérieuse pour
mériter qu'on la réfute, et nous ne l'enregistrons
que comme document historique.

L'état hygrométrique de l'atmosphère a aussi une
influence non douteuse sur les phénomènes de l'hétérogénie. Gruithuisen avait déjà fait remarquer que
les Microzoaires apparaissent en plus grande abondance dans les temps humides et chauds, que dans
ceux qui offrent une constitution opposée (2). Dans
nos expériences nous avons aussi constaté ce fait et
remarqué que la chaleur humide accélérait énormément l'accroissement des animalcules. Toutes les fois
que nous placions, sous des cloches dont le pied était
baigné d'eau, des vases dans lesquels nous voulions
produire des animalcules, ceux-ci se développaient
manifestement beaucoup plus vite que dans les matras exposés à l'air.

Nous avons reconnu que la génération spontanée
est influencée par la température et par l'intensité et
la coloration de la lumière ; on doit ajouter que la
naissance de certains Microzoaires est aussi influencée par l'heure de la journée. Ainsi, M. Boudin
prétend que le Cercaire éphémère, *Cercaria ephe-
mera*, naît constamment vers midi, et qu'avant cette

(1) Cross, *Athenæum.*
(2) Gruithuisen, *Beiträge zur Physiognosie.* — Idées sur la
physiognosie.

heure, l'eau qui en fourmille n'en offre point le moindre individu; car tous ceux qui apparaissent si
subitement, sont morts le lendemain matin avant le
moment où il s'en reproduit une nouvelle génération (1). Six jours consécutifs d'observations ont
démontré ce fait à Nitzsch. Une autre Cercaire, la
Cercaria major, devance de deux heures la précédente : elle apparaît vers dix heures du matin (2).

Outre l'influence qu'ont sur les Proto-organismes
les principaux agents de la nature, il en existe encore
d'autres qui possèdent également sur eux une action
réelle, lorsqu'ils se trouvent accidentellement soumis
à leur influence. Enfin, l'on doit aussi rectifier ce
que l'on a avancé d'inexact sur la manière d'agir de
certains corps à leur égard.

Dans cette dernière catégorie nous devons citer le
mercure dont on a considéré les émanations ou le
contact, comme étant funestes aux animalcules. L'efficacité avec laquelle les sels mercuriels paralysent
le développement des Proto-organismes en aura sans
doute imposé, car, dans nos expériences, nous avons
constamment reconnu l'innocuité des vapeurs ou du
contact de ce métal à l'égard des Protozoaires et de
la végétation cryptogamique.

Les vapeurs mercurielles, dans les expériences de
M. Gaspard, semblent avoir agi avec plus d'intensité
sur les insectes qu'elles ne l'ont fait dans les miennes

(1) BOUDIN, *Traité de géographie et de statistique médicales.*
Paris, 1857. t. II, p. 9.

(2) NITZSCH, *Beiträge zur Infusorienkunde.* Halle, 1817, p. 43.
— Idées sur l'histoire naturelle des infusoires.

sur les Microzoaires. Des œufs de Mouche qui se trouvaient sur un morceau de viande, ayant été placés dans des vases contenant du mercure et sans être en contact avec le métal, ne produisirent jamais de larves, tandis qu'il en naissait de ceux qui avaient été mis dans des circonstances analogues, mais loin des émanations mercurielles (1).

Expérience. — Le fait suivant suffirait seul pour démontrer ce que nous avançons :

Le 1ᵉʳ mai, nous avons pris un verre à expérience rempli de Kolpodes et de Vorticelles, et nous l'avons exposé sous une cloche dont le pied était baigné de mercure. Deux jours après, la température moyenne ayant été dans l'intervalle de 20 degrés, on examina le contenu du verre et l'on y rencontra ces mêmes animaux en parfait état. Deux jours après ce premier examen, ces Vorticelles et ces Kolpodes avaient même considérablement pullulé. Le 15 mai, toute la population animée déposée sous les cloches se portait parfaitement bien.

Ainsi donc il est évident que les vapeurs mercurielles pendant un espace de quinze jours, n'ont eu aucune influence délétère sur des Microzoaires et n'ont nullement arrêté leur procréation. Le niveau de la macération était à dix centimètres au-dessus de celui du mercure.

Expérience. — Cette expérience prouve encore mieux que les précédentes l'innocuité du mercure. Des Vorticelles et des Kolpodes ayant été placés sur

(1) Gaspard. *Journal de physiologie expérimentale* de Magendie, 1821, t. I, p. 105.

une couche de mercure qui était contenue dans une petite cuvette en cristal, et celle-ci ayant été elle-même mise à flot sur un bain de ce métal et recouverte d'une cloche, le lendemain, quoique ayant été exposée à l'action directe du mercure et aux vapeurs qui s'en élèvent, ainsi que le prouvent les expériences de Faraday (1) et d'Alex. Colson (2), les animalcules que nous venons de citer ne parurent en avoir éprouvé aucun inconvénient. Huit jours après, ces animalcules étaient encore en parfaite santé.

L'expérience qui suit démontre même que le contact du mercure n'entrave nullement la production des Microzoaires.

Expérience. — Le fond d'une cuvette en cristal, de 30 centimètres de diamètre, a été rempli d'une couche de mercure d'un centimètre de profondeur. Au-dessus on a mis une couche d'eau de 3 centimètres d'épaisseur ; dans le milieu de celle-ci on plaça une petite cuvette en cristal, qui flottait sur le métal et contenait 5 grammes de foin, afin d'empêcher celui-ci de toucher le mercure, sans cependant qu'il cessât d'être baigné par la masse du liquide en expérience ; enfin, l'appareil fut recouvert d'une cloche en verre.

Après avoir abandonné cet appareil pendant huit jours, sous l'influence d'une température moyenne de 21 degrés, il fut examiné. Toute la surface de l'eau était peuplée d'une immensité de Kolpodes.

(1) *Quarterly Journal of sciences and arts*, 20th november.
(2) Alex. Colson, *Archives générales de médecine*. Paris, 1826, t. XII, p. 70.

Ce Kolpode venu sur le mercure ne me paraît se rapprocher d'aucune espèce décrite. Il est réniforme et contient ordinairement de dix à vingt vésicules stomacales ; on voit fort bien que ces vésicules ont une paroi ; elles offrent de deux à trois divisions micrométriques de diamètre et semblent remplies d'aliments qui leur donnent une teinte légèrement jaunâtre. L'animalcule est diaphane, hyalin ; le cœur, peu apparent, est très-difficile à reconnaître, à cause de la lenteur de ses contractions. La superficie du corps est grossièrement striée, granulée. Les vésicules internes sont évidemment des estomacs et non des œufs, ce que l'on pourrait croire. J'ai donné du carmin à ces animalcules et bientôt je les ai vus remplir un certain nombre de ces vésicules ; en dix minutes, dix à vingt étaient déjà gorgées.

Si réellement il était possible d'assigner un caractère positif à de tels animaux, je nommerais ce Kolpode, que je crois particulier, *Kolpoda hydrargyri*.

M. Morren a prétendu que l'air qui passait à travers l'acide sulfurique déterminait la mort des Microzoaires ou entravait leur production (1).

Nos expériences nous ont démontré l'inexactitude de cette assertion. Et quoiqu'elles fussent exécutées avec plus de rigueur que celles qui ont été précédemment entreprises, et que nous ayons poussé le soin jusqu'à faire traverser l'eau où vivaient les Microzoaires par l'air lavé dans l'acide, ceux-ci n'ont jamais

(1) Morren, *Expériences sur l'absorption de l'azote par les animalcules et les algues*. (*Ann. des sciences naturelles.* Zoologie, 1854, t. I, p. 339.)

paru en souffrir, et ils ont même multiplié dans les vases où ils se trouvaient.

Expérience. — On a pris un appareil de Woulf, composé de trois flacons à deux tubulures. Le premier de ces flacons fut rempli, aux trois quarts, d'acide sulfurique concentré. La première tubulure donne entrée à un tube effilé à la lampe à son extrémité et qui plonge au fond de l'acide. De la seconde, part un tube qui naît au-dessus du niveau de cet acide et va se rendre dans le flacon suivant. Ce second flacon a été rempli aux trois quarts d'eau et l'on a peuplé sa surface d'une immense quantité de Glaucomes, de Dileptes et de Kolpodes. Le tube qui provient du flacon d'acide sulfurique plonge au fond de l'eau, et l'autre tubulure donne issue à un tube qui naît un pouce au-dessus de l'eau et va se terminer dans le dernier flacon à la même hauteur. Enfin ce troisième flacon est également rempli aux trois quarts d'eau, et en outre on y met les mêmes animalcules que dans le précédent. De la dernière tubulure sort un tube qui se rend dans une éprouvette remplie d'eau.

Deux fois par jour on pousse dans cet appareil une cinquantaine de litres d'air, et il se passe donc ceci : cet air traverse d'abord tout l'acide sulfurique qui remplit en grande partie le premier flacon; ensuite il traverse de bas en haut toute l'eau que l'on a placée dans le second, et enfin il laboure toute la surface du troisième.

L'appareil est déluté le huitième jour, et l'on reconnaît que non-seulement tous les animalcules qu'on y a introduits sont en parfait état, mais qu'en outre ils ont multiplié ; quelques animalcules nouveaux ont même apparu dans l'un et l'autre flacon. On n'y avait mis aucune Vorticelle, et quand on examina le résultat de l'expérience, il s'y en trouva un bon nombre.

Ainsi donc, non-seulement les Microzoaires vivent bien sous l'influence de l'air qui a traversé de l'acide sulfurique, mais encore on peut faire traverser par cet air l'eau qui les recèle, et ils ne paraissent pas non plus en souffrir ; bien mieux, ils y multiplient.

La proximité de l'acide sulfurique semble aussi être sans action sur les Microzoaires.

Expérience. — Le 1er mai, j'exposai un grand verre à expériences, rempli de Kolpodes et de Vorticelles sous une cloche dont le pied était baigné d'acide sulfurique concentré. Deux jours après, la température moyenne ayant été de 20 degrés centigrades, le contenu du verre ayant subi un nouvel examen, j'y retrouvai les mêmes légions d'animalcules qui y existaient précédemment, tout aussi abondantes et seulement un peu plus développées. Le 15 mai, un nouvel examen ayant été fait, on reconnut que les animalcules avaient augmenté en nombre et qu'il s'en était produit de nouveaux. Il était donc évident que l'acide n'avait point influencé les Microzoaires pendant un contact médiat de quinze jours.

La proximité de certains corps influe d'une manière extraordinaire sur les phénomènes de la génération spontanée. Dans de nombreuses expériences, exécutées dans des conditions absolument identiques, avec les mêmes liquides, dans des vases absolument pareils, et sous l'influence de temps égaux, nous avons constamment vu que les vases que nous recouvrions avec un fort couvercle en bois, offraient toujours une pellicule animée beaucoup plus épaisse que ceux qui avaient un simple couvercle en verre, et que leurs animalcules étaient infiniment plus abondants et se développaient avec plus de rapidité que dans ces derniers. Un semblable résultat ne peut être attribué qu'aux émanations de la substance végétale qui se trouvait à proximité de la surface de l'eau, à quatre millimètres à peu près.

Au contraire, les effluves du bois semblent avoir un effet paralysant sur la production de la matière verte. Mais pour ceci je n'ai qu'une seule expérience à citer. Plusieurs vases étaient remplis d'eau de puits; ils restèrent en expérience deux mois. Au bout de ce temps tous les vases offraient de la matière verte en abondance, nageant à la surface de l'eau ou précipitée au fond. Le vase recouvert de bois n'en contenait que beaucoup moins et sa coloration était d'un vert sale, blafard, peu foncé.

Nous avons fait un grand nombre d'expériences sur ce sujet, et ce qu'elles ont en outre offert d'extrêmement remarquable, c'est que, non-seulement la proximité d'une masse végétale augmentait l'intensité de la production des organismes, mais, en outre, c'est qu'elle déterminait l'apparition d'espèces d'un ordre plus élevé que celles qu'on rencontrait dans les autres macérations. Nous ne citerons qu'une seule de nos expériences sur ce sujet :

EXPÉRIENCE. — On remplit deux vases en cristal d'une égale quantité de foin et d'eau qui ont bouilli vingt-cinq minutes, pour qu'on ne puisse dire qu'ils contenaient quelques germes. L'un de ces vases rempli presque au niveau de son bord, est recouvert d'une épaisse planche de tilleul et placé sous une grande cloche en verre. L'autre est rempli pareillement et recouvert d'une lame de verre et placé aussi sous une cloche. On a la précaution de ne laisser le foin surnager ni dans l'un de ces vases, ni dans l'autre. Huit jours après, on procède à l'examen des produits.

Le vase recouvert par une planchette de bois est rempli d'un nombre considérable de Kérones et de Glaucomes adultes.

Le vase recouvert d'une plaque de verre n'offre que quelques rares Kolpodes de petite dimension.

Il y a donc eu, dans le premier vase, production d'animalcules plus abondants et d'espèce différente et plus hautement organisés.

Au nombre des choses qui influent sur la procréation spontanée des Microzoaires, on ne s'attendrait guère que l'on dût compter la forme des vases, et cependant il est certain que celle-ci a une incontestable action sur cet acte. Nos expériences sur l'hétérogénie nous ont souvent démontré que la population zoologique est différente dans les vases de configuration dissemblable. Ceci ne veut pas le moins du monde dire que la manifestation organique est liée à la forme grossière de la matière, mais seulement que, par la disposition de celle-ci, les réactions chimiques ou physiques sont influencées, et qu'il en résulte ainsi une manifeste influence sur la génèse des Proto-organismes. Les faits qui suivent, pris au hasard, parmi tant d'autres, confirment cette assertion.

EXPÉRIENCES. — Dans toutes ces expériences on a employé la même quantité d'eau et de foin, 500 grammes d'eau, 5 grammes de foin, et le produit a été examiné le troisième jour, la moyenne de la température ayant été de 19 degrés, la pression atmosphérique en moyenne de 0,759.

Dans un petit ballon de verre, la pellicule est peu épaisse, et l'on trouve une grande quantité, de Vibrions granifères, quelques Vibrions gigantesques, et enfin quelques *Monas lens*, Duj.

Dans une éprouvette extrêmement étroite, de deux décimètres de diamètre, la pellicule est peu épaisse. Il n'y existe aucun Vibrion granifère, mais seulement un fort petit nombre de Vibrions lisses inanimés; on y voit en outre des Vibrions tremblants et quelques Monades lentilles.

Dans une cuvette en verre, de 25 centimètres de diamètre, la pellicule proligère est peu épaisse. Au microscope, elle est granulée et renferme un nombre considérable de *Monas oblonga*. En outre on y voit un assez bon nombre de Vibrions granifères, et tout le liquide est sablé de petits Vibrions.

Ce vase, dont la surface est peut-être cent fois plus étendue que celle du précédent, contient, en proportion, un nombre d'animalcules immensément plus considérable. Si c'est le corps solide qui les produit seul ou les recèle, un vase en contenant la même quantité que l'autre, les Microzoaires eussent dû être infiniment plus nombreux à la surface restreinte du précédent, et c'est l'opposé qui a eu lieu !

Une nouvelle série d'expériences sur la forme des vases fut entreprise dans les mêmes conditions que la précédente, mais on n'examina les résultats qu'après huit jours, durant lesquels la température avait été en moyenne de 24 degrés.

Dans un petit ballon en verre, la pellicule est très-mince. On y observe une abondance de Kérones lièvres et de petits Vibrions. Aucun Kolpode.

Dans une éprouvette étroite, la pellicule est bien formée, de couleur jaune pâle terne, et contient beaucoup de petits Kolpodes et des animalcules piriformes. Il n'y existe aucun Kérone, mais beaucoup de petits Vibrions.

Dans une grande cuvette de 25 centimètres de diamètre, la pellicule est à peine formée et même manque par places. On n'y découvre que des Kolpodes, mais en très-petit nombre, et une immense quantité de *Bacterium articulatum*, Ehr.

Dans un grand verre à expériences la pellicule est plus épaisse que dans aucun des autres vases. Le liquide est aussi d'une teinte plus foncée. On y observe immensément plus d'animalcules vivants que dans aucun des vases précédents.

Dans un vase en coupe, dilaté à son fond et un peu rétréci au haut, la pellicule est plus mince que dans le verre. On y trouve des Kérones de forte taille et surtout des Kolpodes et des Bactériums.

CHAPITRE IV.

HYPOTHÈSE DE LA DISSÉMINATION DES GERMES ORGANIQUES.

Les physiologistes qui ont tracé la voie expérimentale à suivre dans le but de réfuter les générations spontanées, ont considéré comme une condition fondamentale de s'assurer d'abord que tout organisme, soit à l'état de germe, soit à l'état vivant, était détruit dans les corps soumis aux expériences; puis ensuite de veiller à ce qu'il ne puisse, durant celles-ci, s'en introduire de l'extérieur. Nous convenons, assurément, que c'est là une condition essentielle; mais il eût fallu ajouter aussi qu'en prenant ces deux précautions, on aviserait à ne pas dénaturer trop profondément les divers éléments génésiques. Nous aurons à examiner si cette loi n'a pas souvent été transgressée par l'action des agents chimiques ou physiques que l'on a employés; et si ceux-ci, en altérant le milieu au sein duquel réside le principe vital, n'y ont pas frappé de mort tout effort organisateur; c'est pour éviter cet écueil que souvent nous avons suivi des routes inusitées.

Pour nous conformer aux exigences de la critique, nous avons exécuté beaucoup d'expériences à vaisseaux hermétiquement isolés du contact de l'atmosphère. Nos précautions, à cet effet, ont été poussées à

l'extrême, afin de suspendre les élans d'imagination de
ceux qui pourraient voir dans un atome d'air la source
de l'incommensurable fécondité de nos matras. Mais
en outre, nous avons fréquemment aussi adopté une
voie absolument opposée à celle de nos devanciers :
nous avons opéré à l'air libre ; et les faits, dans celle-
ci, se sont tellement contrôlés réciproquement, et ils
sont tellement nombreux, que nous pensons qu'ils
forment un faisceau non moins indestructible que les
révélations obtenues par la méthode opposée. Ainsi
donc toutes les ressources ont été appelées à notre
aide : là le tribut de l'observation a seul été invoqué ;
ailleurs les supputations de l'intellect. La méthode
expérimentale ne doit pas être plus oppressive que
l'idéalisme. Chaque moyen a ses avantages ; si l'expérience subjugue parfois la raison, celle-ci peut souvent l'éclairer à son tour ; il faut prendre ce que l'une
et l'autre voie ont de bon : nous voulons l'ascendant
de Galilée uni à l'investigation de Schelling.

Dans tout le cours de cet ouvrage on verra que
nous avons répété la majeure partie des expériences
de nos prédécesseurs, non pour nous en servir directement, parce que souvent elles manquent de précision, mais pour expliquer la diversité des résultats
auxquels elles ont conduit. Nous ne prétendons nullement rétrograder jusqu'à Spallanzani et Bonnet,
mais nous interpréterons la portée de leur œuvre.

En commençant ce chapitre nous exposerons nettement ce qu'il est appelé à démontrer. Le but que
nous nous proposons est de prouver que les germes
des Proto-organismes ne peuvent être contenus dans

les corps qui concourent à leur évolution, et que, par conséquent, ils ne doivent leur génèse qu'aux réactions qui s'opèrent dans l'ensemble de ceux-ci. De très-simples arguments suffiront pour cela.

Selon Ehrenberg, les germes des Microzoaires auraient une double source : ils préexisteraient dans les substances que l'on met infuser ou dans l'eau qui sert aux expériences. Là, ils resteraient absolument inaccessibles à nos plus puissants microscopes, jusqu'au moment où les infusions leur offrant une nourriture appropriée, devenus plus apparents enfin, nous les apercevons (1). Au contraire, selon Spallanzani et Bonnet, ce serait l'air qui contiendrait les germes des animalcules, en quantité telle que l'esprit ne peut s'en faire une idée. Et ce fluide en pénétrant dans les interstices les plus inaccessibles des corps, y disséminerait ces incalculables légions de Proto-organismes qui, en apparaissant tout à coup, étonnent et stupéfient l'imagination (2).

Ainsi donc, de l'aveu des plus ardents antagonistes de l'hétérogénie, les germes des Proto-organismes qu'on voit surgir dans nos expériences, ne peuvent

____

(1) EHRENBERG (Gérard). *Dict. d'hist. natur. de d'Orb.*, t. VI. p. 65.

(2) SPALLANZANI, *Opuscules de physique animale et végétale.* Pavie, 1787, t. I, p. 295.

BONNET voit même dans chaque être une espèce de microcosme, et il s'exprime ainsi à ce sujet :

« Chaque corps organisé se présente à moi sous l'image d'une petite terre où j'aperçois, en raccourci, toutes les espèces de plantes et d'animaux, qui s'offrent en grand sur la surface de notre globe. Un chêne me paraît composé de plantes, d'insectes, de coquillages, de reptiles, de poissons, d'oiseaux, de quadrupèdes,

dériver que de trois sources : du corps putrescible, de l'eau ou de l'air.

Mais l'examen de l'état de la question contribue encore à la simplifier. En effet, on reconnaît tout d'abord que les physiologistes qui se sont élevés avec le plus de vivacité contre la génération hétérogène, vaincus par l'argumentation de ses partisans, ont été rapidement forcés d'abandonner deux des moyens de propagation : le corps putrescible et l'eau. Et c'est seulement à l'air qu'ils ont confié le rôle de disséminateur universel de ces germes invisibles, impalpables comme l'atmosphère elle-même, et qui s'insinuent avec lui partout et dans tout (1). Ainsi donc l'air, et l'air seul, sera réellement en question, et l'objet de la lutte décisive.

Si l'on admet que dans nos expériences la génération ne peut s'opérer qu'à l'aide de trois facteurs, et que c'est l'un d'eux seul qui recèle les germes des Proto-organismes, il est évident que si l'on prend chacun de ces trois corps en particulier, sans s'inquiéter nullement alors des deux autres, et que l'on démontre successivement que ce n'est aucun d'eux

d'hommes même. Je vois monter dans les racines de ce chêne, avec les sucs destinés à sa nourriture, des légions innombrables de germes. Je les vois circuler dans les différents vaisseaux, se loger ensuite dans l'épaisseur de leurs membranes pour les augmenter en tous sens. » (*Cons. sur les corps org.*, t. 1, p. 103.) Et c'est avec de tels arguments que nos adversaires prétendent combattre l'hétérogénie !

(1) Ici nous adoptons le langage de nos adversaires, car nous verrons que souvent ces germes sont parfaitement connus, mesurés, et qu'ils ne peuvent échapper où ils sont *réellement*.

qui contient ces germes, il faudra bien, en somme, reconnaître, quand le fait aura été strictement établi pour chacun isolément, que ce n'est donc aucun de ces trois corps qui peut servir d'asile aux œufs ou aux séminules introuvables des êtres divers qu'on voit s'engendrer sous ses yeux.

Si cela n'est pas évident, il faut renoncer à persuader nos antagonistes.

Ceci bien nettement posé, nous ajouterons qu'il est de la plus extrême facilité de renverser les divers systèmes qui nous sont opposés, et nous le ferons d'abord en quelques mots, sauf à apporter plus loin des masses de preuves.

D'après ce qui précède, pour démontrer, jusqu'à la dernière évidence, l'existence de la génération spontanée, il suffit donc de constater que les corps que l'on a employés ne contenaient auparavant aucun germe. Mais cela est on ne peut plus aisé par les plus élémentaires combinaisons de l'expérimentation; et il faut assurément vouloir fermer les yeux et détourner son esprit, pour ne pas se rendre à l'évidence.

En effet, les trois expériences qui suivent prouvent sans réplique que ce n'est : ni le corps solide, ni l'eau, ni l'air qui contiennent les germes; et si je m'étonne, c'est que les savants se soient donné tant et tant de mal pour arriver à un tel résultat.

1° Il est évident que le corps putrescible ne contient point les germes des Proto-organismes, puisque, lorsqu'on n'emploie celui-ci qu'après l'avoir carbonisé, on voit l'eau dans laquelle on l'a placé, se peupler de Microzoaires et de cryptogames (1).

2° Ce n'est pas l'eau, non plus, qui renferme ces germes, puisque si l'on met une substance organisée dans de l'eau artificielle, on voit s'y produire aussi des animalcules et des végétaux (2).

3° Enfin, il est évident aussi que ce n'est pas l'atmosphère qui dissémine les germes, puisque, dans nos expériences multipliées, nous avons vu des Proto-organismes s'engendrer soit dans des vases où il n'existait que de l'air artificiel, et pas la moindre parcelle d'air atmosphérique; soit dans des appareils où il ne parvenait que de l'air dont on avait détruit radicalement tout principe vital, en le soumettant à la température de la chaleur rouge ou en lui faisant traverser de l'acide sulfurique concentré (3).

Si la génèse d'un Proto-organisme réclame, généralement, le concours de trois éléments, comme aucun de ceux-ci, en particulier, n'a la puissance de le produire, et ne le contient pas, ainsi qu'on le démontre expérimentalement, il faut bien, nécessairement, que l'être nouveau dérive de deux ou de trois de ces éléments. Or, comme un germe ne peut pas être bi- ou tripartite, il est évident que celui-ci résulte de toutes pièces des combinaisons des particules orga-

(1) Voyez, pour le développement de cette proposition, le chapitre concernant l'élimination du corps putrescible considéré comme véhicule des germes, où se trouvent les expériences à l'appui.

(2) Compulser la section de l'élimination de l'eau, etc., p. 231.

(3) Consulter, pour toutes les expériences sur ce sujet, la section de l'élimination de l'air considéré comme véhicule des germes, p. 240.

niques contenues dans les trois éléments producteurs.

Si c'était réellement l'un des trois corps au milieu desquels se produisent les Proto-organismes qui en contint les germes, on ne voit pas pourquoi ceux-ci ne se développeraient pas dans l'eau pure, comme le font les œufs de tant d'animaux aquatiques, qui n'emploient absolument à leur évolution que le fluide ambiant. Sans doute qu'on n'ira pas jusqu'à représenter les germes des Microzoaires comme étant plus exigeants que ceux des poissons ou de tant d'autres animaux. Et si l'on prétendait que l'eau pure ne peut pas nourrir les légions de germes qui y tombent, nous répondrions à cela qu'au moins on rencontrerait de jeunes animalcules dans celle-ci, sauf à les voir périr d'inanition; et nous ajouterions même que l'expérience nous a prouvé que les adultes trouvent très-bien leur nourriture dans l'eau pure, et même dans l'eau distillée.

SECTION I. — ÉLIMINATION DU CORPS PUTRESCIBLE, CONSIDÉRÉ COMME VÉHICULE DES GERMES.

Nous venons de dire que des expériences excessivement simples, démontrent ostensiblement que les germes des animalcules ne se trouvent ni dans le corps fermentescible, ni dans l'eau, ni dans l'air atmosphérique, et que par conséquent il faut bien que les animalcules doivent leur origine à une génération primaire.

Maintenant il s'agit de prouver ce que nous avons avancé, et nous débuterons en nous attachant à démontrer que le corps solide ne peut recéler les germes organiques. Ce sera facile.

Quoique jouant le rôle le plus important dans le phénomène de l'hétérogénie, le corps solide, dans quelques cas exceptionnels, peut cependant manquer absolument. Ainsi, de la Matière verte, des Conferves se développent fréquemment soit dans l'eau ordinaire, soit même dans l'eau distillée, qui ne contiennent aucune substance putrescible (1). Et c'est même probablement à cette propriété inhérente à l'eau, qu'il faut seulement attribuer la matière verte que Burdach et d'autres ont vu se développer dans des macérations de granit et de quelques autres corps minéraux (2).

Les savants qui, à l'exemple de Bonnet, prétendent que les corps putrescibles sont les dépositaires des germes organiques, supposent que ceux-ci se trouvent dispersés à leur intérieur, et qu'ils n'en sortent pour subir leur évolution qu'au moment où ces mêmes corps se décomposent et rendent leurs éléments à la masse commune (3). Maintenant que nos instruments d'optique sont si perfectionnés et que l'on connaît si

(1) Bory de Saint-Vincent, *Dictionnaire classique d'histoire naturelle*. Paris, 1826, art. Matière, t. X, p. 263.

(2) Burdach, *Traité de physiologie*. Paris, 1837 t. I.

(3) Bonnet. La prodigieuse petitesse des germes, dit cet auteur, les met hors de l'atteinte des causes qui opèrent la dissolution des mixtes. Ils entrent dans l'intérieur des plantes et des animaux ; ils en deviennent même partie constituante ; et, lorsque ces composés viennent à subir la loi des décompositions, ils en sortent sans altération pour flotter dans l'air ou dans l'eau, ou pour entrer dans d'autres corps organisés. (*Consid. sur les corps org.*, t. I, p. 3.)

bien les œufs et les séminules d'une foule d'êtres microscopiques, on peut dire que cela est physiquement impossible, parce que si ces germes encombraient les organes des animaux et des plantes, on les y découvrirait.

Des expériences très-simples suffisent pour démontrer que ce n'est pas le corps putrescible qui recèle les germes ; aussi nous ne nous arrêterons guère sur ce fait qui n'est plus contesté, ni contestable.

Si, par exemple, on soumet à la carbonisation certains produits animaux ou végétaux, on sera bien certain qu'après l'opération, tout germe organisé a été complétement détruit dans ceux-ci ; et que, dans l'hypothèse contre laquelle nous nous inscrivons, ces mêmes produits ne pourront, par conséquent, donner naissance à aucune génération d'êtres organisés. Et cependant c'est tout le contraire qui s'observe ; seulement on remarque alors que les animalcules n'apparaissent que plus tard, et qu'ils sont d'une organisation inférieure à celle que la substance produit lorsqu'elle n'a pas subi la carbonisation. Sans doute que l'on ne prétendra pas que le feu a épargné les germes des Microzoaires que l'on voit naître alors, tandis qu'il consumait les autres..... Si l'on pouvait nous faire cette objection, nous n'aurions plus rien à répondre à de tels adversaires.

Les Protozoaires qui apparaissent ne sont que le résultat d'une combinaison organique autre que celle qu'on eût obtenue des mêmes corps à l'état frais ; et s'ils sont moins élevés dans l'échelle zoologique, cela est uniquement dû à ce qu'ils ont été produits par des combinaisons dont l'un des éléments avait en partie perdu sa faculté génésique, durant la rude épreuve à laquelle il a été soumis.

Spallanzani lui-même, qui a fait quelques expériences dans cette direction, a vu que des graines de divers végétaux qu'il exposait, selon son expression, à la *terrible flamme du fourneau à réverbère*, après y avoir été totalement carbonisées, n'en donnaient pas moins naissance à de nombreux animalcules. A ce sujet le savant Italien s'exprime ainsi : « J'avoue ingénument que je ne me serais pas attendu à ce que des animalcules parussent encore dans ce nouveau genre d'infusion, comme dans les précédentes; même après les avoir vus et revus, je pouvais à peine en croire mes yeux (1). » Mais, dans ses expériences, Gruithuisen a obtenu des résultats absolument opposés à ceux du physiologiste de Pavie et n'a pu produire des Microzoaires en employant des substances charbonnées (2). Cette dissidence absolue entre ces deux savants, nous a engagé à réitérer leurs tentatives, et nous avons reconnu que c'était Spallanzani qui avait raison. Voici nos résultats un peu plus rigoureusement notés que les siens.

Expériences. Dans une cuiller à projection en fer et rougie sur un brasier ardent, on a successivement opéré la carbonisation complète de dix grammes de

(1) Spallanzani, *Opuscules de physique animale et végétale.* Paris, 1787, t. I, p. 14-27.

(2) Gruithuisen, *Beitræge zur Physiognosie und Eautognosie,* p. 105.

chacune des semences suivantes : du Maïs, des Pois, des Haricots, des Lentilles. Après cette opération, chaque espèce de semence a été placée dans un vase de verre avec 500 grammes d'eau distillée, et mise sous une cloche en verre.

Après vingt jours, la température ayant été en moyenne de 25°, et la pression atmosphérique de 0,76, on observa les macérations et on les trouva toutes peuplées d'animalcules ; l'une d'elles contenait, en outre, quelques végétaux rudimentaires.

Le Maïs avait la surface de sa macération totalement envahie par un champignon appartenant au genre *Aspergillus* de Micheli, ayant des ramifications très-touffues et enchevêtrées. Il n'y existait alors aucun animalcule ; ce ne fut que quinze jours après, qu'on y rencontra un bon nombre de Monades et de Vibrions.

Les Pois contenaient des Microzoaires assez variés, très-nombreux et très-agiles, ayant 0,0175 de millimètre de longueur, et très-rapprochés du *Monas attenuata*, Duj.

Les Lentilles nous ont présenté une abondance des mêmes animalcules.

Les Fèves avaient à leur surface une population encore plus serrée que les macérations précédentes, et évidemment composée par le *Monas attenuata*, Duj. qui là était bien caractérisé (2).

On avait placé à côté de ces macérations des critériums, contenant les mêmes graines, mais qui n'a-

(1) MICHELI, *Nova plantarum genera*. Florentiæ, 1779, p. 212.
(2) DUJARDIN, *Histoire naturelle des infusoires*. Paris, 1841, pl. III, fig. 12.

vaient pas été exposées à l'action du feu. Les animalcules y apparurent avec la plus grande abondance après trois jours ; et ceux-ci se composaient d'espèces bien plus élevées par leur organisation que celles qui peuplaient les graines charbonnées ; alors celles-ci n'offraient absolument rien encore.

J'espère que l'on conviendra que durant la carbonisation, tous les germes ont été détruits dans les graines, si elles en contenaient ; mais nous voulons aller au-devant de toute objection. On ne peut pas prétendre que l'eau a été, dans ces expériences, le dépositaire des germes, puisque nous nous sommes servi d'eau distillée ; et d'ailleurs dans un moment nous démontrerons que celle-ci ne les contient point. On ne pourrait non plus objecter que c'est l'air qui en a été le véhicule. Ce n'est pas plus lui que l'eau, car s'il avait charrié ces germes, on eût trouvé, dès le début, les mêmes animalcules dans les macérations des graines carbonisées que dans celles de graines fraîches ; et d'ailleurs, dans un des paragraphes suivants, nous prouverons aussi que l'air ne jouit pas de cette attribution.

Cette expérience suffirait seule pour enlever au corps solide le rôle de véhicule, si on s'efforçait encore de le lui attribuer. Mais actuellement les plus énergiques fauteurs du panspermisme ont eux-mêmes abandonné cette prétention ; aussi nous ne nous étendrons pas longuement sur ce sujet, et c'est à peine même s'il est utile de citer les faits suivants.

Si nous ne poussons pas tout à fait aussi loin que précédemment la rigueur expérimentale, et si nous nous contentons seulement de soumettre le corps organisé à une chaleur qui, sans le carboniser, soit extrêmement élevée, nous voyons dans ce cas apparaître dans l'eau où on le dépose, de nombreuses légions de Proto-organismes. Nous élevons sa température de 200° à 220°. Sans doute que l'on conviendra que dans ce cas aucun germe organique n'a échappé à la destruction. Si quelques savants ont prétendu que les germes de certains oïdiums n'étaient détruits qu'à la température de 140° (1), aucun, que je sache, n'a encore avancé qu'un œuf ou qu'une séminule de plante pouvait supporter 200°.

Expérience. — Dans un ballon de verre portant à l'intérieur un thermomètre, on plaça 10 grammes de foin, et celui-ci y fut chauffé pendant une heure à une température de 200° à 210°, et même sur les bords du ballon à une plus haute température, car le végétal commençait à s'y charbonner. Ce foin, alors parfaitement sec, cassant, fut placé dans 500 grammes d'eau distillée que l'on recouvrit d'une lame de verre et que l'on mit sous une cloche. Quatre jours après, une température de 26° en moyenne ayant régné dans mon laboratoire, la macération fut examinée et on la trouva peuplée d'une abondance de cadavres de grands Vibrions, et d'une population serrée de Glaucomes scintillants (2) et de Monades lentilles (3).

(1) Payen, *Chimie industrielle*. Paris, p. 540.

(2) Synonymie : *Ovales*, Jobelot, *Observations micrographiques*. Paris, 1754, — *Cyclidium bulla*, Muller, *Inf*. — *Bursaria bullina*, Schrank, *Fauna Boïca*. Nuremberg, 1798, — *Glaucoma scintillans*, Ehrenberg, *Inf*. — Dujardin, *Inf*.

(3) *Monas lens*, Dujardin, *Histoire des Infusoires*, pl. iii, f. 5, et pl. iv, f. 7.

EXPÉRIENCE. — Lorsqu'on met un corps putrescible dans de l'eau qui a bouilli, et que celle-ci est contenue dans un appareil parfaitement clos et qui reçoit seulement de l'air passé à travers de l'acide sulfurique ou un tube chauffé au rouge, on ne voit aucun animalcule y apparaître encore du troisième au sixième jour, tandis qu'ils fourmillent, beaucoup avant ce temps, dans les critériums exposés à l'air libre et confectionnés avec l'eau ordinaire, si la température moyenne a été d'environ 25°. Si le corps solide contenait réellement les germes des Protozoaires, ils devraient normalement se développer aussi vite dans cet appareil où l'air et l'eau en ont été seulement privés, s'ils en contenaient, mais où le corps putrescible n'a subi aucune altération notable ; et cela n'a pas lieu (1).

Le fait suivant viendrait encore à l'appui, s'il en était besoin, des expériences précitées ; comme elles, il contribue à enlever au corps solide la faculté de recéler les germes.

M. Poggiale, pharmacien en chef du Val-de-Grâce, a communiqué à l'Académie de médecine le résultat de ses recherches sur une coloration du pain de munition fabriqué à la Manutention militaire de Paris, en 1856. Ce pain, qui avait été préparé avec un mélange de farine de blé dur et de farine de blé tendre d'Espagne, passa au noir bleuâtre peu de temps après son refroidissement. M. Poggiale a reconnu que ce pain contenait un nombre considérable d'animalcules

(1) Compulser l'élimination de l'air et de l'eau considérés comme véhicules.

filiformes, cylindriques, roides, articulés et animés d'un mouvement vacillant. Ces Proto-organismes, que ce savant considère comme appartenant au genre *Bacterium*, avaient généralement 0^{mm},003 à 0^{mm},004 de long. Quelques-uns beaucoup plus longs pouvaient être vus à l'aide d'un faible grossissement. On observait en même temps d'autres animalcules microscopiques en petit nombre, assemblés par deux ou par trois. Comme on ne trouvait point de ces Infusoires dans les diverses farines employées, ni dans le biscuit préparé sans levain, M. Poggiale conclut que la formation de cette grande quantité de *Bacterium* était due à la fermentation panaire (1). Sans admettre la génération spontanée, comment expliquerait-on, en effet, après la cuisson dans le tissu solide du pain, la production de ces animalcules, leurs germes n'ayant pu résister à la chaleur du four ou s'introduire à l'intérieur de la pâte ?

Enfin ce que rapporte Bory de Saint-Vincent, dans les lignes qui suivent, suffirait pour prouver que le corps putrescible n'est pas le réceptacle des germes, puisque deux de ces corps réunis donnent des produits qui diffèrent de celui qu'offre chacun d'eux en particulier. « Que l'on choisisse, dit ce naturaliste, pour « faire l'expérience, une plante propre au Canada, « par exemple ; qu'après l'avoir soumise à l'expérience « et quand elle a produit des animalcules on en mêle « l'infusion avec celle d'un végétal de l'Inde ou de la « Nouvelle-Hollande, et qu'il en résulte, *comme la*

(1) POGGIALE, *Bulletin de l'Académie de médecine*, 1856, t. XXI, p. 875, et Journal *l'Ami des sciences*, 1856, n. 29.

« *chose ne manquera pas d'arriver*, quelque Infusoire
« qui ne se trouvait ni dans l'un ni dans l'autre de
« ces deux liquides, n'aura-t-on pas opéré une véri-
« table création, un être que la nature n'avait pas
« arrêté dans son plan primitif (1)? » Cela est positif
et la nature ici ne déroge pas sans doute à ses sublimes harmonies ; seulement par l'étroitesse de nos
conceptions nous avons méconnu l'extension de ses
lois.

SECTION II. — ÉLIMINATION DE L'EAU, CONSIDÉRÉE COMME VÉHICULE
DES GERMES ORGANIQUES.

L'observation dévoile bien rapidement à ceux qui,
sans système préconçu, cherchent la vérité, que la
source des Proto-organismes de nos macérations ne
peut être dans l'eau ; quelques expériences, fort simples, le prouvent. Il résulte de là qu'aujourd'hui bien
peu de personnes soutiennent encore cette thèse ;
presque tous les défenseurs de l'ovarisme, comme
nous l'avons dit, s'accordant, en ce moment, pour
attribuer ce fait à l'air. D'après cela, on sent à l'a-
vance que dans ce chapitre nous n'avons besoin d'é-
mettre qu'un petit nombre de preuves décisives, pour
éviter une inutile prolixité ; le paragraphe de l'air devant être celui qui appelle toutes nos ressources
expérimentales, ainsi que les plus sévères investigations de l'intellect.

Les expériences de Spallanzani lui-même ont,

(1) Bory de Saint-Vincent, *Dict. class. d'Hist. nat.* Paris, 1824,
t. V, p. 46. Cette opinion, comme nous l'avons exposé p. 150, est
aussi celle de Treviranus et de M. Gérard.

depuis longtemps, démontré que des substances végétales, quoique ayant subi une ébullition de deux heures de durée, n'en donnent pas moins naissance à des Microzoaires. Or, comme les germes de ceux-ci, de l'assentiment de tous les observateurs, ne peuvent après une telle épreuve poursuivre leur évolution, il devient hors de doute que l'eau n'a pu leur donner asile (1). Le physiologiste de Pavie soumit à cette expérience des graines de haricots, de vesce, d'orge, de maïs, de mauve, etc.

En se fondant, avec raison, sur ces expériences, Spallanzani, professa d'abord que nul germe ne résistait à la température de l'eau bouillante. Mais un certain temps après, entraîné par les conséquences de ses doctrines, il s'efforça de faire prévaloir des opinions contraires. Pour ce revirement, il se fonda sur une assertion de l'abbé Rozier, qui rapporte que Sonnerat a rencontré des poissons dans des sources thermales des îles Philippines, dont la température s'élevait à 69° du thermomètre de Réaumur (2). Spallanzani prétend aussi s'étayer sur ce que, d'après une étrange supputation qu'il fait du climat de la Caroline, la chaleur y atteindrait au soleil plus de 80° du thermomètre de Réaumur, c'est-à-dire une température plus élevée que celle de l'eau bouillante, sans que cependant, dans cette contrée, la chaleur, détruise les germes des animaux et des plantes. Nous ne pouvons réellement nous occuper de réfuter de

(1) SPALLANZANI, *Opuscules de physique animale et végétale.* Paris, 1787, t. I, p. 22.

(2) ROZIER, *Observations sur la physique,* t. III.

telles assertions (1). Qui ne sait qu'au Sénégal, d'après Adanson, le thermomètre ne s'élève pas au soleil au-dessus de 60° (2)?

Voici comment Spallanzani se rétracte. « La sincérité philosophique, dit-il, m'oblige à penser sur les germes de quelques espèces d'animalcules, d'une manière contraire aux idées que j'ai publiées dans ma dissertation. Je disais alors que je ne croyais pas possible que les germes en général de ces animalcules pussent résister à l'action de l'eau bouillante ; j'avais auguré cette impossibilité, parce que j'avais vu périr des graines et des œufs par ce degré de chaleur ; mais les faits que je viens de raconter, et que je ne connaissais pas, me forcent à changer d'opinion (3). »

Mais lorsqu'on lit attentivement le récit que Spallanzani fait de ses expériences, on s'aperçoit immédiatement qu'on ne peut en rien conclure. Ainsi, dans celles-ci, des œufs de grenouille périssent à 34° ; ceux du ver à soie à 45°, et ceux de la grosse mouche à 48°. Il ajoute que la faculté germinative des graines s'anéantit au-dessous de 75° à 80° du thermomètre de Réaumur, c'est-à-dire à la température de l'eau bouillante. Une fois seulement il vît des graines de fèves qui y résistèrent. Mais toutes les expériences du physiologiste de Pavie manquent de précision. On voit, en effet, qu'il se contentait dans celles-ci, de placer ses graines dans de l'eau contenue dans des

<hr>

(1) SPALLANZANI, *Opuscules de physique animale et végétale.* Paris, 1787, t. I, p. 70.

(2) ADANSON, *Voyage au Sénégal.* Paris, 1757, p. 131.

(3) SPALLANZANI, *Opusc*, t. I, p. 71.

vases qu'il plongeait ensuite dans de l'eau bouillante , pendant deux minutes! Ce temps était absolument insuffisant pour élever la température de la macération au niveau de celle de l'eau dans laquelle on la plongeait et surtout pour que sa chaleur se propageât jusqu'à l'embryon, protégé souvent d'une si efficace manière.

Mais si, dans des expériences, on plonge les graines ou les œufs d'animaux dans l'eau bouillante , en donnant à la température le temps de se transmettre à leur intérieur, bien avant l'ébullition, ces œufs et ces graines sont tués radicalement.

Une seule expérience, fort simple, a prouvé que le corps putrescible ne contenait pas les germes. Il a suffi pour cela de voir des animalcules prendre naissance parmi des substances végétales qui avaient subi une complète carbonisation. Une expérience tout aussi élémentaire peut démontrer que ce n'est pas l'eau non plus qui recèle ces germes. On sait que la température de l'eau en ébullition anéantit absolument chez eux toute vitalité. Il ne s'agit donc plus que de constater qu'après que de l'eau a bouilli on voit dans celle-ci se développer des animalcules , comme auparavant. Mais cela , l'expérience le prouve sans conteste ; et ce qui achève encore bien mieux la démonstration , c'est que l'eau distillée elle-même en fournit abondamment.

Il serait vraiment puéril de citer des expériences à l'appui de ceci. Mais une autre espèce d'expériences, tout à fait fondamentale, suffira pour étayer ce que nous avançons : c'est celle qui consiste à employer de l'eau artificielle.

EXPÉRIENCE. — On fit de l'eau artificielle de la manière suivante. Dans un grand flacon à deux tubulures on mit de l'eau et des fragments de zinc; l'une de ces tubulures recevait un tube terminé en entonnoir, à l'aide duquel on versait de l'acide sulfurique dans le flacon; l'autre était annexée à un gros tube horizontal rempli d'amiante et d'où sortait un petit tube effilé à la lampe à son extrémité et se terminant près de l'extérieur d'un vase de métal, rempli d'eau froide. L'acide sulfurique ayant été versé il se dégagea du gaz hydrogène que l'on alluma à sa sortie du tube, et dont la flamme rapprochée du vase de métal en humectait toute la paroi de vapeur d'eau, résultat de la combinaison de l'oxygène de l'air avec l'hydrogène de l'appareil; et cette vapeur, après s'être condensée, tombait dans un vase de platine. Cet appareil ayant été entretenu en combustion pendant trois jours, on obtint 200 grammes d'eau qui furent employés dans deux expériences comparatives.

La moitié de cette eau fut soumise à une ébullition d'un quart d'heure, pour tuer les germes qui pouvaient y être tombés, quoique pour la démonstration actuelle nous n'ayons pas le moins du monde à nous préoccuper de ce qui peut entrer dans le liquide, mais de ce qui s'y trouve réellement au point initial. On mit ensuite cette eau dans un verre à expériences, avec 5 grammes de foin passé à une étuve à 200° environ. Ce verre fut déposé dans une cuvette ayant de l'eau à son fond et il fut recouvert d'une petite cloche.

L'appareil resta pendant quatre jours dans un salon

à une température moyenne de 11°. Quand on l'examina, il existait à sa surface une pellicule granuleuse, dans laquelle nageaient deux espèces de Paramécies fort distinctes, de dix à quinze divisions micrométriques de longueur. L'une d'elles était, pour la forme, assez rapprochée de la Paramécie verte ; l'autre, qui me parut absolument nouvelle, avait la forme d'une losange très-allongée. Toutes les deux présentaient une vésicule contractile très-prononcée à l'extrémité du corps. Enfin, çà et là, la pellicule offrait des œufs non éclos et contenant des embryons en mouvement ; dans chacun de ceux-ci on en distinguait manifestement quatre.

L'autre portion d'eau artificielle avait été placée dans une étuve chauffée à 18°. Tout y avait été disposé de même ; seulement le foin n'avait pas été passé à l'étuve et l'eau n'avait subi aucune ébullition. Le résultat de l'expérience fut cependant absolument identique. Ce dernier fait ne contribue-t-il pas à prouver, en outre, combien sont inutiles ces précautions que l'on prend si futilement pour anéantir des germes qui n'existent réellement que dans l'empire des fictions ?

Cette expérience suffit à elle seule pour renverser sans retour l'hypothèse de ceux qui prétendent que l'eau est le réceptacle des germes. Nous avons dans celle-ci de l'eau qui vient d'être formée de la combinaison de deux éléments gazeux, et dans cette eau apparaissent des animalcules. On ne prétendra pas, sans doute, que ceux-ci nageaient précédemment dans l'hydrogène ou l'oxygène qui l'ont formée, et qu'on vient d'extraire violemment de leurs précédentes combinaisons. Il faut donc bien que les œufs qui ne peuvent provenir de cette eau artificielle aient une autre origine.

Cette preuve est tout à fait suffisante ; cependant nous joindrons ici quelques autres faits, non qu'ils soient utiles à la démonstration, mais seulement parce qu'ils offrent quelque intérêt.

Expérience. — Une immense quantité de Kolpodes ayant été enlevée à la surface d'une macération d'Aster de la Chine, où ils pullulaient, fut placée dans un grand verre à expériences, contenant de l'eau distillée. Pendant quinze jours, on observa cette eau et l'on y trouva les mêmes animalcules en parfaite santé.

Il résulte de là que ce ne sont pas les matières contenues en dissolution dans l'eau qui alimentent les Microzoaires ; ou au moins que ceux-ci peuvent vivre longtemps dans l'eau pure. D'après cela, on ne voit pas pourquoi, si l'eau était réellement le véhicule des œufs des animalcules, ceux-ci ne s'y montreraient jamais sans l'intervention d'un corps fermentescible.

Expérience. — A l'aide d'une petite cuiller on a recueilli à la surface d'une macération une immense légion de *Kolpoda cucullus*, Mull., que l'on porphyrisa sur une glace, pendant deux heures, avec un soin extraordinaire. Après cette porphyrisation, la moitié de la pâte homogène qui en était résultée fut délayée dans un verre d'eau et celui-ci fut filtré et placé sous une cloche en verre (1). Une expérience

(1) La pâte qui fut ramassée sur la glace offrait une couleur grise, d'une odeur absolument semblable à celle du *boletus edu-*

comparative, identique, fut faite en même temps, avec l'autre moitié de cette véritable pâte de Kolpodes porphyrisés, mais celle-ci ne fut pas filtrée. Ces solutions de Kolpodes furent examinées huit jours après leur confection. Depuis le commencement de l'expérience, la moyenne de la température avait été de 15° cent. et la pression de 0,76.

Le verre qui contenait les Kolpodes broyés et filtrés, offrait alors une innombrable quantité de Vorticelles, et pas un seul Kolpode. Beaucoup de ces Vorticelles étaient en voie de développement et les autres étaient tout à fait adultes et libres.

Le verre occupé par la solution de Kolpodes non filtrée, n'offrait aucun Kolpode ni aucune Vorticelle. On ne voyait dans l'arénaire que de rares Microzoaires excessivement petits, appartenant au genre *Monas*.

Les partisans de la transmission des œufs par l'intermédiaire de l'air atmosphérique, ne pourraient nullement expliquer ce qui s'est passé dans ces deux expériences. Si les deux vases eussent contenu des Kolpodes, les fauteurs de l'ovarisme n'auraient pas manqué de dire que les œufs de ces animalcules avaient une telle ténuité que la porphyrisation, quelque exacte qu'elle ait été, n'a pu les dilacérer. Mais aucun Kolpode ne se rencontre dans les deux liquides et l'un d'eux seulement est peuplé de Vorticelles. On ne prétendra pas sans doute que celles-ci ou avaient

lis (Lin.). Examinée au microscope, elle n'offrait pas le moindre animalcule vivant, et elle n'était composée que de granules extrêmement fins, de grosseur inégale, véritable cendre organique des animaux qui l'avaient formée.

leurs œufs dans l'eau ou que ces œufs y ont été apportés du dehors. Une telle allégation ne serait pas tolérable. Si les œufs des Vorticelles avaient été mêlés à la masse de Kolpodes qu'on a porphyrisée avec tant de soin, ces œufs eussent été aussi bien broyés que ceux des Kolpodes. Et si l'on admettait même, car nos adversaires peuvent tout supposer, que ces œufs pussent passer à travers le filtre, j'espère qu'on voudrait bien alors nous faire cette concession : c'est qu'il devrait naturellement se trouver plus de Vorticelles dans le liquide non filtré que dans celui qui l'a été. Et on obtient un résultat tout opposé : les Vorticelles abondent dans la dernière macération, et on n'en rencontre pas une seule dans l'autre !

Enfin, en écartant la génération spontanée, on ne pourrait expliquer pourquoi une macération et même celle qui devrait le moins en contenir, offre des Vorticelles, tandis que l'autre n'en présente pas ! Le laboratoire étant plein de Microzoaires d'espèces variées, comment se peut-il faire, dans l'hypothèse de la panspermie, qu'un seul des vases se soit peuplé d'une génération animée déterminée, tandis que l'autre en est absolument privé ; et comment se fait-il, surtout, que ce soient uniquement des Vorticelles et que pas un œuf de Kolpode n'y soit parvenu ?

On ne dira pas, sans doute, que le liquide sur lequel on expérimentait n'était pas apte à nourrir des Kolpodes, lui qui n'a été formé qu'à l'aide même des débris de leurs légions ! ou que dans l'un des vases, il n'était pas propre à l'existence des Vorticelles, lui qui est parfaitement identique dans tous les deux !

On se demandera pourquoi aussi le résidu filtré est rempli d'animalcules d'une organisation supérieure, tandis que l'autre n'est peuplé que d'infimes Monades? Je répondrai à cela que, sans doute, la liqueur en se filtrant a contracté un principe qui devait s'y rencontrer pour la production des Vorticelles. Car j'avoue moi-même avoir été trompé, et si je m'attendais à rencontrer quelques animalcules c'étaient évidemment des Kolpodes; et que si, surtout, je m'attendais à en rencontrer quelque part, c'était dans l'eau non filtrée. Tout s'est passé contrairement.

L'expérience dont nous venons de nous entretenir ayant été continuée, le résultat était absolument le même quinze jours après.

SECTION III. — ÉLIMINATION DE L'AIR, CONSIDÉRÉ COMME VÉHICULE DES GERMES ORGANIQUES.

Nous ne nous dissimulons pas que c'est ici que s'engage la lutte sérieuse, décisive, et nous allons franchement l'aborder. Nous avouerons même que nous l'abordons sans crainte, tant nos convictions ont été renforcées par le nombre de nos expériences et par la méditation; ce sont les faits eux-mêmes qui vont combattre pour nous, et c'est ce qui centuple nos forces.

Parmi les plus ardents partisans de l'opinion que c'est l'air qui dissémine partout les germes, nous avons déjà dit que Bonnet et Spallanzani devaient être cités au premier rang (1). Et lorsque ce dernier

____

(1) BONNET, *Considérations sur les corps organisés.* Amsterdam, 1762, t. I, p. 3.

voyait des Microzoaires naître au milieu des diverses
graines qu'il avait complétement carbonisées, il en
expliquait l'apparition en supposant qu'ils y avaient
été déposés par l'atmosphère (1).

Les ovaristes, après avoir considéré l'air comme un
disséminateur universel, à cause de la merveilleuse
facilité avec laquelle, en apparence, on peut lui confier les plus impossibles rôles, ont, pour les besoins
de leurs théories, réduit les germes à un état presque
métaphysique.

Bonnet suppose que ces germes sont d'une transparence tellement parfaite, que la lumière les traverse
sans réfraction, et il prétend même qu'ils sont tellement petits, qu'ils n'admettent peut-être qu'un ou deux
rayons de lumière (2).

Ainsi donc des corps organisés jouiraient de la
transparence de l'éther ! Voici à quelles conséquences
extrêmes nous conduit une hypothèse défectueuse.
Et, en effet, si les Proto-organismes que nous voyons
pulluler partout et dans tout, avaient leurs germes
disséminés dans l'atmosphère, dans la proportion mathématiquement indispensable à cet effet, l'air en serait
totalement obscurci, car ils devraient s'y trouver beaucoup plus serrés que les globules d'eau qui forment nos
nuages épais. Il n'y a pas là la moindre exagération.
Quelque soit le lieu où un corps se trouve, s'il est apte
à se peupler de diverses légions d'animalcules ou de

(1) SPALLANZANI, *Opuscules de physique animale et végétale*, t. I,
p. 295, et t. II, p. 14, 27.

(2) BONNET, *Lettre sur les animalcules, adressée à Spallanzani.*
Œuv. de Spallanzani, t. I, p. 258. 1771.

végétaux, immédiatement il en est envahi. Il faut donc
que l'air, pour satisfaire à cette fécondité, regorge
dans toute sa masse d'un incommensurable nombre
de germes, qui, à de rares exceptions près, se trouvent
tous voués à une absolue destruction. Est-il rationnel
de supposer que pour peupler quelques flaques d'eau
d'infimes Protozoaires ou de quelques cryptogames
microscopiques, notre atmosphère en promène inutilement les éléments génésiques tout autour du globe ? La
nature nous offre partout une fécondité qui excite l'é-
tonnement de tous ceux qui l'étudient ; partout aussi
ses moyens ingénieux de dissémination ont excité
l'admiration des savants (1) ; mais c'est réellement
une ironie que de supposer que la sagesse créatrice
a si frivolement encombré son œuvre. Je sais que
pour échapper à de si sérieuses objections, certains
partisans de la panspermie aérienne répondront qu'il
suffit de quelques germes isolés pour donner naissance aux nombreuses populations que l'on récolte.
L'expérience, comme nous le verrons, ne donne
nullement sa sanction à une telle supposition, car cette
fécondité ne tiendrait pas moins du prodige (2).

(1) Comp. BERNARDIN DE SAINT-PIERRE, *Harmonies de la nature.*
Paris, 1826.

MIRBEL, *Physiologie végétale.* Paris, 1815, t. I, p. 348.

POIRET, *Cours complet de botanique.* Paris, 1813, t. I, p. 18.

DE CANDOLLE, *Physiologie végétale.* Paris, 1832, t. II, p. 595.

RICHARD, *Éléments de botanique et de physiologie végétale.* Paris,
1846, p. 524.

HUMBOLDT, *De distributione geographicâ plantarum.* Paris, 1817,
Tableaux, p. 163.

(2) Compulsez sur ce sujet nos expériences qui se trouvent
plus loin.

L'illustre zoologiste dont s'honore l'Angleterre, R. Owen, pense que certains animalcules microscopiques ont une telle ténuité, et tel est, entre autres, le *Monas crepusculum* d'Ehrenberg, qu'il en entre autant dans une seule goutte d'eau qu'il y a d'hommes répandus à la surface du globe : c'est donc au moins cinq cents millions (1). Mais ce Microzoaire peut se manifester partout où nous lui offrons des infusions propices. Aussi, en soutenant la dissémination aérienne, devient-il indispensable d'en encombrer universellement l'atmosphère, et si l'on y joint tous les autres germes de Protozoaires qui devraient s'y presser avec les siens, n'est-ce pas là une hypothèse mille fois plus effrayante que les plus hardies conceptions des hétérogénistes ?

L'expérience vient même démontrer, presque mathématiquement, que si la dissémination aérienne était réelle, il faudrait que chaque millimètre cubique de l'atmosphère contînt immensément plus d'œufs qu'il n'y a d'habitants sur le globe. Si l'on admet que chaque goutte recèle 500,000,000 de Monades, en représentant celle-ci par huit millimètres cubes, il en résultera que chaque millimètre contiendra 62,500,000 animalcules. En supposant seulement que l'atmosphère offre en suspension cent espèces de Microzoaires ou de cryptogames ; pour fournir aux exigences de la dissémination, il faudrait donc que chacun de ses millimètres cubiques renfermât 6,250,000,000 d'œufs en disponibilité. Et alors l'air dans lequel nous vivons aurait presque la densité du fer.

(1) R. OWEN, *Lectures on the comparative anatomy and physiology.* London, 1843, p. 18.

Expérience. On a pris trois cuvettes en cristal, de trente centimètres de diamètre, et dans chacune d'elles on a placé 125 grammes de chair musculaire de bœuf provenant du muscle psoas. Puis ces vases ont été exactement remplis d'eau jusqu'à un millimètre de leurs bords ; et ensuite ils ont été recouverts d'une glace polie, laissant, par conséquent, entre elles et la surface de l'eau un millimètre d'intervalle. L'un de ces vases fut placé dans les combles du Muséum d'histoire naturelle ; l'autre dans mon laboratoire, qui est au second, et le dernier au rez-de-chaussée du même établissement. Trois jours après, on examina ce qui se passait, et l'on trouva la surface de ces divers vases recouverte d'une pellicule animée formée d'une masse compacte de *Monas crepusculum*, (Ehr.), assez entassés les uns sur les autres pour que l'on pût croire qu'il en existait là un chiffre aussi élevé que le suppose l'illustre zoologiste anglais. Mais comme chaque millimètre carré de l'eau, dans toute la superficie des vases, n'a eu au-dessus de lui qu'un millimètre cubique d'air, il est donc rationnel de supposer qu'ayant reçu toutes ses particules génésiques de celui-ci, il se trouvait au moins dans chacun de ces millimètres cubiques plus de soixante-deux millions de germes du *Monas crepusculum*, abstraction faite de tous ceux des autres Microzoaires, qui ne devaient pas s'y rencontrer en moindre nombre. Or, comme le même résultat s'est produit et dans les vases placés au sommet de l'édifice et dans ceux placés au rez-de-chaussée , les veines d'atmosphère encombrées de germes organiques doivent avoir une grande épais-

seur. En raisonnant dans l'hypothèse de la dissémination atmosphérique, on se demande comment de
tels corpuscules, et aussi serrés, peuvent échapper aux lois de la réfraction de la lumière? Pourquoi
n'y seraient-ils pas soumis comme les globules d'eau
qui forment les nuages? Il semble qu'il y ait là impossibilité physique.

Burdach considère comme décisives, pour démontrer l'absence d'œufs dans l'air, quelques expériences
qu'il a faites avec Hensche et de Baer. Il prit de la terre
fraîche, qu'il soumit à une longue ébullition, dans
une grande quantité d'eau. A l'aide de l'évaporation,
le physiologiste réduisit la liqueur à la consistance
d'extrait sec et en partie pulvérulent. Il renferma ensuite celui-ci avec une certaine quantité d'eau distillée
et de gaz oxygène ou de gaz hydrogène dans des
flacons bouchés à l'émeri et coiffés d'une vessie. Ces
flacons, soumis à l'influence de la lumière, ne donnèrent que de la matière verte de Priestley. Mais cet
extrait, mis dans de l'eau commune en contact avec
de l'air atmosphérique, ayant été introduit dans les
vases, on vit y apparaître de nombreux animalcules (1).
Cependant je dois avouer que dans le cas dont il s'agit
je ne conçois pas bien la portée de l'expérience du
savant Allemand.

Ce qui a pu tromper les observateurs sur le rôle de
l'air dans la production des animalcules, c'est qu'on
voit parfois celui-ci, comme l'a observé Schultze (2),

(1) BURDACH, *Traité de physiologie*. Paris, 1837, t. I, p. 25.
(2) SCHULTZE, *Microskopische Untersuchungen ueber Brown's
Entdeckunglebender Theilchen in allen Kœrpern*, p. 29 (Recherches

entrainer au loin des corps organisés réduits, par le temps, à l'état pulvérulent, et en les déposant sur des endroits où il y a de l'eau, donner naissance à des Protozoaires. C'est cette poussière, déposée à la surface des vases à expériences, que certains observateurs inattentifs ont confondue avec des œufs; car cette poussière microscopique ne produit évidemment d'animalcules qu'après s'être décomposée et dissoute dans ce liquide. On ne peut donc voir dans cet acte un transport aérien des germes organiques.

Ehrenberg, dont l'opinion en semblable matière a tant d'autorité, vient lui-même corroborer nos assertions. En effet, dans son premier écrit sur la distribution des Microzoaires, il combat vivement ceux qui prétendent que l'air est le véhicule des germes des Infusoires (1). Ce savant rapporte à l'appui de son opinion qu'il n'a jamais pu trouver un seul animalcule dans l'eau de la rosée immédiatement après qu'elle avait été recueillie (2).

On voit donc Ehrenberg combattre Bonnet et Spallanzani. Il serait bon qu'avant tout nos antagonistes s'accordassent ensemble. Pour nous, qui les réfutons, nous avons, je crois, précédemment démontré que l'on ne pouvait nullement attribuer le rôle d'agent

microscopiques sur les molécules vivantes dans tous les corps, découvertes par M. Brown).

Burdach, *Traité de physiologie.* Paris, 1837, t. I, p. 24.

(1) Ehrenberg, *Die geographische Verbreitung der Infusionst hierchen,* etc. 1828. (De la répartition géographique des infusoires sur le globe.)

(2) Ehrenberg, *Ibid.*

disséminateur ni à l'eau ni aux corps solides, et c'est ici que nous allons nous efforcer d'en dépouiller l'air lui-même.

Si l'on examine quels sont les faits que les ovaristes apportent à l'appui de leurs doctrines, on voit qu'ils n'en possèdent qu'un fort petit nombre. Ils offrent seulement comme inexpugnables deux expériences, l'une faite par M. Schultze et l'autre par M. Schwann. Nous allons les faire connaître, et nous pouvons à l'avance dire qu'en les répétant, soit en suivant les mêmes procédés que ces savants, soit en leur donnant encore plus de rigidité, nous avons obtenu des résultats absolument différents des leurs. Ainsi donc tombe ce rempart que depuis vingt ans on opposait aux générations spontanées.

M. Longet ne s'étaye même que sur ces deux expériences pour saper tous les travaux des hétérogénistes (1). Et dans un écrit récent sur la génération des Infusoires, M. Claparède imite ce physiologiste ; et pour toute argumentation se contente aussi d'y renvoyer ses lecteurs. Ce dernier s'exprime ainsi dans son chapitre intitulé : *Generatio æquivoca*.

« Nous ne voulons pas entreprendre, dit-il, de réfuter ici la génération spontanée des Infusoires. Les expériences faites à ce sujet sont nombreuses et bien connues. Nous renvoyons donc ceux qui en seraient curieux aux travaux de MM. Schultze (2), Schwann (3)

(1) LONGET, *Traité de physiologie*. Paris, 1851.
(2) SCHULTZE, *Poggendorf's Annalen*, 1837.
(3) SCHWANN, *Isis*, 1837.

et Morren (1), qui résument au fond toutes les expériences faites jusqu'ici (2). »

De toutes ces expériences nombreuses et bien connues, on n'en cite cependant jamais que deux ou trois, et des savants vont même, à l'exemple de MM. Gervais et Van Beneden, jusqu'à n'en mentionner qu'une seule, en particulier, comme suffisant pour renverser toutes les autres (3). Une telle manière d'argumenter ménage toujours à son auteur un facile triomphe intérieur, mais elle ne suffit pas à ceux qui groupent les faits et qui les comparent.

Mais ces expériences de MM. Schultze et Schwann sont loin d'avoir toute l'autorité qu'on leur suppose; on en peut juger par la traduction textuelle que nous donnons de l'une de celles du dernier savant, insérée dans l'*Isis* où on l'indique ordinairement (4). Et à l'égard des expériences de M. Morren, quand on les lit, on voit qu'elles ont au fond un tout autre but que celui qu'on leur a supposé.

Quelques savants, pour combattre l'hétérogénie, citent aussi l'expérience qui suit, exécutée par M. Milne

---

(1) Morren, Essai pour déterminer l'influence qu'exerce la lumière sur le développement des végétaux et des animaux dont l'origine avait été attribuée à la génération spontanée. (*Observateur médical belge*, 1834, et *Ann. des sc. nat.*, 1835.)

(2) Claparède, *Mémoire pour le concours du prix de physiologie* (manuscrit).

(3) Gervais et Van Beneden, *Zoologie médicale*. Paris, 1859, t. II, p. 309.

(4) Schwann, Traduction de l'*Isis*. — « Il avait versé un peu d'une infusion organique dans un globe en verre, laissant la majeure partie de ce globe remplie d'air atmosphérique. Il fermait ensuite les ouvertures pratiquées dans le globe en fondant le

Edwards. Ce zoologiste mit de l'eau contenant des substances organiques dans un tube, et fit bouillir le mélange pour tuer tous les germes d'êtres vivants qui pourraient s'y trouver, et ensuite il effila ce tube à la lampe d'émailleur et le scella hermétiquement. Ce savant remarqua qu'aucun Infusoire ne se développait dans ce tube, même après un laps de temps considérable.

Cette expérience que l'on s'étonne de voir certains

verre, et le globe fut mis dans l'eau bouillante ou bien dans le « Pot papinianien », d'où on le sortait après un quart d'heure. Si des animaux se montraient après un certain intervalle, c'est qu'ils s'étaient formés par la *generatio æquivoca*, car les germes existants avaient été détruits par la chaleur de l'eau bouillante. S'il n'y avait pas d'animaux microscopiques, c'est qu'il n'y avait pas de *generatio æquivoca*, puisque à l'exception des germes, toutes les conditions pour la formation de ces animaux subsistaient. Jusqu'ici le docteur Schwann n'avait encore remarqué aucune formation d'animaux microscopiques dans ce globe. Pour éviter l'objection que la matière organique transformerait, pendant que l'eau bouillait, l'oxygène de l'atmosphère enfermée dans le globe en carbone (en principe charbonneux), le docteur Schwann avait modifié son appareil de la manière suivante : le cou de l'alambic fut courbé de haut en bas, puis tordu en forme de genou, de manière que l'autre extrémité se retrouvait tout droit debout. On y joignit, en soufflant, une petite boule. L'autre bout de l'alambic fut tiré, allongé, de manière à former pointe, et puis cassé. Ceci terminé, on remplit le genou de mercure et l'on versa, pardessus cela, une infusion organique dans la petite boule, dont on fermait, en soufflant, l'issue. Le mercure séparait donc, pendant l'ébullition de l'eau, le fluide de l'atmosphère renfermée dans l'alambic. L'opération de bouillir terminée, on renversait l'appareil, le mercure descendait et l'infusion entrait en contact avec l'air atmosphérique dans l'alambic. Mais là encore il ne se montrait pas d'animaux microscopiques. Otton, Renner, Sachs, Huschke doutaient que de ces expérien   , expériences très-ingénieuses du

physiologistes invoquer, et tel a été M. Longet (1), pour saper l'hétérogénie, ne doit pas même nous occuper, parce que sa direction est telle qu'elle ne peut coïncider avec la vie. L'intérieur du tube étant absolument privé d'air, ne peut ni donner naissance, ni même permettre de vivre à aucun être organisé. Déjà Bulliard avait fait quelques tentatives semblables (2) et nous n'avons pas cru devoir répéter son expérience ni celle de M. Milne Edwards, bien persuadé à l'avance que nous devrions obtenir le même résultat qu'eux. Admettez même qu'on puisse placer des êtres vivants dans de telles conditions, et immédiatement on les verra périr comme dans le vide du marteau d'eau.

Cependant Spallanzani avait prétendu que les animalcules du dernier ordre pouvaient naître dans des infusions scellées hermétiquement, et qui avaient bouilli. Mais quoique ses expériences viennent étayer l'opinion que nous nous efforçons de faire prévaloir, elles nous paraissent de nulle valeur, tant elles manquent de précision (3). Si le physiologiste de Pavie eût bien bouché ses matras, aucun Infusoire n'y fût apparu.

EXPÉRIENCES EXÉCUTÉES A VAISSEAUX CLOS.

Pour mieux élucider ce sujet, nous le partagerons en

reste, l'on pût conclure la non-existence de la *generatio æquivoca* ». (*Isis*, 1837, p. 523.)

(1) LONGET, *Traité de physiologie*. Paris, 1851.

(2) BULLIARD, *Histoire des champignons de France*. Paris 1809. t. I, p. 115.

(3) SPALLANZANI, *Opuscules de physique animale et végétale* Pavie, 1787. t. I, p. 29.

deux parties. La première traitera des expériences exécutées à vaisseaux clos, et c'est dans celle-ci que l'on trouvera le récit des deux tentatives qui viennent d'être mentionnées et celui de nos travaux contradictoires. La seconde partie contiendra l'exposition des expériences exécutées à l'air libre, et qui selon nous, ont une non moindre valeur que les autres, quand on les interprète avec un esprit exempt de toute prévention.

Les seules expériences fondamentales qu'on ait opposées à l'hétérogénie sont celles de M. Schultze et de M. Schwann, insérées dans les *Annales de Poggendorf* (1).

EXPÉRIENCE DE SCHULTZE. — Voici en quoi consiste l'expérience de M. Schultze. Il prit un flacon dans lequel il mit des substances végétales et animales, et ensuite celui-ci fut rempli d'eau distillée que l'on fit bouillir pour détruire tous les germes d'êtres vivants qui pouvaient s'y trouver en suspension. Le bouchon de ce ballon était traversé par deux tubes à analyses munis de leurs boules. Celles de l'un des tubes étaient pleines d'acide sulfurique concentré ; celles de l'autre contenaient une solution de potasse. Cet appareil fut ensuite placé sur une fenêtre et à côté de lui se trouvait un vase ouvert contenant les mêmes substances. Pendant deux mois, chaque jour, M. Schultze renou-

---

(1) SCHULTZE, *Annales de Poggendorf*, 1837, p. 41. Comp. *Edinburgh new philosophical Journal*, 1827, octobre. (*Annales des sciences naturelles*, Zoologie, 1837, t. VIII, p. 320.)

SCHWANN, *Des générations équivoques*. (*Annales de Poggendorf*, 1837, p. 184.)

vela l'air de son flacon et examina le contenu de celui-
ci. Il prétend que, pendant ce laps de temps, il ne
se développa aucun Infusoire, ni Moisissure, ni Conferve dans le bocal fermé; tandis que dans le criterium exposé à l'air, on vit apparaitre des Monades, des
Vibrions et des Polygastriques. Planc. III, fig. 1 (1).

Schultze ajoute que, lorsque las d'attendre vaine-
ment, il débouchait son vase et y laissait pénétrer l'air
extérieur, au bout de trois jours, des Infusoires y pullulaient, apportés, dit-il, par le fluide atmosphérique
qui les tenait en suspension (2). Ce dernier fait est
pour moi inexplicable car nous avons déjà vu, et nous
verrons encore, que dans les *décoctions* le phénomène
ne marche pas aussi rapidement.

Nous ne concevons pas trop comment cette expérience a été conduite et comment chaque jour sans
introduire de l'air, avec un tel appareil, on a pu vérifier ce qui se passait dans le flacon en expérimentation. Nous pourrions dire aussi avec M. Bérard, que
cette expérience prouve tout simplement que l'air qui
a traversé l'acide sulfurique est contraire à la génération spontanée (3). Mais nous n'avons nullement besoin d'employer de tels arguments, puisque cette expérience répétée avec des précautions infiniment plus
grandes que celles dont parle M. Schultze nous a
donné des résultats contraires et positifs. Nous avons
vu des Mucorinées, des Monades et des Vibrions se
développer dans des vases qui ne recevaient que de

(1) Schultze, *Edinburgh new philosophical Journal.* Janvier 1837.
(2) Schultze, *Annales de Poggendorf*, 1837, p. 41.
(3) Bérard, *Cours de physiologie.* Paris, 1848, t. I, p. 95.

l'air qui avait traversé une grande épaisseur d'acide sulfurique, et même en plus, de l'eau bouillante. Nous pouvons en outre prétendre, après une lecture attentive des *Recueils scientifiques*, où l'expérience *unique* de M. Schultze a été insérée, que celle-ci n'offre aucune garantie sérieuse (1).

Et d'abord, malgré le titre d'*Expériences sur les générations équivoques*, le mémoire ne contient qu'une seule expérience fort incomplétement exposée. M. Schultze ne dit nullement quelles substances il a employées dans l'eau qui remplissait son flacon. Il dit seulement qu'il y mit des substances animales et végétales variées ; il n'en mentionne point la quantité, il ne donne aucune attention à la température qui a régné durant son expérience. Le vase employé par cet expérimentateur était une simple fiole à liqueur, dont l'unique goulot était fermé par un bouchon duquel sortaient deux tubes recourbés, dont un communiquait avec un des petits appareils de Liebig destinés aux analyses organiques et était rempli d'acide sulfurique, tandis que l'autre offrait un appareil semblable mais rempli d'une solution de potasse. Ces deux appareils avaient été adaptés aux tubes tandis que la liqueur du flacon était en ébullition. M. Schultze aspirait chaque jour deux fois avec sa bouche l'air du flacon par l'appareil rempli de potasse, et il y rentrait de l'air nouveau qui traversait les boules remplies

(1) SCHULTZE, *Notice of the Result of an Experimental Observation made regarding Equivocal Generation. — Edinburgh new philosophical Journal.* Octobre 1837. — Expériences sur les générations équivoques. *Ann. des sc. nat.*, 2ᵉ série. Zoologie, t. VIII, p. 320.

d'acide sulfurique ; et il dit aussi que pendant plus de deux mois que dura l'expérience, il eut le soin d'examiner chaque jour au microscope l'infusion contenue dans le flacon et qu'il n'y rencontra jamais aucun animalcule. Nous ne dirons rien du soin avec lequel M. Schultze renouvelait l'air de son appareil, il était superflu ; mais nous voudrions bien que l'on pût nous enseigner comment, dans un appareil semblable, M. Schultze a pu chaque jour, sans l'ouvrir, constater ce qui se passait dans l'infusion et en explorer les bords, comme il le dit, à l'aide du microscope ! Voici pour nous ce qui est inexplicable (1).

Nous ne parlerons nullement du criterium placé à côté de l'appareil et dans lequel M. Schultze trouve rapidement des Infusoires, parce que si le savant de Berlin dit bien que dans celui-ci il plaça les mêmes substances que dans l'appareil, il ne dit nullement s'il les soumit également à l'action de l'ébullition, ce qui est fort essentiel à savoir.

L'expérience suivante tend à prouver que la facilité avec laquelle Schultze obtenait des animalcules, soit dans son criterium, soit à volonté et si rapidement lorsqu'il ouvrait le matras à expérience, n'existe pas toujours, et nous la regardons même comme fort pa-

(1) Voici comment s'exprime le traducteur du travail de M. Schultze dans le *Nouveau Journal d'Édimbourg* :

Continued uninterruptedly the renewal of the air in the flask, without being able, by the aid of the microscope, to perceive any living animal or vegetable substance, although during the whole of the time I made my observations almost daily on the edge of the liquid. »

radoxale lorsqu'il s'agit de décoction de substances
végétales.

EXPÉRIENCE.— Un petit ballon à large goulot, d'un
demi-litre de capacité a été rempli d'eau à moitié, et
l'on y a ensuite introduit cinq grammes de foin. A
l'aide d'une lampe à esprit-de-vin on a entretenu l'eau
en ébullition pendant quinze minutes, et ensuite, le
matras étant débouché, son contenu a été abandonné
au contact de l'air. Pendant l'entière durée de l'expérience, qui fut longue, la température fut en
moyenne de 16° cent. L'expérience fut commencée le 24 juillet. Le 2 août le liquide était diaphane et d'une teinte fauve ; sa surface n'offrait aucune pseudo-membrane, aucune bulle gazeuse; on
n'y voyait aucun vestige d'êtres organisés. Le 7
août on n'y reconnut encore absolument rien. L'observation fut répétée sans plus de succès jusqu'au
18 septembre, c'est-à-dire pendant presque deux mois.

En présence d'un tel résultat que doit-on croire de
ce qu'avance Schultze qui, dans des cas analogues,
obtenait des êtres organisés aussitôt qu'il exposait sa
décoction au contact de l'atmosphère?

Lorsque je me trouvai rationnellement bien pénétré de l'évidence de la thèse que je devais défendre,
je me mis à l'œuvre pour la démontrer expérimentalement. Mais en même temps que mes travaux, dans
cette direction, venaient chaque jour confirmer mes
vues, je m'occupai, d'un autre côté, de refaire d'un
bout à l'autre toutes les expériences des antagonistes
de l'hétérogénie, en les répétant à plusieurs reprises, et
en m'entourant de toutes les précautions imagina-

bles. Voici ce qui advint. Dans tous les cas où les physiologistes que nous combattons ont opéré de manière à ne pas entraver absolument la vie organique, j'ai obtenu des résultats entièrement opposés aux leurs, j'ai vu constamment des animalcules et des végétaux apparaître là où ils prétendaient n'en avoir jamais observé. Puis, dans les cas où les résultats ont été négatifs, dans mes expériences comme dans les leurs, j'ai reconnu qu'on le devait à ce que les conditions étaient telles qu'aucun être vivant ne pouvait subsister au milieu d'elles.

Contre-expérience de Schultze par M. Pouchet. — J'ai répété de la manière suivante l'expérience de M. Schultze : Un ballon d'un litre de capacité a été rempli à moitié d'eau, et l'on a mis dans celle-ci cinq grammes de foin. Le bouchon de ce ballon était traversé par deux tubes recourbés à angle droit à cinq centimètres au-dessus de leur sortie; l'un d'eux, le tube afférent, ne descendait pas plus bas que le col de ce ballon; l'autre, le tube efférent, plongeait plus profondément et arrivait à un centimètre du liquide, afin de mieux enlever les gaz pesants qui stagneraient à sa surface. Chacun de ces tubes était articulé, à l'aide d'un cylindre de caoutchouc, avec un appareil à cinq boules de Liebig; cet appareil fut rempli d'acide sulfurique concentré. Pour plus de précision, et afin de faire marcher plus lentement et plus régulièrement l'introduction de l'air et par conséquent de mieux le laver dans l'acide, nous avons employé un vase aspirateur, dont le robinet ouvert à peine n'attirait l'air que globule à globule. Ce vase recevait un tube qui était articulé avec les boules efférentes. Le bouchon du ballon ayant été luté avec du vernis au copal et du vermillon, et les extrémités des cylindres de caoutchouc qui unissaient les diverses pièces de l'appareil ayant reçu le même lut, on plaça sous l'appareil une lampe à esprit-de-vin et l'eau du ballon fut bientôt portée à l'ébullition. On l'entretint dans cet état pendant une heure, durant laquelle la vapeur sortait abondamment par les tubes. La lampe fut alors éteinte et le ballon se refroidit lentement, en aspirant peu à peu de l'air par les boules. Planc. III, fig. 2.

Le soir du premier jour, lorsque l'appareil était tout à fait froid, à l'aide du flacon aspirateur qu'on luta alors avec lui, on fit passer un litre d'air avec toute la lenteur possible, à travers le ballon. Puis ensuite, chaque jour, la même opération fut répétée avec les mêmes précautions, soit pour enlever les gaz qui se produisaient à la surface du liquide, soit pour fournir de l'air respirable aux animalcules qui pourraient apparaître dans la décoction. Près de celle-ci, on plaça un critérium : c'était un ballon absolument semblable à celui employé pour l'expérience, ayant reçu autant d'eau et de foin, et dans lequel ceux-ci avaient subi une pareille ébullition ; seulement on laissa le matras ouvert.

La marche de cette expérience a été un peu lente à cause de la saison dans laquelle nous opérions et de la basse température qui régnait, et qui, en moyenne, ne s'est pas élevée au-dessus de 14°. Le liquide s'est coloré lentement et est resté parfaitement diaphane et fauve jusqu'au vingtième jour, époque à laquelle il devint un peu nébuleux, trouble et où il se produisit au fond un léger dépôt. Le vingt-quatrième jour, on vit se former à sa surface en petit îlot glauque, d'environ deux millimètres de diamètre, qui paraissait formé d'une espèce de *Penicillium*. Le lendemain on en vit un autre de la même dimension.

Enfin, le vingt-sixième jour, l'appareil fut ouvert et voici l'énumération de ce que nous rencontrâmes dans le liquide qu'il renfermait. Les deux îlots étaient réellement formés d'un *Penicillium*, très-rapproché du *Penicillium glaucum*, Link, mais plus rameux et à cloisons très-serrées. L'eau était peuplée à sa surface d'une immense quantité de Spirillum ondulé, *Spirillum undula*, Eh. Duj. (1) ; et de Spirillum tournoyant, *Spirillum volutans*, Eh. Duj. (2). On y rencontrait aussi beaucoup d'autres Vibrions très-agiles de 0,0038 de millimètre. La pellicule de la surface était arachnoïde et formée de grands Vibrions morts, parfaitement enchevêtrés et ayant presque tous une longueur de 0,0200 de millimètre environ. Çà et là s'agitaient quelques Monades difficiles à déterminer. On rencontrait en outre, dans cette décoction, une abondance de Bactériums articulés d'une longueur qui variait de 0,0076 à 0,0110 de millimètre (3). Enfin

(1) EHRENBERG, *Infus.*, pl. V, fig. 3.
DUJARDIN, *Histoire naturelle des Infusoires*. Paris, 1841, p. 223.
O. F. MULLER, *Vibrio undula*, Inf., pl. i, fig. 4-6.
(2) EHRENBERG. *Infus.*, pl. v, fig. 13.
DUJARDIN, *Infus.*, p. 225.
O. F. MULLER, *Vibrio spirillum*, Infus., pl. vi, fig. 9.
(3) *Bacterium articulatum* et *Bacterium triloculare* d'EHRENBERG.
DUJARDIN, *Infus.*, p. 246.

on voyait aussi à certaines places quelques animalcules que je pense indéterminés. Ceux-ci étaient cylindriques, obtus aux extrémités, et renfermaient à leur
intérieur de trois à cinq grosses granulations ; leur
longueur était en moyenne de 0,0200 de millimètre.
Il existait encore çà et là quelques semences de Pénicilliums faciles à reconnaître.

De tels résultats, obtenus par notre contre-expérience, renversent donc ceux que Schultze avait obtenus dans son expérience si célèbre.

Voici, dans cette contre-expérience, ce qui se passa
dans le critérium. Le second jour, le liquide ne présente aucune production organique. Le troisième, il
offre à sa surface un certain nombre de grands Vibrions ayant pour la plupart 0,0140 de millimètre de
longueur. On rencontrait aussi, de place en place,
quelques *Vibrio levis*, nob. de 0,0336 à 0,0420 de
millimètre de longueur ; enfin çà et là il existait quelques *Vibrio bacillus* de 80 à 100 divisions micrométriques, doués, ainsi que tous les autres, de mouvements très-manifestes. Le quatrième jour, la température étant de 14°, tous les Vibrions observés la veille
sont morts et forment à la surface de la liqueur un
réseau lâche inanimé. Cette rapide phase de vitalité à
laquelle succède une destruction complète n'aura-
t-elle pas été une cause d'erreur pour les observateurs
qui n'ont obtenu que des résultats négatifs ? Le cinquième jour, la température moyenne est de 10°. Le
réseau de Vibrions morts, formé à la surface de la
liqueur est encore très-distinct, on n'observe pas le
moindre animalcule vivant. Le sixième jour, temp.

10°, le foin est remonté et surnage un peu ; la superficie du liquide, pendant la nuit, a produit quatre petits îlots de *Penicillium glaucum*. Link. Le septième jour, temp. 15°, même état. De temps à autre on aperçoit quelques Vibrions de 4 à 5 divisions micrométriques, animés de mouvements manifestes, et d'autres Vibrions, mais très-petits, qui ont des mouvements fort rapides. On ne les distingue qu'aux plus puissants grossissements : sans une attention soutenue, on pourrait croire qu'il n'existe dans cette décoction aucun animalcule vivant. Le huitième jour, temp. 13°, dans certains endroits on découvre beaucoup de Vibrions granifères enchevêtrés en pellicule et inanimés ; puis beaucoup de plus petits, très-agiles, très-nombreux. Le dixième jour, temp. 14°, liqueur devenue jaune, trouble ; à sa surface nagent plusieurs îlots de *Penicillium*. Pellicule inapparente. On observe beaucoup de corps inanimés de Vibrions granulés, des Monades terme. Le quatorzième jour, temp. 18°, les îlots de *Penicillium* se sont agrandis et la liqueur ne contient absolument qu'une immense abondance de Monades fort rapprochées du *Monas elongata*, Duj. Le vingt-sixième jour, jour où l'on ouvre l'appareil, le critérium n'est pas plus avancé que lui pour sa faune ; quelques rares *Monas termo*, quelques très-petits Vibrions, voilà tout ; l'avantage serait peut-être même à l'expérience. On voit que nos décoctions à l'air libre ne sont pas aussi rapidement fécondes que celles de M. Schultze ; nous n'avons trouvé aucun Polygastrique dans cette circonstance.

Expérience. — Après avoir suivi le même procédé

que M. Schultze, j'ai conçu une expérience qui est encore plus rigoureuse que la sienne, et, dans cette tentative, que j'ai répétée plusieurs fois, j'ai obtenu encore des résultats opposés à ceux du savant étranger. Voici cette expérience : un flacon à trois tubulures, de la contenance d'un litre, fut totalement rempli d'acide sulfurique concentré. La première tubulure était occupée par un tube recourbé qui, par l'une de ses extrémités, communiquait avec une pompe à air, et par l'autre plongeait au fond de l'acide. La seconde tubulure, ou tubulure du milieu, était munie d'un siphon qui naissait au niveau de la réunion du tiers supérieur du flacon avec les deux tiers inférieurs et allait se plonger au fond d'une éprouvette vide. La troisième tubulure portait un tube allant se rendre dans le second flacon.

Ce second flacon, de la même capacité que l'autre, avait été rempli d'eau bouillante ; sa première tubulure donnait passage au tube qui provenait du flacon rempli d'acide ; né au niveau de la tubulure de celui-ci, il allait se rendre au fond de l'eau bouillante. La tubulure du milieu avait un siphon offrant exactement la même disposition que le précédent et reçu aussi dans une éprouvette vide. Enfin, de la troisième tubulure partait un tube allant dans le fond du troisième flacon.

Ce flacon d'une capacité égale aux autres n'offrait que deux tubulures. La première recevait le tube provenant du flacon à eau bouillante ; né dans celui-ci au niveau de sa tubulure, il ne se plongeait qu'au même niveau dans le dernier flacon. La seconde tubulure portait un tube ou siphon qui, né au-dessus du niveau des deux tiers du flacon, allait se rendre dans une éprouvette remplie d'eau.

Une forte décoction de foin bouillant ayant été introduite dans ce troisième vase et le remplissant exactement, on luta l'appareil avec le plus grand soin, à l'aide de vernis gras et de vermillon, afin de le fermer hermétiquement. L'appareil était donc *absolument occupé* par de l'acide sulfurique et de l'eau presque en ébullition. Alors, avec beaucoup de lenteur, à l'aide d'une petite pompe on introduisit de l'air dans l'appareil, et voici ce qui se passa, et ce que l'on voulait obtenir : l'air introduit traversa peu à peu l'acide sulfurique concentré et s'amassa à la partie supérieure du premier flacon ; la pression qu'il détermina mit en jeu le siphon qui était adapté à celui-ci et le tiers de l'acide sulfurique alla remplir la première éprouvette. Lorsque tout ce que ce siphon pouvait enlever d'acide fut parti, l'air qui avait traversé celui-ci passa dans le flacon d'eau bouillante, se déchargea des vapeurs d'acide qu'il avait pu entraîner et s'amassa au haut de ce second flacon ; bientôt le siphon se mit en action et vida un tiers de l'eau bouillante dans la seconde éprouvette. Enfin, lorsque l'action de ce second siphon fut épuisée, l'air passa dans le troisième, où le dernier siphon se mit en jeu pour enlever aussi le tiers de la décoction qui s'y trouvait contenue. Dans cet état de choses, il n'existait donc absolument en contact avec la décoction mise en expérience que de l'air ayant traversé un flacon rempli d'acide sulfurique concentré, et un autre flacon rempli d'eau bouillante, double épreuve plus que suffisante pour détruire tous les germes d'animaux ou de plantes qui auraient pu se trouver dans l'air.

Ensuite on abandonna absolument l'appareil à lui-même, bien persuadé qu'il ne pouvait y avoir aucune communication entre l'atmosphère et le troisième flacon, car, par un excès de précaution, le fond des éprouvettes contenait du mercure dans lequel plongeaient des siphons, afin qu'on ne pût accuser aucune action d'endosmose du liquide. La dernière éprouvette servait de critérium.

Le critérium examiné de temps à autre prouva, comme il fallait s'y attendre, que l'expérience devait marcher avec beaucoup de lenteur. Pendant plus de quinze jours, quoique exposé à l'air, il n'offrit cependant aucune production organique. Ce ne fut que le dix-huitième jour qu'on découvrit à la surface une petite touffe de Mucorinée près de laquelle s'agitaient en abondance des Vibrions.

L'appareil ayant été abandonné à lui-même pendant vingt jours, le flacon qui contenait la décoction n'ayant reçu aucune nouvelle portion d'air, n'avait donc alors été en contact qu'avec un demi-litre de ce fluide. Avant d'ouvrir cet appareil on put observer qu'il n'y avait pas eu la moindre communication entre son contenu et l'air atmosphérique ; le niveau de l'eau que les pressions diverses avaient, dès l'origine, déterminé dans les tubes et les sipohns n'ayant nullement varié.

A l'issue de ces vingt jours on s'attendait à trouver à l'intérieur du liquide en expérience des produits analogues á ceux du critérium, et cela eut lieu en effet. On avait vu, dès le dix-huitième jour, se former dans l'appareil des flots d'une Mucorinée semblable à celle qui recouvrait alors le critérium. Quand le flacon fut ouvert, on reconnut que celle-ci était un petit champignon à mycélium, excessivement grêle, et dont les ramifications étaient alternes, inarticulées, d'un bleu extraordinairement pâle, d'un diamètre de 0,0028 de millimètre. Dans les ramifications de cette plante, ainsi qu'au fond du vase, on rencontrait un grand nombre de Bactériums articulés, *Bacterium articulatum*, Ehr., en mouvement ou immobiles ; ils étaient plus abondants au fond, où la végétation cryptogamique manquait ; on rencontrait aussi çà et là des Vibrions-anguilloïdes, *Vibrio undula* Mull. (1), très-agiles, et des Vibrions linéaires immobiles, *Vibrio bacillus*, Mull.

Comme on le voit, le contenu du flacon isolé de l'atmosphère était à peu près le même que celui du critérium. Peut-on donner une plus manifeste preuve que ce n'est point l'atmosphère qui recèle les germes des animaux? La Mucorinée du flacon était évidemment la même que celle du critérium ; seulement, si elle n'offrait point d'articulations, cela provenait de ce qu'elle était un peu plus nouvellement formée ; la vie ne marchant jamais à vaisseau clos et en présence d'une faible portion d'air, comme elle marche en pleine atmosphère, car on se rappelle que dans notre appareil l'air n'a pas été renouvelé.

(1) O. F. Muller, *Anim. infus.*, pl. III, fig. 5, 7.
Spirillum undula, Ehrenberg. Infusion, tab. V, fig. 12.
Spirillum undula, Dujardin. Infusoires, p. 223, pl. I, fig. 8.

EXPÉRIENCE. — Connaissant combien les animalcules sont lents à apparaître dans les décoctions, j'ai varié cette expérience de la manière suivante, pour obtenir plus rapidement des produits et aussi des animalcules d'un ordre plus élevé; j'ai réussi ainsi que tout me le faisait présager.

En juillet, cinq grammes de foin ayant subi l'action d'un courant de vapeur d'eau pendant vingt minutes, sont introduits dans le troisième flacon de mon appareil à acide sulfurique, précédemment décrit. Le second flacon venant d'être rempli d'eau bouillante, on versa immédiatement aussi de l'eau bouillante dans le troisième flacon et on luta hermétiquement. Ensuite chaque jour, on fit passer un litre d'air dans l'appareil à travers l'acide sulfurique, puis l'eau destinée à le laver.

Après huit jours d'une moyenne de 22° pour la température, on examina le contenu du flacon qui renfermait le foin et voici ce que l'on trouva. Le liquide offre une pellicule apparente, mince, cassante. Le microscope y signale ce qui suit : une immense quantité de Vibrions granifères et de Vibrions lisses (1) en partie vivants et en partie déjà morts. On n'aperçoit aucune Monade, et les Vibrions de petite espèce sont excessivement rares. De place en place, on découvre de petits ilots composés de granules contenus dans l'enchevêtrement que forment les corps des Vibrions morts. Ces granules ne sont évidemment que des vestiges de la décomposition des Vibrions

____

(1) *Vibrio granifer*, POUCHET. — *Vibrio levis*, POUCHET.

granifères, de façon que là la membrane proligère n'est point formée par des Monades ou de petits Vibrions, mais par les corps des grands et par leurs granulations.

EXPÉRIENCE. — L'expérience qui suit fut exécutée sans que l'on s'entourât des précautions si rigoureuses que l'on avait prises dans les précédentes, et cependant, pour moi, elle est tout aussi explicite. Elle offre des résultats plus évidents parce que l'on y a moins altéré les éléments génésiques. On l'exécuta dans le même appareil. On introduisit de l'eau bouillante dans le second flacon et le troisième fut rempli d'eau filtrée et de dix grammes de foin gardé pendant trente minutes dans une étuve chauffée à 200°; enfin de l'air extérieur fut introduit dans l'appareil en traversant le flacon d'acide sulfurique et le flacon d'eau bouillante.

Le lendemain, la température ayant été de 17°, l'eau est colorée en fauve; il n'existe à sa surface aucune bulle de gaz, ce qui indique qu'aucun mouvement fermentescible ne s'est établi. On injecte alors un litre d'air.

Le deuxième jour expiré, l'appareil est ouvert. Il existe à la surface du liquide quelques bulles de gaz; la macération est légèrement trouble. Le liquide offre une pellicule proligère excessivement mince, formée d'une immense quantité de Vibrions granifères enchevêtrés avec des Vibrions lisses, et ayant leurs intervalles remplis de Monades crépusculaires et de Bactériums articulés. Presque tous les Vibrions sont déjà morts, cependant quelques-uns sont encore très-agiles. De place en place aussi on voit s'agiter quelques Monades lentilles.

Parallèlement à cette expérience, il existe près de mon appareil un flacon de la même capacité, et dans lequel, à l'aide d'une lampe à esprit-de-vin, j'ai fait bouillir le foin pendant trente minutes. Le liquide est d'un fauve extrêmement foncé, limpide, aucune bulle de gaz n'existe à sa surface, aucune pellicule ne s'y observe. Examinée au microscope, la décoction n'offre pas alors la moindre trace d'animalcule !

Schwann a exécuté aussi quelques expériences qui ont eu le même retentissement et le même résultat que celles de Schultze ; mais au lieu d'employer l'acide sulfurique pour tuer les germes qu'il supposait errants dans l'atmosphère, il eut recours au feu. Ce savant, après avoir fait bouillir de l'eau chargée de matières organiques, ne faisait parvenir sur celles-ci que de l'air qui avait traversé un milieu soumis à la température de la chaleur rouge. Dans ses expériences aucun mouvement putrescible ne se manifesta dans le liquide, et jamais dans celui-ci aucun animalcule ne se développa, aucun végétal rudimentaire (1).

Voulant rendre incontestable que l'air ne peut être considéré comme le véhicule des germes, et renverser ainsi le dernier retranchement des adversaires de l'hétérogénie, j'ai, à plusieurs reprises, répété l'expérience de Schwann avec le plus grand soin, et même en prenant des précautions encore plus sévères que ce savant ne l'avait fait, et, cependant, mes résultats

(1) Schwann, *Des générations équivoques.* (*Annales de Poggendorf,* 1837, p. 184.

ont été tout à fait opposés aux siens. J'ai vu des cryptogames et des Protozoaires se développer abondamment dans des vases qui n'étaient accessibles qu'à de l'air élevé à une température telle que dans l'hypothèse ou celui-ci aurait pu contenir quelques germes, ceux-ci avaient évidemment été détruits.

EXPÉRIENCE. — J'ai pris un gros tube en verre, long de cinquante centimètres, et, afin de multiplier les points de contact et de ralentir la marche de l'air qui devait le traverser, tout l'intérieur en fut obstrué avec des filaments d'amiante et des fragments de verre. Ce tube recevait d'un côté un tuyau de gomme élastique communiquant avec une pompe à air, et de l'autre il se continuait avec l'appareil. Ce tube était disposé horizontalement et au-dessous de lui se trouvaient trois grosses lampes à esprit-de-vin dont la flamme l'entourait complétement. Venaient ensuite deux flacons, l'un à trois tubulures et l'autre à deux. Le premier de ceux-ci était totalement rempli d'eau bouillante et recevait, par sa première tubulure, un tube recourbé qui plongeait jusqu'au fond du liquide. La tubulure du milieu était munie d'un siphon qui naissait dans ce flacon vers le milieu de sa hauteur et allait se rendre dans une éprouvette vide. Enfin la troisième tubulure portait un tube qui, né à un centimètre au-dessous de son bouchon, allait se rendre dans le second flacon. Ce second flacon avait été rempli entièrement d'une décoction de foin bouillante. Sa première tubulure recevait le tube qui partait du vase précédent, et ce tube ne s'enfonçait point dans le flacon à plus d'un centimètre au-dessous du bouchon.

De la seconde tubulure naissait un tube faisant fonction de siphon. Il naissait vers le milieu de la hauteur du flacon et allait se rendre au fond d'une grande éprouvette vide. L'appareil ayant été luté exactement en mettant peu de lut et en recouvrant celui-ci d'une couche de vernis et de vermillon, on alluma les trois lampes ; et lorsque, après une demi-heure, il fut évident que le tube et les fragments de verre et d'amiante qu'il contenait étaient élevés à la température rouge, on poussa très-lentement de l'air dans l'appareil, à l'aide de la pompe. Cet air, à cause de la multiplicité des points de contact, fut réellement tamisé tout le long du tube, de manière à tuer incontestablement tous les germes d'animaux, s'il en contenait. De là il passa dans le premier flacon en traversant l'eau presque bouillante qu'il contenait. Immédiatement l'air introduit dans l'appareil mit en jeu le premier siphon et ce premier flacon se vida de la moitié de son eau dans l'éprouvette qui lui était contiguë. Peu de temps après, l'air traversait le tube de communication du deuxième flacon, arrivait dans celui où était la décoction de foin et mettait en jeu le second siphon, qui alors en enlevait rapidement la moitié pour en remplir la seconde éprouvette. Planc. III, fig. 3.

Ainsi donc, tout l'air qui remplissait alors le flacon contenant la décoction en expérience avait été tamisé dans une longueur de cinquante centimètres et y avait été élevé à la température de la chaleur rouge, et ensuite cet air avait traversé de l'eau presque bouillante. Aucun germe n'avait donc pu résister. Les tubes des éprouvettes plongeaient dans du mercure.

Dans la première expérience que nous tentâmes avec cet appareil, nous fûmes plus rigoureux que M. Schwann. L'air ne fut nullement renouvelé et la décoction ne se trouva, durant tout le temps, en contact qu'avec un décimètre cube de ce fluide. Ce ne fut qu'après six semaines que l'on déluta l'appareil et l'on put avant s'assurer que l'intérieur n'avait pas reçu la moindre parcelle d'air atmosphérique, la différence de nivellement que l'eau offrit tout d'abord dans les siphons n'avait point varié depuis le commencement de l'expérience jusqu'à sa terminaison.

Voici ce qui fut observé alors : on n'a jamais distingué de pellicule à la surface du liquide, qui a toujours été diaphane et d'un fauve foncé. Seulement après vingt-quatre jours on a vu se former de place en place des îlots de quatre et six millimètres de diamètre, composés évidemment d'amas de petits champignons reconnaissables à la loupe, à travers les parois du flacon. Ces amas, d'abord de couleur blanche, faisaient une saillie d'un millimètre à la surface de l'eau. Deux jours après, leur teinte devint d'un vert glauque(1). A l'ouverture du flacon, avec le microscope on reconnut qu'ils étaient composés d'une espèce de *Penicillium* très-analogue au *Penicillium glaucum* de Link, ainsi que le firent soupçonner quelques vestiges de sa fructification en pinceaux qu'on rencontrait çà et là. Chacun de ceux-ci était environné d'un nuage de spores libres, sphériques de 0,0028 à 0,0040 de millimètre de diamètre, colorés en jaune très-clair. Ou-

____

(1) A ce moment on n'observait aucun de ces cryptogames dans le critérium, ni dans le laboratoire.

tre ces spores, on trouvait encore dans le liquide des corpuscules allongés fort petits, presque tous absolument immobiles et qui n'étaient que les restes d'une génération de Vibrions qui avait précédemment animé cette infusion. Quelques-uns seulement jouissaient encore de mouvements. Ceci est parfaitement en harmonie avec ce qu'a observé M. Pineau. Il a vu le *Penicillium glaucum* succéder à des générations de Vibrions (1).

Quoi qu'il en soit, voici évidemment un végétal et des Vibrionides qui se sont développés spontanément après quelques semaines, dans une atmosphère d'air non renouvelé ayant subi la température rouge et traversé deux flacons d'eau presque bouillante. Il est évident que l'on ne peut pas dire que là les séminules sont venues du dehors. Si ces séminules, chose impossible, avaient traversé le tube rouge, elles ne seraient même pas parvenues dans le second flacon, elles fussent restées flottantes dans le premier; enfin, on les voit, on les connaît; si elles pénétraient dans des appareils, on les y découvrirait... Nous les y découvrons comme on le voit, quand elles y sont réellement.

Pendant tout le temps qu'a duré l'expérience, le critérium a conservé sa transparence, et après six semaines c'était à peine si sa surface offrait une pellicule apparente. Le vingt-huitième jour il offrait quelques *Vibrio rugula*, Duj., mais en si faible quantité

(1) J. PINEAU, *Recherches sur le développement des animalcules infusoires et des moisissures.* (*Ann. des sc. nat.* Zoologie, t. III, p. 187.)

qu'ils auraient pu passer inaperçus. Le trente-cinquième jour on n'y distinguait absolument rien. Enfin, observé parallèlement au flacon et le même jour, on ne reconnut à sa surface aucun Mucor ni aucune séminule de Mucor. De place en place seulement on voyait une ou deux Monades, un ou deux Vibrions, pas plus.

Si les germes étaient réellement suspendus dans l'atmosphère, pourquoi le *Penicillium* qui s'est si amplement développé dans le vase fermé, n'eût-il pas apparu en plus grand nombre dans le critérium exposé à l'air? Il le devait dans l'hypothèse de la panspermie. Si cela ne s'est pas réalisé, c'est que celle-ci est sans fondement. Pourquoi le critérium était-il aussi dénué d'animaux, lui sur lequel tous les germes atmosphériques pouvaient pleuvoir?... Pourquoi ! C'est qu'à l'air libre comme dans les vases fermés, les *décoctions* sont souvent fort peu riches en animalcules, et c'est ce qui a égaré les expérimentateurs qui nous ont précédé.

EXPÉRIENCE. — Nous avons tenté une nouvelle expérience dans l'appareil dont la description précède. On y abandonna, pendant six semaines, un demilitre d'eau bouillante, contenant cinq grammes de foin, après avoir introduit sur celle-ci un demi-litre d'air qui avait traversé le tube chauffé au rouge, et ensuite le flacon rempli d'eau à 98 degrés. Après, et pendant tout le cours de l'expérience, aucune nouvelle quantité d'air ne fut introduite dans l'appareil.

Lorsque j'examinai le liquide je reconnus qu'il était d'un fauve foncé, diaphane, limpide. Examiné au microscope, on s'aperçut que sa surface était occupée par une mince membrane proligère, formée évidemment de cadavres de longs Vibrions. Les intervalles de ceux-ci étaient remplis de myriades de Spirillums ondulés, *Spirillum undula*, Ehr., offrant de 0,0084 à 0,0124 de millimètre de longueur, nageant tantôt lentement, tantôt rapidement par un mouvement anguilloïde (1).

L'air contenu dans l'appareil avait une extrême fétidité. Est-ce celle-ci qui a empêché d'autres générations de se produire ? L'odeur était analogue à celle de l'hydrogène sulfuré.

Pour les hommes qui font succéder le jugement à la méditation, et qui, sans prévention, acceptent les décisions de l'expérimentation, il est évident que le fait suivant, quoique dépouillé d'une partie des précautions infinies qui ont été prises précédemment, n'en arrive pas moins au même but, à savoir : à prouver purement et simplement que les germes ne sont pas contenus dans l'air. Nous employons ici exactement le même appareil que dans les deux précédentes expériences, seulement le second flacon où est le foin chauffé à 200 degrés, au lieu d'être rempli d'eau bouillante, est plein d'eau froide. Dans ce cas, au bout de deux à quatre jours, on voit constamment une nombreuse population zoologique apparaître dans l'appareil. Le résultat est dû à ce que, dans ce cas, nous n'employons pas d'eau bouillante, qui, comme

(1) *Spirillum undula*, Ehrenberg, Infus., pl. V, fig. 12. — *Spirillum undula*, Dujardin, Infus., pl. I, fig. 8. — *Vibrio undula*, Müller, Infusoria, tab. VI, fig. 4-6.

nous l'avons établi dans tant d'expériences spéciales, paralyse ou anéantit le mouvement génésique. Si l'on ne se reporte pas à ce qui précède, on objectera que les animalcules ont pu tirer leur origine de l'eau; nous pourrions ne pas nous préoccuper de cette objection puisqu'il ne s'agit ici, purement et simplement, que de prouver que ce n'est pas l'air qui en est le dépositaire (1). Mais nous avons démontré précédemment que l'eau ne recèle pas les germes : tous les naturalistes en conviennent aujourd'hui. Or, si dans notre appareil il se développe des Proto-organismes, comme ils ne peuvent provenir de l'air qu'on y introduit, il faut bien leur affecter un autre berceau que l'atmosphère.

Expérience. — Voici le résultat de l'une de nos expériences. On a rempli d'eau bouillante le premier flacon de l'appareil à trois lampes. On a rempli d'eau filtrée froide le second flacon et l'on y a mis dix grammes de foin passé dans une étuve chauffée à 200 degrés. Lorsque le tube fut porté à la température rouge, on introduisit de l'air dans l'appareil. Deux jours après, la température moyenne ayant été de 22 degrés, on ouvrit celui-ci et voici ce que l'on observa. La macération était de couleur fauve et sa surface se trouvait occupée par quelques bulles d'acide carbonique. Le microscope fit découvrir dans l'eau une immense quantité de Vibrions granifères et de Vibrions lisses; puis beaucoup de Mona-

____

(1) Pour l'instant, si l'on voulait, on pourrait même supposer que l'eau est gorgée de germes; cela n'entrave nullement la conclusion.

des crépusculaires et de Bactériums articulés (1).

Mais quoique les résultats que nous venions d'obtenir en répétant les expériences de MM. Schwann et Schultze fussent absolument décisifs, nous n'en sommes pas resté là, et pour éviter toutes les objections subtiles, nous avons exécuté une série d'expériences dans lesquelles l'air atmosphérique a été absolument banni. On voudra bien, nous l'espérons, dans ce cas, nous concéder qu'un agent que nous n'employons pas doit être parfaitement vierge de tout soupçon.

Quoique mes nombreuses expériences démontrent jusqu'à l'évidence, selon moi, que l'air atmosphérique ne peut être et n'est pas le véhicule des germes des Proto-organismes, j'ai pensé que ce serait en couronner heureusement la série et en même temps ne laisser aucune prise à la critique, si je parvenais à déterminer l'évolution de quelque être organisé, en substituant de l'air artificiel à celui de l'atmosphère.

Les belles expériences de MM. Regnault et J. Reiset me semblaient à l'avance indiquer que des animaux inférieurs pourraient se développer dans cet air, puisque des animaux vertébrés y vivent bien (2). Mes tentatives ont été couronnées de succès. Dans de l'eau totalement privée d'air et qui ne se trouvait en contact qu'avec de l'air artificiel ou de l'oxygène pur, j'ai vu des Proto-organismes variés se développer. De tels

______

(1) *Vibrio granifer*, POUCHET. *Vibrio levis*, POUCH. *Monas crepusculum*, EHRENBERG. *Bacterium articulatum*, EHR.

(2) REGNAULT et REISET, *Recherches chimiques sur la respiration des animaux des diverses classes.* Paris, 1849.

faits suffiraient seuls pour étayer solidement les opinions que nous professons.

L'expérience que j'ai tentée en employant l'air artificiel, a été faite en commun avec un jeune et savant chimiste, M. Houzeau, dont le nom s'est déjà inscrit d'une si brillante manière dans la science.

Expérience avec l'air artificiel. — Nous avons pris un grand flacon de cinq litres de capacité, bouchant à l'émeri. Ce flacon a été rempli d'eau bouillante et immédiatement on l'a hermétiquement fermé et renversé sur une cuve à mercure. Lorsque l'eau fut refroidie, on introduisit dans ce flacon un mélange de gaz oxygène et d'azote, dans les proportions voulues pour constituer de l'air artificiel; celui-ci occupa les trois-quarts de la capacité du vase. Enfin, en prenant les plus grandes précautions, on a aussi introduit dans ce flacon 10 grammes de foin qui venait d'être exposé durant vingt minutes dans une étuve à la température de 100 degrés. Ce foin ayant été enlevé de l'étuve dans un flacon à large ouverture, bouché lui-même dans l'étuve et débouché seulement sous la cuve, on l'introduisit dans le flacon. Ainsi on était certain que si quelques parcelles d'air étaient restées dans les interstices de ce foin, chauffées à 100 degrés, elles ne pouvaient recéler aucun germe susceptible de se développer. Enfin, le flacon ayant été bouché sous le mercure, fut remis dans sa situation ordinaire et tout le contour de l'ouverture, pour plus de précision, quoique le bouchon ait été enduit d'un corps gras, fut revêtu d'une couche de vernis à la copale, épaissi avec du vermillon.

Le vase fut ensuite placé dans notre laboratoire, près d'une fenêtre, et observé chaque jour à l'extérieur.

Durant les six premiers jours, la température ayant été en moyenne de 18 degrés, le liquide resta jaune et limpide.

Le huitième, l'eau commence à devenir nébuleuse; l'on aperçoit près de ses bords un îlot flottant, d'un vert glauque, ayant environ trois millimètres de diamètre, et formé sans nul doute, d'une végétation cryptogamique due à une agglomération de *Penicillium*.

Le douzième jour la liqueur continue à être trouble, sans bulles à sa surface, et on y découvre, vers le fond du vase, un globule sphérique de cinq millimètres de diamètre, constitué très-probablement par un amas d'*Aspergillus*.

Le dix-huitième jour, l'eau est encore plus trouble que précédemment et il apparaît vers son milieu un nouvel îlot flottant, formé évidemment de *Penicillium* en fructification.

Le vingt-quatrième jour le liquide présente à peu près le même aspect que précédemment, seulement il est plus trouble vers le fond.

Enfin, un mois après le commencement de cette expérience, le flacon fut débouché. Le gaz contenu dans son intérieur n'avait contracté aucune mauvaise odeur ; la superficie de l'eau n'offrait aucune pellicule, et on y voyait flotter quatre petits îlots de *Penicillium*. Dans ce liquide, qui était jaune et trouble, nageaient plusieurs flocons d'*Aspergillus* de grosseurs diverses, et dont deux, composés de touffes serrées de ce champignon, offraient le volume et l'aspect des grains de groseille blanche.

L'un des îlots, extrait et examiné au microscope, est formé d'une cryptogame très-touffue, très-ramifiée, à ramifications éparses, appartenant au genre *Penicillium*. C'est évidemment le *Penicillium glaucum* de Link (1).

Les flocons qui se rencontrent immergés dans la macération, par l'aspect de leurs touffes et par la structure de leurs mycéliums, ressemblent absolument à l'*Aspergillus* que nous avons observé dans l'oxygène dans une expérience subséquente ; mais comme ces flocons sont restés sous l'eau et n'ont pas fructifié, il a été impossible de déterminer exactement à quelle espèce appartenait la mucorinée qui les compose.

On rencontre çà et là nageant à la surface de l'eau, des grains de matière verte, sphériques, remplis de granules, et offrant 0,0112 de millimètre de diamètre.

Malgré la température qui avait toujours été assez basse pendant la durée de cette expérience, et en moyenne de 15°, et malgré l'influence défavorable que présentent toutes les expériences exécutées à vaisseaux clos, nous découvrîmes un assez grand nombre d'animalcules dans notre macération. Sa surface était remplie de Protées diffluents, *Proteus diffluens*, Mull., *Amiba diffluens*, Dujardin. On y voyait aussi un grand nombre de *Trachelius* absolument analogues au *Trachelius trichophorus* d'Ehrenberg, jeunes, et n'a-

(1) Synonymie : *Mucor aspergillus*, BULLIARD ; *Monilia glauca*, PERSOON ; *Aspergillus glaucus*, FRIES.

yant que 0,065 de millimètre de longueur ; ils étaient extrêmement agiles, se contournant en tous sens et dardant leur longue trompe de tous côtés. On y voyait, en outre, quelques *Trachelius globifer*, Ehr. ; puis quelques *Monas elongata*, Duj., et un grand nombre de Vibrions excessivement fins, parmi lesquels on remarquait surtout le *Vibrio lineola*, Mull., et le *Vibrio rugula*, Mull.

Ainsi donc voici une Faune variée d'animaux microscopiques et quelques champignons, qui se sont développés dans un milieu absolument privé d'air atmosphérique, et où celui-ci, par conséquent, n'a pas pu apporter les germes.

Cette expérience à l'aide de l'air artificiel parle avec une telle autorité, qu'il semble désormais impossible d'offrir un plus audacieux démenti aux partisans de la panspermie aérienne. Mais nous avons pu venir encore l'étayer par quelques autres faits, et l'oxygène étant la partie essentiellement vitale de l'air, nous avons pensé qu'en l'employant on pourrait peut-être voir quelques Proto-organismes apparaître au milieu de lui. Nous avons privé absolument d'air une certaine quantité d'eau, et mis dans celle-ci un corps putrescible ayant subi une température élevée, et le flacon qui les contenait ayant été rempli d'oxygène, on vit en effet des végétaux parfaitement caractérisés naître dans ce gaz! N'est-ce pas là encore une palpable preuve en faveur de notre opinion? Voici les détails de cette expérience répétée par nous deux fois avec des résultats analogues.

EXPÉRIENCE AVEC L'OXYGÈNE. — Un flacon d'un

litre de capacité fut rempli d'eau bouillante et bouché hermétiquement avec la plus grande précaution, et immédiatement on le renversa sur une cuve à mercure. Lorsque l'eau fut totalement refroidie, on le déboucha sous le métal, et on y introduisit un demi-litre de gaz oxygène pur. Aussitôt après, on y mit, sous le mercure, une petite botte de foin pesant dix grammes, qui venait d'être enlevée, dans un flacon bouché, à une étuve chauffée à 100°, et où elle était restée trente minutes. Le flacon fut enfin fermé hermétiquement à l'aide de son bouchon rodé à l'émeri; et pour surcroît de précaution, lorsqu'on l'eut enlevé de la cuve, on mit une couche de vernis gras et de vermillon tout autour de son ouverture.

Huit jours après, la macération était d'une couleur fauve, sans pellicule apparente à sa surface, au moins à l'œil nu, mais le foin submergé offrait sur quelques-uns des brins qui hérissaient sa petite masse, des globules d'un blanc jaunâtre, de la grosseur d'un grain de groseille blanche, auquel de loin ils ressemblaient parfaitement. Ces globules, au nombre de huit à dix, mais dont quelques-uns étaient très-petits et libres dans la liqueur, paraissaient évidemment formés de filaments de Mucorinées implantés en un même endroit, et de là s'irradiant en touffes serrées. Le microscope le démontra.

Le dixième jour, le flacon, ayant été ouvert, on examina son contenu. Il n'y avait eu entre l'extérieur et l'atmosphère aucun échange. Le gaz oxygène qu'il contenait paraissait encore absolument pur; et les corps en ignition qu'on y plongeait activaient leur combustion.

On reconnut alors que les gros flocons blanchâtres, qu'on discernait à travers les parois du vase et qui étaient immergés dans l'eau, étaient évidemment formés par une espèce de champignon à mycélium très-touffu et tassé. Les filaments de celui-ci étaient cylindriques, articulés, et leurs articulations plus rapprochées vers leur base qu'à leur sommet ; des granulations fines en remplissaient les intervalles ; et celles-ci, nombreuses vers l'origine des filaments, le devenaient de moins en moins vers leurs extrémités.

Les sporanges sont parfaitement sphériques, lisses, d'une couleur brune et d'un diamètre de 0,0700 de millimètre ; ils sont enveloppés extérieurement d'une fine membrane transparente qui recouvre les spores.

Le réceptacle dépouillé de ceux-ci, est sphérique et d'un diamètre de 0,0280 de millimètre. Sa surface est finement marquée de points indiquant l'implantation des spores. Ceux-ci sont ovoïdes et implantés tout autour du réceptacle ; le plus long diamètre de ces spores varie de 0,0056 à 0,0084 de millimètre et leur plus court de 0,0028 à 0,0050.

Cette plante, que je pris pour un *Aspergillus*, ne me paraissant point avoir été décrite, afin de m'éclairer à ce sujet, je me suis adressé à M. Montagne, dont l'autorité en semblable matière a une si haute valeur. Il a pensé aussi que c'était une espèce nouvelle, et il lui a plu de lui imposer le nom d'*Aspergillus Pouchetii* (1). J'ai respecté sa décision.

Comme durant ces derniers temps, plusieurs sa-

(1) MONTAGNE, *Plantes cellulaires nouvelles, exotiques et indigènes*. Paris, 1859, 8ᵉ centurie, 9ᵉ décade.

vants ont prétendu que les spores de quelques cryptogames ne perdaient leur faculté de germer qu'à une température au-dessus de 100 degrés, j'ai dû, pour donner à l'expérience dont il vient d'être question toute l'authenticité possible, m'assurer s'il n'en serait pas ainsi à l'égard des végétaux qui s'étaient produits durant celle-ci.

Bulliard ayant déjà reconnu que des séminules de quelques petits champignons, et en particulier celles du *Mucor sphærocephalus*, perdaient leur faculté germinative après une courte immersion dans l'eau bouillante, je pensai, par analogie, qu'il devait en être de même pour le champignon qui s'était développé durant mon expérience.

Ayant pris des spores du *Penicillium glaucum*, Link, je reconnus qu'ils étaient parfaitement sphériques et offraient un diamètre de 0,0028 à 0,0042 de millimètre. Je les plaçai dans un petit tube avec environ deux centimètres cubes d'eau, et celle-ci, à l'aide d'une lampe à esprit-de-vin, fut entretenue en ébullition pendant un quart d'heure. Au bout de ce temps, on put constater, à l'aide du microscope, que les spores de ce Pénicillium étaient déformés; ils avaient perdu un peu de leur sphéricité, et leur volume était presque doublé; ils offraient alors un diamètre variant de 0,0050 à 0,0055 de millimètre.

On rencontrait aussi dans la liqueur des espèces de granules aplatis, du diamètre de 0,0028 à 0,0030, qui semblaient n'être que des débris du test de quelques séminules de ce Pénicillium, dont la substance intérieure avait été enlevée par le fait de l'ébullition.

L'action de l'eau en ébullition a paru affecter encore bien plus profondément les spores d'un *Aspergillus*. Ces séminules, plus volumineuses que les précédentes, et dont par conséquent on pouvait mieux suivre les altérations, étaient ovoïdes et offraient un diamètre de 0,0092 de millimètre de longueur sur 0,0054 de largeur.

Exposées dans l'eau à la température de 98° pendant un quart d'heure, leur configuration s'y altéra sensiblement ; elles se gonflèrent et devinrent diversiformes en prenant un aspect granuleux à l'intérieur. Enfin, lorsque l'eau dans laquelle se trouvaient ces spores d'Aspergillus eut subi une ébullition d'un quart d'heure de durée, ils disparurent complétement et l'on n'en retrouva plus que des débris.

Ces recherches microscopiques confirment donc les observations de Bulliard et viennent démontrer que, le cas échéant où notre liquide ou le corps putrescible que nous avons employé, aurait contenu quelques spores de la végétation cryptogamique recueillis dans notre appareil, la faculté germinative de ces séminules eût été anéantie par le procédé expérimental.

Cette expérience vient donc mettre hors de doute que ce n'est pas l'air qui est le dépositaire des germes, puisque nous voyons un végétal naître dans un milieu dont l'air, absolument banni, a été remplacé par de l'oxygène. Il faut donc bien que les Proto-organismes se forment de toutes pièces dans les milieux qui les recèlent.

Dans cette expérience, le liquide, examiné très-attentivement, ne nous a paru contenir aucun animalcule.

EXPÉRIENCES EXÉCUTÉES A L'AIR LIBRE.

Quoique les expériences à vaisseaux clos déposent d'une manière accablante contre l'hypothèse de la dissémination aérienne et la renversent sans retour, cependant, nous avons voulu encore joindre ici une surabondance d'essais tentés en pleine atmosphère. Notre intention est de prouver, par là, qu'il n'est pas utile d'avoir recours à tant et tant de précautions pour faire luire la plus vive lumière.

Si, comme le veulent nos adversaires, l'atmosphère est réellement le disséminateur universel des germes organiques, on doit en déduire rationnellement que plus la masse d'air en contact avec un corps donné sera considérable, plus aussi la fécondité de ce dernier s'étendra numériquement. Mais rien de cela n'a lieu, parce que l'idée, que l'atmosphère charrie merveilleusement les futures générations des Proto-organismes, n'est qu'une fiction.

Dans plus de cent expériences, je me suis convaincu que le nombre des animalcules n'était pas plus grand dans des vases qui étaient labourés par une puissante nappe d'air que dans ceux qui ne se trouvaient en contact qu'avec quelques centimètres cubes de ce gaz. Mais comme je conçus fort bien que les personnes prévenues contre les doctrines que nous défendons, prétendraient qu'on n'avait peut-être pas opéré en opposant des facteurs assez extrêmes pour bien apprécier le résultat différentiel, j'ai conçu, à ce sujet, d'exécuter des expériences sur une immense échelle, et elles ont toutes déposé de la plus énergique manière en faveur de mes prévisions. C'est là, comme on le voit, une démonstration d'une précision mathématique. Voici nos principales tentatives dans cette direction.

EXPÉRIENCE. — Dans une grande coupe en cristal, je plaçai cinq cents grammes d'une décoction de foin qui avait bouilli une heure, afin d'être bien certain que l'eau et la substance végétale avaient été radicalement purgées de tout germe d'animalcule. Une pomme d'arrosoir plane, dont le diamètre égalait presque celui de la coupe, et dont les trous étaient tournés vers l'eau, avait été suspendue à cinq centimètres au-dessus de celle-ci, afin que le courant d'air n'en troublât pas la superficie, quand on l'établirait, et qu'il ne suscitât aucune perturbation dans le développement des organismes. Cette pomme d'arrosoir, par un tube en caoutchouc, communiquait à l'extérieur et recevait de l'air à l'aide d'une pompe. Enfin, l'appareil fut couvert d'une cloche de verre de dix litres de capacité, dont la base plongeait dans l'eau.

Un critérium était placé à côté de l'appareil précédent : la cloche, le vase et la décoction étaient les mêmes, seulement il n'existait aucune communication entre l'intérieur de la cloche et l'atmosphère.

Pendant trois jours entiers, à l'aide d'une pompe dont le rendement avait été calculé, un homme fut occupé à injecter de l'air dans l'appareil. On en fit passer 10,000 litres. Dix jours après, la température ayant été en moyenne de 21° cent., les deux appareils furent l'objet d'un examen attentif. Dans l'un comme dans l'autre, on reconnut qu'il existait absolument la même population animée, et qu'elle s'y trouvait aussi en nombre absolument égal.

Comment, en présence de cette expérience, admettre encore cette espèce de panspermie à laquelle on veut nous faire revenir ? Si réellement l'air était le véhicule absolu des germes des Microzoaires, il est évident que, comme la surface de l'une de nos décoctions a été labourée par 1,000 fois plus de ce véhicule que l'autre, nous eussions dû rencontrer dans cette décoction 1,000 fois plus d'animaux que dans l'autre ; et rien de cela n'avait lieu. D'un autre côté aussi, comme d'après l'hypothèse que nous nous efforçons d'élucider, plus le volume d'air est étendu et plus aussi il doit disséminer d'espèces différentes, nous devrions trouver plus de sortes d'animalcules dans l'appareil qui reçut le plus d'air ; malgré cela, tout était absolument identique dans l'un et dans l'autre vase.

Nous devons même dire que dans les deux vases la population animée était fort peu abondante, ce qui tient à ce que l'on avait employé une décoction afin d'obtenir un résultat plus rigoureux. On ne rencontrait dans l'un comme dans l'autre, que des amas de Vibrions granifères, de Vibrions lisses, de Bactériums articulés et quelques tigelles de mucorinées articulées et ramifiées.

Expérience. — A une autre époque j'ai recommencé l'expérience précédente, non plus avec une décoction, mais avec une macération de dix grammes de foin haché excessivement fin, réduit presque en poussière, et mêlé avec le plus extrême soin, afin que ses éléments organiques se trouvassent également disséminés dans sa masse. Cinq grammes de ce foin furent mis dans cinq cents grammes d'eau distillée et placés sous l'appareil d'injection à air. Les cinq autres grammes furent mis dans cinq cents grammes d'eau distillée et isolés sous la cloche de dix litres de capacité.

Durant toute la première journée on ne cessa de projeter de l'air sur le premier vase à l'aide de la pompe. Après on cessa. Le quatrième jour une température de 24° en moyenne ayant régné, les deux appareils furent examinés attentivement, à la superficie et au fond. Ils possédaient tous les deux une pellicule de la même épaisseur et tous les deux étaient animés par la même population zoologique. L'un et l'autre contenaient un nombre prodigieux de *Vibrio granifer*, Pouch., et de *Vibrio levis*, Pouch., nageant au milieu d'une atmosphère de petits *Vibrio rugula*, Duj., de *Monas termo*, Mull., et de Paramécies vertes.

EXPÉRIENCE. — Quoique les expériences qui précèdent aient été entreprises sur d'assez larges bases pour qu'on ne puisse en contester la valeur, j'ai cependant conçu le projet de les répéter sur une échelle colossale, afin de paralyser toute espèce d'objection. J'employai à cet effet une machine à vapeur de la force de huit chevaux, et dont le puissant ventilateur, à l'aide de ses 1,500 tours par minute, en moins de six heures remplirait d'air toute la vaste nef de Notre-Dame de Paris. Dans des bocaux d'un litre et de deux litres de contenance, on prépara, dans mon laboratoire, diverses macérations. On y employa du foin, des marguerites de la Chine, *Aster chinensis*, Lin., du stramoine, *Datura stramonium*, Lin., et de la canne de Provence, *Arundo donax*, Lin. Les bocaux furent ensuite placés par gradins dans le large conduit que l'air parcourt pour se rendre à un haut-fourneau, et le ventilateur fut mis en marche avec une vitesse modérée, afin d'empêcher que la violence du courant ne renversât les vases, et de permettre aux germes organiques de s'arrêter plus facilement à la surface des liquides qu'on avait, dans ce but, hérissée d'aspérités, en faisant saillir de place en place quelques tiges des végétaux en macération. La vitesse du ventilateur fut réduite, à cet effet, à cinq cents tours par minute. Les bocaux restèrent exposés à son courant pendant deux heures, et l'on calcula que, durant ce temps, un volume de six millions de litres d'air les avait frappés.

Après ce temps, ces bocaux furent rapportés au laboratoire et placés près de leurs critériums, contenant les mêmes macérations, dans des vases absolument semblables, mais que l'on avait placés sous des cloches contenant un litre d'air, et dont le pied était baigné d'eau, afin d'empêcher toute communication avec l'extérieur et de laisser les vases en contact avec une atmosphère d'un volume déterminé. Toutes ces expériences furent laissées ainsi pendant cinq jours sous l'influence d'une température moyenne de 15° et d'une pression de 0,75.

Il est évident que si l'air est le réceptacle des germes et que si c'est lui qui les disperse, les vases qui ont été labourés par six millions de mètres cubes de ce fluide doivent contenir six millions de fois plus d'animalcules que ceux qui n'ont été en contact qu'avec une atmosphère d'un litre d'air : l'expérience prouva, au contraire, qu'il y avait autant d'animalcules dans les uns que dans les autres. Il nous semble qu'un fait semblable suffit seul pour constater que l'hétérogénie, dans cette circonstance, est l'unique source de toute vitalité.

Voici l'analyse comparative des vases exposés au ventilateur avec celle de leurs critériums.

Le vase qui contenait du foin et que l'on avait exposé au puissant courant d'air du ventilateur, était peuplé d'une immense quantité de *Monas lens*. Mull. et de Kolpodes d'une espèce particulière. On y voyait en outre beaucoup de Vibrions divers, mais aucun *Monas crepusculum*. Le critérium qui avait été placé sous une cloche offrait exactement les mêmes animaux, et ceux-ci y étaient en même nombre. Si même l'une des deux macérations offrait quelque prééminence sous ce rapport, c'était plutôt la dernière, par des raisons que nous avons déjà appréciées : la température un peu plus élevée sous la cloche qu'à l'air libre du laboratoire.

Le vase qui contenait des tiges d'Aster de la Chine et qu'on avait soumis au ventilateur, était rempli d'une espèce particulière de Kolpodes non décrite, très-distincte du *Kolpoda cucullus*. Mull., et d'une taille remarquable, car elle n'avait pas moins de 0,06 à 0,09 de millimètre de longueur. On y voyait, en outre, beaucoup de *Glaucoma scintillans*, Mull., ainsi

que des *Monas lens*, Duj. et des Paramécies vertes;
mais on n'y rencontrait aucune Monade crépusculaire.
Le critérium possédait absolument la même population pour la nature des espèces et pour le nombre.

La macération de Datura, soumise à l'action du
ventilateur, était habitée par une couche épaisse et
extrêmement tassée de *Monas crepusculum*, Ehr. et
par quelques Paramécies vertes; mais on n'y rencontrait certainement aucun Kolpode, aucun Glaucome.
Le critérium conservé abrité sous une cloche, offrait
la même faune, et le nombre de ses habitants paraissait absolument semblable aussi à celui de la macération soumise au ventilateur, si même il ne le dépassait un peu.

Enfin, le vase rempli de Canne de Provence et soumis à l'action du ventilateur nourrissait quelques légions, mais peu nombreuses, de *Glaucoma scintillans*,
Duj. On y rencontrait un nombre énorme de *Monas
lens*, Mull. Il y avait aussi à la surface de l'eau une
pellicule renfermant des amas serrés de *Bacterium
articulatum*. Ehr., mais tout à fait morts. On n'y
voyait point de Monade crépusculaire. Le critérium
abrité présentait tout à fait la même population et
pour les espèces et pour le nombre. Tel est l'exposé
de cette expérience qui, seule, nous semble parler
plus éloquemment que tous les commentaires possibles.

Les expériences qui précèdent parlent, nous le pensons, avec une irrécusable autorité; nous pourrions
donc nous arrêter ici. Cependant nous allons encore
les escorter d'un assez bon nombre de faits, qui, in-

terprétés, en suivant les préceptes de M. Whewel, à l'aide d'une discussion approfondie, viendront jeter de nouvelles clartés sur ce sujet (1).

Partant de cette pensée, que si c'était l'air qui déposât réellement les germes des Proto-organismes, celui-ci devrait successivement s'en épurer à mesure qu'il traverse des milieux propices, j'ai entrepris une série d'expériences pour constater ce fait. Je me suis servi, à cet effet, d'un long appareil de Woulff, composé de huit flacons, dans lesquels je mettais de l'eau ou des décoctions variées. De l'air projeté dans cet appareil en le traversant d'un bout à l'autre, s'il est réellement le véhicule des germes, devrait successivement les abandonner dans les premiers flacons, de manière à en être totalement privé ou à n'en posséder qu'un bien moindre nombre en arrivant aux derniers. Et conséquemment, les premiers devraient être d'une grande fécondité, et les derniers absolument stériles ou bien peu peuplés. Rien de tout cela n'a lieu : la génération zoologique est aussi abondante par tout l'appareil. Voici les résultats précis de quelques-unes des expériences que j'ai exécutées dans cette direction.

Expérience. — Un appareil de Woulff de huit flacons fut disposé sur une même table, et l'on en supprima seulement les tubes de sûreté. Chaque tube sortant d'un flacon plongeait au fond du liquide contenu dans le flacon suivant. Une forte décoction de foin, qui avait bouilli une heure et que l'on avait pas-

(1) W. Whewel, *The philosophy of the inductive sciences.* London, 1847, t. I, p. 548.

sée au filtre, fut introduite bouillante dans tout l'appareil. Chaque flacon en était rempli aux trois quarts. Quoique l'air renfermé dans les flacons se trouvât lui-même presque porté à la température de l'eau bouillante, cependant pour bien s'assurer qu'il ne pouvait rester dans l'appareil aucun germe qui n'eût subi cette température, on fit passer un courant de vapeur pendant un quart d'heure à travers toute la série des flacons.

Au bout de quinze jours, la température ayant été, en moyenne, de 18°, on déluta l'appareil et il fut exploré. Voici ce qui fut observé : chacun des flacons présentait à sa surface une couche serrée d'une petite espèce de Kolpode, très-agile, passant comme un trait dans le champ du microscope, et qui ne me paraît pas encore avoir été décrite. Ce Microzoaire était réparti avec la même abondance dans chaque vase.

Ainsi donc, dans cette expérience, l'air qu'on suppose chargé de Microzoaires, et qui les dépose si facilement dans l'eau, arrive cependant jusqu'au dernier flacon de l'appareil sans avoir perdu une parcelle de sa fécondité, puisque ce flacon est tout aussi riche en animalcules que les premiers..... Est-ce rationnel? je le demande.

Expérience. — Les premières expériences que je fis à l'aide de mon appareil à huit flacons et à courant d'air, furent tentées d'abord dans toute la simplicité possible, et lorsque les résultats en furent parfaitement constatés, et que, par la multiplicité des preuves, il devint impossible de les contester, je m'appliquai à multiplier les obstacles sur le trajet déjà si

complexe de l'air mis en circulation. Tantôt j'occupai
tout le fond de mes bocaux par des fragments de
verre de bouteille, grossièrement brisés, afin que l'air
poussé à l'aide du soufflet, se divisât au milieu d'eux
en très-petits globules, et pût abandonner plus facilement les œufs des Protozoaires, s'il en contenait.
Dans d'autres expériences, j'ai garni la surface de
l'eau d'une multitude de fragments de liége pour
arrêter ces mêmes œufs ; quatre flacons étaient remplis
par celui-ci, quatre autres contenaient des décoctions.
Dans d'autres appareils, quatre flacons étaient remplis
de sable grossier. Enfin, dans le but de multiplier encore les obstacles, j'ai parfois rempli le fond de quatre
de mes flacons de fragments de verre, tandis qu'à la
surface de l'eau de ceux-ci nageaient des fragments
de liége.

Eh bien ! dans tous ces cas, malgré tant et tant
d'obstacles qui auraient dû arrêter complétement, ou
au moins en grande partie, les œufs en suspension
dans l'atmosphère, dans tous ces cas, dis-je, pendant
des expériences qui se sont renouvelées sans relâche
durant deux années entières, c'est-à-dire qui ont été
tentées sur une immense échelle, toujours nous avons
vu que les animalcules étaient normalement aussi
nombreux dans tous les flacons, dans le premier
comme dans le dernier.

Si les œufs des infusoires étaient réellement disséminés dans l'air atmosphérique, j'espère que personne
ne se refusera de convenir que des résultats absolument opposés à ceux que nous avons obtenus auraient
dû se produire dans nos expériences.

EXPÉRIENCE. — Une macération de sommités de luzerne fut exposée durant quinze jours dans un appareil de Woulff, composé de huit flacons. Pendant tout ce temps, on y injecta, chaque jour, une dizaine de litres d'air atmosphérique, et la température moyenne fut de 23°. Quand on déluta l'appareil, il offrit une faune aussi inattendue qu'inexplicable, en suivant les errements des partisans de la panspermie. En effet, le même courant d'air ayant traversé les vases, si réellement les œufs flottants des Microzoaires parvenaient, comme ils le prétendent, si facilement dans les matras que nous prenons cependant tant de soin d'isoler, toutes les pièces de notre appareil, à plus forte raison, auraient dû se peupler d'une progéniture analogue ; et tout le contraire a eu lieu.

Le premier flacon était peuplé d'une espèce de Conferve verte, articulée, qui y était fort abondante ; puis d'une énorme quantité de Navicules, *Navicula obtusa*, Turp., parfaitement en mouvement. Rien autre chose ne s'y rencontrait.

Le second ne renfermait que des Dileptes feuilles, *Dileptus folium*, Duj, (1), qui y étaient en extrême abondance et s'y agitaient au milieu d'ilots de matière verte. D'endroit en endroit, mais rarement, on observait un Trachèle fouet, *Trachelius trichophorus*, Ehr. (2).

Le troisième bocal ne contenait que de fort petits animalcules et quelques Rotifères ; puis quelques

____

(1) DUJARDIN, *Infusoires*, p. 409, pl. II, fig. 6. Ce n'était peut-être qu'une espèce voisine, qu'on ne peut rapprocher d'aucune autre.

(2) EHRENBERG, *Infusoires*, pl. XXXIII, fig. 11.

Conferves différentes de celles du premier flacon.

Le quatrième flacon n'était rempli que d'une Conferve de la même espèce que celle du premier vase et de beaucoup de *Kolpoda cucullus*, Mull., adultes, et dont les estomacs, chez quelques-uns, étaient gorgés de matière verte.

Le cinquième n'offrait qu'une abondance de Vorticelles communes, d'Épistylis et de Glaucomes, et rien de tout ce qui se rencontrait dans les pièces précédentes de l'appareil.

Le sixième flacon n'est absolument rempli que de globules de matière verte, *Globulina botryoïdes*, Turp., simples et doués de mouvements très-rapides, ou enkystés deux à deux, trois à trois, quatre à quatre et immobiles; puis, en outre, d'une abondance extrême de Trachèles fouets, *Trachelius trichophorus*, Ehr. (2).

Le septième flacon est rempli d'une immense quantité d'*Enchelys corrugata*, Duj., et de matière verte à granules simples. Puis de Kystes qui donneront probablement naissance à des animalcules semblables à ceux du sixième flacon. Mais on n'en rencontre pas d'adultes. Pas de Conferves, pas de Vorticelles.

Il est évident que pour ceux qui admettent que le véhicule des œufs leur donne un si facile accès partout, cette progéniture insaisissable a dû circuler amplement dans notre appareil, avec le grand volume d'air qui le traversait chaque jour. Ils pourraient prétendre rationnellement qu'il y eût une différence no-

____

(1) Turpin, *Dictionnaire des sciences naturelles*. Végétaux microscopiques, pl. IV, fig. 1.

(2) Ehrenberg, *Infusoires*, pl. XXXIII, fig. 11.

table, et même fort notable, dans le nombre d'animalcules qu'offriraient les premiers et les derniers flacons ;
et que l'avantage devrait toujours être au profit des premiers. Mais dans l'hypothèse de la dissémination des
œufs on ne peut pas admettre qu'une espèce puisse
traverser les premiers flacons sans s'y arrêter le moins
du monde, pour n'aller féconder que les derniers ; on
ne peut pas admettre que la population animée des diverses pièces de l'appareil de Woulff, puisse être absolument différente, comme si chaque flacon la choi-
sissait au passage. Eh bien ! c'est cependant tout cela
qui a eu lieu dans notre expérience.

Ainsi, le premier flacon nous offre des Navicules et
l'on n'en rencontre plus une seule dans tous les autres. Le second est rempli de Dileptes feuilles, dont pas
un ne s'est arrêté dans le premier flacon ; dont pas un
ne s'est transmis aux autres. Le troisième possède des
Rotifères et c'est l'unique où l'on en trouve. Le quatrième est plein d'une génération de Kolpodes capuchons qu'on ne retrouve nulle part. Le cinquième
n'est peuplé que par des Vorticelles, des Épistylis et
des Glaucomes, dont on n'a pas observé un seul spécimen dans les autres flacons. Le sixième n'est absolument animé que par une abondance de *Trichophorus*, Ehr. (1), dont aucun ne se retrouve dans les flacons qui suivent.

Tout cela est fort remarquable et on se demande
pourquoi tous les germes des Navicules se sont-ils arrêtés au premier flacon sans se propager aux autres ?

(1) EHRENBERG , *Infusionsthierchen* , pl. XXXIII, fig. 11. Synonymie.

pourquoi aucun des œufs problématiques qui ont été éclore dans le cinquième compartiment de l'appareil pour former des Vorticelles et des Épistylis, ne s'est-t-il arrêté avant pour s'y développer, ou n'a-t-il pas passé outre ? Il est vrai que l'on a découvert trois ou quatre Trachèles fouets dans le second flacon, tandis que le sixième a été leur lieu d'élection particulier ; mais ce fait est peut-être le plus fort argument dont nous pourrions nous servir contre nos adversaires. En effet, je demanderai pourquoi, dans l'hypothèse de la panspermie, il ne s'est pas arrêté un plus grand nombre de germes dans le second vase, tandis qu'il s'en est tant développé dans le sixième. Puisqu'on en a rencontré dans le second, le site convenait à l'espèce, et il était naturel de l'y rencontrer plus abondamment que dans l'un des flacons suivants, et on a observé le contraire. Il faudrait expliquer aussi pourquoi cette forte espèce qui est l'un des plus robustes Microzoaires que l'on connaisse, après avoir laissé quelques rares représentants de sa race dans le second flacon, a sauté pardessus le troisième, le quatrième et le cinquième sans y abandonner un seul de ses représentants.

Tout cela est inexplicable par le système des ovaristes; tout cela s'explique facilement par l'hétérogénie. Chaque vase a vu s'engendrer des générations spéciales, parce qu'il se trouvait lui-même dans des circonstances particulières provenant des modifications que le temps avait réparties inégalement sur les macérations qu'il contenait depuis une quinzaine de jours.

Pour ceux qui ne réfutent pas systématiquement

l'évidence, il n'est même nullement besoin de recourir à cette série d'expériences complexes auxquelles
nous nous sommes livré ; les suivantes, quoique bien
simples, suffiraient.

EXPÉRIENCE. — Deux petits paquets de luzerne, parfaitement homogènes et d'un poids égal, ayant été mis
bouillir dans de l'eau, afin de tuer tous les germes qui
pouvaient s'y rencontrer, on mit cette eau bouillante
dans deux grands verres à expériences, en les remplissant presque jusqu'aux bords, après avoir placé dans
chacun d'eux un de ces paquets. On laissa à l'air libre
l'un de ces vases; on déposa sur l'autre une lame de
verre et on l'abrita sous une grande cloche.

En raisonnant d'après l'hypothèse qu'on nous oppose, le verre exposé au contact de l'air, et dont la
surface en est sans cesse effleurée, a dû recevoir une
pluie de germes. Mais, au contraire, le vase qui est
sous la cloche et recouvert d'une lame de verre,
n'ayant été en contact qu'avec une fort minime couche
d'air qui ne s'est renouvelée qu'insensiblement, a dû
être privé des éléments générateurs que l'autre a
pu recevoir si libéralement. Conséquemment il devra donc y avoir une grande quantité d'animalcules
dans le verre exposé à l'air libre, et infiniment moins
dans celui qui est doublement abrité. *La vérité, c'est
qu'il y en a autant dans l'un que dans l'autre.*

Une telle expérience, lorsqu'il a été précédemment
établi que le corps solide ne contient pas les germes,
ne suffit-elle pas pour prouver en outre que ni l'eau
ni l'air n'en sont les dépositaires ?

EXPÉRIENCE. — Deux vases, d'un litre de capacité,

sont remplis d'eau, et l'on place dans chacun d'eux dix grammes de roseau commun, *arundo phragmites*. Ils sont mis ensemble sous une grande cloche en verre. La température est de 28 degrés.

Le lendemain, la surface de ces deux vases contient une prodigieuse quantité de Vibrions rugules, *Vibrio rugula*, Mull. ; puis en outre un nombre immense de grands Vibrions anguilloïdes, *Vibrio levis*, Pouch., de dix à vingt-cinq divisions micrométriques de longueur.

Six autres vases de diverses formes sont, au même moment, mis en expérience. Tous reçoivent trois cents grammes d'eau seulement et cinq grammes de roseau. Ils ne sont recouverts d'aucun appareil.

Le lendemain, ces vases sont aussi observés. Quatre de ceux-ci ne contiennent que des granulations immobiles ; deux seulement offrent une abondance de petits Vibrions ; mais dans aucun on ne rencontre ces immenses Vibrions de dix à vingt-cinq divisions micrométriques de longueur, qui se trouvent dans les deux vases abrités.

Dans l'hypothèse de la panspermie, cela est plus qu'embarrassant à expliquer. Les vases exposés à l'air sont moins féconds que les autres. On pourrait dire que la température a été un peu plus considérable sous la cloche, c'est possible, mais ce serait une simple condition de développement, et là il y a une espèce qui manque absolument dans les autres.

EXPÉRIENCE. — Une décoction de deux litres de foin ayant resté à l'air, dans un grand ballon, pendant huit jours, la température moyenne ayant été de 24 degrés, cette décoction fut alors explorée très-attentivement.

Le liquide était d'un jaune foncé ; à sa surface nageaient de nombreux îlots de *Penicillium glaucum*, Link. On ne reconnut point le moindre vestige d'animalité dans ce liquide.

Voici donc une décoction qui est sans nul doute de nature à pouvoir nourrir les animalcules qui tomberaient à sa surface et qui cependant, quoique exposée à l'air, n'en possède aucun vestige. Faut-il s'étonner, après cela, si les décoctions à vases clos ont paru absolument stériles à des expérimentateurs trop impatients?

Ce ne fut que quinze jours après que de nouvelles observations furent faites ; mais alors une nombreuse population de Kolpodes, de Vibrions et de Monades s'y rencontrait. Ce résultat, tout simple qu'il est en apparence, peut donner lieu à d'importantes remarques. Si l'on n'a pas d'abord trouvé d'animalcules, on ne manquera pas d'attribuer cela à l'étroitesse du goulot du ballon, qui n'a pas permis à leurs germes d'y pénétrer. Mais si cela était exact, on n'eût pas, tout à coup, quinze jours après, trouvé tout le liquide envahi d'animalcules; la même cause ayant dû s'opposer continuellement à cette subite invasion. On peut même ajouter à cela que si c'était seulement le rétrécissement de l'ouverture qui fût l'obstacle, cet obstacle n'étant pas absolu, la population fût arrivée successivement, et dès la première observation il en eût existé des vestiges, et alors on n'y en observait pas le moindre.

Et enfin, nous ajouterons encore que ce résultat était si bien inhérent au liquide lui-même, qu'une portion de celui-ci, exposée dans un vase à large ouverture et amplement aérée, a offert la même particularité. Il est donc évident que dans ce cas les Proto-organismes n'ont apparu qu'à compter du moment où ce liquide leur a présenté la modalité requise.

EXPÉRIENCE. — Cinq vases, absolument semblables, contenant la même quantité d'eau, le même poids de substances fermentescibles, sont exposés le même jour sous une grande cloche en verre et absolument dans les mêmes circonstances. Ils sont ensuite abandonnés huit jours, par une température moyenne de 22 degrés. Voici comment se composait alors la faune microscopique que l'on rencontrait dans chacun de ces vases. Je passe à dessein l'énumération des petites espèces pour rendre la comparaison plus claire.

Le premier vase, contenant du foin haché, n'offrait que des Kolpodes capuchons parfaitement caractérisés.

Le second vase, contenant du même foin, mais entier, était essentiellement peuplé d'une abondance de Kérones lièvres, parfaitement adultes ; et en outre on y observait, mais en petit nombre, une espèce de Kolpode particulière.

Le troisième vase, qui contient du foin entier, n'est rempli que de Glaucomes scintillants, très-développés, et de Protées.

Le quatrième vase, qui est également rempli de foin entier, a sa faune uniquement composée de Paramécies.

Enfin, le cinquième vase, qui contient de l'étoupe

de lin, est peuplé d'une innombrable quantité d'une espèce de Kolpode, très-effilée, très-agile, non encore décrite, à ce que je pense, et que, à cause de sa forme, l'on pourrait nommer *Kolpoda triticea*.

Ainsi qu'on le voit, dans tous ces vases, la population fondamentale est absolument distincte, car le Kolpode contenu dans le dernier est totalement différent de celui que nous avons signalé dans le second. Cette expérience complexe suffirait seule pour ruiner la théorie du véhicule aérien : car, en supposant que ce soit l'air qui apportât les germes, oserait-on soutenir que celui-ci a pu, en effleurant le liquide des vases en expérimentation, trier pour chacun d'eux une population particulière, absolument particulière même ? car, pendant quatre jours qu'ont duré nos observations, nous avons toujours reconnu une parfaite identité dans la faune de chacun de nos verres, et pas un animalcule ne s'était fourvoyé.

Au nombre de cette foule d'arguments que l'on a si souvent en réserve pour nier l'évidence, que l'on ne vienne pas nous dire que la même source de fécondité a été épanchée sur tous les vases en expérience ; que la même pluie de germes a tombé de tous côtés, mais que les macérations ne leur offraient pas à tous un sol propice. Ces espèces, étant toutes analogues, pouvaient vivre dans les liquides identiques qu'offraient ces macérations. Ainsi, pourquoi ne rencontre-t-on pas dans les autres vases un seul des Kérones qui, dans le second vase, vivent cependant avec des Kolpodes ? pourquoi les Glaucomes se trouvent-ils seulement parqués dans le troisième vase ? pour-

quoi ces Kolpodes particuliers du lin, s'ils provenaient
réellement de l'air, n'auraient-ils pas laissé choir sur
les autres vases, placés côte à côte, quelques représentants de leurs innombrables légions ?

Que l'on n'aille pas non plus supposer que quelques
rares individus tombent sur un vase et qu'ils s'y multiplient avec une rapidité qui tient du prodige. Non,
pour ceux qui observent les Microzoaires, on voit que
les choses ne se passent nullement ainsi, et que
leur génération est tellement obscure, que ce n'est
qu'avec une peine extrême qu'on en pénètre le
mystère. Si leur multiplication se faisait ainsi, leur
nombre et leur taille varieraient à l'infini ; et tous,
au contraire, quand on commence une observation,
sont de la même dimension. On sait aussi, et nous
le démontrerons, qu'il faut rayer tout ce que l'on a
dit de la génération par scissiparité ; ce n'est qu'un
charmant roman. Si elle a lieu, ce dont je doute
beaucoup, elle est si rare, si rare, qu'elle constitue
plutôt une exception qu'une règle.

Expérience. — J'ai fréquemment fait l'expérience
suivante : je disposais trois vases d'eau absolument
dans les mêmes circonstances ; dans l'un d'eux, je
plaçais, tout au fond un paquet de cinq grammes de
trèfle, surmonté d'une colonne de liquide d'environ
vingt centimètres de hauteur ; dans un autre le paquet
de trèfle était placé vers la surface de l'eau, mais cependant totalement submergé ; enfin, dans le troisième, le paquet se trouvait seulement plongé dans
l'eau aux trois quarts de sa longueur, et le reste
était en contact avec l'air. Constamment, dans le

premier vase, les animalcules apparaissaient plus lentement que dans les autres et étaient infiniment moins nombreux. Dans le second, la génération se produisait plus vite et était beaucoup plus abondante ; enfin, dans le troisième, il y avait une marche bien plus rapide encore que dans les deux autres, et surtout une exubérance extraordinaire d'animalcules.

Or, comment les partisans de la dissémination aérienne des germes pourraient-ils expliquer ce fait ? Les trois bocaux contenant les mêmes macérations auraient dû aussi offrir des générations identiques. Si cela n'a point eu lieu, c'est qu'il faut en chercher la cause dans une autre hypothèse. Cette différence si notable tient, à n'en pas douter, à l'obstacle qu'éprouve le mouvement fermentescible dans son développement à l'égard du paquet de trèfle qui supporte une plus lourde colonne d'eau, et à la facilité qu'il éprouve à se manifester dans le paquet incomplétement submergé.

Expérience. — J'ai répété un assez grand nombre de fois l'expérience qui suit. Durant le mois d'avril, je mis cinq grammes de foin dans deux cent cinquante grammes d'eau. Le vase qui contenait celle-ci, après avoir été recouvert d'une plaque de verre, fut ensuite placé sous une cloche de cinq litres de capacité, reçue dans un plat dans lequel on versa de l'eau jusqu'à la hauteur de cinq centimètres, afin que l'air contenu sous la cloche ne subisse aucune mutation sous l'influence des différentes raréfactions que pourrait lui imprimer les variations de température diurne ou nocturne. Il était donc évident que ma macération ne se trouvait en contact qu'avec cinq litres d'air en volume ; et je pourrais même dire avec beaucoup moins, le vase qui la contenait étant recouvert d'une plaque en verre qui touchait presque le niveau de l'eau. A côté de cet appareil, un vase absolument semblable contenant la même macération, servait de critérium et était exposé aux divers courants d'air du laboratoire.

La première expérience que je fis avec cet appareil fut tentée en avril 1857. Au bout de quatre jours, la température moyenne ayant été de 16° cent., et la pression de 76 centimètres, j'examinai les deux vases. Dans l'un comme dans l'autre, il existait une nombreuse génération de *Kolpoda cucullus*, Mull., parfaitement adultes. Il en existait un nombre *absolument semblable* dans le vase abrité par la cloche et dans le vase exposé à toutes les oscillations de l'air libre. J'en appelle à la raison des naturalistes : est-ce que si l'air servait de véhicule aux Microzoaires, il ne devrait pas y en avoir immensément plus dans le critérium que dans le vase abrité, puisque le critérium a été constamment en contact avec tous les courants d'une immense nappe d'air, tandis que la macération abritée, n'a été baignée que par quelques centimètres cubes de ce fluide.

Afin qu'on ne puisse pas prétendre que les œufs étaient déjà dans l'eau, j'ai varié l'expérience de plusieurs manières. En employant des décoctions de foin que j'avais tenues en ébullition pendant un quart d'heure à une heure, j'ai constamment obtenu le même résultat.

EXPÉRIENCE. — Si le véhicule des germes était le corps solide, l'eau ou l'air, jamais on n'obtiendrait le résultat qui suit. On a opéré avec une substance qu'on pourrait dire hétérogène et qui, par conséquent, devait varier ses produits, si elle les contenait dispersés dans ses interstices. On mit deux litres d'eau dans un vase de cristal à large ouverture et vingt grammes de foin. Ce vase fut abandonné dans le laboratoire pendant dix jours à une température moyenne de 14°. Après ce laps de temps, on n'y observait absolument qu'une quantité innombrable d'une espèce de Kolpode piriforme, d'un volume considérable. Un autre vase reçut du même foin en même quantité et fut examiné après le même temps écoulé. Il ne contenait absolument que des Glaucomes scintillants, de petite taille; pas un seul Kolpode ne s'y voyait.

EXPÉRIENCE. — Dans une macération de cinq grammes d'étoupes dans trois cents grammes d'eau, après dix jours, par une température moyenne de 27°, nous avons rencontré une population prodigieuse de Kolpodes; ceux-ci, qui me paraissent être une espèce fort distincte, sont très-finement granulés à l'intérieur, et leur corps est grêle et de petite dimension. Le liquide, qu'on observa attentivement, ne contenait aucun autre animalcule. Tous ces Kolpodes avaient exactement la même taille et la même coloration d'un jaune citron clair. Dans l'hypothèse de la dissémination par l'air, ce fait a quelque chose d'étrange; car la chute des germes dans le liquide n'a pas dû avoir exceptionnellement lieu à un seul instant donné, et l'on devrait rencontrer des individus de différents âges et d'un développement différent.

Expérience. — L'expérience suivante parle encore avec éloquence pour démontrer que l'air n'est pas le disséminateur des germes organiques. On prit une grande cuvette en cristal, assez profonde, et l'on y plaça sept verres à boire ordinaires; chacun de ceux-ci après avoir reçu une substance putrescible dans son intérieur, fut environné d'un manchon en verre qui en dépassait la hauteur. Enfin, on versa de l'eau dans la cuvette, de manière à lui faire dépasser d'un centimètre les bords des verres. De cette façon, c'était le même liquide qui baignait tout l'appareil ; seulement dans celui-ci les verres étaient entourés d'un manchon capable de parquer les animalcules qui naîtraient dans les macérations et séjourneraient seulement à leur surface. Tout l'appareil fut ensuite recouvert d'une grande cloche en verre et laissé en repos pendant quatre jours, sous l'influence d'une température de 21°, en moyenne, et à une pression atmosphérique de 0,75.

Lorsque, après ce temps, on examina les verres dans lesquels macéraient de l'aconit, du lin, de la viande, des os de momie, de l'aster de la Chine et du foin, voici ce que l'on observa :

Le compartiment de l'aconit était occupé par une espèce de Kolpode particulier, très-effilé et très-petit, puis par des Monades lentilles et des Vibrions baguettes.

Celui du lin était totalement rempli par un Kolpode différent du précédent, encore plus effilé, jaunâtre, non décrit par les naturalistes.

Le compartiment de la viande de bœuf offrait un grand nombre de Glaucomes scintillants, de Monades lentilles et de Vibrions baguettes.

Celui où se trouvaient des fragments de tibia provenant d'une momie égyptienne, contenait un Kolpode tout à fait différent des deux espèces observées dans les autres compartiments, et qui était deux fois moins volumineux.

Le compartiment garni de fragments d'aster de la Chine, contenait encore une espèce particulière de Kolpode; celle-ci était piriforme, aiguë et de plus forte taille que dans tous les autres sites de l'appareil (1).

Le compartiment au foin entier est excessivement pauvre en animalcules. On y rencontre à peine quelques Glaucomes scintillants; souvent il n'y en a qu'un dans le champ du microscope, et quelquefois on n'y en trouve aucun.

Enfin, le compartiment qui contient du foin haché est, au contraire, extrêmement prolifique et offre une population serrée de Kolpodes et de Glaucomes.

Afin de ne pas tomber dans de fastidieuses répétitions, nous passerons rapidement sur les conséquences de cette expérience. Dans celle-ci c'est la

____

(1) Je n'ai donné ici aucun nom à ces différents Kolpodes, parce que rien d'absolument identique n'a été décrit par les auteurs. Rien n'est plus variable que l'espèce dans les Microzoaires. On peut s'en faire une idée en étudiant les figures originales des naturalistes; pas une ne se ressemble.

même eau et le même air qui se trouvent dans tout l'appareil, et cependant partout les animalcules sont différents. Cette expérience s'élève avec énergie contre les hypothèses dans lesquelles on donne à ces agents le rôle de disséminateurs des germes. Si c'était l'eau, est-ce que les mêmes animalcules ne se seraient pas rencontrés partout? elle qui baigne à la fois tous les compartiments de l'appareil. Si c'était l'air, celui-ci aurait-il choisi ses compartiments pour n'y laisser tomber que telle ou telle espèce sans en égarer une seule sur la limite d'un vase voisin? Et dans cette hypothèse, qui pourrait expliquer pourquoi le foin entier est presque dénué de progéniture, tandis que le foin haché en regorge?

Enfin, il nous a semblé que, pour saper de toutes parts l'hypothèse de la panspermie, il serait bon aussi de fixer expérimentalement les bornes de la dissémination des végétaux inférieurs, et c'est ce que nous avons tenté de faire par les expériences ou les observations qui terminent ce chapitre.

Nous ne prétendons nullement nier les ingénieux moyens que la nature emploie pour disséminer les plantes, ni les extraordinaires migrations des semences voyageuses; mais il ne faut pas en tirer des conséquences impossibles. Les végétaux inférieurs, eux qui, par la nature de notre sujet, appelaient surtout notre attention; eux surtout qui apparaissent parfois avec une abondance qui excite l'étonnement; dans nos expériences, ils nous ont semblé être loin de jouir de cet extraordinaire pouvoir expansif qu'on leur accorde généralement, pour expliquer et leur multitude et leur subite apparition dans les plus inaccessibles réduits. A l'égard d'un certain nombre d'entre eux, cette puissance est même extrêmement limitée. Au lieu de franchir merveilleusement l'espace et les difficultés, leurs semences, au contraire, s'arrêtent souvent devant les moindres obstacles. A l'air libre, elles ne se propagent même pas toujours à un centimètre de distance d'un objet infecté à celui qui ne l'est pas.

EXPÉRIENCE. — Nous plaçons sous une cloche une macération de maïs, dont toute la superficie est recouverte d'une abondante végétation de *Penicillium glaucum*, Link. Celui-ci est en fructification, et le microscope constate partout une immense quantité de chapelets de séminules. Cette macération est contenue dans un grand verre à expérience et affleure presque ses bords. Tout à côté d'elle, et dans des vases pareils, nous plaçons trois macérations datant de la même époque, et qui sont vierges de toute végétation cryptogamique. Examinées après six semaines, durant lesquelles la température avait été de quinze degrés en moyenne, ces macérations, qui avaient été faites avec des pois, des fèves et des lentilles, ne présentaient pas à leur surface la moindre trace de ce même *Penicillium*. Bien mieux, en explorant de tous côtés la surface de ces macérations, on n'y a pas découvert un seul spore du champignon qui infecte le maïs. On ne peut pas, pour ce Mucor, inventer les *germes invisibles* auxquels on fait jouer un si grand rôle pour expliquer des phénomènes qui ne sont explicables que par l'hétérogénie. Dans les Pénicilliums, les spores sont parfaitement reconnaissables et ont un diamètre connu. Et comme j'espère que l'on ne prétendra pas qu'ici il y a des germes métaphysiques et des germes palpables, je puis dire que si on ne découvre pas de spores à la surface du liquide des autres macérations, c'est qu'aucun ne s'est échappé de celui qui les a produits.

On ne pourrait arguer ici d'arguments tirés de l'insuffisance du temps ou de la non-convenance du milieu offert à la nouvelle végétation. Pour le temps, le Mucor n'a mis que huit jours à se développer sur la première macération, et les trois autres sont restées trois semaines presque accolées dans le même milieu. A l'égard du sol, on n'a pas d'objection sérieuse à offrir, puisqu'il a été reconnu qu'il n'a été infecté par aucune séminule ; et s'il eût été propice à la plante, elle s'y fût bien développée sans leur concours.

On pourrait aussi objecter que les spores qui sont tombés sur ces diverses macérations ont pu échapper à l'observation. Je réfuterai facilement cette objection, en disant que pour un micrographe exercé la régularité que présente la forme des séminules du *Penicillium glaucum*, et leur couleur jaune, quand on les observe dans l'eau et par réfraction, ne permettront aucune erreur. J'ajouterai encore que ces germes, quand on les découvre dans leur site, sont fréquemment accolés plusieurs ensemble et forment même de longs chapelets, ce qui a fait grouper sous le nom de *Monilia*, quelques espèces de *Penicillium;* et que cette particularité ne permet pas de méconnaître ces séminules.

Quelques expériences, exécutées par Bulliard, contribuent encore à démontrer combien la dissémination aérienne est bornée. Celles-ci ont d'autant plus d'autorité pour nous qu'elles ont été entreprises dans le but de combattre l'hypothèse des générations spontanées. Bulliard dit qu'ayant à diverses reprises semé du *Mucor mucedo*, Lin., *Mucor sphærocephalus*, Bull., dans des fioles, celui-ci poussa et y fructifia parfaitement, sans que ses séminules s'insinuassent dans d'autres fioles placées dans le voisinage et y produisissent des Moisissures. Ce n'était que par exception que ces dernières en contenaient parfois quelques vestiges (1).

Les expériences d'infection qui suivent, par leurs résultats négatifs, viennent encore limiter la puissance disséminatrice des plantes.

Expérience. — On prit un grand verre à expérience dans lequel macérait un morceau de mie de pain, et dont toute la superficie était recouverte d'*Aspergillus glaucus*, Mich., parfaitement développé et disséminant abondamment ses spores.

Dans le but d'offrir un sol propice aux séminules qui s'échapperaient de la plante mère, on remplit un autre verre semblable au précédent avec une macération qui déjà contenait la Mucorinée dont l'autre était infecté, seulement on en filtra l'eau avec soin pour s'assurer qu'aucun spore n'avait pu y pénétrer. Ce verre fut ensuite placé sous une grande cloche à côté du précédent.

Le huitième jour on observe l'appareil. L'Aspergillée s'est encore énormément développée. Le verre

____

(1) Bulliard, *Histoire des champignons de la France*. Paris, 1809, t. I, p. 115.

qui est placé à côté de celui qui la contient ne présente pas le moindre rudiment de cette plante, et sa surface ne paraît pas avoir reçu un seul de ses spores. Ceux-ci n'auraient pu se dérober à nos yeux s'ils y eussent existé ; leur longueur, de 0,0056 à 0,0084 de millimètre, eût empêché qu'ils passassent inaperçus.

D'après cela, ne faut-il pas de beaucoup diminuer cette facilité qu'on prête à l'air de transporter partout les germes ? Nous avons là deux vases placés côte à côte, l'un est rempli d'une prodigieuse quantité de germes, et pas un de ceux-ci ne va s'abattre à un centimètre de là ! Les expériences qui suivent contribuent encore à démontrer combien la dissémination des germes doit être limitée.

EXPÉRIENCE. — On enleva sur une macération de mie de pain, une plaque de seize centimètres carrés, d'un amas serré d'une végétation composée de Mucorinées diverses, dont cependant le *Penicillium glaucum*, Link, formait la principale masse. Cette plaque fut déposée, avec précaution, sur une tranche de mie de pain, qu'on avait préalablement imbibée d'eau, et dont elle n'occupait qu'un sixième de la surface. Cette tranche de pain fut ensuite placée dans une cuvette au fond de laquelle on avait mis une petite quantité d'eau pour y entretenir une humidité favorable à la végétation cryptogamique. Le tout fut enfin recouvert d'une vaste cloche en verre.

L'appareil ayant été laissé en repos pendant quinze jours, sous l'influence d'une température moyenne de 12°, lorsqu'on le visita, la surface du pain n'offrait

pas la moindre trace de moisissure, et même on put
constater, en la faisant gratter dans toute son étendue,
qu'il n'y existait aucun spore de Pénicillium, même à
un centimètre de la plaque déposée sur la tranche de
pain.

On ne pourrait pas arguer que dans ce cas les circonstances favorables ont manqué à l'extension de
la végétation cryptogamique, car la plaque de Mucorinée avait remarquablement accru la sienne, en se recouvrant d'une nouvelle génération de Pénicillium.
Les éléments d'une ample dissémination ne faisaient
pas défaut eux-mêmes, car la moindre parcelle du
tapis glauque du champignon en expérience présentait au microscope une nuée de spores, et cependant pas un de ceux-ci, en quelque sorte, n'était
allé germer à un centimètre de sa souche.

Expérience. — Cette expérience sert en quelque
sorte de critérium à la précédente . On mit une large
plaque de *Penicillium glaucum*, Link, sur une tranche
de mie de pain ; elle en couvrait à peu près le quart
de la surface, et cette tranche, trempée dans l'eau,
fut abandonnée un mois sous une cloche, par une
température moyenne de 8°. A ce moment toute la
surface de la tranche de pain était couverte de petits
îlots de Pénicillium, d'un vert glauque ou blancs, de
deux à cinq millimètres de diamètre, très-rapprochés
les uns des autres.

Si l'on n'avait eu que cette partie de l'expérience
sous les yeux, on aurait évidemment prêté à une infection cryptogamique la nouvelle végétation qu'on
observait; mais sous une autre cloche et absolument

dans les mêmes circonstances, on avait déposé une tranche du même pain, seulement on n'avait pas mis dessus de plaque de Mucorinée; et cependant cette tranche de pain éloignée de toute infection, n'en offrait pas moins une collection d'îlots de Pénicillium tout aussi abondante que l'autre. Ainsi tombe, en présence des faits, cette puissance exagérée que l'on a prêtée à la dissémination.

Les expériences qui suivent, et que j'expose très-succinctement viennent encore à l'appui de notre opinion sur les limites que l'on doit imposer à la dissémination.

EXPÉRIENCE. — Un très-grand verre à pied rempli d'urine humaine avait sa superficie recouverte d'une épaisse couche de Moisissure en fructification. On filtra le liquide qu'il contenait et on le mit dans deux verres; on recouvrit seulement l'un d'eux avec la couche cryptogamique dont nous venons de parler. Ces deux verres furent ensuite placés tout à côté l'un de l'autre sur une planche du laboratoire, et abandonnés ainsi à l'air libre. Quinze jours après, à la température de 14° en moyenne, lorsqu'on l'examina, le verre sur lequel on n'avait pas mis de champignons n'offrait pas la moindre trace de végétation; sur l'autre, au contraire, avait surgi une nouvelle génération de Mucorinées. Pas un seul spore ne s'était transporté d'un verre dans l'autre. On ne peut pas dire là que les circonstances étaient défavorables; c'était le liquide sur lequel déjà les plantes se propageaient, et depuis le commencement de l'expérience leur nombre s'était accru dans l'un des vases.

Expérience.—On prit un verre à expérience rempli d'eau, dont toute la surface était recouverte de *Penicillium glaucum*, Link, en fructification. Ce verre fut placé au centre d'une glace, parfaitement essuyée. Quinze jours après, on explora au microscope la surface de celle-ci et une minutieuse attention n'y fit pas découvrir un seul spore.

Expérience. — Une macération de maïs, totalement couverte *d'Aspergillus* et de *Penicillium* en fructification et chargés d'une abondance de spores, est placée sur une planche du laboratoire. A côté on met un vase à large ouverture et rempli d'eau distillée. Quinze jours après, on explore la surface de ce dernier pour reconnaître si l'on n'y verrait pas nager quelques spores de ces deux plantes; mais l'observation la plus attentive n'a fait absolument rien découvrir.

M. Gérard a fait aussi une expérience d'une extrême simplicité et qui, avec tant et tant d'autres, vient encore s'élever contre le pouvoir disséminateur de l'air et ajouter une preuve de plus à la spontéparité. Une feuille de papier ayant été exposée par lui à l'humidité, il la vit bientôt se recouvrir de plaques roses, jaunes et noires, qu'il reconnut être occupées par autant d'organismes distincts. Il semble rationnel de penser que si c'était à des germes aériens que l'on dût cet essai de végétation, celui-ci eût été uniforme à la surface du papier; mais que, puisqu'il n'en fut pas ainsi, il faut attribuer la diversité des Proto—organismes à l'hétérogénéité des matières qui entraient dans la composition de leur sol, et qui ont

dû en se réorganisant, donner chacune naissance à
un produit particulier (1).

En présence des diverses expériences que nous venons encore d'exposer, on est bien forcé de limiter
extrêmement les migrations des cryptogames. Du reste
pour celles-ci l'imagination peut moins s'exercer.
Comme leurs spores sont apparents et qu'on ne leur a
pas donné une essence presque métaphysique, comme
on l'a fait pour les œufs des Microzoaires, il est moins
facile d'errer, parce que le naturaliste exercé peut
presque toujours dire que si les germes végétaux existaient réellement, il les découvrirait!

Cependant nous ne pouvons passer sous silence
que M. Payen rapporte qu'en 1848 le pain de munition de Paris fut envahi par un Oïdium, l'*Oidium aurantiacum* (2), dont les spores, dit-il, répandus en
poussière invisible, peuvent végéter avec une extrême
rapidité sous l'influence de la chaleur et de l'humidité. L'illustre chimiste dit avoir constaté que les
séminules de ce champignon microscopique résistent
à une température de 100 à 120°, et qu'elles ne perdent leur faculté germinative qu'à 140° (3); il résulte
de là que cette Moisissure se conserve intacte dans la
mie du pain pendant la cuisson, parce qu'elle n'y
éprouve pas une température qui dépasse 100°, mais
qu'elle s'altère dans la croûte, elle qui subit une

(1) Gérard, *Dict. univ. d'hist. nat.* Paris, 1848, t. VI, p. 64.

(2) Oïdium décrit et figuré par MM. Mirbel et Payen, et déterminé par M. Léveillé.

(3) Payen, *Précis de chimie industrielle.* Paris, 1849, p. 390. —
Annales de chimie, 1843.

température dépassant 200°. On rapporte qu'un quart de milligramme de cet Oïdium suffit pour infecter un pain en un temps très-court.

Nous ne pouvons rien dire à cet égard, n'ayant fait aucune expérience sur ce champignon ; seulement nous pouvons affirmer que dans toutes les expériences que nous avons faites avec les moisissures qui envahissent ordinairement le pain, et dont nous venons de rapporter un certain nombre, jamais nous n'avons reconnu cette grande facilité de dissémination que l'on prête à l'*Oidium aurantiacum*. Toutes nos expériences d'infection ont échoué. Aussi lorsque nous voyons ces cryptogames envahir subitement et sur une grande échelle des substances alimentaires qui s'altèrent, nous sommes bien plus tentés de les attribuer à l'hétérogénie qu'à la génération normale.

Donc, d'un côté, tandis que toutes nos expériences d'infection ont échoué, de l'autre nous avons vu que les spores des moisissures qui envahissent le plus communément le pain se désorganisaient totalement sous l'influence d'une chaleur de 100° ou durant une ébullition d'un quart d'heure à une heure (1).

Une expérience de Bulliard se joint aux miennes pour démontrer, que la température de l'eau bouillante suffit pour anéantir la faculté germinative des séminules des plantes inférieures. Il introduisit dans des fioles à médecine une espèce de bouillie formée de mie de pain et d'eau et saupoudrée d'une ample quantité de spores du *Mucor sphærocephalus*. Ces

____

(1) Voyez plus haut, p. 282.

fioles furent plongées dans l'eau bouillante pendant
une heure, et ensuite bouchées hermétiquement.
Bulliard dit que deux mois après on ne distinguait
aucun Mucor dans ces fioles, tandis que dans d'autres
qui avaient eu le même ensemencement, mais qu'on
n'avait pas exposées à la chaleur, on trouvait tout
l'intérieur rempli de cette cryptogame. Ce fait prouve
donc qu'une température de cent degrés est suffisante pour tuer les semences des champignons (1).

L'observation vient elle-même nous aider à limiter
le pouvoir disséminateur de l'atmosphère et donner
un nouvel appui à la spontéparité.

Dans la série, déjà assez nombreuse, des végétaux
qui se développent sur les animaux, les uns viennent
sur les organes qui communiquent avec l'atmosphère
ambiante, et d'autres naissent dans la profondeur des
organes (2). Le champignon qui produit le muguet,
l'*Oidium albicans.*, Ch. Robin, dont l'histoire a été
tracée par MM. Gruby et Ch. Robin; celui qui cause la
teigne faveuse, l'*Achorion Schœnleinii*, Remak, étudié
successivement par Lebert, Remak, Gruby, Ch. Robin,
Bazin (3), ainsi que diverses autres productions

(1) BULLIARD, *Histoire des champignons de France*. Paris, 1809,
t. I, p. 115.

(2) Comp. SLUYTER, *De vegetabilibus organismi animalis parasitis*. Berolini, 1847.

CH. ROBIN, *Histoire naturelle des végétaux parasites qui croissent
sur l'homme et les animaux vivants*. Paris, 1853.

(3) LEBERT, *Physiologie pathologique*. Paris, 1845, t. II, p. 477.
REMAK, *Diagnost. und pathologische Untersuchungen*. Berlin, 1855.
GRUBY, *Comptes rendus de l'Acad. des sciences*. Paris, 1841, p. 72.
CH. ROBIN, *Hist. natur. des végétaux parasites*. Paris, 1853, p. 441.
BAZIN, *Rech. sur la nature et le traitem. des teignes*. Paris, 1853.

cryptogamiques qui engendrent quelques maladies extérieures, pourraient rationnellement devoir leur origine à la dissémination aérienne de leurs séminules.

On pourrait aussi attribuer la même origine aux
productions cryptogamiques suivantes : à l'*Aspergillus
candidus*, Micheli (1), rencontré dans les sacs aériens
d'un Bouvreuil, par MM. Rayer et Montagne (2); à
l'*Aspergillus glaucus*, Fries (3), découvert par Spring
dans les cavités aériennes de l'abdomen d'un Pluvier (4); à l'*Aspergillus nigrescens*, Ch. Robin, signalé dans les sacs aériens d'un Faisan (5); et à d'autres végétaux parasites qui ont été observés dans les
cavernes pulmonaires de quelques personnes phthisi-
ques, par Bennett (6).

Mais les partisans de la dissémination aérienne ne
pourraient expliquer par elle la présence des végétaux bissoïdes rencontrés par M. Rayer dans les
plèvres d'un individu tuberculeux ; et ceux que cet illustre médecin trouva dans la cavité péritonéale
d'un homme atteint de pneumo-thorax (7). Sans doute
que, comme les séminules de ces végétaux ne sont
pas armées de crochets et qu'on ne peut leur attri-

(1) Micheli, *Nova plantarum genera.* Florentiæ, 1779.

(2) Rayer et Montagne, *Journal de l'Institut.* 1842, n. 492.

(3) Fries, *Systema mycologicum.* 1829, t. III, p. 385.

(4) Spring, Sur une Mucédinée développée dans la poche abdominale d'un Pluvier doré. Bruxelles (*Bull. de l'Acad. roy.*), 1848.

(5) Ch. Robin, *Histoire naturelle des végétaux parasites qui croissent sur l'homme et les animaux vivants.* Paris, 1853, p. 518.

(6) Bennett, *On the presence of confervæ in some exsudative
masses passed by the bowels.* (*Lectures on clinical medicine.*) Edim-
burgh, 1851.

(7) Rayer, Journal *l'Institut.* 1832, n. 392.

buer une force instinctive qui les dirige vers un site
d'élection, on ne pourra pas, pour elles, invoquer l'ingénieux mode de migration que MM. Kuchenmeister,
Stein, Leuckart et Van Beneden, etc., prêtent aux embryons de quelques Entozoaires (1).

On ne voit pas comment on expliquerait autrement
que par la génération primaire la production des
végétaux parasites que l'on rencontre dans les cavités
splanchniques des grands animaux. Leurs séminules,
d'abord, sont d'un diamètre trop considérable pour
pouvoir franchir les parois des vaisseaux absorbants;
et si l'on admettait même qu'elles puissent, par quelque violence aux lois physiologiques, s'insinuer dans
le système circulatoire, on ne pourrait concevoir par
quels procédés elles en sortiraient ensuite, à travers
les membranes séreuses, pour tomber dans leurs cavités; car ces séminules, dont le diamètre est souvent
de 0,0028 à 0,0084 de millimètre, elles qui ne peuvent traverser nos grossiers filtres en papier, ne pourraient assurément franchir le tissu serré de la plèvre
ou du péritoine.

Si cependant, et il faut nous attendre à répondre
aux plus extraordinaires objections, on prétendait que
cette miraculeuse migration est facile et qu'on peut
l'expliquer, nous répondrions à cela que dans ce cas
les faits qui viennent d'être cités devraient se présen-

---

(1) KUCHENMEISTER, *On animal and vegetable Parasites of the human body.* London, 1857.

STEIN, *Siebold und Kolliker's Zeitschr.*, V, p. 380.

R. LEUCKART, *Parasiten und Parasitismus (Archiv für physiol.)*

VAN BENEDEN et GERVAIS, *Zoologie médicale.* Paris, 1859.

ter avec la plus extrême fréquence, car les espèces d'Aspergillées qui envahissent ordinairement l'économie animale étant très-abondantes autour de nous, il n'y aurait pas de raison pour qu'il ne s'en trouvât pas un grand nombre d'absorbées normalement par la respiration ou la nutrition, et qu'on ne les vît se reproduire çà et là à l'intérieur de l'organisme. C'est ce qui n'a pas lieu.

Et ce qui vient même confirmer que leur apparition est un fait de spontéparité, c'est qu'on ne les voit guère se développer que dans les cas où l'individu a succombé sous l'influence de quelque maladie.

M. Ch. Robin, avec cette rare sagacité qui le distingue, a décrit le mécanisme par lequel les spores en germant pénètrent dans les tissus, et y enfoncent leur mycélium (1). Là il y a une puissance active qui presse devant elle la substance organisée et peut, comme il le dit, la faire disparaître molécule à molécule. Mais aucune force semblable n'est inhérente spore errant, et vraiment il est impossible de supposer qu'il puisse mécaniquement percer les tissus pour entrer dans les cavités closes de l'économie animale. Si des corps étrangers y pénètrent, comme on en cite des cas si rares, ils le doivent à leur volume, à leur pesanteur, à l'aide desquels ils exercent une pression sur les tissus, et y trouvent des points d'appui. Les séminules des cryptogames n'ont rien de ce qu'il leur faudrait pour cela. Étant sphériques ou ovoïdes, elles manquent même de ces formes anguleuses qui

---

(1) Ch. Robin, *Histoire naturelle des végétaux parasites qui croissent sur l'homme et les animaux.* Paris, 1853, p. 278.

permettent, selon certains physiologistes, à des corps pulvérulents inorganiques de s'insinuer dans les tissus (1).

On cite, il est vrai, des spores trouvés dans les sinus sanguins des vers à soie; mais il faudrait bien déterminer s'ils y ont été observés sur l'animal vivant et avant leur germination, ce qui est fort essentiel. En germant ils peuvent pénétrer dans l'économie; à l'état stagnant ils en sont plutôt expulsés qu'ils n'y pénètrent. M. Ch. Robin rapporte que l'on a trouvé des spores dans les œufs du Bombyx du mûrier. Pour cela j'y crois fermement, et le célèbre anatomiste décrit parfaitement le mécanisme par lequel ils ont dû y pénétrer : les spores ont pu, dit-il, se trouvant dans l'oviducte, être enveloppés par l'albumen en même temps que le jaune (2).

Des corps étrangers peuvent fréquemment ainsi s'insinuer à l'intérieur des œufs, même à l'intérieur des œufs des oiseaux. On me parlait souvent, dans les campagnes, de pattes de hannetons rencontrées dans des œufs de poule; j'y croyais à peine. Mais durant une invasion de ce coléoptère en Normandie, où les poules en mangèrent tant que le vitellus de leurs œufs en avait contracté une couleur d'un brun foncé, qui leur donnait un aspect repoussant, j'eus l'occasion d'ouvrir moi-même l'œuf d'une volaille qui contenait une patte antérieure de hanneton. Cela s'expli-

(1) Ch. Robin et Verdeil, *Traité de chimie anatomique normale et pathologique*. Paris, 1852, t. III, p. 520.

(2) Ch. Robin, *Histoire naturelle des végétaux parasites*, etc., p. 282.

que fort bien. Dans une contraction du cloaque, elle sera entrée par le fémur dans l'orifice de l'oviducte ; et les épines de la jambe l'auront fait y monter jusqu'au moment où l'albumen l'aura enveloppée et où elle sera redescendue pour être ainsi que lui recouverte par la coquille.

Récapitulation. — Le but de ce chapitre était de démontrer que le véhicule des germes organiques ne peut être ni le corps putrescible, ni l'eau, ni l'air atmosphérique.

Cela ayant pu être mis hors de doute pour chacun de ceux-ci en particulier, en somme ce n'est donc aucun des trois. C'est là un fait tout aussi incontestable que le serait un théorème dans lequel, pour prouver qu'une ligne mathématique ne peut exister, on en éliminerait successivement les fractions.

Ce n'est pas le corps solide, puisque des animalcules naissent après que celui-ci a subi une carbonisaionpresque complète, et l'on ne peut pas prétendre que les œufs résistent au feu de forge.

Ce n'est pas l'eau, car des animalcules naissent dans l'eau artificielle, formée de toutes pièces dans nos laboratoires en combinant de l'hydrogène et de l'oxygène. Personne, je pense, n'oserait soutenir que l'un de ces gaz était le dépositaire des œufs.

Enfin, ce n'est pas l'air atmosphérique, puisqu'il se produit des Protozoaires dans l'air artificiel obtenu en mêlant de l'oxygène et du gaz azote et qu'on n'admettra jamais, sans doute, que l'un de ces gaz a pu fournir des œufs à la combinaison.

Puisque par voie d'exclusion on prouve facilement

que les Proto-organismes n'ont point leurs germes dans l'un des trois corps précités, il faut donc bien leur chercher une autre origine, et c'est ce que nous allons faire dans le chapitre suivant.

CHAPITRE V.

DU DÉVELOPPEMENT SPONTANÉ DES MICROZOAIRES.

Afin qu'il ne s'établisse aucune confusion entre nos idées et les prétentions des physiciens atomistes de l'antiquité et de leurs modernes imitateurs, nous devons insister sur ce point, c'est que la génération primaire ne produit jamais un animal de toutes pièces, mais que seulement elle engendre des *ovules spontanés*, dans le milieu proligère, absolument sous l'empire des mêmes forces qui façonnent des ovules dans le tissu de l'ovaire. Ceci bien nettement posé, nous pouvons entrer en matière.

Lamarck prétend, avec raison, que c'est la même cause déterminante qui suscite les phénomènes primaires, soit dans la génération spontanée, soit dans la génération sexuelle. C'est cette cause qu'il appelle *cause excitatrice, stimulus*, et aussi *aura vitalis* (1).

Ce grand zoologiste nous paraît avoir pénétré, en effet, tous les rapports qui existent entre deux actes en apparence si différents, mais qui, cependant, sont absolument similaires.

L'énorme répulsion qu'éprouvent certains savants pour la génération spontanée vient tout simplement

(1) Lamarck, *Philosophie zoologique.* Paris, 1809, t. II, p. 71, 75 et 77.

de ce qu'ils comparent les résultats génésiques et non leur point initial.

Cependant, secouant tout scrupule, il en est qui ne craignent pas d'admettre que les Infusoires peuvent dériver de l'hétérogénie, parce qu'ils ne voient en eux qu'une ébauche de l'animalité; mais ils se scandalisent à la pensée qu'un oiseau ou un mammifère ait jamais pu surgir de la même source.

Toute dissidence disparaîtrait si ces savants se reportaient à l'origine des choses. Ils y verraient, en effet, que là l'animal le plus complexe se confond absolument avec le plus simple Protozoaire; et ils reconnaîtraient que l'un et l'autre ne sont d'abord formés que par quelques rares molécules organiques, composant là un ovule presque imperceptible.

Il faut essentiellement se persuader que les molécules organiques qui se groupent spontanément, à un moment donné, soit dans l'ovaire des animaux, soit dans la pellicule proligère des infusions, sont soumises aux mêmes lois génésiques. Dans la génération spontanée, il se forme une enveloppe adventive comme dans la génération ovarique. Seulement, dans la première on la nomme kyste, et dans la seconde, membrane vitelline; mais c'est la même chose. C'est un œuf qui, dans le premier de ses modes, continue son évolution sans fécondation, et qui, dans le second, ne peut ordinairement le faire. Je dis ordinairement, car dans quelques cas la fécondation peut manquer.

Si, dans nos expériences, c'est au contact de corps divers que se développent les Proto-organismes, il ne faut pas croire que la raison de leur apparition est ab-

solument sous l'influence des affinités ; ce serait ra-
baisser la création au niveau d'une attraction chimique. Non, la cause intime de la vie, cette force initiale
qui en groupe le canevas, est cet esprit que Bremser
considère comme le régulateur de tous les actes biologiques (1).

« La cause principale de la vie est placée dans ce
que j'ai nommé l'esprit, et que l'on pourra appeler x
si l'on veut ; mais qui est tout à fait différente du mélange des substances, et par lequel ce mélange devient
vivant. Si la vie n'était que le produit d'un certain mélange proportionné des substances, le chimiste, après
avoir décomposé un corps organisé, pourrait redonner
à ce dernier sa structure primitive ; mais c'est ce que
ne peut faire le chimiste, par la raison qu'il n'est pas
maître de l'esprit. »

Lorsque M. de Humboldt lui-même écrit les lignes
suivantes, ne semble-t-il pas se douter des phénomènes que vont révéler les générations spontanées :
« La vie est répandue partout ; la force organique travaille continuellement à rattacher à de nouvelles
formes les éléments séparés par la mort ; mais cette
richesse d'êtres organisés et leur renouvellement diffèrent suivant les climats (2).

La répugnance avec laquelle certains savants re-
poussent toute idée de génération spontanée, provient
aussi de leurs fausses notions physiologiques. Ils ne

(1) BREMSER, *Traité zoologique et physiologique des vers intestinaux*. Paris, 1837, p. 87.

(2) A. DE HUMBOLDT, *Tableaux de la nature*. Paris, 1828, t. II,
p. 13.

voient dans la reproduction qu'un acte accompli par
la mère, et c'est là, selon nous, une immense erreur.
L'œuf, au contraire, est un produit qui, depuis sa plus
infime origine jusqu'à son expulsion, agit sous l'empire d'une force qui lui est inhérente, et semble ostensiblement en révolte contre l'organisme dont il
dérive. Pour vulgariser notre pensée, nous dirons que
la mère ne façonne pas plus son œuf que son fœtus.
Souvent même c'est fort loin d'elle que ceux-ci puisent
l'air, l'eau et la chaleur employésaux principales phases
de leur développement. Ce qui a fait exagérer le rôle
maternel, c'est qu'on a toujours pris pour point de
départ les mammifères, et il faut se reporter bien au
delà si l'on veut juger sainement la question.

A l'abri de la coquille d'un œuf d'oiseau, on voit
s'accomplir un acte bien autrement surprenant que la
formation de l'œuf lui-même. Sous la mère, un embryon qui était d'une telle ténuité qu'on en apercevait à peine les premiers linéaments, se transforme en
poulet ou en jeune autruche. Elle n'a nullement con-
couru cependant, par elle-même, à façonner ce nouvel
être, dont une muraille calcaire la sépare : le fœtus se
développe à l'aide de sa seule force vitale mise en jeu
par l'air et la chaleur humide. La mère est si bien
inutile à cet acte que l'incubation artificielle peut absolument la remplacer ; et l'on sait même que certains
oiseaux de l'Australie, si féconde en productions extraordinaires, ne couvent nullement leurs œufs. Ils se
contentent de les déposer dans d'immenses amas de
foin ou de terre mêlée de débris de végétaux, en confiant uniquement le soin de leur incubation à la cha-

leur que la fermentation développe dans ceux-ci. C'est ce que Gould nous rapporte à l'égard du *Telegalla Lathami*, Gould, et du *Megapodius tumulus*, Gould, dont il a si bien observé la nidification (1).

Depuis le moment où un ovule groupe ses deux premières molécules jusqu'à celui où il s'isole complétement de l'organisme maternel par ses enveloppes adventives, il est constamment sous l'empire d'une force vitale, qui lui est absolument inhérente et à l'aide de laquelle il dégrade, à son profit, ce même organisme. Je me sers à dessein de cette expression, parce que chaque reproduction est réellement un acte énervant pour la mère, un acte de mort comme l'appelait de Blainville ; aussi, dans une foule d'animaux, celle-ci succombe-t-elle d'épuisement aussitôt qu'il est accompli...

Supposez alors que la force plastique, au lieu de se manifester dans l'ovaire, se produise au sein d'un amas de matière organique, il en résultera un nouveau produit qui dans l'un et l'autre cas s'élèvera à un degré différent d'organisation, dépendant de la nature absolue de l'un ou de l'autre milieu. De l'ovaire d'un mammifère sortira un singe ou un bélier ; de la pellicule d'une macération, un simple Microzoaire. Tout sera subordonné aux mêmes lois : celles-ci sont posées par la nature ; l'homme en interprète seulement les résultats, mais sans en pénétrer la cause.

Burdach ne semble-t-il pas étayer cette manière de voir de tout l'ascendant de son autorité lorsqu'il dit :

(1) Gould, *An introduction to the Birds of Australia*. Londres, 1843, p. 82-87. — *The Birds of Australia*. Londres, 1840.

« Dans la propagation par œufs, le nouvel individu se forme aux dépens d'une masse amorphe de granulations microscopiques qui se décomposent. De pareilles analogies ne permettent pas de regarder comme absolument impossible que de la substance grenue, produite par la décomposition de la matière organique, il se développe un animal d'une autre espèce, pourvu de bouche, de cavité digestive, d'organes locomoteurs, quoique d'ailleurs d'une structure fort simple (1). »

Mais quelle est cette force vitale qui se manifeste à certaine époque dans un point de l'organisme maternel? Quelle est cette puissance organisatrice, ce *modus fiendi atque agendi*, comme l'appelait Stahl (2)? c'est ce que nous ne pénétrerons sans doute jamais (3).

Cependant, quelle que soit cette force, elle gouverne déjà la formation de l'ovule; elle la domine avec une puissance suprème, absolument identique à celle avec laquelle elle régira toutes les fonctions organiques qui vont successivement se manifester chez l'être créé. Elle se complique en même temps qu'il s'avance dans la vie; obscure et indécise d'abord, bientôt elle accroît son énergie et finit ensuite par s'adjoindre les volitions intellectuelles.

La première étincelle de vie qui anime l'orga-

(1) Burdach, *Traité de physiologie.* Paris, 1837, t. I, p. 10.

(2) Stahl, *Demonstratio de mixti et vivi corporis vera diversitate.* Sect. LXI, p. 91.

(3) Cabanis, *Rapports du moral et du physique de l'homme.* Paris, 1824, t. II, p. 236.

nisme, ne doit évidemment sa manifestation qu'à certaines circonstances concomitantes. Si celles-ci manquent, tout reste dans le néant. C'est à cause de cela qu'on peut remarquer que le principe vital ne se transmet pas toujours d'une façon continue de la mère à sa progéniture : il y a un ou plusieurs *hiatus* durant lesquels la vie s'éteint absolument pendant un temps illimité.

On sait que certaines graines conservent fort longtemps leur faculté germinative. Duhamel rapporte que des semences de stramoine ont pu se développer après être restées vingt-cinq ans sous la terre (1) ; Friewald a vu des graines de melon germer après avoir été gardées plus de quarante ans (2); Roger Galen et Voss ont fait germer des haricots conservés depuis trente-trois et trente-sept ans (3). Van Swieten raconte que des graines de sensitive extraites d'un herbier, après y avoir séjourné quatre-vingts ans, se sont parfaitement développées (4) ; enfin, des semences de blé, au rapport de Pline, ont été fertiles après cent ans de sommeil (5), et Gérardin dit qu'après un même laps de temps, il a fait germer des graines de haricot enlevées à l'herbier de Tournefort (6).

On peut encore citer des exemples de semences qui se sont conservées bien plus longtemps que celles

(1) Duhamel, *Traité des semis*, p. 93-95.
(2) Friewald, *Philosophical Transactions*. London, 1742.
(3) Roger Galen, *Philosophical Transactions*. London, 1742.
    Voss, *Bulletin des sciences naturelles*, XVII, p. 222.
(4) Van Swieten, *Comment.* VI, ad s. cxxv, *de Podagrâ*, p. 260.
(5) Pline, *Histoire naturelle*.
(6) Gérardin, *Propriété conservatrice des graines.*

dont il vient d'être question. Ch. Desmoulins rapporte que des graines d'Héliotrope, de Médicago et de Bluet, trouvées, il y a quelques années, dans un tombeau gallo-romain du troisième ou quatrième siècle, ont parfaitement poussé dans un jardin où elles furent cultivées (1). Malgré l'assertion contraire de Rœmer (2) et de De Candolle (3), on sait aujourd'hui que des grains de blé, datant encore d'une époque beaucoup plus reculée, et qu'on recueille à l'intérieur de quelques tombeaux de l'ancienne Égypte, germent et multiplient parfaitement dans nos campagnes. On a même vu, en Angleterre, un ognon de scille, trouvé dans les mains d'une momie, et qui, ayant été cultivé, s'est couronné de feuilles et de fleurs.

Dans tous ces cas, dira-t-on que la parcelle de vie qui devait présider à la résurrection des grains, était restée latente dans leur sein ? Non, la force vitale qui s'y est révélée a dû sa manifestation au concours des circonstances dans lesquelles l'organisme a été replacé. Si la vie s'y paralysait seulement, si elle y restait à l'état latent, il n'y aurait pas de raison pour qu'elle n'en fît autant chez les animaux que l'asphyxie tue, sans qu'aucun secours puisse les ranimer, après un trépas de quelques minutes.

Dans le but de refouler toute idée de spontéparité, on s'est toujours complu à rappeler les descendances naturelles dans lesquelles le produit ressemble con-

<hr>

(1) Charles Desmoulins, *Écho du monde savant*, 2e année.
(2) Rœmer, *Théorie élémentaire*. Trad. de l'allem., t. I, p. 187.
(3) De Candolle, *Traité de physiologie végétale*. Paris, 1832, t. II, p. 623.

stamment à l'être qui l'engendre, comme si celui-ci, ayant participé activement à sa formation, l'avait façonné à son image. L'objection tirée de la ressemblance serait de quelque valeur, si l'être producteur déployait une force active dans l'acte génésique ; ou si, comme Buffon le prétendait, le produit extrayait tous ses éléments des divers organes maternels (1) ; ou si enfin, lorsque celui-ci naît, il était toujours semblable à ses parents. Mais rien de tout cela n'est absolument rigoureux. La mère n'a nulle influence normale sur son produit, et celui-ci se forme non-seulement à son insu, mais, en outre, par une force spéciale ; et pour rendre notre pensée à l'aide d'une métaphore vulgaire, nous redirons que ce n'est pas la mère qui le sculpte, mais que c'est lui qui se sculpte lui-même, ce qui est immensément différent. La nature a voulu que chaque être ait sa reproduction limitée et définie, et si une chose pouvait être anormale, ce serait le renversement de ses harmonieuses lois. L'annélide et l'insecte reproduisent des êtres semblables à eux et non des animaux plus élevés, ce qui serait un scandale ; la membrane proligère d'une infusion donne naissance, selon sa composition, à des espèces également déterminées, et jamais on n'y voit les mieux organisées précéder celles qui le sont moins ; jamais le Rotifère n'apparaît avant la Monade !

La génération spontanée se manifeste dans le milieu proligère absolument sous l'empire des mêmes lois que

____

(1) BUFFON, *Histoire naturelle générale et particulière*. Deux-Ponts, 1786.

la génération normale dans le tissu de l'ovaire. Cette dernière, à son origine, n'est aussi qu'une génération spontanée, qui ne recevra que plus tard le *stimulus* du mâle. Et c'est la même influence occulte qui produit un être donné dans un ovaire offrant des conditions particulières, et un autre être donné dans un milieu proligère offrant d'autres conditions.

SECTION I. — FORCES INITIALES.

La démonstration des diverses phases de la génération spontanée est difficile et laborieuse ; voici pourquoi ses antagonistes ont pu si facilement l'attaquer, et pourquoi ses partisans ont quelquefois désespéré d'arriver à en dérouler de manifestes preuves.

Ainsi Sénebier prétendait qu'il n'y a eu aucun système qui ait été plus fortement attaqué et plus solidement renversé que l'hétérogénie ; selon ce savant expérimentateur, Bonnet et Spallanzani l'auraient même dissipé au point de n'en laisser aucune trace (1). Nous ne sommes pas de l'avis du respectable ministre genevois. Un système pour lequel ont combattu ou combattent encore des hommes tels que Buffon, Lamarck, Treviranus, Tiedemann, J. Muller, Burdach et Bérard, est loin d'être, non pas anéanti, mais seulement énervé par deux savants, au talent desquels nous rendons hommage, mais qui sont loin d'avoir acquis

______

(1) Sénebier, *Ébauche de l'histoire des êtres organisés avant leur fécondation*, p. 8, dans les Expériences pour servir à l'histoire de la génération, par Spallanzani.

l'illustration de ceux qu'on peut leur opposer (1).

Et, quoiqu'on puisse ranger Burdach parmi les plus énergiques partisans de la génération spontanée, ce savant prétend cependant que celle-ci ne peut être ni réfutée, ni démontrée directement d'une manière complète. Mais nous, nous pensons que le moment est enfin arrivé où l'observation directe peut éclaircir quelques points de la question ; et que s'il n'en était pas ainsi, la solution rationnelle pourrait même acquérir toute la certitude possible. Il peut en être de l'hétérogénie comme de certains phénomènes physiques, qui, quoique inaccessibles à nos sens, n'en subissent pas moins la plus stricte démonstration à l'aide d'expériences ou d'observations indirectes, que viennent élucider toutes les ressources de l'intelligence.

Dans nos diverses observations, le microscope, par ses admirables perfectionnements, en centuplant nos sens, nous initie aux confidences du Créateur ; et l'intelligence, en venant à son aide, étend indéfiniment ses mystérieuses révélations. Ainsi s'éclaircissent ces sublimes et presque incompréhensibles lois qui président à l'organisation de la matière. Et c'est cet instrument que nous allons actuellement appeler à notre

(1) Buffon, *Suppléments à l'histoire naturelle*. Deux-Ponts, 1786, t. II.

Lamarck, *Physiologie zoologique*. Paris, 1809.
Treviranus, *Biologie*. Gœttingue, 1802.
Tiedemann, *Physiologie de l'homme*. Paris, 1831.
J. Muller, *Manuel de physiologie*, traduit de l'allemand, par A. J. L. Jourdan. Paris, 1851.
Burdach, *Traité de physiologie*. Paris, 1837, t. I.
Bérard, *Cours de physiologie*. Paris, 1848.

aide pour explorer tout ce que la question possède de points tangibles.

Phénomènes catalytiques. — On peut considérer comme une loi fondamentale, que des phénomènes de fermentation ou de dédoublement catalytiques précèdent ou accompagnent toute génération spontanée.

Il est curieux de voir que ceci avait déjà été soupçonné par quelques anciens alchimistes. Après avoir divisé en deux sections la production des êtres organisés : ceux qui naissent spontanément, *sine arte*, et ceux qui sont le produit de l'art, *quæ fit arte, nempè alchymiam*, Paracelse entrevoit déjà, dans son chapitre *De generationibus rerum*, quelle est l'influence du mouvement putrescible des corps sur la génération, car là il s'exprime ainsi : *Nam putrefactio est supremus gradus et primum initium ad generationem.* Puis il ajoute : *Putrefactio autem initium suum sumit ex humido calore* (1).

En effet, les organismes ne se produisent qu'à même la nature expirante, et au moment où les éléments des êtres sur lesquels ils s'engendrent entrent dans de nouvelles combinaisons chimiques, et éprouvent tous les phénomènes de la fermentation ou de la putréfaction. Van Helmont était dans une voie assez rationnelle, lorsque, alliant ses idées de spiritualiste à ses doctrines alchimiques, il disait qu'à l'aide d'un ferment, l'archée peut organiser la matière directement et spontanément (1).

(1) Paracelse, Chap. *De generationibus rerum naturalium*, t. VI. p. 201.

(1) Van Helmont, *Ortus medicinæ*. Amstel., 1648.

Il résulte de là qu'il ne se manifeste de générations primaires, qu'après que les corps dont elles dérivent commencent à subir les premiers phénomènes de décomposition ; comme si, pour s'organiser, les êtres nouveaux attendaient la désagrégation des autres, afin de s'emparer des molécules de la substance expirante, à mesure qu'elles se trouvent mises en liberté. Il est évident que l'organisme ne puise ses éléments matériels qu'à même les cadavres des anciennes générations. Aussi Liebig a-t-il pu dire que le même atome de carbone, qui fait partie des fibres du cœur d'un certain homme, a pu, autrefois, appartenir au cœur de l'un de ses ancêtres ; et que les atomes d'azote de notre cerveau, peuvent provenir de l'encéphale d'un Égyptien ou d'un nègre (1). Oken avait déjà dit que le corps des animaux n'était qu'un édifice de Monades, s'élevant aux dépens de la putréfaction, qui ne représente qu'une désagrégation de Monades (2).

Bremser envisage sous un point de vue nouveau les phénomènes qui se manifestent pendant la décomsition des organismes morts et la production de ceux qui leur succèdent. Il considère ce double mouvement comme une *fermentation particulière*, dans laquelle chaque particule se désagrége de l'être en décomposition, pour entrer ensuite dans de nouvelles combinaisons organiques. Mais, selon ce savant, ces particules que le chimiste considère comme absolument mortes, jouissent d'une vitalité latente, susceptible de

(1) J. LIEBIG, *Nouvelles lettres sur la chimie.* Paris, 1852, p. 7.
(2) OKEN, *Lehrbuch der Naturphilosophie.* Iéna, 1831.

se manifester aussitôt qu'elles rentrent dans quelque organisme nouveau. D'après lui, il y a même une immense différence, entre les corps absolument morts, tels que les particules minérales, et les corps simplement *privés de vie*, tels que les débris organiques. Durant toutes nos opérations, aucune production animée ne peut apparaître dans les premiers, tandis que les autres en produisent constamment (1).

Aux diverses époques géologiques, selon Bremser, durant les grandes réactions qui s'opéraient à la surface de la terre, la matière et ce principe suprême qu'il appelle esprit, se combinaient diversement en produisant des êtres nouveaux, dont l'organisation se trouvait en rapport direct avec la masse en fermentation.

L'illustre médecin, dont rien n'arrête les hautes pensées, transforme ainsi le globe en un vaste laboratoire de l'organisation, dans lequel, au moment où les cataclysmes faisaient table rase des anciennes créations, de nouvelles précipitations comblaient le vide,

(1) « Le corps *mort*, dit Bremser, est composé de substances toutes différentes que celui qui est organisé, et que les parties qui en proviennent après sa mort. Les corps *morts* se laissent aussi bien dissoudre et décomposer que les corps privés de vie. Quelques corps *morts*, comme par exemple les métaux, se laissent même transformer dans des états sous lesquels on peut à peine deviner leur état primitif ; mais, par des procédés chimiques, on peut de nouveau les réduire et les ramener à cet état primitif. Des corps organisés, privés de vie, se laissent également décomposer par l'art dans leurs substances originelles, mais jamais un chimiste n'a réussi à rendre ensuite à un corps organisé et décomposé sa structure véritable et primitive. » BREMSER, *Op. cit.*, p. 84.

en fournissant des races de plus en plus perfectionnées.

Poursuivant audacieusement son sujet, Bremser exhume les révélations du passé et suppute l'avenir ; et, en voyant qu'à chaque époque de la nature, l'esprit tend à révéler sa suprématie et à dominer la matière, il s'exprime ainsi dans une belle page que nous ne pouvons résister au plaisir de reproduire textuellement :

« Les animaux de la première création, dit-il, ne pouvaient pas être si parfaits que ceux de la dernière. Dans la première, l'esprit était encore trop enchaîné à la matière, et ce n'est qu'après s'être débarrassé de cette dernière, non propice à l'animalisation, qu'il pouvait agir plus librement et parvenir enfin à gouverner l'existence corporelle de l'organisation à laquelle il est adhérent, car l'homme, animé par l'esprit, veut, et sa volonté est une loi pour la matière. Cette assertion souffre cependant quelquefois des exceptions ; mais alors l'esprit demande plus que la matière ne peut faire, et nous devons également considérer que l'homme n'est pas un pur esprit, mais seulement un esprit borné par la matière de différentes manières. En un mot, l'homme n'est pas un Dieu ; mais malgré la captivité de l'esprit dans sa corporéité, celui-ci est déjà assez libre en lui pour qu'il s'aperçoive qu'il est gouverné par un esprit plus élevé que le sien, c'est-à-dire par un Dieu. Pouvoir ou plutôt devoir comprendre, cela est ce qui forme la différence entre l'homme et les animaux... Il est encore à présumer, dit Bremser, dans la supposition qu'il y aurait une nouvelle précipitation, que des êtres beaucoup plus parfaits que ceux qui ont été le résultat des précédentes seraient créés. L'esprit dans l'homme est à la matière dans la proportion de 30 à 50, avec de légères différences en plus ou en moins, car c'est tantôt l'esprit et tantôt la matière qui domine. Dans une création subséquente, si celle qui a formé l'homme n'est pas la dernière, il y aurait apparemment des organisations où l'esprit agirait plus librement et où il serait dans la proportion de 75 à 25. Il résulte de cette considération que l'homme a été formé comme tel à l'époque la plus passive de l'existence de notre terre. L'homme est un triste moyen terme entre l'animal et l'ange; il tend aux connaissances élevées et ne peut pas y atteindre; quoique nos philosophes modernes le croient quelquefois, cela n'est réellement pas. »

Ce qu'il y a de certain, c'est que le mouvement putrescible est si indispensable à chaque manifestation génésique que toute production organique cesse de se former aussitôt qu'on l'arrête. Dans nos laboratoires nous remarquons même constamment que l'eau dans laquelle se produisent des Microzoaires, subit des modifications dans sa composition chimique. Burdach l'a fait observer avec raison (1), et, avant lui, Gruithuisen avait même considéré ce phénomène comme devant être une espèce particulière de fermentation (2).

Certains savants considèrent la fermentation, ou la résolution des molécules organiques complexes en combinaisons plus simples, comme étant due à l'appa-

(1) BURDACH, *Traité de physiologie*. Paris, 1837, t. II, p. 122.
(2) GRUITHUISEN, *Beiträge zur Physiognosis*, p. 116, 107.—Idées sur la physiognosie.

rition de certains organismes inférieurs (1). Virey a rappelé que le père Kircher avait émis une opinion analogue (2).

La putréfaction, en désagrégeant plus rapidement l'organisme que ne le fait la fermentation, agit encore d'une manière plus énergique sur l'hétérogénie. Les molécules organiques composées qu'elle met en liberté entrent bien vite dans d'autres combinaisons : ainsi une recrudescence de vitalité tire sa source de phénomènes d'un ordre absolument opposé. La putréfaction, non-seulement dégage les molécules qui vont s'assimiler primairement à l'organisme, mais aussi, elle est ultérieurement pour celui-ci une source incessante de nutrition, puisque la plupart des aliments des animaux sont extraits des substances putrescibles (3).

Il ne serait pas déraisonnable de penser que les premiers phénomènes génésiques doivent peut-être leur manifestation à des conditions chimiques nouvelles, qui surgissent à certaines époques, soit dans les animaux, soit dans les plantes. Liebig en avouant que nous ne savons pas faire une distinction nette entre les effets des forces vitales (4), ne nous autorise-t-il pas

(1) Liebig dit : « On sait, en effet, par l'analyse microscopique, que la lie et la levure se composent de petits globules souvent réunis sous forme de chapelet, qui possèdent les caractères des cellules végétales vivantes, et ressemblent beaucoup à certaines plantes inférieures, à des champignons, ou à des algues. » *Nouv. lett. sur la chimie*, p. 29.

(2) Virey, *Dict. sc. méd.*, article Fermentation, t. XV.

(3) Liebig, *Nouvelles lettres sur la chimie*. Paris, 1852, p. 24.

(4) *Ibid.*, p. 40.

à émettre cette idée ; et cette opinion ne trouve-t-elle
pas une certaine force dans ces nombreuses légions
d'organismes, qui apparaissent dans les corps en
putréfaction, ou dans ceux dont les ovules surgissent
périodiquement sous l'influence des saisons ?

La présence d'un corps qui, en se décomposant,
produise de l'azote, semble une indispensable condition
de l'hétérogénie ; et si, dans beaucoup de leurs expériences, certains physiologistes ont obtenu des résultats négatifs, c'est presque toujours parce qu'ils avaient
préliminairement entravé le mouvement putrescible
dans les substances qu'ils employaient. M. Morren,
depuis longtemps, a fait connaître combien ce gaz est
indispensable à la vie des Microzoaires de tous les
ordres ; il a même reconnu que quand il manque, ces
animaux deviennent immobiles et passent à une sorte
de vie simplement végétative (1). M. Laurent prétend
même qu'en donnant aux Infusoires un supplément
d'azote, il déterminait chez eux un accroissement
extraordinaire (2).

Cette importance de l'azote nous paraît non douteuse. — Il semble, en effet, que pour les Microzoaires, sa présence est peut-être un élément indispensable et que ceux-ci l'emploient, en quelque sorte,
à l'état naissant: c'est pourquoi l'effervescence génésique se manifeste plus amplement dans les corps

(1) MORREN, *Expériences sur l'absorption de l'azote par les animalcules et les algues.* — *Ann. sc. nat.*, ZOOLOGIE. 1854, t. I,
p. 339.

(2) P. LAURENT, *Études physiologiques sur les animalcules des
infusions végétales.* Nancy, 1854, t. I.

abandonnés à la fermentation putride, où l'azote se produit avec abondance, que dans ceux qui ne subissent qu'une simple fermentation. Ce produit est aussi susceptible de leur fournir cet élément, puisque des végétaux simplement recouverts d'eau aérée, en fermentant, dégagent de l'azote, de l'acide carbonique et de l'hydrogène carboné (1).

Phénomènes de réorganisation. — D'après Lamarck, la génération directe ne consisterait que dans la transformation de petites masses gélatineuses ou muqueuses en tissu cellulaire ; à remplir de fluides divers les cellules qui se forment ; et enfin à les vivifier en mettant les fluides contenus en mouvement à l'aide du stimulus vital (2).

L'idée du grand zoologiste, comme on le voit, était fort simple, mais nous pensons que l'on peut fouiller la question un peu plus avant, ainsi que nous allons actuellement essayer de le faire.

Il y a des molécules inertes, comme il y a des molécules organiques ; les unes et les autres sont régies par d'invariables lois. A l'aide de forces particulières, qui, comme tant d'autres, nous sont inconnues (3) les

(1) Thénard, *Traité de chimie.* Paris, 1815. t. III, p. 410.

(2) Lamarck, *Philosophie zoologique.* Paris, 1809, t. I, p. 373.

(3) Que nous a expliqué Newton en disant : « La gravitation est l'attraction vers le centre de la terre? Quelle est la cause de cette attraction? Peut-être que les grands corps attirent les petits ; bien : mais quelle est la cause que le plus grand attire le plus petit? Personne ne peut l'expliquer, et personne ne le comprendra aussi longtemps que notre esprit sera captivé par notre corporéité ; mais nous le saurons quand cette tension élevée de l'esprit, ce que nous appelons dans le sens strict *esprit* ou *intelligence*, aura quitté la matière. » Bremser, *loc. cit.*, p. 87.

molécules minérales s'agrégent avec ordre et se cristallisent sous des formes identiques ; à l'aide d'autres forces, non moins obscures, les molécules organiques se groupent pour composer des êtres vivants déterminés. Lorsqu'une force a désagrégé les molécules d'un minéral, on ne trouve pas singulier que dans des circonstances différentes, ces mêmes molécules reconstituent leurs cristaux. Serait-il donc si étrange que des molécules organiques, qui ont aussi leur mode d'association déterminé, s'organisassent lorsqu'elles se rencontrent dans la modalité de leur attraction sensitive? Si nous ne pouvons pas, nous, reconstituer des organismes dans nos laboratoires, cela ne dit pas que la nature ne peut pas le faire dans le sien !

Les chimistes ayant reconnu l'existence de molécules organiques complexes (1), et les médecins en ayant démontré empiriquement la présence, par la transmission des miasmes et des principes contagieux (2), il n'est pas douteux que ce ne soient ces molécules, mises en liberté par la putréfaction, qui entrent dans de nouvelles combinaisons pour former les organismes incréés.

Dans ceux-ci, chaque molécule organique primaire possède indubitablement deux éléments, l'un matériel et l'autre vital ; sans cela le phénomène de la conti-

(1) Comp. LIEBIG, *Nouvelles lettres sur la chimie*. Paris, 1852, p. 25.

(2) Comp. LANCISI, *De noxiis paludum effluviis*. Romæ, 1787.

PLATNER, *Dissertatio de pestiferis aquarum putrescentium expirationibus*. Leipsig, 1747.

NACQUART, *Dictionnaire des sciences médicales*. Paris, 1819, t. XXXIII, p. 353.

nuelle rénovation des tissus vivants serait absolument inexplicable. On ne peut attribuer ce mouvement incessant de l'organisme à la puissance de ses appareils. La preuve qu'il n'en existe aucun pour l'opérer, c'est qu'au moment où ses premiers linéaments commencent à poindre, il ne se produit d'abord qu'une trame microscopique, et celle-ci, par conséquent, ne peut être que le résultat des affinités moléculaires; nul organe achevé ne pouvant alors diriger, avec suprématie, le mouvement vital. Il n'y a donc évidemment là qu'une action intime de molécule à molécule. Si les molécules se sont assimilées d'abord par leur propre force, dès l'origine de la vie, doivent-elles, par la suite, perdre cette propriété?

Les plus hardis penseurs de notre époque, qui ont systématiquement soutenu l'hypothèse de la spontéparité, n'entendent plus, aujourd'hui, que les corps organisés émanent directement de matériaux inorganiques, mais qu'ils se produisent à même des éléments dissociés, qui ont précédemment subi l'influence vitale ou au moins en partie. Nous avons déjà vu qu'une telle opinion était professée par Treviranus, Tiedemann, Burdach, Bremser et J. Muller (1).

Ainsi donc, sous l'empire de la fermentation ou de la putréfaction, les corps organisés se décomposent et dissocient leurs molécules organiques; puis, après

(1) Treviranus, *Biologie*. Gœttingue, 1802, t. II, p. 267, etc.
Tiedemann, *Physiologie de l'homme*. Paris, 1831, t. I, p. 100, etc.
Bremser, *Traité des vers intestinaux*. Paris, 1824.
Burdach, *Traité de physiologie*. Paris, 1837, t. I.
J. Muller, *Manuel de physiologie*. Paris, 1851, t. I, p. 9.

avoir erré en liberté pendant un temps illimité, lorsque les circonstances plastiques viennent à se manifester, ces molécules se groupent de nouveau pour
constituer un nouvel être. Aussi, Burdach a-t-il pu
dire que, dans la nature, il n'y a que deux formes
primordiales essentielles de toute activité biologique :
celle dans laquelle le multiple procède de l'unité : et
celle dans laquelle le multiple retourne à l'unité. Notre
théorie, ajoute-t-il, a donc pour axiome que la nature
est la manifestation de l'infini dans le fini (1).

Mais la force agissante qui opère et qui crée,
ne façonne parfois que des êtres d'une extrême
simplicité. De là, il nous semble que c'est avec raison
que M. Raspail dit que le type de l'être organisé peut
se réduire, dans sa plus simple expression, à une
vésicule imperforée, douée de la propriété d'élaborer,
au profit de son développement, les substances
gazeuses et liquides qu'elle attire dans son sein par
aspiration ; et de rejeter par expiration ceux des éléments décomposés qui ne peuvent servir à l'assimila-
tion (1). En effet, certains êtres rudimentaires, tels que
les globules du sang et quelques Monades, ne semblent
composés que d'une cellule élémentaire.

Depuis bien des siècles, l'hétérogénie, cette question d'un ordre si élevé, a passionné tous les philosophes. Admise par la plupart d'entre eux, beaucoup
cependant se sont révoltés avec colère contre elle. Il
semblait à ceux-ci qu'il était de la plus inexplicable
folie qu'on pût admettre qu'il soit possible à la matière

(1) Burdach, *Traité de physiologie*. Paris, 1837, t. II, p. 332.
(2) Raspail, *Nouveau système de chimie organique*. Paris, 1838.

amorphe, d'engendrer des êtres organisés d'un ordre élevé. Il leur semblait que toutes les molécules matérielles ne pouvaient jamais se rencontrer dans le mode de combinaison voulu pour produire une œuvre aussi capitale qu'un lion ou qu'un palmier. Je dois me hâter de répeter que je partage largement leur manière de voir sur ce sujet, mais que ce n'est nullement là que réside la question. Pour la résoudre, il faut se reporter *au point initial de l'organisation*, alors tout se simplifie et se comprend. Nous n'avons plus à nous occuper si par d'incommensurables combinaisons, des molécules se sont groupées pour former de gigantesques êtres, tels que le lion et le palmier, mais seulement si, sous l'empire d'une force initiale, quelques molécules se sont rencontrées pour engendrer un *ovule imperceptible*, presque un point mathématique!

A l'origine des créations, il ne faut par chercher l'*être*, mais uniquement la *force génésique*, car c'est elle seule qui d'abord se révèle, et qui, selon son énergie, détermine la modalité spécifique. Et cette force initiale, se manifeste généralement avec d'autant plus de profusion que le produit qui doit en découler est moins élevé : l'étroit canal sexuel d'un Ascaride donne naissance à des milliards de vermicules, et le volumineux ovaire d'une cavale ne laisse tomber qu'un seul fœtus. Faites, si vous voulez, dériver cette force initiale de l'incessante action de la nature ou admettez qu'elle émane de la puissance créatrice, il n'en est pas moins vrai qu'elle apparait partout et dans tout. C'est elle qui se manifeste tantôt au milieu de la substance de l'ovaire, tantôt parmi ces amas de matières organiques répandus à la surface du globe.

Personne ne conteste cette mystérieuse puissance, mais il existe seulement de nombreuses dissidences, à l'égard de son mode d'action, de son énergie et du nom sous lequel on doit la désigner. Ces détails nous importent peu ; ce qu'il y a seulement d'essentiel pour nous, c'est que par intuition chacun reconnaît le doigt de cet immatériel agent. Qu'on le nomme *âme*, avec Stahl (1) ; *archée*, avec Van Helmont (2) ; *nisus formativus*, avec Barthez (3) ; *force plastique*, avec d'autres ; que ce soit ce que Bichat désigne sous le nom de *force vitale* (4) ; que cet agent soit simple, comme le pense Adelon, ou multiple comme le veut Gerdy (5), tout cela nous est absolument indifférent ; ce qu'il y a d'incontesté, c'est que tout le monde convient de son existence. Nous nous bornons à constater que pour tous les physiologistes, c'est l'élément coordonnateur des divers actes de la vie, et que celle-ci cesse aussitôt qu'il abandonne l'organisme.

Ceci posé nettement, j'espère que l'on conviendra que cette force plastique, ce *nisus formativus* est en quelque sorte le noyau immatériel qui préside aux

<hr>

(1) STAHL, *Disquisitio de mechanismi et organismi diversitate.*

(2) VAN HELMONT, *Ortus medicinæ.* Amsterdam.

(3) BARTHEZ, *Nouveaux éléments de la science de l'homme.* 1778.

(4) BICHAT, *Recherches physiologiques sur la vie et la mort.* Paris, 1848.

(5) ADELON, *Physiologie de l'homme.*

GERDY, *Physiologie philosophique des sensations et de l'intelligence.* Paris, 1846.

premiers actes de la vie, et que les premiers atomes de l'organisme sont déjà groupés et animés par lui, car sans cela il faudrait se disputer sans fin sur le moment où l'agent immatériel, appelé à dominer toutes les mutations de la matière, a fait son irruption dans celle-ci. Si le principe vital ne présidait pas au groupement des premières molécules de l'organisme, il faudrait aussi qu'il y eût deux sortes d'existences pour le même être ; l'une simplement abandonnée aux lois de la matière, et l'autre qui serait régie par le principe vital ; cela devient impossible.

Il faut donc qu'à leur origine, les organes et la force vitale soient étroitement unis ensemble, et que par la suite ils se développent parallèlement.

Or ce *nisus formativus*, dont l'action est toujours coordonnée à la nature de la gangue au milieu de laquelle il opère, sous la pression de ses lois intimes, dans l'ovaire des êtres créés, n'engendre que des êtres semblables à eux ; ailleurs, dans les substances en putréfaction, il ne produit que quelques animalcules microscopiques.

En terminant ce sujet, nous ne pouvons cependant pas omettre de dire que quelques savants absolument adonnés aux sciences physiques, considèrent l'hypothèse d'une force vitale, comme n'étant rien moins que logique: telle est en particulier l'opinion de Lehmann. Mais ce chimiste, à quelques lignes de l'endroit où il émet cette opinion, semble lui-même la réfuter en rappelant que l'on n'est autorisé à admettre une force nouvelle, une cause générale pour expliquer un

ensemble de phénomènes, que lorsqu'on a bien reconnu que tous ces phénomènes sont inexplicables
par toutes les autres causes connues (1). C'est là précisément, selon nous, le cas des phénomènes organiques, et personne ne le contestera (2).

Nous l'avons dit précédemment, ce sont les prétentions exclusives des écoles qui ont entraîné leur naufrage. Nous rendons un hommage mérité à la science
de notre époque, car c'est elle qui doit lui imprimer
sa plus éclatante et sa plus solide gloire. Les Lavoisier,
les Laplace, les Monge, les Gay-Lussac, les Davy,
les Arago ont rempli le monde de leurs immenses
travaux; mais il ne faut pas que, dans leur enivrement,
leurs successeurs prétendent encore avoir sondé tous
les confins de l'inconnu, soulevé tous les voiles de
l'organisme. Nous ne voulons subir ni le joug du
spiritualisme exagéré, ni celui du matérialisme plus ou
moins ingénieusement déguisé : nous demandons seulement que l'on restitue à l'organisme sa véritable dignité, sa suprématie; et nous ne voulons pas pour cela
que l'on exhume de chimériques entités pour expliquer d'inexplicables phénomènes, mais qu'on recon-
naisse une force organique distincte des forces purement physiques, cette force enfin que tout nous révèle
sur chaque feuillet de la création.

En traçant le tableau des facultés intellectuelles,

____

(1) Lehmann, *Précis de chimie physiologique animale.* Paris, 1855,
p. 297.

(2) Lehmann ne le conteste pas lui-même, car il avoue que l'on
ne connaît pas encore assez les phénomènes physiques pour pouvoir le faire. (P. 297.)

l'un des chefs de la philosophie allemande a pu dire :

Penser, c'est créer,

c'est édifier dans le monde immatériel, intangible.

Pour compléter l'esquisse des attributs de l'organisme, le physiologiste peut ajouter :

Vivre, c'est s'organiser,

c'est édifier, c'est créer un être sensible aux dépens du monde tangible et matériel. Et je n'ajoute pas que c'est en même temps se désorganiser, parce que les phénomènes de décomposition rentrent peut-être dans le cadre de ceux qui tiennent partiellement aux réactions physiques :

De tout ce que l'on vient de lire dans ce chapitre, il résulte ce qui suit :

D'abord, que la fermentation et la putréfaction doivent être considérées comme presque indispensables à la manifestation des générations spontanées.

Ensuite, que la force plastique, dans de certaines limites, s'exerce aussi bien au milieu des substances organiques en décomposition que dans le tissu de l'ovaire.

Et enfin, que les générations spontanées dérivent aussi d'ovules, qui, à leur point initial, sont d'une petitesse extrême. Et que les molécules y sont groupées sous l'empire de deux forces.

SECTION II. — PHÉNOMÈNES PRIMAIRES. FORMATION DE LA PELLICULE PROLIGÈRE.

Nous avons vu, dans la première section, que l'apparition des Proto-organismes était toujours précédée

par des phénomènes de fermentation ou de putréfaction, qui, en désagrégeant les molécules organiques,
préparent ainsi la voie aux nouvelles combinaisons
génésiques dans lesquelles celles-ci doivent entrer. Il
résulte de là, ainsi que l'ont déjà fait remarquer
Wrisberg et J. Müller, que la formation des animalcules dans les macérations, est précédée d'un dégagement de gaz divers produits par la décomposition
des substances que l'on a employées (1).

Bientôt après la manifestation de ce phénomène,
on reconnait qu'il se forme à la surface des liquides
en expérience une pellicule d'abord inapparente et
que le microscope discerne à peine ; puis celle-ci
s'épaissit successivement, et finit même parfois par
devenir assez tenace. Cette pellicule est évidemment
composée par des débris d'animalcules, d'abord de
l'ordre le plus infime, et ensuite, par ceux d'espèces
de plus en plus élevées dans la série des Microzoaires.
C'est cette mince pseudo-membrane que j'ai nommée
pellicule proligère, parce qu'il est évident que c'est
elle qui, à l'instar d'un ovaire improvisé, produit les
animalcules. On peut y suivre leur développement à
l'aide de nos instruments et reconnaître qu'ils s'engendrent à même les débris organiques dont elle se
compose.

Les Protozoaires qui forment d'abord la pellicule
proligère sont des Monades, des Bactériums et des
Vibrions, et chacun de ces animalcules lui donne un

(1) WRISBERG, *Observationum de animalculis infusoriis natura.*
Gottingue, 1765, p. 85.

J. MULLER, *Manuel de physiologie.* Paris, 1851, t. I, p. 16.

aspect particulier. Comment ces animalcules sont-ils produits? d'où viennent-ils? c'est ce que nous ne pouvons dire, leur extrême petitesse les dérobant à toute espèce d'investigation. Mais plus tard apparaissent les Paramécies, les Vorticelles, les Kérones, les Kolpodes, dont on peut reconnaître l'origine; et qui, eux, après s'être formés à même les débris organiques des animalcules qui les précèdent, contribuent ensuite, après leur mort, à augmenter l'épaisseur de la pseudo-membrane, et à lui donner un nouvel aspect.

Valentin prétend que la pellicule de la surface des infusions n'est que le résultat des réactions chimiques qui se manifestent dans les substances que l'on a employées, et que ce n'est qu'après que cette pseudo-membrane est apparue que l'on voit naître les premières générations d'animalcules (1). Je m'étonne que Valentin, qui est un des plus profonds observateurs de notre époque, se soit mépris à cet égard. La pellicule proligère, au contraire, est constamment formée, dès son origine, par d'infimes Microzoaires; et l'erreur vient de ce que l'illustre successeur de Haller n'a fait attention qu'à la seconde génération, celle des grands animalcules, qui, eux, s'engendrent à même le détritus des petits.

La pellicule proligère étant constamment formée par les cadavres des animalcules dont les générations se sont succédé, doit présenter des caractères assez

(1) Valentin, *Additions à Burdach*. De la modalité de l'hétérogénie. Physiologie, Paris, 1838, t. II, p. 123.

variés, et c'est ce qui a lieu en effet. Bien plus, les débris des Microzoaires s'y conservent parfois d'une si complète manière, que souvent, longtemps après leur mort, on les y reconnaît encore parfaitement. Ceci nous a permis de distinguer bien nettement quatre sortes de membranes qui ont des caractères très-tranchés, et que nous décrirons ci-après ; ce sont : la pellicule proligère granulée ; la pellicule enchevêtrée ; la pellicule pseudo-cellulaire et la pellicule mixte.

1° PELLICULE PROLIGÈRE GRANULÉE.—Cette pellicule est évidemment formée par des cadavres de Monades ou de Bactériums, c'est la plus élémentaire qu'il soit possible d'observer. Voici comment elle se développe dans les macérations que l'on a pris le soin d'abriter sous des cloches, afin d'éviter qu'il ne s'y mêle quelques-uns des corpuscules que l'atmosphère tient constamment en suspension.

Dans l'origine, la matière organisable est à l'état de dissolution complète dans les liquides qui la renferment, et le microscope le plus perfectionné n'y démontre absolument rien (1). Ce n'est qu'après un certain temps de repos, quinze à vingt heures seulement, si la température est élevée, et sous l'influence de l'air et de la chaleur, qu'on voit apparaître à leur surface des corpuscules ou molécules microscopiques, sphéroïdes, d'une petitesse extrême, et qui semblent absolument privés d'organisation. Ces corpuscules restent plongés dans la plus profonde immobilité,

____

(1) J. MULLER, *Manuel de physiologie*, traduit de l'allemand, par A. J. L. Jourdan. Deuxième édition. Paris, 1851, t. I, p. 6.

comme s'ils se trouvaient enchaînés à distance. Cette immobilité est même, selon nous, un caractère fondamental qui les distingue des molécules inorganiques. Et quand plus tard ces corpuscules s'animeront, leurs oscillations seront tout à fait différentes de celles qu'a observées M. Brown sur les particules inertes. C'est là la transition de la matière inerte vers la matière animée; c'est là la plus simple expression des particules organisatrices venant de s'échapper des corps en décomposition; c'est là enfin ce que nous nommons *molécules primaires immobiles*.

Ces granules ou corpuscules globulaires, comme les appelle Tiedemann, doivent être, selon lui, considérés comme la forme élémentaire des corps organisés et comme les dernières molécules organiques douées de formes distinctes que l'on puisse apercevoir en eux (1).

Le lendemain, des phénomènes d'un ordre opposé se manifestent dans la macération : à l'immobilité de la veille succède une agitation particulière. Les molécules organiques, sans avoir grossi en apparence et encore tellement ténues que les plus forts microscopes ne les font apparaître que sous la forme de pointes qu'on distingue à peine, s'agitent de côté et d'autre et sont toutes animées de mouvements que l'on ne peut méconnaître. C'est lorsqu'elles sont sous cet état que nous leur donnons ce nom de *molécules primaires mobiles*.

Ce mouvement intime des molécules organiques,

(1) Treviranus, *Traité de physiologie de l'homme*. Paris, 1831, t. I, p. 119.

observé par nous, avait déjà été reconnu par O. F. Müller et par M. Dumas (1).

J. Muller et M. Dujardin ont essayé de réfuter ce phénomène, en prétendant que c'est au mouvement brownien qu'il faut rapporter les indices de motilité observés par les deux savants que nous venons de citer (2) ; mais c'est à tort.

Le mouvement qu'offrent les molécules primaires devenues animées ne ressemble même nullement au mouvement brownien. Dans leurs mouvements, ces molécules ne semblent enchaînées par aucune attraction réciproque, et elles sont animées d'une force qui leur est inhérente et leur permet de franchir de si grands espaces, comparativement à leur volume, qu'elles traversent parfois tout le champ du microscope.

Le mouvement brownien est tout différent. Dans celui-ci toutes les molécules s'agitent dans une sphère limitée, et jamais elles n'en sortent ; elles semblent enchaînées les unes aux autres par une puissance attractive, et ne varient nullement dans leurs rapports respectifs. Un œil exercé distingue très-bien cela avec le microscope ordinaire ; mais on le prouve, sans réplique, à l'aide du microscope solaire. L'image d'un certain nombre de molécules de fer, de laque ou d'indigo étant projetée sur un tableau blanc, je place sur

(1) O. F. MULLER, *Anim. infus.*

DUMAS, *Dictionnaire classique d'histoire naturelle.* Paris, 1825, t. VII, p. 221. *Ann. des sciences naturelles.*

(2) J. MULLER, *Manuel de physiologie.* Paris, 1851, p. 7.

DUJARDIN, *Histoire naturelle des infusoires.* Paris, 1841, p. 93.

quatre ou cinq d'entre elles des aiguilles fines, et je reconnais que ces molécules s'agitent en tous sens, se rapprochent ou s'éloignent entre elles, mais que jamais elles n'abandonnent le lieu où elles siégeaient primitivement, et où se trouve enfoncée la pointe de l'aiguille. On a sous les yeux, qu'on me permette cette comparaison parce qu'elle est d'une exactitude parfaite, une espèce de contredanse microscopique dans laquelle les sujets, après s'être agités diversement, reviennent toujours à leur place. Au contraire, quand il s'agit d'animalcules infiniment petits, jamais ceux-ci ne retournent à l'endroit d'où ils sont partis. J'insiste sur ce point parce que, depuis qu'il a été découvert, le mouvement brownien a souvent été mal interprété par les physiologistes et a donné lieu à une foule d'erreurs.

Pour nous, ces molécules primaires mobiles ne sont autre chose que des Monades de la plus petite espèce, le *Monas termo*, Mull. et le *Monas crepusculum*, Ehr., qu'on a d'abord aperçus encore inanimés, et qui, avec le temps, ont enfin revêtu le caractère le plus tranché de l'animalité. Et si sous leur premier état nous les appelons molécules immobiles, c'est tout simplement pour exprimer cette phase indécise de l'organisation où un être ne jouit pas encore de ses attributions distinctives ; car un animal ne peut résulter que d'une réunion de molécules, et ce nom n'est là employé que pour donner l'idée de leur agglomération et de leur infinie petitesse. La vie de ces Monades est de courte durée. Quelques heures seulement leur suffisent pour en parcourir toutes les phases ; et lorsqu'elles sont mor-

tes, leurs corps constituent autant de granulations en-
tassées, qui forment la pellicule que nous nommons
pellicule proligère granulée, à cause de son aspect.

M. Pineau (1) a bien reconnu l'apparition de ces
animalcules, mais il a eu tort en prétendant que c'é-
tait la substance organique des infusions qui se trans-
formait elle-même, par voie de division, en granulations qui acquéraient, par degrés, les caractères de
l'animalité, et formaient autant de Monades.

Bory de Saint-Vincent, en suivant pas à pas l'organisation de la matière, a signalé aussi des phénomènes
analogues à ceux que nous venons de décrire. Il dit,
avec raison, qu'au moment où le liquide commence à
se troubler à sa surface, celle-ci est occupée par des
globules sphériques, infiniment petits, animés d'un
mouvement incessant, et auxquels il donne le nom
de *matière agissante* (2). Ce sont, selon lui, ces globules que O. F. Müller a figurés sous le nom de *Monas
termo*, au nombre des Infusoires (3). Selon Bory,
chaque molécule de cette matière représente une individualité, jouissant d'une vie propre, mais qu'elle
peut perdre en se groupant avec d'autres molécules
identiques pour contribuer à la production d'un être

(1) J. PINEAU, *Recherches sur le développement des animalcules
infusoires. Ann. sc. nat.* ZOOLOGIE, 1845, t. III, p. 183.

(2) BORY DE SAINT-VINCENT, *Dict. classique d'histoire naturelle*,
Paris, 1826, t. X, p. 260, dit que ces globules sont d'une telle petitesse que leur volume n'équivaut pas, après un grossissement de
mille fois, à celui du trou que l'on ferait dans une feuille de papier avec une aiguille extrêmement déliée.

(3) O. F. MULLER, *Encyclopédie méthodique.* Paris, 1791, pl. I,
fig. 1.

plus élevé. Nous verrons plus loin que cette idée est exacte; mais, comme nous venons de le dire, chaque molécule animée n'en représente pas moins un animalcule.

D'autres fois, au lieu de Monades, ce sont des Bactériums qui forment uniquement la pellicule proligère. D'abord on en distingue très-peu à la surface du liquide; puis ensuite d'autres apparaissent. D'abord, aussi, ils sont tous immobiles; mais bientôt leurs mouvements deviennent sensibles, et souvent en vingt-quatre heures, leur vie s'est totalement écoulée et l'on ne rencontre plus après que leurs cadavres excessivement tassés et formant une pseudo-membrane vermiculée. J'ai souvent vu des pellicules uniquement composées par le *Bacterium articulatum*, Ehr.; quelquefois aussi il s'y mêle des Monades.

2° Pellicule proligère enchevêtrée. — Mais, la majeure partie du temps, lorsque la température est élevée, la pseudo-membrane se produit par un procédé qui diffère de celui dont il a été question dans la section précédente. On voit tout d'un coup la surface du liquide se peupler d'une immense quantité de longs Vibrions qui s'enchevêtrent ensemble en mourant, et forment une pellicule plus ou moins tenace. Voici ce qui se passe alors.

Dans ce cas, le rôle principal de la formation de cette pseudo-membrane est confié à deux très-longs Vibrions, qui ne me paraissent avoir été décrits par aucun auteur. J'ai nommé l'un d'eux Vibrion granifère, à cause de sa structure, et l'autre Vibrion lisse.

Le Vibrion granifère, *Vibrio granifer* offre une

taille peu commune parmi ses congénères : sa longueur atteint souvent 0,0560 de millimètre; il est parfaitement cylindrique dans toute sa longueur et obtus à ses deux extrémités. Son corps est incolore, hyalin, transparent, et presque constamment l'intérieur en est occupé par huit granules, ce qui me donna d'abord l'idée de le nommer *Vibrio octopunctatus*; mais parfois aussi on n'y en compte que quatre, et d'autres fois il n'y en a que deux ou même qu'un seul. La disposition de ces granules offre une certaine régularité; ils sont toujours groupés deux à deux. Un groupe de deux est placé vers l'une des extrémités, et un groupe de deux autres vers l'autre extrémité; les quatre granules qui restent sont, au contraire, situés vers le milieu du corps et ramassés deux à deux, en laissant un certain intervalle entre leurs deux groupes.

Ce Vibrion a une natation élégante, absolument analogue à celle de l'anguille commune, seulement un peu plus lente et moins tortueuse. On le voit parfois faire de grands efforts pour traverser certains endroits d'un abord difficile, et quand il ne peut réussir à s'y enfoncer, il rétrograde en nageant en arrière. Plus les Vibrions granifères sont longs, plus ils nagent gracieusement. Ils semblent parfois se multiplier par scission; je dis parfois, car d'abord on les voit tous apparaître brusquement en ayant toute leur longueur. Quand cela a lieu, la scission se fait entre les deux groupes de granules situés vers le milieu du corps. Alors la natation n'est plus onduleuse : elle ressemble aux mouvements anguleux qu'auraient deux baguettes raides, articulées chacune ensemble par l'une de leurs extrémités : les inflexions sont considérables comme si les deux portions faisaient de mutuels efforts pour se séparer, se briser, à un endroit déjà étranglé.

La durée de la vie du Vibrion granifère est peu considérable. Souvent on le voit apparaître dans les macérations vingt-quatre heures après qu'elles ont été commencées. Il s'y agite pendant vingt ou vingt-quatre heures, et après ce laps de temps écoulé, il a généralement accompli le cycle entier de son existence. Nés presque tous à la même heure, presque tous succombent en même temps et viennent, en mourant, s'enchevêtrer et former un véritable canevas à la surface de l'eau.

Ni O. F. Müller (1), ni Ehrenberg (2), ni Dujardin (3), ni enfin Diesing (4), qui n'admet que les espèces des deux premiers naturalistes, ne me semblent avoir décrit le Vibrion que je mentionne. O. F. Müller ne cite

(1) O. F. MULLER, *Animalcula infusoria fluviatilia et marina.* Hauniæ, 1786.

(2) EHRENBERG, *Die infusionsthierchen, etc.* Leipzig, 1838.

(3) DUJARDIN, *Histoire naturelle des infusoires.* Paris.

(4) DIESING, *Systema helminthum.* Vindobonæ, 1850. La description du *vibrio prolifer.* Ehr. que donne cet auteur, semblerait s'en rapprocher : *Syntherium cylindricum, crassum, flexuosum, utrinque rotundatum corpusculis ad 8, ovatis, hyalinis, distinctis.* Mais la figure d'Ehrenberg, qu'il indique, ne s'y rapporte nullement, pas plus que la description. (*Infus.* 81. tab. 5, 8.) Ehrenberg ne parle aucunement, dans sa description, des huit corpuscules mentionnés par M. Diesing. Il le décrit ainsi : *Vibrio bacillis validioribus abbreviatis, hyalinis, motu lento flexuosis, distincte articulatis.* M. Diesing a mentionné à tort comme des granulations, les huit nodosités moniliformes qu'offre la figure d'Ehrenberg.

aucune espèce qui puisse même en être rapprochée. Son *Vibrio bipunctatus* est évidemment fort analogue aux fragments de notre espèce; mais ce n'est assurément pas de ceux-ci qu'il est question dans l'œuvre de ce zoologiste, car, en parlant de son animalcule, il dit qu'il le découvrit *in aqua marina post quatuor septimanas*, au moment où elle exhalait une odeur excessivement fétide (1), tandis que le nôtre vient dans l'eau douce, dans laquelle ont seulement macéré, une vingtaine d'heures, quelques substances végétales.

Le Vibrion lisse, *Vibrio levis*, Pouch., doit le nom que je lui ai donné à son corps allongé et tout à fait lisse. Ce Vibrion est certainement aplati, ce qui se distingue nettement quand il nage. Il est excessivement long et atteint jusqu'à 0,0840 de millimètre de longueur, ce qui m'avait d'abord porté à lui donner le nom de Vibrion gigantesque. Son diamètre est de 0,0014 de millimètre; sa natation est très-élégante, anguilloïde.

Le Vibrion granifère semble précéder un peu l'apparition du Vibrion lisse. Il arrive un moment où l'on trouve encore dans les macérations de nombreux représentants du dernier, tandis que l'autre n'offre çà et là que quelques individus entiers et languissants, et une foule de fragments ou de granules, répandus dans le liquide, qui n'en sont que les débris. De place en place même, ces granules forment parfois des îlots colorés en jaune, composés de grains très-distincts, placés dans les lacunes de l'enchevêtrement des Vi-

(1) O. F. MULLER, *Animalcula infusoria fluviatilia et marina.* Hauniæ, 1786, p. 52, pl. VII, fig. 1.

brions lisses, comme si, dans certaines circonstances, le corps du Vibrion granifère, après la mort, se dissolvait en laissant ses granules libres, tandis que le corps du Vibrion lisse reste indécomposé un certain temps pour former le primitif canevas de la membrane proligère.

La pellicule proligère enchevêtrée est formée principalement à l'aide des deux Vibrions que nous venons de décrire. A cet effet, ils s'entassent en se mêlant, soit séparément, soit ensemble, en se feutrant, pour parler exactement; et c'est ainsi qu'ils donnent naissance à cette pellicule qui, au microscope, ressemble au tissu d'une toile d'araignée. Celle-ci, à cause de sa nature, est plus solide, plus résistante que celle qui est simplement composée de débris de Monades. La pellicule enchevêtrée est parfois presque uniquement formée par le Vibrion granifère qui est resté entier; d'autres fois, par le Vibrion lisse; parfois aussi elle est constituée par ces deux espèces, et dans l'intervalle de leurs mailles on voit des corpuscules qui ne sont que des vestiges de petits Vibrions, de Monades ou de Bactériums, qui ont vécu en même temps que les longs Vibrions qui composent essentiellement le canevas de la pseudo-membrane.

En voyant ainsi les Vibrions composer par leurs débris inanimés une sorte de sol à même lequel vont à leur tour se former des Microzoaires d'un ordre plus élevé, nous pourrions, à l'exemple de M. W. Burnett, supposer que ces Vibrions ne sont que des végétaux primaires (1), et les considérer comme des créa-

____

(1) W. BURNETT, *The family of Vibrionia (Ehrenberg) not Ani-*

tures d'essai destinées à nourrir les animalcules qui
vont leur succéder. Mais il est évident que ces Vibrions
sont parfaitement des animaux, quoi qu'en ait dit le
savant Américain.

3° PELLICULE PROLIGÈRE PSEUDO-CELLULAIRE. — Parfois aussi, lorsque les générations de Monades et de
Vibrions se sont anéanties et que des Microzoaires d'un
ordre plus élevé sont apparus, ceux-ci, en mourant,
ajoutent leurs débris à la mince pellicule précédemment formée par de plus infimes animalcules. Je dis
parfois, car, dans certaines circonstances, ces Microzoaires, en expirant, se dissolvent complétement dans
le fluide qui les contient ; phénomène dont nous parlerons plus loin. Mais celui-ci, que l'on regarde comme
un fait général, est peut-être plus commun sous la
pression qu'éprouvent les Microzoaires, durant nos
observations, qu'il ne l'est dans la nature. Ce que
je sais, c'est que souvent j'ai vu que quand nos macérations étaient anciennes et que la pellicule était
très-épaisse, pultacée, on reconnaissait évidemment
que presque toute l'épaisseur de cette pseudo-membrane était le résultat d'amas de corps de Kolpodes ou
de Monades volumineuses, dont les cadavres s'étaient
entassés en mourant et avaient pu se conserver mu-
tuellement.

Des expériences conduites avec délicatesse démontrent cela bien évidemment. Si l'on prend une pellicule épaisse dans une macération où se sont succédé
plusieurs générations de Kolpodes, et qu'on la com-

mals, but Plants. — Proceedings of the American association for
the advancement of science, 1851.

prime très légèrement, bientôt on reconnaîtra qu'elle est composée d'espèces d'utricules, qui ne sont autre chose que les cadavres de ces animalcules, à l'intérieur desquels on distingue parfois même encore les estomacs. La micrométrie ne permet aucune erreur à ce sujet.

Si l'on comprime un peu plus la pellicule proligère, quoique fort légèrement encore, les corps tassés l'un contre l'autre prennent l'aspect d'un tissu cellulaire végétal, même assez régulier, ce qui est produit par la pression réciproque des animalcules morts.

Lorsque cette pellicule pseudo-cellulaire a été formée par la Monade lentille, cette espèce étant globuleuse et plus petite, l'apparence cellulaire est beaucoup plus régulière et imite des cellules beaucoup plus fines.

Combien de temps des cadavres de Kolpodes ou de grosses Monades peuvent-ils se conserver sans trop se déformer, pour engendrer ainsi une pseudo-membrane ? C'est ce que je ne pourrais dire au juste. Mais je crois que les Monades se conservent facilement cinq à six jours. L'enveloppe cutanée des Kolpodes me paraît durer beaucoup moins, mais leurs estomacs au contraire sont parfois assez tenaces, et ce sont eux qui ont été dans quelques circonstances pris pour de petits Kystes.

Lorsque l'on rencontre des pellicules proligères formées par des corps de gros animalcules, ceux-ci ont toujours été excessivement nombreux et entassés dans la macération, où ils semblent parfois s'être étouffés par leur extrême multiplication.

4° PELLICULE PROLIGÈRE MIXTE. — Nous appelons

ainsi les pellicules proligères qui sont à la fois composées par les divers éléments qui entrent dans les espèces de pseudo-membranes dont nous venons d'étudier la formation.

On rencontre, à la rigueur, assez communément cette sorte de pellicule que nous appelons mixte, car souvent aux Vibrions on voit se joindre des Monades et d'autres animalcules; mais cependant, si une espèce est tranchée et si une sorte d'animalcule en prédominant, donne à la pellicule un caractère spécial, nous préférons la désigner sous l'un des noms précédents.

Enfin, lorsque ce sont des végétaux qui apparaissent à la surface des macérations, on voit un autre ordre de phénomènes se présenter. La pseudo-membrane proligère est alors presque uniquement formée par l'enchevêtrement des mycéliums des champignons rudimentaires qu'on observe à sa surface, etsouvent cette pseudo-membrane prend alors une épaisseur fort remarquable et offre une résistance qu'il faut une certaine force pour vaincre. On pourrait donc ajouter à ce qui précède qu'il y a une pellicule proligère cryptogamique; mais celle-ci, par son aspect microscopique, doit rentrer dans la catégorie des pellicules enchevêtrées. C'est ainsi que souvent la surface de l'urine qui s'altère se couvre d'une pellicule extrêmement épaisse, coriace, qui est formée par le mycélium du *Penicillium glaucum*, Link. qui y abonde ordinairement.

SECTION III. — PHÉNOMÈNES SECONDAIRES. APPARITION DE L'OVULE SPONTANÉ DANS LA PELLICULE PROLIGÈRE. PREMIERS GRANULES VITELLINS.

En comparant attentivement les phénomènes génésiques qui se manifestent successivement lors de l'apparition des *ovules spontanés* et des *ovules ovariques*, je ne vois pas la moindre différence entre eux, sinon que les uns résultent de la concentration des molécules organiques du stroma de l'ovaire, tandis que les autres sont produits par celle des molécules organiques de la pellicule proligère. Et si, par la suite, il y a une différence fondamentale entre les deux corps engendrés, elle est à l'avantage de celui qui naît spontanément, car l'œuf ovarique, pour continuer son évolution, a ordinairement besoin d'être fécondé, tandis que l'œuf spontané, élevé à une plus grande puissance biologique, parcourt toutes ses phases sans nul stimulant nouveau.

Bory Saint-Vincent avait déjà parfaitement senti que, durant leurs premières phases génésiques, tous les êtres organisés se ressemblent par leur extrême simplicité. Il est une époque de l'existence, dit-il, où tout être vivant, quels que soient sa taille et le rôle qu'il joue sur le globe, n'est qu'un animalcule (1). Nous, nous n'entendons pas par là que l'être traverse successivement les formes des Microzoaires, bien loin s'en faut, mais qu'au moment où les premières molécules se groupent dans la substance ovarique ou dans la

(1) Bory Saint-Vincent, *Dictionnaire classique d'histoire naturelle*. Paris, 1826, t. X, p. 534.

membrane proligère pour former l'ovule, tout s'y passe absolument de même.

M. Dumas, dans des observations semblables aux nôtres, mais faites sur des macérations de viande, a vu se développer des phénomènes absolument analogues à ceux que nous allons bientôt décrire. Selon cet illustre savant, voici comment les infusoires surgiraient spontanément dans la matière organique. «Que l'on place, dit-il, un fragment de chair animale ou d'une matière analogue dans de l'eau et que l'on abandonne le mélange à lui-même, on observera bientôt, au moyen du microscope, une foule de petits globules dans le liquide, et l'on pourra se convaincre aisément que chacun d'eux est doué d'un mouvement spontané, qu'il paraît peu capable de diriger et qui ressemble assez, mais avec beaucoup moins de précision, aux oscillations de la lentille d'un pendule.

« Le diamètre de ces petits êtres, qui paraissent propres à réaliser la haute pensée des molécules organiques de Buffon, est absolument semblable à celui des globules élémentaires qui constituent la fibre musculaire. Ils sont par conséquent aussi petits que les plus petites particules organiques qu'il nous ait été permis d'observer encore, et cependant ils jouissent du mouvement volontaire ou au moins d'un mouvement spontané, fonction qui semble indiquer une organisation déjà compliquée. »

Cette observation nous montre la matière organisée morte désagrégeant ses éléments en une infinité d'être animés, dont chacun ne semble que l'un de ses

globules élémentaires. « En continuant l'observation,
on aperçoit bientôt, ajoute M. Dumas, deux de ces
globules mouvants s'accolant l'un à l'autre, de manière à produire un être nouveau plus gros, plus
agile et capable de mouvements mieux déterminés
que ceux que l'on observe dans les simples globules.
Ce composé binaire ne tarde pas à attirer à lui un
troisième globule, qui viendra se réunir aux précédents et se souder intimement avec eux. Enfin un
quatrième et un cinquième et bientôt trente ou quarante se trouveront accolés et constitueront un animal
unique, doué de mouvements puissants, énergiques, et
muni d'appareils locomoteurs plus ou moins compliqués ; enfin, un être dont l'organisation sagement
calculée, repousse au premier abord toute idée d'une
génération aussi simple que celle dont on vient d'offrir l'histoire (1). »

Nous ne venons ici que soutenir et développer les
doctrines analogues à celles qu'a professées l'illustre
chimiste. Seulement nous pouvons le faire, nous le
pensons, avec la précision que l'on doit attendre de
la marche ascendante de l'expérimentation et du perfectionnement des instruments que nous offre notre
époque.

Semblable à certaines forces physiques, la puissance vitale paraît diffusément répandue dans toute la
matière organique, où elle n'attend que quelque circonstance déterminée pour concentrer son action et
produire de nouveaux êtres. Voici pourquoi l'impor-

(1) Dumas. *Dictionnaire classique d'histoire naturelle*, Paris, 1825,
t. VII, p. 194.

tance de ceux-ci est toujours en raison proportionnelle de la masse en fermentation.

Les premières phases génésiques d'une Monade ou d'un Mammifère offrent la même simplicité. La force plastique se manifeste sur un point quelconque de la matière et comme un centre vital y coerce quelques molécules organiques; et c'est de son degré de tension que dérive l'importance de l'être qui va surgir. Il n'y a pas là d'atomes formant d'impossibles combinaisons sous l'empire du hasard, mais l'influence dominatrice d'une force spéciale, rassemblant successivement toutes les particules du nouveau produit situées à sa portée, et centuplant son action à mesure que celui-ci s'organise et se développe.

C'était cette primitive origine qu'il fallait comparer; tout y est identique, car c'est une puissance absolument similaire qui préside à la genèse de tous les animaux, seulement elle varie selon son intensité et son siége. Là, en s'épanchant avec surabondance elle nous livre toutes les magnificences de la série zoologique; ici, tout à fait débile, elle n'aboutit qu'à engendrer ses plus infimes représentants. Mais, quoi qu'il en soit, au début, comme le dirait Geoffroy Saint-Hilaire, il y a unité de composition et unité de plan (1); et ce n'est même qu'en passant par divers états transitoires que les êtres élevés parviennent à acquérir leur perfection organique. Les travaux des naturalistes l'ont mis hors de doute (2).

(1) E. Geoffroy Saint-Hilaire, *Principes de philosophie zoologique*. Paris, 1830, p. 59.

(2) Comp. E. Geoffroy Saint-Hilaire, *Principes de philoso-*

Les plus délicates observations microscopiques révèlent que tous les êtres vivants, à leur plus infime origine, ne résultent d'abord que d'un simple groupement de quelques molécules; et que ce n'est que plus tard que celles-ci augmentent et forment un sphéroïde à la surface duquel l'organisation se manifeste. Bremser en était arrivé de vive force d'intelligence à cette conclusion (1); Carus y fut conduit après de graves supputations anatomiques (2).

Voici la série de phénomènes qu'on voit successivement apparaître. Lorsque la pellicule proligère est parfaitement homogène, et que ses granulations sont uniquement formées de cadavres de Monades crépusculaires ou de Monades termes, le premier indice de genèse que peut apercevoir l'observateur consiste en de petits amas de ces granules qui se forment de place en place dans cette membrane, et à distances à peu près égales. Ces amas sont simplement dus au groupement ou à la concentration des granules qui environnaient le centre vital, comme si celui-ci les avait attirés à lui aux dépens de ceux de sa circonférence. Il en résulte que ce premier indice d'ovule, car c'en est un en effet, présente des granulations un peu plus serrées que la pellicule proligère elle-même, et que

phie zoologique. — SERRES, *Recherches d'anatomie transcendante.* Paris, 1833. — DUGÈS, *Mémoire sur la conformité organique dans l'échelle animale.* Paris, 1832. — *Traité de physiologie comparée.* Montpellier, 1833, t. III, p. 408.

(1) BREMSER, *Traité zoologique et physiologique des vers intestinaux de l'homme.* Paris, 1824, p. 81.

(2) CARUS, *Traité élémentaire d'anatomie comparée.* Paris, 1835, t. III, p. 20.

tout autour de cet amas central il y a, au contraire,
une zone un peu plus claire et très-large. Cette
zone, dont les limites ne sont point nettement circonscrites, forme dans la pellicule autant de cercles
clairs que l'on a d'ovules en voie de formation sous
le champ du microscope. Mais tout est encore confondu avec la pellicule proligère durant ce premier
effort organisateur. Ces amas de granules constituent
les premiers granules vitellins de l'ovule du Microzoaire (1).

L'histologie des Microzoaires est venue confirmer
un fait remarquable que nous avions déjà signalé
dans le développement des Mollusques; c'est que les
premiers linéaments de l'animalité se recrutent à
l'aide des débris d'une génération qui vient d'expirer.
Nous avions reconnu qu'avant la segmentation du vitellus des Lymnées, celui-ci était rempli d'animalcules dont l'agitation incessante ne pouvait être confondue avec le mouvement Brownien (2). L'œuf des
Microzoaires se forme lui-même de molécules qui ne
sont évidemment que les cadavres des Monades et
parfois des Vibrions qui l'ont précédé et qui forment
la pellicule proligère.

Les granules élémentaires dont nous voyons le
groupement constituer les plus infimes linéaments de
l'embryon, composent la base de tous les tissus et de
tous les fluides de l'organisme. Beaucoup de savants,

(1) Voyez la planche II, fig. 1, où l'on représente ce premier
indice d'ovule.

(2) POUCHET, *Annales françaises et étrangères d'anatomie et de
physiologie.* Paris, 1838, t. II, p. 253.

tels que Swammerdam (1), C. F. Wolf (2), C. R. Treviranus (3), Sprengel (4), L. C. Treviranus (5), Link (6), Rudolphi (7), J. F. Meckel (8), et Tiedemann (9) en ont démontré la présence dans les embryons des plantes et des animaux.

Ce n'est qu'en se reportant à l'origine des phénomènes de la génération normale et de la spontéparité qu'on se met à même de bien juger la question. L'histologie nous démontre évidemment que, chez un grand nombre d'animaux de toutes les classes, les premiers linéaments des ovules n'ont nulle adhérence avec l'appareil maternel qui les produit, et que ces ovules, sous l'empire d'une force spéciale, se forment au milieu d'un fluide granuleux sécrété dans les cavités de cet appareil. Là ces ovules, primitivement constitués par le groupement d'un certain nombre de granules, restent flottants pendant un certain temps au milieu de ceux-ci. R. Wagner a fort bien représenté cela chez le lapin ; Dugès le mentionne chez certains insectes (10). L'ovule s'est donc formé au mi-

(1) Swammerdam, *Bibi anaturæ*, p. 817.
(2) Wolf, *Theoria generationis*, t. II, p. 2-16.
(3) Treviranus, *Biologie*, t. III.
(4) Sprengel, *Von dem Bau und der Natur der Gewæchse.* Halle, 1812.
(5) L. C. Treviranus, *Beitræge zur Pflanzenphysiologie*, p. 1.
(6) Link, *Grundlehren der Anatomie und Physiologie der Pflanzen,* p. 29.
(7) Rudolphi, *Anatomie der Pflanzen*, p. 27.
(8) Meckel, *Vergleichende Anatomie*, t. I, p. 40.
(9) Tiedemann, *Traité de physiologie de l'homme*, Paris, 1831, t. I, p. 119.
(10) R. Wagner, *Icones physiologicæ*, tab. II, fig. 8. — Dugès,

lieu d'un fluide qui avait été sécrété par l'ovaire; et cet ovule, n'ayant aucune connexion avec la mère, ne peut en être considéré comme une expansion anatomique. Ce n'est donc qu'un produit qui, par sa propre force plastique, s'est organisé au milieu d'un fluide, ainsi que l'affinité chimique produit un cristal dans une solution saline. Cette force organique est si bien inhérente aux ovules que ceux qui cheminent dans un long oviducte, grossissent souvent dans le trajet avant d'être pondus et avant l'annexion de leurs enveloppes adventives.

Or, si la production d'un ovule dans la génération normale est indépendante de la mère et dérive des réactions d'un simple fluide sécrété, on ne voit pas pourquoi certaines macérations abondantes en molécules organiques ne pourraient pas aussi produire des Protozoaires.

Plus tard il existe encore une analogie frappante entre le développement de l'ovule spontané et celui de l'ovule des animaux. On peut s'en convaincre en compulsant les travaux et les planches des zoologistes qui se sont occupés de l'évolution de ceux-ci. En suivant les magnifiques figures qu'a données Nelson, sur le développement de l'*Ascaris mystax*, il semble que l'on assiste à l'apparition d'un ovule spontané dans sa pellicule proligère (1). C'est le même mode de groupement des granules vitellins; c'est la même nuance

Traité de physiologie comparée. Montpellier, 1839, t. III, p. 303.

(1) NELSON, *The reproduction of the* ascaris mystax. *Phil. trans.*, 1852, pl. xxviii, fig. 48, 49, 50, 51.

claire qui isole l'agglomération centrale ; ce sont les mêmes granulations ; il ne manque à l'ovule du Microzoaire que l'apparition de la vésicule germinative ; elle y existe peut-être, mais trop exiguë , on ne l'aperçoit pas. L'ovule primaire des Microzoaires, au moment où il apparaît, offre aussi le même aspect que celui d'un grand nombre de mollusques, ainsi que j'ai eu l'occasion de le reconnaître sur les huîtres, les anodontes, les lymnées ; il ressemble absolument à celui de l'*Unio pictorum*, qu'a figuré M. Lacaze-Duthiers dans son travail sur les organes génitaux des acéphales (1). Il n'offre aussi nulle différence avec celui des pectinibranches, fort bien représenté par MM. Koren et Danielssen dans leurs recherches sur le développement de ces mollusques (2), et avec ceux des annélides que M. de Quatrefages a fait figurer dans ses travaux sur l'embryogénie de ces animaux (3).

L'œuf primaire des Microzoaires suit aussi, en se développant, absolument les mêmes phases que l'on observe dans celui des poissons lorsqu'il apparaît dans le stroma des lames ovigères. On peut le voir en comparant ce que nous venons de dire avec les recherches de M. Lereboullet sur les œufs de la Perche flu-

---

(1) LACAZE-DUTHIERS, *Recherches sur les organes génitaux des acéphales lamellibranches.* — *Ann. sc. nat.*, ZOOLOGIE, 1854, t. II, p. 155, pl. VII, fig. 6.

(2) J. KOREN et D. DANIELSSEN, *Recherches sur le développement des pectinibranches.* — *Ann. sc. nat.*, ZOOLOGIE, 1853, t. XIX, p. 89, pl. XIX, fig. 2.

(3) DE QUATREFAGES, *Etudes embryogéniques.* — *Ann. sc. nat.* ZOOLOGIE, 1848, t. X, pl. III, fig. 3.

viatile, et celles de M. Dufossé sur le Serran (1).

Lorsque la vie vient de s'éteindre dans un corps organisé et que la fermentation s'en empare et désagrége ses divers éléments, on ne nie pas là l'intervention d'une force spéciale, d'un véritable élément désorganisateur dont l'essence intime nous échappe, mais dont les grossiers phénomènes de dédoublement nous contraignent cependant d'admettre la présence. Pourquoi donc n'existerait-il pas aussi une force capable de grouper les molécules qu'une autre disperse à son gré? S'il en existe une pour diviser, n'est-il pas rationnel qu'il en existe une autre pour concentrer? L'une brise, l'autre édifie; l'une est la force centrifuge qui disperse, l'autre est la force centripète qui rassemble; l'équilibre réside au milieu.

L'observation des phénomènes biologiques rend incontestable l'existence de ces forces opposées : s'il n'en était pas ainsi, la raison les admettrait en présence de l'harmonieux ensemble de la création. Ceci étant reconnu, on se demande s'il n'est pas plus extraordinaire de voir la force plastique mouler un gros œuf d'oiseau à même les molécules d'un ovaire, que de la voir former un ovule microscopique d'Infusoire, dans un amas de granules organiques.

Je m'attends bien qu'on m'objectera que l'ovule émis par l'oiseau provient d'un appareil spécial, et

(1) Lereboullet, *Embryologie comparée de la perche, du brochet et de l'écrevisse. — Annales des sciences naturelles,* zoologie, 1854, t. I, p. 239. — Dufossé, *De l'hermaphrodisme chez certains vertébrés. — Ann. sc. nat*, zoologie, 1856, t. V, p. 295.

que celui-ci émet un produit semblable à la mère dont il dérive. Cette objection, pour le premier chef, n'aurait de valeur que si l'animal façonnait son œuf; et pour nous, celui-ci, loin d'être son œuvre, se forme de lui-même par une force qui est telle que, loin de la mère, elle opère encore des actes bien autrement importants que ceux qui s'accomplissent dans son sein. Le produit est semblable à la mère, c'est évident; il serait bien plus étrange qu'il ne le fût pas. De l'appareil maternel émane une force dynamique qui reproduit le type originaire, chaque être, comme l'a dit Dugès, ayant ses affinités moléculaires spéciales (1). Au sein des molécules organiques libres, des forces différentes travaillent avec moins d'ampleur, mais guidées par des lois non moins sévères. Là aussi la nature ne subit aucun écart; ses produits ne varient plus selon la nature de l'espèce, mais selon celle des substances en fermentation, selon leur abondance, leur température, etc.

Ainsi donc, pour nous, l'ovaire est le siége d'une force génésique indépendante, dérivant d'un concours de circonstances; et les matières organiques peuvent être le siége d'une force analogue.

Dans tout ce qui précède, comme on vient de le voir, nous reconnaissons que la genèse des ovules spontanés, dans la pellicule proligère, est absolument analogue à celle de l'ovule normal dans l'ovaire. Et si plus tard l'ovule spontané continue son évolution sans le concours de la fécondation, c'est encore là un

(1) Dugès, *Traité de physiologie comparée*. Montpellier, 1839, t. III, p. 384.

fait que l'on sait aujourd'hui se présenter parfois dans
la série zoologique. En effet, il est quelques insectes
et quelques crustacés dont on n'a jamais trouvé les
mâles, et d'autres dont les femelles n'ont jamais subi
les approches de celui-ci, et qui pourtant produisent
des œufs féconds. Léon Dufour n'a jamais pu rencontrer de mâles du *Diplolepis gallæ tinctoriæ*, parmi les
nombreuses femelles qui s'échappaient des noix de
galle qu'il possédait dans son laboratoire, et qui
déjà, lorsqu'elles en sortaient, avaient leurs œufs fort
développés (1). A l'appui de ce fait, après avoir observé neuf à dix mille individus du *Cynips divisa*, et
trois à quatre mille du *Cynips folii*, Hartig affirme
qu'il y a vingt-huit espèces du genre Cynips qui n'ont
point de mâle. Il a même toujours vu que la femelle
du dernier de ces hyménoptères, immédiatement
après sa sortie de la galle, se mettait à pondre ses
œufs (2). On ne connaît encore que les femelles de
l'*Apus cancriformis* (3). A. Brongniart n'a pas pu
trouver les mâles de la *Limnadia Gigas* (4). Jurine et
ceux qui l'ont suivi, n'ont encore jamais rencontré que
des individus femelles du *Polyphemus oculus* (5). Vogt

(1) Léon Dufour, *Recherches anatomiques et physiologiques sur
les orthoptères, les hyménoptères et les névroptères.* — *Mém. de
l'Acad. des sciences; Savants étrangers,* 1841, t. VII, p. 527.

(2) S. Hartig, *Zweiter Nachtrag zur Naturgeschichte der Gallwespen,* ou *Germar's Zeitsch. f. die Entomol.* 1843, Bd. 4, p. 397.

(3) Comp. Siebold, *Manuel d'anatomie comparée.* Paris, 1848,
p. 395, note 8.

(4) A. Brongniart, *Mémoire sur la Limnadie.* — *Mém. du Mus.
d'hist. nat.,* 1820, t. VI, p. 89.

(5) Jurine, *Histoire des Monocles qui se trouvent aux environs de
Genève.* 1820, p. 146.

affirme avoir observé le fractionnement d'œufs de Fi-
role qui n'avaient point été fécondés (1). Enfin, dans
un assez récent mémoire sur la génération de quelques Lépidoptères dont on ne connaît point les mâles,
Siebold dit qu'il pense que l'ancienne hypothèse que
les œufs, pour se développer, ont besoin d'être fécondés par le mâle, a reçu de graves atteintes (2).

C'est à cette production d'œufs féconds, émis par
des femelles qui n'ont subi le contact d'aucun mâle,
à cette véritable *Lucina sine concubitu*, que l'illustre
R. Owen a donné le nom de Parthénogénèse (3). C'est
un phénomène analogue que nous voyons se produire
dans les ovules engendrés spontanément dans les macérations, et qui ensuite continuent leur évolution sans
fécondation et par une espèce de Parthénogénèse.

SECTION IV. — PHÉNOMÈNES TERTIAIRES. ENKYSTEMENT GÉNÉSIQUE DE
L'OVULE SPONTANÉ OU FORMATION DU CHORION.

Peu de temps après que s'est effectué le groupement des premières molécules de l'ovule, et que
celui-ci s'est ainsi révélé dans la pellicule proligère,
on voit apparaître un autre ordre de phénomènes
biologiques, indice de plus en plus évident de l'œuvre
incessante qui se poursuit. Après une vingtaine
d'heures, et parfois moins, selon la température, le

(1) Vogt, *Bilder aus dem Thierleben.* 1852, p. 217.

(2) Siebold, *Wahre Parthenogenesis, etc.* — *Recherches sur la
Parthénogénésie proprement dite, chez les Lépidoptères et les abeilles.* — Analyse, *Ann. sc. nat.*, 1856, zoologie, t. VI, p. 193.

(3) R. Owen, *On Parthenogenesis or the successive production of
individuals from a sengle ovum.* 1849.

nouveau produit opère sa délimitation. L'ovule qui n'était précédemment circonscrit que par une limite indécise, a désormais sa forme, et représente une sphère parfaitement distincte, dans laquelle les granules qui formaient précédemment un amas central, se sont disséminés d'une manière à peu près uniforme.

Dans la Paramécie que nous avons particulièrement observée, à ce moment, cet ovule devient même partout d'une teinte plus claire que la pellicule proligère, et les granules qu'il contient, les granules vitellins, sont assez inégaux. Pl. II, fig. 2.

Dans l'origine, la membrane externe ne s'aperçoit nullement, et l'ovule, quoique ayant acquis sa forme, semble encore adhérer par toute sa surface à la pellicule dans laquelle il est né. Ce n'est que plus tard, et souvent après vingt-quatre heures, que la membrane enveloppante se forme et se distingue, et que l'ovule semble tout à fait circonscrit et libre d'adhérence. Cette membrane est d'abord fort mince et absolument incolore; mais ensuite, chez certains Microzoaires, elle acquiert une épaisseur assez notable, et souvent alors elle se colore d'une teinte violette très-claire. La partie externe de cette membrane est ordinairement unie et constamment dépourvue de cils. Mais chez certains Microzoaires, où elle devient avec le temps extrêmement épaisse, en dehors, elle semble chiffonnée. C'est cette délimitation à l'aide d'une membrane protectrice compacte, que l'on a parfois nommée *enkystement*.

Ce dernier acte a été, selon nous, l'objet d'une assez grande confusion de la part des micrographes. Ils ont pensé qu'il y avait là un enkystement d'individus adultes, et que ceux-ci formaient de cette manière une sorte de coque, comme font certains insectes en se métamorphosant. Nous verrons plus tard que lorsque des Microzoaires s'enkystent réellement, c'est chez eux un phénomène morbide, une espèce de préparatif de mort, et nous distinguerons facilement l'enkystement génésique de ce véritable enkystement sépulcral, avec lequel on l'a confondu.

Voici les mesures micrométriques des ovules que nous avons observés. Chez les fortes espèces de Microzoaires le diamètre de l'ovule est de 0,0280 à 0,0560 de millimètre. Chez les Paramécies, nous lui avons souvent trouvé 0,0420 de millimètre. Chez d'autres, telles que les Monades de forte espèce, ces ovules n'ont que 0,0095 de millimètre de diamètre.

La membrane qui circonscrit l'ovule a elle-même une épaisseur fort variable. Chez les Paramécies, elle est souvent fort mince et n'a que 0,0014 de millimètre d'épaisseur; mais chez d'autres Microzoaires elle acquiert une épaisseur qui s'élève de 0,0028 de millimètre à 0,0056. Tantôt, quoique épaisse, elle forme une zone transparente, et tantôt elle est colorée; de manière que l'on est réellement fort embarrassé sur le nom par lequel on doit la désigner, et sur ses véritables rapports biologiques. Quand cette membrane est épaisse et translucide, on serait tenté de lui donner le nom de *zone transparente*, que de Baër a imposé à la tunique de l'œuf des mammifères, à laquelle elle ressemble beaucoup; ou celui de Chorion, que R. Wagner lui donne; car, si dans l'origine cette membrane est transparente, parfois aussi, vers l'époque de la sortie de l'embryon, quand elle se colore d'une façon assez intense et que sa surface devient ridée, elle semble mériter cette dernière dénomination (1). Krause et Valentin considèrent cette enveloppe comme étant de nature albumineuse chez les mammifères (2); son aspect, absolument identique chez certains Microzoaires, pourrait faire soupçonner qu'elle y offre aussi cette composition.

Ce sont surtout sur les œufs des Vorticelles, que le chorion offre une épaisseur si remarquable. Dans ceux du plus fort diamètre, sur lesquels cette enveloppe extrêmement développée offre 0,0056 de millimètre d'épaisseur et présente une teinte violette, elle semble formée de deux couches distinctes : l'une interne plus pâle et homogène; l'autre extérieure lamelleuse, chiffonnée et d'un violet plus foncé.

Ce sont ces œufs protégés par un chorion épais que MM. Stein, Pineau et d'autres ont considérés comme n'étant que des enkystements (3), ou des espèces de cocons selon M. Gros (4), sous lesquels l'animal

(1) BAER, *De ovi mammalium et hominis genesi*, p. 9. — R. WAGNER, *Histoire de la génération et du développement.* Bruxelles, 1841, p. 40.

(2) KRAUSE, *Müller's archiv.* — VALENTIN, *Repertorium*, t. III, p. 100.

(3) STEIN, *Recherches sur le développement des vorticelles.* — *Ann. des sc. nat.* ZOOLOGIE, 1842, t. XVIII. — PINEAU, *Observations sur les animalcules infusoires.* — *Ann. sc. nat.* ZOOLOGIE, 1848.

(4) GROS, *De la génération primitive ascendante facultative contingente des infusoires polygastriques.* 1855. Mém. prés. à l'Inst.

opérait toutes ces extraordinaires métamorphoses que,
dans ces derniers temps, on a prêtées aux Microzoaires.
Je dis *extraordinaires métamorphoses*, parce que s'il
est constant que ces animalcules subissent en se développant de notables mutations, ils sont loin d'offrir
cette véritable fantasmagorie de formes qu'on leur a
prêtée.

La membrane vitelline, admise dans les mammifères par W. Jones, Barry, Wagner et J. Muller, et
qui y est si difficile à distinguer (1), existe aussi chez
les Microzoaires, et y contient le vitellus, à n'en pas
douter; mais celui-ci remplissant toujours l'œuf, cette
membrane ne peut être aperçue.

Les œufs que nous avons observés sont absolument
distincts des boules que forment, dit M. Haime, les
Trichodes pendant leurs métamorphoses. On n'aperçoit nullement à leur surface les vestiges des cils qu'y
a figurés cet auteur, ni la disposition intérieure
qu'il signale (2). Enfin, les ovules que nous décrivons
ne peuvent appartenir à la métamorphose d'aucun
de ces animaux, puisqu'ils apparaissent avant qu'aucun d'eux ne se soit montré. Ces boules ne seraient-
elles pas un état morbide, que nous décrirons plus loin

---

(1) Warthon Jones, *London and Edinburgh philosophical maga-
zine*, 1835, t. VII. p. 209. — Barry, *Philosophical Transact*. 1838.
— Wagner, *Histoire de la génération et du développement*.
Bruxelles, 1841, p. 40-49. — J. Muller, *Manuel de physiologie*.
Paris, 1851, T. II, p. 621.

(2) J. Haime. *Observations sur les métamorphoses et sur l'organisation de la* Trichoda lynceus. *Ann. sc. nat.* 1853, Zoologie,
t. XIX, pl. vi, fig. 11, 12.

sur les Paramécies? Je dois avouer que je n'ai aucune opinion à cet égard, n'en ayant jamais observé.

SECTION V. — PHÉNOMÈNES QUATERNAIRES. GYRATION DU VITELLUS. PUNCTUM SALIENS. MOUVEMENTS EMBRYONNAIRES.

Peu de temps après que le chorion a complétement enkysté l'ovule, on voit l'embryon se former: ses mouvements gyratoires, les pulsations du *punctum saliens*, et enfin ses mouvements instinctifs décèlent manifestement sa présence sous l'enveloppe de l'œuf. Dans les Paramécies, ces indices se manifestent de vingt-quatre à quarante-huit heures après l'achèvement de la délimitation de l'ovule.

Le mouvement gyratoire s'établit généralement peu à peu. Lorsqu'il va se manifester, on aperçoit d'abord des espèces d'oscillations dans la masse des granules vitellins, comme si celle-ci cherchait à rompre ses adhérences. Ce n'est qu'après quelques heures d'hésitation, que l'embryon, devenu libre enfin, commence des mouvements uniformes et parfaitement réguliers, analogues à ceux d'une sphère qui tournerait lentement sous une enveloppe transparente. Toute la masse vitelline est en même temps emportée dans le tourbillon. Si quelque animalcule vient à passer et ébranle l'œuf, immédiatement la gyration s'arrête.

Bientôt après que s'est manifesté le mouvement gyratoire, on aperçoit, vers le milieu de l'embryon, qui est encore subglobuleux, un endroit plus pâle que le reste; et si on fixe attentivement ce point pendant quelques minutes, il arrive qu'on le voit subitement disparaître, puis ensuite, peu à peu, il redevient sensible. C'est là le premier vestige du centre circulatoire ou le *punctum saliens*; et c'est ce qui, plus tard, constituera ce que les auteurs ont nommé vésicule contractile, et ce qui, selon moi, n'est autre chose que le cœur des Microzoaires; opinion déjà adoptée par un certain nombre d'observateurs.

Enfin, après un nouveau laps de temps, on voit apparaître un autre ordre de phénomènes, ce sont les mouvements embryonnaires ou les véritables mouvements instinctifs. Ceux-ci sont absolument différents de la gyration; ils sont irréguliers, saccadés, et déjà ils se révèlent sous l'apparence de contractions de la masse de l'animalcule, qui changent sa forme sous la coque de l'œuf. Dans ses mouvements, l'embryon semble parfois ramper contre les parois du chorion et le corroder pour opérer sa sortie. Dans ces circonstances, il ressemble exactement aux jeunes mollusques gastéropodes, et en particulier aux Limnées, qu'on voit ainsi s'agiter pour rompre leur enveloppe. Lorsque quelque Microzoaire vient à toucher l'œuf, ces mouvements deviennent à ce moment plus vifs et plus prononcés. Nous venons de voir qu'il en était autrement des mouvements gyratoires, eux dont l'harmonie est immédiatement rompue par le moindre ébranlement.

Dans son intéressant mémoire sur la métamorphose des Trichodes, M. Haime parle, il est vrai, de mouvements gyratoires qu'offre à certaines époques l'embryon de ces animalcules, lorsqu'il est contenu sous sa coque. Mais ces mouvements, qu'il dit lui-même être rapides et intermittents, et s'opérer à l'aide de cils que l'on voit sur le jeune individu (1), ne sont nullement semblables à ceux que nous pensons avoir observés le premier et qui sont strictement des mouvements gyratoires, continus, réguliers, et appartenant au simple vitellus et non à un embryon. L'un de nous a donc vu la gyration vitelline et l'autre le mouvement embryonnaire.

Mais telle n'est pas toujours la simple succession des phénomènes. Dans certains Microzoaires, l'œuf, au lieu de ne recéler qu'un ovule, produit trois ou quatre animalcules ; c'est ce que nous avons observé sur quelques Paramécies de petite taille. Dans ces circonstances, à un certain moment, on aperçoit sur la sphère vitelline deux à quatre échancrures, puis, bientôt après, le vitellus se partage en quatre portions distinctes, et enfin on voit sous son enveloppe quatre embryons s'agiter ensemble, appliqués l'un contre l'autre vers le centre de l'œuf. Cet état pourrait en imposer et faire croire à une segmentation du vitellus : ce sont seulement quatre embryons accolés dont on voit séparément battre les vésicules contractiles. Après s'être agités quelque temps sous la membrane protectrice, celle-ci finit par se rompre, et les jeunes se dispersent immédiatement. J'ai assisté quatre ou cinq fois à ce spectacle. Voici ce qui se passa dans l'une d'elles :

Dans une macération, un gros kyste à enveloppe mince, ayant 0,0400 de millimètre de diamètre,

_____

(1) J. HAIME, *Observations sur les métamorphoses et sur l'organisation de la Trichoda lynceus.* Ann. sc. nat. ZOOLOGIE, t. IX.

paraissait segmenté en trois; mais au bout d'un moment, les trois parties qui le formaient parurent chacune s'animer d'un mouvement particulier. Puis, pendant leurs mouvements, apparut une quatrième partie, et il devint évident qu'il y avait sous le kyste quatre Microzoaires s'agitant pour rompre leur coque commune. En effet, après de longs et vifs mouvements, durant lesquels ils paraissaient fort tassés, leur enveloppe finit par se déchirer, et nous pûmes voir les quatre animalcules en liberté. Ceux-ci étaient des Paramécies qui se dispersèrent immédiatement, et je pus seulement constater que chacune d'elles avait, au moment de sa sortie, 0,0280 de millimètre de longueur. Leur corps était piriforme, pointu en avant, avec l'intérieur rempli de très-fines granulations. On y apercevait le cœur déjà doué de contractions sous l'enveloppe du kyste.

Dans le développement de l'ovule des Microzoaires, nous n'avons jamais rien vu d'analogue à la segmentation du vitellus, observée dans la plupart des classes du règne animal. Nous n'avons non plus jamais rien découvert qu'on puisse exactement considérer comme une vésicule germinative.

SECTION VI. — ÉCLOSION DU MICROZOAIRE SPONTANÉ.

Maintenant que nous avons exposé quelle était la marche successive du développement des animalcules considérés en général, traçons l'histoire complète de l'évolution spontanée de quelques-unes des espèces que les circonstances nous ont permis de suivre d'un bout à l'autre, depuis le groupement des premières molécules vitellines jusqu'à l'éclosion.

Désirant pousser mes recherches jusqu'aux confins du possible, afin de parvenir à éclairer la grave question qui me préoccupe, j'ai entrepris une série d'observations sur le développement des Microzoaires, en suivant jour par jour et parfois heure par heure ses diverses phases, décrivant et dessinant successivement tout ce qui se présentait durant cette première manifestation de la vie. Voici le sommaire de mes observations sur la Monade lentille.

ÉVOLUTION DE LA MONADE LENTILLE. — L'observation fut exécutée dans les premiers jours de mai, sur une macération de foin. L'état a été constamment noté à midi, de vingt-quatre heures en vingt-quatre heures, afin qu'il y eût une différence assez notable dans le mouvement organique.

Après un jour écoulé, la température étant de 15° et la pression de 0,745, la macération était colorée en jaune pâle ; il n'existait aucune pellicule à sa surface. Examinée au microscope, l'eau ne contenait absolument rien d'apparent.

Le deuxième jour, la température étant de 20° et la pression 0,76, la surface de l'eau n'offrait qu'une pellicule proligère extrêmement fine. Examinée attentivement, celle-ci paraissait vermiculée et uniquement formée d'un enchevêtrement de petits corpuscules ayant 0,0038 à 0,0057 de millimètre de longueur sur 0,0009 de diamètre. Ces corpuscules n'étaient autre chose que des *Bacterium articulatum*, Ehr., qui formaient ainsi le fond de cette pellicule proligère.

Le troisième jour, à une température de 14° et une pression de 0,76, l'eau a une teinte fauve foncée. La pellicule proligère est bien formée ; elle a perdu l'aspect vermiculé de la veille et est aujourd'hui granulée, les Bactériums ayant en partie disparu pour faire place à de simples granules. Cependant on en découvre encore quelques-uns dans le fluide, surtout dans les endroits où il est en mouvement, car les éléments de la pellicule, qui hier étaient libres, semblent, en ayant pris l'aspect granulé, avoir contracté une tendance à s'agglomérer et à donner à cette membrane plus de cohésion.

Cette pellicule est évidemment formée par la soudure des Bactériums observés la veille ou par celle des granules résultant de leur fractionnement ; mais avant de s'agglomérer en pseudo-membrane, ces éléments organiques ont été mobiles et animés. Les granules ont 1/500 de millimètre de diamètre, et tous sont tenus à distance par une sphère transparente qui semble les environner (pl. II, fig. 9).

Quatrième jour, température de 16° ; pression de 0,76. — La pellicule proligère est plus épaisse ; son ensemble est composé de grains sablés immobiles ; on distingue de place en place dans cette pellicule, des amas de granules, ayant une forme sphérique et dont le diamètre est de 0,0056 à 0,0076 de millimètre. Ceux-ci ont un chorion parfaitement distinct et sont agités de mouvements absolument analogues à ceux d'un balancier de montre, seulement ils ont infiniment moins d'étendue et de rapidité, et ne se manifestent qu'à intervalles, comme une sorte de tremblotement ayant pour but de détacher l'ovule de la membrane proligère.

Ce sont ces ovules mobiles, sphériques, qui constituent toute la génération ; et ce sont eux qui vont bientôt donner naissance à la nombreuse progéniture qui va se répandre dans la macération.

Voulant savoir si les ovules de la pellicule proligère ne seraient pas d'abord formés au fond des vases, plus petits, pour ensuite opérer leur ascension vers cette membrane où jamais on ne les découvre d'un moindre diamètre que celui mentionné, j'ai examiné le fond de ces vases et n'ai rien découvert qui ressemblât à des œufs.

Cinquième jour, température 22° ; pression 0,758. —La pellicule proligère est toujours formée de grains sablés immobiles, puis d'une immense quantité des mêmes ovules qui s'y trouvaient hier, seulement ils sont généralement un peu plus gros. Beaucoup aussi se sont détachés de la pellicule et sont libres dans les endroits où il existe des lacunes liquides (pl. II, fig. 11).

Le sixième jour, la température étant de 18° et la pression de 0,76, je trouvai la pellicule proligère à peu près comme la veille. Les animalcules sont un peu plus gros et plus mobiles, ils sont encore absolument sphériques et composés uniquement de granules très-fins, au milieu desquels il existe une vésicule transparente. Ces animalcules que l'on reconnaît déjà n'être bien probablement que de jeunes Monades, *Monas lens*, Mull., ont 0,0095 de millimètre de diamètre et leur vésicule centrale 0,0028. Ces animalcules s'exercent par leur mouvement de balancier, à se détacher de la pellicule proligère. Examinés avec soin, on voit que celui-ci est produit par un long appendice filiforme, flagelliforme, qui vibre difficilement de côté et d'autre, resserré qu'il est encore près du sphéroïde que représente l'animalcule (pl. II, fig. 11).

Le septième jour, la pellicule proligère a repris une forme bacillaire et semble composée de cadavres immobiles de très-petits Vibrions. Les Monades lentilles qui formaient, le sixième jour, la presque-totalité de la population de la macération, s'y trouvent aujourd'hui en bien moindre abondance. Il leur a succédé des animalcules allongés, qui se meuvent à l'aide de mouvements tremblotants. Leur locomotion est due au filament flagelliforme qu'ils portent à leur extrémité antérieure. Ces animalcules, aujourd'hui en nombre considérable, et dont la progéniture semble avoir succédé à celle des Monas, en seraient-ils une métamorphose ? Je le pense. Ils me paraissent évidemment des individus de cette espèce plus avancés en âge, car on suit toutes les transitions de formes. De cette observation il résulterait donc que la Monade lentille n'est qu'un jeune d'une autre espèce.

Le huitième et dernier jour d'observation, il y avait encore moins de *Monas lens* que la veille, et plus d'animalcules allongés, que je rapproche du *Cercomonas crassicauda*, Duj., qui me paraît en être l'adulte.

En somme, ces observations nous ont révélé toute la genèse de la Monade lentille.

Nous devons faire remarquer que la lenteur du développement et l'infériorité des animalcules observés dans cette circonstance, ne peuvent être attribués qu'à la basse température qui régnait, et à la petite quantité de substance fermentescible qui se trouvait dans le liquide. En effet, dans d'autres vases qui contenaient aussi du foin, mais en bien plus grande proportion, les Microzoaires s'y sont montrés beaucoup plus rapidement et plus abondamment, et ils y étaient d'une organisation plus élevée. La progéniture est donc en raison de l'abondance de la substance en fermentation comme nous l'avons déjà répété. Et si, dans ce cas, nous n'avons aucun indice d'animalcules après vingt-quatre heures, nous savons que lorsque la température s'élève à 25°, alors le liquide en est déjà rempli, et ceux-ci y présentent même parfois une organisation assez complexe.

Je dois avouer que M. Pineau a fait précédemment à moi des recherches sur l'évolution du *Monas lens*, et qu'elles concordent parfaitement avec les miennes (1). Si cet observateur s'est égaré au sujet du développement de quelques autres Infusoires, au moins, pour celui-ci, il est rigoureusement dans le vrai, et je n'ai fait qu'ajouter, par mes observations, quelques faits de plus à ce qu'il avait déjà vu. Il dit, avec beaucoup d'exactitude, en parlant de la pseudo-membrane des macérations : « On remarquait en premier lieu de petits amas de granulations dont les contours commen-

____

(1) J. Pineau, *Recherches sur le développement des animalcules infusoires*. Ann. sc. nat. Zoologie, 1845, t. III. p. 182.

çaient à être diffus ; peu à peu ces amas devenaient plus nettement circonscrits, et ils finissaient par acquérir l'aspect de véritables Monades, d'abord immobiles, puis douées de mouvement (1). »

L'évolution de la Monade lentille était assez difficile à débrouiller, à cause de sa petitesse, mais à mesure que les observations s'étendent à des espèces de plus en plus volumineuses, elles deviennent aussi de plus en plus faciles, et c'est ce que nous avons vu sur la Paramécie verte, dont nous allons tracer la genèse. Là, l'œil de l'observateur peut suivre chaque phase du développement sans la moindre interruption.

ÉVOLUTION DE LA PARAMÉCIE VERTE. — On a observé le développement de cet animalcule dans une macération de 5 grammes de foin sur 300 grammes d'eau. A une température de 23° et une pression de 0,758, après dix-huit heures, le liquide est devenu d'un fauve rougeâtre foncé ; il n'existe aucune pellicule à sa surface. Cependant toute celle-ci est déjà peuplée d'une immense quantité de Vibrions, de 0,0084 à 0,0140 de millimètre de longueur ; presque tous sont rectilignes et mobiles. Le liquide contient en outre un grand nombre de Vibrions lisses, de 0,0840 à 0,0900 de millimètre de longueur, nageant fort élégamment comme des anguilles. Il n'y existe aucune Monade, ni aucun petit Vibrion.

L'observation ayant été répétée dans la même journée, vers le soir, six heures après, déjà beaucoup des

(1) J. PINEAU, *Supplément aux recherches sur le développement des animalcules infusoires.* Ann. sc. nat. ZOOLOGIE, 1845, t. IV, p. 103.

Vibrions qu'on avait vus le matin vivants, étaient morts et formaient les éléments de la pellicule proligère. Ils étaient aussi devenus bien plus nombreux, et de place en place on voyait apparaître quelques Vibrions granifères vivants.

Deuxième jour; température de 23°; pression de 0,76. — Pellicule proligère très-mince, encore incomplète, formée d'îlots aréniformes, composés de débris de Vibrions. Elle est presque entièrement granulaire, entremêlée seulement d'un petit nombre de cadavres de longs Vibrions. Dans les espaces des îlots on distingue un grand nombre de corps de Vibrions de petite espèce, morts, et ceux d'un bon nombre de Vibrions granifères, presque tous morts. Ces grands Vibrions n'étaient apparus que la veille, dans la soirée, et déjà ils ont presque tous succombé; leur existence est donc fort éphémère et ne comprend guère qu'un cycle de vingt-quatre heures au plus. On voit apparaître dans la liqueur un grand nombre de Monades termes.

Lorsque l'on comprime légèrement la pellicule proligère, on voit qu'il existe de place en place des amas de granules un peu plus tassés, plus foncés que dans le reste de l'étendue de cette membrane. Ces amas de granules sont environnés d'une zone plus pâle et assez large. Dans celle-ci les granules sont, au contraire, moins abondants qu'aux environs. Ce sont là les premiers rudiments des ovules. Quand ceux-ci sont rapprochés, cela donne à la pellicule un aspect tigré. La zone pâle n'étant pas encore limitée, aucune mesure exacte n'est alors possible (pl. 2, fig. 1).

Le troisième jour, la température étant de 21° et la

pression de 0,76, les amas de granules se sont trans-
formés en ovules sphériques, parfaitement circonscrits
et ayant un diamètre de 0,0420 de millimètre. Les
granules ne forment plus d'amas concentriques, mais
ils semblent s'être éparpillés dans un fluide hyalin.

Il résulte de cette nouvelle disposition, que ces
ovules ne constituent plus dans la pellicule des taches
tigrées plus denses, plus foncées que la pseudo-membrane, mais qu'au contraire ils ressemblent à autant de
sphères plus pâles que cette pellicule, contenant dans
leur intérieur des granules plus rares et plus gros que
ceux de celle-ci, et qui constituent les granules vitellins de l'œuf. Ces gros granules ne semblent être que
ceux qui s'étaient primitivement entassés vers le centre,
et qui, après avoir trouvé dans leur contact une nouvelle
force plastique, ont grossi. A cette époque le chorion
est excessivement mince, indistinct, et, quoique l'œuf
soit parfaitement circonscrit, il semble adhérer à la
pellicule granuleuse qui l'environne ; on ne distingue
alors ni gyration, ni *punctum saliens*.

Le quatrième jour, température de 22°; pression
de 0,755. — La pellicule proligère est devenue plus
épaisse et s'est augmentée des cadavres d'une énorme
quantité de Monades, de Bactériums et de Vibrions.
Les ovules offrent la même forme sphéroïdale et le
même diamètre que précédemment, mais leur intérieur s'est rempli de granules plus fixes et plus serrés.
Le chorion, qui est fort mince, s'aperçoit quand on
comprime légèrement l'œuf. A l'intérieur de celui-ci
le vitellus est en état de gyration. Sur les œufs les
plus avancés, on distingue même la vésicule cardiaque,

et de temps à autre, on la voit disparaître en se contractant (pl. II, fig. 3).

Le cinquième jour, température de 22°; pression de 0,75. — La pellicule proligère a à peu près le même aspect que la veille. Les œufs conservent leur forme et leur diamètre, mais leur coloration est devenue plus foncée et d'un vert tendre. On distingue facilement, sous leur mince chorion, l'embryon qui se remue et rampe en quelque sorte sous son enveloppe. D'instant en instant, la vésicule cardiaque, qui forme une tache plus pâle que le corps de l'embryon, se contracte et disparaît, pour se remontrer quelques moments plus tard. De temps à autre, on aperçoit quelque embryon qui, après s'être vivement agité sous son enveloppe, finit par la rompre, sort enfin de l'œuf et se disperse dans l'eau. L'animalcule nouvellement éclos est piriforme, aplati, et long de 0,0420 à 0,0560 de millimètre. Son corps est cilié très-finement à l'extérieur, et l'intérieur semble rempli de granulations petites et serrées et d'un vert très-pâle (pl. II, fig. 4). Au bout de peu d'heures, ces animalcules ont acquis tout leur volume. Alors ils sont piriformes, aplatis, verdâtres, et vers leur extrémité antérieure, qui est un peu recourbée, on voit une espèce de fente buccale, garnie de plus longs cils que le reste du corps. Au centre, un organe que quelques auteurs on désigné à tort par le nom de *nucleus* ; vers la grosse extrémité du corps une vésicule contractile. L'intérieur de celui-ci paraît rempli de granules très-fins, verdâtres, et on n'y observe à la simple inspection, aucune vésicule stomacale (pl. II, fig. 5).

Le cinquième jour, température de 22°; pression de 0,750. — La macération est peuplée d'un grand nombre d'animalcules piriformes nouvellement éclos. Ce sont évidemment des Paramécies vertes, ayant en moyenne une longueur de 0,0560 de millimètre.

Lorsque l'observation se prolonge, on voit, de temps à autre, passer dans le champ du microscope, des sphères verdâtres de 0,0400 de millimètre de diamètre environ, ciliées finement à l'extérieur. Si on examine pendant un certain temps des Paramécies, on s'aperçoit bien vite que ces corps sphéroïdes ne sont autre chose que des Microzoaires de cette espèce, qui, à cause de la gêne qu'ils éprouvent, se contractent, deviennent sphéroïdes au lieu de piriformes et d'aplatis qu'ils étaient; puis se montrent encore quelques instants sous cette forme, qui est un véritable état morbide (pl. II, fig. 7).

C'est cet état, qui en a assurément imposé à quelques observateurs, qui l'ont pris pour un enkystement normal de l'animalcule, préludant à des métamorphoses : c'est selon nous, au contraire, un véritable enkystement mortuaire.

Ainsi, nous avons exposé l'histoire complète de la genèse de la Paramécie verte.

Œufs normaux. — Dans le but d'expliquer par des voies naturelles la subite apparition des immenses légions de Protozoaires qui peuplent nos macérations, certains naturalistes leur supposent une fécondité qui tient du prodige. Est-ce un fait parfaitement établi ? Nous ne le pensons pas.

A l'égard de la scission, qu'on a regardée comme

multipliant les Infusoires presque aussi rapidement que pourrait les couper un instrument tranchant, c'est un véritable roman.

Si, pour nous, la spontéparité est le seul moyen par lequel rationnellement et expérimentalement on peut expliquer la primitive apparition des Microzoaires, nous ne pouvons nier cependant que chez quelques-uns, la reproduction sexuelle est également évidente. Mais ce mode normal est tellement rare, qu'il ne doit même pas entrer en ligne de compte dans cet incommensurable nombre de Protozoaires qui se manifestent dans tous les lieux du globe où se trouve quelque amas d'eau en putréfaction, ou quelque macération.

J'ai surtout observé des œufs sur des Kolpodes et des Kérones, et jamais je n'en ai vu dans les Paramécies. Cependant je dois avouer que, pour moi, ce n'est qu'assez rarement que j'ai découvert de ces œufs avec leurs caractères biologiques incontestables. Mais leur présence, parfaitement établie, loin de saper nos doctrines sur l'hétérogénie vient, au contraire, fournir un nouvel et péremptoire argument en leur faveur; c'est une preuve de plus apportée à l'édifice dont nous essayons d'affermir la base ébranlée. En effet, dans les cas rares où nous avons vu des œufs sur ces animaux, jamais il n'y en avait qu'un seul et qui était fort gros; et, avant de rencontrer des faits semblables, plusieurs milliards de Kolpodes ou de Kérones passaient sous nos yeux.

Nous n'avons jamais découvert de Kolpodes accouplés; mais plusieurs fois nous avons rencontré et dessiné quelques-uns de ces animalcules qui avaient un œuf dans la cavité viscérale, œuf qu'il était impossible de confondre avec quoi que ce soit. J'ai observé ce fait sur des Kolpodes qui paraissaient arrivés aux dernières limites de la vie, tant ils étaient volumineux. Ceci est si exact, qu'une ou deux fois j'ai vu ces Kolpodes entr'ouverts et ayant encore l'œuf au milieu de leurs débris ; de manière que je me demande, mais sans avoir d'opinion arrêtée à cet égard, si ces œufs en se produisant n'étouffent pas la mère.

Voici ce qui est exact. Sur des Kolpodes de 0,0840 de millimètre de longueur, et parfois même sur de plus longs encore, j'ai trouvé cet œuf placé vers le milieu de l'animalcule, et toujours au-dessus du cœur ; il a de 0,0150 à 0,0224 de millimètre de diamètre. Son chorion est mince, translucide, et contient un vitellus formé de granules fins et d'un jaune pâle. Je n'ai reconnu, dans ces cas, aucune gyration, aucun *punctum saliens*. Mais comme là tout était analogue à ce que nous allons voir ci-après, il est indubitable que nous avions affaire à un œuf. Celui-ci était entièrement libre dans la cavité viscérale qui le contenait. En pressant un peu l'animalcule sous le compresseur, la résistance du vitellus étant plus considérable que celle du reste du corps, arrêtait le Kolpode, et alors on le voyait faire des efforts pour se débarrasser. Durant ceux-ci, l'œuf restait fixé, mais le Microzoaire faisait varier la forme de la cavité qui le contenait ; ou bien même l'œuf, à certains moments, devenait une espèce d'axe immobile, autour duquel l'animalcule accomplissait une rotation plus ou moins rapide, ce qui démontrait que ce produit n'avait nulle adhérence avec la mère. En donnant du carmin aux animalcules qui présentaient un semblable état, les estomacs se coloraient subitement en rouge et apparaissaient sous la forme de petits globules de 0,0084 de millimètre de diamètre, et jamais aucune coloration ne se manifestait sur l'œuf. Plus rarement, outre cet œuf, j'ai vu une ou deux autres masses moins volumineuses, et qui paraissaient évidemment des ovules plus jeunes. Jamais je n'en ai aperçu plus.

Sur quelques Kérones j'ai trouvé des œufs dont le développement, encore plus avancé, ne permettait plus le doute. Mes observations ont été faites sur des *Kerona lepus*, Mull., de 0,180 de millimètre de longueur. Dans ces animalcules, que j'ai parfois rencontrés accouplés, il n'existait jamais qu'un seul œuf situé vers la partie postérieure de la cavité viscérale. Celui-ci était sphérique, environné d'un chorion assez épais, translucide. Cet œuf offrait un diamètre de 0,0224 de millimètre et était parfaitement libre dans sa cavité. Le Kérone comprimé tournait autour de lui comme sur un axe fixe, et même parfois assez rapidement. Cet œuf contenait des granules très-serrés, et son vitellus, dans plusieurs cas, était évidemment animé de mouvements de gyration ; dans d'autres où l'œuf était plus avancé, la vésicule cardiaque existait indubitablement et se contractait de temps à autre : ce n'était plus un œuf, c'était quelque chose de plus, c'était un embryon (pl. II, fig. 13).

L'œuf interne de la *Kerona lepus*, bien vu par moi,

je dois le dire, avait déjà été soupçonné par O. F. Muller ; je ne fais donc ici que démontrer un fait déjà entrevu par le zoologiste danois (1).

M. Balbiani a fait des observations qui confirment absolument ce que je viens de dire. Il pense que la Paramécie verte, *Paramecium bursaria* de Focke, qu'il a principalement étudiée, se multiple d'abord par scission, et qu'ensuite il y a un accouplement entre les individus, qui tous sont hermaphrodites. Bientôt après celui-ci, on voit apparaître un groupe de cinq à six gros œufs dans le corps de chaque individu, et qui s'y transforment en autant d'embryons dont on aperçoit déjà la vésicule cardiaque se mouvoir (2). L'analogie de ce fait avec ce que j'ai observé dans les Kolpodes et les Kérones, me porte à supposer qu'il est exact, quoique je n'aie jamais eu occasion de le vérifier. Seulement, je dois avouer que je ne crois pas à la scissiparité dont parle cet observateur, n'ayant jamais rien vu qui l'indiquât sur tant et tant de millions de Paramécies qui sont passées sous mes yeux.

Ainsi donc, voici bien évidemment des œufs de Kolpodes, de Kérones et de Paramécies, développés à l'intérieur de la mère ; et dont l'embryon est même déjà formé, comme l'attestent ses mouvements

(1) O. F. MULLER dit, en décrivant la *Kerona lepus : In medio sæpe corpora duo sphærica, opaca an ovaria?* Seulement je n'en ai jamais vu qu'un seul. *Animalcula infusoria fluviatilia et marina.* Hauniæ, 1786, p. 243.

(2) BALBIANI, *Génération sexuelle chez les infusoires. Journal de Physiologie*, par Brown Sequard. Paris, 1858, t. I, p. 346.

gyratoires et les pulsations de la vésicule cardiaque. Avec de tels éléments de procréation peut-on admettre la panspermie aérienne, ce véritable roman de quelques naturalistes de notre époque ?

Absolument non. D'abord, si de tels œufs, qui apparaissent si volumineux au microscope, même à de médiocres grossissements, provenaient de l'air, on les apercevrait immédiatement dans l'eau ou dans les macérations lorsqu'ils y tomberaient, et jamais on n'y en découvre. D'un autre côté, on voit que déjà l'évolution est commencée à l'intérieur de la mère, et que ces œufs sont de véritables embryons en mouvement. Mais dans leurs impossibles supputations, les savants qui confient à l'air le rôle de disséminateur universel sont tous obligés de recourir à une préliminaire dessiccation de l'œuf et de le réduire presque à un volume atomique ! Alors, que devient donc cet embryon déjà ébauché et qu'on y voyait vivre ? On argumentera des graines qui conservent leurs qualités germinatives tant d'années ! Ce n'est pas le cas ; des graines qui ont commencé leur évolution ne s'arrêtent point ou meurent. L'œuf du Microzoaire est soumis aux mêmes lois que celui de l'oiseau ou du mollusque ; l'évolution commencée, l'arrêter c'est la mort ; et elle est déjà largement commencée dans le corps de la mère. Alors, comment expliquer l'inexplicable dessiccation, la réduction à l'état moléculaire invisible, qu'il faut admettre avec tant d'autres impossibilités pour soutenir le système de la panspermie ?

Quoi, ces embryons, que l'on aperçoit pleins de vie et de mouvement dans le corps de la mère ; ces embryons, dont on voit battre le cœur et qui n'ont pas moins de 0,0150 de millimètre de diamètre ; ces embryons qui à l'aide de forts grossissements apparaissent du volume d'un pois ; ces mêmes embryons, enfin, qui semblent destinés à ne vivre que dans l'eau, pourraient, selon nos adversaires, se dessécher radicalement, se solidifier, cesser absolument de vivre, puis se réduire à l'état atomique invisible, et désormais errer dans l'air en si prodigieuse quantité que la science des calculs n'offre plus de chiffres pour en exprimer le nombre !... Ceux qui nous présentent toutes ces impossibilités y ont-ils réellement pensé ?

Mais en supposant un moment l'existence de ces œufs desséchés, imperceptibles, dont il faut que chaque centimètre cube de l'atmosphère contienne tant et tant de myriades ; en supposant même cette impossibilité, une autre difficulté non moins sérieuse, non moins insoluble se présentera. En concédant même à nos adversaires que ces œufs ou plutôt ces embryons, qui nous apparaissaient si volumineux, se sont réduits à l'état atomique, invisible ; mais aussitôt qu'ils tomberaient dans l'eau leur hygroscopicité leur y ferait immédiatement retrouver leur volume et leur vie, et on les apercevrait par innombrables légions dans l'eau pure ; et cependant la patience à l'épreuve des micrographes, n'en retrouve jamais un seul dans celle-ci (1) !

(1) Comp. *Dictionnaire universel d'histoire naturelle.* Paris, 1845, t. VI, p. 65.

Je poursuis encore, car dans cette argumentation, je ne veux pas laisser un seul point en litige. Ainsi que nous l'avons déjà vu, certains savants prétendent que les œufs des Microzoaires n'attendent pour se développer dans l'eau qu'ils encombrent, que le moment où l'on y plonge le corps putrescible ou l'aliment de la progéniture. Est-il possible que des physiologistes aient émis de telles assertions? Quoi cet embryon, car c'en est un réduit à l'état atomique, inerte, solide, discernerait, avant sa réimbibition, s'il y a près de lui ou non les particules alimentaires qui doivent le nourrir après son éclosion! Je demande si ceux qui nous offrent de telles énormités comme la limite de la science, n'ont pas désespéré de la raison humaine! Sortant malgré nous des sphères sérieuses de la discussion, en présence de tels faits, nous pourrions réellement demander à nos adversaires, si les œufs de nos frêles Microzoaires sont plus exigeants que ceux des plus voraces animaux ; car un œuf de brochet ne subordonne pas son développement à la présence d'un morceau de viande; l'eau la plus limpide lui suffit !

J'ai parfois vu des Kérones accouplés et c'est cet accouplement que l'on a pris pour une scission longitudinale. L'étroite manière dont ils se tiennent me fait supposer que leur accolement doit être assez long; et les embryons qu'on voit dans leur corps étant très-volumineux doivent mettre un certain temps à se développer. M. Balbiani dit que l'accouplement des Paramécies dure cinq à six jours; et ce savant ajoute que ce n'est qu'après un laps de temps aussi considérable qu'apparaissent les ovules (1). La procréation est donc assez lente, et cette observation, ainsi que tant d'autres, vient infirmer cette rapidité qu'on lui supposait bénévolement pour expliquer la multitude d'Infusoires qui surgissent partout où existe quelque liquide en putréfaction.

Enfin, une preuve non moins évidente que les Microzoaires doivent leur primitive apparition à la génération spontanée et non à une faculté de reproduction qui tiendrait du prodige, c'est qu'on les voit tous de la même taille dans les nouvelles infusions et comme s'ils étaient apparus au même moment, et non à plusieurs jours d'intervalle, comme cela serait si les œufs provenaient de l'atmosphère. Souvent après, la macération reste sans que sa population augmente sensiblement. Ce n'est que dans les expériences anciennes, et même pas toujours, que l'on découvre des individus de divers âges. J'ai vu fréquemment des macérations présenter longtemps un même nombre d'individus, et si la génération était aussi active qu'on l'a supposé pour fournir aux besoins de certaines théories, en quelques heures les bocaux devraient en être encombrés. On remarque plutôt des successions de générations diverses qu'un immense accroissement. dans la même espèce.

Un Kolpode ou un Kérone n'ayant souvent qu'un seul œuf ou deux dans le corps, cette pénurie dans

(1) Balbiani, *Génération sexuelle chez les infusoires. — Journal de la physiologie de l'homme et des animaux.* Paris, 1858, p. 349.

la reproduction ne serait pas suffisante pour remplir
l'atmosphère de germes, et elle s'ajoute aux données
précédentes pour démontrer que la génération spontanée peut seule expliquer cette multitude de Microzoaires qu'on voit apparaître dans tous les endroits du globe.

SECTION VII. — ENKYSTEMENT MORBIDE. MORT. DIFFLUENCE OU
MOMIFICATION.

Lorsque des Infusoires sont tenus assez longtemps
sous le microscope pour y périr, ce qui a lieu ordinairement en quelques minutes, on est étonné de voir
qu'à l'instant même où la mort arrive, tout leur organisme se désagrége et se réduit à ses éléments primordiaux. Cette dissolution est parfois si rapide que
tous ceux-ci s'étendent dans la liqueur en imitant le
mouvement des étincelles de ces bombes d'artifice qui
éclatent en l'air; comme si à l'instant même où la
vie s'éteint, non-seulement la force coercitive cessait
avec elles, mais en outre comme s'il se manifestait au
milieu des molécules une force répulsive. Parfois
aucun organe n'est épargné, tout disparaît instantanément. J'ai observé ce curieux fait sur des Kolpodes et
des Vorticelles. Il a aussi frappé MM. Gérard et
Pelletier (1). C'est ce phénomène que M. Dujardin
appelle *Diffluence* (2).

(1) GÉRARD, *Dictionnaire d'histoire naturelle.* Paris, 1845, t. VI,
p. 66.

(2) DUJARDIN, *Histoire naturelle des infusoires.* Paris, 1841,
Introduction.

D'autres fois, au lieu de se désagréger subitement ainsi, les Microzoaires se conservent en entier ou seulement en partie, et leur corps, comme nous l'avons vu, vient augmenter l'épaisseur de la pellicule proligère et parfois même la former presque entièrement. Dans certains cas, on voit l'enveloppe externe de diverses espèces de Kolpodes se dissoudre en quelque sorte dans le liquide, tandis que les estomacs seuls résistent et se reconnaissent dans la pseudo-membrane soit à leur teinte jaunâtre, soit à leur diamètre. Avec de l'habitude, on distingue fort bien ces estomacs d'avec les ovules de même volume et dont il devra sortir quelques Monades. Ces phénomènes de diffluence totale ou partielle ne s'observent que dans les grosses espèces de Microzoaires ; les petites restant ordinairement intactes après leur mort.

Enfin, dans certains cas les Microzoaires avant d'expirer semblent s'enkyster ; je dis semblent s'enkyster, parce que dans l'acte qui a lieu il n'y a point exactement là un enkystement : il n'y a qu'un changement de forme, mais non la production d'une enveloppe adventive. Voici ce que j'ai observé et exactement observé sur des Paramécies. Lorsque ces animalcules emprisonnés entre deux verres, sont soumis à l'observation pendant quelques minutes, il arrive que la gêne qu'ils éprouvent les porte bientôt à changer de forme. Ils se raccourcissent et, en même temps, leur corps qui était aplati se gonfle peu à peu ; et en sept ou huit minutes une Paramécie qui était piriforme devient parfaitement sphérique. Sous cet état elle continue pendant un certain temps à se mouvoir en roulant en quelque sorte dans le champ du microscope. On voit manifestement que sa translation se produit à l'aide du mouvement ciliaire qui s'observe à sa surface. Alors cet animalcule ressemble absolument à un œuf de spongille. Peu de temps après il devient immobile : les pulsations de la vésicule cardiaque n'ont plus lieu et le mouvement ciliaire s'anéantit. Enfin, quelques instants après, l'enveloppe cutanée se rompt et par une ou deux larges fentes qu'elle offre on voit saillir une masse hyaline, incolore, dans laquelle on ne distingue aucun viscère, aucune granulation : l'animalcule est mort et vient d'éclater (1).

C'est là ce que l'on peut nommer *enkystement morbide*, quoique, je le répète, il n'y ait qu'une déformation générale qui précède la mort.

M. Claparède prétend, avec raison, que sur un grand nombre de Protozoaires l'enkystement a pour but de soustraire ceux-ci à quelques influences nuisibles (2). Mais dans ce cas, comme nous l'avons dit, il n'y a qu'une déformation maladive. Selon nous, c'est un enkystement morbide que M. Haime a figuré sous le nom de métamorphose de la Trichode lyncée (3).

Les Infusoires subissent assurément certaines métamorphoses ; il suffit de comparer les planches d'Ehrenberg et de M. Dujardin, ou même de comparer

(1) Voyez planche ii.

(2) Claparède. *Supplément au mémoire sur la reproduction des infusoires* (Mémoire présenté au concours, 1858).

(3) Haime, *Métamorphose de la Trichode lyncée.* Ann. de sc. nat.

ces planches entre elles, pour en être convaincu. Mais ces métamorphoses sont souvent loin d'être aussi considérables qu'on l'a prétendu dans ces derniers temps. Les uns, à l'exemple de T. Kutzing, assurent avoir vu des Microzoaires se transformer en végétaux inférieurs (1); d'autres, au contraire, considèrent les transformations comme destinées à élever l'animalité, et tel est Agassiz, qui pense que certaines espèces de *Paramœcium* et de *Bursaria*, ne sont que des larves de Planaires (2). D'autres enfin, avec M. Burnett de Boston, ne voient dans les Infusoires qu'un *receptaculum omnium animalium et plantarum*, et les regardent comme les germes ou les larves d'un certain nombre d'êtres inférieurs de toutes les classes (3).

La moindre critique suffit pour démontrer que l'on a professé les plus inadmissibles opinions sur l'enkystement et les métamorphoses des Microzoaires. Ainsi M. Stein prétend que les Vorticelles, après s'être enkystés, deviennent des Podophrys (4). M. Pineau assure, au contraire, que ces mêmes Vorticelles, après

(1) T. Kutzing, *Sulla metamorfosi degli Infusori in alghe inferiori*. Giornale dell' I. R. istituto lombardo di scienze lettere ed arti. Milan, 1845, t. XI. p. 229. Trad. de l'allem.

(2) Agassiz, Comp. *Annals of nat. hist.* 1850, p. 156.
Thus Agassiz has shown that paramecium and Bursaria, etc., are only larval forms of planariæ.

(3) Burnett, *Reviews and Records in Anatomy and Physiology*. The american Journal of sciences and arts. 1854, t. XVIII, p. 105.

(4) Stein, *Zeitschrift* de MM. Siebold et Kölliker. 1852. *Annales and magazine of natural history*, t. IX. p. 471. — *Recherches sur le développement des vorticelles*. Ann. sc. nat. ZOOLOGIE. 1852, t. XVIII, p. 95.

cet enkystement, produisent des Oxytriques (1). En présence d'assertions si opposées, il faut bien que l'un de ces deux observateurs soit dans l'erreur. Ce qu'il y a de certain c'est qu'ils y sont tous deux. Ce qui probablement les aura trompés, c'est qu'après avoir vu des Vorticelles dans une macération, ils y auront trouvé des Podophrys ou des Oxytriques, et ils ont pris une génération qui succédait à l'autre, comme n'en étant qu'une métamorphose.

M. Stein lui-même se charge de prouver l'exactitude de ma supposition. Il raconte, qu'ayant mis des *Vaginicola crystallina*, Ehr., dans des vases, trois jours après, quand il visita ceux-ci, ils étaient remplis d'*Acincta mystacina*, Ehr., et il prétend que comme ce fait s'est répété deux fois, on ne peut l'attribuer qu'à une métamorphose (2). M. Claparède s'est élevé énergiquement contre cette conclusion, et il a eu raison (3). C'est souvent ainsi qu'ont procédé les observateurs qui nous racontent tant d'étrangetés sur les Microzoaires. M. Gros est encore intervenu lui-même, pour achever de démontrer combien toutes les observations ont été inhabilement conduites. Pour lui il soutient une thèse encore différente de celle de MM. Stein et Pineau ; il prétend que les Vorticelles ne sont que les résultats de la métamorphose des Kolpodes (4).

(1) PINEAU, *Observations sur les animalcules infusoires*. Ann. sc. nat. ZOOLOGIE, 1848, t. XIX, p. 92.

(2) STEIN, *Die Infusionsthierchen*, etc., p. 38 et 40.

(3) CLAPARÈDE, *Mémoire sur le développement des infusoires*. 1858.

(4) GROS, *De la génération primitive ascendante, facultative, con-*

Lorsque l'on voit ainsi MM. Stein, Pineau et Gros admettre des théories si diamétralement opposées, n'est-on pas autorisé, plus que suffisamment, à considérer leurs diverses opinions comme absolument erronées? Pour moi je reconnais n'avoir jamais vu de Vorticelles s'enkyster, et jamais je n'ai vu non plus de kystes à l'extrémité de leur filament d'attache, comme en ont figuré MM. Pineau et Stein. Et d'ailleurs l'on remarque que les kystes, dont parlent ces deux observateurs, se montrent souvent dans des macérations où il n'a jamais existé de Vorticelles et dans des pseudo-membranes tellement compactes qu'aucun de ces animalcules n'y existait évidemment. Ces enkystements représentent pour moi, jusqu'à nouvel ordre, des ovules primaires.

Au milieu de ses recherches sur la genèse des Microzoaires, le zoologiste attentif est frappé d'une chose, c'est de la diversité morphologique des espèces qui se succèdent sous ses yeux; et celle-ci est telle qu'il est extrêmement difficile, et souvent tout à fait impossible de les déterminer. Quelquefois même une multitude de formes apparaissent dans une seule expérience. Ainsi dans une macération de quelques fragments d'un os humain que j'avais rapporté des hypogées de Thèbes, et qui avaient passé trois mois dans l'eau, j'ai vu s'offrir à la fois la plupart des Vorticelles de notre faune française et en outre un grand nombre d'autres espèces que je ne sache pas que l'on ait ja-

tingente des infusoires polygastriques et rotifères. 1855 (Mém. présenté au concours).

mais représentées; c'était un monde nouveau (1).

Ces faits ont déjà frappé comme moi plusieurs savants, ils sont donc fort positifs, et il faut même qu'ils parlent bien hautement, puisque plusieurs descripteurs d'espèces ont été forcés de les reconnaître. Ce sont encore là, comme on le voit, autant d'arguments en notre faveur et que les ovaristes ne pourraient nullement expliquer.

C'est ainsi que dans ses expériences sur la génération spontanée, Gruithuisen, prétend que dans plus de mille cas, jamais les Microzoaires ne se sont présentés sous des formes identiques dans les infusions de substances diverses ou dans les mêmes matières, lorsqu'on les exposait dans des circonstances différentes (2). Burdach assure aussi que les Microzoaires harmonisent leurs formes avec le milieu dans lequel ils se trouvent placés (3). Et il me semble qu'Ehrenberg et Treviranus soutiennent la même hypothèse en avançant qu'ils n'ont jamais pu obtenir des Infusoires de forme déterminée dans des Infusions également déterminées (4) : cela me paraît constituer une série d'arguments sérieux.

Les observations d'Ehrenberg ont aussi démontré

(1) Les fragments d'os soumis à cette expérience provenaient de l'extrémité inférieure d'un tibia. Ils restèrent dans l'eau pendant les mois de janvier, février et mars, et furent observés le 1er avril. — La macération ne contenait absolument que des Vorticelles.

(2) GRUITHUISEN, *Organozoonomie*. Munich, 1811, p. 164.

(3) BURDACH, *Traité de physiologie*. Paris, 1837, t. I, p. 26.

(4) TREVIRANUS, *Biologie*.

que les Infusoires subissaient d'assez profondes modifications de forme durant leur développement,
pour avoir égaré d'une étrange façon la plupart
des descripteurs. Il s'est convaincu que douze espèces de O. F. Muller appartenant au genre Vorticelle
ne sont absolument que les divers états d'une seule
et même espèce, dont Lamarck et surtout Bory de
Saint-Vincent ont même formé plusieurs genres (1).
Fischer a également signalé cette erreur (2). Pour moi,
je vois à chaque instant apparaître et disparaître sans
retour certaines espèces parfaitement distinctes. Ainsi
la Vorticelle qui est représentée dans ma première
planche, et qui y a été dessinée avec une scrupuleuse
exactitude, en dédaignant toutes ces exagérations de
formes qu'on affecte dans l'iconographie; cette Vorticelle je ne l'ai jamais revue depuis dix ans !

Un des naturalistes qui, de nos jours, ont le plus
décrit d'Infusoires, et qui par conséquent devrait être
un des plus ardents défenseurs de l'invariabilité de
l'espèce, M. Dujardin, fait lui-même l'aveu de la difficulté qu'offre la distinction zoologique de beaucoup
de ces animaux. En parlant des Paramécies, par
exemple, il dit textuellement que leur forme est tellement altérable et variable que l'on sera fréquemment
disposé à méconnaître ces Infusoires, quand les circon-

(1) LAMARCK, *Histoire naturelle des animaux sans vertèbres.*
Paris, 1816, t. II.

BORY SAINT-VINCENT, *Mémoire sur les microzoaires.*

(2) FISCHER, *Bull. de la Soc. impér. des naturalistes de Moscou.*
1831, t. III, p. 11. — Rapport aux membres sur quelques faits
nouveaux de zoologie.

stances de leur développement auront été modifiées (1).

ANATOMIE DES MICROZAIRES. Les Microzoaires n'ont ni la simplicité de structure que leur suppose M. Dujardin (2), ni le luxe d'appareil dont les décore M. P. Laurent (3).

Leur organisation a été merveilleusement élucidée par les beaux travaux d'Ehrenberg (4); et nous ne concevons pas que, lorsque ces travaux ont obtenu la sanction de naturalistes aussi illustres que R. Owen et Carus (5), M. Dujardin ait pu dire que malheureusement personne n'a constaté, depuis le savant prussien, l'organisation des Infusoires. Nous-même nous l'avons reconnue, et nous avons contribué, dans l'un de nos mémoires, à démontrer la précision des observations du professeur de Berlin (6).

Le peu de précision de nos connaissances, relativement à l'organisation des Infusoires, était due à ce que, à l'exclusion des Vorticelles, on n'observait pas assez longtemps les mêmes individus, ceux-ci se dérobant subitement au champ du microscope. Je suis parvenu à exécuter des observations plus lon-

(1) DUJARDIN, *Histoire naturelle des infusoires*. Paris, 1841, p. 482.

(2) DUJARDIN, *Histoire naturelle des infusoires*. Paris, 1841, Observations générales.

(3) P. LAURENT, *Études physiologiques sur les animalcules des infusions végétales*. Nancy, 1854, 1858, 2 vol.

(4) EHRENBERG, *Infusionsthierchen*, etc.

(5) R. OWEN, *Lectures on the comparative anatomy and physiology*. Londres, 1843. p.   . — CARUS, *Traité d'anatomie comparée*. Paris, 1835, trad. t. II, p. 3.

(6) POUCHET, *Comptes rendus de l'Académie des sciences*. Paris, 1847.

gues et plus précises, en plaçant des Microzoaires sur de la batiste très-fine, et en pressant légèrement celle-ci avec le compresseur ; alors on obtient des mailles ou des intervalles de 0,10, à 0,12 de millimètre dans chacun desquels il ne se rencontre ordinairement qu'un seul Infusoire de forte taille. Là, sans désemparer, on peut suivre successivement le mode d'introduction des substances alimentaires et le procédé par lequel celles-ci se répartissent dans les vésicules stomacales. Là aussi, on peut compter les contractions des vésicules destinées à la circulation, en déterminer les intervalles, en mesurer l'étendue.

Voici jusqu'à ce moment ce que j'ai pu bien voir, et les points sur lesquels je ne crois pas que, par la suite, on puisse me faire d'objection sérieuse. Dans les Infusoires appelés par Ehrenberg *Polygastriques*, il existe évidemment des estomacs vésiculaires plus ou moins nombreux. Les observations du zoologiste de Berlin et les nôtres se trouvent même pleinement confirmées par l'analogie. En effet, j'ai découvert qu'il existait sur les larves du Cousin commun un appareil digestif ayant les plus grands rapports avec celui de ces Polygastriques. Chez ce Diptère, l'intestin est enveloppé par une couronne de huit estomacs vésiculaires, ovoïdes, qui ne tiennent à celui-ci que par un canal imperceptible, et qui se remplissent de carmin, avec la même facilité que le font les vésicules stomacales des Microzoaires (1).

Le nombre et le diamètre de ces estomacs est fixé

(1) Pouchet, *Comptes rendus de l'Académie des sciences.* 1847. Zoologie, t. II, p. 192, pl. xxi, fig. 1.

sur chaque espèce ayant acquis tout son développement. Ces organes présentent aussi une forme et une
structure invariables. Ils sont presque constamment
globuleux, et leurs parois offrent une minceur
extrême. On aperçoit très-bien la forme, et l'on peut
apprécier facilement le diamètre de ces estomacs,
sans même avoir besoin qu'ils soient gorgés de substances colorées. Il suffit qu'ils se trouvent remplis
d'aliments. Quoique les parois des vésicules stomacales soient excessivement minces, cependant, lorsque celles-ci contiennent des substances alimentaires, on les aperçoit très-bien ; mais dans l'état de
vacuité, on ne les distingue nullement. On ne peut
donc considérer ces cavités stomacales, ainsi que l'a
fait M. Dujardin, comme de simples vacuoles creu-
sées à *volonté* dans la substance glutineuse du corps,
et n'offrant aucune paroi propre (1). Dans les Vorticelles, on compte trente à quarante estomacs vésiculaires, ayant un diamètre de 0,0056 à 0,0076 de
millimètre, à l'état de plénitude. Dans les Kolpodes,
il en existe constamment vingt à trente de 0,0100 de
millimètre de diamètre, lorsqu'ils sont remplis d'aliments.

La prétendue rotation de ces estomacs, que quelques observateurs ont signalée, est une étrange illusion d'optique. Ces organes sont fixés dans leur région respective, et ne s'en éloignent que dans le
rapport de l'élasticité des tissus. C'est la gyration du
vitellus des œufs contenus dans le corps qu'on a pris
pour un mouvement des estomacs.

(1) DUJARDIN, *Zoophytes infusoires*, p. 70.

La vésicule contractile des Microzoaires est un véritable organe circulatoire, représentant le cœur des animaux élevés. Cette vésicule contractile ou cardiaque est ordinairement unique, et contient un fluide analogue au sang, offrant une teinte d'un jaune fauve extrêmement clair, ce qui la rend facile à distinguer.

Chez les Vorticelles, cette vésicule cardiaque est unique et acquiert un volume énorme, comparativement à celui de ces animalcules. Sur des Vorticelles de 0,080 à 0,100 de millimètre de longueur, elle offre, totalement dilatée, jusqu'à 0,020 de millimètre de diamètre. Chez ces Microzoaires, elle possède des parois extrêmement distinctes, et présente en avant une sorte de conduit jaunâtre, qui ne peut être qu'un vaisseau afférent ou efférent. Sur les Kolpodes, la vésicule cardiaque est également unique, mais proportionnellement plus petite; elle offre de 0,012 à 0,015 de millimètre de diamètre, sur des individus de 0,100 de millimètre de longueur. Sur les Glaucomes, elle n'a que 0,010 de millimètre de diamètre. Chez les Dileptes, il y a deux vésicules cardiaques qui se contractent successivement; l'une est située à l'extrémité postérieure du corps, l'autre vers le centre.

Chez les Vorticelles, la vésicule cardiaque se remplit très-lentement et ne se vide qu'à de longs intervalles, mais subitement; elle se contracte toutes les deux à six minutes. Chez les Kolpodes et les Glaucomes, les mouvements de cette vésicule imitent tout à fait ceux du cœur des grands animaux : ils sont très-rapprochés. L'organe se dilate et se remplit instantanément du fluide sanguin, mais cependant les contractions n'ont lieu que toutes les sept à dix secondes, à la température de 20 degrés centigrades.

Récemment, dans leur Traité d'anatomie comparée, Siebold et Stannius ont confirmé ce que nous avions découvert, et ils y considèrent aussi les vésicules contractiles des Microzoaires comme des ébauches d'organes circulatoires (1).

Enfin, chez toutes les Vorticelles, il existe un sac parfois fort apparent, situé du côté opposé à la vésicule cardiaque, et qui s'étend dans presque toute la longueur de ces animalcules. L'intérieur de ce sac présente des mouvements moléculaires très-apparents, qui paraissent évidemment dus à la présence de cils vibratiles. Parfois ce sac se contracte d'avant en arrière, et semble transporter dans cette direction une masse en mouvement, très-distincte des vésicules stomacales qu'elle refoule. Ce sac est, selon nous, l'organe respiratoire de ces animaux, formé chez eux d'une simple cavité branchiale dont la surface est couverte de cils, comme les branchies de certains Mollusques. Ses mouvements sont ce qui en a imposé à certains micrographes, soit en leur faisant croire qu'il se creusait des vacuoles dans le tissu, comme l'a professé M. Dujardin, soit en leur faisant admettre qu'il existe chez les Microzoaires une espèce de circulation de granules, semblable à celle que l'on observe sur certains végétaux, ainsi que l'a avancé M. Meyen.

(1) Siebold et Stannius, *Manuel d'anatomie comparée*. Paris, 1850, t. I, p. 19.

Lorsque j'eus terminé ces observations sur l'organisation des Infusoires, je demeurai parfaitement convaincu que ceux-ci possédaient une structure anatomique assez complexe : mais, désirant enfin réfuter,
sans réplique, les assertions des savants qui professent
des doctrines toutes différentes, je sentis qu'il n'y
avait qu'un seul moyen pour obtenir ce résultat, c'é-
tait d'observer le développement de ces animaux, et
de reconnaître, sous les enveloppes de l'embryon,
l'existence et les mouvements de la vésicule cardiaque, comme je les avais souvent aperçus dans les
œufs de beaucoup de Mollusques. Mes recherches
ayant été couronnées de succès, alors elles ne me
laissèrent aucun doute.

Sur des œufs spontanés de Vorticelles, dont les animalcules étaient à la veille de sortir de leur coque,
j'ai reconnu l'existence de la vésicule contractile ou
cardiaque, et constaté ses mouvements. Cette vésicule était proportionnellement moins volumineuse
que sur les animalcules entièrement développés, et
ses pulsations moins fréquentes. Ces œufs, alors totalement occupés par l'embryon, offraient 0,04 de
millimètre, et la vésicule contractile, qui était placée
vers leur centre, présentait dans son plus grand développement 0,005 de millimètre. D'après ce qui précède, la vésicule contractile ne peut donc être assi-
milée qu'à un cœur. On la voit déjà se manifester
comme le *punctum saliens* des embryons ovipares.
D'après cela aussi, on ne peut plus considérer les vésicules contractiles comme appartenant, soit à l'appareil génital, comme le voulait Ehrenberg, soit

à l'appareil respiratoire, comme le professait Spallanzani. En effet, l'opinion de ces deux savants ne peut nullement résister à l'examen.

Si, avec l'illustre zoologiste de Berlin, on prétendait que la vésicule cardiaque appartient à l'appareil génital mâle, dont elle représenterait une vésicule séminale, et que ses contractions correspondent à l'émission du fluide spermatique qui la remplit; comme cette vésicule offre un volume considérable, comparativement à celui de l'animal, il en résulterait qu'en peu de minutes, souvent un Microzoaire aurait sécrété et expulsé un volume de sperme dépassant considérablement le sien, et qu'il répéterait cet acte durant tous les instants de sa vie, ce qui est totalement inadmissible. D'un autre côté aussi, il est certain que l'appareil ne peut pas être destiné à la respiration, et qu'il n'est point un appareil aquifère; car, si réellement le fluide qu'il contient était expulsé au dehors, lors de ses contractions, on verrait, tant l'organe est volumineux, l'animalcule s'affaisser ou se contracter et diminuer sensiblement de volume, ce qui n'a pas lieu : d'ailleurs, le fluide qu'il contient possède une couleur propre. Il faut donc que la vésicule contractile soit un organe central de circulation, qu'elle ne se vide qu'en répartissant son fluide dans d'autres régions du corps; fluide qui ne peut être lui-même que le fluide sanguin. C'est un cœur.

L'investigation de tout ce qui concerne les Microzoaires présentait d'énormes obstacles à cause de leur infinie petitesse; mais, loin d'en surmonter la difficulté par de patientes observations et de rigoureux commentaires, certains savants n'ont que trop souvent traité ce sujet avec une inconcevable légèreté.

C'est ainsi, par exemple, que, dans son chapitre consacré à l'histoire des organes digestifs des Infusoires, M. Dujardin confond la vésicule cardiaque ou contractile avec ces organes. En parlant des vésicules digestives : « Ces vésicules, dit-il, *remarquables par leur extensibilité indéfinie et par leurs contractions subites*, etc., etc. » D'abord, les vésicules stomacales ne sont pas susceptibles d'une extensibilité indéfinie ; leur maximum d'expansion est déterminé : et, en outre, jamais elles ne se contractent subitement ; c'est le cœur qui seul possède cette faculté.

Il résulte donc de mes observations sur les Infusoires :

Qu'avec M. Ehrenberg, j'admets chez eux un appareil digestif ; que les vésicules contractiles des Infusoires représentent le cœur ; que les Vorticelles ont un troisième appareil vital fort apparent, qui ne peut être qu'un organe respiratoire branchial ; que les embryons des Infusoires présentent aussi le phénomène de la gyration et le *punctum saliens*.

M. Balbiani, dans un récent travail, considère certains Microzoaires, les Paramécies, comme étant hermaphrodites, et décrit leurs ovaires et leurs spermatozoaires. Ses observations me paraissent positives (1).

____

(1) BALBIANI, *Génération sexuelle chez les Infusoires*. Journal de la physiologie de l'homme et des animaux de Brown-Séquard. Paris, 1858, p. 347.

Quelques physiologistes, parmi lesquels il faut compter J. Müller (1), prétendent qu'Ehrenberg, en découvrant les organes internes des Microzoaires, a rendu improbable leur production par la génération spontanée. Quoique ayant nous-même étendu ces connaissances, cela ne nous empêche pas de regarder ceux sur lesquels nous en suivons le développement, comme n'étant le plus souvent que le produit de l'hétérogénie. Ehrenberg, tout en prétendant que les Infusoires naissent d'œufs, laisse indécise la question de savoir si ceux-ci ne sont pas eux-mêmes, en partie, le produit d'une génération spontanée (2). Nous ne demandons rien de plus.

Quoique J. Carter se soit assez longuement occupé de l'organisation des Microzoaires, nous n'avons rien emprunté à cet auteur, parce qu'il nous a paru n'avoir pas traité son sujet avec autant de précision que l'avaient fait les micrographes qui l'ont précédé, et n'avoir donné que d'inexactes figures (3).

Avant d'entamer un autre sujet, je dois réfuter de tout mon pouvoir les assertions inexactes que m'attribue M. Claparède. Il prétend que j'ai adopté les idées de sexualité des Infusoires, ainsi que l'a fait M. Nicollet (4). Je n'ai jamais écrit un seul mot, ni dans

(1) J. MULLER, *Physiologie*. Paris, 1845, t. I, p. 13.

(2) EHRENBERG-POGGENDORF's, *Annales* 1832. Comp. R. WAGNER, *Isis*. 1832. p. 383. J. MULLER, *Manuel de physiologie*. Paris, 1845. p. 14.

(3) H. J. CARTER, *On the organization of infusoria*. The annals and magazine of natural history. Lond., 1856, t. XVIII, p. 115.

(4) CLAPARÈDE, *Recherches sur la génération des Infusoires*. Mémoire présenté au concours de l'Académie des sciences.

mes Mémoires sur l'organisation des Microzoaires, ni dans ma Zoologie, qui puisse faire supposer cela. Il n'y a même que bien peu de temps qu'après de longues recherches, j'ai enfin vu des œufs à l'intérieur de quelques-uns de ces animalcules. Plus loin, M. Claparède prétend aussi que j'ai cru que les Microzoaires, en sortant de l'œuf, avaient la forme qu'ils auraient plus tard. C'est tout le contraire que j'ai dit. On peut s'en convaincre en examinant la première planche de ce livre, sur laquelle j'ai représenté, il y a déjà longtemps, les métamorphoses des Kolpodes (1).

M. Claparède prétend aussi que j'ai pris le pharynx des Vorticelles pour un appareil respiratoire. Je n'ai présenté mes observations sur cet appareil qu'avec une certaine réserve; ce n'est qu'aujourd'hui que je suis parvenu à les considérer comme exactes. Si M. Claparède voulait se reporter à toutes les figures où les naturalistes ont représenté les organes internes des Vorticelles, il y verrait que son opinion ne peut pas un instant être soutenue (2). L'organe que je considère comme une poche respiratoire s'avance jusqu'au fond du corps ; et M. Claparède aurait pu voir que, dans tous les ouvrages où l'on décrit, ou bien où l'on figure le tube digestif des Vorticelles, tels que ceux d'Ehrenberg, R. Owen, etc., on repré-

----

(1) Compuls. POUCHET, *Comptes rendus de l'Académie des sciences.* 1847. — *Recherches sur les organes de la digestion, de la circulation et de la respiration des Infusoires.* 1848.

(2) Comp. R. OWEN, *Lectures on the comparative anatomy and physiology.* Londres, 1843, p. 21.

sente celui-ci comme une anse recourbée qui, depuis
son origine jusqu'à sa terminaison, porte des poches
stomacales. Or, avec cette disposition, un pharynx ne
peut donc pas s'enfoncer profondément dans le corps.
Enfin, l'organe que j'ai représenté est tellement différent de l'appareil digestif, que les savants qui ont
figuré des Vorticelles l'ont eux-mêmes très-explicite-
ment tracé sur leurs dessins, comme forcés par une
simple réminiscence de leurs impressions. M. Claparède pourra vérifier mon assertion en se reportant
aux figures que l'on trouve dans les œuvres d'Ehrenberg, de R. Owen, de Carus, de J. Muller, de Longet, de Van Beneden et Gervais, de Ch. Robin et
Littré, etc., et il y verra même que tous ceux-ci représentent cet organe comme un cœcum fermé en
arrière (1); ce ne peut donc pas être un pharynx. Je
n'ai donc que le mérite d'avoir tracé la signification
de l'organe, car celui-ci a été vu par tout le monde,
sinon expliqué.

FORCES GÉNÉSIQUES. — Nous avons déjà dit que l'o-
vule n'était nullement une expansion du tissu maternel, mais qu'il dérivait d'une force particulière, qui lui
est absolument inhérente. L'étude attentive des premiers phénomènes génésiques qui se passent dans

(1) Ehrenberg, *Die Infusionsthierchen*, Pl. 25, 26 et 28, sur un
grand nombre de Vorticelles et d'Epystilis représente ce prétendu pharynx de M. Claparède comme un sac fermé en arrière.
J. Muller, *Manuel de physiologie*. Paris. 1845, p. 571. — Longet, *Traité de physiologie*. Paris, 1850, t. II, p. 37, fig. 2. —
Van Beneden et Gervais. *Zoologie médicale*. Paris, 1859, t. II,
p. 415. — Ch. Robin et Littré. *Dictionnaire de médecine de Nysten*.
Paris, 1858, p. 580.

l'ovaire, et les assertions des hommes les plus compétents sur cette matière ne laissent aucun doute à cet égard. Kölliker considère les cellules primordiales, d'où procède chaque organisme, comme naissant au milieu d'un Blastème ou *substance conjonctive*, qui est ordinairement tout à fait liquide (1).

Cet histologiste ajoute que ces cellules apparaissent d'une manière indépendante au milieu du liquide formateur. Et, après avoir dit qu'il admet la production spontanée des cellules partout où il existe des noyaux libres, Kölliker affirme que la formation de l'œuf de beaucoup d'animaux lui paraît être l'une des preuves les plus certaines du développement spontané des cellules (2).

Or, ce savant, ainsi que Siebold l'a fait aussi, considérant certains Proto-organismes végétaux ou animaux comme n'étant composés que d'une cellule ; on voit donc que, pour lui, les Microzoaires peuvent n'être que le résultat d'une spontéparité (3).

Il est évident que, dès qu'une cellule se forme spontanément dans le blastème d'un animal, et telle est l'opinion du chef de l'histologie, il peut s'en former plusieurs et en résulter un œuf plus ou moins complexe ; c'est aussi ce qu'il pense.

Ce sont là les vues que nous venons nous-même

(1) Kölliker, *Eléments d'histologie humaine*. Paris, 1856, p. 9 et 18.

(2) Kölliker, *Eléments d'histologie humaine*. Paris, 1856, p. 20.

(3) Kölliker, *Eléments d'histologie humaine*. Paris, 1856, p. 14.

émettre; seulement, au lieu de restreindre la scène au blastème de l'ovaire, nous en étendons le siége à la pellicule proligère; véritable blastème aussi, qui, comme nous l'avons vu, est lui-même formé de granules organiques, et, par cela même, extrêmement apte aux phénomènes génésiques.

En parlant de la genèse des animaux et des plantes, MM. Littré et Ch. Robin s'expriment ainsi: « Rien n'existant que des matériaux liquides, on voit ces matériaux se réunir presque subitement, molécule à molécule, les uns aux autres, en une substance solide ou demi-solide. La genèse des éléments est caractérisée par ce fait, que, sans dériver directement d'aucun des éléments qui les entourent, ils apparaissent de toutes pièces par générations nouvelles, à l'aide du blastème fourni par ces derniers; blastème dont les matériaux se réunissent molécule à molécule. Ce sont, comme on voit, des éléments qui n'existent pas et qui apparaissent. C'est une génération nouvelle, qui ne dérive d'aucune autre directement (1). » Nous avons textuellement traduit ce fragment, parce que c'est un tableau fidèle de ce qui se passe dans la production de l'ovule spontané des Microzoaires; chez eux, c'est la pellicule proligère qui représente le blastème et fournit l'élément génésique.

Pour nous, en étudiant jour par jour, presque heure par heure, le développement de quelques Microzoaires, nous n'avons rien reconnu qui rappelât dans leur genèse la théorie cellulaire créée par

____

(1) LITTRÉ et CH. ROBIN, *Dictionnaire de médecine de Nysten.* Paris, 1858, p. 627.

Schleiden, d'après l'observation des plantes, et adaptée par Schwann à l'Histologie animale (1). En effet, rien, dans la composition des premiers éléments des Protozoaires, ne peut être assimilé aux cellules avec leur *nucleus* ou *cytoblaste*, et avec leur *nucléole*, qu'ont distingués si facilement Barry et Bischoff dans l'œuf des mammifères (2). J'ai rappelé ceci, parce que, dans ses importantes observations, M. Balbiani emploie les termes de *noyau* et de *nucléole*, et cela, selon moi, à tort, et en les appliquant à l'appareil sexuel (3).

Au moment où nous terminons cette esquisse de l'histoire de la formation des Microzoaires, je ferai observer à M. Milne-Edwards, que je n'ai jamais dit un mot qui puisse faire supposer que je croyais *à la genèse d'êtres animés sans le concours de la puissance vitale* (4). Je suis trop vitaliste pour avoir émis une telle opinion ; car j'ai toujours pensé que les êtres organisés étaient animés de forces qui ne sont nullement réductibles aux forces physiques et chimiques.

(1) Schleiden, *Sur la formation de l'ovule et l'origine de l'embryon dans les phanérogames.* Ann. sc. nat. Botanique, t. XI, p. 129. — Schwann, *Observations microscopiques sur l'analogie de struction et d'accroissement des végétaux et des animaux.* Ann. sc. nat. Zoologie, t. XVII, p. 5.

(2) Barry, *Researches in embryology, three series.* London philosophical transactions. 1840. — Bischoff, *Traité de développement de l'homme et des mammifères.* Paris 1843.

(3) Balbiani, *De la génération sexuelle dans les Infusoires.* Journal de la physiologie de l'homme et des animaux. Paris, 1858, p. 347.

(4) Milne-Edwards, *Comptes rendus de l'académie des sciences.* Paris, 1859.

Et ce que je crois, contrairement à lui, c'est que le principe vital qui régit un être organisé ne peut ni s'allonger, ni se couper par morceaux, qu'on me pardonne cette grossière métaphore ; et que par conséquent il n'est ni une expansion de la mère, ni un de ses fragments. Ce n'est qu'une manifestation spontanée, qui domine et régit les forces plastiques de l'organisme : l'ovule ne procédant pas plus de la mère, que le fœtus de l'oiseau de la femelle qui le couve. Ce principe vital est si bien inhérent aux circonstances, et non à l'organisme maternel ou fœtal, il est tellement indépendant de tous deux, qu'on le voit apparaître ou disparaître de leur sein.

Si je demandais à un physiologiste, si une graine extraite d'un tombeau gallo-romain vit, il me répondrait : non, car le principe vital, sans doute, n'est pas resté inactif près d'elle deux mille ans.

Mettons-la dans le sol, et elle va cependant germer et vivre. Les circonstances y ont rappelé le principe vital qui désormais va l'animer.

Ainsi se forme l'ovule normal dans l'ovaire.

Ainsi se forme l'ovule spontané dans la pellicule proligère.

Ainsi revit la semence inerte.

Là, le principe vital trouve dans l'ovaire les éléments génésiques qui lui sont indispensables ; ailleurs il les rencontre dans la pellicule des macérations.

Là, c'est un ovule qui dérive d'éléments fournis par la souche maternelle ; ailleurs c'est un ovule qui dérive d'éléments puisés dans une pseudo-membrane qui en tient lieu. Enfin, la pellicule proligère est à l'ovule spontané, ce que le stroma ovarique est à l'ovule maternel.

Le principe vital ne se transmet pas; il se manifeste dans toutes les circonstances où la vie peut se développer. Telle semence absolument cornée et dense comme le marbre, tel œuf dont l'albumine s'est absolument solidifiée, ne recèlent assurément dans leur sein aucun vestige de vitalité; c'est l'emblème le plus frappant de la mort. Et cependant, si après que ces germes ont passé un long laps de temps sous cet état, vous les soumettez à l'influence de la chaleur humide, la vie y réapparaît tout à coup. On ne peut donc pas prétendre, malgré ce qu'en a dit M. Milne-Edwards (1), que les forces organisatrices ne dérivent que de la nature en mouvement; dans ces germes elles se sont manifestées au milieu d'une nature profondément en repos !

Nous pourrions ajouter à ces considérations que la pellicule proligère, au moment où s'y développent des ovules spontanés, n'est peut-être pas plongée dans une inertie aussi absolue qu'on le suppose. La genèse s'y produit au milieu de phénomènes de catalyse qui réagissent sur les débris des générations, qui ont ordinairement précédé celles qui apparaissent. Les fluides des ovaires, au moment où se forment les ovules, sont peut-être sous l'empire des mêmes forces chimiques; ce qui ne dit pas que la vie se subordonne à celles-ci, mais qu'elle y trouve les éléments

---

(1) MILNE-EDWARDS, *Comptes rendus de l'académie des sciences.*

de sa manifestation. M. Boudin assure que des végétaux parasites se développent parfois sur des pseudo-membranes (1) ; ainsi se développe l'ovule spontané sur la pellicule proligère, qui est aussi une véritable pseudo-membrane.

Et, en poursuivant cette pensée, on pourrait dire que les phénomènes génésiques ne dérivent pas de la matière en mouvement, mais de la matière en décomposition ; car les fluides granuleux au milieu desquels apparaît tout vestige d'organisation, semblent évidemment dériver d'une excrétion de l'organisme, et peut-être ceux-ci, comme tant d'autres fluides sécrétés, subissent-ils déjà certaines réactions chimiques intimes ? ainsi donc, il y a peut-être à l'origine de la vie, soit pour l'ovule spontané, soit pour l'ovule maternel, une absolue identité.

Que l'être vivant s'engendre dans un ovaire ou dans une pellicule proligère, il n'en est pas moins le résultat d'une force transmise à la matière, et cette force ne dérive pas plus de la mère, à son point initial, qu'elle ne le fait plus tard, quand, après une mort séculaire, une semence reprend le cours d'une vie si longtemps interrompue.

Si l'ovule adhérait à la mère par le moindre funicule, on pourrait supposer qu'il n'en est qu'une expansion et que celle-ci lui transmet activement des parcelles de matière et de vie. Ce qui a égaré l'opinion et fait tout confondre, c'est l'ovule des mammifères, qui, après avoir cheminé libre dans le canal sexuel,

(1) BOUDIN, *Traité de géographie et de statistique médicales.* Paris, 1857. t. I. p. 323.

se fixe et adhère à l'un de ses points et en reçoit la vie à l'aide de son cordon. Mais tel n'est pas ici le cas ; à son point initial, l'ovule s'engendre spontanément au milieu des fluides qui baignent les interstices de l'ovaire, comme le grain de fécule se produit dans la cellule végétale. Si autrefois on supposait que celui-ci adhérait au tissu qui le produit par un funicule, personne aujourd'hui ne saurait le soutenir (1). Il en est de même pour l'ovule.

MICROGRAPHIE ATMOSPHÉRIQUE. — Nous avons déjà vu que Burdach, Hensche, de Baer et Ehrenberg avaient conclu de leurs expériences, qu'il n'existait aucun œuf d'animalcule dans l'atmosphère (2) ; et, à l'aide d'expériences répétées, nous sommes arrivé à la même opinion.

Il n'entre nullement dans notre pensée, cependant, de prétendre que c'est un fait absolu. On rencontre parfois quelques œufs de Microzoaires flottant dans l'air, comme on y rencontre une infinité de corpuscules légers, mais c'est une véritable et rare exception ; aussi, jamais ceci ne pourra fournir un argument sérieux pour expliquer l'extraordinaire apparition des Microzoaires partout où s'offre la moindre flaque d'eau corrompue. En analysant l'air, jamais nous n'en avons trouvé d'une manière notable nageant dans ce fluide, soit que nous le prenions dans notre laboratoire, qui devrait en être encombré ; soit

(1) RASPAIL., *Chimie organique.*
(2) BURDACH, *Traité de physiologie.* Paris, 1837, t. 1, p. 25. — EHRENBERG, *Die geographische, etc.* (de la répartition géographique des Infusoires sur le globe).

en le prenant dans un lieu élevé. Lorsque j'ai bien positivement découvert un œuf de gros Microzoaire, et cela ne m'est arrivé que deux fois, c'était dans la poussière de ce même laboratoire; et cet œuf, toujours déformé et que l'immersion n'a jamais ranimé, s'y rencontrait mêlé à une foule de corpuscules. Si j'ai été étonné, ç'a été d'en rencontrer si peu, là où cependant il aurait dû tant en exister, si réellement l'air en est le véhicule.

M. de Quatrefages ayant de nouveau prétendu que l'atmosphère est le disséminateur des germes (1), le meilleur argument que nous puissions lui opposer est la citation de nos expériences qui confirment absolument celles des savants que nous venons de nommer.

Dans nos expériences, les macérations de poussière ont presque constamment été peu fécondes et ne nous ont présenté aucunes espèces d'une organisation élevée. Si les œufs des Microzoaires étaient réellement déposés par l'atmosphère, les anciennes couches de poussière en devraient contenir une immense quantité, et, pour peu que leur vitalité se conserve, chaque fois que l'on expérimente, on devrait avoir une récolte immensément plus abondante et plus variée que lorsque l'on se sert d'une simple macération de plantes; la poussière recélant parfois la rosée d'œufs amassée depuis des siècles, tandis que nos vases ouverts ne reçoivent que le dépôt d'un petit nombre d'heures. — Tout cela est, je crois, logique. Et, cependant, c'est le contraire qui s'observe.

(1) De Quatrefages, *Comptes rendus de l'Académie des sciences.* Paris, 1859, t.   , p.

Tout ce que nous avançons, l'une de nos expériences le démontre plus que suffisamment.

Expérience. — Je pris 5 grammes de poussière séculaire dans les combles de la cathédrale de Rouen, et ils furent mis dans 100 grammes d'eau distillée. Ensuite, dans un vase pareil à celui qui avait été employé, on mit 100 grammes d'eau distillée et 5 grammes de tiges d'aster de la Chine, sèches, et qui avaient été exposées pendant deux heures dans un bain de sable chauffé à 200°. Les deux vases furent placés ensemble sous la même cloche de verre ; et huit jours après, une température de 18° en moyenne ayant régné, on les observa. Celui qui contenait la poussière séculaire n'était rempli que de Vibrions et de Monades assez clairsemés. On y voyait en outre, mais en fort petit nombre, quelques Kolpodes. Le vase qui contenait les tiges d'aster était encombré de Monades et de Kolpodes. C'était donc l'expérience dans laquelle il y avait lieu, dans l'hypothèse de la panspermie, d'espérer une plus nombreuse progéniture, que celle-ci, au contraire, était plus rare.

Du reste, nous allons voir que l'opinion de M. de Quatrefages succombe en présence des faits ; l'expérience la condamne, et l'observation l'anéantit sans retour. En effet, l'analyse nous démontre que les petits corps sphériques ou ovoïdes dont parle ce savant, et qui, selon lui, font naître l'idée d'un œuf d'une excessive petitesse, sont tout autre chose que ce qu'il pense.

L'atmosphère qui nous environne contient en suspension une foule de corpuscules qu'on y voit manifestement voltiger lorsqu'on introduit un rayon de lumière dans un endroit obscur. Ceux-ci se composent de parcelles de l'écorce minérale du globe, de débris d'animaux et de plantes, ainsi que des détritus de tout ce qui est employé pour nos besoins. Ces divers corpuscules y sont d'autant plus nombreux que l'atmosphère se trouve plus violemment agitée par le vent. C'est à eux que nous donnons le nom de poussière, soit lorsqu'ils se trouvent ostensiblement dans l'air, soit lorsqu'ils forment des dépôts dans nos habitations ou ailleurs.

Le transport des masses de poussière qui sont enlevées par l'air a été décrit dans la Géologie de M. de Beaumont (1). L'illustre savant a démontré combien cet acte, qui nous semble ne se produire que sur une faible échelle, avait cependant de notables résultats. J'ai eu l'occasion de reconnaître que ses vues étaient exactes. On a bien signalé comment certaines villes, telles que Pompéi et Herculanum avaient été en partie ensevelies sous une pluie de poussière volcanique; mais la science se tait à l'égard de phénomènes peut-être encore plus remarquables que produit, dans nos cités, l'accumulation de la poussière atmosphérique déposée par la succession des siècles. C'est un fait qui m'a plusieurs fois frappé durant mes voyages. Je ne parle pas du transport du sable qui vient combler les gorges des montagnes des bords du Nil, après avoir franchi les sommets de la chaîne lybique, ni de celui qui envahit l'intérieur des temples de l'ancienne

(1) Elie de Beaumont, *Leçons de géologie.*

Égypte, et arrive presque à leur comble ; mais je veux signaler ici le dépôt lent de la poussière qui se produit dans toutes nos cités, et qui tend sans cesse à en exhausser le sol. Cet amas de poussière n'est pas sensible au milieu de l'activité de nos villes modernes et du système de nivellement des rues ; mais la manière dont la poussière s'accumule et exhausse le sol dans certaines villes, ou dans certains monuments en ruines, constitue assurément un phénomène important. C'est cette accumulation de poussière qui a envahi la plupart des monuments de Rome, qu'il a fallu en quelque sorte exhumer quand l'amour de l'art nous a porté à les revoir. L'arc de Septime-Sévère réside aujourd'hui au fond de l'excavation qui a été creusée pour le remettre en évidence. Il en est de même du socle des colonnes Trajane et Antonine ! En Égypte, j'ai reconnu que la petite ville d'Esné, qui entoure le temple, s'est successivement élevée presque jusqu'au niveau des chapiteaux de ses hautes colonnes. Maintenant, on descend un long escalier pour arriver sur le parvis de ce temple, qui assurément était autrefois au niveau du sol.

La poussière n'étant formée que par le dépôt des corpuscules que charrie l'atmosphère, il est évident que son étude attentive n'est que l'analyse microscopique de l'air. La poussière se compose d'une multitude de corpuscules solides de nature variée. MM. Ch. Robin et Littré (1), qui ont donné une bonne nomenclature de ceux-ci, prétendent que leur diamètre varie

_____

(1) Nysten, *Dictionnaire de médecine de Nysten*, onzième édition, par Robin et Littré. Paris, 1858, p. 1147.

de 0,001 de millimètre et moins, jusqu'à 0,010. Mais à l'intérieur de quelques monuments des environs de la mer, exposés à de forts coups de vent, nous avons souvent rencontré des particules de silice qui atteignaient 0,0140 de millimètre.

Les granules d'origine minérale présentent peu de variété. Ils proviennent essentiellement du détritus des roches qui se trouvent à découvert dans la contrée dont on observe la poussière, de manière que celle-ci résume, au microscope, la constitution géologique du sol. On rencontre presque partout des grains de silice. Sur les rivages de la mer, souvent même ceux-ci forment presque en totalité la poussière qui remplit les constructions; il en est de même des temples de l'Égypte situés sur la limite des déserts. Dans ces diverses circonstances, les granules de silice sont gros, très-anguleux et offrent des angles fort aigus; ils sont ordinairement incolores, hyalins, parfois aussi jaunes ou noirâtres. Outre ces gros grains, on trouve presque partout de très-fins granules de silice, qui ont une telle ténuité, qu'ils s'offrent, dans le champ du microscope, sous l'aspect de granules sphériques, transparents, qui ont l'apparence de très-petits œufs; aussi, ce sont eux qu'à cause de cela quelques micrographes ont pris, en effet, pour des œufs d'une excessive finesse. On évite facilement cette erreur en faisant complétement carboniser la poussière dans un creuset de platine porté au rouge, et ensuite en la traitant par l'acide chlorhydrique affaibli. Les granules de silice dont nous parlons résistent à cette épreuve, et après ils se montrent encore sous la même apparence; ce qui ne saurait avoir lieu pour des corps organisés.

J'ai trouvé la poussière presque entièrement composée de carbonate calcaire dans les lieux où de grandes surfaces de nos assises de craie sont à découvert, et en particulier dans des chapelles situées le long de nos falaises. Dans toutes nos églises construites en pierres calcaires tendres, le détritus pulvérulent se compose en grande partie de ce calcaire. Dans nos habitations, on rencontre souvent du sulfate de chaux. J'ai parfois découvert des parcelles d'oxyde de fer dans la poussière ; elles étaient d'un brun rouge transparent, et elles furent principalement observées dans les environs des grandes constructions en fonte. Enfin, on trouve aussi dans la poussière, des parcelles de noir de fumée, provenant de la combustion de nos cheminées.

Les particules provenant du règne animal sont principalement les suivantes : divers animaux desséchés, infiniment petits, tels que des Acarus, suivant MM. Ch. Robin et Littré, et des Rotifères, d'après M. de Quatrefages (1). J'y ai trouvé beaucoup de squelettes d'Infusoires siliceux, surtout des Navicules et des Bacillariées ; des Vibrions et des Oxyures desséchés, des fragments d'antennes d'insectes divers ; des écailles d'ailes de papillons diurnes et nocturnes ; des poils de laine de couleurs variées, provenant de nos vêtements, souvent teints en beau bleu ou en rouge ; des

(1) Nysten, *Dictionnaire de médecine*, onzième édition, par Ch. Robin et Littré. Paris, 1858, p. 1147. — De Quatrefages, *Comptes rendus de l'Académie des sciences*, 1859.

barbules de plumes, des cellules épithéliales; des
fragments de peau d'insectes. Je n'y ai jamais rencontré que deux kystes d'Infusoires du diamètre de
0,0150 de millimètre. M. de Quatrefages professe
avoir aperçu des œufs de Microzoaire mêlés aux corpuscules atmosphériques (1); mais ce naturaliste
n'ayant pas donné le diamètre de ce qu'il considère
comme des œufs, il est difficile de s'entendre sur
ce sujet; cependant nous y reviendrons ci-après.

Les corpuscules de poussière qui appartiennent au
règne végétal, et que j'ai observés sont les suivants :
des fragments de tissu de diverses plantes; des fibres
ligneuses en petit nombre; plus souvent des fragments
de cellules; fréquemment des poils de végétaux appartenant à des espèces variées; des fragments d'aigrettes
de synanthérées; des filaments de coton, ordinairement teints de diverses couleurs, provenant de nos
vêtements; quelques grains de pollen d'épilobium
et de pin; des capsules de fougères et des spores de
cryptogames, mais en fort petit nombre. Enfin, j'ai
constamment rencontré, presque partout où mes
observations se sont étendues, une certaine quantité
de fécule de blé mêlée à la poussière soit récente,
soit ancienne. Puis, mais infiniment plus rarement,
de la fécule d'orge ou de seigle.

M. Ch. Robin (2), qui a fait des recherches analogues aux miennes, et sans les connaître, est arrivé aux

(1) DE QUATREFAGES. *Comptes rendus de l'Académie des sciences.*
Paris, 1859, t. XLVIII, p. 31.

(2) NYSTEN, *Dictionnaire de médecine*, onzième édition, par
ROBIN ET LITTRÉ. Paris, 1858, p. 1147.

mêmes résultats et a rencontré aussi de la fécule dans presque toutes les poussières qu'il a explorées : on en découvre même, selon lui, sur la peau des hommes vivants et des cadavres, qui y est libre ou adhérente aux lamelles épithéliales.

Il est donc évident que l'atmosphère tient en suspension une certaine quantité de fécule de blé, mêlée à ses corpuscules de poussière. Cette fécule se retrouve dans tous les lieux où on l'emploie pour l'alimentation, et elle y est facile à distinguer par ses caractères physiques et chimiques. Ses grains sont tantôt ovoïdes et tantôt sphériques ; leur diamètre varie généralement de 0,0336 à 0,0112 de millimètre. Outre ceux-ci, on rencontre des grains naissants, extrêmement petits. Les grains d'une grosseur moyenne sont beaucoup plus communs que les autres, et les très-petits sont extrêmement abondants. Dans les gros, on distingue parfois assez bien les couches concentriques et le hile ; mais à cause sans doute de leur pesanteur, ces gros grains sont fort rares, même dans les monuments où les autres abondent. Il est assez curieux de signaler que cette fécule, malgré son existence parfois séculaire, possède encore presque tous les caractères physiques et chimiques de la fécule récente ; par l'ébullition dans l'eau elle se gonfle et se dissout.

L'iode la colore en bleu avec plus ou moins d'intensité, et bientôt sa couleur disparaît sous l'influence de la lumière. Un fait qui m'a frappé, c'est que parmi la fécule que j'ai observée dans la poussière ancienne, datant de plusieurs siècles, de temps à autre, j'ai ren-

contré des grains qui s'étaient spontanément colorés en
un beau bleu clair. Était-ce dû à l'influence du temps,
ou aux traces de vapeur d'iode que contient l'air, suivant M. Chatin (1)? L'identité de cette fécule aérienne
avec la fécule ordinaire devient encore évidente par
son action sur la lumière ; elle la polarise aussi ; seulement quand elle provient d'un dépôt fort ancien,
elle ne la polarise pas avec autant d'intensité que la
fécule récente.

Il est évident que c'est cette fécule, parfaitement caractérisée physiquement et chimiquement, ou que ce
sont des grains de silice, que M. de Quatrefages a pris
pour des œufs de Microzoaires. C'est de leurs plus fins
grains dont il est question, lorsqu'il dit qu'il reconnut
dans de la poussière, « *plusieurs* de ces petits corps
sphériques ou ovoïdes que connaissent bien tous les
micrographes, et qui font naître involontairement
l'idée d'un œuf d'une extrême petitesse (2). » Cette
image est exacte, mais la moindre épreuve chimique
dissipe immédiatement l'illusion, et prouve que ces
granules ne peuvent être ou que des grains excessivement fins de fécule, ou que des grains de silice
encore plus ténus, et dont j'ai parlé plus haut. Quelquefois aussi, ces petits corps oviformes ne sont autres
que des granules de calcaire devenus transparents
par leur immense ténuité.

Je m'étonne que, dans le cours de ses observations,

(1) Comp. Boudin, *Traité de géographie et de statistique médicales.* Paris. 1857, t. I, 158.

(2) De Quatrefages. *Comptes rendus de l'Académie des sciences.*
Paris, 1859, t. XLVIII, p. 31.

M. de Quatrefages n'ait pas reconnu, ni les gros grains de fécule, ni les grains de grosseur moyenne beaucoup plus abondants. Par le mot *plusieurs* dont ce zoologiste s'est servi, il n'indique nullement cette profusion d'œufs qui devraient être sur le porte-objet, à chaque investigation, si la poussière était réellement le réceptacle des œufs atmosphériques; car il faut que l'air en contienne d'incalculables myriades pour encombrer chaque macération de tant de légions d'animalcules. Et il en faut non-seulement pour fournir toutes les petites espèces, mais encore toutes les grosses qui, elles aussi, apparaissent en incalculables cohortes.

Étonné de l'abondance proportionnelle de la fécule que je rencontrais parmi les corpuscules aériens, pour arriver à une démonstration rigoureuse de ce fait, je me suis mis à interroger la poussière de tous les siècles et de toutes les localités. J'ai exploré les monuments de nos grandes villes, ceux des rivages et ceux du désert; et presque partout j'en ai trouvé en plus ou moins d'abondance.

J'ai découvert de la fécule dans les plus inaccessibles réduits de nos vieilles églises gothiques, mêlée à leur poussière noircie par six à huit siècles d'existence; j'en ai aussi rencontré dans les palais et dans les hypogées de la Thébaïde, où elle datait peut-être de l'époque des Pharaons; là, j'en ai même recueilli qui avait pénétré jusqu'à l'intérieur du crâne de quelques animaux embaumés. Douée d'une puissance extraordinaire de conservation, les années semblent à peine l'altérer; seulement celle qui est fort ancienne

contracte une légère teinte jaunâtre et offre une superficie moins lisse; puis elle bleuit plus facilement par
l'iode que ne le fait l'amidon récent, et ce réactif lui
donne proportionnellement une teinte plus foncée.

On peut poser en thèse générale, que dans tous les
pays où le blé forme la base de l'alimentation, sa fécule
pénètre partout avec la poussière et se rencontre dans
celle-ci en quantité plus ou moins notable. On en découvre d'autant plus que l'on explore des lieux plus
rapprochés du centre des villes, et situés plus bas. Au
contraire, la fécule est de moins en moins abondante
et ses grains deviennent de plus en plus fins, à mesure
que l'on s'éloigne des grands centres de population et
que l'on explore des monuments plus isolés. Je n'en
ai pas rencontré dans le temple de Jupiter Sérapis situé sur le rivage du golfe de Baies, ni dans celui de
Vénus Athor placé sur les confins de la Nubie.

On remarque aussi qu'à mesure que l'on s'élève sur
les montagnes ou les monuments, la quantité de fécule
mêlée aux détritus atmosphériques devient de moins
en moins considérable. Dans l'abbaye de Fécamp, qui
est au-dessous du niveau du sol et située dans la partie
centrale de la ville, la fécule abonde dans la poussière
de ses chapelles. Dans la cathédrale de Rouen, on en
rencontre en quantité considérable vers la région inférieure de la tour de Georges d'Amboise, mais ses
proportions diminuent de plus en plus à mesure qu'on
s'élève; abondante encore dans la poussière séculaire
qui se trouve dans les combles du cœur, elle devient de
plus en plus rare à mesure que l'on monte dans la
flèche. On n'en rencontre plus que très-peu à la base

de la pyramide de fonte, et il ne s'en trouve plus un seul grain au sommet de celle-ci. Il en est de même lorsqu'on s'éloigne des villes, ou lorsque près d'elles on explore des montagnes élevées.

Dans une chapelle isolée, située sur les bords de la mer, et bâtie sur une falaise de cent dix mètres d'élévation, la poussière amassée sur une statue de saint, était en grande partie composée de grains calcaires enlevés aux parois de la montagne et transportés par le vent dans le fond du monument, ouvert jour et nuit aux pèlerins. On y rencontrait un grand nombre de plumules d'ailes de phalènes, qui sans doute y ont souvent cherché un abri, mais fort rarement un grain de fécule était aperçu dans le champ du microscope; tandis que dans les détritus des villes, à chaque observation on en découvre plusieurs grains de grosseur moyenne, et un grand nombre de grains de petite taille.

Une batterie des bords de la mer, située dans un lieu isolé et que l'on n'avait pas ouverte depuis soixante ans, m'a présenté une poussière noire, tout aussi pauvre en fécule que celle de la chapelle de la falaise; mais la nature de cette poussière était absolument différente; elle était presque entièrement composée de granules de silice très-anguleux, transparents et incolores. La fécule y était représentée en si petite quantité, que souvent on n'en rencontrait qu'un seul grain sur une dizaine d'observations.

Voici quelques-unes des observations de micrographie atmosphérique qui m'ont conduit à dire ce qui précède.

POUSSIÈRE DU LABORATOIRE DU MUSÉUM D'HISTOIRE NATURELLE DE ROUEN. — On a trouvé ce qui suit dans quatre décimètres carrés de poussière, ayant six mois d'ancienneté et recueillie sur une planche élevée. Fécule de blé abondante ; deux grains de fécule de pomme de terre ; pollen de malvacée, pollen d'épilobium, pollen de pin ; anthère d'orchidée ; fragment de tissu cellulaire végétal ; vaisseaux rayés ; spores ; filaments de coton roses et verts ; granules de charbon ; poils d'ortie et de plusieurs autres plantes ; poils de laine blancs ; poils de laine bleus ; un ascaride vermiculaire desséché ; plumules de papillon diurne ; un œuf d'Infusoire déformé, ayant son centre occupé par une masse jaune ; squelettes siliceux de Bacillaires et de Navicules ; fragments d'antennes d'insectes de divers genres.

TOUR DE GEORGES D'AMBOISE A ROUEN. — Endroit non fréquenté, situé vers le bas du monument, et dont la poussière, en quelque sorte charbonnée par le temps, date peut-être de deux ou trois cents ans : Fécule de grosseur moyenne, très-abondante, et parmi laquelle, de temps à autre, on découvre quelques grains colorés spontanément en un beau bleu clair. Cette fécule a généralement de 0,0224 et 0,0280 de millimètre de diamètre ; on y rencontre de temps à autre des filaments de coton ; des fibres et du tissu cellulaire de divers végétaux ; puis des poils de laine teints en bleu, en vert ou en rouge ; des filaments de toiles d'araignées ; des fragments d'insectes ; des plumules de papillons nocturnes. La base de cette poussière était principalement formée de grains calcaires; il y avait peu de granules siliceux.

INTÉRIEUR DE L'ABBAYE DE FÉCAMP. POUSSIÈRE DATANT DE CINQ A SIX SIÈCLES. — Poussière grise, composée en grande partie de granules calcaires; grains de silice de toutes les grosseurs; les plus volumineux anguleux, les plus fins oviformes; fécule très-abondante, de toutes les grosseurs, et dont quelques grains sont colorés spontanément en un beau bleu; filaments de coton de diverses couleurs; squelettes de Bacillaires, de Navicules; filaments de laine bleus, verts et rouges; fragments de poils de lapin.

RUINES DE THÈBES. POUSSIÈRE PRISE DANS LES BAS-RELIEFS DES PALAIS DE KARNAC. — Poussière à base siliceuse; grains de silice à arêtes vives, transparents comme du cristal; et grains de silice opalins à angles mousses, provenant des détritus des colonnades de grès; fécule de blé paraissant fort ancienne, dont la surface est rugueuse, et se bleuissant fortement par l'iode; fécule réniforme, indéterminée, que l'iode colore en bleu foncé; poils de laine d'une belle couleur rouge; poils de chameau; squelettes de Bacillaires et de Navicules.

TOMBEAU DE RHAMSÈS II (SÉSOSTRIS), AU FOND DU DÉSERT DE BIBAN-EL-MOLOUK. — Poussière à base calcaire et siliceuse; corps organisés infiniment rares. Point de fécule; un fragment de Bacillaire; granules d'un beau vert et d'un beau bleu, provenant des peintures qui ornent l'intérieur des chambres sépulcrales.

CHAMBRE SÉPULCRALE DE LA GRANDE PYRAMIDE DE GISEH. — Poussière à base calcaire; granules de silice diversement colorés. Point de fécule. Filaments de coton ; filaments de laine ; poils de chauve-souris. Quelques squelettes de Bacillariées.

TEMPLE DE VÉNUS ATHOR A PHYLÆ. — Poussière siliceuse ; gros granules de silice diversement colorés, jaunes, rougeâtres, bruns ou noirs, à angles obtus ; granules rougeâtres de syénite ; fécule nulle ; corpuscules de limon du Nil ; quelques Bacillaires fort rares ; hors cela, nuls produits organisés ; beaucoup de grains de silice extrêmement fins, ovoïdes ou globuleux, transparents, analogues à de petits œufs. Plaques de mica.

TEMPLE DE SÉRAPIS SUR LES RIVAGES DU GOLFE DE BAIES. — Poussière prise dans une excavation des colonnes, produite par une Pholade. Granules siliceux abondants, jaunes ou incolores ; granules calcaires d'un beau vert diaphane, qui ne sont que la poussière des colonnes de marbre cypolin, produite par les Mollusques ; squelettes de Navicules et de Bacillariées très-abondants, et constituant plus de douze espèces. Squelettes d'Infusoires stelliformes. Fécule nulle.

TÊTE DE CHIEN MOMIFIÉE, PROVENANT DES TEMPLES SOUTERRAINS (*spéos*) DE BENI HASSAN. — Extérieur du crâne : granules de silice, gros, anguleux, blonds ou jaunes ; fécule assez abondante, de 0,0224 à 0,028 de millimètre de diamètre, que l'iode bleuit facilement, à couches concentriques très-apparentes.

Intérieur de la caisse du tympan : la même fécule très-abondante ; un à trois grains de grosse taille à chaque observation (1).

(1) Cette fécule, qui m'a paru être différente de celle du blé, a

Cette abondante suspension de la fécule dans l'air atmosphérique, et sa dissémination dans tous les endroits où celui-ci pénètre, se conçoit facilement. Des corps bien autrement pesants que l'amidon, on le sait, sont fort souvent transportés très-loin par les mouvements de l'atmosphère. On a fréquemment mentionné, sous le nom de pluies de soufre, les tourbillons de pollen enlevé aux forêts de pins et déposé au loin par l'action des vents. Au rapport de Kaemtz, les typhas couvrent parfois aussi les étangs de leur poussière fécondante. Les vents, durant les orages, entraînent même des corps bien autrement pesants. Il n'est plus douteux actuellement qu'ils peuvent enlever des reptiles et des poissons, en labourant la surface de la mer et des marécages, et donner lieu à ces pluies d'animaux qui, aujourd'hui, sont un fait incontestable.

M. Duméril a rapporté d'irrécusables observations de pluie de grenouilles; d'autres ont cité des avalanches d'épinoches (1). Le docteur Conny dit même qu'un orage enleva à la mer un immense nombre de petits merlans et les transporta au loin dans le comté de Kent (2). Wolke parle d'un étang de poissons, dont toute la population fut enlevée ainsi que l'eau et transportée au loin (3). D'autres citent des faits analogues;

été considérée par M. Ch. Robin comme étant de la fécule d'orge ou de seigle.

(1) Duméril. *Comptes rendus de l'Académie des sciences.*

(2) R. Conny, *Lettres dans les transactions philosophiques.* Londres, 1816, t. XX, p. 289.

(3) Wolke, *Relations du professeur Wolke (Gilbert's Annalen),* t. X, p. 482.

des mares mises à sec et dont toute la population fut transportée à une lieue et demie de l'endroit (1). Après cela, faut-il s'étonner de la dissémination normale de la fécule au sein de l'air calme ou peu agité, et de son introduction dans les endroits les plus retirés?

Nous venons de voir qu'il est évident que c'étaient, soit les plus fins grains de fécule, soit les plus fins grains de silice de l'atmosphère, qui seuls avaient pu être pris pour des œufs. Mais, à cette démonstration toute physique, il faut ajouter une preuve de plus pour qu'on ne puisse pas dire qu'aux deux corps que nous mentionnons, il a pu s'en joindre une troisième espèce. C'est ce que j'appellerai la démonstration biologique.

Expérience. — On prit deux grammes de poussière séculaire provenant du pourtour de la cathédrale de Rouen; cette poussière, d'une teinte noire, comme charbonnée par le temps, fut placée dans un tube mince, au fond d'un bain d'huile, et pendant une heure un quart elle resta soumise à l'action d'une température de 215°. On la mit ensuite dans cinquante grammes d'eau distillée que l'on plaça sous une cloche en verre.

Trois jours après, la température ayant été en moyenne de 18° et la pression de 0,75, on examina le résultat de l'expérience. D'endroit en endroit, on découvrait des Monades analogues au *Monas termo*, Mull.

(1) Comp. Mauduyt, *Monde savant*. Art. *Ichthyologie*. 1835, nᵒˢ 80 et 83. — A. Pelletier, *Observations et recherches expérimentales sur les trombes*. Paris, 1840, p. 42.

En outre, il y existait des *Vibrio spirillus* et des *Vibrio undula*, ainsi que quelques grosses Monades que je n'ai jamais vues et qui sont analogues au *Monas lens*, Mull. Le lendemain, toutes les petites Monades étaient mortes et formaient une pellicule proligère sablée, dans laquelle on apercevait, soit des ovules de grosses Monades, soit de ces Monades faisant effort pour se détacher de la fausse membrane, soit enfin de ces Monades en parfait mouvement et fort agiles. Le cinquième jour, on y rencontra quelques Kolpodes, mais on n'y observa aucun filament confervoïde.

EXPÉRIENCE. — La même poussière de la cathédrale de Rouen, dont il est question dans l'expérience précédente, fut chauffée de 280 à 300°, pendant vingt minutes, dans un bain d'huile, et elle en sortit presque totalement charbonnée; deux grammes de celle-ci furent délayés dans cinquante grammes d'eau distillée. La macération fut placée sous une cloche de verre et elle y passa trois jours. Durant ce temps, la moyenne de la température fut de 18°, et la pression de 0,75. Observée alors, la superficie du liquide était remplie de particules noires, charbonnées, au milieu desquelles nageaient d'abondantes Monades différentes de celles observées dans la poussière, qui n'avait été chauffée qu'à 215°. Ces Monades, excessivement nombreuses, ont 0,0056 de millimètre de diamètre et offrent une teinte brune et un point noir. Je ne les ai jamais rencontrées. De place en place, il existe aussi une foule de granules immobiles, qu'avec de l'habitude on sait n'être qu'une immense quantité de Monades mortes, formant déjà une pellicule proligère.

Enfin, le cinquième jour, la macération s'est peuplée subitement d'une abondance de gros Kolpodes, longs, striés, à estomacs nombreux et remplis. C'est une espèce non décrite.

En outre, on voit çà et là une conferve moniliforme, composée de filaments entremêlés et remplis de granules, et que je n'ai jamais observée jusqu'à ce moment.

Ces deux expériences ne viennent-elles pas, avec tout ce qui précède, démontrer que l'air n'est nullement le réceptacle des germes des animalcules, contrairement à l'hypothèse de quelques savants, récemment reproduite par MM. Milne Edwards et de Quatrefages (1)? Cette poussière, amassée depuis tant de siècles, et qui devrait non-seulement être riche du récent dépôt de l'air, mais encore des dépôts anciens, est si peu le réceptacle des œufs, que lorsqu'elle a subi une température de 215 à 300°, qui a dû, sans conteste, brûler toute la progéniture qu'elle pouvait contenir; elle n'en est pas moins féconde. Cela démontre bien que les animalcules qui peuvent naître d'une poussière quelconque ne viennent pas d'œufs que celle-ci recèle, mais bien d'ovules qui s'y forment spontanément, puisque, qu'elle soit intacte ou presque charbonnée, elle n'en est pas moins proligère.

Ceci est si vrai que, par une de ces anomalies si communes en de telles expériences, c'est la macération qui devrait être la moins proligère qui l'est devenue davantage ! En effet, dans la poussière qui a été

(1) De Quatrefages, *Comptes rendus de l'Académie des sciences.* Paris, Janvier 1859.

presque totalement charbonnée par 300° de chaleur, on observe une quantité considérable de Kolpodes, et une conferve si rare, que je ne l'ai jamais vue se former; tandis que dans la poussière chauffée seulement à 215°, et non charbonnée, les Kolpodes sont infiniment rares et la conferve y manque absolument.

M. de Quatrefages, au nombre des preuves qu'il allègue pour démontrer la présence des œufs dans la poussière atmosphérique, dit qu'au bout de trois quarts d'heure, il a vu des Monades se mouvoir dans celle-ci après qu'on l'avait imbibée d'eau (1). Ce savant n'ayant pas fait connaître à quelle température ses observations ont été faites, je n'ai pu les répéter exactement. Pour moi, jamais je n'ai vu un seul animalcule se mouvoir dans la poussière avant douze à dix-huit heures, à une température de 15°; mais souvent il m'est arrivé d'y reconnaître le mouvement brownien immédiatement après qu'elle avait été plongée dans l'eau, ce qui pourrait en imposer à un observateur moins exercé que le savant que nous venons de citer.

Dans le but de pousser la démonstration jusqu'au bout, j'ai pris une abondance d'animalcules, appartenant à des genres extrêmement variés, depuis les Rotifères jusqu'aux Monades (2). J'ai laissé ces animalcules se déssécher lentement parmi le limon qu'on avait recueilli avec eux; puis, au bout de deux jours,

____

(1) DE QUATREFAGES, *Comptes rendus de l'Académie des sciences*. Paris, Janvier, 1859.

(2) Voici les genres qui y avaient des représentants : *Rotifère, Kolpode, Kérone, Paramécie, Plœsconie, Navicule, Bacillaire, Spirillum, Monas Bacterium.*

quand la dessiccation était parfaite, j'ai imbibé de nouveau d'eau tous ces Microzoaires, et jamais parmi leurs
nombreuses espèces, je n'en ai vu une seule revivre;
pour la plupart, même, leurs cadavres avaient subi
quelques lésions par l'effet de la mort. Quelques Bactériums de petite taille, auraient encore pu là égarer
certains observateurs; ils étaient animés d'un manifeste
mouvement brownien, qu'un micrographe ne pourra
jamais confondre avec leur locomotion vive et sac-
cadée (1).

Dans ces expériences les Rotifères ont été de ma
part l'objet d'une attention toute spéciale, et je me
suis convaincu que ces Microzoaires, dont on a partout
proclamé l'extraordinaire résurrection, ne se rani-
maient pas plus que les autres animalcules lorsqu'ils
sont réellement morts. Quand on voit périr sous ses
yeux des Rotifères, on se convainc bien rapidement
qu'ils ne pourraient même jamais ressusciter. Quelques-uns se contractent en une espèce de sphéroïde
irrégulier, mais d'autres en expirant subissent de véritables dilacérations. En humectant des Rotifères, soit
seulement vingt-quatre heures après leur mort, soit
après quarante-huit heures, jamais je n'en ai vu un
seul se ranimer. Ce qui en a imposé pour une résurrection, c'est que lorsqu'on leur rend de l'eau, le corps
de plusieurs se gonfle et s'allonge de nouveau par un
véritable phénomène d'endosmose, et l'animal semble
revenir à sa primitive forme. La queue devient saillante,

(1) En effet, lorsque les Bactérium sont bien vivants, ce qui
dure peu, leur natation est très-rapide.

mais cette apparence de résurrection en reste là. Et si alors on examine l'état des viscères on s'aperçoit immédiatement que ceux-ci ont subi par la mort une grande perturbation, et même souvent une désorganisation complète. Ce gonflement s'opère en une ou deux heures; puis ensuite, en suivant pendant dix à douze heures ce qui se passe, on voit que nul phénomène vital ne se produit dans le cadavre de l'animalcule, et qu'enfin il se désagrége complétement. Quelques Rotifères, même avant ce temps, se crèvent et expulsent une partie de leurs viscères. Quelques-uns ne subissent nullement l'action de l'endosmose et restent en boule.

On voit, d'après ce qui précède, que maintenant, même en s'appuyant sur les nouvelles conquêtes de la science, il devient facile de démontrer d'une irrécusable manière qu'on a attribué à l'air un rôle absolument faux. M. Balbiani, ainsi que nous l'avons dit, a reconnu que les Paramécies possédaient seulement un petit nombre de fort gros œufs, mais dont il n'a pas, que je sache, donné la mesure. J'ai reconnu ces œufs sur les Kolpodes et les Kérones, où ils sont aussi fort gros, et présentent à l'intérieur des mères un diamètre de 0,0150 à 0,0224 de millimètre. Enfin, M. de Quatrefages lui-même a trouvé aussi de ces gros œufs secs dans la poussière qu'il a observée au microscope; et selon moi c'est à eux qu'il donne avec beaucoup de micrographes le nom d'Infusoires enkystés. C'est donc un fait acquis, ces œufs sont connus, mesurés, soit sur les mères, soit à l'état sec dans la poussière. Je pars de là et j'exécute l'expérience suivante :

Expérience. — Je prends une cuvette en cristal de trente centimètres de diamètre et remplie d'eau distillée. J'y plonge dix grammes de lin chauffé à 200° pendant deux heures. Cette cuvette est ensuite recouverte d'une cloche et placée dans une autre grande cuvette de cinquante centimètres de diamètre, remplie d'eau distillée presque jusqu'au niveau de la première. Après quatre jours, dont la température a été en moyenne de 25°, on examine le résultat de l'expérience. La cuvette du centre est encombrée de Kolpodes et de Paramécies; on ne trouve pas un seul de ces animaux, ni un œuf dans la grande cuvette qui la contient (1).

Cette expérience, si simple en apparence, ne suffit-elle pas à elle seule pour renverser tout l'échafaudage de la panspermie aérienne? Si, malgré la cloche qui le recouvre, une pluie d'œufs est tombée sur le vase central pour y produire ces animalcules entassés par millions, a-t-elle pu épargner l'eau découverte qui l'environne? On n'oserait pas sans doute nous faire cette objection, car dans toutes les expériences analogues, le même résultat se produit. Dira-t-on qu'un seul œuf suffit pour engendrer une si prodigieuse progéniture? mais la scissiparité n'est qu'une hypothèse sans fondement, proposée pour expliquer facilement un phénomène embarrassant, et que l'on a acceptée avec enthousiasme, à cause de son étran-

____

(1) J'ai répondu ailleurs à l'objection de la nécessité d'une nourriture appropriée pour les œufs, dans l'eau. Ce n'est pas assez sérieux pour y revenir.

geté ; et d'un autre côté, ne sait-on pas actuellement que la génération normale est, elle-même, tout aussi impuissante pour expliquer le phénomène, depuis que M. Balbiani en a démontré les lenteurs et la pénurie(1).

Osera-t-on prétendre aujourd'hui que les œufs tombés dans l'eau ont échappé à notre observation? Mais nous répondrions que c'est impossible, tant ils sont apparents, car sans même employer de forts grossissements, on leur donne le volume d'un petit pois ; et d'ailleurs, pour arriver à l'équivalence de la population du vase central, ils devaient se rencontrer en nombre prodigieux dans le vase extérieur ; et, n'y en eût-il que très-peu, je le répète, ils n'échapperaient pas. Enfin, dira-t-on encore aujourd'hui ce que l'on disait il y a quelques années avec Ehrenberg(2), que ces œufs se réduisent à une telle ténuité par la dessiccation qu'ils deviennent invisibles. Mais pour les Kolpodes et les Paramécies, qui seuls sont ici en question, les observations de M. Balbiani et les miennes rendent cette ancienne objection tout à fait impossible aujourd'hui. En effet, nous avons démontré, chacun de notre côté, que les Microzoaires ne produisaient pas des œufs, mais de véritables embryons assez avancés en développement, car on aperçoit déjà leurs mouvements automatiques dans le ventre de la mère et les pulsations de leur cœur. Dira-t-on que ces embryons ont acquis inutilement un tel développement, et qu'ils ont inutilement commencé à vivre, pour pé-

(1) BALBIANI, *Génération sexuelle chez les Infusoires. Journal de physiologie.* Paris, 1858, t. I, p. 346.

(2) EHRENBERG, *Infus.*

rir ensuite et devenir invisibles, afin de se transporter, par le moyen de l'air, eux qui naissent dans l'eau, partout où certains zoologistes prétendent qu'ils circulent. Tout cela offrirait autant d'impossibilités, s'il n'y en avait pas une plus grande encore, c'est celle du nombre.

EXPÉRIENCE. — Une autre expérience, tout aussi simple que la précédente, vient encore démontrer l'absence des embryons d'Infusoires dans l'atmosphère. On prend un tube à boule de Liebig, et on le remplit d'eau. Puis, à l'aide d'un vase aspirateur, on fait passer à travers cette eau cinquante litres d'air atmosphérique ; si, après huit jours, on explore celle-ci on n'y rencontre aucun Microzoaire vivant, ni aucun embryon. Si, au contraire, on a mis à côté une macération de foin, étant seulement en contact avec un demi-litre d'air, c'est-à-dire avec cent fois moins de ce fluide, à la même époque, on y compte un incalculable nombre de Kolpodes ou de Paramécies dont les œufs n'auraient pu échapper à l'observation dans l'autre expérience.

Nous pouvons dire en terminant ce chapitre, que ce qui est réellement dans l'atmosphère s'y retrouve aisément ; et que si nous ne l'avions pas suffisamment démontré, les récentes recherches de M. Gigot sur les émanations marécageuses viendraient le constater (1).

______

(1) L. GIGOT, *Recherches expérimentales sur la nature des émanations marécageuses*. Paris 1859, pl. II, III, IV, où cet auteur a figuré de nombreux corps recueillis dans l'air des marais.

Résumé. — Ainsi donc, tout ce qui précède prouve que certains Microzoaires non-seulement apparaissent spontanément, mais en outre qu'ils ont aussi des organes sexuels et produisent des œufs. Les observations et les expériences nous ont également démontré que ceux-ci ne sont nullement en suspension dans l'atmosphère en assez notable quantité pour pouvoir, le moins du monde, expliquer la fécondité des eaux stagnantes ou des macérations. Enfin que ce que les auteurs ont pris pour des œufs ne peut certainement s'attribuer qu'à la fécule que contient la poussière ou aux fins grains de silice ou de carbonate calcaire qu'on y rencontre si abondamment.

Dans la discussion académique à laquelle la génération spontanée a donné lieu, c'est M. de Quatrefages lui-même qui s'est chargé de donner aux doctrines qu'il prétendait défendre, le plus splendide démenti qu'on puisse leur infliger. En effet, si quelque chose peut renverser de fond en comble l'hypothèse de la panspermie et l'ovarisme absolu, c'est évidemment la découverte de la reproduction sexuelle des Microzoaires. Car, nécessairement, M. de Quatrefages s'étant appuyé sur les observations de M. Balbiani, doit en subir toutes les conséquences, et celles-ci sont accablantes pour lui : cet observateur ayant reconnu que les Paramécies ne produisaient chacune que cinq à six embryons, et même après un accouplement et une gestation fort longue pour de tels animalcules.

Cette exiguité dans la reproduction rend mathématiquement impossible la diffusion atmosphérique ;

et ensuite, par le volume de ses produits, elle défend
que ceux-ci puissent passer inaperçus.

Or, la raison se révolte, en présence de tous ces
faits nettement posés ; et elle ne peut accepter que des
embryons, après avoir acquis un tel volume, une telle
organisation, s'arrêtent dans leur cycle vital, se contractent et se solidifient au point de devenir invisibles,
eux qui avaient un volume tellement apparent, une
organisation si avancée !

Une seule assertion suffirait même pour renverser,
et ce changement de milieu de l'œuf, et cette extraordinaire mutation de volume : c'est que jamais on ne
voit un œuf de Paramécie subir de renflement dans
nos macérations.

CHAPITRE VI

La génération, ou la manifestation de la vie à la surface du globe, a été l'un des premiers actes de la création, et toutes les théogonies constatent aussi qu'elle est devenue le premier sujet des méditations de l'intelligence humaine.

A diverses époques, dont aucun chronomètre ne peut donner une idée, la matière inerte a formé des êtres organisés, sans le secours d'aucun être organisé préexistant (1). C'est une conséquence toute naturelle de la géogénie ; personne ne le conteste. Il s'agit donc uniquement de savoir s'il y a eu, postérieurement à ce premier acte, d'autres générations, et s'il peut encore s'en manifester aujourd'hui de nouvelles ; c'est là toute la question.

Si une puissance suprême, dont l'unité se révèle sur chaque parcelle du globe, a présidé éternellement et universellement à tous les phénomènes qui s'accomplissent à la surface de celui-ci ; et s'il lui a plu, de peupler la terre de tribus d'animaux et de plantes qui s'y sont succédées, pourquoi donc ne répéterait-

(1) Bonifas, *De la génération spontanée*. Paris, 1858, p. 18, tranche nettement la question et dit : *Il y a eu génération spontanée.*

elle pas aujourd'hui ce qu'elle a fait à d'autres époques? car, ainsi que l'exprime P. Gorini, la génération spontanée n'est pas un phénomène plus merveilleux que la reproduction normale (1); et, pour notre compte, nous ne concevons pas pourquoi on la regarde comme si extraordinaire.

La nature n'est pas abandonnée aux désordres du hasard; elle est régie par d'harmonieuses lois, et chaque acte qui s'accomplit dans son sein, se lie avec le passé et se perd dans l'avenir : une génération qui apparaît n'est que le corollaire de celle qui l'a précédée. Si l'on suit les étapes de la création, depuis les plus anciens temps jusqu'à notre époque, on s'aperçoit que ses formes ont constamment changé, et que tous les êtres, sauf quelques oscillations, ont suivi une marche ascendante. Il semble d'abord que la nature hésite, comme si elle doutait de ses forces, et procédait à une succession d'essais, avant de façonner ses plus splendides chefs-d'œuvre.

D'abord apparurent les végétaux, les polypiers, les mollusques et les crustacés; plus tard les poissons et les reptiles; puis les oiseaux et les premiers mammifères; et enfin, les mastodontes, les rhinocéros et les éléphants (2). A-t-il fallu pour cela le concours d'é-

______

(1) Paolo Gorini, *La generazione spontanea non è fenomenò più meravigliso che l'ordinario modo di propagazione.* Sull' origine delle montagne e dei vulcani studio sperimentale. Lodi, 1851, t. I, p. 449 et suivantes.

(2) On signale à peine quelques rares exceptions à cette régulière succession. Quelques reptiles ont été rencontrés dans des terrains houillers. Compt. rend. décembre, 1857; et des mam-

léments sexuels qui n'existaient pas alors ? Évidemment non ; il n'y a eu là que l'intervention d'une volonté créatrice. Et si de cet incommensurable amas de matière, l'Éternel a fait surgir tant de races diverses, trouvant instantanément dans la substance inerte tous les éléments de la vie, n'est-il pas irrationnel de prétendre qu'après ce grand œuvre, si fréquemment remanié, il a dû s'arrêter. Si tant de faits ne venaient corroborer nos opinions, notre sens intime nous persuaderait que si, à des époques successives, il a plu à la Divinité de poser les lois qui président à l'organisation, ces mêmes lois n'ont pas été abrogées au moment de la dernière production : elles se continuent en subissant l'immuable destinée de tout ce qui émane de la suprême sagesse ; mais seulement leurs manifestations n'atteignent plus les mêmes proportions que dans les anciens temps : elles se sont amoindries comme beaucoup d'autres phénomènes telluriques. Nous n'avons plus en fermentation ces immenses amas de matière morte, résultat de tant de cataclysmes et de funérailles d'animaux ; aussi, au lieu de ces races gigantesques qui surgissaient alors au milieu des éléments agités, ne voyons-nous plus se produire que d'infimes essais d'organisation (1).

mifères dans le trias. — R. Owen. *On the characters of the class mammalia*, 1857.

(1) Comp. surtout pour la distribution ou l'ordre d'apparition des animaux et des plantes A. Brongniart, *Tableau des terrains qui composent l'écorce du globe*. Paris, 1829. — Pictet, *Traité de paléontologie*, 2ᵉ édition. Paris, 1853. — Cuvier, *Recherches sur les ossements fossiles*. Paris, 1812. — Agassiz, *Recherches sur les poissons fossiles*. Neufchâtel, 1835. — Goldfuss, *Petrefacta Germaniæ*.

Car la croûte terrestre n'est qu'une immense né-
cropole où chaque génération s'anime à même les
débris de celle qui vient d'expirer ; et l'atmosphère,
ce réceptacle de tous les éléments chimiques de l'organisation, devient le trait d'union entre la matière
morte et la nature vivante. Ainsi à prendre les faits
au point de vue le plus élevé de la physique du globe,
les animaux et les plantes dérivent de l'air, et ne sont
que de l'air condensé (1).

SECTION 1re. — ORIGINE DU GLOBE.

La théorie de la formation de la terre n'est plus
aujourd'hui l'objet d'aucun doute de la part des géologues. Le génie de l'homme, en l'absence des traditions et des manuscrits, en a débrouillé toute l'histoire en confrontant les vestiges des anciennes époques
et les phénomènes actuels.

Il est évident que notre planète a été originairement
une masse incandescente, environnée d'une immense
atmosphère de gaz et de vapeur ; et qu'en se refroidis-
sant, elle a subi tous les accidents physiques ou chimiques qui devaient nécessairement résulter de son
changement d'état.

Cette incandescence du globe n'a été entrevue
qu'assez tard. Descartes la devina, en quelque
sorte, en proclamant que celui-ci n'était qu'un so-

Dusseldorf, 1826. — D'Orbigny, *Paléontologie française*. Paris, 1840.
— Ad. Brongniart, *Histoire des végétaux fossiles*, Paris, 1828.
(1) Dumas, *Essai de statistique chimique des êtres organisés*.
Paris, 1842, p. 5.

leil partiellement éteint, faute de combustible, et dont la croûte solide nous dérobait les fournaises intérieures (1).

Presque en même temps, le père Kircher émit des idées absolument analogues à celle de notre philosophe, et supposa aussi que le centre de la terre était occupé par une substance fluide en ignition. Il consacre même un des chapitres et une planche de son célèbre ouvrage à l'exposition de cette théorie (2).

En cela Descartes et le Père Kircher avaient été merveilleusement inspirés ; et leur hypothèse, que Leibnitz accepta et développa dans sa *Protogée* (3), se trouva bientôt d'accord avec les observations des R. Hooke, des J. Ray, des Buffon, des Dolomieu, des Cuvier, des Beudant et des de Buch (4) ; ainsi

(1) DESCARTES, *Œuvres de Descartes*. Édition de V. Cousin, t. III, p. 265 et suiv.

(2) KIRCHER, *Mundus subterraneus*, Amst., 1678. Chap. *De igne subterraneo per omnia diffuso*, p. 186. — Il est présumable que le P. Kircher, qui mourut à Rome en 1680, n'a pas connu l'œuvre de Descartes, qu'on n'imprima pour la première fois à Amsterdam, que de 1670 à 1683. Le savant jésuite avait sans doute conçu sa théorie en présence des volcans de la Sicile et de l'Italie, qu'il avait visités.

(3) LEIBNITZ, *Acta eruditorum*. Leipsick, 1693. — *Protogœa* Gottingue, 1749. Traduit sous le titre de : *Protogée, ou de la formation et des révolutions du globe*. Paris, 1859.

(4) R. Hooke et Jean Ray, dans des mémoires fort intéressants exposent l'action des forces internes du globe contre son écorce. *Soc. Roy. de Londres*. — BUFFON, *Théorie de la terre*, hist. nat. Deux-Ponts, 1785, t. I. — DOLOMIEU, *Rapports à l'Institut*, an V et VI.—CUVIER, *Discours sur les révolutions du globe*. Paris, 1851. — BEUDANT, *Cours de géologie*. Paris, 1857, p. — 5. DE BUCH, *Voyage en Norwége et en Laponie*. Berlin, 1810. — *Description physique des îles Canaries*. Traduction de Boulanger,

qu'avec les calculs des de Laplace, des Fourier, des Cordier, des Élie de Beaumont, et des de Humboldt (1).

Lancé dans l'espace, le globe embrasé dut obéir aux lois du rayonnement de la chaleur; et à mesure que ce phénomène se produisit, la superficie terrestre se solidifia avec une immense lenteur, et augmenta d'épaisseur de l'extérieur à l'intérieur. Lorsque la terre fut assez refroidie, et que l'atmosphère eut assez dispersé de son calorique, les vapeurs d'eau que celle-ci contenait se condensèrent et en inondèrent la surface. Telle fut l'origine des premières mers, qui, fort peu profondes, semblent avoir couvert la presque-totalité de l'écorce du globe.

Puis, par la marche incessante du refroidissement, la masse intérieure de la terre, en diminuant de volume, forçait la croûte extérieure à se contracter, et produisait à sa surface des soulèvements et des fissures. Ces phénomènes ne se manifestèrent d'abord qu'avec peu d'intensité. L'écorce terrestre étant encore fort mince, il ne fallait qu'un faible effort pour la rompre, et ses fragments ne pouvaient donner naissance qu'à d'insignifiantes saillies. Mais lorsque, par la succession des siècles, cette écorce eut acquis une grande épaisseur, des forces vulcaniennes prodigieu-

(1) DE LAPLACE, *Exposition du système du monde*, t. II. — FOURIER, *Théorie analytique de la chaleur*, Paris, 1822. — CORDIER, *Essai sur la température de l'intérieur de la terre*, Acad. des sciences 1827. — ELIE DE BEAUMONT, *Recherches sur quelques-unes des révolutions du globe*, 1829. — HUMBOLDT, *Cosmos*. Paris, 1855, t. I, p. 194, 226, etc.

ses en purent seules occasionner la rupture et les soulèvements ; c'était alors qu'apparaissaient les Alpes
et les Cordilières ; et que celles-ci, en refoulant les
vagues furieuses des océans, suscitaient les grands
déluges. Ainsi le feu et l'eau sculptèrent et façonnèrent diversement toute la surface du globe (1) !

Selon Cuvier et toute son école, les forces telluriques n'ont opéré le remaniement du globe qu'à l'aide
de brusques révolutions ; et les générations créées, ont
tour à tour sombré durant ces grands cataclysmes (2).
Au contraire, Constant Prévost, Ch. Lyell et Lartet
pensent que la nature n'a procédé qu'au milieu de
scènes plus calmes, et que l'organisation s'est développée et a disparu successivement sous l'empire de
forces actives et graduées. Selon eux, les générations naissaient et s'épuisaient tour à tour, à mesure
que la puissance organisatrice se développait et s'af-
faissait ; aussi faudra-t-il peut-être un jour que le mot
cataclysme soit rayé de la science (3).

Pour nous, nous croyons qu'il est évident que les
deux procédés ont été tour à tour employés, mais rien
en cela n'entrave la question qui est toute en ceci :
les générations ont été successives.

L'écorce accidentée de notre planète, d'abord inhabitable, s'est successivement revêtue de son man-

(1) Le feu et l'eau, dit Sénèque, sont les arbitres souverains de
la terre. Du feu et de l'eau viennent le commencement et la fin
des choses. *Nat. quœst.* Lib. III, cap. xxviii.

(2) Cuvier, *Révolutions du globe.* Paris, 1821.

(3) Lartet. *Les migrations anciennes des mammifères.* Comptes
rendus 1858, p. 414. — Lyell, *Eléments de géologie.* Paris, 1839,
p. 140 et suiv.

teau de verdure et peuplée d'animaux. Sa force plastique, tour à tour vivace ou expirante, exubérante ou épuisée, ne peut pas avoir eu une existence passagère : cet agent de la nature est toujours là, enchaîné à ses œuvres, les tirant du néant et les façonnant à mesure que les siècles les anéantissent. Et parce que l'incalculable puissance qui souleva les Andes et l'Himalaya, ne se manifeste plus avec ses effrayants phénomènes, faut-il donc dire qu'elle s'est énervée sans retour ? non, elle travaille silencieusement dans les profondeurs de la terre, et ne se révèle à nos yeux que par d'infimes indices, jusqu'au moment où, brisant enfin ses impuissantes digues, elle couvre de débris tout un fragment du globe : c'est comme un volcan menaçant qui, tour à tour, vomit des laves enflammées ou rentre dans le calme absolu. Ainsi se succédèrent les grandes créations telluriques. A chacune d'elles une exubérance de force et de vie se manifesta à la surface du globe ; et, dans l'intervalle, comme si elle s'était épuisée par un effort suprême, la nature ne procéda plus que d'une main timide : au moment de l'effort, des mammifères et des reptiles de taille colossale ; pendant le repos, des animalcules presque invisibles.....

Mais lorsque la science eut enfin jeté quelque lumière sur les différentes phases de la création, on craignit que son flambeau n'eût répandu que de confuses clartés sur certains passages scripturaires. Cependant, les plus habiles interprètes de la genèse et les plus savants géologues sont aujourd'hui unanimes sur ce point, c'est que les journées bibliques ne représentent que des époques d'une durée illimitée, et pendant chacune desquelles ont eu lieu successivement les diverses créations (1).

Les nuits et les journées cosmogoniques n'indiquent, suivant quelques érudits, que des périodes de cataclysmes ou de création.

« Les soirées (Ereb), dit M. de Rougemont, sont des temps de désordre. Le premier soir n'est autre chose que le chaos lui-même; les suivants sont des invasions du chaos au milieu de l'œuvre lumineuse de Dieu. Les matins sont des temps d'ordre, de vie, de création. La géologie ne fait ici que préciser, expliquer, commenter le récit mosaïque, qui accepte en plein tous les résultats de la science (2).

Quelques auteurs, à l'exemple du docteur Wiseman, ont cru trouver dans le sens même du langage de la genèse, la preuve qu'il n'y est point question de simples journées, mais évidemment d'époques dont la durée a pu être fort longue (3). De place en place, dans les récits scripturaires on aperçoit, en effet, que ce mot de journée n'a été employé qu'au figuré, car souvent on voit qu'il signifie un temps fort considérable. Dans plusieurs passages de la bible il est dit qu'aux yeux de l'Éternel, mille ans sont comme un jour, et un jour comme mille ans! Saint Jean parle aussi de ce *jour du Seigneur* qui doit durer mille ans.

(1) Comp. Buckland, *La géologie et la minéralogie dans leurs rapports avec la théologie naturelle*. Paris, 1838, t. I, p. 7.

(2) F. de Rougemont, *Fragments d'une histoire de la terre*.

(3) Wiseman, *Lectures on science and revealed Religion*, t. I, p. 295.

Les Rabbins les plus érudits ne font eux-mêmes aujourd'hui aucune difficulté à admettre que les journées de la genèse peuvent correspondre à de grands laps de temps. M. Cahen, dans ses variantes sur la version des Septante, avoue lui-même qu'il ne s'agit pas ici d'un jour ordinaire puisque le soleil n'était pas encore créé, et il ajoute qu'il est permis de croire que l'expression de jour est placée au figuré pour signifier une époque (1). C'est à cette opinion, comme le dit M. Bost, que se sont arrêtés presque tous les théologiens et les géologues de notre temps. Et selon cet écrivain, les jours de la création ne sont point des jours solaires comme ceux d'à présent, mais en effet des époques cosmogoniques, des temps de formation et de progression alternant avec des temps de troubles et de révolutions telluriques (2).

Dans les plus anciennes cosmogonies des divers peuples, on donne aussi une assez ample extension aux divisions du temps dans lesquelles l'ensemble de la création se trouve compris. Zoroastre, en traçant l'histoire de la création, ne se sert pas de l'expression de jours, mais dit qu'elle se fit en six époques d'une durée inégale, qui comprenaient chacune un certain nombre de journées (3).

La succession des créations, dont tout atteste l'évidence, se trouve relatée dans chacun des livres qui

---

(1) Cahen. *La bible avec l'hébreu en regard, et des notes philologiques, géographiques, etc.*, Paris, 1831, p. 2.

(2) J. A. Bost, *Dictionnaire de la bible.* Paris, 1849, t. I, p. 233.

(3) Hyde, *De religione veterum Persarum*, cap. IX. A Bost, *Dictionnaire de la bible.* Paris, 1849, t. I, p. 233.

forment la base des religions des peuples, et elle y est considérée comme un attribut essentiel à la dignité de l'Éternel. On en rencontre déjà des traces dans les écrits bibliques (1).

La principale cosmogonie indienne représente son Être suprême comme ayant successivement créé et détruit un grand nombre de globes, avant de donner naissance au monde actuel (2). Dans un passage cité par Lyell, avec nos textes bibliques en regard, Menou s'exprime ainsi : « l'Être dont la puissance incompréhensible m'ayant créé, moi (Menou) et tout cet univers, fut de nouveau absorbé dans l'Être suprême, faisant succéder au temps de l'énergie l'heure du repos (3). » Les mêmes traditions, d'après A. Bost, se rencontrent chez les Égyptiens et les Birmans, et même dans les œuvres de quelques Pères de l'Église, saint Augustin et saint Basile (4).

SECTION II. — SUCCESSION DES SOULÈVEMENTS.

Il est évident qu'après avoir été déposés au fond des eaux, les continents et les montagnes se sont successivement soulevés au-dessus de celle-ci. Il n'y a plus de dissidence qu'à l'égard du mode que la nature a employé.

Les archives scientifiques nous prouvent même que ce fait a été connu fort anciennement. Les écri-

(1) *Psaume* civ, 29, 30. Édit. 1825, p. 770.
(2) *Institutes of hindu Law.* London, 1825, ch. i.
(3) Lyell, *Principles of geology,* t. I, p. 234.
(4) A. Bost, *Dictionnaire de la bible.* Paris, 1849, t. I, p. 234.
— S. Augustin, *Orat.* xi. — S. Basile, *Hexaëmeron,* hom. ii.

vains de la Grèce et de Rome semblent déjà s'en douter. Aristote dit que dans certaines circonstances, *la terre s'enfle et s'élève avec fracas à l'instar des flots qu'agite la tempête* (1). Quelques siècles après lui, le géographe Strabon prétendait, en parlant du sol, que *les mêmes fonds s'élèvent et s'abaissent successivement* (2).

On trouve encore des notions plus précises sur ce sujet dans l'œuvre de Ferdoucy, auteur persan contemporain du dixième siècle. *Les montagnes s'élevaient*, dit-il, en parlant de la terre, *et les eaux en découlaient* (3).

Un moine de Lucques, *Paulus Sanctinus*, qui vivait au quinzième siècle, eut aussi des vues analogues (4). Mais ce fut l'anatomiste Sténon, qui, pour la première fois, professa des idées fort nettes sur la théorie de la terre, en prétendant que les diverses roches avaient été formées par voie de sédiment, et que les montagnes n'étaient que le résultat de soulèvements, dont il attribuait la cause à l'incandescence centrale du globe (5). Woodward, Scheuchzer, Lazare

(1) Aristote, *Opera omnia. Météor.*, lib. II, c. viii.

(2) Strabon, *Géographie*. Trad. franç. Liv. I, ch. iii. Déjà le grand géographe ancien avait reconnu avec Eratosthène que les coquilles marines répandues dans les terres aujourd'hui à sec, attestent que ces terres ont anciennement formé la profondeur des mers.

(3) Ferdoucy, *Le Châh-Nâmeh*, suite de poëmes héroïques sur l'ancienne histoire de la Perse, traduits en français par M. Jules Mohl, 1839.

(4) Paulus Sanctinus, *De machinis bellicis*. Manuscrit de la bibl. imp. n° 7239, feuillet 107.

(5) Sténon, *De solido intra solidum naturaliter contento dissertationis prodromus*. Florence, 1669.

Morro et Needham émirent la même théorie quelques années après (1). Enfin, lorsque la science reposa sur des bases plus stables, les géologues les plus éminents, tels que De Saussure, Pallas, Dolomieu, d'Omalius d'Halloy, Conybeare, reconnurent aussi qu'on ne pouvait attribuer qu'à des efforts internes, les divers accidents qu'offre la croûte terrestre (2).

Mais, tous ces auteurs n'avaient émis sur cette importante question que des vues souvent assez vagues, et l'on doit à deux des plus illustres géologues de notre époque, à MM. De Buch et Élie de Beaumont, d'avoir généralisé les lois qui régissent les soulèvements.

M. Élie de Beaumont a surtout donné à ses travaux un admirable degré de précision. Selon lui, les phénomènes qui ont présidé à ces dislocations du globe ont été brusques et de peu de durée, et il en est résulté un certain nombre de systèmes de montagnes, dont on peut démontrer l'âge relatif et la succession (3).

(1) WOODWARD, *Géographie physique ou essai sur l'histoire naturelle de la terre*, 1695. — SCHEUCHZER, *Musæum diluvianum*, 1716. — LAZARE MORRO, *De crostacei e degli altri marini corpi che si trovano su' monti*. Venezia, 1741. — NEEDHAM, *Nouvelles recherches, physiques et mathématiques sur la nature*, Paris, 1769.

(2) DE SAUSSURE, *Voyage dans les Alpes*, Neufchâtel, 1796. — PALLAS, *Observations sur la formation des montagnes*, trad. française, p. 74. — DOLOMIEU, *Journal de physique*, Paris, 1792. — D'OMALIUS D'HALLOY, *Éléments de géologie*, Paris, 1831, p. 436. — CONYBEARE, *Rapport sur la géologie*, 1832, dans lequel il développe les vues de Leibnitz.

(3) DE BUCH, *Voyage en Norwège et en Laponie*. Berlin, 1810. *Description des îles Canaries*. — ELIE DE BEAUMONT, *Recherches sur quelques-unes des révolutions de la surface du globe*. Paris, 1829. — *Dictionnaire universel d'histoire naturelle*. Paris, 1848, t. XII, p. 167. — Comp. HUOT, *Géologie*. Paris, 1839, t. II, p. 724.

D'après ce géologue, ces dislocations de l'écorce terrestre ne seraient pas dues à l'action plutonique, mais, au contraire, auraient pour cause le retrait de cette écorce, occasionné par le refroidissement de la masse interne du globe, qui, en diminuant de volume, force sa surface solide à onduler et produit ses fractures et ses soulèvements. M. Huot partage cette opinion, et nous pensons nous-même que telle est la cause de ceux-ci (1). Ce mode indique assez que ces soulèvements n'ont dû se manifester que successivement et à de longs intervalles de temps.

L'apparition de chaque chaîne de montagne, ainsi que le dit M. Élie de Beaumont, a dû déterminer au loin d'énormes perturbations dans le nivellement des eaux de la mer, et produire ces grandes scènes de déluges qui se trouvent mentionnées dans les cosmogonies de presque tous les peuples (2). D'après lui, ainsi que d'après MM. d'Omalius d'Halloy, Huot et Beudant, notre déluge mosaïque n'aurait peut-être été que le résultat d'un des derniers grands soulèvements du globe, de celui des Andes, lequel en exhaussant les deux Amériques au-dessus de l'Océan, donna naissance à l'immense flot qui est venu submerger toute l'ancienne partie de la terre (3). Le système des

(1) Huot, *Nouveau cours élémentaire de géologie.* Paris, 1839, t. II, p. 738.

(2) R. King dit que les Esquimaux eux-mêmes ont aussi l'idée qu'il a existé une création et un déluge. *Edinburgh new philosophical journal,* t. XXXVIII.

(3) Elie de Beaumont, *Recherches sur quelques-unes des révolutions de la surface du globe.* Acad. des sciences. 1829. — D'Omalius

Andes semble, en effet, être le plus récent de tous, et ses nombreux volcans encore en activité décèlent sa jeunesse (1).

Ainsi donc, les plus savants géologues n'élèvent pas le moindre doute à cet égard : les soulèvements ont été successifs. C'est aussi l'opinion de De Humboldt (2). Or, une conséquence forcée de ce fait c'est qu'à chaque remaniement de la surface du globe, il a dû nécessairement surgir de nouveaux êtres, et ceux-ci n'ont pu provenir que de la matière : n'existant pas avant, il a bien fallu qu'ils soient alors engendrés. Et si ce phénomène s'est reproduit à d'assez nombreuses reprises, on ne voit pas pourquoi il ne se reproduirait plus.

En prenant l'ancien continent pour critérium, nous voyons que les terres exondées depuis lui, présentent une nature particulière et parfois absolument différente. L'Amérique, l'Australie, Madagascar, Mascareigne le démontrent suffisamment. La constitution géologique de l'Amérique, atteste qu'elle a été produite par un soulèvement subséquent à ceux qui façonnèrent l'autre région du globe ; et l'étude de ses animaux et de ses

D'HALLOY, *Géologie*. Paris, 1831, p. 160. — J. HUOT, *Nouveau cours élémentaire de géologie*. Paris, 1839, t. II, p. 734. — BEUDANT, *Cours de géologie*, Paris, 1857, p. 331.

(1) En effet, tandis qu'il n'existe que douze volcans enflammés sur l'ancien continent et produisant de nos jours des éruptions notables, l'on en compte soixante-deux en pleine activité dans la seule Amérique. — ARAGO, *Système osseux, aqueux et volcanique du globe*. — SUIDER, *La création*. Paris, 1859, p. 318.

(2) DE HUMBOLDT, *Cosmos*. Paris, 1855, t. I, p. 351. — *Mélanges de géologie et de physique générale*. Paris, 1854.

plantes indique qu'après être sortie absolument dénu-
dée du sein de l'océan, elle a eu par la suite plusieurs
grands centres d'évolution organique. Sans cette hypothèse, comme la plupart des êtres organisés du nouveau continent diffèrent absolument de ceux de l'ancien, on se demanderait comment ils y sont apparus? Ni
l'homme, ni les animaux, ni les flots, ni les vents n'ont
pu les apporter sur cette terre vierge, puisque ces êtres
n'ont jamais existé ailleurs. Il a donc nécessairement
fallu qu'ils soient le produit d'une formation nouvelle.

Cependant, malgré la jeunesse relative de l'Amérique, plusieurs savants géologues n'en considèrent
pas moins comme datant d'une époque fort reculée la
grande fissure qui lui a donné naissance, en brisant le
globe presque d'un pôle à l'autre, et en soulevant les
Andes jusque dans la région des nuages. G. Morton
s'autorise même des assertions du savant Agassiz
pour la représenter comme remontant à une prodigieuse ancienneté (1). Sir Ch. Lyell, d'après de nombreuses observations, et d'après le témoignage de sérieuses autorités, pense que le Mississipi a coulé dans
son présent lit depuis plus de cent mille ans (2). Le
docteur Bennet Dowler a confirmé la grande ancienneté du Delta de ce fleuve, dont Lyell et Carpenter
avaient déjà parlé avant lui. D'après une investigation
de l'accroissement successif des forêts de cyprès des
environs de la Nouvelle-Orléans, et d'après l'examen
de quelques corps d'Indiens, et de diverses poteries

(1) Georges Morton. *Types of mankind.* Philadelphie, 1854,
p. 272.

(2) Ch. Lyell, *Second visit to the United states.* Part. II, p. 188.

découvertes sous des racines d'arbres, ce savant pense pouvoir conclure, que la race humaine a existé dans le Delta depuis plus de cinquante mille ans ; et que dix forêts souterraines de la Louisiane prouvent que plus de cent mille ans antérieurement à l'existence de l'homme, il se trouvait déjà une vigoureuse végétation dans ce pays (1).

L'Australie est aussi le résultat de l'un des derniers bouleversements du globe. Et cette cinquième partie du monde, par sa faune extraordinaire et par sa végétation, semble un défi jeté par la nature, au génie des savants. Cette terre nouvelle étant peuplée d'organismes spéciaux, ceux-ci ne peuvent avoir été produits que par des générations subséquentes à celles qui ont fécondé les autres parties du globe. Il ne peut y avoir de doutes, tant ses animaux et ses plantes diffèrent de tout ce qui est connu : tels sont ses Aptéryx, ses Kanguroos, ses Échidnés, et surtout ses extraordinaires Ornithorhinques, au corps de mammifère, au bec et aux pattes de canard, et qui ont été si longtemps l'objet des disputes des naturalistes (2).

(1) Bennet Dowler, *Tableaux of New-Orléans*. 1852. — Dikeson and Brown, *Cypress timber of the Mississipi*. 1848, p. 3.

(2) *L'ornithorhinque paradoxal*, nommé ainsi, par Blumenbach, comme s'il eût prévu toutes les dissidences auxquelles il allait donner lieu, fut tour à tour considéré comme un oiseau par Lesson, à cause de son bec et de ses pattes ; comme un reptile par d'autres, d'après la structure de quelques parties de son squelette ; et enfin, comme un mammifère par Meckel, qui découvrit ses mamelles, et par De Blainville, qui le premier lui assigna sa véritable place. — Blumenbach, *Manuel d'histoire naturelle*. Metz, 1803, t. I, p. 162. — Lesson, *Manuel d'ornithologie*. — Meckel, *Ornithorhynchi paradoxi descriptio anatomica*. Leipzig, 1826. — De

A cela ne peut-on pas même ajouter cette race déshéritée de la grande famille humaine, qui se trouve répandue à sa surface?

Enfin, plusieurs géologues professent que quelques-uns des grands soulèvements ne datent que d'une époque fort peu reculée. M. Beudant croit même que le soulèvement du système du Ténare, qui semble être la plus récente catastrophe du globe, a peut-être eu lieu à une époque à laquelle l'homme peuplait déjà la terre (1). Et tout atteste que ce soulèvement qui a produit l'Etna, la Somma et le Stromboli, a dû être postérieur à l'émission des Alpes principales, car sans cela cette catastrophe les eût démantelés au milieu des grands ravages qui l'accompagnèrent (2). Les débris d'une industrie humaine naissante, signalés par M. de la Marmora dans les dépôts sédimentaires de la Sardaigne, paraissent donner une certaine certitude à cette opinion. Aussi peut-on admettre, jusqu'à un certain point, avec Klee, que quelques anciennes nations aient pu conserver des traditions de cette dernière catastrophe du globe, à laquelle elles auraient survécu (3).

BLAINVILLE, *Dissertation sur la place que la famille des ornithorhinques et des échidnés doit occuper dans les séries naturelles.* Paris, 1812.

(1) BEUDANT, *Minéralogie et géologie.* Paris, 1837, p. 304.

(2) Suivant M. Beudant le soulèvement du Ténare, qui doit son nom au cap de la Morée auquel il aboutit, serait le dix-septième ; et celui des Alpes principales le seizième.

(3) F. KLEE, *Le Déluge, Considérations géologiques et historiques sur les derniers cataclysmes du globe.* Paris, 1847, p. 179. Dans les écrits mythiques des Scandinaves, on trouve, selon cet érudit, de curieux récits qui semblent indiquer que ces peuples conservaient

Cependant, si les grandes convulsions qui ont soulevé, à diverses époques, les continents et les îles, datent presque toutes des temps antéhistoriques, il n'en est pas moins évident que des phénomènes analogues se sont reproduits de siècle en siècle, depuis qu'ont commencé nos annales écrites, et qu'ils se continuent encore chaque jour.

Tous les géologues ne savent-ils pas que le *Monte nuovo*, près le golfe de Baies, est apparu subitement, au seizième siècle (1)? Tous ne savent-ils pas aussi que, de nos jours, certains rivages de la Baltique s'élèvent d'une façon incessante? Les anciennes Sagas nous racontent que plusieurs plages, autrefois presque au niveau de cette mer, et sur lesquelles montaient les phoques, étaient le théâtre de grandes chasses de la part des Fennes, qui les y tuaient à coup de flèches (2). Et de Buch et Lyell ont constaté que ces mêmes endroits se trouvent aujourd'hui placés à une grande hauteur au-dessus des flots, et qu'ils seraient tout à fait inaccessibles à ces animaux (3). « Depuis 8,000 ans, dit de Humboldt, le rivage oriental de la

quelques obscures traditions des grandes catastrophes du globe. — Dans les *Prophéties de la Vala*, il existe aussi une description rapsodique de la fin du monde et de son renouvellement.

(1) Cette célèbre montagne volcanique fut soulevée le 29 septembre 1538, pendant une éruption du lac Lucrin, qui n'était qu'un cratère, que l'on croyait à jamais éteint.

(2) Comp. Huor, *Nouveau cours de géologie*. Paris, 1837, t. I, p. 153.

(3) De Buch, *Voyage en Norwége et en Laponie*. Berlin, 1810. — Lyell, Comptes rendus de l'association britannique. Édimbourg, 1834. — *Transactions philosophiques*, 1835. — *Eléments de géologie*. Paris, 1839, p. 108.

péninsule scandinave, s'est peut-être élevé de plus de 100 mètres; et si ce mouvement est uniforme, dans 12,000 ans des parties du fond de la mer, couvertes de 50 brasses d'eau, commenceront à émerger et deviendront terre ferme (1). »

Darwin et plusieurs autres savants, ont aussi reconnu que certaines régions très-étendues de l'Amérique méridionale, furent autrefois le théâtre de soulèvements lents et progressifs, qui ont donné naissance aux plaines de la Patagonie, toutes jonchées de coquilles marines récentes, qui en attestent éloquemment la jeunesse (2). M. Freyer, lieutenant de la marine anglaise, a aussi observé, en 1834, des soulèvements modernes vers la côte occidentale de l'Amérique, et en particulier dans l'île de San-Lorenzo. Ceux-ci, qui s'élevaient à des hauteurs considérables, avaient encore leur surface jonchée de coquilles marines contemporaines, ornées des plus vives couleurs (3). Enfin, n'avons-nous pas vu, il y a peu d'années, l'île *Julia* se soulever un instant au-dessus des flots dans la Méditerranée (4).

Les observations géographiques faites aux îles Gal-

(1) DE HUMBOLDT, *Cosmos. Essai d'une description physique du monde.* Paris, 1855, t. I, p. 348.

(2) DARWIN, *Proceedings of geolog. soc.* n. 51, p. 552, et son Journal dans le *voyage du Beagle*, t. III, p. 557. — LYELL, *Éléments de géologie.* Paris, 1839, p. 109.

(3) Lettre de M. Freyer, adressée à M. Ch. Lyell, communiquée à la Société géologique de Londres, 1835.

(4) L'île *Julia*, nommée ainsi par les Français parce qu'elle apparut en juillet, s'est montrée en 1831 à la suite d'un tremblement de terre.

lapagos, par M. Dupetit-Thouars (1), viennent encore
s'ajouter à ce qui précède pour saper l'opinion des
partisans de la stabilité du globe. Le célèbre amiral
en visitant ces îles volcaniques a été frappé de leur
air de jeunesse, et, pour lui, c'est une nouvelle production sortie de l'océan. Il confesse n'avoir jamais
vu ailleurs de spécimen de quelques végétaux et
de plusieurs animaux qu'il y a observés ; et entre
autres de prodigieuses tortues du poids de six à
sept cents kilogrammes. Et il se demande d'où ces
animaux et ces plantes inconnues ont pu tirer
leur origine. M. Milne-Edwards pense également
que la faune de ces îles est toute particulière, et
qu'elle n'a pu provenir ni de la côte d'Amérique, ni
des terres actuellement existantes soit à l'est, soit au
sud de cet archipel (2).

L'archipel des Gallapagos ajoute donc une preuve
de plus à tous ces vivants témoins des soulèvements
successifs des continents et des îles. Ces nouveaux

(1) Dupetit-Thouars, *Observations faites aux îles Gallapagos.*
Comptes rendus. Paris, 1859, p. 144. Toutes ces îles, d'une création volcanique encore récente, dit-il, sont dans un état de développement progressif bien marqué ; l'une d'elles, *Albe marle*,
est encore à l'état d'incandescence.

(2) Milne-Edwards, *Mémoire sur la distribution géographique des
crustacés. Ann. sc. natur.* 1838, t. X, p. 129. Comptes rendus de
l'Académie des sciences, 1859, t. XLVIII, p. 143. Ce savant, qui
est d'accord avec tous les voyageurs à l'égard de la spécialité de
la faune des Gallapagos, diffère d'opinion avec eux, en ce qu'il
regarde ces îles comme les vestiges d'un ancien continent qui se
serait affaissé et dont on ne voit plus que les principales saillies.
M. Dupetit-Thouars a combattu vigoureusement cette hypothèse.
Comp. rend., t. XLVIII, p. 212.

présents de la mer, ont eu le sort de Madagascar et
de Mascareigne; et, plus jeunes qu'elles encore, elles
ont aussi une Faune et une Flore toutes spéciales. Je
m'étonne qu'un savant naturaliste ait pu contester
ces assertions. Depuis longtemps Lyell a fait observer
qu'à très-peu d'exceptions près, on ne rencontre
dans aucun autre endroit du monde les oiseaux, les
reptiles, les insectes et les plantes qui peuplent les
Gallapagos (1). Darwin, qui a visité ces îles, les considère aussi comme étant de nature volcanique et sorties récemment de l'Océan. Sous le rapport de leur
Faune, elles sont surtout remarquables par l'excessive
abondance de serpents, de tortues et de lézards qu'elles
nourrissent; celle-ci est telle que ce naturaliste dit
qu'on pourrait nommer cet archipel la *Terre à reptiles* (2). C'est dans les Gallapagos que Darwin a rencontré, en extrême abondance, le seul saurien marin
que l'on connaisse actuellement, et dont, par conséquent, les mœurs sont analogues à celles des grands
lézards antédiluviens (3).

Les ouvrages de géologie sont remplis de témoi-
gnages récents et irrécusables de phénomènes analogues à ceux que nous venons de citer. Delamétherie
rapporte qu'en 1721, les feux sous-marins soulevèrent
une île près des Açores (4). De Humboldt dit encore

(1) Lyell, *Éléments de géologie*. Paris, 1839. p. 459.

(2) Darwin, *Journal des voyages dans l'Amérique du Sud*,
de 1832-1836. *Voyage du Beagle.*

(3) C'est l'*Amblyrynchus cristatus*. Bell. Darwin dit qu'il est
extrêmement commun dans tout l'archipel et qu'il n'en a jamais
vu un seul à dix mètres du rivage.

(4) Delamétherie, *Géologie*, t. II, p. 184 et 260.

qu'après une éruption du Jurullo, en 1759, il se forma aux environs de ce volcan une montagne de cinq cents pieds de hauteur (1).

Il semble que dans la discussion à laquelle donnèrent lieu ces îles, on ait oublié toute l'histoire de la science. Qu'y a-t-il d'étonnant, en effet, qu'une terre nouvelle ait surgi au milieu de l'immensité du grand Océan, quand déjà tant de faits analogues se sont présentés? L'antiquité elle-même connaissait si bien ce phénomène, qu'il existait une loi spéciale dans les *Institutes* de Justinien, relativement à la prise de possession de ces terres inattendues : L'île qui naît à la surface de la mer, y lit-on, est au premier occupant (2). Sénèque a même décrit, avec un profond cachet de véracité, l'apparition d'une île volcanique qui fut observée dans la mer Égée (3); et il ajoute que cet événement s'est révélé sous le consulat de Valérius Asiaticus. Pline parle aussi d'une île qui sortit des flots aux environs de Santorin.

(1) De Humboldt, *Histoire de la Nouvelle-Espagne, et Journal de physique*, t. LXIX, p. 149.

(2) Justinien, *Inst. Just.* lib. II, tit. I.

(3) Sénèque, *Natur., quæst.*, lib. III, cap. xxvi, décrit ainsi l'apparition de cette île. « On voyait la mer écumer pendant le jour et rejeter une noire fumée du fond de ses abîmes. Ensuite elle jeta des feux, non pas continuels, mais qui brillaient par intervalles, toutes les fois que la flamme intérieure surmontait le poids des eaux ; bientôt ce furent des pierres, même des rochers énormes qui furent lancés dans les airs, les uns encore intacts, les autres rongés et réduits à la légèreté de la pierre ponce. Enfin parut la cime brûlée d'une montagne dont la hauteur s'accrut insensiblement, et dont toutes les dimensions s'agrandirent au point de former une île. »

L'île de Mascareigne doit être aussi considérée comme un récent présent de la mer, et à l'appui de ce que nous venons de dire, nous ne pouvons nous empêcher de reproduire ici la brillante page dans laquelle Bory de Saint-Vincent trace l'apparition de cette île volcanique et des diverses phases qu'y a suivi le développement de l'organisation. « Nous avons démontré ailleurs, dit ce naturaliste, que toute la masse de ce point du globe, convulsivement élevée au sein de l'Océan, fut originairement incandescente et liquéfiée par le feu. Dans l'endroit où nous la trouvons, la mer roulait encore ses vagues que la moitié du monde avait été exondée. Déjà des torrents dépouillaient d'antiques montagnes en arrachant à leurs cimes des atterrissements destinés à augmenter l'Afrique, l'Europe et l'Asie, que Mascareigne n'était pas encore sortie du sein des flots. Tout dans cette île est neuf en comparaison de ce qu'on voit sur l'ancien continent; tout y porte un caractère de jeunesse, une teinte de nouveauté qui rappelle ce que les poëtes ont chanté du monde naissant, et qu'on ne retrouve que dans quelques autres îles formées aussi dans les derniers âges. Mascareigne fut d'abord un de ces soupiraux brûlants au milieu des eaux, comme on en a vu presque de nos jours à Santorin ou dans les Açores. Des éruptions fréquentes en élevèrent la fournaise, au moyen des couches de lave ardente qui, s'y superposant sans interruption, formèrent enfin une montagne, que des tremblements de terre terribles vinrent lacérer, et sur la surface échauffée de laquelle les eaux pluviales se réduisant aussitôt en vapeur, n'arrosaient aucun végétal possible, ne rafraîchissaient aucun vallon. Les salamandres de la Fable, seules, eussent pu devenir les hôtes de ce brûlant écueil. Comment une aimable verdure le vint-elle ombrager? comment des animaux attachés au sol choisirent-ils pour patrie un rocher nécessairement inhabitable longtemps encore après son apparition et durant son accroissement (1) ? »

Après cet exposé, Bory de Saint-Vincent démontre longuement que l'homme, les oiseaux, les vents et les flots n'ont pu peupler Mascareigne de sa verdure et de ses animaux, et que l'hétérogénie seule a pu y présider. « Les hommes, dit-il en terminant, n'y ont pas surtout apporté avec eux ce Dronte, oiseau monstrueux, qu'ils furent si étonnés d'y voir et dont ils exterminèrent la race : où l'eussent-ils pris? d'où l'auraient-ils amené? il n'exista jamais ailleurs; il fut propre au sol, et création locale d'une nature trop hâtée de produire, il semblait porter dans son ridicule ensemble le cachet d'une certaine inexpérience organisatrice. »

Bory de Saint-Vincent achève ainsi son chapitre sur ce sujet : « Quelque révoltante que puisse être pour certaines personnes l'idée de ces créations continuelles, non-seulement il est impossible pour tout bon esprit de ne la point admettre, mais il sera peut-être bientôt évident qu'il existe des créations spontanées, c'est-à-dire qui non-seulement peuvent avoir lieu selon que les éléments s'en trouvent réunis, mais qui

(1) BORY DE SAINT-VINCENT, *Dict. class. d'histoire naturelle*. Paris, 1824, t. V, p. 42.

ne se perpétuant pas d'elles-mêmes peuvent avoir lieu toutes les fois que les causes occasionnelles s'en renouvellent. Certes, un pareil fait n'est pas en faveur de la doctrine qui attribuerait à l'aveugle hasard l'ordre sublime auquel nous concourons par notre existence; il commande au contraire une admiration qui porte au respect pour le législateur souverain (1). »

SECTION III. — SUCCESSION DES CRÉATIONS

Les créations ont été successives comme les soulèvements, et chacune d'elles a suivi l'un de ceux-ci. Les travaux des géologues ayant rendu incontestable que les continents et les montagnes se sont soulevés à différentes époques, il faut bien admettre que les animaux et les plantes qui animent leurs sites variés, ont subi la même loi dans leur apparition. C'est une déduction toute rationnelle, dont au besoin l'examen des productions du sol, partout si différentes, donnerait la plus évidente démonstration.

La science ne permet plus aujourd'hui de contester la succession des créations. Les Buffon, les Cuvier, les Buckland, les de la Bèche, les Lyell, les Brongniart, les Bory de Saint-Vincent, les Beudant, les Huot, les Pictet, les Ch. d'Orbigny, les Alc. d'Orbigny et tous les géologues sont d'accord sur ce point (2);

(1) Bory de Saint-Vincent, *ibid.*

(2) Buffon, *Époques de la nature. Hist. nat.* Deux-Ponts, 1785, t. XII. — Cuvier, *Discours sur les révolutions du globe.* Paris. 1851, *Recherches sur les ossements fossiles.* — Buckland, *La géologie et la minéralogie dans leurs rapports avec la théologie naturelle.* Paris. — De la Bèche, *Geological researches.* 1824, p. 239. — Lyell,

s'il y a quelques dissidences, elles ne roulent que sur le mode par lequel la nature a procédé. Aussi, les animaux se trouvent-ils répartis par étages qui constituent autant de tableaux des époques géologiques. Chacune de celles-ci a sa Faune et sa Flore distinctes, caractéristiques; les étages silurien, carboniférien, jurassique, crétacé, etc., présentant des caractères paléontologiques identiques pour chacun d'eux (1).

Il est évident, en effet, que chaque période du globe a eu ses formes organiques particulières, qui n'existèrent dans aucun âge antérieur et qu'on ne retrouve plus ensuite. Ainsi que le dit M. Pictet, les espèces d'animaux d'une époque géologique n'ont vécu ni avant, ni après cette époque (2). C'est aussi l'opinion des Cuvier, des Buckland, des d'Orbigny et des plus illustres paléontologistes. (3) Enfin, de Humboldt, lui-même, partage également cette manière de voir, et s'exprime

Principles of geology, t. II. Brongniart, *Descriptions géologiques des environs de Paris*, en collaboration avec Cuvier. — *Tableau des terrains qui composent l'écorce du globe*. Paris, 1829. — Bory de Saint-Vincent, *Dict. class. d'hist. nat.*, art. Création. — Beudant, *Cours de géologie*. Paris, 1857. — Huot, *Nouveau cours de géologie*. Paris, 1839, t. II, p. 73. — Pictet, *Traité de paléontologie*, deuxième édition. Paris, 1853. — Agassiz, *Études sur les glaciers*. Neufchâtel, 1840. — Ch. d'Orbigny, *Géologie appliquée aux arts*. Paris, 1851, p. 83. — Al. d'Orbigny, *Cours de paléontologie*.

(1) Ch. d'Orbigny, *Géologie appliquée aux arts et à l'agriculture*. Paris, 1851, p. 89.

(2) Pictet, *Traité de paléontologie*, 2e édition. Paris, 1853.

(3) Cuvier, *Recherches sur les ossements fossiles*. Paris, 1822. — Ch. d'Orbigny, *Géologie appliquée aux arts*. Paris, 1851. — Buckland, *La géologie et la minéralogie dans leurs rapports avec la théologie naturelle*. Paris, 1838.

ainsi à ce sujet : « Chaque soulèvement de ces chaînes de montagnes dont nous pouvons déterminer l'ancienneté relative, a été signalé par la destruction des espèces anciennes et par l'apparition de nouvelles organisations (1). »

En effet, depuis que l'homme a pu scruter l'âge des diverses chaînes de montagnes, et, avec l'assurance du génie, le buriner sur leur fronton, la succession des créations est devenue un fait rationnellement incontestable (2). Comment, hors cette hypothèse, expliquer cette diversité que l'on remarque dans les productions naturelles de la surface du globe? Tous les types nouveaux, qui surgirent après chaque révolution tellurique, eurent une origine simultanée : il n'en existait aucun vestige dans les temps antérieurs, et beaucoup d'entre eux n'auraient même pu subsister alors. Nous avons fréquemment rencontré dans le cours de nos recherches, dit Buckland, de nombreux exemples de systèmes organiques végétaux et animaux qui ont eu leur commencement et leur fin ; et chaque fois, nous avons été conduit à leur assigner, comme origine, l'intervention directe d'une action créatrice (3).

Il a donc fallu lorsque ces types apparurent que les germes fussent extraits de la matière ; ils ont donc

(1) De Humboldt, *Cosmos*. Paris, 1855, t. I, p. 312.

(2) La main du temps, dit M. Élie de Beaumont, a gravé l'histoire du globe sur sa surface ; les montagnes sont les lettres majuscules de cet immense manuscrit, et chaque *Système de montagnes* en renferme un chapitre. *Dict. univ. d'hist. nat.*, article Système de montagnes, t. XII, p. 167.

(3) Buckland, *Géologie et Minéralogie, etc.*, t. I, p. 315.

été formés à même celle-ci, et comme le serait, de nos jours, un être qui apparaîtrait pour la première fois au milieu d'elle.

La science nous enseigne que les grandes créations ont dû se succéder à de longs intervalles, et elle nous démontre aussi que d'autres créations partielles ont encore apparu, en offrant aux regards étonnés une série d'êtres nouveaux. On peut poser en fait, dit de la Bèche que les plantes et les animaux ont été engendrés en vue des situations dans lesquelles ils se trouvent placés, et qui, elles-mêmes, ont été disposées d'avance pour les recevoir. Ces êtres paraissent avoir été créés à mesure que la terre présentait des conditions favorables à leur existence (1). Le grave Buckland n'élève aucun doute à cet égard : « L'état parfait de conservation, dit-il, dans lequel nous trouvons les débris animaux et végétaux de chacune des diverses formations géologiques, et le mécanisme admirable dont beaucoup de fragments fossiles nous offrent des traces, sont des preuves, en nombre infini, que les créatures auxquelles ils appartiennent ont été créées dans un but d'harmonie avec la succession de conditions diverses qui s'est faite à la surface de notre globe, et avec son aptitude croissante à recevoir des formes organiques de plus en plus compliquées. (1). »

« Toutes les observations s'accordent même sur ce point, dit de Humboldt, que les Faunes et les Flores fossiles diffèrent d'autant plus des formes animales et

(1) DE LA BÈCHE, *Geological researches*. 1834, p. 239.
(2) BUCKLAND, *La géologie et la minéralogie dans leurs rapports avec la théologie naturelle*. Paris, 1838.

végétales actuelles, que les formations sédimentaires
où elles gisent sont plus inférieures, c'est-à-dire plus
anciennes (1). »

Les poissons eux-mêmes, malgré l'uniformité du
milieu qu'ils habitent, ont aussi beaucoup varié durant
les diverses phases géologiques. Agassiz qui a étudié
plus de dix-sept cents espèces de poissons fossiles,
affirme que parmi ceux-ci il n'a rencontré aucune
espèce qui fût identique avec les animaux de cette
classe, vivant aujourd'hui dans nos mers (2).

Ainsi donc, à des intervalles de temps illimités, il a
plu à la Sagesse infinie de pétrir la matière et d'en
façonner les plus sublimes organismes. Tout cela n'est
au fond que cette mutation moléculaire qui révolte
tant certains savants ; ce n'est que la manifestation de
l'hétérogénie sauvegardée par l'intermédiaire de la
Divinité. Dans ces phénomènes insolites, tout a obéi
aux lois suprêmes. Ce n'est pas autre chose que nous
voyons aujourd'hui se réaliser sur une moindre
échelle ; c'est la matière s'organisant à un moment
donné, en raison de lois qui nous échappent. Là elle
s'agglomère dans l'ovaire, ailleurs dans une pseudo-
membrane qui en tient lieu ; là surgit un mollusque
ou un oiseau ; ici un simple Polype ou un Kolpode.

Il ne peut plus être contesté que la création qui a
animé primitivement la surface du globe, ne ressem-

(1) De Humboldt, *Cosmos.* Paris, 1855, t. I, p. 316.

(2) Agassiz, *Poissons fossiles*, t. I, p. 30, et t. III, p. 1-52. Il
fait seulement une exception pour un seul petit poisson qu'on
rencontre dans les géodes argileuses du Groenland. Sous la craie
on ne trouve plus un seul genre de poissons de l'époque actuelle.

blait nullement à celles qui se manifestèrent durant les temps suivants. Ce n'est peut-être que bien des siècles après que se furent déposés les terrains carbonifères, où l'on ne rencontre que des animaux aquatiques, des mollusques et des poissons, que se produisirent les terrains paléothériens si féconds en mammifères (1). On ne dira sans doute pas que lors des premiers essais échappés des mains du Créateur, il avait en même temps disséminé çà et là sur le globe, quelques germes pouvant impunément braver l'action destructive des temps et des cataclysmes, pour venir éclore à un moment donné, après un sommeil dont la pénétration humaine ne peut même pas sonder la durée. Non, quand à de longs intervalles il lui a plu d'ajouter quelques nouvelles pages à son œuvre, Dieu en a puisé tous les éléments parmi la matière ambiante.

Emportés trop loin en s'élevant contre les générations spontanées, quelques savants ont soutenu que la vie, depuis la création jusqu'au moment actuel, s'était transmise par une *chaîne non interrompue de possesseurs* qui se la sont communiquée successivement (2). Mais chaque parcelle du globe proteste éloquemment contre une telle assertion; et les vestiges des générations éteintes, ces véritables médailles de la création, comme les appelle Mantell, lui impriment le plus ineffaçable démenti (3). Cette chaîne non interrompue

(1) D'OMALIUS D'HALLOY, *Élém. de géologie*. Paris, 1831, p. 296.

(2) MILNE-EDWARDS, *Comptes rendus de l'Académie des sciences*. Paris, 1859, t. XLVIII, p. 23.

(3) MANTELL, *The medals of creation*. Londres, 1846.

dont on parle, mais nous la trouvons brisée sur chaque stratification de l'écorce terrestre, et la paléontologie s'efforce en vain d'en retrouver les anneaux !

Les Faunes des diverses phases géologiques du globe sont tellement différentes, sous certains rapports, qu'il devient absolument impossible de les relier à rien d'analogue, ni dans le passé, ni dans l'époque actuelle. Où étaient donc avant la formation des strates du lias, les chefs de la généalogie des reptiles gigantesques qui en animaient la surface ? et depuis eux, que sont devenus leurs descendants ? où étaient avant le *diluvium*, les ancêtres des Mastodontes, des Éléphants et des Rhinocéros, qui abondaient alors en Europe ? où vivaient aussi les devanciers du Mylodon d'Owen, c eParesseux gigantesque, qui n'avait pas moins de trois mètres et demi de longueur; et ceux du Colossochelys, cette prodigieuse tortue de terre de quatre mètres de longueur sur deux d'épaisseur ?

Je ne pense pas qu'il existe aujourd'hui beaucoup de paléontologistes qui veuillent soutenir cette transmission non interrompue des êtres dont on vient de parler. M. Pictet la condamne de tout l'ascendant de son autorité : « La théorie des créations successives, dit-il, est la seule qui se lie avec la loi que les espèces sont toutes différentes d'un terrain à l'autre (1). » Enfin, Cuvier, lui-même, s'est nettement exprimé à cet égard. Selon lui, les Faunes antédiluviennes ne peuvent pas être reliées à la création contemporaine : «Les

(1) Pictet, *Traité de paléontologie ou Histoire naturelle des animaux fossiles.* Deuxième édition, Paris, 1853, t. I, p. 93.

races actuelles, dit-il, ne sont nullement des modifications des races anciennes qu'on trouve parmi les
fossiles; les espèces perdues ne sont pas des variétés
des espèces vivantes (1). »

On ne peut oublier aussi qu'à chacune des grandes
époques du globe, on voit osciller la série zoologique.
Là elle se trouve réduite à ses moindres représentants
et ses plus magnifiques manquent absolument ; ici les
plus élevés précèdent les autres; ailleurs de longs
chaînons font défaut (2).

En suivant le développement de l'animalité à la
surface du globe, voit-on toujours cette série d'animaux suivre régulièrement la marche ascendante
qu'indiquent quelques zoologistes? mais, pas le moins
du monde. Alc. d'Orbigny a fait remarquer, avec raison, que les Rayonnés, depuis les premières époques
du globe, ont parfois suivi une marche rétrograde.
Selon lui les Mollusques sont restés stationnaires ou
même ont rétrogradé; et aucun des groupes de la
période actuelle n'offre une organisation plus élevée
que ceux des terrains paléozoïques. Il en est de même
pour les animaux articulés. Dans les Vertébrés seule-

(1) Cuvier, *Recherches sur les ossements fossiles.* Paris, 1821,
t. I, p. 57.

(2) Les détails prouvent surabondamment ce que nous avançons. Dans la première grande période du monde, dans la période paléozoïque, suivant un savant dont l'autorité ne peut être
contestée, suivant Alc. d'Orbigny, il n'existait que trente-un ordres d'animaux sur soixante-dix-sept dont se compose le règne
animal. Où étaient donc alors les animaux destinés à former cette
chaîne non interrompue dont on parle. (*Cours élémentaire de
paléontologie et de géologie stratigraphiques.* Paris, t. I, p. 225
à 232.

ment les choses prennent un aspect différent, et là le savant géologue convient que, jusqu'à un certain point, l'hypothèse du perfectionnement progressif semble fondée ; mais quand on met en regard les diverses classes de ce grand type, on voit que dans plusieurs d'entre elles, il y a eu une marche rétrograde ; c'est ce qu'on observe sur les poissons et les reptiles. En effet, les Sauriens apparus d'abord, sont supérieurs aux Ophidiens et aux Batraciens qui ne vinrent que bien plus tard. Les poissons des terrains paléozoïques, tels que les Placoïdes et les Squales, sont supérieurs aux Pleuronectes, qui ne se montrent que dans les dernières époques géologiques. Les oiseaux restent stationnaires depuis la seconde époque ; et les mammifères seuls offrent un argument en faveur du perfectionnement successif (1).

S'il est de la dernière évidence que l'organisme a été primitivement créé aux dépens de la matière amorphe, et que les créations ont été successives, et la science est unanime sur ce point, si cela, dis-je, est évident, on ne peut pas prétendre spolier notre époque d'un phénomène que les temps qui nous ont précédés ont vu se reproduire à d'assez nombreuses reprises. Assurément, actuellement, comme autrefois, partout où il se trouve de la matière organique amorphe, elle peut se concentrer et produire de nouveaux organismes.

(1) Déjà, avant moi, M. V. Meunier a pu dire aussi, avec toute l'autorité d'un éminent savoir, qu'il demeure hors de contestation qu'il est absolument faux que la nature a passé *sans cesse*

L'effervescence qui se manifeste dans cette matière étant en raison de sa masse, plus celle-ci est considérable, plus il en sort de produits et plus ils sont avancés en organisation. C'est pourquoi lorsque, dilacérée par les cataclysmes, toute l'organisation s'anéantit dans le même naufrage, il s'engendre ensuite une population plus nombreuse et plus variée que précédemment. L'Amérique moins étendue que l'ancien continent, ne produisit qu'une Faune et qu'une Flore beaucoup moins riches. L'Australie, Madagascar, Mascareigne, dont le périmètre se rétrécit de plus en plus, virent se restreindre, dans la même proportion, les types d'animaux et de plantes qui peuplèrent leur sol émergé.

D'après ces considérations, est-il nécessaire de dire pourquoi dans nos expériences toujours faites sur une si petite échelle, on ne voit apparaître que de si infimes Protozoaires? Nos infusions, nos bocaux ne représentent guère qu'un point métaphysique dans l'espace en comparaison de ces masses incalculables de matières organiques qui purent entrer en fermentation après les grands cataclysmes du globe. Cette idée, que les forces productrices doivent être en raison directe de la masse de substance en action, se présente naturellement à l'esprit. Aussi beaucoup d'hommes d'une intelligence élevée, ainsi que le fait M. Guépin, se sont demandé si, au lieu de se produire dans un étroit bocal, l'acte génésique avait lieu dans un lac échauffé et renfermant d'abondants matériaux orga-

des êtres inférieurs aux êtres supérieurs. (V. MEUNIER, *L'ami des sciences*. Paris, 1859, p. 37.)

niques, il n'en résulterait pas des êtres infiniment plus élevés (1).

Si MM. de Humboldt et Bonpland ont pu dire que la question générale de la première origine des habitants d'un continent est au delà des limites prescrites à l'histoire (2), ce qui nous paraît une assertion d'une immense gravité; comme on peut, sans scrupule, s'occuper de l'apparition des animaux et de leur distribution géographique, nous allons voir qu'elles offrent de victorieux arguments en faveur des générations successives.

La zoologie de chaque continent possède un aspect spécial, et partout elle présente certains types particuliers, qui indiquent, ainsi que le dit M. Boué, dans chacun d'eux un ou plusieurs grands centres de création (3). Il en est de même à l'égard de quelques îles. En réalité, les faits de géographie zoologique abondent pour prouver que sans invoquer les créations successives et locales, il est tout à fait impossible d'expliquer la répartition circonscrite de certaines espèces. Cela devient surtout évident lorsque l'on étudie l'habitat de la plupart des quadrupèdes, des reptiles et des insectes, eux qui ont plus de difficulté que beaucoup d'autres animaux à se transporter, à cause des obstacles physiques qui peuvent leur barrer si facilement le passage.

(1) GUÉPIN, *Philosophie du dix-neuvième siècle*. Paris, 1854, p. 296.

(2) DE HUMBOLDT ET BONPLAND, *Essai politique sur la Nouvelle-Espagne*, ouvrage dédié à S. M. Catholique Charles IV, t. 1, p. 79.

(3) BOUÉ, *Guide du voyageur géologue*, t. I, p. 374.

La distribution topographique des animaux prouve surabondamment que ceux-ci, dans l'état de nature, résident souvent dans des régions assez circonscrites. Chaque espèce s'attache à son climat, à son sol, et, ainsi que le dit M. Bonifas, la moindre différence dans la température semble un obstacle presque insurmontable à sa dissémination (1). Le Condor, qui, dans son vol puissant, plane au-dessus des cimes des Cordilières, ne réside que dans la portion de celles-ci qui traverse le Pérou et le Mexique. Le Vautour des agneaux ne s'éloigne jamais des hautes Alpes ; et Latreille dit que le Rhin et sa bordure de montagnes, forment à eux seuls une limite que certains insectes ne franchissent pas (2).

La conquête de l'ensemble du globe ne date, en quelque sorte, que de notre époque; et sur chaque plage où nos vaisseaux ont abordé, après tant de siècles, tant de dangers et de funérailles, on a découvert quelque animal nouveau, quelque végétal inconnu. Comment donner une explication plausible de ce fait? Nés sur l'ancien continent, comment ont-ils pu gagner les îles qui s'en trouvent séparées par d'immenses mers ? Pourquoi alors n'en retrouve-t-on plus de descendants dans leur primitive patrie ? Et si l'on voulait prétendre que c'est l'homme lui-même qui s'est chargé de répandre les animaux sur toute la surface du globe, au berceau de ceux-ci tout ves-

____

(1) A. Bonifas, *De la génération spontanée*. Paris, 1852, p. 24 (Thèse).

(2) Latreille, *Cours d'entomologie*. Paris, 1831, p. 289 et suiv. Comp. Fabricius, *Philosophia entomologica*. 1778.

tige en serait-il anéanti? cette hypothèse ne pourrait même concerner que les espèces pacifiques et d'un très-faible volume. Est-ce l'homme qui s'est occupé de disséminer dans les forêts de l'Amérique le Jaguar et le serpent à sonnettes, qui les ravagent malgré lui? comment eût-il pu peupler Java et Sumatra des espèces particulières de Rhinocéros que l'on y rencontre aujourd'hui (1)?

Pour ne citer que les exemples les plus saillants, sans admettre des créations locales et successives, comment expliquer les Paresseux, les Tamanoirs, les Hurleurs, les Tatous et tant d'autres mammifères, absolument relégués dans les régions équatoriales de l'Amérique? Comment expliquer ces étranges Kanguroos et ces Monotrêmes qui n'habitent que l'Australie? Puis les Makis, les Indris et les Épiornis de Madagascar (2), les Manchots de la Terre de feu, le Dronte de Mascareigne, le Dinornis de la Nouvelle-Zélande?

Toutes ces questions s'étaient déjà présentées à nos devanciers à une époque où la géographie zoologique, moins avancée, en rendait la solution plus laborieuse. On voit que saint Augustin y avait songé. Dans l'un de ses plus importants ouvrages, il se demande comment les îles, après le déluge, ont pu recevoir de nouvelles plantes et de nouveaux habitants; et il semble porté à croire que ceux-ci y ont été engen-

____

(1) *Rhinoceros Javanicus*, Desm.; *R. Sondaicus*, G. Cuv.; *Rhinoceros Sumatranus*, Raffl.; *R. Sumatrensis*, G. Cuv.

(2) Comp., pour l'*Épiornis*, I. Geoffroy Saint-Hilaire, *Comptes rendus de l'Académie des sciences*. 1851.

drés par les seules forces de la génération spontanée ;
génération qu'il désigne déjà sous les mêmes noms
qu'on lui donne encore aujourd'hui (1). Si les anges
ou les chasseurs des continents, dit ce Père de l'Église,
n'ont point transporté d'animaux dans les îles éloi-
gnées, il faut bien admettre que la terre les a engendrés (2).

Le Nouveau-Monde possède, il est vrai, dans ses
régions boréales, quelques animaux absolument identiques à ceux qui habitent les mêmes latitudes de
l'ancien continent ; mais lorsque l'on s'avance vers
l'équateur on voit graduellement tout changer et apparaître des espèces absolument différentes. On conçoit
facilement que quelques grands mammifères du nord,
dans leurs pérégrinations hivernales, aient pu passer
d'un continent dans l'autre, en traversant le détroit de
Béring, encombré par les glaces, et aller répandre
leur féconde progéniture sur la terre nouvellement
exondée. Ainsi le renne, l'ours blanc, l'élan, le renard
bleu, habitent à la fois les régions arctiques des deux
mondes. Mais pour les espèces intertropicales de
l'Amérique, comme elles sont entièrement différentes
de toutes celles de l'ancien continent, et qu'on ne
rencontre nulle part ailleurs rien qui puisse leur être
assimilé, il faut indubitablement qu'elles aient été
créées sur place. Pour qu'il soit possible d'admettre
la pérégrination des espèces de l'ancien continent sur

(1) Saint Augustin la nommait déjà *generatio æquivoca*, *spontanea aut primaria*.
(2) AUGUSTINUS, *De civitate Dei*, lib. XIV, c. VII. Venet., 1732,
édition des Bénédictins, p. 422.

le nouveau, la première condition serait qu'elles eussent existé dans ce dernier; cependant cela n'a jamais eu lieu, car elles n'auraient pu disparaître absolument, et la science en rencontrerait encore des vestiges. Mais y eussent-elles vécu, jamais même l'idée d'un tel voyage n'entrerait dans l'esprit d'un géologue ou d'un géographe (1).

Il est impossible, en effet, de se rendre compte de l'état actuel de diverses régions du globe sans admettre des créations successives et locales; et les trois règnes protestent à la fois contre l'unité d'origine qu'on voudrait leur attribuer. Quelle que soit la puissance de cette mystérieuse main qui dissémine si merveilleusement les germes, sans invoquer ces créations temporaires, il est absolument impossible d'expliquer une foule de faits de géographie zoologique ou botanique. Nous pourrions arguer à la fois de la presque totalité des animaux de l'Amérique australe, de Madagascar ou de l'Australie; mais contentons-nous de citer un seul fait, parmi tant de milliers, qu'il serait possible de produire.

Le Fourmilier-tamanoir, par exemple, n'a jamais pu naître dans l'ancien monde, pour s'en expatrier ensuite et aller se fixer dans les brûlantes régions de l'Amérique méridionale! On sait que ce gros mammifère ne vit que d'insectes, et en particulier de fourmis,

(1) On sait que Buffon prétendait qu'il ne serait pas impossible que tous les animaux du nouveau continent ne fussent dans le fond les mêmes que ceux de l'ancien, desquels ils auraient tiré leur origine (*Hist. nat.*, 1761, t. IX, p. 126). Mais qui oserait aujourd'hui, parmi l'ancien continent, exhumer des ancêtres aux fourmiliers, aux paresseux, aux tatous, etc.

et qu'à cause de la disposition de ses pattes, sa locomotion est excessivement pénible. Comment donc, en
admettant même qu'à l'époque de la primitive création l'Amérique fût déjà émergée, comment donc supposer qu'un tel animal ait pu naître en Asie et partir
de là pour aller disséminer sa race dans toutes les
forêts qu'arrosent les affluents de l'Amazone et de la
Plata ? Je fais immédiatement abstraction de la lenteur et des difficultés du voyage pour un Edenté aussi
peu agile ; des fleuves et des montagnes qui ont barré
le passage. Il ne sera question ici que des obstacles
insurmontables, que la diversité des climats a opposés
à cette impossible pérégrination.

Parti des régions chaudes de l'Asie, pour se rendre
en Amérique, le Fourmilier a dû nécessairement remonter vers le pôle, en se dirigeant sur la Sibérie,
pour franchir le détroit de Béring, qui, lorsque les
glaces l'encombrent, permet une communication directe entre les deux continents.

Je ne parle nullement, ni des glaces qu'il a fallu
franchir, ni de l'Amérique du Nord, dont il faudra longer toute la Cordillère, ni de l'isthme de Pa-
nama, qui devra encore être traversé avant d'atteindre
le but du voyage ; je n'insisterai que sur l'absolu défaut d'alimentation durant un si long trajet et sur
l'action mortelle des climats. En admettant même que
le froid extrême n'ait pas cent fois tué le voyageur
durant sa pérégrination, qui n'a pu être entreprise
qu'au milieu de l'hiver ; je me borne à dire que le
Fourmilier, en traversant des régions absolument dépouillées des insectes qui seuls le nourrissent, a né-

cessairement dû périr par la faim, longtemps même avant d'être arrivé au passage qui sépare les deux mondes. La même remarque serait applicable au Paresseux, à la progression presque impossible, et qui, ne vivant que de feuilles, est absolument construit pour rester accroché aux branches des arbres (1).

On ne manquera pas d'opposer à ce qui précède les migrations périodiques de certains animaux. Mais aucun d'eux n'a à braver une telle inclémence des saisons et à accomplir un aussi extraordinaire voyage. Ceux-ci ont constamment en vue une amélioration de position que la Providence, qui les guide, leur indique instinctivement. Là, chassés par la rigueur de l'hiver, ils s'exilent vers des contrées plus heureuses et plus fertiles, et chaque étape est marquée par un accroissement de bien-être. Ailleurs, ce sont les chaleurs âpres des tropiques qui font fuir certaines espèces, qu'on voit venir dans les zones tempérées pour y respirer une atmosphère moins accablante. Et cependant, durant ces migrations, de combien de funérailles la route n'est-elle pas jonchée? Les Économes partent en bandes immenses, et ils ne reviennent qu'en bien petit nombre vers leur pays natal. Les oiseaux, en traversant les mers, périssent souvent épuisés de fatigue si quelque roche propice ne leur offre un refuge. Et cependant, combien ces migrations sont peu de chose comparativement à l'incompréhensible voyage qu'auraient dû faire les animaux, nés sur l'ancien conti-

____

(1) Le tamandua, le priodonte, les boas et tant d'autres animaux, n'ont pas pu davantage accomplir un tel trajet.

nent, pour aller se disséminer dans la Patagonie, l'Australie, Madagascar ou Mascareigne ! Comment même les espèces essentiellement terrestres ont-elles pu franchir la mer pour arriver dans ces dernières îles ? Il faut bien qu'il y ait eu là des créations subséquentes ; elles seules peuvent expliquer ce point de géographie zoologique.

Que nous fait à nous le mode suivi par la nature pour atteindre la sublime harmonie de l'ordre actuel ? *Révolutions subites* ou *évolutions progressives*, il n'en est pas moins positif que l'apparition de la vie et sa marche ascendante, ont escorté pas à pas les diverses phases du globe ; les transformations biologiques se sont manifestées parallèlement aux transformations géologiques. Chaque empreinte des générations passées démontre l'évidence de cette assertion. Et pendant que s'établissait cette harmonie progressive, pour me servir de l'expression de Geoffroy Saint-Hilaire (1), quels germes les générations expirantes pouvaient-elles transmettre à celles, absolument différentes, qui surgissaient au milieu de la confusion des éléments ? Se peut-il qu'il n'y ait pas eu là autant de générations primordiales, qu'il s'est présenté de grandes phases organiques différentes ?

____

(1) Geoffroy Saint-Hilaire, *Histoire naturelle générale des règnes organiques*. Paris, 1854, t. I, p. 346.

SECTION IV. — DE L'IMMUTABILITÉ DES ÊTRES DURANT CHAQUE ÉPOQUE
GÉOLOGIQUE. — VARIABILITÉ LIMITÉE ET TEMPORAIRE DES ESPÈCES.

Il ne peut y avoir que trois hypothèses pour expliquer comment la surface de la terre s'est peuplée d'êtres organisés : ou ceux-ci sont tous dérivés d'une espèce unique et primitive ; ou tous les êtres ont été créés en une seule fois ; ou, enfin, leur apparition a eu lieu à des époques successives.

Les fauteurs de la première hypothèse font descendre toutes les créatures d'une seule et unique espèce, qui aurait été formée à l'origine des choses, et aurait subi des métamorphoses à l'infini, sous l'influence des siècles et des circonstances, pour nous présenter enfin cette immense variété d'êtres qui peuplent aujourd'hui le globe (1). Cette hypothèse, qu'on ne peut considérer comme sérieuse, ne mérite guère que d'être rangée parmi les témérités de l'intelligence humaine. Cependant, cette idée, dont l'origine se perd dans l'antiquité, et qui entrait dans la tendance de la philosophie hermétique, eut quelque cours au moyen âge ; et dans une œuvre récente, qui n'est qu'une véritable débauche d'esprit, Demaillet s'occupa de la reproduire (2).

(1) Cette idée n'est pas neuve, et déjà elle avait été émise par Anaximandre.

(2) DEMAILLET, *Telliamed* ou *Entretiens d'un philosophe indien avec un missionnaire français*. Amsterdam, 1748. Dans cette œuvre d'une imagination en délire, l'auteur considère tous les êtres comme ayant une origine aquatique ; selon lui, les oiseaux et les reptiles seraient provenus des poissons ; et l'homme lui-même n'est que le produit de la métamorphose des Tritons.

La seconde hypothèse, ou celle d'une création uni-que, n'est pas plus admissible que la première.

La géologie et toutes les sciences naturelles pro-testent contre elle avec tout l'ascendant de l'évidence; cependant elle compte des défenseurs d'un grand mérite.

La création, comme nous le révèle la paléontologie, offrant un cachet spécial à chacune de ses phases, il faut nécessairement, en adoptant cette hypothèse, reconnaître que les organismes primitivement créés ont subi une suite de métamorphoses d'où sont déri-vés tous les êtres existant aujourd'hui, quelle que soit leur différence avec les types primitifs (1).

Lamarck a été l'un des plus énergiques partisans de cette variabilité illimitée des êtres, et selon lui, l'ordre actuel aurait pris sa source dans les plus infinies ébauches de l'animalité et de la végétabilité (2). Mais si le génie de ce zoologiste a pu le sauvegarder des témérités de quelques-uns de ses devanciers, ses audacieuses hypothèses n'en ont pas moins été con-

(1) KIELMEYER, en Allemagne, il y a à peu près soixante ans, professait que toutes les espèces organisées ne sont que des mo-difications d'une seule et même organisation. Comp. Bosc, *Mém. sur la gén. spont.*, p. 32.

(2) LAMARCK, *Système des animaux sans vertèbres*. Paris, 1801. — *Recherches sur l'organisation des corps vivants.* — Paris, 1802. *Système des connaissances positives*. Paris, 1820. — *Philosophie zoologique*. Paris, 1809. « La nature, dit Lamarck, par la succession des générations, a pu produire dans les corps vivants de tous les ordres les changements les plus extrêmes, et amener peu à peu, à partir des premières ébauches de l'animalité et de la végéta-lité, l'état de choses que nous observons maintenant. » (*Disc. de l'an XI*.)

damnées avec une sévérité, dont ne purent le préserver les immenses services que la science lui devait (1).

E. Geoffroy Saint-Hilaire a émis des vues analogues à celles de Lamarck, mais il le fait avec une telle sagesse qu'on a parfois peine à se défendre de la séduction. Il pose, comme principe, que les espèces changent et se modifient lorsque leur milieu ambiant varie; mais qu'elles restent stables si celui-ci se maintient (2). Ce sont là, assurément, des préceptes à l'abri de toute critique; seulement, ce savant en étend un peu témérairement l'application, en prétendant que les animaux qui animent actuellement la surface du globe, ne sont que les descendants des races antédiluviennes (3).

Les partisans de la filiation généalogique des espèces des différentes époques du globe, se sont appuyés sur l'analogie qu'offrent les crocodiles, les éléphants et les rhinocéros fossiles avec ceux de notre époque. Il est tout naturel qu'il y ait de grands rapports entre la Faune du diluvium et la nôtre, puisqu'elles se sont succédées et même confondues : la difficulté n'est pas

(1) Comp. I. GEOFFROY SAINT-HILAIRE, *Histoire naturelle générale des règnes organiques*. Paris, 1859, t. II. p. 407.

(2) GEOFFROY SAINT-HILAIRE, *Études progressives d'un naturaliste*, p. 107. Sur le degré d'influence du monde ambiant pour modifier les formes animales. (*Mém. de l'Acad. des sc.* 1833.)

(3) « Les animaux vivant aujourd'hui, dit-il, proviennent, par une suite de générations et sans interruption, des animaux perdus du monde antédiluvien; par exemple, les crocodiles de l'époque actuelle des espèces retrouvées aujourd'hui à l'état fossile. » (*Sur l'infl. du monde amb.*, p. 74.)

là. C'est à mesure qu'on rétrograde vers des temps de plus en plus reculés qu'elle devient tout à fait insoluble. Ainsi, on chercherait en vain, antérieurement à eux, de quels parents ont pu provenir ces animaux : on n'en trouve aucun vestige dans les roches anciennes. On en pourrait dire autant des grands pachydermes fossiles; aucun d'eux ne se lie aux races éteintes avant leur existence; aucun d'eux ne se perpétue dans les races qui leur succédèrent (1) !

Mais, malgré les hypothèses de Buffon sur la mutabilité des espèces, malgré celles de Delamétherie et de Lamarck (2), et malgré les doutes rationnels émis par E. Geoffroy Saint-Hilaire, la doctrine de l'immutabilité de l'espèce n'en fut pas moins considérée comme un fait acquis à la science, par tous les naturalistes de la France et de l'étranger; et l'on dut accepter la succession des créations comme l'une de ses conséquences.

Cependant, malgré l'accord presque unanime des savants, touchant l'immutabilité de l'espèce, de temps à autre quelques naturalistes n'en persistèrent pas moins à soutenir une thèse contraire; en prétendant que les types organiques, d'abord peu nombreux,

(1) Serait-il possible de voir dans nos crocodiles dégénérés les descendants du gigantesque *Mososaurus Hoffmanni?* Nos frêles tatous ont-ils quelque chose de commun avec le mégathère gigantesque? Et, dans les temps antérieurs à l'existence de celui-ci, où était donc sa généalogie? Tout, oui, tout s'est succédé et non transformé.

(2) De Lamétherie, *Traité de la perfectibilité et de la dégénérescence des êtres organisés.* Paris, 1806; ou tome III des *Considérations sur les êtres organisés.*

mais doués d'une extrême flexibilité dans leurs éléments, en se modifiant, ont donné naissance à l'infinie variété des espèces actuelles.

Telle est encore aujourd'hui l'opinion de M. Naudin (1); telle est aussi celle de M. Lecoq, qui croit à la transformation passée, actuelle et future d'une seule et unique création divine (2).

Un savant de Rouen, M. Malebranche, qui soutient aussi l'unité de la création, a produit, à cet égard, une hypothèse toute particulière. Selon lui, la souveraine Puissance aurait créé des germes atomistiques ou plutôt *métaphysiques*, car c'est ainsi qu'il les appelle, susceptibles de sauter par-dessus les siècles et les cataclysmes sans donner signe de vie, excepté quand se présentent des circonstances favorables à leur évolution. « Alors, dit M. Malebranche, tout se comprend sans effort ; les germes de toutes les plantes sont créés dans le sol... La vie repose en eux, attendant, pour se produire, des conditions favorables. L'action divine est complète et terminée, le jeu des éléments fera le reste. Ainsi fait le semeur... (3)

La troisième hypothèse, ou celle des créations successives, trouve sa démonstration sur chaque frag-

(1) Naudin, *Considérations philosophiques sur l'espèce et la variété.* (*Revue horticole*, 1852.)

(2) Lecoq, *Études sur la géographie botanique de l'Europe.* Paris, 1854, t. III, p. 230.

Godron, *De l'espèce et des races* (Mém. de la Soc. de Nancy, 1847), pense, au contraire, que l'espèce est immuable depuis la période géologique actuelle, mais que, dans les temps antérieurs, elle a pu changer.

(3) Malebranche, *De l'origine des espèces en botanique*, p. 19.

ment du globe. Interrogés par la science, les continents
et les montagnes, comme autant de chronomètres
naturels, lui révèlent et leurs âges divers et leurs antiques convulsions. Et leurs couches fossilifères, ces
véritables catacombes antédiluviennes, lui démontrent
qu'ainsi que l'a dit M. Pictet, cette *Théorie des créations successives est la seule possible* (1); aussi compte-
t-elle, comme nous l'avons déjà dit, parmi ses partisans presque toutes les illustrations scientifiques : les
Buffon, les Cuvier, les Brongniart, les Bremser, les
Élie de Beaumont, les Buckland, les Al. d'Orbigny,
les Ch. d'Orbigny, les Huot, les Pictet, les de Humboldt, etc. (2).

Si cette suprême progression des êtres organisés
est le résultat d'une loi universelle, comme l'admet
M. Pictet, et comme tout le révèle ostensiblement
dans la création (3), l'introduction de quelques nou-

(1) Pictet, *Traité de Paléontologie* ou *Histoire naturelle des animaux fossiles*, 2ᵉ édition. Paris, 1853, t. I, p. 9.

(2) Buffon, Époques de la nature, *Hist. nat.* Deux-Ponts, 1785,
t. XII. — G. Cuvier, *Discours sur les révolutions du globe*. Paris,
1821. — Brongniart, *Tableau des terrains qui composent l'écorce
du globe*. Paris, 1829. — Élie de Beaumont, Système de montagnes, *Dict. univ. d'hist. nat.*, t. XII, p. 168. — Bremser, *Traité
zoologique ou physiologique sur les vers intestinaux*. Paris, 1824.
— Buckland, *La géologie et la minéralogie dans leurs rapports avec
la théologie naturelle*. Paris, 1838. — Al. d'Orbigny, *Cours de paléontologie*. — Ch. d'Orbigny, *Géologie appliquée aux arts*. Paris,
1851, p. 81. — Huot, *Nouveau cours de géologie*. Paris, 1839, t. II,
p. 73. — Pictet, *Traité de paléontologie*, histoire naturelle des
animaux fossiles. 2ᵉ édition. Paris, 1853, t. I, p. 58. — De Humboldt,
Cosmos. Paris, 1855, t. I, p. 312.

(3) Pictet, *Histoire naturelle des animaux fossiles*. Paris, 1853,
t. I, p. 75.

velles espèces durant l'époque actuelle, ainsi qu'on l'a fait observer, n'a absolument rien qui puisse étonner (1).

Ainsi donc, il ne peut y avoir de doutes : à l'unanimité, les zoologistes et les paléontologistes ont proclamé que chaque période géologique du globe avait possédé sa faune caractéristique, et que l'immutabilité des espèces rendait évidente leur création successive. Mais il est certain aussi que si ces espèces ne se sont point métamorphosées pour subvenir à l'infinie variété de la nature, durant chacune des phases qu'elles traversent, elles peuvent subir quelques modifications assez profondes pour être rendues méconnaissables au premier aspect (2).

C'est ce qu'a pensé M. I. Geoffroy Saint-Hilaire, qui a développé toutes les conséquences de ce fait sous le nom de *Théorie de la variabilité limitée de l'espèce* (3).

Cette variabilité est très-bien démontrée par l'existence des races parmi les mêmes espèces; mais elle n'a pas paru suffisante aux paléontologistes, comme

---

(1) *Vestiges of the natural history of creation*, par un anonyme. Londres, 1853.

(2) La nature de cet ouvrage ne nous permettant pas de nous étendre longuement sur l'espèce, nous renverrons, à cet égard, à l'*Histoire naturelle générale des règnes organiques* de M. Isidore Geoffroy Saint-Hilaire, où il a traité la question avec une immense supériorité. (Tome II, ch. vi.)

(3) I. Geoffroy Saint-Hilaire, *Histoire générale et particulière des anomalies*. Paris, 1832, t. I. — *Essais de Zoologie générale*. Paris, 1841. — *Histoire naturelle générale des règnes organiques*. Paris, 1859, t. II, p. 430.

nous l'avons vu, pour expliquer la filiation des espèces antédiluviennes (1).

Les espèces ont une existence réelle dans la nature, dit Lyell, et chacune d'elles, au moment où elle fut créée, fut douée des attributs organiques qui la distinguent encore aujourd'hui (2). Mais durant chacune des phases de l'existence de la terre, les espèces produites d'abord à sa surface, par le roulement des siècles, se modifient parfois un peu elles-mêmes successivement. Malgré l'immense tendance que les naturalistes avaient de proclamer l'éternité des types pour donner à la science toute sa stabilité, il a fallu y renoncer.

Cependant, Cuvier, Duméril, de Blainville, Hollard, et Straus ont soutenu l'hypothèse de l'éternité de l'espèce, dans la création actuelle (3). Les descriptions d'Aristote, qui se rapportent encore aux types que nous rencontrons aujourd'hui, et l'identité des restes d'animaux conservés dans les catacombes de l'Égypte, avec les espèces contemporaines, leur ont paru de plausibles arguments en faveur de leur opinion (4).

(1) Compulsez les opinions de Buckland, Cuvier, A. d'Orbigny, Pictet, émises plus haut.

(2) LYELL, *Principles of Geology.*

(3) CUVIER, *Tableau élémentaire de l'histoire générale.* Paris, 1798, p. 11. — *Règne animal.* Paris, 1829, t. I. — DUMÉRIL, *Ichthyologie analytique* (Acad. des sc., 1856). — DUMÉRIL ET BIBRON, *Erpétologie générale.* Paris, 1834. — DE BLAINVILLE ET MAUPIED, *Histoire des sciences de l'organisation.* Paris, 1845, t. I, p. 464. — HOLLARD, *Nouveaux éléments de zoologie.* Paris, 1838, *introd.*, p. 28. — STRAUS, *Théologie de la nature.* Paris, 1852, t. II, p. 342.

(4) Les opinions de Linné et de Buffon ayant singulièrement varié sur ce sujet, nous ne les faisons point entrer dans la dis-

L'art antique semble lui-même corroborer les assertions favorables à la fixité des espèces. La peinture et la statuaire nous ont conservé beaucoup de figures d'animaux et de plantes, qui remontent aux temps les plus reculés; et celles-ci, en reproduisant avec une admirable fidélité un grand nombre d'êtres qui vivent encore actuellement, nous indiquent que les siècles n'ont apporté aucun changement à leur forme et à leur coloration.

On peut vérifier cette assertion, soit sur les monuments de l'Italie et de la Grèce, soit sur ceux de l'Égypte et de l'Assyrie, soit enfin dans les œuvres de Montfaucon, de De Choiseul, de O. Muller et de Creuzer où se trouvent figurés tant d'animaux d'après les monuments de Rome et d'Athènes (1); ou dans celles de Jomard, Denon, Champollion, Passalacqua, Savigny et de Blainville où il existe tant de spécimens de

cussion. Linné professa d'abord la fixité des espèces. (*Systema naturæ*, 1775. *Fundamenta botanica*, 1736. *Oratio de telluris habitabilis incremento*, 1743. *Philosophia botanica*, 1751.) Plus tard, il considéra celles-ci comme variables. (*Generatio ambigena*, thèse de Ramstroem. Upsal, 1759. *Amœnitates*, édit. d'Erlang, 1789. — Buffon, au commencement de sa carrière, admit aussi l'invariabilité des espèces (*Histoire naturelle*, 1756, t. VI, p. 55), et plus tard professa la mutabilité (*Époques de la nature*, 1778, Suppl., t. V, p. 27). — Compulsez sur ce sujet E. Geoffroy Saint-Hilaire, *Buffon, Études sur sa vie et ses ouvrages*, édit. de Buffon, 1837. — Flourens, *Buffon, Histoire de ses travaux et de ses idées*. Paris, 1844. — I. Geoffroy Saint-Hilaire, *Histoire naturelle générale des règnes organiques*. Paris, 1859, t. II, p. 385.

(1) Montfaucon, *L'antiquité expliquée et représentée en figures*. Paris, 1719. — De Choiseul, *Voyage pittoresque de Grèce*. Paris, 1826. — O. Muller, *Manuel d'archéologie*. Paris, 1841, atlas. — Creuzer, *Religions de l'antiquité*. Paris, 1829, atlas.

zoologie reproduits d'après les bas-reliefs ou les peintures des temples et des palais de l'Égypte et de la Nubie ; ou enfin dans celles de Layard ou de Bonomi consacrées à l'histoire de l'art assyrien (1).

La fidélité avec laquelle l'art ancien a reproduit divers animaux ne permet même pas d'erreur. Dans quelques cas, l'iconographie moderne ne surpasse pas les productions des artistes de l'antiquité. Sur une peinture de Pompéi, j'ai reconnu deux ibis sacrés qui y sont représentés avec une admirable fidélité ; j'ai vu des hippopotames et des lotus exécutés avec la même recherche, sur une grande mosaïque découverte récemment dans la même ville. L'art égyptien, qui en reproduisant le type humain se trouvait subordonné aux traditions sacerdotales, au contraire, a souvent exécuté des animaux avec une rare perfection. J'en ai rencontré d'admirables peintures dans les palais de la haute Égypte, et surtout dans ses hypogées et ses temples souterrains. Dans l'un de ces derniers, je dois noter principalement deux belles peintures représentant des hippopotames, animaux que les antiquaires avaient dit n'avoir jamais été représentés dans les monuments qui se trouvent vers le cours inférieur du

____

(1) JOMARD, *Recueil d'observations et mémoires sur l'Égypte*. Paris, 1823. — DENON, *Voyage dans la haute et basse Égypte pendant les campagnes du général Bonaparte*. Paris, 1802. — CHAMPOLLION jeune, *Panthéon égyptien*. Paris, 1823. — CHAMPOLLION (Figeac), *Égypte ancienne*. Paris, 1839. — PASSALACQUA, *Catalogue raisonné des antiquités égyptiennes*. Paris, 1818. — SAVIGNY, *Histoire naturelle et mythologique de l'ibis*. Paris, 1805. — DE BLAINVILLE, *Ostéographie*. Paris, 1844. — LAYARD. — J. BONOMI, *Nineveh and its Palaces*. London, 1852.

Nil. J'ai vu aussi ailleurs des singes, des vautours, rappelant nos espèces actuelles ; j'ai extrait de divers monuments des ossements de celles-ci, qui leur sont absolument identiques.

Mais tous ces faits constatent simplement qu'à l'état sauvage, l'espèce conserve très-longtemps les caractères qu'elle possède à une époque, mais nullement qu'elle se perpétue indéfiniment et invariablement avec les mêmes caractères (1). La durée de nos observations n'est presque qu'un point en comparaison de l'ancienneté du globe ; et malgré notre orgueil nous ne pouvons étreindre qu'une poignée de siècles !

Cependant, la mutabilité de plusieurs espèces d'animaux s'exerce ostensiblement aujourd'hui. On l'observe sur quelques mammifères, mais elle est surtout tranchée à l'égard de certains oiseaux, dont le plumage ne se ressemble pour ainsi dire jamais (2). Dans la classe des mollusques il y a même des genres dans lesquels les variétés spécifiques sont telles que leur délimitation fait le désespoir des nomenclateurs (3). Et, je l'ai déjà dit, je ne rencontre pas deux généra-

(1) Qui ne sait qu'en changeant de climat les espèces se transforment énormément ? Notre écureuil devient un petit-gris dans le Nord.

(2) Le Chevalier combattant en offre un frappant exemple. Il en existe une cinquantaine d'individus au muséum d'histoire naturelle de Rouen, et pas un ne ressemble à l'autre. On en pourrait dire autant du *Buteo mutans*, Vieill. Cet établissement en possède vingt individus, se dégradant en coloration depuis le fauve noir jusqu'au blanc roussâtre.

(3) Le genre Mulette est presque un chaos inextricable. Il en est de même du genre Nérite. La *Nerita virginea* a été décrite sous vingt noms divers, etc.

tions de Microzoaires qui se ressemblent absolument.

Mais si quelques êtres mettent en évidence la puissance d'action de la nature sur l'espèce, ce sont assurément les végétaux. L'animal, ordinairement doué d'une certaine faculté locomotrice, fuit l'endroit où sa vie est entravée; mais la plante attachée au sol est forcée d'en subir l'influence, et l'hybridité vient encore pour elle augmenter la variété des formes et de la cooration; aussi, peut-on dire que certains genres du règne végétal sont absolument inextricables (1).

Sous la pression de tant d'influences, l'espèce, dans le règne végétal, est devenue tellement indécise, tellement insaisissable, qu'Adanson a pu dire, avec raison, que *c'était un champ dans lequel chacun errait à volonté* (2), et que Mirbel n'a pas craint d'avancer que toutes les espèces de Saules admises par les botanistes, n'étaient peut-être que la descendance d'une seule et même espèce. Marquis et Poiret s'élèvent aussi contre la fixité de l'espèce (3).

Les caractères de la plus mince valeur ont parfois suffi aux botanistes pour instituer d'inutiles espèces. La couleur de la fleur, dont Linnée avait fait ressortir l'incertitude, est venue elle-même les égarer (4). En

---

(1) Tels sont les *rumex*, les *brassica*, les *veronica*, les *rosa*, les *potentilla*, les *verbascum*, les *senecio*, les *geranium*, etc.

(2) Adanson, *Familles des plantes*. Paris, 1763, préface.

(3) Poiret, *Leçons de Flore*. Paris, 1819, p. 251. — Marquis, *Fragments de philosophie botanique*. Paris, 1821.

(4) Linnée, *Philosophie botanique*, p. 226. *Nimium ne crede colori.*

vain le professeur d'Upsal avait-il critiqué Tournefort d'avoir formé quatre-vingt-seize espèces de tulipes
avec une seule, en consultant uniquement les teintes du
périanthe (1). En vain Pallas nous avait-il raconté les
mutations de coloration qu'éprouvaient quelques ané-
mones des bords du Volga. En vain, aussi, M. Moquin-
Tandon nous a-t-il appris que quelques gentianes
subissent d'importantes modifications de coloration,
selon qu'elles croissent dans les montagnes ou
dans les plaines (2). On ne s'est pas moins égaré en
créant d'éphémères espèces sur de futiles variétés
de coloration.

Et si, sous l'influence de circonstances particulières,
l'espèce subit de si profondes transformations, y a-t-il
donc de là si loin à l'existence de l'hétérogénie ? Si
les circonstances, en dominant l'individualité, ont pu
la modifier au point de la rendre absolument méconn-
naissable dans sa descendance, n'est-ce pas là une
substitution organique lente et graduelle ; successive
dans ses phases, mais constituant à la fin de ses
métamorphoses, une création tout à fait hétérogène ?
Et si, sous nos yeux, il se forme ainsi des individus
nouveaux, n'est-il pas réellement évident qu'il peut
également s'en créer ailleurs de toutes pièces ?

Mais quand tout nous atteste cette succession des
créations, acceptée aujourd'hui comme une vérité
fondamentale, on se demande : pourquoi notre époque
ne voit-elle rien surgir de comparable aux primitives

(1) Linnée, *Critica botanica*, p. 155

(2) Moquin-Tandon, *Éléments de teratologie végétale*. Paris.

conceptions du globe? Si notre planète ne voit rien apparaître actuellement qui rappelle ces grandes et nombreuses races d'animaux qui la peuplèrent autrefois, cela s'explique suffisamment. Les siècles ont énervé cette force plastique et cette exubérance vitale qu'on observait lorsque la terre avait plus de jeunesse, et c'est à son incessante fécondité qu'elle doit peut-être l'épuisement qu'elle éprouve! Les mers épurées ne déposent plus de nouveaux continents; et les cataclysmes, en cessant de rendre au néant d'immenses légions d'êtres organisés, ont tari l'élément fondamental des grandes forces organisatrices; tout est presque dans l'inertie, et les matériaux disponibles se trouvent totalement dépensés au profit des reproductions normales. Couvert de glace dans ses régions polaires, et seulement brûlant sous la zone équatoriale, le globe semble se reposer dans le calme de ses dernières révolutions et être arrivé à une période de stabilité. Les tropiques seuls nous présentent encore une réminiscence de ses antiques magnificences, par leur luxuriante végétation et la richesse de leur Faune. Et la force plastique, selon Burdach et Bremser, ne se manifeste plus que par la conservation de ce qu'elle a créé et qu'elle laisse se reproduire par la voie de la génération normale. Cependant, il ne répugne point à la raison, dit le premier, de penser qu'elle a encore la puissance de produire des formes inférieures avec des éléments hétérogènes, comme elle a créé précédemment tout ce qui possède l'organisation (1).

(1) Burdach, *Traité de physiologie*. Paris, 1837, t. I, p. 11.

Mais ici ce n'est point la dimension des produits qui change la nature du phénomène, car au point initial, comme le dit avec raison Georges Pouchet, « tout animal, ses instincts, son intelligence compris, on le sait, n'est qu'une cellule qui en a produit d'autres ; et croire à la génération spontanée, c'est donc, dans l'état actuel de la science, admettre qu'une simple cellule douée de vie indépendante peut se former isolée (1). »

SECTION V. — APPARITION DE L'HOMME.

Ainsi donc, à chaque grande extinction qui s'est manifestée à la surface du globe, a succédé une génération nouvelle ; puis, l'homme est venu terminer la série des créations, et il en a été, évidemment, le chef-d'œuvre et la plus sublime conception.

Son apparition est assez récente. Quelques naturalistes théologiens ont fait d'inutiles tentatives pour retrouver des vestiges humains dans les anciennes couches du globe. Scheuchzer rendit célèbre un fossile qu'il intitula *Homo diluvii testis* (homme témoin du déluge) (2). Mais la moindre inspection fit reconnaître à Cuvier que l'ancien contemporain de Noé, rencontré par le naturaliste suisse dans les carrières d'Œningen, n'était autre chose que le squelette d'une Salamandre gigantesque (3). Scheuchzer ne

---

(1) Georges Pouchet, *De la pluralité des races humaines.* Paris, 1858, p. 174.

(2) Scheuchzer, *Physica sacra iconibus illustrata.* Zurich, 1721.

(3) Cuvier, *Discours préliminaire sur les fossiles*, t. 1, p. 85, et *Annal. du Museum*, cah. 78, p. 411. — Kielmeyer, avant le zoologiste français, avait déjà émis cette opinion.

fut pas mieux inspiré à l'égard de quelques vertèbres qu'il trouva dans un gibet près d'Altorf (1). Plus orthodoxe que versé dans l'anatomie, il avait pris, ainsi que le démontra Cuvier, des vertèbres d'Ichthyosaures pour des vertèbres d'homme (2).

On ne fut guère plus heureux, soit à l'égard des squelettes humains trouvés dans les brèches de la Guadeloupe (3), soit à l'égard des ossements humains rencontrés dans les cavernes (4). Les travaux de Kœnig, de Cuvier, de Buckland et de Desnoyers (5) ont démontré que ceux qui avaient cru avoir découvert des vestiges d'hommes fossiles, se sont, jusqu'à ce jour, égarés.

Deluc et Dolomieu, dans ces derniers temps, ont en effet soutenu que l'espèce humaine n'est apparue à la surface de la terre que depuis un petit nombre de siècles, et bien postérieurement aux autres animaux. Le dernier de ces géologues prétendait qu'il n'y avait

(1) Scheuchzer, *Piscium querelæ*, où ces vertèbres ont été gravées. Tiguri, 1708.

(2) Cuvier, *Recherches sur les ossements fossiles*. Paris, 1831.

(3) Delamétherie, *Leçons de géologie*. Paris, 1816, t. II, p. 341, et *Journal de physique*, t. LXXIX, p. 196.

(4) Schmerling, *Recherches sur les ossements fossiles de la province de Liége*, 1825. — De Christol, *Note sur les ossements fossiles des cavernes du département du Gard*. Montpellier, 1829.

(5) Kœnig, *Mémoire sur un squelette humain de la Guadeloupe* (Trans. phil., 1814). — Cuvier, *Discours sur les révolutions du globe*. Paris, 1831. — Buckland, *Reliquiæ diluvianæ*. Londres, 1823. *Account of an assemblage of fossil and bones discovered in the cave of Kirkdale* (Trans. phil., 1821). — Desnoyers, art. Grotte. *Dict. univ. d'hist. nat.* Paris, 1846. Comp. aussi *Journal de physique et d'histoire naturelle*. Paris, 1814, p. 196. — *Bulletin de la Société philomatique*. Paris, 1814, p. 149.

peut-être pas dix mille ans que l'homme existait (1).
Cuvier lui accorda un peu moins d'ancienneté (2),
tandis que quelques savants étrangers, comme nous
l'avons dit plus haut, en font remonter l'origine
beaucoup au delà (3).

Un des plus audacieux penseurs de l'Allemagne, le
savant Bremser, a esquissé de la manière suivante l'action simultanée de la vie et de la matière, pendant les
diverses phases que le globe a traversées. En fouillant
jusque dans l'inconnu du chaos, il n'y voit qu'une
masse fluide et amorphe, vivifiée par ce qu'il appelle
l'*esprit vivant* (4). Ce savant, comme le fit aussi Voigt,
presque en même temps que lui, désigne ainsi l'agent
universel qui préside à tous les actes d'organisation
et de vie, qui se manifestent à la surface du globe (5).
Ce simple moteur des phénomènes biologiques généraux et particuliers, n'a donc nulle analogie avec ce
que divers philosophes anciens appelaient l'âme du
monde ; ni avec ces émanations de la suprême intelligence que quelques Pères de l'Église, plus audacieux

(1) DOLOMIEU, *Journal de physique*, t. XXXIX, p. 404, et t. XL,
p. 43.

(2) CUVIER, *Discours sur les révolutions du globe*. Paris, 1851.

(3) G. MORTON, *Types of mankind*. Philadelphie, 1854, p. 271.—
LYELL, *Second visit to the United States*, part. II, p. 188.— BENNET-
DOWLER, *Tableaux of New-Orleans*, 1852.

(4) Le système géologique des Phéniciens, que nous connaissons seulement par quelques citations d'Eusèbe, se rapproche de
celui de Bremser. Dans le commencement, *in principio rerum*,
selon eux, tout était humide. L'esprit uni à la matière produisit
Moth, ce que l'on croit être le limon. (EUSÈBE, *Préparation évan-
gélique*, l. I, ch. x.)

(5) VOIGT, *Éléments d'histoire naturelle*, 1817.

que nous n'oserions l'être, plaçaient dans les globes de notre système planétaire (1). Enfin, il n'y a aussi là rien d'analogue à cette incommensurable puissance vitale, que prêtaient à la terre ceux qui, comme Kepler, ne la considéraient que comme un immense organisme vivant (2).

Bremser s'explique du reste très-catégoriquement à ce sujet : « Par cet esprit, dit-il, je n'entends autre « chose que ce que l'on pourrait appeler également la « vie, la force vitale; en un mot la cause primitive de « la vie en général, de laquelle tous les mondes, lors « de la création, ont été doués, ou plutôt animalisés « par l'Être des êtres, par Dieu le créateur (3). » Ceci posé, on s'aperçoit qu'il considère la matière et la force vitale comme étant livrées à un incessant antagonisme, durant lequel la dernière tend constamment à réagir, à dominer l'autre et à la coercer, pour en former des êtres indépendants, des organismes isolés dans l'espace.

L'union intime de la matière et de l'esprit vital subsista, selon lui, jusqu'au moment où, en se cristallisant, les terrains formèrent le noyau du sphéroïde terrestre. Mais après cette première et immense précipitation, l'agent organisateur, délivré des atomes matériels auxquels il était enchaîné, commença désormais à exercer sa toute-puissance, et à dominer certaines portions de la matière, pour en créer des êtres isolés et vivants. Ce fut alors que se manifesta, à la surface du globe, le premier acte de la vie, dont nous

(1) SAINT THOMAS, *Tract. de indulgentiâ*.
(2) KEPLER, *De stellâ Martis*.
(3) BREMSER, p. 67.

retrouvons les vestiges dans les terrains de transition. C'est là, en effet, que l'on rencontre, pour la première fois, des traces de plantes et d'animaux, qui, presque tous, comme des créatures d'essai, appartiennent aux types inférieurs (1).

Aux premières révolutions du globe en succédèrent d'autres; et à chacune d'elles, on vit se former une nouvelle précipitation de la matière ; puis une nouvelle création vint animer la surface de la terre. Et lors de chacune d'elles, aussi, l'organisme suivit une marche progressive, dans laquelle on n'observe que de rares déviations. En quelques lignes, un de nos plus illustres écrivains, M. Michelet, a apprécié ce fait avec la lucidité du génie : « La nature, dit-il, n'a pas marché avec l'ordre d'un flot continu, mais avec des détours, des reculs sur elle-même, qui lui permettaient de s'harmoniser (2). »

Cette marche ascendante n'apparaîtrait pas, suivant Bremser, comme un phénomène insolite, éphémère, mais au contraire comme une loi stable, décrétée par la sagesse providentielle. C'est celle-ci qui a tracé les différents degrés de tension que devait présenter l'esprit à mesure que sa prééminence s'établissait; c'est elle aussi qui a voulu que dans les plus infimes animaux, ce régulateur de toute organisation dépassât à peine le niveau de la sensibilité organique, tandis que dans l'homme, il atteint la sublimité du génie.

(1) Fucoïdes, calamites, cyclopteris, etc.; caryophyllia, astrea, madrepora, ogygia, calymene, productus, spirifer, terebratula, etc.

(2) MICHELET, *l'Insecte.* Paris, 1858, p. 128.

Les dernières périodes géologiques commencent à nous montrer cette tendance manifeste qu'a l'intellect à prédominer la matière ; aussi voyons-nous déjà y apparaître les animaux qui se rapprochent le plus de l'espèce humaine (1). Puis l'homme se montre enfin, comme la manifestation vivante du dernier effort de l'esprit contre la prééminence de la matière, mais cet effort suprême n'a encore abouti qu'à équilibrer les deux puissances opposées.

Ainsi s'est manifestée la loi de balancement de l'intelligence et de la matière. Cependant, à peine cet antagonisme est-il établi, que tout révèle déjà la tendance dominatrice que l'esprit humain exerce sur la nature. L'homme, doué du noble sentiment de sa puissance, s'en assimile successivement toutes les forces productives. Et, en le voyant partout étendre le réseau de sa civilisation, à la fois vivifiante et destructive, on se demande si l'on ne peut pas déjà supputer, dans les siècles à venir, quel sera l'instant lugubre où le dominateur, lui-même, assistera à l'épuisement du globe et aux scènes finales de la création !

Dans cette succession d'organismes, qui apparaissent et s'éteignent à chaque révolution tellurique, nous voyons constamment progresser la suprématie intellectuelle ; et si, d'après une immense échelle d'observations, on reconnaît que l'esprit tend constamment à dominer la matière et à atteindre, chez l'homme,

____

(1) Des mâchoires de singes fossiles, découvertes par M. Lartet dans les terrains tertiaires du département du Gers, ne laissent nul doute à ce sujet.

la sublimité du génie, nous sommes forcés d'admettre *à priori* que si de nouveaux cataclysmes doivent un jour retravailler la superficie de la terre, il est évident aussi que des créatures nouvelles et plus perfectionnées viendront en animer la surface! Guidé par une inflexible logique, ainsi que nous l'avons vu, l'audacieux penseur allemand en arrive à ces conclusions (1).

Après avoir posé, comme une loi générale, que le développement des organismes qui surgissent de la matière en fermentation était en raison directe de la masse de celle-ci, Bremser, poursuivant ses témérités jusqu'à l'extrême limite, compare chaque animal à une sorte de petit monde, régi par des forces biologiques indépendantes du grand tout, à la surface duquel il vit. L'homme, lui-même, selon ce savant, représente l'un de ces *microcosmes*, et peut, ainsi que les autres êtres, donner naissance à des organismes dont le rang, dans la série zoologique, semble déterminé par l'abondance de substances animalisées que recèlent ses divers appareils; et, ce qui frappe l'observateur le moins attentif, c'est que les Entozoaires qu'on observe chez lui, deviennent de plus en plus élevés, à mesure qu'il avance en âge (2).

La grande idée de Bremser s'applique absolument à la succession des phénomènes génésiques des animalcules. Quand on suit les phases diverses de l'apparition de ceux-ci, on voit que, constamment, des générations de plus en plus hautement organisées, apparaissent et

(1) Comp. page 340.

(2) L'enfant n'a ordinairement que des ascarides et des oxyures; l'homme nourrit des ténias et des strongles.

se détruisent : celle qui suit ne naît qu'au milieu des débris de celle qui l'a précédée. Toujours ce phénomène est parfaitement dessiné : à une phase où l'on ne distingue que les plus infimes Monades, en succède une autre durant laquelle il n'existe que des Vibrions. Puis, sur les vestiges de cette dernière, naissent des Kolpodes ou des Kérones ; et toujours un nouveau cycle de vie succède à une période de mort.

Diodore de Sicile a émis une opinion tout à fait semblable à celle du savant Allemand. Lors de son apparition, selon lui, la terre, ayant pris de la consistance sous l'influence des rayons du soleil, se souleva comme une matière fermentescible, et l'on en vit sortir des types de tous les animaux. Puis les circonstances ayant changé, ceux-ci ne se propagèrent désormais que par la voie de la génération (1). Euripide, disciple du physicien Anaxagore, a eu des idées analogues. Ainsi le ciel et la terre, dit-il, étaient confondus dans une masse commune, lorsqu'ils furent séparés l'un de l'autre. Tout prenait vie et naissait à la lumière : les arbres, les oiseaux, les animaux que la terre nourrit, et le genre humain (2). »

Résumé. — Dès qu'il est démontré que les fragments du globe ont apparu successivement, et que des créations nouvelles se succédèrent à leur surface avec les époques géologiques, « on est forcé, comme le dit M. Ch. d'Orbigny, pour expliquer cette succession de nouvelles Faunes et de nouvelles Flores, à mesure que le globe vieillissait, d'admettre, avec la plupart des

(1) Diodore de Sicile, *Bibliot. historique.* Paris, 1846, t. I, p. 8.
(2) Euripide, *Ménalippe.*

géologues contemporains, l'hypothèse des créations et des destructions alternatives et successives, *manifestations spontanées* émanant d'une suprême puissance (1). »

(1) Ch. d'Orbigny, *Géologie appliquée aux arts et à l'agriculture.* Paris, 1851, p. 107.

CHAPITRE VII

PREUVES HELMINTHOLOGIQUES.

Les vers intestinaux ne peuvent tirer leur origine que de trois sources : ou ils sont transmis par les parents; ou ils proviennent du dehors; ou enfin, ils sont le produit de la génération spontanée (1).

(1) REDI, *Osservazioni intorno agli animali viventi che si trovano negli animali viventi.* Firenze, 1684. — BLOCH, *Abhandl. von d. Erzeugung der Eingeweidewürmer.* Berlin, 1782. — GOEZE, *Versuch einer Naturgeschichte der Eingeweidewürmer und thierischer Körper.* Leipzig, 1787. — VALLISNERI, *Considerazioni ed esperienze intorno alla generazione de' vermi ordinari del corpo umano.* Padova, 1782. — WERNER, *Vermium intestinalium, etc. brevis expositio.* Leipzig, 1782. — RETZIUS, *Lectiones publicæ de Vermibus intestinalibus.* Holm., 1786. — RUDOLPHI, *Observ. circa vermes intestinales.* Gryphisw., 1793. — *Entozoorum sive vermium intestinalium historia naturalis.* Amsterdam, 1808. — *Entozoorum synopsis.* Berlin, 1819. — TREUTLER, *Observ. pathol. auct. ad Helminthologiam corp. humani.* Leipz., 1793. — OLFERS, *De vegetativis et animatis corporibus in corporibus animalis reperiundis.* Berlin, 1816. — FISCHER, *Brevis entozoorum seu verm. intest. expositio.* Viennæ, 1822. — BREMSER, *Icones Helminthorum Systema Rudolphi illustrantes.* Viennæ, 1823. — BREMSER, *Traité zoologique et physiologique des vers intestinaux de l'homme.* Paris, 1824. — JOERDENS, *Entomologie und Helminthologie des mensch. Körpers,* 1801. — LIDTH DE JEUDE, *Recueil des figures des vers intestinaux.* Lyede, 1829. — J. CLOQUET. *Anatomie des vers intestinaux.* Paris, 1824. — CREPLIN, *Observ. de Entozois.* Gryphisw., 1825 — SCHMALZ, *Tabulæ anatomicæ Entozoorum.* Dresde, 1831. — LEBLOND, *Maté-*

SECTION Ire. — HYPOTHÈSE DE LA TRANSMISSION HÉRÉDITAIRE.

Cette première hypothèse mérite à peine de nous arrêter, tant elle est inadmissible. Cependant elle a été opiniâtrément soutenue par quelques médecins au nombre desquels on compte surtout Brera (1).

Parmi les savants qui ont supposé que les vers intestinaux étaient transmis d'un individu à l'autre par la voie de la génération, les uns prétendaient qu'ils étaient introduits par le mâle, au moment de la fécondation; d'autres, par la femelle, durant le développement de l'œuf dans son sein; enfin, il en est qui ont soutenu que c'était par l'allaitement que cette transmission s'opérait.

Une première condition que sont forcés d'admettre les fauteurs de cette hypothèse, c'est que dès l'origine de la création, chaque animal a dû porter en lui-même, le germe de toutes les espèces de vers qui lui sont propres (2). Ainsi donc, l'homme au mo-

riaux pour servir à l'histoire des *Filaires et des Strongles*. Paris, 1836. — MEHLIS, *Observ. anat. de Distomate hepatico et lanceolato.* Gotting, 1825. — NORDMANN, *Mikrographische Beitræge.* Berlin, 1832. — LAENNEC, *Mémoires de la Société de l'École de médecine.* Paris, 1812, in-4, avec pl. — *Dictionnaire des sciences médicales.* — HOME, *Philosophical Transactions*, 1793. — J. VAN DER HOEVEN, *Handbook of zoology.* Londres, 1856, t. I. — DUJARDIN, *Histoire naturelle des helminthes.* Paris. — VAN BENEDEN, *Les vers cestoïdes ou acotyles.* Bruxelles, 1850. — *Mémoires sur les vers intestinaux,* Paris, 1858, in-4. — *Zoologie médicale.* Paris, 1859.

(1) BRERA, *Memorie fisico-mediche sopra i principali vermi del corpo umano vivente,* etc. Crema, 1811.

(2) Ainsi, par exemple, les Hydatides, les Strongles et d'autres vers, qui sont rares, chemineraient parfois un millier d'années

ment de son origine, devait posséder déjà une trentaine d'espèces d'entozoaires ; le renard, le putois,
le cochon, le bœuf, le hérisson, le lièvre et le cheval
huit à quinze ; la cigogne, la pie, le vanneau, le cormoran, sept à dix ; la grenouille verte, dix ; le silure,
la perche, la truite, le saumon et le brochet, de sept
à dix.

Puis, il faut qu'ils admettent que certains Entozoaires, avant de se montrer, restent des siècles occupés à traverser inutilement une succession de générations.

D'ailleurs, supposer que les œufs des helminthes
peuvent être lancés dans l'appareil génital de la femelle,
mêlés au fluide séminal, c'est vraiment soutenir une
hypothèse qu'il est puéril de combattre. Ces œufs
offrant souvent un diamètre qui dépasse celui des canaux spermatiques, si réellement ils se trouvaient
dans ceux-ci, la micrographie les y découvrirait. Il est
beaucoup d'animaux chez lesquels les testicules ne se
développent qu'au moment de la fécondation, et dans
tout l'intervalle qui sépare ces époques l'une de l'autre,
c'est-à-dire pendant la majeure partie de l'année,
ces organes sont absolument atrophiés et presque introuvables. Dans ces cas on se demande ce que deviendrait l'immense magasin d'entozoaires que le mâle

dans notre organisme, et traverseraient inutilement une quaran-
taine de générations avant de se réveiller de leur léthargie. On
pourrait se demander aussi à quelle époque remontent ces vers
qu'on n'a jamais rencontrés qu'une seule fois sur l'espèce humaine, tels que l'Amulaire comprimé, le Polystome pinguicole
et l'Ophiostome de Pontier.

doit lancer à chaque procréation? Enfin, achevons en disant qu'on n'a jamais rencontré un seul œuf d'helminthes durant les millions d'observations qui ont été faites sur le sperme.

La mère ne peut nullement non plus transmettre les Entozoaires à son fœtus.

Pour cela, il faudrait qu'ils fussent absorbés dans son intestin et qu'ils passassent dans l'appareil circulatoire; qu'ensuite ils fussent absorbés dans le placenta par les radicules de la veine ombilicale, puis qu'ils traversassent l'appareil circulatoire du fœtus pour être enfin déposés dans l'intestin de celui-ci par une sorte d'excrétion spéciale! mais il y a là, absolue impossibilité. L'absorption ne s'opère que par endosmose et à travers les parois des vaisseaux et des membranes; et si l'on supposait même que ces corps, qui sont de nature à ne jamais être absorbés, le fussent cependant, ils seraient trop volumineux pour parcourir le système capillaire, et encore plus pour en sortir et aller se répandre dans les cavités viscérales.

Et cependant nous verrons plus loin que l'on rencontre des vers intestinaux sur le fœtus humain, comme sur celui des animaux.

Or, si comme tous les physiologistes en conviendront, sans conteste, la mère ne peut transmettre d'œufs d'Entozoaires au fœtus, il est évident qu'il ne peut y avoir pour ces animaux d'autre *origine* que la génération spontanée. C'est le sentiment de Bremser, de Burdach, de Bérard (1), et c'est aussi le nôtre.

(1) BREMSER, *Traité zoologique et physiologique sur les vers intestinaux de l'homme.* Paris, 1824. — BURDACH, *Traité de Physiolo-*

SECTION II. — INTRODUCTION DES HELMINTHES PAR L'ALIMENTATION.
HYPOTHÈSE ANCIENNE.

Cette hypothèse a surtout été soutenue par Pallas ; et il l'a fait avec une suite d'arguments qui, au premier abord, ne paraissent point dépourvus de valeur (1). Ce naturaliste prétendit que les Entozoaires sont beaucoup plus fréquents sur les hommes et les animaux qui habitent dans les grands centres de population, où l'on fait ordinairement usage de réservoirs ou de rivières qui reçoivent les immondices. Selon lui, ils sont aussi plus communs dans les localités où les hommes et les animaux vivent environnés de causes débilitantes, de malpropreté. Le naturaliste prussien prétendit également qu'on trouve peu de vers dans les contrées les moins peuplées de la Russie et de la Sibérie. Et il ajoute enfin que les animaux de proie, qui avalent leur nourriture avec voracité, sont beaucoup plus sujets aux vers intestinaux que ceux qui, tels que les Ruminants et les Rongeurs, vivent d'herbes ou de substances végétales, qu'ils n'avalent qu'après leur avoir fait subir une trituration prolongée.

Les faits abondent pour combattre Pallas. L'argument de la plus grande fréquence des Helminthes sur les habitants des cités populeuses, et leur rareté dans les pays dépeuplés, s'explique facilement, la génération de ces animaux étant, on le sait, sin-

gie. Paris, 1837, t. I. — BÉRARD, *Cours de physiologie.* Paris, 1848, t. I, p. 100.

(1) PALLAS, *De infestis viventibus intra viventia.* Rotterdam, 1768. — *Neue nord. Beitræge.* 1781.

gulièrement favorisée par les causes débilitantes. A l'aide du système de Pallas, il serait fort difficile d'expliquer la présence des vers chez les Hollandais, qui poussent la propreté jusqu'à un point fabuleux. La communication se concevrait seulement par l'intermédiaire de l'eau puisée dans les rivières qui reçoivent les déjections. Ce naturaliste semble lui-même se réfuter à l'avance, en convenant que les œufs des helminthes se détruisent fort rapidement quand ils se trouvent éloignés du milieu indispensable à leur conservation (1). Mais en admettant leur introduction avec les boissons, on s'aperçoit qu'à l'aide de cette hypothèse, il est de toute évidence que l'on ne peut expliquer comment certains helminthes, envahissent les organes sans communication avec l'extérieur.

Enfin, en supposant que c'est à l'aide des boissons, que les animaux absorbent leurs vers intestinaux, comment expliquerait-on leur abondance à l'intérieur de beaucoup de Rongeurs, qui vivent uniquement d'herbes et ne boivent jamais?

Relativement à ce qui concerne la plus grande fréquence des helminthes chez les animaux carnassiers que chez les herbivores, malheureusement pour l'hypothèse favorite de Pallas, de nombreuses nécroscopies d'animaux ont démenti son assertion et prouvé que c'est le contraire qui existe. Bremser rapporte que sur vingt loutres qu'il ouvrit, pas une seule ne contenait d'Entozoaires; et que parmi cinquante-quatre lapins sauvages qu'il disséqua, il n'y en avait, au contraire,

---

(1) PALLAS, *Neue nordische Beitræge, erster Band.* Leipzig, 1781.

que cinq à l'intérieur desquels on n'en trouva point. Il ajoute en outre qu'ayant anatomisé dix-sept chamois provenant des montagnes de la Styrie, tous, à l'exception d'un seul, contenaient des vers (1). Comment donc Pallas expliquerait-il ces faits? Aucun helminthe sur des loutres qui vivent d'animaux qui en sont remplis; et, au contraire, une abondance de vers intestinaux sur des lapins qui ne broutent que de l'herbe! Comment surtout expliquer leur abondance sur ces chamois dont parle Bremser, eux qui n'habitent que les solitudes glacées des montagnes (2)?

Embarrassés pour expliquer par la simple transmission la présence des Entozoaires, quelques auteurs ont supposé que ceux-ci n'étaient que des vers qui vivent normalement dans l'eau ou dans la terre, et qui après s'être introduits dans le corps des animaux, y subissent diverses métamorphoses.

Cette étrange opinion, dont Brera a été l'ardent défenseur, n'est pas assez sérieuse pour que la science doive s'armer pour la combattre (3); quelques lignes

(1) Bremser, *Traité anatomique et physiologique sur les vers intestinaux.* Paris, 1824, p. 36.

(2) Une seule expérience, mais une expérience fondamentale, suffirait pour renverser tout l'échafaudage accumulé par Pallas; c'est celle de Schreiber. Ce naturaliste a soumis un putois, pendant l'espace de six mois, à un régime qui se composait uniquement de vers intestinaux et d'œufs de ceux-ci, puis de laitage; et, au bout de ce temps, lorsqu'il sacrifia ce mammifère, il ne trouva aucun helminthe dans ses organes. — Schreiber. Cité par Bremser, p. 37.

(3) Brera, *Traité des maladies vermineuses.* Trad. Paris, 1804. — *Memorie fisico-mediche sopra i principali vermi del corpo umano.* Crême, 1811.

seulement en démontreront toute la nullité. Et d'ailleurs, la structure des helminthes est absolument différente de celle des animaux dont on prétend les faire descendre, et quand l'habitat impose quelque modification à une espèce, celle-ci n'est jamais que superficielle et ne transforme pas l'organisation de fond en comble ; et sous un état identique, un animal ne renverse pas toutes ses habitudes pour s'accommoder à une nouvelle manière d'être. L'œstre, qui à l'état de larve vit dans le canal digestif du cheval, devenu insecte parfait, y périrait au bout de quelques minutes ; les libellules, les éphémères, dont les larves vivent sous l'eau de nos marais pendant plusieurs années, seraient noyées en un moment si, lorsqu'elles se sont revêtues de leurs ailes, on les plongeait dans leur ancien élément (1).

SECTION III. — INTRODUCTION DES HELMINTHES PAR L'ALIMENTATION. — HYPOTHÈSE DES MIGRATIONS.

Évidemment embarrassés pour expliquer la propa-

---

(1) Si Linnée a pu croire avoir trouvé le *distoma hepaticum*, le *tænia lata* et l'*ascaris vermicularis* dans des marais ; si Unzer a prétendu que les vers de terre et les Ascarides lombricoïdes n'étaient que les mêmes animaux ; si Beireis assure avoir rencontré l'ascaride lombricoïde de l'homme dans une fontaine près d'Helmstadt ; si Gmelin dit avoir observé un Ténia dans un marais ; enfin, si Schæffer prétend qu'il a rencontré des Douves du foie vivant dans l'eau ; Otto-Frédéric Müller, Pallas et Bremser ont renversé de fond en comble leurs prétentions. — Otto-Frédéric Müller, *Verm. terr. hist.*, t. I, p. 36. — Gmelin, *Reisen 3 ter Theil*, s. 302, Tab. 30. — Schaeffer, *Die Engelschnecken*, s. 29. Pallas, *Nordische Beitr*, t. I, s. 42. — Bremser, *Traité zoologique et physiologique des vers intestinaux de l'homme*. Paris, 1824, p. 8, 9.

gation des helminthes, les adversaires de la génération spontanée ont récemment supposé que les œufs ou les petits de ces animaux, étaient d'abord introduits dans les voies digestives, et qu'ensuite ils pénétraient diversement dans toutes les parties du corps des êtres sur lesquels ils vivent, même les plus profondes, les plus inaccessibles.

D'après un certain nombre d'helminthologistes modernes, voici ce qui adviendrait normalement.

Les vers intestinaux, après avoir été introduits à l'état d'œuf à l'intérieur de certains animaux, écloraient dans ceux-ci, et y passeraient la première phase de leur vie. Puis, à l'aide d'une extraordinaire migration, ils parviendraient enfin dans une autre espèce pour y terminer leur existence. Et, comme sous ces deux états ces vers ne se ressemblent nullement, on les aurait considérés comme étant des êtres fort différents. Citons, à titre d'exemple, l'histoire du Ténia de l'homme. Selon ces helminthologistes, les œufs de ce ver, après avoir été expulsés avec nos déjections, seraient mangés par le porc; et, une fois introduits dans son canal digestif, à l'aide des crochets dont les embryons sont armés, ceux-ci perforeraient les tissus et parviendraient à s'enfoncer dans les organes profonds. Arrivés là, en se développant, ils y constitueraient ce que l'on nomme le Cysticerque du cochon (1), que l'on avait jusqu'à ce jour considéré comme une espèce particulière. Ensuite, l'homme en mangeant du porc cru, au milieu de la chair duquel ces Cysticerques sont restés vivants,

____

(1) *Cysticercus cellulosæ*. Rud. Brems.

les introduirait dans son intestin où, en changeant d'habitat, ils revêtiraient une nouvelle forme et deviendraient le *Ténia de l'homme* (1). Ainsi donc, ce serait le porc qui aurait la fonction spéciale d'élever pour nous la jeune progéniture de notre ver solitaire.

Ceci avait été soupçonné depuis longtemps, car Nitzsch, guidé par l'analogie, a fait remarquer que les *vers vésiculaires* pourraient bien n'être que des individus appartenant à d'autres familles d'helminthes, et dont les formes ont subi une déviation spéciale (2). Mais Küchenmeister, de Zittau, fit connaître le premier, par des expériences, cette transformation des Cysticerques en Ténias (3), et celles-ci ont été répétées par Lewald, Siebold et Van Beneden (4).

Sous l'influence de ces récentes investigations de la science, Küchenmeister a même posé comme une loi fondamentale, que tout animal infesté de Cysticerques en trouve la source dans sa nourriture, ou dans sa proie infestée par des Ténias. Et il ajoute que cela lui a été confirmé par ses observations particulières et par celles de MM. Von Siebold, Lewald, Roll, Eschricht, Van Beneden, Moller et surtout par Leuckart (5).

(1) *Tænia solium* ; Rud. Brem.

(2) Nitzsch, art. *Anthocephalus* dans l'*Encyclopédie* d'Ersch et de Gruber, 1820.

(3) Küchenmeister, Comp. Mémoire présenté à l'Académie des sciences, avec cette devise : *Omne vivum ex ovo; Generatio æquivoca nulla*. 1853.

(4) Van Beneden, Mémoire qui a obtenu le prix de l'Académie des sciences, en 1853. Paris, 1858, in-4°, avec 27 pl.

(5) De Siebold, *Expériences sur la transformation des Cysticer-*

D'après les savants qui ont le plus récemment étudié les helminthes, tels que MM. Küchenmeister et Van Beneden, les crochets que les embryons du Ténia présentent et meuvent à l'intérieur de l'œuf, leur serviraient à perforer les tissus des animaux, pendant leurs migrations. Si l'on songe, dit Van Beneden, que ces embryons ne dépassent guère le volume d'un globule du sang de la grenouille, on comprendra aisément qu'ils perforent les parois de l'intestin pour s'enkyster sous le péritoine, ou pénétrer dans les vaisseaux et se répandre avec le sang dans divers viscères, sans en excepter le cerveau et les yeux (1).

Dans sa *Physiologie*, de Siebold avait annoncé le premier, que le Cysticerque qui vit dans le foie des rats et des souris, n'était autre chose que le Ténia du chat, égaré et devenu vésiculeux (2). Plus tard les expériences du docteur Küchenmeister de Zittau, l'engagèrent à s'occuper de ce sujet. Des Cysticerques communs sur les lapins et les lièvres, le *Cysticercus pisiformis*, furent administrés à des chiens pour voir s'ils ne donneraient pas naissance au *Tænia serrata*, qui

ques en *Ténias*. Breslau, 1852, etc. — Lewald, *De Cysticercorum in Tænias metamorphosi*. — Röll, *On the result of the administration of the Tape-Worm*. — Van Beneden, *Les Vers Cestoïdes ou Acotyles*. Bruxelles. — Moller, *Gazette médicale*, 1854. — Leuckart, *Archiv für physiol. Heilkunde*, XI, p. 404, art. *Parasiten und Parasitismus*.

(1) Van Beneden, *Nouvelles observations sur le développement des Vers cestoïdes*. Ann. sc. nat. *Zoologie*. 1853, t. XXIX, p. 318. — Acad. des scien. 1853, p. 788. — Küchenmeister, *On animal and vegetable parasites of the human body*. Londres, 1857.

(2) De Siebold, *Manuel de physiologie*. 1851, vol. II. J'admettrais volontiers l'idée qu'un cysticerque n'est qu'un ténia déformé.

est aussi fort commun sur cet animal. Ces expériences, faites de concert avec M. Lewald, son élève, furent couronnées d'un plein succès (1).

Les auteurs qui ont soutenu la thèse de la transmigration des Cysticerques, ont prétendu, comme on le suppose, que c'étaient ceux des animaux dont ils se nourrissent le plus communément qui les peuplaient de Ténias. Ainsi, selon eux, le *Cysticercus fasciolaris*, qui habite sur le rat et les souris, devient le Ténia du chat ; le *Cysticercus pisiformis* du lapin, se transforme en *Tænia serrata* du chien (2) ; le *Cysticercus cellulosæ* du porc, devient, mangé par l'homme, le *tænia solium* ou ver solitaire. On ne nous a pas encore dit, que je sache, quelle est l'espèce du premier de ces genres qui fournit notre Botryocéphale ?

Van Beneden, rapporte qu'ayant administré, vers la fin d'octobre 1853, à un porc, des œufs du *Tænia solium* rendus par une femme, lorsque l'on tua cet animal en mars 1854, on rencontra dans ses muscles et surtout dans ses muscles intercostaux, un grand nombre de Cysticerques complétement développés ou à l'état de *scolex* (3). Küchenmeister complète la trans-

<hr>

(1) De Siebold, *Expériences sur la transformation des Cysticerques en Ténias.* (Société nationale silésienne de Breslau, 1852 ; — Institut, n° 974.) Voir *Ann. des sc. nat.*, Zoologie, 1852, t. XVII, p. 377.

(2) Il a donc deux systèmes de migrations, puisque ce ténia, selon quelques helminthologistes, donne le cœnure du mouton, — Cœnure au cerveau du mouton, — Cysticerque de l'intestin sur le lapin ? Inexplicables contradictions !

(3) Van Beneden, Note sur des expériences relatives au développement des Cysticerques. *Ann. des sc. nat.* Zoologie, 1855, t. I, 104.

migration de cet helminthe en assurant qu'ayant administré un certain nombre de Cysticerques à une femme condamnée à mort, et l'ayant ouverte le lendemain de son exécution, il découvrit dans l'intestin de cette suppliciée, dix jeunes ténias. De cette observation, le savant de Zittau conclut que le Cysticerque cellulaire du porc est le jeune individu du Ver solitaire de l'homme (1).

(1) KÜCHENMEISTER, Lettre sur des expériences relatives à la transmission des vers intestinaux chez l'espèce humaine. *Annales des sciences naturelles,* Zoologie. 1853, t. V, p. 377.

Expériences de M. Küchenmeister. — « Environ cent trente-deux heures avant le moment fixé pour l'exécution d'une femme condamnée à la décapitation, pour assassinat, je lui fis avaler, à son insu, un *Cysticercus tenuicollis,* et au bout de vingt heures, je lui donnai six *Cysticercus pisiformis,* n'ayant pas à ma disposition de *Cysticercus cellulosæ.* Ces Vers, dépouillés de leur vessie caudale, furent administrés dans un potage, dont la température était à peu près celle du corps humain.

« Environ quatre-vingts heures avant l'exécution, j'ai pu me procurer de la viande de porc, contenant des *Cysticercus cellulosæ,* provenant d'un animal tué depuis soixante heures, et, le lendemain, je fis servir à la condamnée du boudin dans lequel j'avais introduit douze de ces Vers ; enfin d'autres *Cysticercus cellulosæ,* au nombre de dix-huit, puis quinze, ensuite douze et dix-huit, lui furent administrés avec des aliments, qu'elle prit dans divers repas qui précédèrent l'exécution de soixante-quatre, vingt-quatre et douze heures.

« L'autopsie ne put être faite que quarante-huit heures après la mort. Ayant fait tremper les intestins dans de l'eau pendant quelque temps, je parvins à découvrir dans le duodénum quatre jeunes ténias, qui tous avaient encore sur la tête une ou deux paires de crochets ; l'un de ces Vers avait encore la couronne de crochets presque complète. Ces parasites avaient de 3 à 8 millimètres de longueur, et ressemblaient au *tænia solium* par le nombre, la grandeur et la forme de leurs crochets. Je

Un petit helminthe, presque microscopique, qui envahit par millions tout le système musculaire de l'homme, le *Trichina spiralis*, dont on doit la connaissance à MM. Owen, Farre et Hilton (1), avait jusqu'à ce moment paru ne pouvoir être expliqué que par la génération spontanée; mais quelques physiologistes ont aussi annoncé avoir, par l'expérience, prouvé ses migrations. M. Herbst a eu l'heureuse idée d'employer cet helminthe dans ses tentatives de transmission, parce que, comme il est extrêmement rare, son développement dans les sujets consacrés à celle-ci, ne peut être considéré comme une coïncidence. M. Herbst a été extraordinairement favorisé à cet égard, ayant rencontré plusieurs animaux infestés de Trichina; il a choisi l'un d'eux, un blaireau, pour ses essais (2). Ayant donné la chair de cet animal à manger à de jeunes chiens, au bout de trois mois, quand on les tua, tous leurs membres furent examinés et l'on reconnut qu'ils contenaient un nombre aussi

trouvai aussi, dans la lavure des intestins, six autres Ténias qui manquaient de crochets, mais qui, du reste, ressemblaient tout à fait aux précédents. »

(1) R. Owen, *Transactions de la Société zoologique de Londres.* 1835, t. I, p. 315. — *Lectures on the comp. anat. and phys.,* p. 62. — A. Farre. Comp. zool. Trans. t. I. Hilton, *Medical Gazette.* February 1833. Ce ver, qui est long de 8/10 de millimètre, vit dans de petits kystes à l'intérieur desquels il est enroulé, et qui ont un demi-millimètre de longueur. A l'hôpital Saint-Barthélemy de Londres, on en trouva dix-sept à l'intérieur d'un des muscles des osselets de l'ouïe, sur un militaire qui y était mort.

(2) M. Herbst l'a rencontrée presque simultanément sur un chat, un chien, un hibou et un blaireau.

considérable de *Trichina spiralis* qu'en possédait la chair de l'animal qu'ils avaient dévorée (1).

En résumé, on peut donc dire qu'il résulte des expériences et des observations de Küchenmeister, Leuckart, de Siebold, Lewald, Van Beneden et Moller, que les Cysticerques et les Cénures ne sont que de jeunes Ténias, qui, pour arriver à un entier développement, ont nécessairement besoin d'abandonner l'animal sur lequel ils vivent d'abord, pour aller, après une migration plus ou moins longue, se développer sur une autre espèce d'animal, souvent fort différente.

SECTION IV. — DISCUSSION DE L'HYPOTHÈSE DES MIGRATIONS.

Les observations et les expériences récentes sur la genèse des helminthes étant considérées, par quelques physiologistes, comme ayant donné le dernier coup à l'hétérogénie, il est de notre devoir d'examiner si cette prétention est aussi fondée qu'on l'a pensé. Nous apporterons dans cet examen la plus extrême impartialité, mais aussi nous y mettrons une sévérité qui n'accusera que notre ardeur à démêler le vrai, mais

(1) HERBST, *Expériences sur la transmission des vers intestinaux.* Société des sciences de Gœttingue, 1851; Institut. n° 956. *Ann. des sc. nat.* 1852.

(2) KÜCHENMEISTER, *On animal and vegetable parasites of the human body.* London, 1857, t. 1, p. 34. — LEUCKART, *Archiv. für physiol.* — DE SIEBOLD, *Mémoire sur les vers rubannés et vésiculaires de l'homme et des animaux. Ann. des sc. nat. Zool.* 1855. — LEWALD, *De cysticercorum in Tœnias metamorphosi.* — VAN BENEDEN, *Vers Cestoïdes ou Acotyles.* Bruxelles. — MOLLER, *Gazette médicale.* 1851.

jamais la loyauté d'aucun expérimentateur. La discussion nous prouvera que de nouvelles expériences sont peut-être encore à désirer, pour mettre la question hors de doute; et qu'il n'est pas absolument démontré, pour tout le monde, que quelques helminthes ne se produisent pas par la génération spontanée.

Nous avons devant nous des antagonistes d'un grand renom, des expérimentateurs consommés, et au premier abord, notre entreprise paraîtra téméraire. Elle ne l'est cependant nullement, et eux-mêmes, en se combattant réciproquement, nous permettront d'établir, sans conteste, que leur victoire est encore fort indécise. Là, nous assisterons à leurs luttes; ailleurs, nous les verrons successivement changer d'opinions, et, avec le scepticisme qui seul convient au milieu de tant d'indécisions, nous nous demanderons où est la vérité?

En doutant des migrations, nous n'avons pas la prétention de venir ici contester une conquête scientifique, vierge de toute atteinte. Nous ne sommes pas le seul dont les doutes ne soient pas absolument dissipés, car si M. de Filippi a pu dire que les recherches de de Siebold et de Steenstrup (1) avaient démontré que les Cercaires sont des larves de Distomes; d'un autre côté, des savants du plus grand mérite, tels que Ehrenberg et Diesing (2), prétendent encore que les

---

(1) De Filippi, *Mémoires de l'Académie de Turin*, 2ᵉ série, t. XV. — De Siebold, dans Burdach, *Phys.*, t. III. — Steenstrup, *Ueber den Generationswechsel*. Copenhague, 1842.

(2) Ehrenberg, *Monatsbericht d. k. Akademie zu Berlin*, 1851, p. 776. — Diesing, *Systema helminthum*. Vindobonæ, 1850, t. I.

mêmes Cercaires sont des animaux parfaits. Du reste, quelques expérimentateurs nous viennent déjà en aide, en contestant de fond en comble les nouvelles investigations, dont nous nous bornons seulement à signaler l'imperfection ou à nier les conséquences. Ainsi MM. Ercolani et Vella ont récemment combattu les conclusions de Küchenmeister, de Siebold et de Van Beneden, en prétendant que leurs recherches n'étaient point applicables à l'entière solution de la grave question de la genèse des helminthes. Ces savants ont même échoué dans leurs expériences, en voulant obtenir des Cysticerques en employant des œufs de Ténia (1).

Presque tous les savants modernes qui ont spécialement étudié les vers intestinaux, s'accordent à penser que ceux-ci ne peuvent d'abord se produire qu'à l'aide de la génération spontanée. Retzius avoue que l'apparition des Entozoaires lui paraît pouvoir tout aussi bien s'expliquer par elle, que par l'émission des œufs ; Reil et d'Outrepont partagent cette opinion ; Linck, Baillie et Cooper sont également unanimes sur ce point (2). Rudolphi et Bremser, auxquels on doit de si beaux travaux sur les helminthes, n'hésitent pas eux-mêmes à dire que ces animaux dérivent en par-

(1) Ercolani et Vella, *Comptes rendus de l'Académie des sciences*, 1855, 24 avril.

(2) Retzius, *Lect. publicæ de vermib. intestinalib. imprimis humanis*. Holmiæ, 1788. — Reil et d'Outrepont, *Perpetua materiæ organico-animalis vicissitudo*. Halæ, 1798. — Linck, *Versuch einer Geschichte und Physiologie der Thiere*. Chemnitz, 1805. — Baillie, *Morbid anatomy*. — Cooper, *On intestinal worms*. Lond., Med. Soc., t. V.

tie de l'hétérogénie; Tiedemann, Burdach, Bérard et beaucoup d'autres physiologistes partagent cette manière de voir, qui est aussi la nôtre (1). Enfin, M. Dujardin, qui a écrit récemment un traité sur les Entozoaires, a été conduit à la même conclusion à l'égard de plusieurs d'entre eux. Dans un de ses chapitres, il avance que l'existence du *Trichina spiralis* est un puissant argument en faveur de la génération spontanée de certains helminthes (2). Dans un autre endroit, la même idée revient, lorsqu'il parle d'un Distome qui se rencontre dans le foie des limaces et n'offre aucun organe sexuel ; il dit qu'il s'y produit spontanément (3). M. Gérard prête aussi ce mode de génération à la plupart des vers intestinaux (4).

C'est à tort que M. C. Vogt prétend que la reproduction des vers intestinaux a été le dernier refuge des partisans de l'hétérogénie (5), car ils en tirent encore aujourd'hui de vigoureuses objections contre les prétentions de leurs antagonistes ; et celles-ci sont, jusqu'à ce moment, restées sans réponse. M. Vogt lui-même, malgré son mérite éminent, n'apporte sur

(1) RUDOLPHI, *Entozoorum historia naturalis*. Amst. 1808, t. I, p. 375-400. — BREMSER, *Traité zoologique, physiologique des vers intestinaux de l'homme*. Paris, 1824. — TIEDEMANN, *Physiologie de l'homme*. Paris, 1834. — BURDACH, *Traité de physiologie*. Paris, 1837, t. I, p. 30. — BÉRARD, *Cours de physiologie*. Paris, 1859.

(2) DUJARDIN, *Histoire naturelle des helminthes*. Paris, 1845, p. 294.

(3) DUJARDIN, *ibid.*, p. 408.

(4) GÉRARD, *Dict. univ. d'hist. nat.* Paris, 1845, t. VI, p. 67.

(5) CH. VOGT, *On the transmigration of Worms*. Dans The ann. and. mag. of natural history. T. IX, p. 436.

ce sujet aucun fait positif, dans le court article où il parle si facilement de ses adversaires.

Résistance vitale des helminthes et de leurs œufs. — Dans le but d'élaguer l'une des principales difficultés qu'offre leur système, les partisans des migrations ont supposé aux helminthes ou à leurs œufs, une résistance vitale extraordinaire. Il est facile de passer leurs assertions à un criterium infaillible, il ne faut que les opposer à celles des autres naturalistes.

Depuis bien des années, Rudolphi, dans son fameux *Traité des vers intestinaux*, avait raconté aux savants que des Ascarides placés dans une forte solution d'aloès, y restèrent vivants pendant quatre jours (1).

On sait aussi que Rudolphi rapporte que de pareils vers, extraits d'un cormoran, après avoir séjourné onze jours dans de l'alcool, n'avaient pas encore cessé de vivre. Enfin M. Miran dit que des Entozoaires de ce genre, retirés d'un poisson, revinrent aussi à la vie après avoir été desséchés (2).

Les œufs, peut-être avec plus de raison, ont été considérés comme jouissant encore d'une plus grande résistance vitale. Dans l'eau ils paraissent pouvoir se conserver très-longtemps. M. Verloren, a vu ceux de l'*Ascaris marginata* y vivre une année entière ; et M. Davaine dit avoir reconnu que les œufs de l'Ascaride lombricoïde de l'homme restent sous l'eau six mois

---

(1) Redi, *Osservazioni degli animali viventi che si trovano negli animali viventi.* Firenze, 1684.

(2) Rudolphi. *Entozoorum synopsis,* p. 250.

Miran. *Wiegmann's Archiv.* 1840, p. 35.

avant de commencer leur développement. Tout ceci se conçoit parfaitement ; mais, ce qui est tout à fait extraordinaire, c'est de voir MM. Ercolani et Vella, prétendre que des œufs et des embryons d'Helminthes, après avoir été six jours dans l'alcool et avoir subi une dessiccation de trente jours, ont été complétement revivifiés (1). Van Beneden va beaucoup plus loin encore, puisqu'il dit que « des œufs pris de vers conservés depuis assez longtemps dans l'alcool, ayant été placés dans l'eau, on y a trouvé, au bout de quelques jours, des embryons vivants ; et que la vie n'était pas non plus éteinte dans des œufs retirés de préparations anatomiques séchées depuis plusieurs années, ou même plongées dans l'acide chromique (2). »

Tout cela est prodigieux, et l'on doit regretter que Van Beneden ne dise pas si c'est lui-même qui a observé de tels faits. Cependant voici d'un autre côté un des plus ardents partisans des migrations, Küchenmeister, qui soutient une thèse absolument contraire. Cet helminthologiste prétend que l'action de l'alcool est absolument mortelle sur les œufs des Ténias ; et il considère comme tout à fait faux, le fait rapporté par Möller à l'égard du *Cysticercus cellulosæ* qu'on aurait obtenu à Paris, avec des œufs du *tænia solium*, conservés dans l'esprit-de-vin (3).

(1) ERCOLANI et VELLA, *On the embryogeny and propagation of intestinals Worms*. Ann., and mag. of. nat. hist. London 1854, XIV, p. 156. — Comptes rendus de l'Ac. des scienc. 1855, 24 av.

(2) VAN BENEDEN, *Zoologie médicale*. Paris, 1859. T. II, p. 312, de l'Homme et de la perpétuation des espèces, Bruxelles, 1859.

(3) KÜCHENMEISTER, *On animal and vegetable parasites of human body*. Londres, 1857. t. I, p. 45. — MÖLLER. *Gaz. méd.*, 1855.

A l'égard de ce qui concerne l'extraordinaire vitalité des helminthes, nous ne pouvons croire tout ce qui se trouve plus haut. Les auteurs sont unanimes, au contraire, pour considérer ces animaux comme succombant au bout d'un temps fort court lorsqu'ils sont extraits de leur habitat normal. Bremser et Burdach affirment qu'ils périssent presque immédiatement après la mort de l'animal qui les nourrit; M. Robin a vu que les échinocoques succombaient en quelques heures lorsqu'on les en avait enlevés (1).

Relativement à l'innocuité de l'acide chromique et de l'alcool, nous ne pouvons rien dire, n'ayant pas pu faire d'expérience sur ce sujet. Mais ne sommes-nous pas en droit de nous demander si ce phénomène extraordinaire, strictement examiné, ne perdrait pas tout son prestige? Nous avons déjà vu que les Rotifères, que Spallanzani et MM. Doyère et de Quatrefages pensaient pouvoir être impunément tués et ressuscités (2), succombaient, au contraire, dans des expériences exécutées avec précision. Et en se fondant sur des observations bien dirigées, MM. Pennetier et Tinel ont mis ce fait hors de doute (3).

(1) Bremser, *Traité zoologique et physiologique des vers intestinaux.* Paris, 1824. — Burdach, *Traité de physiologie.* Paris, 1837, t. I, p. 27. — Nysten, Littré et Ch. Robin, *Dictionnaire de médecine.* Paris, 1858.

(2) Spallanzani, *Opuscules de physique animale et végétale.* Paris, 1787, t. II, p. 205. — De Quatrefages, *Souvenirs d'un naturaliste.* Paris, 1856. — Doyère, *Annales des sciences naturelles.* 1841.

(3) Pennetier, *Journal l'Ami des Sciences.* Paris, 1859, Juin. — Tinel, *l'Union médicale.* Paris, 1859, n° 72. Ce que l'on a pris pour une résurrection est simplement l'éclosion des jeunes Rotifères ou des Tardigrades, ces animaux possédant une enveloppe imper-

De l'introduction des oeufs des helminthes. —
La circonscription géographique des helminthes, parfois si limitée, n'est-elle pas elle-même un argument fort sérieux contre leur introduction par la voie des aliments? Un fleuve, une rivière établissent, en certains pays, une limite très-tranchée entre les lieux envahis par deux espèces fort distinctes. Ainsi, d'après M. Boudin, le Botryocéphale, qui réside spécialement dans l'est de l'Europe, en Russie et en Pologne, s'arrête à la Vistule; et en deçà de ce fleuve, on ne rencontre plus que le Ténia solitaire (1). Cette ligne de démarcation est tellement tranchée, qu'à Dantzick, qui est située sur ce cours d'eau, de Siebold devinait la résidence des personnes à la nature des helminthes qu'elles expulsaient (2). Si c'était la nourriture, comme celle-ci est identique sur les deux rives du fleuve, on ne voit pas pourquoi des deux côtés on ne rencontrerait pas les mêmes vers.

Une chose aussi serait bien inexplicable pour les helminthologistes qui prétendent que les vers se propagent par les aliments : c'est l'extrême fréquence de quelques-uns de ceux-ci, comparée à la rareté de leurs analogues. Ainsi, d'après MM. Boudin et Odier, le quart des habitants de Genève a eu, ou aura, le Botryo-

méable, sous laquelle ils peuvent se conserver vivants, malgré la sécheresse.

(1) Boudin, *Traité de géographie et de statistique médicales.* Paris, 1857, t. I, p. 336.

(2) R. Wagner, *Handwörterbuch der Physiologie.* Braunschweig, 1844, t. II, p. 652.

céphale (1); ce Botryocéphale dont la larve n'a point
de crochet, et dont on ne peut expliquer la migration; ce Botryocéphale, enfin, dont les voyages extraordinaires sont encore un mystère, et qui là est plus commun que le Ténia! Est-ce donc qu'à Genève on ne
mange point de porc, ni de toutes ces viandes qu'on
dit être la source du Ténia des Français?

Enfin, l'hypothèse de l'introduction des vers intestinaux par l'alimentation, et, par suite, celle des migrations, sont tout à fait renversées par l'existence
bien constatée de ceux-ci, soit sur des animaux encore
à la mamelle, soit même sur des fœtus encore contenus dans l'utérus. Parmi les nombreux exemples que
l'on pourrait citer, mentionnons seulement les suivants : Gœze, Bloch et Rudolphi ont fréquemment
rencontré de longs Ténias sur de jeunes agneaux encore à la mamelle (2); Bremser en a trouvé quarante-
cinq sur un jeune *corvus frugilegus*, encore au nid et
sans plumes (3); Rudolphi dit avoir observé plusieurs
fois des Douves du foie sur plusieurs autres oiseaux
aussi jeunes; Fromann a rencontré de ces vers sur
des agneaux nouveau-nés (4); enfin Pallas et Bloch

(1) Boudin, *Traité de géographie et de statistique médicales.*
Paris, 1857, t. I, p. 336. — Odier, *Médecine pratique*, p. 224.

(2) Gœze, *Naturgeschichte d. Eingeweidewürmer*, cité par
Bremser, p. 27. — Bloch, *Abhandl.*, etc. Berlin, 1782. — Rudolphi,
Entozoorum seu vermium intestinalium historia naturalis. Amster-
dam, 1808.

(3) Bremser, *Traité zoologique et physiologique sur les vers intestinaux.* Paris, 1824, p. 27.

(4) Rudolphi, *idem.* — Fromann, *Observ. de verminoso in ovibus
et juvencis reperto hepate.* Ephemerides nat. cur. 1677.

assurent que des Ténias ont été observés à l'intérieur du fœtus humain par Brendel et Heim (1). Hippocrate dit qu'on en a découvert dans les intestins d'un enfant qui venait de naître, et Rudolphi dans ceux d'un chien qui venait d'être mis bas. Quoique M. Blanchard ait contesté la présence des vers intestinaux dans le corps du fœtus (2), c'est un fait établi aujourd'hui par des observations si positives qu'il n'est pas possible de le nier. M. Berthélue a rappelé qu'il y a sur ce sujet des observations positives qui remontent au dix-septième siècle (3); et Graetzer, dans son *Traité des maladies du fœtus*, cite des faits nombreux et bien établis d'helminthes développés sur l'espèce humaine, pendant la vie utérine (4). Van Beneden, lui-même, prétend que de jeunes cochons naissent parfois en ayant déjà des Cysticerques (5). Il serait vraiment utile de sortir de toutes ces contradictions. En effet, si les helminthes entrent avec les aliments, comment peut-il s'en rencontrer sur le fœtus? Nous avons vu que la transmission de la mère à celui-ci était impossible.

Les enfants ne sont ordinairement sujets qu'aux Oxyures et aux Ascarides, et ce n'est que par exception que l'on rencontre chez eux des Ténias et des Cysticerques. Si les œufs provenaient du dehors, pourquoi ne rencontrerait-on pas aussi bien chez eux ces derniers

(1) PALLAS, *De infestis viventibus intra viventia*. Rotterdam, 1768. — BLOCH, *Abhandl.*, etc. Berlin, 1782.

(2) BLANCHARD, *Mémoire lu à l'Académie des sciences* en 1848.

(3) BERTHÉLUE, *Revue zoologique*. 1848, p. 119.

(4) GRAETZER, *Maladies du fœtus*. Breslau, 1837.

(5) VAN BENEDEN, *Zoologie médicale*. Paris, 1859, t. II, p. 260.

Entozoaires, qui semblent n'affecter que l'homme adulte. — On ne peut arguer que les enfants n'offrent pas les conditions de vitalité qu'exigent ces vers, puisqu'on en a observé sur plusieurs, exceptionnellement, et qu'on en trouve fréquemment à l'intérieur de quelques jeunes animaux, tels que les chiens. Ce n'est là qu'un argument accessoire. Mais ne semble-t-il pas que si ces Entozoaires ne se développent ordinairement que dans l'âge adulte, c'est que celui-ci seulement, livre à leur état naissant une substance assez animalisée pour leur permettre de coercer les matériaux nécessaires à leur organisation.

Si l'air, l'eau et les aliments étaient les véhicules des helminthes, ceux-ci seraient assurément plus uniformément répartis qu'ils ne le sont sur ces animaux. Pour ne pas rester, à ce sujet, dans le vague des généralités, citons quelques exemples. Le *Trichina spiralis*, en particulier, ne peut être assurément expliqué par aucun des moyens derrière lesquels les ovaristes se retranchent. Tout à coup ce ver, dont nous avons déjà parlé, se déclare sur les individus et pullule par myriades dans tous les muscles de l'économie. En voyant se manifester un tel phénomène, on conviendra immédiatement qu'il a fallu que le milieu ambiant dans lequel a vécu la personne infestée renferme un incalculable nombre de germes de cet Entozoaire, un nombre qui surpasse même tout ce que l'on peut imaginer. Or, comment se pourrait-il faire que lorsque beaucoup d'hommes habitent le même lieu, vivent de la même nourriture, présentent le même accès à l'infection, ont le même âge, et souvent la même constitution, comment se pourrait-il faire, dis-je, que quand la cause qui agit est si multiple, si répandue, un seul individu se trouve cependant infesté?... Tel est le cas d'un soldat dont tout le système musculaire fut littéralement envahi par le *Trichina spiralis*, et en telle abondance qu'on en trouva jusque dans les muscles de l'oreille interne (1).

Si la cause provenait du dehors, si les germes de ce *Trichina* avaient été contenus dans l'air ou dans l'eau, comment expliquerait-on pourquoi aucun des autres militaires de la même caserne n'a éprouvé, je ne dirai pas cette véritable infiltration générale d'Entozoaires, mais seulement l'attaque de quelques-uns? La cause, ayant eu une incalculable énergie, devait agir sur un grand nombre d'individus, comme cela s'observe dans toutes les épidémies; et elle le devait d'autant plus qu'elle trouvait dans sa sphère d'action des sujets dans la même condition. Quoi! l'atmosphère ou la nourriture, qui possédaient pour le militaire en question de si amples matériaux léthifères, avaient une parfaite innocuité sur ses compagnons de chambrée ou son camarade de lit! Seul il a été infesté par des myriades d'animaux dont les germes ont enveloppé tous les autres soldats, et aucun de ceux-ci n'a été tourmenté par un de ces vers qui tuent leur camarade! Tout cela tiendrait du prodige, dans l'hypothèse des migrations.

L'examen des animaux peut nous fournir des arguments analogues à ceux qui précèdent.

(1) R. Owen, *Transactions de la Société zoologique*. Londres, 1833.

On rencontre parfois à l'intérieur de quelques-uns une extraordinaire abondance d'helminthes, tandis que les autres individus de la même espèce n'en offrent jamais un nombre qui lui soit comparable; c'est ainsi que M. Nathusius a trouvé dans une cigogne noire, plusieurs centaines d'helminthes appartenant à des genres très-divers, et disséminés dans presque tout l'organisme (1).

Krause rapporte aussi qu'un cheval de deux ans et demi contenait plusieurs milliers de vers très-disparates (2).

En voyant ces animaux tourmentés par un si grand nombre d'helminthes, on se demande comment, en admettant que c'est à l'aide de l'air ou des aliments que se transmettent ces parasites, on pourrait expliquer pourquoi cette cigogne et ce cheval sont ainsi devenus de véritables pépinières de vers, tandis que leurs congénères n'en étaient point affectés, quoique vivant dans les mêmes circonstances. Cependant cela

(1) NATHUSIUS, *Wiegmann's Archiv*, 1837. — Vingt-quatre *filaria labiata* dans le poumon, seize *syngamus trachealis* dans la trachée, plus de cent *spiroptera alata* entre les membranes de l'estomac, plusieurs centaines d'*holostomum excavatum* dans l'intestin grêle, environ cent *distoma ferox* dans le gros intestin, vingt-deux *distoma hians* dans l'œsophage; cinq *distoma hians* (?) entre les membranes de l'estomac, et enfin un *distoma echinatum* dans l'intestin grêle.

(2) KRAUSE, *Wiegmann's Archiv*, 1840. — Plus de cinq cent dix-neuf *ascaris megalocephala*, cent quatre-vingt-dix *oxyuris curvula*, deux cent quatorze *strongylus armatus*, plusieurs milliers de *strongylus tetracanthus*, soixante-neuf *tænia perfoliata*, deux cent quatre-vingt-sept *filaria papillosa*, et six *cysticercus fistularis*.

DUJARDIN, *Histoire naturelle des helminthes*. Paris, 1845. p. 13.

aurait dû être si les vers provenaient réellement du dehors. Si cela ne s'est pas présenté, c'est que ceux-ci n'ont trouvé la raison de leur apparition que dans la nature des circonstances particulières qui leur ont été offertes par les deux animaux en question, circonstances qui chez eux en ont déterminé l'apparition spontanée.

A l'aide de l'expérience, Pallas a prouvé que des œufs d'Entozoaires peuvent se greffer sur un autre animal que celui qui les a produits, et se développer là où on les a placés. Il rapporte avoir introduit, par une plaie, quelques œufs de Ténia du chien dans la cavité abdominale d'un autre animal de cette espèce, et qu'ils s'y sont parfaitement développés, jusqu'au point d'atteindre la longueur d'un pouce dans l'espace d'un mois. Mais, comme le fait judicieusement observer Bremser, cela est insignifiant, puisque ces œufs possédaient toute leur fraîcheur, venant d'être extraits à l'instant même d'un autre chien (1). Cette expérience soulève quelques objections fondamentales. Comment donc ces œufs de Ténia ont-ils donné naissance à de jeunes individus finement annelés, ayant le facies de leurs parents, et non pas à des Cysticerques, ce qui devrait avoir eu lieu, si les faits annoncés par les partisans des migrations sont exacts? Comment s'est-il pu faire aussi, en suivant leurs errements, qu'il se soit développé de jeunes Ténias à la surface du péritoine, eux qui pour arriver dans l'intestin des

(1) Bremser, *Traité anatomique et physiologique des vers intestinaux*. Paris, 1824, p. 42.

animaux, leur site de prédilection, opèrent de si extraordinaires voyages?

Absorption des oeufs ou des embryons. — Pour être à l'abri de tout reproche, les expériences de migrations artificielles des helminthologistes auraient dû, absolument, se rapprocher de la marche de la nature, et c'est ce qui n'a pas eu lieu.

Ces expériences sont tellement subordonnées aux précautions que prennent les physiologistes, que Küchenmeister avoue lui-même que, pour en faciliter la réussite, on doit avoir la précaution d'enlever les enveloppes des Cysticerques, et même d'inciser la vésicule de ceux qui sont volumineux, parce que, sans cela, ils sont vomis très-facilement. Dans la nature, les animaux qui mangent accidentellement des Cysticerques prennent-ils ces précautions (1)?

Mais si, dans ces expériences, le Cysticerque, que l'on a mis libre dans l'estomac, traverse cet organe pour aller ensuite se développer sur l'intestin grêle, cela ne dit nullement que, dans l'ordre naturel, les phénomènes se passent ordinairement ainsi. Aussi sommes-nous porté à considérer ces expériences, non comme exprimant la marche normale de la nature, mais comme n'étant qu'une transposition artificielle d'un animal qui, placé dans de défavorables circonstances, n'y devait jamais présenter qu'une forme tératologique; mais qui, transporté par le bienfait de la transmigration, dans un habitat plus propice, y prend toute son extension. Ainsi une plante s'étiole et meurt

(1) Küchenmeister, *On animal and vegetable parasites of the human body*. Londres, 1857, t. I, p. 83.

dans un sol trop restreint et privé d'éléments nutritifs, mais devient un végétal robuste quand ensuite on la confie à une terre plus riche et plus étendue.

Admettons cependant que cette difficulté soit levée, et que l'œuf ou l'embryon d'un Cestoïde se trouve parvenu dans l'intestin d'un animal ; comment de là opérera-t-il sa migration pour se rendre dans les organes éloignés ? Les helminthologistes prétendent qu'il est absorbé, mais les physiologistes sont fortement autorisés à nier que cela soit possible.

Il est vrai que Herbst, par ses expériences sur les fonctions du système lymphatique, avait fait supposer que des molécules de lait ou d'amidon pouvaient être absorbées dans l'intestin, et passer dans le système sanguin (1) ; et que, plus tard, Œsterlen, ayant nourri des lapins, des chats et des poules avec de la poussière de charbon, a retrouvé des parcelles de celle-ci, de $\frac{1}{100}$ à $\frac{1}{15}$ de millimètre, dans le sang des veines du mésentère (2). Il est vrai aussi que F. Éberhard a retrouvé des molécules de soufre de $\frac{1}{200}$ à $\frac{1}{130}$ de millimètre de diamètre, dans le sang des veines mésaraïques de divers chiens qu'il avait nourris avec du soufre sublimé (3). L'on sait aussi, que Mensonides et Donders prétendent qu'ayant fait avaler, de vive force, de l'amidon à des grenouilles, au moyen d'une seringue,

(1) Herbst, *Le Système lymphatique et ses opérations.* Gœttingue, 1844 (en allemand).

(2) Œsterlen, *Annales de Henle et Pfeufer pour la médecine rationnelle,* Heidelberg, t. V, p. 434.

(3) F. Eberhard, *Recherches sur le passage des matières insolubles de l'intestin et de la peau dans le sang.* Zurich, 1847 (en allemand).

après six heures, ils ont retrouvé des molécules de farine dans les veines du mésentère de ces reptiles, et que là elles étaient parfaitement reconnaissables à l'aide du microscope et de l'iode. Bruch assure même que les molécules du lait passent intégralement dans le sang des jeunes animaux encore à la mamelle, et dit avoir retrouvé ce fluide dans les veines mésentériques de plusieurs petits chats (1). Enfin, Marfels, en injectant du sang de brebis et du sang de bœuf dans l'estomac de plusieurs grenouilles, a retrouvé ce sang dans le cœur, et a même vu ses globules circuler dans les capillaires les plus ténus du mésentère de ces reptiles (2).

Mais déjà on a fait quelques objections à plusieurs des expériences que nous venons de citer. On a prétendu, avec raison, que les molécules du charbon, présentant communément des angles assez aigus, avaient pu dilacérer les fines parois des absorbants pour s'introduire dans le système circulatoire (3). C. E. Hoffmann, qui a remporté le prix proposé par la Faculté de Würtzbourg sur cette question : « Si du mercure et de la graisse peuvent entrer en substance dans le système circulatoire? » contredit les expériences

(1) Bruch, *Annales de la zoologie scientifique de Ch. de Siebold et Kölliker.* Leipzig 1853, t. IV.

(2) F. Marfels, *Recherches sur la voie par laquelle de petits corpuscules solides passent de l'intestin dans l'intérieur des petits vaisseaux chylifères et sanguins.* Ann. sc. nat. *Zoologie.* 1856, t. V, p. 134.

(3) Comp. F. Marfels, *Recherches sur la voie par laquelle de petits corpuscules solides,* etc.

d'Éberhard sur ce sujet (1). On pourrait enfin se demander si, dans ses expériences, Marfels n'a pas pu confondre des globules du sang de grenouille à l'état de corpuscules élémentaires, avec le sang du mouton et du bœuf qu'il avait présenté à l'absorption? Mais une objection autrement capitale que les précédentes, c'est le diamètre des œufs des helminthes, beaucoup plus considérables que celui des globules du sang et du lait, en admettant que l'absorption de ceux-ci soit un fait positivement établi.

En ce qui concerne la fécule, dans mes expériences sur les grenouilles et les poissons, soit que je l'aie fait manger à ces animaux, soit que je l'aie injectée dans leur tube digestif, jamais je ne l'ai retrouvée en circulation dans les veines mésaraïques (2).

Mais si les helminthes qu'on trouve dans les organes profonds, qui n'ont aucune communication avec l'extérieur, ne sont pas le produit de l'hétérogénie, il faut absolument indiquer par quelle voie ils

(1) C. E. Hoffmann. *Sur le passage du mercure et de la graisse dans le courant du sang, dissertation inaugurale.* Würtzbourg, 1854 (en allemand).

(2) *Expérience.* Sur une *Rana esculenta*, on injecta dans l'estomac de la fécule non colorée ; six heures après on tua l'animal et l'on explora attentivement le mésentère, sans y rencontrer un seul grain de cette fécule ; l'iode n'en signale pas non plus. S'il eût existé des granules d'amidon dans les vaisseaux, on les eût découverts immédiatement, ceux-ci ayant un diamètre *au moins* du double de celui des globules du sang. — J'ai répété ensuite cette expérience avec de l'amidon préalablement coloré en bleu par l'iode, pour qu'elle fût encore plus précise ; et, soit sur des grenouilles, soit sur des poissons (*cyprinus auratus*), jamais je n'ai vu un seul grain de fécule être absorbé.

ont pu s'y introduire. Comment, par exemple, s'ils ne se développent point sur le lieu même, certains Entozoaires envahissent-ils le cerveau, le foie, la rate, la cavité du péritoine, celles de la plèvre et du péricarde, et même celle des os!

Est-ce à l'état d'œuf qu'on prétend qu'ils y arrivent ou à l'état vivant?

A l'état d'œuf, il est de toute impossibilité qu'ils puissent s'insinuer dans les organes; le système vasculaire sanguin ou lymphatique ne pouvant les admettre dans leurs canaux, ceux-ci formant un ensemble parfaitement clos.

Et d'abord, relativement à l'introduction des œufs, il y a impossibilité matérielle, car dans aucune partie des surfaces absorbantes des mammifères, par exemple, ils ne pourraient être aspirés.

Il n'y a pas besoin d'insister sur la barrière infranchissable que la peau oppose à ces œufs; et il est évident que s'ils peuvent s'introduire à l'intérieur des organes, ils doivent nécessairement, après leur admission préalable avec l'air ou les aliments, être aspirés par la surface des muqueuses intestinales ou pulmonaires. Or, les travaux de précision des anatomistes et des physiologistes du dix-neuvième siècle nous démontrent, jusqu'à l'évidence, que cela est tout à fait impossible.

Les œufs ne peuvent assurément pas être absorbés par les vaisseaux sanguins ou chylifères de la muqueuse intestinale, puisque ceux-ci n'ont aucune ouverture béante à la surface de cette membrane; et que, d'après Valentin, Béclard et Bérard, ils n'y

pompent les fluides que par une imbibition endos-
motique (1).

Et d'ailleurs, avant ce débat il y aurait une observation préjudicielle à exécuter : il faudrait s'assurer si
l'on peut découvrir des œufs d'helminthes dans les
organes digestifs des animaux qui sont le plus fréquemment infectés de vers vésiculaires. Et déjà des
helminthologistes, qui ont fait de nombreuses recherches, assurent n'avoir jamais rencontré un seul
œuf de Ténia dans les intestins des porcs et des lapins.

L'absorption pulmonaire étant absolument endos-
motique, il est évident que les œufs des helminthes
ne peuvent pas plus entrer dans l'économie animale
par les cellules bronchiques, qu'ils ne peuvent y pénétrer par les villosités intestinales. Le grand physiologiste J. Müller a lui-même senti combien ces faits
ont une imposante autorité (2).

Enfin, un obstacle encore plus grand viendrait s'offrir par rapport à certains helminthes qui sont vivipares. Pour eux, il faudrait donc que les petits s'é-
chappassent du gîte maternel, ce qui est déjà difficile;
puis, qu'après avoir traversé, sans périr, un espace
d'atmosphère plus ou moins considérable, ils en-
trassent ensuite dans l'intérieur d'un autre animal
pour s'y insinuer à travers des membranes que nous
avons déjà vu être infranchissables pour des œufs

(1) VALENTIN, *Physiol.* London, 1843 (trad.), p. 56. — BÉCLARD,
Traité élémentaire de physiologie. Paris, 1859, p. 162. — BÉRARD,
Cours de physiologie. Paris, 1848.

(2) J. MÜLLER, *Manuel de physiologie.* trad. de l'allemand par
Jourdan. 3ᵉ édit. Paris, 1851, p. 15.

plus petits qu'eux. C'est encore plus impossible.

Migration des oeufs et des embryons. — Nous avons d'abord démontré que l'absorption des œufs était tout à fait impossible ; et que les muqueuses intestinales et pulmonaires leur refuseraient absolument passage, si on supposait même qu'ils aient pu s'introduire dans les voies digestives ou respiratoires. La micrométrie parle là avec une irrécusable autorité. Maintenant il nous sera tout aussi facile de démontrer que la circulation n'est pas plus apte à transporter les œufs à travers l'organisme que celui-ci ne l'est à les absorber.

En admettant même que quelques œufs puissent s'introduire dans le système circulatoire et qu'ils soient entraînés dans son torrent, bientôt *une double barrière*, barrière absolument infranchissable, s'opposerait à ce qu'ils parvinssent dans la profondeur des organes. En effet, il faudrait qu'avant tout, ils traversassent deux systèmes capillaires : celui du foie et celui du poumon ! double impossibilité.

En effet, nécessairement, ils devront être absorbés par les veines mésaraïques ; et, en admettant qu'ils parvinssent à traverser le système capillaire du foie, arrivés dans le poumon, ils y trouveront un nouvel obstacle infranchissable ; les capillaires extrêmement déliés qui tapissent les cellules bronchiques, n'offrant pas un calibre susceptible de leur livrer passage. Cependant, si ces premiers obstacles infranchissables, obstacles sérieux, auxquels je crois qu'on n'avait pas encore songé, pouvaient être franchis, le système artériel pourrait-il ensuite lancer les helminthes dans cette foule d'organes profonds où parfois on les découvre? mais nullement.

Les physiologistes qui ont parlé de la dissémination des œufs à l'aide du système vasculaire, et qui l'ont fait après un examen attentif des prémisses de la question, à savoir : le rapport des diamètres de ceux-ci et des capillaires, sont restés convaincus qu'il y avait impossibilité physique. Burdach pense, qu'en admettant même qu'ils parvinssent dans les vaisseaux, ils ne pourraient circuler à l'intérieur de leur étroite filière, les œufs de certains vers étant, selon lui, dix fois plus gros que les globules du sang, qui, eux-mêmes, y trouvent parfois des passages dans lesquels ils peuvent à peine s'introduire. J. Muller et Bremser professent une opinion analogue (1).

En effet, les œufs de beaucoup d'helminthes ont une grosseur qui dépasse considérablement le calibre des capillaires; aussi, est-il impossible d'expliquer par ceux-ci leur transport dans l'organisme. Le diamètre des vaisseaux capillaires de l'homme variant de 0,005 à 0,006 de millimètre, et celui des œufs des Ténias étant de 0,020 à 0,080 de millimètre, ceux-ci ne peuvent par conséquent traverser leur réseau.

Les modernes partisans des migrations des Entozoaires expliquent celles-ci par deux moyens. Les uns pensent que l'embryon, après avoir été introduit dans les voies digestives des animaux, se fraye un chemin

(1) Burdach, *Traité de physiologie*. Paris, 1837, t. I, p. 28. — J. Muller, *Manuel de physiologie*. Paris, 1851, p. 15. — Bremser, *Traité zoologique et physiologique des vers intestinaux*. Paris, 1824.

à travers les tissus à l'aide de ses crochets, jusqu'à ce
qu'il soit parvenu dans un site de prédilection (1); les
autres croient qu'après s'être introduits dans les vaisseaux, les jeunes helminthes sont passivement disséminés dans les diverses régions de l'animal qu'ils vont
infester. On rapporte même, à l'appui de cette dernière opinion, que Leuckart a trouvé quatre embryons
de vers, libres dans la veine-porte, à son entrée dans
le foie (2).

Voici déjà une grande concession de faite par les
partisans des migrations. La progéniture n'entre
point dans le système vasculaire par l'absorption organique, mais elle s'y insinue violemment à l'aide de
sa propre force vulnérante; ou bien, en employant
celle-ci, elle perfore une série d'organes pour parvenir enfin dans son site d'élection.

Ces nouvelles explications, quoique fort ingénieuses,
soulèvent une tourmente d'objections. D'abord quand
l'embryon, car ce n'est plus un œuf, a percé l'intestin pour arriver dans les veines du mésentère, alors il
faut 1° qu'il traverse le système capillaire du foie;
2° qu'il franchisse le système capillaire du poumon;
3° qu'il passe une seconde fois par le cœur; 4° qu'il
soit, enfin, lancé dans les organes à l'aide des artères.
Mais, sans compter tout ce qu'a d'extraordinaire ce

____

(1) Telle est l'opinion de Küchenmeister et de Van Beneden, qui
décrivent avec un soin extrême le mécanisme par lequel le ver
fouille et perfore les tissus. — KÜCHENMEISTER, t. I, p. 48. — VAN
BENEDEN, *Zool. méd.*, t. II, p. 217.

(2) Comp. KÜCHENMEISTER, *On animal and vegetable parasites of
the human body*. London, 1857, t. I, p. 50. (Trad. angl.)

voyage, nous avons déjà vu qu'il offre deux insurmontables obstacles, deux systèmes capillaires infranchissables.

Si les œufs des entozoaires qui attaquent l'homme, étaient transportés dans les organes par le système vasculaire, comme nécessairement beaucoup devraient être en circulation, on les y trouverait, comme on trouve dans les vaisseaux ceux de quelques entozoaires qui y vivent naturellement; et je ne sache pas, qu'excepté M. Leuckart, aucun savant en ait observé.

Les physiologistes ont récemment démontré que plusieurs helminthes se rencontrent, et parfois même en abondance, à l'intérieur du système vasculaire, où semble être leur habitat normal. Presque tous ceux-ci appartiennent au genre Filaire; et MM. Delafond et Gruby en ont reconnu un assez grand nombre circulant avec le sang des mammifères et des reptiles. M. Valentin a découvert un Hématozoaire particulier, une espèce d'*Amœba,* dans le sang d'un saumon. Plus récemment, M. Gruby a fait connaître des animalcules infiniment petits, de 0,0040 de millimètre de longueur, roulés en spirale et dentés en scie, qu'il a rencontrés abondamment sur des grenouilles adultes, mêlés à des Filaires, et en circulation dans les vaisseaux, où ils se meuvent d'un mouvement extrêmement rapide (1). On sait en outre que Schmitz, Va-

_____

(1) DELAFOND et GRUBY, *Comptes rendus de l'Académie des sciences,* t. XXXIV, p. 9. — VALENTIN, *Archiv. de Muller.* 1841, p. 435. — GRUBY, *Recherches et Observations sur une nouvelle espèce d'hématozoaire.* (*Trypanosoma sanguinis.*) Ann. sc. nat. 1844, t. 1, p. 164, pl. 1, fig. B.

lentin, Vogt, Remak, Mayer, Berg, Creplin ont aussi rencontré des helminthes dans le sang des grenouilles et de quelques poissons d'eau douce (1) ; de Siebold en a souvent vu au milieu de celui des oiseaux (2).

On connaît, depuis Swammerdam, une espèce d'Ascaride qui vit particulièrement dans le poumon des grenouilles (3). M. Gluge a découvert, il est vrai, les ovaires et reconnu les œufs de ce parasite, qui est l'*Ascaris nigrovenosus*. Valentin a vu circuler ceux-ci avec le sang de ce reptile ; mais ces œufs n'avaient point été introduits du dehors, ils se trouvaient en quelque sorte enfermés dans leurs cavités naturelles (4). Il y a loin de là à l'hypothèse qui admettrait l'entrée de ces œufs, par endosmose, dans le tissu capillaire, à travers la paroi des bronches. Ils sont tellement ici dans leur site d'élection, que M. Gruby, ayant injecté de ces œufs dans les vaisseaux des grenouilles, parvenus au poumon, on les a vus s'arrêter dans ses capillaires pour s'y développer (5).

(1) Schmitz, *De vermibus in circulatione viventibus.* Berolini, 1826. — Valentin, *De functionibus nervorum cerebralium et nervi sympathici*, 1839, p. 101 et 144. — Vogt, *Muller's Archiv.* 1842 — Remak, *Canstatt's Jahresbericht.* 1842. — Mayer, *De organo electrico et de hæmatozois.* Bonn, 1843, p. 10. — Berg et Creplin, *Archiv skandinavischer Beiträge zur Naturgeschichte.* 1815, t. I.

(2) De Siebold, art. Parasites du *Handwörterbuch*, t. II, p. 648.

(3) Swammerdam, *Biblia naturæ.* Leyde, 1737.

(4) Gluge, *Sur un Entozoaire dans le sang de la grenouille.* Archives de médecine comparée de Rayer, t. I, p. 44. — Valentin, *De la présence d'entozoaires dans le sang.* Archives de médecine comparée de Rayer, t. I, p. 42, 43.

(5) Gruby, *Recherches et observations sur une nouvelle espèce d'hématozoaire.* Ann. des sc. nat., 3ᵉ série, t. I.

M. Joly, ayant rencontré récemment des Filaires de quinze à vingt centimètres de longueur, dans les deux oreillettes d'un phoque commun, a pensé que ces helminthes, qui tous étaient femelles et remplis d'œufs et de petits éclos, n'étaient que l'état adulte du *filaria piscium*. Ce zoologiste suppose que les phoques, vivant presque exclusivement de poissons, avalent avec ceux-ci les Filaires dont ils sont remplis, et que ces derniers résistant à l'action digestive, perforent les parois du tube intestinal, s'insinuent dans les vaisseaux sanguins et parviennent au cœur (1).

Mais M. Joly, avouant que ce ver, qu'il nomme *filaria cordis phocæ*, n'a ni bouche, ni anus, et que même sa tête est obtuse, on ne peut expliquer comment il lui serait possible de perforer les parois résistantes des vaisseaux et de l'intestin. Selon ce zoologiste, ce Filaire acquiert son développement complet dans le sang du phoque, et il y produit même ses petits. Mais comment ceux-ci passent-ils donc dans les poissons? Ces myriades de jeunes Filaires, qui, à un moment donné, envahissent le système sanguin, en sortent-ils en criblant ses parois pour se répandre ensuite dans la mer? Ce ne peut être que là que les absorbent les poissons, car ceux-ci ne mangent pas, à leur tour, les phoques dont ils sont la pâture. Il faudrait donc admettre que ces Filaires naissent dans les canaux sanguins de ces mammifères; qu'ils en sortent ensuite pour aller vivre sur des poissons, et qu'ils ont besoin

____

(1) JOLY, *Mémoire sur une nouvelle espèce d'hématozoaire, observée dans le cœur d'un phoque.* Compt. rend. 1858, t. XLVI, p. 403.

enfin, pour parvenir à leur état adulte, qu'un phoque les dévore, pour qu'ils se réintroduisent dans le même appareil qu'ils ont précédemment abandonné.....

Tout cela est vraiment extraordinaire ! et ce que je puis affirmer, bien plus difficile à comprendre que l'évolution spontanée de ces Filaires, tout simplement dans le lieu où on les découvre. Et pourquoi donc ces Filaires se donneraient-ils tant de peine pour s'expatrier d'un milieu où ils doivent enfin revenir ?

Comment donc Van Beneden, qui connaissait ce fait, mais qui ne le cite que fort brièvement, a-t-il pu dire que tous les hématozoaires paraissent se trouver à l'état agame dans le système vasculaire (1) ?

Lorsque l'on découvre aujourd'hui si habilement les hématozoaires qui circulent avec le sang, et qui ont parfois des dimensions infiniment petites, telles que l'hématozoaire de 0,0040 de millimètre dont parle M. Gruby (2); on se demande comment, si le sang était réellement le véhicule normal des helminthes, comment, nous le répétons, depuis longtemps, on n'aurait pas déjà découvert leurs œufs ou leurs embryons dans ce fluide? Cela serait on ne peut plus facile, car ils devaient se rencontrer en abondance chez certains animaux, qui sont infestés par une inconcevable quantité de vers. On devrait d'autant plus obtenir

(1) GERVAIS et VAN BENEDEN, *Zoologie médicale*. Paris, 1859, t. II, p. 303.

(2) GRUBY, *Recherches et observations sur une nouvelle espèce d'hématozoaire.* Ann. sc. nat. Zoologie, 1844, t. I, p. 104. Quelques savants ont douté, il est vrai, de l'animalité de cet helminthe, mais cela ne diminue nullement de la force de l'argumentation, si ce n'est pas un véritable animal, c'est une production quelconque.

ce résultat, que beaucoup de germes voyageurs doivent s'égarer ou périr en route, et qu'il faut nécessairement qu'il y en ait un immense nombre en circulation, pour qu'il en arrive quelques-uns seulement à leur destination.

Mais la découverte des hématozoaires, ainsi que le fait observer Bérard, n'offre aucun argument en faveur de la transmission des œufs à l'aide de la circulation. Bien au contraire, ces animaux sont là dans leur site d'élection, et ils y offrent une preuve de plus en faveur de la génération spontanée (1).

On sait que Valentin a découvert un microzoaire dans le sang. Cet animalcule, qui y était excessivement abondant, ressemblait absolument aux Protées et n'offrait pas la moindre trace d'organisation ni d'appendices (2). La présence de ce microzoaire ne peut être expliquée là que par l'hétérogénie ; car je ne suppose pas que les partisans des migrations puissent admettre qu'un être microscopique diffluent, privé d'appendices vulnérants, a pu pénétrer dans le système sanguin.

De l'habitat des helminthes. — Les savants qui prétendent que les œufs s'introduisent du dehors dans l'intérieur des organes, ne se sont pas réellement rendu compte des conséquences de cette hypothèse, sans cela, ils auraient reconnu qu'elle est complétement inadmissible. Burdach, qui a très-bien entrevu les difficultés qu'il y a d'expliquer ainsi les Entozoaires

(1) Bérard, *Cours de physiologie*. Paris, 1848, t. I, p. 102.
(2) Valentin, *Archives de Müller*. 1841, n° 5, p. 435. Ann. sc. nat. Zoologie, 1841, t. XVI, p. 303.

que recèlent les cavités closes ou les divers tissus, dit
avec raison : « Leurs œufs ne pourraient être portés
« au dehors qu'à la faveur du renouvellement des
« matériaux du parenchyme de ces organes ou du
« liquide qu'ils contiennent ; c'est-à-dire, qu'autant
« qu'ils seraient amenés dans le sang par l'absorption
« et séparés de cette liqueur par la sécrétion ; après
« quoi il leur faudrait, pour arriver chez un autre
« individu, à l'endroit qui les doit recevoir, s'intro-
« duire avec les aliments dans le canal intestinal,
« puis couler avec le chyle dans le sang, et se détacher
« du sang pendant le travail intime de la sécrétion et
« de la nutrition. Mais ces migrations sont complète-
« ment fabuleuses, puisqu'il n'existe point ici de voies
« ouvertes, et que tous les vaisseaux sanguins ou con-
« duits sécrétoires ont des parois closes à travers les-
« quelles aucune substance ne peut pénétrer qu'à
« l'état de dissolution et de liquidité (1). »

En effet, on implorerait en vain toutes les hypothèses,
hors l'hétérogénie, il n'en est aucune qui puisse expliquer la présence de certains helminthes parmi une foule
d'organes. Comment, en effet, sans elle, concevoir les
Cysticerques ou les Échinocoques qu'on découvre
dans nos organes les plus inaccessibles? Bonet et
Geoffroy en citent qui ont été rencontrés dans la cavité
pectorale ; Morgagni dans le cerveau et la moelle épi-
nière ; Ruysch, F. Plater et Corvisart dans le foie ;
Cullerier dans l'intérieur du tibia (2). M. Valenciennes

(1) BURDACH, *Traité de physiologie.* Paris, 1837, t. I, p. 28.
(2) BONET, *Sepulcretum, seu Anatomia practica.* Genève, 1679,
lib. XI, obs. 21. — GEOFFROY, *Sur deux hydatides trouvées dans la*

a découvert dans la cavité péritonéale d'un lézard vert soixante-trois helminthes de plus d'un centimètre de longueur, appartenant à une espèce nouvelle, assez rapprochée des Ténias. Aucun de ces vers ne se trouvait dans l'intestin de ce reptile, et celui-ci ayant été gonflé d'air, le savant zoologiste s'assura qu'aucune ouverture n'avait été faite par eux pour pénétrer dans la cavité close de l'abdomen (1). M. Dujardin dit avoir vu un helminthe semblable à l'intérieur de l'une des plèvres d'un singe (2). Dans deux Môles que j'ai disséqués au muséum de Rouen, j'ai moi-même rencontré, dans la cavité péritonéale de ces poissons, une quantité considérable de vers Cestoïdes. Il y en avait dans chacun d'eux, un peloton gros comme la tête d'un enfant, et de toutes les tailles. Le docteur Brunetta assure aussi avoir trouvé quelques Ascarides dans une tumeur molle située sur l'avant-bras d'un sujet qui avait été précédemment affecté de syphilis (3). J'ai moi-même rencontré un *ascaris lombricoïdes* mâle, dans une fistule de la partie moyenne de la cuisse, sur le cadavre d'une vieille femme. Les partisans de l'hypothèse des migrations,

cavité thoracique. Bull. de l'éc. de méd., an XIII, p. 164.—Morgagni, *De sedibus et causis morborum.* — Ruysch, *Thesaur.*, 1, n. 12. — Plater, *Observ.*, lib III, p. 617. — Corvisart, *Observation sur une hydropisie enkystée du foie avec hydatides.* Journ. de méd. — Cullerier, *Observation sur une tumeur du tibia qui contenait une grande quantité d'hydatides.* Journ. de méd., 1806.

(1) Valenciennes, *Observation d'une espèce de ver de la cavité abdominale d'un lézard vert. (Dithyridium lacertæ. Val.)* Ann. sc. nat. Zoologie, 1844, t. II, p. 248. — Institut, t. XIX.

(2) Cité par M. Valenciennes.

(3) Brunetta, *Scienziati italiani atti.* Lucca. 1844, p. 532.

expliquent le voyage de l'embryon à l'aide du travail des crochets dont il est armé. Mais comment les ascarides se transportent-ils, eux qui ne possèdent pas de semblables appendices?

Ajoutons enfin, que quelques savants italiens sont unanimes pour soutenir que l'on a parfois trouvé divers animaux dans les pustules de la variole. Le professeur Cerioli dit y avoir rencontré des helminthes, et considère leur production comme une nouvelle preuve de la génération équivoque. Le docteur Morello observa deux cas semblables dans une récente épidémie à Lucques (1).

Par la théorie des migrations, comment expliquer aussi les helminthes que l'on rencontre à l'intérieur des yeux des animaux vertébrés ? Si leur habitat dans ces organes était un fait isolé ou rare, on pourrait lui chercher quelque cause extraordinaire ; mais il est tellement fréquent qu'il faut presque lui trouver une voie naturelle, si l'on n'admet point l'hétérogénie (2). En effet, Nordmann rapporte qu'ils sont

(1) CERIOLI, *Scienziati italiani atti*. Lucca, 1844, p. 532. — MORELLO, *Scienziati italiani atti*. Lucca, 1844, p. 546.

(2) Le docteur Hæring a découvert un cysticerque dont on distinguait parfaitement les suçoirs et les crochets, entre la sclérotique et la conjonctive de l'œil d'un enfant.—HÆRING, *Observation de cysticerque celluleux entre la conjonctive et la sclérotique*, Gazette médicale de Paris, 1839, p. 636.—Le *Diplostomum volvens*, Nord., se rencontre en telle abondance dans l'œil des poissons, que ses cavités en sont presque remplies. Dans son bel ouvrage, Nordmann en a figuré qui avaient envahi l'humeur vitrée d'une perche. On le découvre aussi jusque dans l'humeur aqueuse ; ce savant a représenté les yeux d'un *gadus lota* et ceux d'un *cyprinus erythrophthalmus* sur lesquels cette humeur en contient une

communs dans les yeux des poissons, et qu'il en a rencontré dans presque tous ceux qu'il a disséqués. Ces vers, de genres variés, appartenaient aux Distomes, aux Diplostomes et aux Holostomes ; les uns siégeaient dans l'épaisseur des membranes, et les autres dans ses plus profondes cavités, l'humeur vitrée et le cristallin (1). Il n'est pas rare non plus de découvrir des Filaires vivants dans les yeux des mammifères. Hopkinson, Morgan et Bremser ont observé le *filaria papillosa* dans la chambre antérieure de l'œil du cheval, où il est assez commun, et où parfois on le distingue parfaitement se mouvoir pendant la vie de l'animal (2). Enfin, plusieurs observations curieuses de MM. Rayer et Nordmann prouvent que l'homme lui-même recèle parfois des helminthes à l'intérieur du globe de l'œil. Ces savants ont découvert des Filaires dans le cristallin de quelques personnes affectées de cataracte (3). L'hypothèse des migrations serait bien

énorme quantité. — Nordmann, *Mikrographische Beiträge zur Naturgeschichte der wirbellosen Thiere.* Berlin, 1832, p. 110, pl. i, fig. 1, 2, 3.

(1) Nordmann, *Mikrographische Beiträge.* Berlin, 1832, t. I, p. 219.

(2) Hopkinson, *Account of a worm in a horse's Eye. In Trans. of the amer. philos. society.* 1786, p. 183. — Morgan, *Of a living snake in a living horse's Eye*, etc., *In Trans. of the amer. society.* 1786, t. II, p. 383. — Bremser, *Traité zoologique et physiologique sur les vers intestinaux.* Paris, 1824, p. 18.

(3) Rayer et de Nordmann, *Helminthes dans l'œil de l'homme,* Archiv. de médecine comparée. — Ces filaires ont paru à ces observateurs constituer même une espèce particulière, à laquelle ils ont donné le nom de *filaria oculi humani.* Van Beneden le nomme *filaria lentis.* — Comp. Sichel, *Iconographie ophthalmologique.* Paris, 1859. — Ammon, *Klinische Darstellungen,* pl. XII.

impuissante pour expliquer tous ces faits, et surtout ces derniers, quand on songe que les Filaires sont vivipares (1) ! Sœmmering assure même avoir découvert un *cysticercus cellulosæ* vivant, de la grosseur d'un pois, dans la chambre antérieure de l'œil d'une jeune fille.

Dans l'histoire des helminthes, certains faits de double ou de triple emboîtement, viennent encore corroborer d'une extraordinaire manière la théorie des générations primaires. Bojanus et de Baër ont trouvé, dans le foie de quelques limaçons, des Distomes à l'intérieur desquels il existait des Cercaires (2). De Nordmann rapporte avoir fréquemment rencontré, dans l'œil des poissons, des Trématodes qui contenaient d'autres Entozoaires microscopiques (3). Mais de Siebold a mentionné un fait bien autrement étonnant encore : c'est celui d'un *Monostomum mutabile*, ver qui vit à l'intérieur des palmipèdes, et dans le corps duquel il existait un œuf occupé par un jeune Monostomum, qui lui-même contenait un Distome (4)! Bremser rapporte avoir trouvé dans le foie d'un bœuf,

(1) Comp. Leblond, *Quelques matériaux pour servir à l'histoire des filaires*, Acad. des scienc. de Rouen, 1836, p. 145. — Valenciennes, *Institut.* 1856, 4 août. — Jacobson, *Nouvelles annales du muséum*, t. III, p. 80.

(2) Bojanus, *Isis*, 1818, p. 729. — Baer, *Nov. act. nat. cur.* t. XIII, p. 605.

(3) Nordmann, *Mikrographische Beiträge.* Berlin, 1832, p. 47. Recherches microscopiques, etc.

(4) Siebold, *Sur le Monostomum mutabile*, dans Wiegmann's *Arch.* t. I, p. 45. Comp. aussi Carus, du *Leucochloridium paradoxum.* *Nov. act. nat. cur.*, t. XVII.

une Hydatide de la grosseur du poing, qui, après avoir été incisée, laissa s'échapper une grande quantité de vésicules d'eau, dont quelques-unes avaient le volume d'une noix. Celles-ci étaient elles-mêmes remplies de plus petites Hydatides, dans la cavité desquelles nageaient de véritables Échinocoques. De semblables emboîtements ont été observés sur l'homme (1).

RECHERCHES EXPÉRIMENTALES. — En décrivant les migrations des vers, Küchenmeister dit, sans mentionner d'exception, que l'hôte qui recèle les Cystoïdes est dévoré par les animaux carnivores, et que c'est par ce moyen que ces vers arrivent dans leur estomac (2). S'il ne s'agissait que des carnivores, si même de nombreuses objections ne se présentaient contre ce mode d'introduction, il resterait encore à expliquer comment les espèces herbivores introduisent dans leur tube digestif les scolex qui sont appelés à produire les nombreux Ténias qu'on rencontre parfois sur eux; eux qui ne mangent pas de viande, et qui par conséquent ne dévorent aucun cystoïde. On pourrait citer en particulier le mouton, qui a parfois plus de cinquante Ténias dans ses intestins. En effet, à une époque où, en Normandie, on remarqua beaucoup de Ténias chez ces animaux, j'ai disséqué des brebis qui en contenaient un tel nombre, que l'intestin grêle en était *absolument obstrué* (3). On pourrait demander

(1) BREMSER, *Traité zoologique et physiologique des vers intestinaux.* Paris, 1824, p. 110.

(2) KÜCHENMEISTER, *On animal and vegetable parasites of the human body.* Londres, 1857, t. I, p. 80.

(3) Je conserve encore au muséum de Rouen une anse d'intestin grêle de mouton qui est absolument interceptée par ces ténias.

aux fauteurs des migrations, comment ces moutons ont pu collecter une telle abondance d'Entozoaires. On ne peut pas dire qu'ils dévorent de la chair de porc!... Où étaient donc les cystoïdes qui ont engendré leurs cestoïdes?

Les partisans des migrations seraient tout aussi embarrassés à l'égard des chamois mentionnés par Bremser, et dont il a été question. Qui pouvait leur avoir communiqué cette abondance de vers dont parle le célèbre helminthologiste? Relégués vers les confins des neiges éternelles, il n'y a pas là de chiens pour souiller d'immondices leurs solitaires pâturages, et ils ne mangent pas de chair d'animaux!

Il est essentiel de constater ici que le *cysticercus cellulosæ* vit parfaitement sur l'homme, et qu'on l'y a déjà observé un assez grand nombre de fois. Sur notre espèce, ainsi que l'a fait remarquer R. Owen, c'est spécialement dans les muscles qu'on le rencontre (1). On l'a parfois observé en Angleterre, mais il y est rare; sur le continent, au contraire, on le rencontre assez fréquemment. Rudolphi rapporte que sur deux cent cinquante cadavres humains qui sont annuellement disséqués à l'École d'anatomie de Berlin, on en compte quatre ou cinq qui contiennent un nombre plus ou moins grand de Cysticerques (2).

Les observations de Plater (3), Bonet, Rudolphi,

(1) R. Owen, *The Cyclopædia of anatomy and physiology* de *Todd.* Londres, 1839, art. *Entozoa*, p. 119.

(2) Cette observation fut faite par Rudolphi durant plusieurs années consécutives.

(3) Plater, *Observ.* lib. III, p. 3. — Bonet, *Sepulcretum sive Anatomia practica.* Genève, 1697. — Rudolphi, *Lettre de Brem-*

Bremser, Van Beneden, ayant parfaitement démontré que les Cysticerques se développent aussi bien sur l'homme que sur les animaux, on ne voit pas pourquoi le porc deviendrait l'indispensable intermédiaire par lequel ces vers devraient passer avant de venir se fixer dans nos intestins. Or, puisque notre espèce est aussi apte à nourrir ce Cysticerque que l'espèce porcine, et qu'elle doit encore être plus apte qu'elle à le contracter, possédant ce vers adulte, rempli de sa progéniture, nous devrions en être plus fréquemment infestés.

M. Ch. Vogt, quoique prétendant que la théorie de la génération spontanée est ébranlée et renversée sur tous les points, ne nous satisfait pas, tant s'en faut, à l'égard des voies par lesquelles il explique les migrations des Helminthes (1). « Dans tous les pays où le Bothriocéphale est si fréquent, dit-il, on a l'habitude d'arroser les plantes qui servent de légume avec des excréments liquides, puisés dans les fosses d'aisances. Il n'y a point de doute qu'un certain nombre d'œufs de Bothriocéphales, rejetés avec les excréments, ne parviennent, avec la salade et d'autres légumes crus, dans les intestins de l'homme. »

Les physiologistes modernes s'efforcent de faire intervenir le porc commun, comme l'indispensable nourricier des Ténias qui infestent les Anglais et les Fran-

ser. — BREMSER, *Traité zoologique et physiologique des vers intestinaux de l'homme*. Paris, 1824, p. 228. — GERVAIS et VAN BENEDEN, *Zoologie médicale*. Paris, 1859, t. II, p. 251.

(1) CH. VOGT, *Sur la transmigration des vers*. Bib. univ. de Genève, 1851, t. XVIII, p.

çais; M. Vogt, à l'égard du Bothriocéphale, y va plus franchement. Selon lui, cet Helminthe n'est pas enchaîné, comme le Ténia, à faire un pénible stage et un voyage encore plus pénible pour parvenir dans le corps humain : il l'envahit directement. J'ajouterai seulement que c'est par une inconcevable erreur que ce savant prétend qu'en Hollande, ce pays de l'idéal de la propreté, ou en Suisse, on arrose les légumes avec nos excréments liquides.

A l'exemple de M. Vogt, Van Beneden pense aussi que les œufs des Bothriocéphales sont introduits immédiatement dans notre intestin. Il croit qu'ils se trouvent dans l'eau que nous buvons et que leurs embryons ne s'enkystent pas (1). Mais on se demande comment donc il se peut qu'il y ait une si extraordinaire différence entre les mœurs et le développement de deux helminthes aussi rapprochés que les Ténias et les Bothriocéphales? Et, d'un autre côté, ne sait-on pas que depuis un siècle, Schreiber et Bremser ont combattu ce mode d'introduction des vers avec une incontestable supériorité, en joignant l'expérience à la sévérité de l'argumentation (2).

En admettant même, dans toute leur extension, les théories de Küchenmeister, de Siebold et de Van Beneden, sur les migrations des helminthes, il serait de toute impossibilité d'expliquer, à l'aide de celle-ci, les Cœnures et les Échinocoques. En effet, si un embryon arrive dans un site et qu'il y produise un helminthe

(1) Van Beneden, *Zoologie médicale*. Paris, 1859, t. II, p. 237.
(2) Schreiber cité par Bremser. — Bremser, *Traité zoologique et physiologique des vers intestinaux*. Paris, 1824.

vésiculaire, un Cysticerque, cela se conçoit; mais que cet embryon-là, tantôt donne naissance à un ver vésiculaire simple, et tantôt donne naissance à une vésicule qui, elle-même, engendre de nombreux embryons, je ne conçois plus cet être avec de si étranges prérogatives. On ne dira pas, sans doute, qu'à l'endroit où se développe un Échinocoque, il s'est amassé des myriades d'œufs de Ténia, comme à une espèce de rendez-vous, tandis que l'on n'en trouve nulle part ailleurs, dans l'économie. En effet, si leur migration s'était produite sur une si vaste échelle, pour qu'il s'en arrêtât autant à une place, on en verrait quelques-uns ailleurs, et souvent il n'existe sur un animal qu'une seule vésicule de Cœnure ou d'Echinocoque. A l'égard des Échinocoques, les migrations ne peuvent donc paraître sérieuses. Et l'on sait que ces helminthes sont une objection terrible à la théorie nouvelle. M. G. Busk avoue lui-même avoir fait d'infructueux efforts pour éclaircir leur dissémination (1).

Depuis longtemps, la vésicule enveloppante des Échinocoques a été signalée comme jouant un rôle actif dans la production de ceux-ci ; Laennec, sans la connaître à fond, l'avait déjà entrevu (2). Delle Chiaje a insisté sur ce sujet, et, dans une plus récente produc-

(1) G. Busk, *Some observations on the Natural History of the Echinococcus*. Dans *the transactions of the microscopical society of London*, 1849, vol. II, p. 49.

(2) Laennec, désignait ces helminthes sous le nom d'hydatides ou d'acéphalocystes. — Delle Chiaje, *Compendio di Elmintografia Umana*. Naples, 1825, p. 30. — Thomas Huxley, *On the Anatomy and Development of Échinococcus veterinorum. Zoological society. Ann. and. of mag. nat. hist.* 1854, p. 379, pl. xi.

tion, T. Huxley représente, dans une figure hypothétique, la production des Échinocoques par la face interne de la vésicule qui les contient. Enfin, M. Robin
a démontré, d'une manière évidente, comment cette
membrane interne des Échinocoques, qu'il appelle
membrane mère ou fertile, produisait de jeunes
individus par une espèce de gemmation. Toutes les
phases de leur développement sont représentées avec
soin dans le travail de ce savant (1).

Nonobstant tout cela, Van Beneden prétend que les
Échinocoques ne sont qu'un état particulier des vers
Cestoïdes (2) ; et, au contraire, de Siebold affirme que
ce ne sont que des Ténias malades, hydropiques (3).

On le voit, ces deux savants se trouvent à cet égard
étrangement en dissidence.

Si l'on penchait vers l'hypothèse de de Siebold,
n'aurait-on pas à s'étonner de voir des êtres malades,
jouir d'une fécondité qu'on ne rencontre pas chez
ceux qui se trouvent dans l'état normal !

Si, avec Van Beneden, on considère les Échinocoques, comme n'étant que des vers Cestoïdes agames (4), alors, ce sont donc les mêmes êtres agames
qui, tantôt, sont isolés et obligés d'exécuter une labo-

<hr>

(1) ROBIN, *Dictionnaire de médecine de Nysten.* Paris, 1858,
p. 468.—GRIFFITH et A. HENFREY, dans *The micrographic dictionary*,
London, 1856, ont représenté cette gemmation sur la face externe
de la membrane de l'*Echinococcus veterinorum.* Rud. pl. XVI, f. 2.

(2) VAN BENEDEN, *Les vers cestoïdes ou acotyles.* Bruxelles,
p 83. *Zoologie médicale.* Paris, 1859, t. II, p. 216.

(3) DE SIEBOLD, *Zeitschr. für wiss. Zool.* 1850, p. 220.

(4) GERVAIS et VAN BENEDEN, *Zoologie médicale.* Paris, 1859,
t. II, p. 216.

rieuse pérégrination, pour aller sur un autre animal s'y métamorphoser et s'y revêtir d'un appareil sexuel, afin de produire des embryons (1) ; et qui, tantôt, sont agglomérés, et, tout agames qu'ils sont, donnent naissance à ces mêmes embryons, par simple gemmation, à la surface de leur membrane interne (2) !

L'esprit ne suit qu'avec difficulté ce dédale de contradictions. Et, en voyant la membrane interne granuleuse des Échinocoques, donner naissance, par gemmation, à une nouvelle progéniture, dont l'apparition se voile des plus profondes ténèbres, n'est-il pas plus évident qu'elle y prend spontanément naissance, par cette espèce de gemmation si bien décrite par les observateurs. Ainsi naissent les Microzoaires, dans les granules des membranes proligères.

Un Nématoïde microscopique déjà mentionné, le *Trichina spiralis* (3), qui envahit tous les muscles de l'homme, et même ceux de l'oreille interne, offre un argument sans réplique en faveur de l'hétérogénie. Tout le monde l'a parfaitement senti ; cependant, que peut-on opposer aux expériences de Herbst, que nous avons citées ? Rien, tant elles sont précises. On ne peut que louer celui-ci d'avoir été assez heureux pour rencontrer tant d'animaux infestés de ce ver, lui qui est si rare chez nous ; et ensuite, d'avoir si merveilleusement

---

(1) Les cysticerques obligés d'aller sur un autre animal se transformer en ténia !

(2) Les échinocoques, produisant des embryons libres à leur intérieur !

(3) R. Owen, *Transactions de la société zoologique de Londres*, 1835, t. I, p. 315.

réussi (1). Seulement, on pourrait objecter à cette expérience que de Siebold ne considère le *Trichina spiralis* que comme une espèce qui s'est égarée dans ses migrations, et que, par conséquent, il est réellement fort extraordinaire que ce ver se soit constamment fourvoyé durant les expériences de Herbst (2). Ainsi, nous opposons toujours les expérimentateurs les uns aux autres.

REMARQUES SUR LES TRANSMIGRATIONS DES VERS. — Je n'ai nullement à me préoccuper, dans ce travail, si les Cysticerques sont ou non de jeunes Ténias; ce qui m'intéresse seulement, c'est d'élucider par quels moyens les vers parviennent ou apparaissent dans les organes variés où nous les trouvons. M. Leuckart, qui assure avoir *très-souvent* vu se produire des Cysticerques sur des mammifères que l'on avait nourris avec des proglottides, dit lui-même : « Je regrette de ne pouvoir pas encore indiquer assurément la voie par laquelle les embryons parviennent dans le foie, n'ayant pas encore été assez heureux jusqu'à présent pour trouver l'embryon voyageur (3). » Ce serait cependant là, il faut en convenir, la chose fondamentale.

(1) HERBST, *Expérience sur la transmission des vers intestinaux.* Société des sciences de Gœttingue, 1851. Institut, nᵒ 995. Ann. scienc. nat. 1852.

(2) C. T. DE SIEBOLD, *Mémoire sur les vers rubanés et vésiculaires de l'homme et des animaux.* Ann. sc. nat. Zoologie. 1855, t. IV, p. 72. Ce savant considère aussi comme des vers égarés les *cysticercus cellulosæ* que l'on rencontre sur l'homme, ce qui, dit-il, arrive assez souvent.

(3) R. LEUCKART, *Lettre relative à de nouvelles expériences sur le développement des vers intestinaux.* Ann. sc. nat. Zoologie, 1855, t. III, p. 352. — Küchenmeister rapporte cependant que ce phy-

La lettre de M. Leuckart, qui me paraît avoir été provoquée par de légitimes interpellations de M. Valenciennes, ne me semble nullement répondre à celles-ci; et j'avoue ne pas en comprendre divers points, et en considérer d'autres comme tout à fait contraires à la thèse que soutient le naturaliste étranger. Nous dirons d'abord que vraiment il ne nous semble point extraordinaire qu'après avoir nourri des lapins avec des œufs de Ténia, on trouve le corps de ces Rongeurs rempli de Cysticerques. Ils en sont si communément affectés, qu'on pourrait y en rencontrer de même sans leur avoir donné cet aliment. Mais ce que je ne m'explique pas, c'est comment Leuckart, après avoir fixé à 1 ou 2 millimètres la longueur des Cysticerques, au moment de leur éclosion, à quelques lignesde là, dit que leurs embryons perforants n'offrent que 1/12 de millimètre d'étendue! Enfin, l'expérimentateur étranger n'est pas tellement sûr de l'itinéraire de ses jeunes voyageurs, pour qu'il ne soit forcé de convenir qu'il soupçonne que, parfois, quelques-uns d'entre eux se développent dans le mésentère, sans avoir parcouru le foie (1).

Maintenant, occupons-nous des importants travaux de de Siebold. Mais qu'il nous soit permis de dire, en commençant, que ce grand zoologiste avoue lui-même que les premières tentatives relatives aux migrations des vers, ont fomenté des discussions de toutes parts, et qu'on a reproché au docteur Küchenmeister de

siologiste, nous l'avons dit, a trouvé des embryons dans la veine porte. Küch., t. I, p. 50.

(1) K. Leuckart, *Id.*, p. 354.

n'être pas assez bon helminthologiste pour pouvoir élucider la question (1). Donc, dès le début, nous trouvons déjà en dissidence les deux grands promoteurs des nouvelles doctrines.

Après cela, on nous pardonnera, nous l'espérons, si nous nous permettons encore quelques doutes. Nous dirons d'abord, que les premières expériences de de Siebold sont loin, pour nous, d'être plus concluantes que celles du savant de Zittau. Nous n'y trouvons nullement la précision, la rectitude, qu'on doit s'efforcer d'admettre dans de si délicates recherches, et nous trouvons aussi que ce premier mémoire est loin, pour les résultats, d'être en harmonie avec celui que nous analyserons ensuite.

M. de Siebold n'énonce les résultats de ses expériences qu'avec un vague qui étonne. Là il se contente de dire que les chiens tués *plusieurs* jours après l'ingestion des Cysticerques offraient des Ténias de 1 à 3 pouces. Plus loin, il ajoute qu'après vingt ou vingt-cinq jours, ces vers avaient *plusieurs* pouces de longueur. Enfin, dans d'autres expériences, au bout de huit semaines, les Ténias avaient atteint trente-six à trente-neuf pouces, et quelques individus étaient longs de plusieurs mètres (2). Nous verrons ci-après que toutes ces mesures sont loin d'être en harmonie avec les plus extrêmes proportions que l'illustre naturaliste rencontre dans les expériences mentionnées dans son second mémoire. De Siebold dit bien ici

(1) DE SIEBOLD, *Expériences sur la transformation des cysticerques en ténias.* Ann. sc. nat. 1852, t. XVII, p. 378.

(2) DE SIEBOLD, *Mémoire précité.* Ann. sc. nat., p. 379.

qu'il donnait à ses chiens de 30 à 60 Cysticerques, mais il ne note nullement combien il rencontrait de Ténias dans chaque animal soumis à l'expérimentation. Il est extraordinaire aussi, que dans toutes ses expériences sur les chiens, jamais on ne mentionne un Ténia né naturellement sur ces animaux, eux qui en sont si fréquemment infestés.

Après avoir admis que c'est le Cysticerque des lapins et des lièvres, qui, dévoré par les chiens, produit leurs Ténias, de Siebold fait ingénieusement remarquer que les Ténias sont rares chez les chiens de garde et d'appartement; mais qu'ils sont plus communs chez ceux de chasse, qui ont souvent l'occasion d'avaler les intestins des lièvres et des lapins tués par leurs maîtres, et par conséquent doivent être plus sujets à l'infection (1).

Tout cela est ingénieux, en théorie; mais quand on y réfléchit on voit que le chasseur ne mange pas proportionnellement plus de gibier qu'une autre personne; les produits de ses courses se disséminent, et à l'office le chien de garde, le chien de salon et le chien de chasse ont absolument le même régime. Il n'est pas prouvé par moi que le chien de salon veuille toujours accepter des intestins de lapin crus pour sa nourriture.

J'ai lu attentivement ce qu'a produit de Siebold sur ce grave sujet, et j'analyserai son œuvre avec une impartialité qui saura, tout en rendant hommage à

____

(1) De Siebold, *Expérience sur la transformation des cysticerques en ténias*. Ann. des sc. nat., 1852, t. XVII, p. 380.

l'immense mérite de l'auteur, rester inflexible lorsque celui-ci me paraîtra sortir du domaine de la réalité. Le but que s'est proposé le professeur de Munich, dans son long mémoire, est de démontrer que les helminthes ne s'engendrent jamais par l'hétérogénie, mais qu'ils parviennent dans le corps des animaux à l'aide de migrations, et en subissant des transformations plus ou moins extraordinaires (1).

A diverses reprises, de Siebold a senti lui-même qu'il soutenait une thèse vulnérable, et il s'en explique fréquemment avec ses lecteurs. Au début de son œuvre cet aveu lui échappe : *On pourrait peut-être croire*, dit-il, *qu'après avoir blâmé les hypothèses imaginées pour expliquer la production des Helminthes, je tombe à mon tour dans le même travers...* Van Beneden a eu de semblables appréhensions au début de ses recherches (2).

En faisant connaître les générations alternantes, Steenstrup (3) a peut-être contribué beaucoup à l'audace des doctrines émises récemment sur les migrations des Helminthes. Le mémoire de M. de Siebold, en est pour nous la preuve. Ainsi là, sans s'appuyer d'aucun fait relatif à l'animal lui-même, en invoquant la simple analogie, il prétend que le Gordius des marais, si rare chez nous, n'est que l'adulte du *filaria insectorum*,

(1) DE SIEBOLD, *Mémoire sur les vers rubanés et vésiculaires de l'homme et des animaux et sur la production des helminthes en général*. Ann. sc. nat. 1856. Zoologie, t. IV, p. 48.

(2) Quand j'annonçai pour la première fois ce résultat à Paris, on me répondit : C'est un roman. — VAN BENEDEN, *De l'homme*. Bruxelles, 1859, p. 40.

(3) STEENSTRUP, *Generationswechsel*. Copenhague, 1842.

commun chez les Coléoptères et les sauterelles (1).
Nous admettons très-bien, avec de Siebold, que la
Lingula simplicissima, pressée dans le corps assez restreint des poissons, y conserve ses organes génitaux à
l'état rudimentaire ; puis qu'avalée avec ceux-ci par
les oiseaux aquatiques, elle les laisse se développer et
qu'elle prenne alors un aspect tellement différent
qu'on ait pu lui donner divers noms spécifiques (2).
Mais il y a de cela à tout ce que l'on nous propose, une
immense différence !

L'idée qui domine tout le travail de de Siebold est
celle-ci : il veut démontrer que les Ténias sont produits par les Cysticerques, les Cœnures et les Échinocoques, qui n'en sont que les jeunes ; et que, par
conséquent, il faut faire disparaître un bon nombre
des genres qui entrent dans l'ordre des *Entozoa-cepha-
locotylea* établi par Diesing (3), et admis par tous les
helminthologistes. Ensuite, selon le professeur de
Munich, ces vers vésiculaires naîtraient constamment
sur une espèce particulière d'animal pour ne terminer
leur accroissement complet que sur une autre espèce,
après avoir accompli une migration.

De Siebold révèle, il me semble, le côté faible de
sa théorie, lorsqu'il prétend que les Cœnures et les
Échinocoques représentent autant d'embryons de
Ténia (cysticerques), qui, sous l'influence de certaines
circonstances, deviennent, dit-il, de grandes vessies
à la surface desquelles se développe, par voie de bour-

<hr>

(1) De Siebold, *op. cit.*, p. 57.
(2) De Siebold, *op. cit.*, p. 76.
(3) Diesing, *Systema helminthum*, t. I.

geonnement, une foule d'embryons, qui y restent adhérents dans les Cœnures, et deviennent libres dans les Echinocoques (1). Cette théorie me paraît renverser tout ce que de Siebold s'efforce lui-même d'établir. En effet, si un Échinocoque n'est que l'état embryonnaire d'un Ténia, comment admettre que cet embryon puisse donner naissance à l'une de ses surfaces, à divers autres embryons de l'espèce. Ce serait donc un embryon qui produirait d'autres embryons; c'est inexplicable.

Les expériences qui ont été faites par de Siebold, pour démontrer que le *Tenia serrata* du chien provient de la migration du *Cysticereus pisiformis*, nous paraissent loin d'être concluantes : la plus simple analyse le démontre. Et d'abord le savant de Munich pose en principe général, qu'après un séjour de vingt-cinq jours dans l'intestin d'un chien, les Cysticerques se transforment en Ténias qui ont de dix à douze pouces de longueur; et cependant dans presque toutes ses expériences, on ne voit jamais ce résultat avoir été atteint, loin s'en faut (2). Bien plus, même, dans des expériences où les Cysticerques ont été administrés à peu de distance, l'on remarque des différences telle-

----

(1) C. T. DE SIEBOLD, *Mémoire sur les vers rubanés et vésiculaires de l'homme et des animaux*. Ann. sc. nat., Zoologie, 1855, t. IV, p. 177.

(2) Comp. *Zeitschrift für wissenschaftliche Zoologie*, 1854 (Journal de Zoologie scientifique), où M. de Siebold a d'abord publié ses recherches. — LEWALD, *De Cysticercorum in Tænias metamorphosi pascendi experimentis in Instituto physiologico Vratislavensi administratis illustrata*. Berlin, 1852. Thèse inaugurale où furent d'abord consignées les recherches de M. de Siebold.

ment considérables dans l'accroissement qu'il devient de toute impossibilité d'en donner la moindre explication. Là, à côté de Ténias qui n'ont encore acquis que quatre lignes de longueur, on en voit d'autres qui sont parvenus à dix pouces (1).

La conclusion de de Siebold nous paraît peut-être un peu prématurée. Il y a dans toutes ses expériences beaucoup de points contestables. De ce que l'on trouve des Ténias dans des chiens, après leur avoir fait avaler

(1) Mais citons des exemples : *Expérience troisième*. En quatre jours un chien avale trente-deux cysticerques; il est tué au bout d'un certain temps et on rencontre sur lui des ténias qui n'ont que 4 lignes 1/2, tandis que d'autres ont 10 pouces 1/2 : (*Inexplicable différence*). — *Expérience quatrième*. On fait avaler à un chien vingt-deux cysticerques, et après vingt-trois jours, ce chien est tué et on trouve dix-neuf ténias dont la longueur varie de 4 lignes à 1 pouce 3/4. (Il y a loin de là à la taille de dix à douze pouces que M. de Siebold attribue aux ténias âgés de vingt-cinq jours.) — *Expérience cinquième*. Trente-huit vers vésiculaires sont donnés à un chien, sur lequel, après vingt-huit jours, on trouve trente-deux ténias de 4 lignes 1/2 à 10 pouces 1/2. (*De Siebold ne met pas assez de précision en énonçant le résultat de ses expériences. Il ne dit nullement combien de vers avaient acquis le minimum ou le maximum de la mesure, et c'était cependant indispensable. Quoi qu'il en soit, cette expérience offre ample matière à la critique. Est-il possible, en effet, d'expliquer comment après un si long séjour dans l'intestin ces vers offrent une telle différence dans leur longueur ?*) — Dans la *sixième expérience* on a un résultat opposé. Quarante-cinq cysticerques celluleux sont donnés à un chien, et treize jours après l'on ne trouva dans son intestin que *quelques* ténias longs de 3/4 de pouce. (*Pourquoi ne pas dire le nombre de ces ténias et pourquoi après treize jours sont-ils si peu développés ?*) — *M. de Siebold sent lui-même qu'on doit être étonné de ces différences extrêmes et s'efforce de les expliquer. Mais il y a là une telle anomalie qu'il nous semble que l'illustre savant reste réellement impuissant pour en donner une raison plausible.*

des Cysticerques, cela n'implique pas que ceux-ci n'en
possédaient point avant l'expérience, car on sait que
ces animaux en nourrissent très-fréquemment. Ces
expériences n'expliquent point non plus l'énorme différence, nous le répétons, qu'offraient les produits
qu'elles ont fourni.

Je serais assez porté à considérer les Cysticerques
comme des Ténias téralogiques, dont le développement
est entravé, et qui, lorsqu'ils se trouvent transportés
accidentellement dans le tube intestinal, peuvent y
acquérir leur forme adulte normale ; mais cela ne dit
pas qu'ils n'aient point dû primitivement leur origine
à l'hétérogénie. Ainsi donc, nous faisons déjà une
grande concession à l'illustre naturaliste de Munich.
Mais de là à admettre que tous les Ténias proviennent
normalement des Cysticerques avalés par les mammifères d'un autre ordre, il y a une incommensurable
différence. Ainsi donc nous ne changeons rien à notre
thèse. Depuis longtemps, les helminthologistes qui ont
invoqué l'hétérogénie, n'hésitent pas à reconnaître la
reproduction sexuelle de certains vers, qu'ils n'en regardent pas moins comme formés primitivement à
l'aide de la génération spontanée (1). Telle est aussi
l'opinion de Tiedemann (2).

Je me demande si c'est sérieusement que de Siebold et Van Beneden ont prétendu que c'était à l'aide
de l'alimentation avec la chair du porc ou les saucis-

(1) Comp. RUDOLPHI. — BREMSER, *Traité zoologique et physiologique
des vers intestinaux.* Paris, 1824.

(2) TIEDEMANN, *Traité de physiologie de l'homme.* Paris, 1831,
t. I, p. 152.

sons confectionnés à froid, que le Cysticerque s'introduisait à l'intérieur de nos intestins pour y produire le Ténia (1). En effet, est-il permis de penser que, tandis qu'à l'aide des plus grandes précautions, nous ne parvenons à conserver vivants les vers intestinaux qu'un temps fort court, le Cysticerque subirait, sans périr, non-seulement le froid et l'espèce de dessiccation à laquelle il serait si longtemps astreint dans les pièces de charcuterie, mais encore l'action de la fumée, du nitre ou du sel, dont on les imprègne si amplement?... C'est une prétention qui dépasse les bornes du possible. Enfin, comme c'est la même espèce de porc que mangent les diverses nations de l'Europe, et qu'elle est peuplée par le même Cysticerque, comment se fait-il donc que dans tel pays notre espèce n'est attaquée que par le Ténia, tandis que dans tel autre on ne rencontre que le Bothryocéphale, cet autre ver solitaire dont la généalogie est encore enveloppée des ténèbres cimmériennes?

A l'appui de la théorie de de Siebold et de Van Beneden, on assure que des médecins de Vienne ont observé que les personnes employées dans les boucheries et les cuisines sont fréquemment affectées de Ténias (2). Le docteur Reinlein prétend avoir remarqué que les chartreux, qui ne mangent jamais de viande et se nourrissent ordinairement de poisson, ne sont point

(1) Van Beneden et Gervais, *Zoologie médicale*. Paris, 1859, t. II, p. 255.

(2) Wawruch, *Praktische Monographie der Bandwurmkrankheit*. 1844, p. 197.

sujets au ver solitaire (1). Bilharz dit même avoir observé que ces Ténias sont beaucoup plus abondants sur les races humaines qui se nourrissent de chair crue (2). Le docteur Weisse, de Saint-Pétersbourg, affirme aussi qu'il a vu plusieurs fois le Ténia affecter des enfants qu'il avait soumis à ce régime (3). Enfin, l'un des élèves de M. Van Beneden s'est inoculé le Ténia, en mangeant de la chair de cochon crue, farcie de Cysticerques (4).

Mais un seul fait, bien constaté, irrécusable, nous suffit pour renverser les prétentions de de Siebold et de ses partisans; c'est qu'en France, dans toutes nos villes, on ne mange *jamais de porc cru*, et cependant on y observe à chaque instant le Ténia : on ne dira pas sans doute que les Cysticerques résistent à la température de l'ébullition!... Il y a même des personnes qui, par goût ou par préceptes religieux, n'accepteraient pas une parcelle de cet animal, et qui n'en sont pas moins sujettes au ver solitaire. En admettant même l'alimentation avec le porc cru, nous venons de le dire, est-ce que les Cysticerques pourraient s'y conserver

(1) REINLEIN, *Bemerkungen über den Ursprung, die Entwickelung, die Ursachen, Symptome und Heilart des breiten Bandwurmes in den Gedärmen der Menschen.* Vienne, 1855, p. 25.

(2) BILHARZ, *Beiträge zur Helminthographia humana, in der Zeitschrift für wissenschaftliche Zoologie.* Jahrgang 1852.

(3) M. Van Beneden qui reproduit cette observation fait remarquer qu'il paraît que le *tenia solium* se trouve aussi sur le bœuf......mais cependant ce savant dit que les mammifères herbivores n'ont ordinairement que des cestoïdes sans crochets. *Op. cit.*, p. 236. Comment admettre cette coïncidence?

(4) BERTHELOT, *Thèse inaugurale.* Montpellier, 1856. — GERVAIS et VAN BENEDEN, *Zoologie médicale.* Paris, 1859, t. II, p. 259.

vivants? Si les fauteurs des migrations prétendent que oui, nous, nous pouvons leur assurer que les observations de M. Robin affirment que non; ce savant ayant vu que les Échinocoques périssaient de vingt-quatre à soixante-douze heures après la mort de l'animal qui les portait (1).

Le docteur Schleisner rapporte que le foie des Islandais est fréquemment envahi par des vers vésiculaires, et que ceux-ci affectent même parfois les autres viscères abdominaux et la peau (2). Un sixième de la population en est attaqué. De Siebold considère ces animaux comme n'étant que les jeunes du *Tœnia serrata*, et il attribue cette affection aux chiens qui sont employés en Islande pour garder les troupeaux.

Mais ce fait nous semble combattre absolument l'hypothèse à l'appui de laquelle on le cite. En effet, de Siebold étant arrivé à réunir le Ténia de l'homme à celui du chien, et à les considérer comme une même espèce, comme l'homme nourrit en Islande on ne peut plus communément le Cysticerque, et qu'il nourrit aussi le ver solitaire, il devient évident qu'il n'est plus besoin d'invoquer d'extraordinaires migrations et l'intermédiaire du porc pour nous infester du Ténia, sa larve et le ver adulte pouvant vivre sur nous.

Et d'abord il serait, avant tout, indispensable que les helminthologistes s'accordassent à l'égard de l'identité de l'espèce en question, et ils sont fort loin

(1) Ch. Robin, *Dictionnaire de médecine* de Nysten, 11ᵉ édition, Paris, 1858, p. 170.

(2) Schleisner, *Forsög til en Nosographie of Island*. Copenhague, 1849.

d'en être là. Van Beneden conteste à Siebold qu'il s'agisse ici du Ténia du chien, et il prétend avec M. Eschricht que ce sont des Echinocoques qui infestent ordinairement les Islandais (1). D'un autre côté, comment donc le chien communiquerait-il ces Echinocoques à l'homme, puisque cet animal, d'après Van Beneden lui-même, n'en nourrit aucun. Que doit-on croire au milieu de toutes ces fluctuations (2)?

Arrêtons-nous un moment, car ici tout est extraordinaire et l'hypothèse change de face.

En attendant, qu'on nous pardonne de sortir, en apparence, du domaine des supputations sérieuses; nous nous y renfermons cependant fort sévèrement ; ce n'est pas notre faute si la doctrine que nous combattons s'est elle-même plongée dans d'inextricables contradictions...

Voici donc l'homme envahi par des Cysticerques qui, selon de Siebold, ne sont que de jeunes Ténias du chien : là conséquemment ce sont les Islandais qui par rapport à cet animal remplissent l'office du porc à notre égard, puisque ce sont eux qui nourrissent les Cysticerques qui vont se métamorphoser en *Tænia serrata* sur l'espèce canine. Mais une difficulté se présente. Puisque l'on a prétendu que nous devions notre *ver solitaire* à l'emploi de la chair du porc infestée de Cysticerques, comment donc cet ento-

---

(1) Van Beneden et Gervais, *Zoologie médicale.* Paris, 1859, t. II, p. 273. — Eschricht, *Undersogelser over den i Island endemiske hydatidesygdom.* Copenhague, 1854.

(2) *Tableau des helminthes du chien. Zoologie médicale*, t. II, p. 316.

zoaire se communique-t-il au chien, car je ne suppose pas qu'en Islande il se nourrisse de chair humaine?

Il y a encore dans le fait qui se passe en Islande une bien profonde erreur de la nature. En effet, ces Cysticerques, en choisissant l'homme, se sont égarés, leur instinct a fait défaut, puisque leur progéniture s'y voue à une évidente extinction, les hommes ne s'entre-mangeant pas.

Enfin, quelle complication dans le fait de l'Islande ! On a prétendu que c'était en se livrant à ses habitudes immondes que le porc avalait les œufs du Ténia; les moutons, dit-on, s'en infestent en broutant l'herbe souillée des excréments du chien de berger. Mais comme toutes ces supputations ne sont plus possibles à l'égard de notre espèce, comment donc les habitants de cette île introduisent-ils à l'intérieur les germes des Cysticerques qui les rongent? Les fauteurs de l'hypothèse des migrations ne sortiront jamais de ce dilemme ! Ils ne peuvent même pas dire que l'Islandais suffit seul aux métamorphoses et aux voyages du Ténia ! Car si on conçoit que ses embryons tombés dans le tube intestinal (en abondant dans l'hypothèse de nos antagonistes) puissent se frayer un passage à travers les organes , pour aller au loin mener la vie de Cysticerque, nous ne concevons pas quel itinéraire pourraient suivre ces vers vésiculaires , pour revenir dans l'intestin, vivre sous la forme de Ténia. Partout des impossibilités... Voici la doctrine que nous combattons (1).

____

(1) Mais nous devons avouer que Van Beneden lui-même hésite

Mais c'est surtout en s'occupant des migrations des Trématodes qui vivent dans le corps des Vertèbres que de Siebold, arrive jusqu'aux plus extraordinaires suppositions. Il en semble lui-même étonné!... Et c'est là qu'il craint de ne point pénétrer ses lecteurs. « On pourrait croire, dit-il, qu'après avoir blâmé les hypothèses imaginées pour expliquer la production des helminthes, je tombe à mon tour dans le même travers. » Il redoute qu'on accuse ses idées de n'être que de simples supputations de l'esprit. Et malheureusement cela est assez supposable à l'égard des Distomes. En effet, comment admettre son système relativement à ceux-ci? Selon lui, dans leur jeune âge, ces helminthes ne seraient que de petits Cercaires de la taille des Infusoires, qui vivent en parasites sur divers mollusques d'eau douce tels que les Lymnées et les Planorbes. Plus tard, ces jeunes helminthes perforeraient le corps des larves de certains insectes aquatiques (1), puis après s'être introduits à l'intérieur de ceux-ci, ils s'y enkysteraient pour attendre que leur hôte ait quitté l'eau et subisse ses métamorphoses, afin d'être, en dernier ressort, introduits dans le corps de plus grands animaux avec leur nourriture. Les insectes qui les contiennent sont alors digérés, à ce que prétend de Siebold, et les Cercaires, devenus libres par la dissolution de leur capsule, se fixent sur le

et se demande comment pénètre cet helminthe.... après cela on nous permettra nos doutes à nous-mêmes.

(1) Selon Siebold ces jeunes distomes attaqueraient surtout les larves des névroptères, qui, telles que celles des libellules des éphémères et des phryganes, vivent dans l'eau.

nouvel être, oiseau ou mammifère, qui doit les nourrir à l'état adulte, et produisent ainsi les Distomes. Malgré tout le respect qu'on doit aux opinions d'un homme aussi justement illustre que le professeur de Munich, comment admettre qu'une telle source puisse fournir ces Distomes que l'on trouve en quantités innombrables sur les moutons et divers mammifères? Assurément, ceux-ci n'ont guère la faculté d'attraper fréquemment, en paissant, les libellules et les éphémères si légères dans leur vol, et qui siégent dans des lieux ordinairement si éloignés de leurs pâturages.

A l'aide de ce moyen, jamais on ne parviendrait à expliquer les épidémies de Distomes qui ravagent certaines campagnes. Et nous ajouterons que dans des observations exécutées sur bien des insectes qu'on dit recéler leur jeune progéniture, et d'abord sur plusieurs centaines d'Éphémères, que nous avons anatomisées ou observées soit au microscope ordinaire, soit au microscope solaire, jamais nous n'avons découvert les kystes de Cercaires dont parle de Siebold.

Dans l'hypothèse des migrations, une objection se présente immédiatement. Qu'on admette que la progéniture du Ténia suffise pour produire les générations de Cysticerques, malgré les immenses pertes qu'elle doit éprouver pendant ses extraordinaires voyages, on le conçoit cependant parfaitement. Mais si l'on prétend, avec Küchenmeister (1), que les Cysticerques

______

(1) Küchenmeister, *On animal and vegetable parasites of the human body*. London, 1857, t. I, p. 27.

sont le premier âge des Ténias, et que tous ceux-ci passent par cette forme avant de devenir Vers rubanés, cela devient, comme nous allons le voir, tout à fait inexplicable.

Les vers vésiculaires sont, il est vrai, assez communs sur les porcs et les lapins que nous élevons, mais on n'en observe que rarement sur les autres mammifères, et cependant beaucoup de ceux-ci se trouvent, infestés d'un tel nombre de Ténias, que mathématiquement parlant, les Cysticerques des autres espèces n'ont pu suffire à les leur fournir.

En effet, en admettant même que chaque Cysticerque produisit un Ténia, on reconnaîtrait que le nombre de ceux-ci ne pourrait y suffire. Et comme beaucoup d'embryons meurent sans avoir atteint leur destination, on arrivera à cette conclusion que le nombre des Cysticerques existant dans la nature est loin, et très-loin, de pouvoir expliquer la fréquence des Ténioïdes que l'on y rencontre (1).

Van Beneden a parfaitement senti cette difficulté lorsqu'il s'écrie dans son discours, en parlant de migrations d'un autre Entozoaire : « Combien y en a-t-il,

(1) Ténias et cysticerques observés sur l'espèce humaine et les animaux domestiques : 1° Ténias. *Tœnia solium ; T. mediocanellata ; T. nana ; T. echinococcus ; T. serrata ; T. pusilla ; T. cucumerina ; T. plicata ; T. mamillata ; T. perfoliata ; T. fistularis ; T. crassicollis ; T. elliptica ; T. expansa ; T. denticulata ; T. capræ ; T. infundibuliformis ; T. crassula ; T. æquabilis ; T. lanceolata ; T. setigera ; T. sinuosa ; T. fasciata ; T. malleus ; T. setigera ; T. sinuosa ; T. Fasciata ; T. megalops ; T. gracilis ; T. trilineata ; T. coronula.* — 2° Cysticerques. *Cysticercus cellulosæ ; C. tenuicollis ; C. pisiformis ; C. elongatus.*

parmi ces embryons, voguant sans guide et sans boussole au milieu de leur océan, qui toucheront terre, c'est-à-dire qui trouveront leur île avec le port qui doit recevoir leur progéniture? Bien peu évidemment, même sans tenir compte des nombreux ennemis qui vont les harceler sur leur passage : ce sont des navires marchands qu'un bon vent doit pousser à travers une flotte de vaisseaux ennemis. C'est bien heureux s'il y en a un qui s'échappe (1)»... Cela est dit à merveille; mais nous autres, froids observateurs, assis sur la plage, nous nous demandons si jamais les flots et les tempêtes amènent, dans un port lointain, plus de navires qu'il n'en est parti de la mère patrie (2) !

Déjà dans son mémoire sur la génération alternante des Cestoïdes, de Siebold émet que le *cœnurus cerebralis* est une larve de Ténia (3), et quelques savants pensent l'avoir mis hors de doute expérimentalement. Küchenmeister, après avoir fait prendre à plusieurs agneaux des proglottides de *Tœnia cœnurus*, vit ceux-ci, après quatorze jours, offrir les symptômes de Tournis; et lorsqu'il les ouvrit il rencontra des Cénures dans le cerveau. Aussi, selon lui, ce serait ce Ténia, que l'on a confondu avec le *tœnia serrata*, qui produisait la maladie si commune chez les mou-

_____

(1) Van Beneden, *De l'homme et de la perpétuation des espèces.* Bruxelles, 1859, p. 42.

(2) Il faudrait que cela eût lieu pour la migration des cysticerques allant chercher leur gîte de ténia.

(3) De Siebold, *Mémoire sur la génération alternante des cestoïdes.* Ann. sc. nat. Zoologie, 1851, t. XV, p. 213.

tons (1). MM. Haubner, Van Beneden et Baillet ont exécuté de semblables expériences et obtenu les mêmes résultats (2).

Maintenant c'est M. Van Beneden que je choisis pour l'opposer à lui-même : je lis dans son œuvre que l'on prétend avoir rencontré des Cénures sur des agneaux qui venaient de naître (3). Il faudrait expliquer comment il se peut que ceux-ci, en naissant, soient déjà rongés par ces helminthes, quand on proteste partout que c'est seulement à l'aide de la nourriture que ces vers sont introduits à l'intérieur des moutons.

Mais dans cette hypothèse comment donc se fait la transmigration naturelle? Van Beneden l'explique ainsi : Le mouton en broutant l'herbe souillée des excréments du chien de berger, avale les œufs de Ténias que cet animal a expulsés. Introduits dans les organes digestifs, les embryons, après une pérégrination laborieuse à travers les tissus, pénètrent dans le crâne,

(1) KÜCHENMEISTER, *On the cœnurus cerebralis of the Sheep, the annals and magazine of the natural history.* Lond., 1854, t. II. p. 815.

(2) HAUBNER, *Journal agronomique de Hamm.* 1854, n° 10. p. 157. — VAN BENEDEN, *Bulletin de l'Académie royale des sciences de Belgique*, t. XXI, n°⁸ 5 et 7; il dit qu'il administra des œufs d'un ténia provenu lui-même d'un cénure, à deux agneaux de six semaines et qu'au bout de peu de jours ils furent affectés des Tournis. — C. BAILLET, *Compte rendu des expériences faites à l'école impériale vétérinaire de Toulouse sur la reproduction des cestoïdes.* Toulouse, 1858.

(3) Le savant zoologiste belge ne réfutant pas cette assertion, il est évident qu'il l'accepte. Et l'on est autorisé à le penser puisque déjà il avoue, dans un autre endroit, que les cochons naissent parfois avec des helminthes dans le corps. *Zoologie médicale*, Paris, 1859, p. 265.

et se transforment en Cénures sur le cerveau. Puis ces Entozoaires déterminant toujours l'abatage des moutons, le chien de berger ronge le crâne qu'on lui jette et avale avec le cerveau le cénure qui, dans son intestin, se transforme en Ténia. Telle est l'histoire complète de ce double et extraordinaire voyage (1).

Nous dirons d'abord à M. Van Beneden, qu'en Normandie les choses ne se passent nullement ainsi. On ne tue pas ordinairement dans les fermes, les moutons atteints de Tournis et l'on n'y jette point leur tête aux chiens. Ces moutons sont amenés sur les marchés et

(1) Voici textuellement le récit de M. Van Beneden : Les moutons atteints de tournis doivent être abattus…. comme on sait que le mal réside dans la tête, on la jette aux chiens et le corps est seul envoyé à la boucherie. C'est évidemment ainsi que le chien est infesté. Mais alors, comment le ver repasse-t-il au mouton? Le chien accompagne les moutons dans les prairies et dans les montagnes, et quand il a des ténias mûrs dans le corps, il en évacue les proglottis avec leurs œufs, et sème pour ainsi dire ceux-ci sur le passage même des moutons. Ces œufs, infiniment petits, adhèrent aux herbes que l'agneau broute, et ils pénètrent dans son tube digestif, d'où ils gagnent le cerveau. Il est possible que l'éclosion ait lieu dans la panse, et que, pendant la rumination, les embryons, avec leurs six crochets n'aient à traverser que la base du crâne lorsque la pelote alimentaire les ramène dans la bouche. Ils remonteraient alors le long d'un vaisseau ou d'un nerf, pour pénétrer sous les enveloppes du cerveau. Il résulte de là que le moyen d'arrêter le mal est très-simple. Qu'on brûle, en effet, les têtes des moutons atteints, ou qu'on les fasse suffisamment bouillir; que l'on surveille aussi avec soin les chiens de berger, pour voir, s'ils ont ou non des Ténias, et qu'on rejette hors de la portée des moutons ou des herbes dont ils se nourrissent les fèces portant les cucurbitains évacués par les chiens : en peu de temps on arrêtera les ravages de cette triste maladie. *Zoologie médicale*, t. II, p. 268.

vendus pour la boucherie. Mais jetât-on leur tête aux chiens, je doute très-fort que ceux-ci en brisent le crâne pour se repaître de la cervelle. Enfin, je ne conçois guère comment l'embryon pourrait pénétrer dans le crâne par les ouvertures de sa base, le tissu qui les revêt étant excessivement serré.

En terminant, je dois dire que les expériences de transmigration artificielle, qui ont été faites jusqu'à ce moment, sont presque toutes frappées de nullité, à cause de la manière dont elles ont été conduites. En effet, dans toutes, les physiologistes ont administré, à diverses reprises, les Entozoaires, dont ils se proposaient d'infester d'autres animaux ; tandis que la première condition était que : *tous fussent administrés au même moment, afin que, connaissant le mode d'accroissement de ces vers, à l'autopsie, on ait déjà une donnée assez précise, pour statuer si les helminthes découverts proviennent de ceux ingérés.* Ainsi, par exemple, dans les expériences de Van Beneden, son chien *Caïo* a avalé ses quatre rations en un mois, et *Blac* en quatre mois. Je cherche en vain dans la nécropsie la taille qu'avaient les Ténias rencontrés dans l'intestin, je ne la trouve pas (1). D'après les données de Siebold, il devait se rencontrer des vers des plus extrêmes grandeurs ; l'un des chiens pouvait présenter des Ténias de deux jours et des Ténias de quatre mois. Je le répète, pour une expérience positive, il faut partir d'une seulé donnée, d'une seule administration d'helminthes.

(1) Gervais et Van Beneden, *Zoologie médicale.* Paris, 1859, t. II, p. 268.

DISSIDENCES FONDAMENTALES. — On découvre d'énormes dissidences relativement à la nature des helminthes, dans les œuvres des naturalistes qui se sont occupés des transmigrations artificielles, et cependant pour partir d'un point de départ assuré, il eût fallu avant tout être fixé sur la nature des Entozoaires.

C'est ainsi, par exemple, que de Siebold et Stein (1), considèrent les Cysticerques comme de jeunes Ténias malades, hydropiques ; et qu'au contraire Küchenmeister et Van Beneden pensent qu'ils ne représentent que l'état normal de ces jeunes vers (2). Il faudrait s'accorder.

D'un autre côté aussi, de Siebold considère les Ténias de l'homme, du chien et du renard, comme n'étant que des variétés de la même espèce (3) ; tandis que Küchenmeister et Van Beneden en font autant de types spéciaux (4). Où est donc ce que l'on doit croire?

RÉSUMÉ. — Les vers intestinaux ne peuvent être transmis aux animaux par leurs parents. C'est un fait incontesté.

Les plus célèbres helminthologistes, quoique connaissant les organes sexuels de certains Entozoaires, ne les ont pas moins regardés comme étant d'abord le produit de la génération spontanée.

---

(1) DE SIEBOLD, *Zeitschrift*, t. IV, p. 407. STEIN, *Zeitschrift für wiss. Zoologie*, t. IV, p. 211.

(2) KÜCHENMEISTER, *On animal and vegetable parasites of the human body*. London, 1857, t. I, p. 27-30. — VAN BENEDEN, *Zoologie médicale*. Paris 1859, t.

(3) DE SIEBOLD, *Ueber Band- und Blasenwürmer*, 1854, p. 64.

(4) KÜCHENMEISTER, *On animal and vegetable*, etc., t. I, p. 30. — VAN BENEDEN, *Zoologie médicale*. Paris, 1859.

Quelques physiologistes ont récemment fait connaître des expériences d'où il résulterait que certains helminthes passeraient une des phases de leur vie sur un animal, et, par des moyens variés, se transporteraient sur un ou plusieurs autres, pour y achever leur carrière.

Mais quoique les expériences sur ces migrations artificielles aient été répétées par plusieurs observateurs, comme ceux-ci sont parfois en désaccord flagrant, on ne peut encore, selon nous, tirer aucune conclusion de leurs travaux.

Enfin, comme plusieurs de leurs observations ne peuvent supporter le moindre examen critique sérieux, et qu'il est beaucoup de vers intestinaux dont la genèse se dérobe absolument à toutes les explications, jusqu'à de plus satisfaisantes recherches, nous pensons qu'on doit encore considérer la primitive apparition de beaucoup d'entozoaires comme dérivant de l'hétérogénie.

C'était à l'hétérogénie que Buffon attribuait la formation des vers intestinaux, et, en cela, il a été le précurseur des grands physiologistes de notre époque (1).

Les hommes qui ont scruté avec le plus de profondeur, l'histoire des helminthes, tels que Rudolphi et Bremser, ont soutenu cette opinion (2).

---

(1) Buffon, *Histoire naturelle générale et particulière.* Paris, 1749, imp. royale, supplém., t. IV, p. 341.

(1) Rudolphi, *Entozoorum historia naturalis.* Amsterdam, 1808. *Entozoorum synopsis cui accedunt mantissa duplex et indices locupletissimi.* Berolini, 1819. — Goeze, *Versuch einer Naturgeschichte der Eingeweidewürmer thierischer Körper.* — Bremser,

M. Tiedemann regarde aussi les helminthes comme dérivant d'abord de l'hétérogénie ; et il ajoute, à ce sujet, que les motifs allégués par Pallas, Muller, Werner, Bloch, Goeze, Braun, Treviranus, Rudolphi et Bremser, ne permettent plus d'admettre qu'ils proviennent du dehors (1).

J. Muller, lui-même, a parfaitement senti que l'apparition primordiale de certains vers intestinaux offrait d'irrésistibles preuves à l'hétérogénie. « Toute une série d'arguments en faveur de la génération spontanée, dit-il, naît de l'impossibilité où l'on est d'expliquer autrement l'origine première des Entozoaires. Tel est aussi ce que professe Bérard (2). Or, pour nous, jusqu'à ce que de nouvelles expériences viennent nous convaincre absolument, nous ne cesserons pas de partager l'opinion de ces physiologistes illustres.

Enfin, pour résumer tout, si en soutenant que quelques Entozoaires s'engendrent primairement par l'hétérogénie, nous sommes en désaccord avec MM. Küchenmeister, Leuckart, de Siebold et Van Beneden ; nous nous avançons avec l'appui des Buffon , des Bremser, des Burdach, des Tiedemann, des Treviranus, des J. Muller, des Bérard ; que l'on décide maintenant de quel côté doit pencher la balance.

Icones helminthum systema Rudolphii entozoologicum illustrantes, Vienne, 1824.

(1) TIEDEMANN, *Traité de physiologie de l'homme*. Paris, 1831, t. II. p. 153.

(2) J. MULLER. *Manuel de physiologie*. Paris, 1845, p. 14. — BÉRARD, *Cours de physiologie*. Paris, 1848, t. I, p. 99.

CHAPITRE VIII

PREUVES TIRÉES DU RÈGNE VÉGÉTAL.

Tout notre travail est dominé par cette pensée, à
savoir : c'est que la vie ne se produit que lorsque ses
éléments matériels se trouvent en présence de circonstances particulières, déterminées pour chaque
entité. Reproduisez-les, elle revient ; entretenez-les,
elle se perpétue.

Les exemples d'hétérogénie végétale s'ajoutent à ce
que nous avons déjà dit, pour le démontrer ostensiblement. Les botanistes, il est vrai, expliquent souvent par le concours de la dissémination, ces extraordinaires apparitions d'une végétation tout à fait insolite,
qui se développe dans certaines localités. Et ils supposent qu'elle n'est explicable qu'à l'aide du transport des semences par l'action des vents, par la mer,
les fleuves, les animaux ou par le commerce inter-
national.

Les œuvres des savants qui ont écrit sur la physiologie végétale, abondent en exemples de plantes dont
les fruits ou les graines se trouvent presque miracu-
leusement transportés aux plus grandes distances. Les
voyages maritimes des cocos des Maldives ont une
grande célébrité ; on sait aussi que les flots de l'océan
apportent des fruits de Mimosa et de Cocotier jusque

sur les grèves de la Scandinavie. Les tempêtes enlèvent
à l'Amérique les semences voyageuses de quelques
Composées, et viennent en ensemencer les plaines
de l'Espagne. Les Colombes muscadivores, à ce que
rapportent quelques botanistes, ont repeuplé de mus-
cadiers certaines îles où les Hollandais en avaient
dévasté les plantations (1).

Mais quelques-uns de ces faits, comme l'a déjà signalé Bory de Saint–Vincent, n'ont peut-être pas toute
l'authenticité désirable (2). Sans nier cette puissance
expansive de la végétation, il y a beaucoup de cas dans
lesquels l'extraordinaire dissémination qu'on nous
oppose à chaque instant, est cependant extrêmement
bornée. L'observation et l'expérience nous l'ont souvent démontré.

Nous citerons seulement deux exemples à l'appui de
ce que nous venons de dire. La violette de Rouen,
viola Rothomagensis, Dés., que Lamarck découvrit il
y a une soixantaine d'années sur la Roche S'-Adrien,
qui borde la Seine, n'y vient que dans un espace de
quelques toises, situé au pied de la montagne. Depuis
trente ans, je vois cette plante pulluler dans cet
espace resserré, et jamais une de ses semences ne s'est

(1) Comp. MIRBEL, *Physiologie végétale.* Paris, 1817, t. I, p. 348.
— POIRET, *Cours de botanique.* Paris, 1819, t. I, p. 228. — BIERRE
ET POTTIER, *Éléments de botanique.* Paris, 1825, p. 108. — RICHARD,
Éléments de botanique et de physiologie végétale. Paris, 1846,
p. 499. — DICT. CLASS., art. *Dissémination.* — DECANDOLLE, *Physiologie végétale.* Paris, 1832, t. II, p. 595. — RASPAIL, *Nouveau
système de physiologie végétale.* Paris, 1837, t. II, p. 30.

(2) BORY DE SAINT-VINCENT, *Géographie botanique. Dict. classique
d'hist. nat.*, t. VII, p. 234.

transportée ailleurs. N'est-il donc, en Normandie, aucune autre roche qu'elle daigne embellir de ses riantes corolles d'un violet clair?

Depuis le même laps de temps, j'observe au pied des montagnes calcaires de Duclair, l'Ibéride intermédiaire, *iberis intermedia*, qui y a été découvert par M. Guersant (1). C'est là l'unique résidence de cette plante dans notre patrie (2). Les savants qui font si habilement voyager les végétaux, pourraient-ils expliquer comment cet Ibéride, depuis tant d'années, n'a pas étendu d'un pouce sa limite géographique? cependant cette plante se trouve dans les meilleures conditions pour cela. Mais ni le commerce maritime qui répand au loin les pierres sur lesquelles elle croit, ni la grande route qui traverse le site qu'elle habite et longe la Seine jusqu'à Paris, ni les ouragans de l'embouchure du fleuve, ni ses eaux, n'ont jamais transporté l'une des semences de cette Crucifère hors de son site d'élection. N'y a-t-il donc aucune montagne, aucun autre rocher calcaire le long des rives de la Seine, qui soit capable de la nourrir?

D'autres végétaux résident encore dans des espaces plus restreints. Le *Teucrium scordium*, Lin., n'a jamais poussé dans la Seine-Inférieure que dans l'espace d'un mètre carré; le *Cucubalus otites*, Lin., n'y vient que sur un mur; l'*Astragalus glycyphyllos*, Lin., ne se propage que sur les ruines du château de Robert le diable! Nous pourrions citer une foule d'autres cas, et en

______

(1) Guersant, *Bulletin de la société philomatique.* t. XXI, n° 82.

(2) Lamarck et Decandolle, *Flore française*, Paris, 1805, t. IV, p. 715.

demander la raison aux savants qui démontrent, avec une si merveilleuse facilité, l'inexplicable transport des helminthes et des infusoires, à travers les organes profonds de l'économie animale ou l'introduction de leurs germes dans nos appareils hermétiquement clos !

Si ces végétaux perpétuellement confinés dans ces espaces resserrés, n'y ont pas été spontanément formés à d'autres époques, au moins on nous avouera que leur isolement séculaire est fort inexplicable.

SECTION Iʳᵉ. — EXPÉRIENCES SUR LES VÉGÉTAUX EXÉCUTÉES A L'AIR LIBRE.

Mais, sans nous arrêter à ces faits généraux, si nous nous reportons aux preuves expérimentales, nous voyons que celles-ci abondent pour donner à l'hétérogénie végétale une incontestable démonstration.

L'expérience qui suit nous paraît avoir, à cet égard, une autorité qu'il nous semble que l'on ne pourra que bien difficilement contester, puisque l'expérimentateur y force, en quelque sorte, la genèse à suivre toutes les fantaisies que sa main lui trace.

Ainsi, nous prenons un sol factice quelconque, que l'on sait parfaitement ne pouvoir contenir aucun germe ; puis, dans une étendue donnée, parfaitement délimitée, nous en modifions la surface à l'aide d'une substance qui est également vierge de toute séminule, et, au bout d'un certain temps, sur ce sol vierge, on obtient une végétation absolument anormale.

EXPÉRIENCE. — *Axiomes* : Une température de moins de 100°, en quinze minutes, désorganise les séminules de l'*Aspergillus* en expérience. Celles-ci ne peuvent échapper au micrographe, soit à cause de leur

grosseur qui est de 0,0028 de millimètre, soit à cause
de leur coloration brune ; enfin, elles ne peuvent passer
à travers les filtres en papier, et jamais nous n'avons
pu les voir germer en les ensemençant sur de la colle.
Expérience. — Dans une grande cuvette en porcelaine,
de forme quadrilatère à fond plat, on versa de la colle
de farine de blé bouillante, de manière à former une
couche d'un centimètre d'épaisseur. Quand cette colle
commença à se figer, avec un pinceau imbibé d'une
forte macération de poudre de noix de galle, préalablement filtrée, on écrivit ces mots sur la surface de sa
pellicule : *generatio spontanea*. L'appareil fut ensuite
abandonné à lui-même pendant quatre jours, après
avoir été recouvert d'une lame de verre. Au bout de
ce temps, la température ayant été de 24° en moyenne,
et la pression de 0,76, les mots *generatio spontanea*,
se dessinèrent sur la colle en caractères d'un beau noir,
formés par les touffes serrées d'un champignon microscopique, absolument inconnu, que j'appellerai
Aspergillus primigenius. Celui-ci s'est uniquement développé sur les lettres tracées avec la noix de galle.
Le reste de la colle ne présente encore aucune végétation, et sa surface, explorée les jours précédents, n'a
offert aucune trace des séminules de la plante qui reproduit si ostensiblement les deux mots.

CorollAIRE. — Comme les semences de l'Aspergillus produit dans cette expérience n'existaient point
dans la colle, soit parce que celle-ci les eût désorga-
nisées par son ébullition, soit parce que le microscope
les y eût distinguées ; comme elles n'ont pas non plus
été apportées par la macération de noix de galle, soit

parce que celle-ci a été filtrée, soit parce que l'examen
a démontré qu'elle ne les contenait pas; enfin comme
l'air n'a pu les apporter, car, dans ce cas, elles ne se
fussent pas réparties symétriquement, il faut bien que
cette plante dérive de la genèse spontanée. On n'o-
serait pas sans doute prétendre que ces séminules, dispersées dans l'atmosphère, n'attendaient pour germer,
depuis la création, que la combinaison tout à fait insolite qu'au dix-neuvième siècle, on devait produire
dans mon laboratoire, et les mots *generatio spontanea*
que ma main devait y tracer. Dans le système des
panspermistes, il n'y a cependant que ce moyen d'expliquer un tel résultat; car si les germes n'eussent pas
été formés en vue d'une telle combinaison, cette cryptogame inconnue se fût répandue sur toute la superficie de la colle, à moins d'admettre que quelque
sylphe ne les rassembla magiquement sur la trace des
mots que l'on écrivait.

Cette expérience est facile à répéter. Quelle que
soit la substance avec laquelle on inscrira un mot à la
surface d'une plaque de colle de farine, dans la plupart des cas, celui-ci se revêtira d'une végétation cryptogamique, différente de celle qui envahira ce sol
factice. Ce sol fournit si peu la nouvelle production, qu'on obtient souvent le même résultat en écri-
vant quelques lettres sur du papier joseph, et en plaçant ensuite celui-ci sur la colle. Mais arrivera-t-on
toujours à obtenir les caractères d'un beau noir, et
parfaitement délimités, que me donna l'*aspergillus
primigenius?* Je n'oserais le promettre. J'ai répété
l'expérience plus de trente fois avec les mêmes sub-

stances, la colle faite dans les mêmes vases, et n'ai jamais encore pu revoir cette cryptogame insolite (1).

A cet ensemencement scripturaire, on peut en substituer un autre qui donne des résultats non moins remarquables, en se servant de bassins d'un diamètre différent, que l'on place les uns dans les autres, et en mêlant la colle de farine avec des substances diverses dans chaque bassin. On obtient, au bout de quelques jours, des cercles concentriques qui présentent des Mucédinées d'espèce et d'aspect fort variés (2). Car

(1) Afin de ne laisser aucun doute sur cette expérience, je conserve au muséum de Rouen, des fragments de ces lettres d'un beau noir, formées par l'*aspergillus* nouveau. On pourra toujours les y consulter. Cette espèce est analogue à l'*A. nigrescens*, Rob., mais elle en diffère essentiellement par ses tigelles simples non articulés et cylindriques, et par ses capitules d'un beau noir. *Voy.* pl. ii, fig.

(2) Expérience de genèse concentrique. On prend quatre cuvettes en cristal d'un diamètre différent et que l'on place les unes dans les autres, de manière que chacune d'elle laisse entre elle et sa voisine un espace d'un pouce. Chaque cuvette est ensuite remplie de colle de farine qui a bouilli une demi-heure. Dans la cuvette du centre, la colle a été mêlée à une solution de phosphate d'ammoniaque filtrée ; celle qui se trouve en dehors, de colle mêlée à de la levûre de bière ; la troisième cuvette est remplie de colle mélangée à une macération de noix de galle filtrée ; enfin la dernière cuvette, ou la plus extérieure, est occupée par de la colle sans addition d'aucune substance. L'appareil est ensuite recouvert d'une cloche. *Résultat* : après quatre jours, la température ayant été en moyenne de 25 degrés et la pression de 0^m,76, on remarquait ce qui suit. Le vase central occupé par de la colle mêlée à du phosphate d'ammoniaque était rempli de pustules ocellées, d'un *penicellium* d'un beau bleu clair, avec des bords d'un blanc pur ; le vase qui l'entoure, occupé de colle mêlée à de la levûre de bière, a sa surface couverte par une végétation cryptogamique d'un blanc sale ; tout autour, le troisième vase, rempli de colle et

il faut bien considérer ceci comme positif ; dans presque toutes les combinaisons que l'on produit dans les laboratoires, ainsi qu'on l'a observé pour les animaux, on obtient des cryptogames spéciales, d'une extrême simplicité, il est vrai, mais toujours différentes pour l'apparence.

Lorsqu'un liquide albumineux est acidulé par l'acide sulfurique, on voit bientôt y apparaître des vésicules sphériques qui, ainsi que l'ont remarqué MM. Andral et Gavarret, après un temps fort court, s'allongent, se ramifient, et forment un végétal microscopique(1). M. Cagniard-Latour rapporte qu'en mettant en contact de l'eau filtrée avec de la vapeur d'acide acétique, il a vu naître une nouvelle espèce de conferve (2).

On le croirait à peine, et cependant c'est un fait bien positif, la forme des vases ou leur substance, influent énormément aussi sur les végétaux microscopiques que l'on obtient dans nos laboratoires (3).

de noix de galle, forme un encadrement brun, sa surface étant totalement envahie par des *aspergillus* dont les têtes sont de cette couleur. Enfin, au dehors, se trouve le vase qui contient la colle et dans lequel on ne distingue encore rien.

(1) ANDRAL et GAVARRET, *Recherches sur le développement du penicillium glaucum, sous l'influence de l'acidification, dans les liquides albumineux normaux et pathologiques. Ann. de chimie et de physique*, t. VIII, p. 385.

(2) CAGNIARD-LATOUR, *Mémoire sur un végétal confervoïde d'une nouvelle espèce. Ann. des sc. nat. Botanique*, t. IV, p. 32.

(3) EXPÉRIENCE. Une couche de colle de farine d'un centimètre d'épaisseur, est placée dans une bassine de cuivre très-mince, argentée récemment. Après quatre jours, toute sa surface est couverte de touffes rapprochées de mucédinées diversicolores, qui lui donnent exactement l'aspect d'un granit vert et rouge. A côté,

SECTION II. — EXPÉRIENCES SUR LA VÉGÉTATION EXÉCUTÉES A VAISSEAUX
HERMÉTIQUEMENT CLOS.

On sait que certains corps, et en particulier le sulfate de soude, ont besoin du contact de l'air libre
pour cristalliser; une solution saturée de ce sel,
déposée sous une cloche, reste intacte; et ce n'est
qu'au moment où on lève celle-ci, pour laisser le vase
en contact avec l'atmosphère, que les cristaux se forment subitement. Schroeder a tout récemment constaté que l'air qui a traversé un tube rempli de coton,
empêche la cristallisation de ce même sulfate de
soude (1). Et M. l'abbé Moigno se demande comment
expliquer ces faits étrangers (2).

Il est étonnant, que l'on ne se soit jamais adressé
une semblable question relativement à la stérilité
de diverses expériences hétérogéniques, exécutées
à vaisseaux hermétiquement fermés. Nos adversaires
voient un sel qui, s'il n'est mis à ciel ouvert, re-
fuse de prendre ses formes cristallines; et eux,
ils exigent que des organismes d'une texture bien
autrement complexe, se forment cependant sans
entrave, quand on ne leur apporte que de l'air calciné dans un fourneau de coupelle ou lavé dans
de l'acide sulfurique concentré. Ils veulent que
les plus frêles animalcules de la création résistent

la même colle et en même épaisseur est placée dans un vase en
porcelaine et n'offre pas encore la moindre végétation.

(1) SCHROEDER, *Cosmos. Revue encyclopédique.* Paris, 1859,
p. 540.

(2) L'abbé MOIGNO, *Cosmos.* Paris, 1859, p. 540.

constamment à l'air méphitique ou aux acides qui se forment durant les opérations à vaisseaux clos !

Nous le demandons, est-il rationnel de prétendre que la genèse d'un être vivant doive exiger moins de précautions que n'en réclame la formation d'un cristal ? Et cependant, nous pouvons dire que parfois la Monade et le Vibrion sont moins exigeants que le sulfate de soude. En effet, toujours nous les voyons apparaître dans les vaisseaux hermétiquement fermés, et presque toujours aussi dans ceux qui ont reçu de l'air calciné, ou de l'air tamisé à travers de l'acide sulfurique. L'avantage expérimental est donc ici à l'organisme.

La stérilité des appareils, observée dans certaines circonstances, dépend si peu des germes que l'on prétend enlever à l'air, soit en le brûlant à travers des tubes rougis, soit en le lavant dans l'acide sulfurique concentré, que maintes fois, dans des expériences comparatives, nous avons reconnu que l'eau simple paralysait la genèse tout aussi efficacement que le terrible acide, si longtemps représenté comme dévorant au passage les germes organiques.

Il est si peu besoin de tourmenter l'air avec tant de violence pour paralyser son action sur les corps fermentescibles, que quelques chimistes ont cru qu'il suffisait seulement de le tamiser à travers du coton cardé et qu'alors les substances putrescibles renfermées dans les vases ne subissaient aucune altération (1). Nous, nous avons reconnu, dans d'autres

(1) SCHROEDER et TH. V. DUSCH, *Annal. der Chem. u. Pharm.*

expériences, qu'il suffisait parfois de le faire simplement passer à travers de l'eau pour obtenir le même résultat, et voir ensuite de l'urine, de la colle, ou de l'albumine, se conserver deux mois à une température de 15°, tandis que les critériums exposés à l'air étaient remplis d'une végétation cryptogamique au bout de cinq à six jours (1).

t. LXXXIX, p. 232. — GERHARDT, *Traité de chimie organique*. Paris, 1856, t. IV, p. 544.

(1) EXPÉRIENCE. Dans un appareil à simple rentrée d'air et dont les boules de Liebig contenaient de l'eau, on remplit le tiers du ballon de colle de farine légère, que l'on y tint quinze minutes en ébullition à l'aide d'une lampe (pl. III, fig. 8). Celle-ci éteinte, l'air rentra dans l'appareil en traversant l'eau peu à peu. L'appareil fut abandonné deux mois à une température moyenne de 14 degrés, et pas la moindre moisissure ne se déclara à la surface de la colle durant tout ce temps. Au contraire un critérium, placé à côté, et en contact avec l'atmosphère, avait au bout de cinq jours toute sa surface envahie par des champignons —EXPÉRIENCE COMPARATIVE. Une expérience entreprise le même jour et dans les mêmes conditions, mais dans laquelle l'air est introduit dans l'appareil en traversant des boules de Liebig remplies d'acide sulfurique, donna absolument les mêmes résultats (pl. III, fig. 8).— EXPÉRIENCE. Dans notre appareil à simple rentrée d'air (pl. III, fig. 8), et dont les boules étaient remplies d'eau, on mit 175 grammes d'urine humaine, et on l'y tint en ébullition pendant un quart d'heure. Ensuite, l'air rentra en traversant l'eau, et l'appareil fut abandonné sous l'influence d'une température moyenne de 12 degrés. Deux mois après, l'urine était encore parfaitement limpide et pas la moindre moisissure ne s'était déclarée à sa surface. Un critérium placé à côté, au bout de huit jours était envahi par une abondante végétation cryptogamique. — EXPÉRIENCE COMPARATIVE. Une expérience est faite le même jour et absolument dans les mêmes circonstances, seulement l'air ne rentre dans l'appareil qu'en traversant des boules remplies d'acide sulfurique. Le résultat est absolument le même que dans l'expérience précédente, l'urine est intacte.

Mais hâtons-nous de dire que ce phénomène n'a pas toujours lieu ; et que si l'on se sert de mélanges propices, on a beau calciner l'air, ou le tamiser à travers de l'acide sulfurique ou de l'eau, la fermentation n'en a pas moins lieu, et au bout d'un certain temps on voit se produire des champignons et des animalcules dans les appareils.

Jusqu'à ce moment, avec l'appareil de Schultze, à courant d'air, j'ai *toujours* obtenu une végétation cryptogamique en employant de la colle de farine, longtemps bouillie dans le ballon même. Cette végétation apparaissait de huit à vingt-cinq jours après le commencement de l'expérience, à une température moyenne de 20° (pl. III, fig. 2).

Avec mes appareils à simple rentrée d'air, quand l'expérience est bien conduite, et que l'air est rentré en traversant un de mes doubles tubes laveurs, rempli d'acide sulfurique, dans la plupart des cas, j'obtiens une végétation cryptogamique on ne peut plus splendide (pl. III, fig. 6). Je dis dans la plupart des cas, parce que, dans ces expériences, que j'ai rendues ainsi beaucoup plus rigoureuses que celles de Schultze, l'air du ballon n'étant nullement renouvelé, il en résulte que les phénomènes catalytiques sont sensiblement retardés, amoindris ou même parfois paralysés absolument. Cependant lorsque l'on conduit bien l'expérience, soit en ajoutant à la colle un sel ammoniacal, ou des fragments de bois qui la surnagent, au bout d'un temps fort court, souvent seulement dix jours, si la température s'élève à 25°, on a, dans presque toutes les expériences, une végétation cryptogamique, dont l'aspect varie à chaque tentative.

Ainsi donc, l'expérience de Schultze, que je rends avec mes appareils trente fois plus rigoureuse, puisque j'y fais rentrer trente fois moins d'air, vient elle-même contester en faveur de l'hétérogénie.

Expériences. — *Axiome* : Les semences des Mucorinées ne résistent pas, durant un quart d'heure, à la température de l'eau en ébullition ; la colle abandonnée à l'air libre se couvre de ces champignons en quatre à cinq jours, à la température de 20°. *Expérience*. — Dans un de mes ballons à simple rentrée d'air, on fit bouillir dans de l'eau, pendant une heure, deux petits morceaux de bois de tilleul ; ensuite on jeta le liquide et on introduisit de la colle de farine bouillante dans l'appareil (pl. III, fig. 6). Alors on ferma celui-ci à l'aide d'un double tube laveur rempli d'acide sulfurique ; et la colle, qui occupait le quart du ballon, fut tenue en ébullition, à l'aide d'une lampe, pendant un quart d'heure. Ensuite, l'air rentra en traversant l'acide, et l'appareil fut abandonné. Quinze jours après, à une température moyenne de 23°, et à une pression de 0,755, la surface des deux morceaux de bois était couverte de six îlots de pénicilliums d'un centimètre de diamètre. *Corollaire*. — La végétation obtenue, dans ce cas, est évidemment un produit génésique spontané, puisque l'ébullition a été plus que suffisante pour détruire tous les germes de pénicilliums que l'appareil pouvait contenir. Et ceux-ci ne peuvent avoir été introduits du dehors, puisque l'acide sulfurique a dû les détruire au passage. Et d'ailleurs, comme la végétation du ballon n'est apparue qu'après quinze jours, ce ne sont pas des germes du dehors qui l'ont produite, car sans cela l'appareil en eût été envahi au bout de cinq jours au plus, la colle exposée à l'air en étant toujours couverte avant ce temps. Ces pénicilliums ne peuvent donc avoir eu une autre origine que l'hétérogénie.

Cette expérience a été répétée par nous plus de vingt fois. On en active encore les résultats en ajoutant du phosphate d'ammoniaque dans l'appareil, ou de la poudre de noix de galle.

On a fait remarquer que diverses substances, et en particulier le lait, se putréfient tout aussi bien dans l'air tamisé qu'à l'air libre ; mais que, dans le premier cas, on n'y remarquait aucun animalcule, ni aucune végétation cryptogamique (1). D'après cela, Charles Gerhardt conclut que si l'air calciné ou tamisé paralyse absolument la production des infusoires et des moisissures, c'est que la chaleur rouge et le tamisage enlèvent à ce fluide les germes qu'il contient, ainsi que les détritus organiques qui s'y trouvent en suspension, et dont il regarde l'ensemble comme des ferments, dont l'énergie aurait les effets de l'oxygène de l'air (2). Mais nous n'avons pas besoin de réfuter tout cela, puisque des centaines d'expériences prouvent que l'air tamisé dans de l'acide sulfurique n'arrête pas la production de la végétation cryptogamique.

(1) H. SCHROEDER et TH. V. DUSCH, *Ann. der Chem. u. Pharm.* t. LXXXIX, p. 232. — GERHARDT, *Traité de chimie organique.* Paris, 1856, t. IV, p. 341.

(2) CH. GERHARDT, *Traité de chimie organique.* Paris, 1854, t. IV, p. 545.

Ainsi que le rappelle Ch. Gerhardt, les légumes les plus sujets à s'altérer, enfermés dans des vases auxquels on a fait subir la température de l'ébullition, et que l'on a ensuite hermétiquement fermés, se conservent sans se putréfier. — Ce chimiste rapporte qu'après quinze ans, on les retrouve ayant la même fraîcheur et le même goût que précédemment (1). Mais cependant, dans ce cas, on n'a pas tamisé l'air lors de sa rentrée !

M. Cl. Bernard a considéré, comme une expérience contraire à l'hétérogénie, un cas dans lequel il ne se développa aucun produit organique, en l'espace de six mois, dans un ballon contenant de *l'eau et une très-légère quantité de gélatine et de sucre*, et dans lequel, après une ébullition de vingt minutes, l'air ne rentra qu'en traversant un tube rempli de morceaux de porcelaine rougis au feu. Ce ballon, dont le col était effilé, fut ensuite fermé à l'aide de la lampe d'émailleur (2).

La valeur de l'expérience de M. Cl. Bernard peut être absolument contestée en une seule ligne : il ne s'agit que de rappeler qu'elle a été réfutée à l'avance, et complétement, par des expériences de précision dues à d'Ingen-housz. En effet, ce physicien a vu de la matière verte se développer dans des vases dont l'eau

(1) Ch. Gerhardt, *Traité de chimie organique*. Paris, 1856, t. IV, p. 538.

(2) Claude Bernard, *Leçons sur les propriétés physiologiques et les altérations pathologiques des liquides de l'organisme*. Paris, 1859, t. I, p. 488. — *Comptes rendus de l'Académie des sciences*, 1859, t. XLVIII, p. 33.

et l'air avaient *plusieurs fois traversé des tubes rougis au feu* (1). C'est là, comme on le voit, une épreuve bien autrement sérieuse encore pour les éléments employés à la démonstration (2).

Si l'autorité des faits empruntés à Ingen-housz en parlaient pas avec assez d'éloquence, l'expérience de M. Cl. Bernard pourrait aussi donner lieu à d'immenses commentaires. Nous pourrions dire qu'un cas unique n'a que sa propre valeur, et qu'à lui seul il ne peut renverser une masse d'observations qu'on peut lui opposer. Si cette seule tentative a suffi à M. Cl. Bernard pour le ranger parmi les adversaires de l'hétérogénie, des physiologistes illustres, tels que Tiedemann, Tréviranus, Burdach et Bérard, en sont devenus de fervents adeptes, en s'appuyant sur des expériences sans nombre. Mais allons droit au but.

L'expérience de M. Cl. Bernard est absolument analogue à celle de Schwann. Mais en l'exposant au sein de l'Académie, ce physiologiste a lui-même anéanti la portée qu'il prétendait lui donner. Il a avoué que dans son ballon il ne s'était produit aucune fermentation (3). Je pourrais, si je n'avais de meilleures raisons à lui alléguer, dire à ce savant ce que d'autres

(1) Pour tous les naturalistes la matière verte est au moins un végétal. Pour nous et plusieurs autres zoologistes, elle n'est composée que de cadavres de quelques espèces d'animalcules du genre *Euglena*.

(2) Comp. Ingen-housz, *Expériences sur les végétaux*. Paris, 1787. — *Expériences et observations sur divers objets de physique*. — Raspail, *Nouveau système de physiologie végétale*. Paris, 1837, t. II, p. 319.

(3) Cl. Bernard, *Comptes-rendus de l'Académie des sciences*.

déjà lui ont dit avant moi : c'est que son expérience prouve tout simplement que l'air calciné, à l'aide de la chaleur rouge, n'est plus apte à entretenir la vie.

En effet, les appareils remplis d'air calciné, et fermés à la lampe, offrent tous de grands obstacles à la vie organique, et il n'est nullement étonnant que celle-ci ne s'y montre que si rarement. Cela est tellement vrai, que si on parvenait à introduire dans leur intérieur des plantes et des animaux vivants, ils y périraient assurément en un temps fort court. M. Cl. Bernard nous le révèle lui-même en rapportant que lorsque l'on ouvrit son ballon, l'air y avait été *considérablement raréfié; qu'il ne contenait plus aucune trace d'oxygène, et qu'on y rencontrait plus de douze centièmes d'acide carbonique* (1). Je ne pense pas qu'aucun physiologiste oserait prétendre qu'un animal puisse vivre dans de telles conditions. J'ai même vu des végétaux inférieurs périr dans des circonstances moins rigoureuses, lorsque je les enfermais simplement dans des ballons contenant de l'air (2).

Ce qu'il y a de certain, c'est que l'air calciné paralyse les phénomènes de catalyse. M. Cl. Bernard lui-même nous le révèle (3). Or, tous les hétérogénistes

---

(1) CL. BERNARD, *Leçons sur les liquides de l'organisme*, t. I, p. 490.— Il est vrai que dans un ballon où l'oxygène manquait il y avait des cryptogames. Mais M. Claude Bernard ne dit pas dans quel état celles-ci étaient lorsqu'il ouvrit le ballon.

(2) C'étaient des pénicilliums; en un ou deux mois ils périssaient, renfermés dans une assez vaste atmosphère, où ils végétaient très-bien précédemment.

(3) CL. BERNARD, *Académie des sciences*, 1859, t. XLVIII, p. 33.

considérèrent ceux-ci comme d'indispensables préliminaires à toute production spontanée; et l'on veut ici qu'un phénomène secondaire se produise avant que l'on ait vu apparaître ses prémices. Est-ce rationnel?

En effet, la formation des animalcules, ainsi que le dit Valentin, est manifestement accompagnée d'un changement chimique de l'eau et de la substance mise en infusion (1): Gruithuisen la considère comme une fermentation spéciale, mais qui peut en même temps coïncider avec des phénomènes de catalyse normaux (2). Tout cela est fort exact, et nous explique pourquoi, dans certaines expériences, nous n'obtenons pas de résultats positifs. Ce savant ajoute, avec non moins de raison, que le premier changement que l'on observe est un dégagement de bulles de gaz; et que, s'il vient à manquer, on n'obtient que peu ou point d'infusoires. C'est ce dégagement qui ne s'observe pas dans les vases hermétiquement fermés, lorsque l'expérience manque; et ceci vient attester que l'air chauffé au rouge et qui est trop raréfié, ou celui qui est trop dense, s'oppose aux phénomènes chimiques préliminaires. Voici pourquoi les vaisseaux fermés à la lampe, à cause des pressions et des raréfactions diverses que subissent les gaz et les liquides, sont fréquemment improductifs.

Quelques savants ont prétendu que dans quelques-unes de nos expériences, où les substances employées

(1) VALENTIN, *Addition au Traité de physiologie de Burdach*, t. II, p. 122.

(2) GRUITHUISEN, *Beiträge zur Physiognosie*, p. 108-116.

n'avaient subi qu'une température de 100°, celle-ci n'avait pas été suffisante pour tuer tous les germes organisés que ces substances pouvaient contenir. Ils se sont appuyés à ce sujet sur les assertions de M. Doyère qui prétend que certains animalcules, les Tardigrades, peuvent supporter sans périr une température de 120° et même de 140° (1).

Relativement à nos expériences, l'objection n'aurait même pas dû nous être faite, puisqu'elles étaient accompagnées de preuves constatant que les séminules des végétaux produits dans nos appareils subissaient une véritable désorganisation sous l'influence de cette même température. Et, d'un autre côté, on a pu voir dans ce livre, que souvent nous avons soumis les substances à une chaleur beaucoup plus élevée que celle à laquelle, sur une observation inexacte, on a exagéré la limite de la vitalité. Nous avons souvent obtenu des animalcules et des végétaux avec des corps chauffés de 200 à 300° centigrades, ce qui prouvait évidemment qu'ils ne pouvaient provenir de germes cachés dans les appareils ou dans les substances que l'on y employait.

Mais, par une étrange inattention, les savants qui prétendaient que les germes résistent à 100 degrés, oubliaient en professant une telle doctrine, qu'ils anéantissaient eux-mêmes les deux expériences qu'ils peuvent presque seules opposer aux hétérogénistes. En effet, les tentatives de Schultze, de Schwann et de

(1) Doyère, *Annales des sciences naturelles*. Paris, 1841. — Comp. aussi Milne Edwards, *Comptes rendus de l'Acad. des sciences*. Paris, 1859, t. XLVIII, p. 28.

M. Cl. Bernard deviennent absolument nulles, dès que
l'on proclame ce principe. Cette température n'ayant
pas été dépassée à l'intérieur de leurs appareils, il en
résulte que quelques germes anhydres, collés à leurs
parois, auront pu y résister sous cette forme ; et que,
bientôt après, sous l'influence de l'humidité qui règne
dans les ballons et de l'eau qui ruisselle contre leurs
parois, ces germes auront dû reprendre vie. Et alors,
il est bien extraordinaire que, dans les expériences des
savants qui viennent d'être cités, les appareils aient été
trouvés absolument dénués de végétation et d'animalcules. Dans tout ce que je viens de dire, on voit que
j'abonde dans l'hypothèse de l'incommensurable dissémination, soutenue par nos adversaires eux-mêmes ;
car j'espère que, lorsqu'ils opèrent, ils ne dispersent
pas le nuage de germes atomiques dont ils nous envi-
ronnent, nous, si splendidement, dans nos laboratoires.

Pour nous, aucun germe ne conserve sa vitalité
lorsqu'on le soumet à la température de 100 degrés
soit humide, soit sèche. Nous avons fait un nombre
considérable d'expériences sur ce sujet. Et dans celles-ci, nous avons toujours vu soit les séminules de
cryptogame, soit les germes des animalcules être absolument tués et ordinairement même désorganisés
par l'effet de cette température. M. Cl. Bernard convient lui-même, qu'aucun des germes organiques
connus ne résiste à une température humide de 100
degrés (1). Un semblable aveu nous suffit pour sauvegarder la plupart de nos expériences.

(1) CL. BERNARD, *Leçons sur les propriétés physiologiques et les*

L'expérience de M. Doyère n'est pour nous qu'une erreur, que propagent des physiologistes qui ne l'ont point répétée en lui donnant toute la rigueur désirable, ou quelques naturalistes amis du merveilleux.

Expérience. — Ayant recueilli, dans les gouttières de la cathédrale de Rouen, de la mousse remplie de Tardigrades et de myriades de Rotifères des toits, nous avons divisé celle-ci par petits fragments afin d'obtenir une dessiccation plus parfaite de la terre entremêlée aux racines. Cette terre a été exposée pendant deux mois au soleil d'été, et lorsqu'elle était depuis longtemps parfaitement sèche, nous en avons placé dix grammes dans un long tube mince qui plongeait sous de l'eau en ébullition. Toutes les précautions furent prises pour que nulle trace de vapeur ne pénétrât à l'intérieur de nos tubes. Ceux-ci furent tenus une heure sous l'eau bouillante. Après ce laps de temps, jamais dans nos expériences nous n'avons vu un seul Tardigrade revenir à la vie (1).

Cette expérience que nous avons répétée quatre fois a été reprise et refaite avec une attention scrupuleuse par deux de mes plus distingués élèves, par MM. Tinel, professeur de physiologie, et Pennetier, aide naturaliste, et elle a eu, dans leurs mains, le

altérations pathologiques des fluides de l'organisme. Paris, 1859, t. I, p. 488.

(1) En essayant aussi de répéter sur cet animal les fameuses expériences de revivification, jamais, malgré toutes les précautions, nous n'avons pu en ressusciter un seul quinze minutes après qu'il était desséché sous l'influence d'une température de 10 degrés.

même résultat que dans les miennes : les Tardigrades n'ont pas résisté à 100 degrés (1).

M. Doyère a réclamé, en vain, contre les résultats obtenus par ces deux expérimentateurs, en prétendant qu'ils n'avaient pas fait suffisamment dessécher les Tardigrades qu'ils employaient (2); c'est une allégation tout à fait gratuite. Les animalcules étaient depuis deux mois à sec et exposés au soleil, quand il en faisait. M. Doyère aura tout simplement apprécié la température de ses appareils avec cette légère exagération que l'on remarque dans sa correspondance, où sans la moindre hésitation, il fait régner en France une température qui dépasse celle du Sénégal (3).

SECTION III. — GENÉSE SPONTANÉE DE LA LEVURE.

La levure qui se produit en si grande quantité dans certains liquides en fermentation, offre encore aux partisans de l'hétérogénie un argument de la plus haute valeur, depuis qu'il a été évidemment démontré que celle-ci n'est qu'un végétal microscopique. Cagniard-Latour, Turpin, Schwann et Mitscherlich l'avaient d'abord considérée comme un champignon (4);

(1) TINEL, Journal *l'Union médicale*, mai 1859. — PENNETIER, Journal *l'Ami des sciences*, avril 1859, et le *Progrès*, mai 1859.

(2) DOYÈRE, *Comptes rendus de l'Académie des sciences*, mai 1859.

(3) M. Doyère dit que les *tardigrades* supportent cent jours de l'année, sur nos toits, une température de 80 degrés. *Progrès*, mai 1859. — Adanson dit que la plus forte température qu'il ait observée au Sénégal était de 60 degrés. *Voyage au Sénégal*, p. 26.

(4) CAGNIARD-LATOUR, *Ann. de chimie et de physique*, t. LXVIII,

mais elle a été placée avec plus de raison parmi les algues par Kutzing, d'abord, et ensuite par M. Ch. Robin (1).

L'algue de la levûre de bière, qui a été décrite sous le nom de *cryptococcus cerevisiæ* par Kutzing, et aussi sous celui de *C. fermentum* (2), se compose de vésicules microscopiques, ordinairement ovoïdes ou globuleuses, dont le diamètre varie de 0,004 à 0,007 de millimètres. Parmi ces vésicules, celles qui sont les plus volumineuses, offrent une teinte d'un jaune clair, et l'on voit vers le milieu de chacune d'elles, une autre vésicule fort apparente et qui semble occupée par un liquide d'une teinte d'un rose pâle (pl. ɪɪɪ, fig. 13).

Quelques savants, à l'exemple de Ch. Gerhardt, ont pensé que les vésicules de l'algue de la levûre se multipliaient à l'aide d'une sorte de bourgeonnement (3). En effet, quand on les examine au microscope pendant la fermentation, c'est-à-dire, pendant l'instant ou la levûre se forme, on rencontre une foule de vésicules sur lesquelles il en existe d'autres beaucoup plus petites, qui leur sont accolées; ou bien on découvre des vésicules qui sont réunies en courts cha-

p. 206. — TURPIN, *Mémoires de l'institut*, t. XVII, p. 93. — SCHWANN, *Ann. de Poggend.* t. XLI, p. 184. — MITSCHERLICH, *Ann. der Chim. u. Pharm.*, t. XLVIII, p. 193.

(1) KUTZING, *Species algarum*. Lipsæ, 1849. — CH. ROBIN, *Histoire naturelle des végétaux parasites*. Paris, 1853, p. 322.

(2) KUTZING, *Phycologia generalis*, p. 48.

(3) GERHARDT, *Traité de chimie organique*. Paris, 1856, t. IV, p. 542. La levûre, dit-il, semble se développer comme le ferait une série de générations d'êtres organisés.

pelets de quatre à cinq individus au plus, et qui semblent avoir une origine commune (pl. ii, fig. 14).

Mais, quoique cette opinion soit fort accréditée, nous ne pouvons cependant pas l'adopter. Il est vrai qu'au premier aspect, il semble que les petites vésicules adhèrent aux autres, et n'en sont qu'une sorte de bourgeonnement. Mais, en y réfléchissant, nous pensons que cela n'est pas, et que chaque vésicule de *Cryptococcus* naît isolément. Si on en rencontre tant d'accolées ensemble au moment de leur production, ce qui n'a pas lieu lorsqu'elles sont adultes, c'est qu'à ce moment, sans doute, leur superficie devient glutineuse et qu'alors, chaque fois que des vésicules se trouvent en contact, elles se soudent, ou plutôt s'accolent temporairement, comme le font certains grains de pollen, que l'on observe sous l'eau ou à sec au microscope.

Ce qui confirme notre opinion sur la genèse de la levûre, c'est d'abord que celle-ci se forme parfois dans des milieux où il n'en existait nullement, et que, par conséquent, elle ne peut y trouver aucune souche maternelle. Plusieurs autres raisons d'une grande valeur, s'ajoutent encore à celle-ci. L'une des plus démonstratives, est qu'en même temps que l'on voit de petites vésicules adhérer à de fausses vésicules-mères, on en voit de plus petites, en nombre immense, nager en liberté dans le liquide. Si le bourgeonnement était le mode de reproduction, le nouvel individu formé ne se détacherait de celui qui le produit, que lorsqu'il aurait acquis un certain volume, et l'on ne rencontrerait pas, isolés, de nombreux sujets plus pe-

tits que ceux qui adhèrent encore à la souche maternelle. Souvent aussi on rencontre encore adhérents
des individus presque adultes. Enfin, une raison qui
nous paraît aussi d'une grande valeur, c'est que très-
fréquemment on trouve deux vésicules de levûre,
parfaitement adultes, entre lesquelles il existe une vésicule toute jeune. Le bourgeonnement ne pourrait
pas donner une rationnelle explication de ce fait. La
petite vésicule ne peut pas procéder des deux autres à
la fois; et, toute jeune encore, si elle n'était que la
progéniture de l'une d'elles, elle n'aurait pas pu engendrer une vésicule plus grosse qu'elle, et qui a déjà
acquis tout son volume normal (pl. II, fig. 14).

L'algue de la levûre a si bien son origine dans les
réactions chimiques, qu'on la découvre parfois à l'intérieur des organes de l'homme et des animaux, sans
qu'on puisse supposer qu'elle y ait été introduite par
l'alimentation. M. Gruby l'a rencontrée dans l'estomac
d'un malade, après un jeûne de dix-huit heures (1).
Bennett, Vogel et Robin l'ont observée, soit dans les
vomissements, soit dans les déjections de divers individus (2). Ilmoni, Bennett et Vogel, ont même rencontré l'algue de la levûre de bière dans les urines de

<hr>

(1) Gruby, *Note sur des plantes cryptogames, se développant en
grande masse dans l'estomac. Comptes rendus de l'Académie des
sciences*, 1844, t. XVIII, p. 586.

(2) Bennett, *Lectures on clinical medecine*. Edinburgh, 1851,
p. 213. — Vogel, *Anatomie pathologique générale*. Paris, 1846,
p. 387. — Robin, *Histoire naturelle des végétaux parasites*, etc.
Paris, 1853, p. 325. — Le premier observa de la levûre dans les
vomissements des cholériques.

quelques malades (1). Sans doute que dans cette dernière circonstance on n'en reportera pas l'origine à l'air atmosphérique, et que l'on reconnaîtra que sa genèse n'a pu dériver que des phénomènes de réaction qui se sont produits dans le liquide sécrété par les reins.

Quoiqu'une très-petite quantité de *cryptococcus cerevisiæ* accroisse énormément la production des nouvelles vésicules de levûre, dans une liqueur en fermentation, ainsi que l'a dit M. Charles Robin, c'est à tort que l'on a cru que l'existence préalable de cette algue était nécessaire pour que ce phénomène chimique commençât (2). En effet, la fermentation prélude à son développement, mais ce n'est pas le végétal microscopique qui la détermine.

Une expérience que j'ai instituée donne à ce fait toute l'évidence possible, et, en même temps, avec une immense simplicité, constate la genèse spontanée de la levûre.

EXPÉRIENCE. *Axiomes*. La levûre est un végétal. La température de 100°, d'après M. Cl. Bernard lui-même, suffit, par la voie humide, pour détruire radicalement tous les germes organisés (3). La levûre elle-même, comme nous l'avons constaté, n'y résiste pas. *Expérience*. On plongea un flacon, bouchant à

(1) ILMONI, *Mémoire de la troisième assemblée des naturalistes scandinaves à Stockholm*, 1842. — BENNETT, *Lectures on clinical medecine*. Edinburgh. 1854. — Cela a particulièrement été observé dans l'urine de quelques diabétiques.

(2) CH. ROBIN, *Des fermentations*. Paris, 1847.

(3) CL. BERNARD, *Leçons sur les propriétés physiologiques des liquides de l'organisme*. Paris, 1859, t. 1, p. 488.

l'émeri, au fond d'une cuve de décoction d'orge germée, en ébullition depuis six heures ; là il fut totalement rempli de cette décoction, et on le ramena vers sa surface où il fut bouché avant d'en sortir. Ensuite, par excès de précaution, la circonférence de l'ouverture de ce flacon, fut enduite d'un lut composé de vernis à la copale et de vermillon, et l'on eut la certitude que le vase était hermétiquement fermé. Au bout de six jours, dont la température moyenne fut de 18°, l'on vit se former un léger dépôt de levûre au fond du flacon. Le septième, la température s'étant élevée tout à coup à 27° dans le laboratoire, ce flacon se brisa avec un grand bruit, et toute sa voûte fut jetée à quelques pouces de distance. Alors on reconnut, à la simple vue, qu'il s'était formé une quantité notable de levûre dans le liquide en expérience, et le microscope donna à ce fait une irrécusable démonstration. — *Corollaire*. Or, comme il est bien démontré que la levûre est une algue microscopique ; comme il est bien démontré aussi que ses germes, si elle en possède, ne résistent pas à la température à laquelle le liquide a été soumis pendant six heures ; enfin, comme le vase ne contenait pas une parcelle d'air atmosphérique, et qu'en volant en éclats il a prouvé qu'il était hermétiquement fermé, il faut absolument que, dans ce cas, l'algue de la levûre se soit formée spontanément.

Comment, sans invoquer l'hétérogénie, expliquerait-on la production de ce végétal ? Ira-t-on dire aujourd'hui que notre atmosphère est saturée de germes de levûre ? Mais cette puérile objection tant reproduite ne serait pas applicable ici, où nulle parcelle d'air n'a été introduite dans le vase ; et l'eau, de l'assentiment de l'un de nos antagonistes lui-même, de M. Cl. Bernard, ne pouvait contenir ces germes !

Cette expérience, si simple, ne suffirait-elle pas, à elle seule, pour renverser les deux expériences de Schwann et de Schultze, que l'on nous oppose sans cesse, et n'est-elle pas infiniment plus rigoureuse que celles-ci ?

Dans le but de décider si la levûre agissait sur la fermentation par sa puissance organique, Lüdersdorff et Schmidt ont vu qu'après l'avoir fait longuement porphyriser, elle était impropre à déterminer ce phénomène (1). Mais, en répétant leurs expériences, nous sommes arrivé à des résultats diamétralement opposés. Il fallait s'y attendre, puisque nous avons vu que si la levûre favorise la fermentation, celle-ci s'opère également sans elle, et n'en produit pas moins des vésicules de *cryptococcus cerevisiæ* (2).

La démonstration de l'organisation de la levûre donne un grand intérêt aux récentes expériences de M. Pasteur. Ce chimiste a vu la vie végétale et animale apparaître dans celles-ci, en n'y employant que des matières cristallisables, du sucre et des sels

(1) LÜDERSDORFF. *Ann. de Poggend.*, t. LXVII, p. 409. — SCHMIDT, *Ann. der Chem. u. Pharm.*, t. LXI, p. 168.

(2) EXPÉRIENCE. Un gramme de levûre de bière fut porphyrisé sur une glace, durant six heures de temps. On mit ensuite cette levûre dans un verre de décoction d'orge germée ; celle-ci a fermenté manifestement au bout de trois jours, par une température de 25 degrés, et il s'est formé au fond du verre une quantité notable de vésicules de levûre.

d'ammoniaque et de chaux, et en formant ainsi un milieu où il ne se trouvait aucun produit antérieurement organisé. Sur ce point, dit-il, la génération spontanée a fait un progrès (1).

M. Pasteur a été étonné de l'abondant dépôt de matières végétales et animales qu'il obtint dans ses expériences. Et quant à l'origine de la levûre lactique qui y apparut, il pense qu'elle est uniquement due à l'air atmosphérique, ce qui retombe ici, dit-il, dans les faits de génération spontanée (2). Effectivement, quand il exécute la même expérience en ne mettant en contact avec les substances que de l'air chauffé au rouge, il ne se produit ni fermentation, ni levûre, ni infusoires (3).

Il n'est guère possible de citer de plus concluantes expériences en faveur de la thèse que nous soutenons. Ainsi que nous l'avons déjà répété : l'air calciné a ici encore arrêté la fermentation et les produits organiques qui en dérivent ; cet air est donc également impropre au développement des phénomènes chimiques, comme il l'est à celui des phénomènes vitaux. L'expérience de Schwann, et celles qui ont été calquées sur elle, sont donc absolument insignifiantes.

(1) Pasteur, *Nouveaux faits pour servir à l'histoire de la levûre lactique.* — *Comptes rendus de l'Académie des sciences*, t. XLVIII, p. 337.

(2) Pasteur, *Nouveaux faits pour servir à l'histoire de la levûre lactique.* — *Comptes rendus de l'Académie des sciences*, t. XLVIII, p. 338.

(3) Les infusoires obtenus dans les expériences de M. Pasteur étaient des *bacterium termos* et leurs diverses variétés.

Sans doute que les fauteurs de la panspermie moderne ne prétendront pas aussi que l'air est rempli de germes de levûre, créés dans la prévision du moment où Osiris, car c'est peut-être lui, inventerait les boissons d'orge fermentées; où les peuples confectionneraient de la bière; où la chimie moderne produirait de toutes pièces de la levûre lactique. Si de si puériles objections pouvaient nous être faites, il n'y aurait plus d'arguments sérieux pour y répondre. Comme on peut faire de la bière sur tous les points du globe, il faudrait gémir sur la destinée de l'atmosphère, forcée ainsi de se surcharger partout d'une inutile semence, afin de satisfaire aux besoins des moindres coins de la terre où cette boisson est en honneur. « Il n'y a pas plus de germes organisés dans l'air qu'il n'y a de germes de sulfate de soude, m'écrivait un des chimistes qui honorent le plus le pays; il y a *quelque chose*, que nous ne connaissons pas, qui est une condition de la vie. » C'est aussi ce que nous pensons.

SECTION IV. — LIMITES DE LA DISSÉMINATION VÉGÉTALE.

Bérard, qui a considéré la génération spontanée d'une manière fort judicieuse, est, ainsi que nous, porté à regarder la production de certains végétaux comme ne pouvant être expliquée d'une manière satisfaisante que par l'hétérogénie (1).

Semés avec une indicible profusion des pôles à l'équateur, les champignons, qui, comme le dit le

____

(1) BÉRARD, *Cours de physiologie*. Paris, 1848, t. I, p. 98.

savant botaniste D. Clos, semblent braver l'influence
des climats et déjouer les principes de la philosophie
botanique (1), se prêtent mieux que toutes les autres
plantes à la démonstration de la spontéparité végétale. Aussi, dans tous les temps, eut-on les plus extraordinaires idées sur leur origine.

L'étrangeté des mœurs de ces êtres *vagabonds*,
comme les appelait Linnée, et leur subite apparition
avaient fait généralement croire aux anciens qu'ils se
produisaient d'une manière insolite. Parfois même,
ils leur donnaient une origine surnaturelle (2).

Mais en général, les savants d'alors, et parmi eux
Théophraste, Pline, Dioscoride et Galien, les regardaient comme des régénérescences, ou des produits
de la putréfaction. Quelques philosophes se conten-
taient de prétendre qu'ils proviennent du limon du
sol, raréfié par la chaleur centrale du globe.

Nées d'Esenbeck professait encore, il y a peu d'années, que les champignons sont formés par la décomposition des êtres vivants, et qu'on devait les regarder comme des atomes de plantes que la nature fait
sortir de la substance expirante. Vers le milieu du
dix-septième siècle, à une époque où la chimie était
encore dans les langes, un botaniste anglais, le célèbre Morison, prétendait que ces végétaux n'étaient

(1) D. Clos, *Origine des champignons*. Toulouse, 1858, p. 2.

(2) Ils leur imposaient le surnom de *fils des dieux et de la terre*;
qualification qu'ils donnaient aux hommes dont les parents
étaient inconnus, et qu'ils adaptaient d'autant mieux aux champignons que ceux-ci naissent souvent pendant les temps d'orage,
c'est-à-dire, d'après le mythe antique, lors de la prétendue con-
jonction du ciel et de la terre !

que des sortes d'excroissances du sol, produites par la combinaison des parties grasses et des principes sulfureux de la terre (1). En Allemagne, Dillen se contentait de dire qu'ils dérivaient de la fermentation putride (2). Ces idées, qui font dériver certains champignons ·de la génération hétérogène, ont été aussi adoptées par Lancisi, Marsigli, de Necker et Médicus; Moscati lui rapportait la production des moisissures (3), tandis que le baron Palisot de Beauvois regardait comme des blasphémateurs ceux qui leur accordaient une semblable origine (4).

En effet, les champignons doivent être rangés parmi les êtres organisés dont l'apparition ne peut souvent s'expliquer que par la genèse équivoque, car, dans certaines circonstances, on les voit naître sans qu'il soit possible de découvrir leur mode de propagation... Telle était naguère et telle est encore aujourd'hui l'opinion de Cadet de Gassicourt, Marquis, Parent-Duchâtelet, Gérard et Burdach (5).

(1) *Excrescentia terræ.... ex quâdam commixione salis sulfuris junctâ cum terræ pinguedine, etc.* Hort. bles., p. 490.

(2) *Fungus est plantæ genus.... ex putridinosâ fermentatione ortum.* (Catal. plant. Append. p. 71.)

(3) Lancisi, *De ortu, vegetatione ac textura fungorum.* Diss. Romæ, 1714. — Marsigli, *De generatione fungorum, epistola ad Lancisum.* Romæ, 1714. — De Necker, *Traité sur la mycétologie.* Manheim, 1788. — Moscati (aîné), *Acta acad. Bonon.*, t. III. — Comp. Spallanzani qui a combattu ce savant, t. II, p. 305.

(4) Cuvier, *Éloge historique de Palisot de Beauvois.* — *Mémoire de l'Académie des sciences*, 1819, t. IV.

(5) Cadet de Gassicourt, *Dictionnaire des sciences médicales.* Paris, 1813, t. IV, p. 503. — Marquis, *Fragments de philosophie botanique.* Paris, 1821. — Parent-Duchatelet, *Hygiène publique.*

Peut-on sérieusement professer, que la nature a saturé l'atmosphère d'innombrables germes de certains champignons, qu'on ne voit apparaître que dans les circonstances les plus exceptionnelles? Il en est que l'on ne rencontre que sur une seule espèce d'insectes; d'autres ne viennent que sur les gouttes de suif que les mineurs, dont parle Bérard, laissent tomber en travaillant! Y avait-il donc, dans la création, des sporules tout formés dans la prévision de l'exploitation des mines, à l'aide de notre vulgaire moyen d'éclairage (1)?

Un assez grand nombre de végétaux ne se rencontrent jamais que dans des circonstances tout à fait particulières et fort limitées; et beaucoup affectent même un habitat tellement absolu, que leur apparition semble un défi porté aux procédés ordinaires de la reproduction. Peut-on supposer qu'il y ait partout en suspension dans l'air, des spécimens de ces myriades de germes qu'il devrait nécessairement contenir, pour satisfaire à l'infinie variété des exigences qui se présentent? L'*Isaria felina*, qui ne vient que sur les excréments du chat; le *Monilia penicillus*, qu'on trouve sur ceux de la souris; l'*Isaria aranearum*, qui ne se développe que sur les cadavres des araignées; l'*Onygena equina*, qu'on n'observe que sur les sabots

Paris, 1836, t. I, p. 228. — GÉRARD, *Dict. univ. d'hist. nat.*, art. *Génération*, t. VI, p. 63. — BURDACH, *Traité de physiologie*. Paris, 1837, t. I, p. 32, 404.

(1) BÉRARD, *Cours de physiologie*. Paris, 1848, t. I, p. 98.

des chevaux en putréfaction (1), sont-ils toujours en permanence pour la circonstance?

Quelques autres champignons ont encore un habitat non moins extraordinaire que les précédents. Les uns ne s'observent jamais que sur certains insectes; telle est une espèce de *Clavaria*, qui, selon Fougeroux, n'affecte que les cicadaires; d'autres ont même un sol encore plus restreint : on ne les voit apparaître que durant un état déterminé de la vie de l'animal. Ainsi, selon Schweinitz, l'*Isaria sphingum* ne se rencontre jamais que sur certains papillons nocturnes, tandis que l'*Isaria crassa* n'affecte que leur chrysalide, et l'*Isaria truncata* leur larve (2). Faut-il donc supposer que la nature a encombré de séminules toute l'atmosphère, pour, à un moment donné, qu'une parcelle de celles-ci envahisse le cadavre d'une chenille ou d'un papillon! Enfin, on connaît un champignon fort gros qui ne se rencontre jamais que sur la queue d'une certaine chenille (3). Peut-on admettre, en suivant l'hypothèse des panspermistes, que l'air a été universellement bourré des séminules de ce champignon, pour qu'il en naisse un seulement, de temps à autre, sur cet insecte? Et si encore ce champignon était commun ou abondant en spores impalpables comme

(1) Comp. Robin, *Histoire naturelle des végétaux parasites qui croissent sur l'homme et les animaux.* Paris, 1853. p. 606. — Leveillé, *Dict. univers. d'hist. nat.*, t. VIII, p. 461, art. *Mycologie.*

(2) Schweinitz, *Carol.*, n° 1298.

(3) C'est le *Cordyceps Robertsii* (Hooker) qui acquiert souvent de quatre à cinq pouces de longueur, il vit sur la chenille de l'*hepialus virescens*, D.

un lycoperdon, cela pourrait offrir le champ à l'imagination des fauteurs de la panspermie ; mais il n'en est nullement ainsi. Les champignons, dans presque tous ces cas, n'envahissent réellement que des surfaces malades ou expirantes, les végétaux et les animaux sur lesquels on les trouve ayant leur organisation déjà altérée, ou même en voie de décomposition. C'est ainsi que Mayer a découvert des moisissures filiformes dans des produits pathologiques qui avaient envahi le poumon d'un geai (*corvus glandarius*) (1). Jæger et Heusinger ont rencontré de ces cryptogames dans les sacs aériens de plusieurs cygnes et de quelques cigognes, qui avaient également subi des altérations morbides (2).

Il y a une cryptogame remarquable, le *Racodium cellare*, qu'on ne rencontre que sur les futailles de nos celliers. Où donc étaient ses séminules avant l'invention de celles-ci ?

A l'aide de l'hétérogénie, on explique fort simplement certains faits que, malgré tous leurs efforts, ses antagonistes ne peuvent clairement élucider. Ne faut-il pas l'invoquer, en effet, pour expliquer comment, ainsi que l'ont remarqué Gruithuisen, Mertens, Roth, et Schrank, ce sont des espèces particulières de conferves qui se produisent sur certains poissons ou cer-

(1) Mayer, *Deutsches Archiv. für die Physiologie*, t. I, p. 310.
(2) Jæger, *ibid.* t. II, p. 354. — Heusinger, *Berichte der zootomischen Anstalt zu Würtzburg*, p. 32. — Olfers, *Commentarius de vegetativis et animalis in corporibus animatis reperiundis*. Berlin, 1816.

tains mollusques morts ou simplement malades (1) ? Faudrait-il aussi, pour elles, admettre que l'immensité de l'Océan ou les eaux des fleuves, se trouvent surchargées de sporules attendant pour ainsi dire leur sol au passage ! Le transport d'œufs ou de spores microscopiques à l'aide de l'air, pouvait paraître spécieux, quoiqu'il ne supporte pas l'examen ; mais ces milliards de germes disséminés sous l'eau ne dépassent-ils pas toutes les bornes de l'imagination ?

On ne peut pas non plus, il nous semble, expliquer par la dissémination, les moisissures que M. Bérard dit avoir observées à l'intérieur du péritoine de certains cadavres humains, qui avaient séjourné plusieurs semaines sous l'eau. Comment leurs spores auraient-ils pu parvenir jusque-là ? Quelques zoologistes ont aussi vu des moisissures verdâtres et pulvérulentes, étendues sur le péritoine de certains animaux tels que des pigeons, des biches et des tortues de terre : MM. Rousseau et Serrurier en citent plusieurs exemples (2).

On a opposé aux spontéparistes la fécondité de certaines plantes ou de divers animaux, afin d'expliquer l'extraordinaire dissémination de leur descendance. Fries a compté plus de dix-millions de corpuscules

(1) Burdach, *Traité de physiologie.* Paris, 1837, t. I, p. 37.

(2) Rousseau et Serrurier, *Développement de cryptogames sur les tissus de vertébrés vivants. — Comptes rendus de l'Institut,* t. XIII. p. 18. — Mais nous devons reconnaître avec sincérité que plusieurs d'entre eux n'ont peut-être pas toute la valeur désirable. Car, pour ce qui concerne les biches et les perroquets, on pourrait nous répondre que le péritoine communique avec l'extérieur.

reproducteurs dans un seul individu du *reticularia maxima* (1). Decandolle dit que les grandes espèces de Lycoperdon en contiennent peut-être bien davantage, et il prétend que ces germes entrainés par l'air ou par l'eau, peuvent pénétrer partout et se répandre jusque dans les tissus des êtres organisés (2). Nous portons beaucoup au delà que ne le fait Decandolle, l'incommensurable fécondité des champignons ; et nous dirons que sur le *Lycoperdon gigantesque*, ce n'est pas par millions qu'il faut compter ces germes reproducteurs, mais par millions de milliards. Fécondité telle, qu'il ne nous paraît pas déraisonnable d'admettre que si tous les spores d'un spécimen que nous avons observé, qui avait la grosseur d'une petite citrouille, se développaient en une nuit donnée, et sans nulle perte, toute la surface du globe pourrait en être couverte (3).

Eh bien ! malgré cette immense concession, nous ne nous expliquons pas encore comment, dans certaines circonstances, les séminules ou les œufs des êtres organisés parviennent dans quelques endroits où on voit apparaître tant d'espèces variées d'animaux ou de plantes ; et comment aussi, au contraire, la souche d'une aussi féconde progéniture n'est fréquemment environnée que par la plus absolue stérilité.

(1) Fries, *Syst. orbis vegetabilis*, t. I, p. 41.

(2) Decandolle, *Physiologie végétale*. Paris, 1832, p. 752.

(3) La terre a environ 509,300 billions de mètres carrés ; en donnant un mètre carré de surface pour chacun de ces gros végétaux, les séminules d'un seul suffiraient peut-être, pour ensemencer tout le globe.

Dans l'hypothèse de la panspermie, dont nos antagonistes ont tant abusé, il devient réellement impossible d'expliquer comment les séminules de certains végétaux que l'on rencontre dans la profondeur des organes des animaux, ont pu y parvenir. Ainsi comment donc avait pu s'introduire dans l'intérieur de l'œil, cette conferve que le docteur Helmarecht a extraite de cet organe, sur un pasteur chez lequel elle avait produit la cécité? Le docteur Neuber considérait aussi qu'il devait la perte d'un de ses yeux à un végétal semblable (1).

Comment, par le transport des séminules à l'aide de l'air, expliquerait-on la présence des cryptogames que l'on rencontre, soit dans la profondeur des tissus des plantes, soit dans les cavités parfaitement closes qu'offrent leurs organes? J'ai souvent trouvé des moisissures dans les cavités qui recèlent les graines des oranges, des citrons et des pommes, lorsque ces fruits commencent à se gâter. Harting dit avoir rencontré un champignon dans une cavité de l'intérieur d'un arbre où il était recouvert d'une trentaine de zones ligneuses. Ce cryptogame constituait même une espèce particulière du genre *Nyctomices*, qui ne contient jamais de spores, et par conséquent ne peut pas se reproduire (2). Dans les magnifiques planches de son *Traité des maladies de la pomme de terre*, le docteur H. Schacht a même figuré un champignon microscopique qui paraît prendre naissance à l'inté-

(1) Neuber, *Des mouches volantes de l'œil.* Hambourg, 1830. — Bérard, *Cours de physiologie*, p. 97.

(2) Burdach, *Traité de physiologie.* Paris, 1837, t. I, p. 35.

rieur des grains de la fécule, et en perforer successivement les couches (1).

Jusqu'à un certain point, on peut convenir qu'il est possible d'expliquer, par le transport des sporules, la production de certains végétaux qui attaquent l'homme et les animaux, et produisent chez eux plusieurs affections pathologiques. La teigne-faveuse (2), la Mentagre (3), le Muguet (4), etc., qui sont des maladies propres au premier, sont évidemment déterminées par des champignons, et peuvent résulter de la dissémination de leurs séminules.

En renouvelant l'appareil d'une fracture de la jambe, à l'Hôtel-Dieu de Rouen, je le trouvai rempli de plus de cent champignons de diverses tailles, et dont quelques-uns avaient leur chapeau ouvert, et s'élevaient à 4 centimètres. Cette végétation n'avait

(1) HERMANN SCHACHT, *Rapport au collége royal d'économie rurale sur la pomme de terre et ses maladies.* Berlin, 1856, pl. IX, fig. 11. — Plusieurs des figures de cet ouvrage, qui sont faites avec le plus grand soin, semblent évidemment indiquer que la végétation cryptogamique prend naissance à l'intérieur des grains de fécule.

(2) Cette teigne est produite par l'*Achorion Schœnleinii*, Remak. — Comp. LEBERT, *Physiol. pathologique.* Paris, 1845, t. II, p. 477. — VOGEL, *Anat. patholog. générale.* Trad., Paris, 1847, p. 391. — ROBIN, *Hist. nat. des végétaux parasites qui croissent sur l'homme.* Paris, 1853, p. 441.

(3) Cette dartre est causée par le *Microsporon mentagrophytes*, Ch. Robin. — Comp. GRUBY, *Sur une espèce de mentagre contagieuse, résultant du développement d'un nouveau cryptogame. Académie des sciences*, 1842, t. XV, p. 512. — CH. ROBIN, *Hist. natur. des végétaux parasites*, p. 430.

(4) Le muguet est dû à l'*Oïdium albicans*, Ch. Robin. — Comp. GRUBY, *Recherches anatomiques sur un cryptogame qui constitue le muguet des enfants. — Comptes-rendus*, 1842, t. XIV, p. 634. — CH. ROBIN, *Hist. nat. des végétaux parasites*, p. 488.

eu lieu que sur un seul malade, quoique la salle renfermât plusieurs personnes affectées des mêmes fractures. Jamais, pendant quatre ans de séjour dans cet hôpital, je n'observai aucune réapparition de cet agaric, car c'en était un.

Comment s'est-il donc fait que la production de ce champignon ait été isolée dans une salle où les autres malades ont pu, aussi bien que celui qui est cité, en recevoir des séminules sur leur appareil? Pourquoi donc aussi, si l'apparition de ce cryptogame n'a pas été absolument fortuite, ne se produit-il pas plus souvent? Pourquoi enfin, les agarics adultes observés sur l'appareil, ne se sont-ils pas reproduits sur d'autres, en y répandant leurs séminules?

Les hétérogénistes considèrent encore comme autant de preuves en faveur de la génération spontanée, l'apparition insolite de certaines plantes; mais ces faits, qui ne sont pas sans valeur dans la balance, nous paraissent beaucoup moins importants pour le soutien de notre thèse, que ne le sont ceux fournis en masse par l'expérience directe. Nous en citerons cependant quelques-uns, que Burdach comprend sous la dénomination d'*hétérogénie problématique* (1).

Souvent des végétaux apparaissent dans des contrées où, de mémoire d'homme, on en ignorait absolument l'existence. Et Burdach avance que s'il est peu probable qu'ils soient dus alors à l'hétérogénie, il y a au moins des cas où leur propagation ne paraît concevable que par le concours de circonstances

(1) Burdach, *Traité de physiologie*, t. I. — Gérard, Art. *Génér. spont. du Dict. univ. d'hist. nat.*, qui en cite un grand nombre.

vraiment extraordinaires. Cela se présente fréquemment après des incendies qui mettent à nu certains terrains. Ainsi, après celui de Londres, en 1666, au rapport de Morison et de Mérat, on vit apparaître l'*Erysimum latifolium*, que l'on ne connaissait point aux environs de cette ville (1). Franklin dit que dans l'Amérique septentrionale, lorsque l'on détruit, par le feu, des forêts de pins, on voit surgir des peupliers sur le lieu incendié (2).

Link fait remarquer, dans sa *Phioslophie botanique*, que lorsqu'une source d'eau salée se manifeste dans quelque localité éloignée de la mer, on voit bientôt croître tout autour d'elle certaines plantes inconnues dans la contrée, et qui n'habitent que les terres imprégnées de sel ou les rivages maritimes (3). Hoffmann a observé un fait encore plus remarquable. Sur un espace de terrain occupé par la mer, mais qu'on lui avait enlevé à l'aide de digues, il reconnut qu'il existait une végétation qui offrait de capitales différences, coïncidant avec la nature du sol mis à nu par le travail de l'homme. L'apparition des plantes qui surgissaient là ne pouvait rationnellement s'expliquer par aucune cause. Toutes croissaient loin de l'endroit, et elles s'y manifestèrent si rapidement, que ni les vents ni les courants d'eau ne pouvaient en expliquer l'apparition. Le *Salicornia herbacea* habitait les endroits que la mer avait le plus imprégnés de dépôts

(1) Morison, cité par Treviranus, *Biologie*. Voir Burdach, p. 41. — Mérat, *Éléments de botanique.*

(2) Franklin, cité par Burdach, *Phys.*, t. 1, p. 41.

(3) Link, *Elementa philosophiæ botanicæ*, p. 462.

salins ; l'*Arenaria maritima* étendait ses longues racines dans le sable pur ; l'*Aster tripolium* se trouvait dans la vase, et l'*Hippuris vulgaris* dans quelques eaux de sources imbibant des terrains argileux (1). Mais assurément, le fait le plus extraordinaire de cette nature, est celui rapporté par Viborg. Il s'agit d'un étang du Danemark, que l'on dessécha, et sur le fond duquel on vit apparaître, avec une foule d'autres plantes, une certaine quantité de *Carex cyperoides*, végétal, qu'au rapport des botanistes, on ne connaît point dans le royaume (2).

Lorsque l'on confectionne du pain avec certaines farines avariées, peu de temps après sa cuisson, on voit tout son intérieur envahi par des moisissures, sans qu'il soit possible d'expliquer comment elles ont pu s'insinuer jusque-là. Spallanzani, il est vrai, prétend avoir saupoudré du pain avec des moisissures calcinées, et y avoir ainsi déterminé l'apparition d'une nouvelle procréation. Mais doit-on croire à ce fait, tandis qu'on sait qu'une température fort peu élevée anéantit la faculté germinative des graines et des séminules?

On voit aussi parfois des moisissures à l'intérieur des cavités des fromages (3).

Je ne citerai pas comme probants en faveur de la génération spontanée, les cryptogames élémentaires que l'on rencontre à l'intérieur des œufs. J'ai vu l'albumine et le jaune de ceux-ci être envahis par des

(1) Hofmann, *Froriep's Notizen*, t. VIII, p. 113. — Burdach, *Traité de physiologie*. Paris, 1837, t. I, p. 43.

(2) Viborg, *Der Gesellschafft naturforschender Freunde* dans *Berlin Magazin*, t. XI, p. 74. — *Ann. de la Soc. des nat. de Berl.* Burdach, t. I.

(3) Comp. Burdach, *Physiologie*, t. I, p. 32 et 35.

moisissures, lorsqu'on les avait longtemps abandonnés. Mœrklin a vu un champignon le *Sporotrichum albuminis* envahir de ses filaments tout le blanc d'un œuf de poule (1). Mais on peut facilement objecter à ces observations, que les spores impalpables de ces cryptogames ont pu passer à travers la coquille par les ouvertures qui servent à introduire l'air indispensable à la respiration du fœtus.

Résumé. — Le contenu de ce chapitre prouve qu'il est évident que les expériences sur la végétation, viennent aussi apporter de décisives preuves en faveur de l'hétérogénie.

En employant des vaisseaux hermétiquement fermés, nous avons prouvé que, lorsque les expériences sont bien conduites, et exécutées à l'aide de procédés encore plus sévères que ceux de nos devanciers, on obtenait dans la plupart des cas, une végétation qui apparaissait en un temps assez court.

En répétant encore les expériences de Schultze, au point de vue de la production des cryptogames, dans nos mains, elles ont donné des résultats opposés à ceux obtenus par cet observateur : les appareils se sont remplis de champignons microscopiques de la plus belle apparence.

La science nous enseignant que la levûre, qui se produit pendant la fermentation, est un végétal, il est devenu évident que celui-ci s'engendre spontanément durant les phénomènes chimiques qui ont lieu lors de cette opération. Dans une de nos expériences, l'algue de

---

(1) Mœrklin, cité par Burdach, *Physiologie*, t. I, p. 35.

la levûre de bière s'est produite en abondance dans des vaisseaux *absolument* dérobés au contact de l'air et hermétiquement fermés.

En opérant à ciel ouvert, les résultats n'ont pas été moins manifestes, et nous avons vu, sur un sol factice, l'hétérogénie se produire en suivant les caprices de l'expérimentateur, partout où sa main traçait des caractères variés.

Soit dans les expériences à vaisseaux hermétiquement fermés, soit dans celles à ciel ouvert, nous avons aussi constamment reconnu que les produits végétaux variaient à l'infini, et en dehors de toute prévision. Les mêmes substances donnent des cryptogames absolument différents, selon la pression atmosphérique, la température, l'éclairage, etc.

Nos expériences prouvent aussi que l'extrème vitalité des germes, proclamée par les ovaristes, pour les besoins de leurs théories, est une assertion complétement erronée. De telle sorte que, malgré ce qu'en a dit un spirituel écrivain belge, on ne peut pas supposer que ces germes aient une résistance vitale supérieure à l'énergie de nos moyens de destruction (1).

Enfin, la dissémination elle-même, ce fait réel, mais souvent plus limité qu'on ne le prétend, est venue nous offrir quelques arguments en faveur de l'hétérogénie ; mieux appréciée, nous avons vu qu'elle ne pouvait nullement avoir l'extension qu'on lui prête et peupler de végétaux certains endroits où on en voit apparaître.

(1) Jobard, *De la vitalité des germes. — Comptes rendus de l'Académie des sciences*, t. XLVIII, p. 334.

CHAPITRE IX

NOUVEAUX FAITS CONCERNANT L'HÉTÉROGÉNIE.

Pendant que nous nous occupions de mettre la dernière main à ce travail, quelques faits nouveaux ont été produits dans la science. Les uns parlent avec éloquence en faveur de l'hétérogénie, et en eux tout révèle un véritable cachet de précision; les autres doivent être rangés parmi les assertions vagues auxquelles la thèse des générations spontanées a trop souvent donné lieu.

Expériences de M. Mantegazza. — Au nombre des travaux sérieux sur ce sujet, nous citerons en première ligne les expériences de M. Mantegazza, de Milan, présentées récemment à l'Académie des sciences (1). Dans l'une de celles-ci, en employant de l'eau artificielle, ce savant vit une décoction de feuilles de laitue, mise en contact avec de l'oxygène, se peupler de Monades au bout de sept jours (2). Dans une

(1) *Comptes-rendus de l'Ac. des scienc.*, 1859, t. XLVIII, p. 262.

(2) Expérience de M. Mantegazza. Je prépare de l'eau chimiquement en faisant passer un courant d'hydrogène sec sur du bioxyde de cuivre chauffé au rouge dans un tube de verre. L'eau obtenue de cette manière a été recueillie dans un tube de verre qui avait été chauffé au rouge et a été introduite dans un tube gradué en centimètres cubes où je l'ai fait bouillir avec des feuilles fraîches de laitue. Tandis que le liquide était en ébullition, j'ai rempli le tube avec du mercure chauffé à + 130 degrés centigrades, et je l'ai renversé sur une cuvette remplie du même métal chauffé à la même température. Tout étant disposé comme je viens de dire, j'ai fait entrer dans le tube 9 centimètres cubes d'oxygène pré-

autre tentative, non moins curieuse, M. Mantegazza a
vu une décoction de laitue dans l'eau artificielle, enfermée avec de l'air et chauffée à 140°, se remplir de *Bacterium termo*, après une cinquantaine d'heures (1).

Les expériences de M. Mantegazza sont absolument
analogues à celles que nous avons faites nous-même,
soit avec l'oxygène, soit avec l'eau ou l'air artificiels ;
seulement, les êtres organisés que l'on a rencontrés
dans les nôtres étaient plus élevés dans la série zoologique, ce qui tenait, sans nul doute, à ce que nous
avons opéré sur une bien plus grande échelle.

Nous ne pouvons que rendre hommage à la grande
précision qui règne dans tous les détails de l'œuvre
du savant italien, que nous sommes heureux de citer (2). Cette précision contraste de la plus ostensible
manière avec l'oubli total des moindres préceptes de
l'expérimentation, qu'on rencontre dans d'autres travaux.

Maladie pédiculaire. — Tout le monde connaît

paré avec le chlorate de potasse et qui avait passé par un tube de
verre rougi. Après 161 heures, j'ai rencontré dans la décoction
de laitue des Monades vivantes.

(1) Expérience de M. Mantegazza. Dans un tube solide de verre
de la longueur de 13 centimètres, fermé avec la lampe, j'ai mis de
la décoction de laitue, en laissant le tube rempli d'air dans une
longueur de 10 centimètres. J'ai laissé à la température ordinaire
le tube ainsi préparé l'espace de 48 heures, après quoi je l'ai
exposé pendant 30 minutes à 100 degrés centigrades, et pendant
40 minutes à + 140 degrés, dans un bain d'une solution saturée
et bouillante de carbonate potassique ; 59 heures après j'ai coupé
le tube et j'ai rencontré dans la décoction des *Bacterium termo*
vivants. La température moyenne avait été de + 25° centig.

(2) Mantegazza, *Recherches sur la génération des infusoires.
Journal de l'Institut.* Lombard., t. III. 1852.

cette maladie, nommée aussi *phthiriase*, dans laquelle il s'engendre souvent à la surface du corps une prodigieuse quantité de poux.

Ces insectes, dont MM. Alt, Burmeister, Gervais et Van Beneden ont donné de bonnes descriptions ou des figures (1), paraissent constituer une espèce particulière, *pediculus tabescentium*, dont la genèse est encore un mystère. Alt prétend que ces parasites naissent dans les plis de la peau, et se cachent sous l'épiderme, qu'ils soulèvent. A l'appui de cette assertion, je dirai que j'ai été frappé du nombre de petites plaies qu'on observe à la surface du corps des malades, et qui paraissent être d'une dimension beaucoup plus considérable que ne le seraient de simples piqûres. Avenzoar et Galien, pensaient aussi que ces insectes naissent au-dessous de la peau. Lieutaud avance même qu'on les voit parfois se produire sous les téguments du crâne (2).

C'est à l'envahissement pédiculaire que certains auteurs attribuent la mort d'Hérode, de Sylla et de Philippe II d'Espagne (3). Dans cette maladie, les insectes pullulent parfois avec une telle abondance à la surface de la peau, qu'un médecin du seizième siècle,

---

(1) Alt, *Dissertatio de Phthiriasi.* Bonn, 1824. — Burmeister, *Genera insectorum.* Berolini, 1838. — *Handbuch der Entomologie.* Berlin, 1832.—Gervais et Van Beneden, *Zoologie médicale.* Paris, 1859, t. I. — Küchenmeister, le confond avec le *pediculus vestimenti. An. par.,* t. II, p. Trad. angl.

(2) Lieutaud, *Historia anatomica morborum.*

(3) Serrurier, *Dict. des sc. médicales,* t. XLII. Art. *Phthiriase.* — Devergie, *Traité pratique des maladies de la peau.* Paris, 1856, p. 652.

Amatus Lusitanus, raconte naïvement dans son œuvre, qu'un grand seigneur portugais avait le corps tellement couvert de poux, que deux de ses serviteurs n'étaient occupés qu'à en remplir des corbeilles et à aller les jeter à la mer. Marchelli cite une femme sur laquelle ces insectes pullulaient tellement, que chaque jour on lui en enlevait six à sept cents, ce qui paraît plus digne de foi (1).

Les anciens ont généralement considéré les poux comme étant dus à la genèse spontanée. Aristote, Théophraste et Galien les lui attribuaient. Cette opinion, acceptée déjà par quelques savants de notre époque, a été encore tout récemment reproduite.

Burdach, qui semble considérer la genèse spontanée des poux comme un fait positif, prétend que ceux-ci apparaissent avec une telle abondance dans la plique polonaise, que l'on n'oserait supposer qu'ils se sont produits à l'aide d'œufs (2). M. Serrurier, en traitant de la maladie pédiculaire, dit que Th. Bonet rapporte plusieurs exemples dans lesquels cette affection a paru se développer spontanément (3).

Quoique connaissant parfaitement la reproduction sexuelle des poux, Bremser n'en admet pas moins que, dans certaines circonstances où ils apparaissent avec une abondance exceptionnelle, ceux-ci sont le produit de l'hétérogénie (4). M. Devergie, qui s'est

(1) MARCHELLI, *Memorie della soc. medic. di Genova.*

(2) BURDACH, *Traité de physiologie.* Paris, 1837, t. 1, p. 39.

(3) SERRURIER, *Dict. des sc. méd.*, t. XLII, p. 8, art. *Phthiriase.* — BONET, *Observ.*

(4) BREMSER, *Traité anatomique et physiologique des vers intestinaux de l'homme.* Paris, 1824.

spécialement occupé de la phthiriase, professe la même opinion, puisqu'il dit que la maladie pédiculaire, soit de la tête, soit du corps, peut être *spontanée* (1).

D'un autre côté, Sichel et Fournier ont fait connaître un assez grand nombre de cas dans lesquels on a rencontré des poux à l'intérieur de tumeurs closes de toutes parts (2) ; et, dans ces cas pathologiques, il était réellement impossible d'expliquer l'apparition de ces insectes à l'aide de la reproduction normale. Le docteur Rust a raconté à Bremser, qu'ayant ouvert une tumeur fort grosse qu'un jeune homme portait à la tête, il n'en sortit qu'une immense quantité de petits poux, qui la remplissaient en entier (3). G. Heberden a rapporté un fait analogue observé par Ed. Vilmot (4). Enfin, Bernard Valentin rapporte qu'un homme adulte offrait sur le corps une foule de petits tubercules qui n'étaient remplis que de poux, et qui en fournirent une quantité si considérable lorsqu'on les incisa, que le malade faillit en périr de frayeur (5). M. Devergie atteste aussi avoir vu de ces tumeurs pédiculaires remplies de myriades de poux, qu'il n'hésite

(1) DEVERGIE, *Traité pratique des maladies de la peau.* Paris, 1856, p. 650.

(2) SICHEL, *Historiæ phthiriasis internæ veræ fragmentum*, p. 207. — FOURNIER, Art. *Cas rares. Dict. des sciences médicales*, t. IV.

(3) BREMSER, *Traité zoologique et physiologique sur les vers de l'homme.* Paris, 1824.

(4) G. HEBERDEN, *Commentarii de morborum historia et curatione*, Londini, 1802, p. 278.

(5) DEVERGIE, *Traité pratique des maladies de la peau.* Paris, 1856, p. 649.

pas à considérer comme le produit de la spontanéité ; et ce médecin s'étonne qu'en présence de tels faits, on ait pu mettre celui-ci en doute (1).

Plusieurs des assertions précédentes ont été l'objet d'une critique judicieuse de la part de M. Rayer. Cet illustre médecin ne nie cependant pas absolument la spontéparité ; il semble, à cet égard, adopter un doute philosophique (2). Nous, n'ayant aucune observation particulière, nous nous bornons au rôle d'historien.

Cependant, en reconnaissant que la genèse du pou est encore environnée des plus profondes ténèbres, et en voyant cet insecte remplir des tumeurs absolument inaccessibles aux corps extérieurs, ou constituer une véritable éruption vivante, il ne semble pas étrange que des savants aient vu là un acte de spontéparité.

M. Marchal de Calvi se demande, avec raison, si, dans ces cas, on dira aussi que les œufs des poux flottent dans l'air, toujours prêts à élire domicile sur l'homme ; et il ajoute que ce ne sera pas une des moindres violences que la panspermie ait tentées contre le bon sens (3).

GALE. — La gale, qui, ainsi que la phthiriase, est produite par un insecte, a été aussi considérée par

(1) Devergie, *Traité pratique des maladies de la peau.* Paris, 1856, p. 649.

(2) Rayer, *Traité théorique et pratique des maladies de la peau.* Paris, 1835, t. III, p. 802.

(3) Marchal de Calvi, *Idée de la bio-pathologie. Union médicale,* 1859.

quelques médecins comme pouvant parfois se manifester spontanément. Telle est l'opinion de M. Devergie; telle est aussi celle de M. Marchal de Calvi, dans son remarquable article inséré dans l'*Union médicale* (1); et, selon lui, l'*acarus scabiei*, au lieu d'être la cause de la maladie, n'en serait parfois que le produit, et naîtrait durant son cours, par la voie hétérogénique.

Burdach, qui paraît avoir quelque tendance à admettre la génération spontanée des acarides, dit même que quelques savants ont observé de ceux-ci dans des tumeurs lépreuses; tels sont Rolando, Murray et Martinet (2).

ANATOMIE PATHOLOGIQUE. — Ne voulant omettre aucun moyen d'investigation, en terminant cet écrit, je dois dire que pour m'assurer si l'anatomie pathologique s'accordait avec la nouvelle théorie des migrations des helminthes, j'ai consulté un des plus savants professeurs de notre École de médecine, M. Leudet fils, et voici sa réponse, à laquelle je n'ajouterai aucun commentaire :

« Depuis la publication des recherches de MM. Siebold, Van Beneden et Küchenmeister, me dit-il, j'ai voulu savoir si, comme ces deux derniers savants l'ont surtout avancé, la clinique médicale et l'anatomie pathologique humaine venaient à l'appui de leur théo-

<hr>

(1) DEVERGIE, *Traité pratique des maladies de la peau.* Paris, 1856, p. 418. — MARCHAL DE CALVI, *Idée de la bio-pathologie. Union médicale,* 1859, n° 10, p. 263.

(2) JOERDENS, *Entomologie und Helminthologie des menschlichen Kœrpers,* t. I, p. 23. — BURDACH, t. I, p. 39.

rie. Les différents mémoires de médecine sont pauvres
en observations qui présentent la coexistence simultanée de plusieurs espèces de vers chez le même individu : cysticerques, échinocoques, tænias ou bothriocéphales. Cependant, si les idées de ces observateurs
étaient conformes à la vérité, cette coïncidence ne devrait pas être chose rare, car M. Küchenmeister va
jusqu'à prétendre que, de l'existence antérieure ou
actuelle d'un tænia chez un malade, on pourrait conclure, en présence de certains symptômes propres
aux tumeurs cérébrales, à l'existence de vers, cysticerques ou échinocoques, dans le cerveau. M. Stich,
dans un mémoire récent (1), parmi les nombreux
faits de cysticerques qu'il a pu observer à Berlin chez
l'homme, ne cite pas un seul cas où l'on ait constaté
l'existence antérieure d'un cestoïde dans le tube digestif, et il ajoute que rien, dans la manière de vivre
de ses malades, n'autorise à admettre que les vers
aient pu être communiqués par des animaux domestiques vivant dans la même demeure.

« Depuis plus de dix années, nous n'avons omis,
dans aucun cas, d'examiner avec grand soin les
viscères de nos malades, qui présentaient des entozoaires. Voici ce que notre expérience nous a appris :
Deux faits recueillis à Paris présentent la coexistence,
chez le même individu, d'entozoaires de différentes
espèces ; voici l'analyse de ces cas :

1. Cysticerques des muscles et du cerveau chez
une femme atteinte à la même époque d'un ver qui

____

(1) *Annalen des Charité — Krankenhauses.*

paraît avoir été un tænia. Observation recueillie par moi à l'hôpital de la Charité de Paris, dans le service de M. Rayer (1).

2. Cysticerques multiples dans le tissu cellulaire sous-cutané, dans les muscles et dans l'épaisseur de la pie-mère. Kyste hydatique volumineux suppuré, parfaitement reconnaissable, ouvert dans le péritoine.

Depuis cinq années, placé à Rouen à la tête d'une grande division médicale de l'Hôtel-Dieu, je n'ai trouvé aucun cas semblable sur quinze cas où des vers furent rencontrés sur l'homme. Ces cas se subdivisent ainsi :

```
Hydatides échinocoques.............................. 13 cas.
     Id.         id.       limités au foie............. 7 cas.
Hydatides et échinocoques du foie et du bassin....... 1 cas.
     Id.         id.       du foie et du poumon....... 2 cas.
     Id.         id.       du ligament large.......... 1 cas.
     Id.         id.       dans le poumon seulement... 1 cas.
     Id.         id.       du cerveau................. 1 cas.
Cysticerques du cerveau seulement................... 1 cas.
     Id.         id.       et des muscles............. 1 cas.
Un lombric existait simultanément dans l'estomac.
```

« A Rouen, où nous avons recueilli ces faits, nous avons constaté la rareté du tænia, dont nous n'avons vu que deux exemples pendant la même période de quatre années, où nous avons recueilli les faits précédents. Ceci ne vient donc nullement à l'appui des opinions théoriques émises.

« Nous ajouterons, en outre, que notre population

(1) E. LEUDET, *Comptes rendus de la Société de biologie de Paris*, Sect. 1, vol. V, p. 24, 1853.

ouvrière mange en général peu ou point de viande, et seulement de la charcuterie cuite.

EXPÉRIENCES NULLES. — Enfin, pour n'être accusé d'aucune omission, que dirai-je des expériences présentées à l'Académie des sciences par MM. Gaultier de Claubry et Lacaze-Duthiers? Mais absolument rien, tant elles s'éloignent du domaine des choses sérieuses. Les faits avancés par le premier, relativement à la résistance vitale des charançons (1), sont absolument inexacts, et se trouvent infirmés par les observations contradictoires de M. le doct. Lauras, dans lesquelles il a vu qu'il suffisait d'exposer du blé à une température de 90° centigrades, pendant quatre minutes, pour tuer tous les charançons qui l'infestaient (2). Divers autres savants, qui, tels que Cadet de Vaux, ont proposé de passer le blé dans des espèces de brûloires pour anéantir les insectes qui l'attaquent, sont également unanimes sur ce point : c'est qu'il suffit même d'une chaleur de 70° pour tuer les charançons (3). Tout cela étant parfaitement connu, et depuis longue date, comment est-il possible qu'on ait pu mettre en lumière les expériences de M. Gaultier de Claubry?

Relativement à l'expérience courageusement citée par M. Lacaze-Duthiers, le moindre de ses défauts est que celui-ci prétend qu'on y a employé, comme

(1) GAULTIER DE CLAUBRY, *Note relative aux générations spontanées des végétaux et des animaux. Comptes-rendus*, t. XLVIII, p. 334. Dans cette note ce chimiste prétend que les charançons du blé résistent à 130 degrés.

(2) LAURAS, *Lettre pour servir à l'histoire des générations spontanées. Ann. des sc.*, 1859, p. 232.

(3) Comp. POUCHET, *Traité de zoologie*. Paris, 1841, t. II, p. 87.

critérium, un instrument qui, selon nous, est absolument impossible (1). Comment, du reste, la critique pourrait-elle traiter des expériences dans lesquelles on ne nomme même pas les substances que l'on a employées, et dans lesquelles on ne tient aucun compte du temps, ni des températures, etc., etc.?

CHAPITRE X.

RÉSUMÉ ET CONCLUSION.

Lois de l'hétérogénie.

Nous nous bornerons à résumer ici, sous la forme aphoristique, ce que contient cet ouvrage. Cette manière de procéder est suffisamment légitimée par les expériences et les détails si précis, qui se trouvent dans les chapitres précédents. Nous mentionnerons surtout les faits nouveaux auxquels nos expériences ou nos observations ont donné quelque évidence.

Notre théorie de la génération spontanée n'a aucune analogie avec celle des philosophes atomistes de l'antiquité.

Ils prétendaient que les êtres qui naissaient spon-

(1) LACAZE-DUTHIERS, *Lettre sur les recherches de M. Haime, concernant les générations spontanées. Comptes rendus de l'Acad. des sciences*, t. XLVIII, p. 116. Je sais que l'instrument a existé; mais cela ne prouve nullement qu'il ait jamais pu être adapté aux recherches auxquelles on le destinait. C'est là l'impossibilité.

tanément n'étaient que le résultat de la rencontre fortuite des atomes, et que, par l'effet de celle-ci, l'organisme se formait de toutes pièces.

Nous, nous pensons que la force plastique n'engendre jamais que des ovules, et que l'être qui dérive de l'hétérogénie suit ainsi toutes les phases du développement de celui qui provient de la génération normale.

Nous avons vu qu'à une grande majorité, les physiologistes les plus illustres de notre époque admettaient l'existence des générations spontanées (Burdach, Treviranus, Tiedemann, J. Müller, Bérard, Dugès, etc.).

L'hétérogénie ne se manifeste *ordinairement* que lorsqu'il se rencontre, dans le même milieu, un corps putrescible, de l'eau et de l'air.

La chaleur, la lumière et l'électricité concourent aussi à ce remarquable phénomène.

Le corps putrescible joue le plus important rôle dans la production des organismes spontanés ; cependant, mais rarement, il peut manquer.

L'air est indispensable à la production de l'hétérogénie. Si sa masse est insuffisante ou trop restreinte, lorsque l'on opère à vaisseaux clos, aucun organisme n'apparaît, ou ceux qui se montrent sont de l'ordre le plus infime.

Cependant, l'oxygène a pu parfois être substitué à l'air atmosphérique. Cela est attesté par nos expériences (p. 279), et par celles de quelques autres savants (Mantegazza).

L'eau est le plus indispensable agent de l'hétérogénie. Si elle manque absolument, celle-ci cesse de se produire.

La lumière a une grande influence sur la genèse spontanée : elle l'active manifestement. Cependant, quoiqu'on ait dit le contraire, l'obscurité absolue n'entrave nullement la production des animalcules et des végétaux microscopiques ; nous l'avons prouvé (p. 200).

La couleur des rayons du spectre solaire a une énorme influence sur l'hétérogénie. Nous avons reconnu que le rayon rouge est le plus favorable au développement des Proto-organismes animaux, et le vert aux végétaux (p. 197).

Nous avons démontré que l'électricité favorisait la genèse spontanée (p. 203).

Les mêmes substances, exposées à divers degrés de chaleur ou éclairées diversement, produisent des animaux et des plantes absolument différents.

Des substances absolument analogues produisent souvent des organismes absolument différents, quoique placées dans des conditions identiques. Ainsi, des crânes humains, appartenant à diverses époques historiques, ont produit des animalcules et des plantes tout à fait dissemblables (p. 151).

La résistance vitale des Microzoaires est plus considérable qu'on ne l'a pensé.

Contrairement à ce que certains savants ont annoncé, l'absence momentanée de l'air n'a aucune influence sur les Infusoires vivants. Ils résistent, sous la machine pneumatique pendant plusieurs jours, au vide le plus intense (p. 177).

Le mercure n'entrave pas la production de ces animaux ; et ses émanations ne semblent nullement agir sur ceux qui sont vivants (p. 209).

On démontre expérimentalement l'existence des générations spontanées, en prouvant successivement qu'aucun des trois corps au milieu desquels elles se produisent, ne contient de germes organiques.

Le corps solide est si peu le véhicule des germes, qu'on peut le chauffer à une température élevée, et même le réduire en charbon, sans entraver la genèse spontanée (Spallanzani, p. 225).

L'eau n'est pas le véhicule des germes puisque nos expériences ont démontré qu'il se produisait des animaux et des plantes variés, dans de l'eau artificielle (p. 235) ; d'autres expérimentateurs l'ont également fait (Mantegazza).

L'air atmosphérique ne peut pas être considéré davantage comme contenant ces germes introuvables, puisque, dans nos expériences, nous avons vu des organismes végétaux et animaux se produire dans d'autres gaz (p. 279).

Puisque, par voie d'exclusion, on est forcé de reconnaître que ces germes ne résident nullement, ni dans le corps putrescible, ni dans l'eau, ni dans l'air, il faut donc conséquemment que les organismes naissent spontanément sous l'influence simultanée de ces trois corps. C'est ce que prouvent aussi nos nombreuses expériences (chap. IV).

L'air a été le dernier refuge des panspermistes. Ne pouvant rationnellement confier le rôle de disséminateur général à l'eau ou au corps solide, l'atmosphère, qui se prêtait mieux aux caprices de l'imagination, a été considérée par eux comme le réceptacle universel des germes.

La raison et l'expérience renversent encore de fond en comble cette prétention.

Si l'air contenait tous les spores et les œufs indispensables pour expliquer les organismes que l'on voit incessamment surgir partout et dans tout, il en serait absolument et inutilement encombré. La raison se révolte contre une semblable prétention (Comp. p. 243).

Par l'expérience directe, nous avons prouvé que ces germes n'y existaient qu'accidentellement et en quantité insignifiante (p. 439).

Des vases mis en contact avec d'immenses masses d'air, à l'aide de machines puissantes, n'ont pas été plus féconds en animalcules ou en végétaux, que ceux qui n'étaient entourés que d'un litre d'air (p. 287).

De l'eau dans laquelle, à l'aide d'un aspirateur, on fit passer un volume d'air énorme, ne présenta aucun œuf d'animalcule, aucun spore de plante. Comme on connaît les œufs de certains animalcules, et les spores des végétaux microscopiques, si l'air en était le véhicule, ils n'échapperaient pas au micrographe.

L'analyse microscopique de l'air nous a prouvé, elle-même, que celui-ci n'était nullement le réceptacle des œufs ou des spores des animaux et des plantes (p. 432).

Plusieurs micrographes, il est vrai, avaient considéré comme des œufs aériens, quelques corpuscules qui en ont en effet l'apparence.

Nous avons prouvé que ceux-ci n'étaient que des grains de silice infiniment petits, et paraissant oviformes; ou des grains de fécule, substance que nous avons reconnue exister dans l'air en quantité notable, tantôt avec ses caractères normaux et tantôt colorée en bleu (p. 437 et 439).

L'air est si peu le véhicule des germes, que, dans nos expériences à vases clos, nous lui avons substitué soit de l'air artificiel produit dans nos laboratoires, soit de l'oxygène, et que nous n'en avons pas moins vu nos matras se remplir d'animalcules et de végétaux microscopiques, dont quelques-uns étaient même absolument inconnus aux naturalistes (p. 276 et 279). D'autres savants ont fait des expériences analogues et ont obtenu de semblables résultats (Mantegazza).

L'air calciné, qui a traversé plusieurs fois un tube de porcelaine chauffé au rouge, produit aussi des organismes (Ingen-housz).

Dans nos expériences, l'air calciné et l'air qui a été lavé dans de l'acide sulfurique concentré, n'en ont pas moins produit d'abondants végétaux cryptogamiques (p. 256).

Enfin, dans des préparations disposées concentriquement ou abritées diversement, nous avons vu les organismes abonder dans certaines régions des appareils et manquer dans d'autres, ce qui n'aurait pu avoir lieu si l'air était le disséminateur des germes (p. 610).

Les antagonistes de l'hétérogénie ne lui ont jamais opposé que deux expériences : celle de Schultze et celle de Schwann.

Nous avons démontré que ces expériences devaient être considérées comme tout à fait nulles, car dans nos mains elles ont donné des résultats absolument opposés.

L'expérience de Schultze, qui consiste à laver dans de l'acide sulfurique, l'air qui rentre dans les vases, répétée par nous et avec des procédés bien plus sévères que ceux de son auteur, nous a donné des résultats positifs. Nous avons presque constamment vu des animaux et des plantes microscopiques, se produire dans les ballons, après un certain nombre de jours (p. 256 et 616).

L'expérience de Schwann, dans laquelle on calcine l'air dans des tubes portés à la température rouge, a également, dans nos mains, donné des résultats positifs. D'autres expérimentateurs, nous venons de le dire, ont aussi réussi dans ces circonstances (Ingen-housz).

Les phénomènes de genèse spontanée sont toujours précédés de phénomènes de catalyse (p. 337).

Après ces phénomènes de désorganisation, apparaissent les phénomènes de réorganisation.

Le premier phénomène génésique est la formation d'une *pellicule proligère*, qui, dans la génération spontanée, représente exactement l'ovaire de la génération normale (p. 352).

Nous avons démontré que cette pellicule était formée par les cadavres d'animalcules de l'ordre le plus infime. L'observation directe n'a pu rien encore nous révéler sur leur origine, tant est grande la ténuité de ces organismes.

Si la première apparition spontanée échappe à l'imperfection de nos sens et de nos instruments, il n'en est pas de même de la seconde, c'est-à-dire des animalcules qui se forment spontanément à leur tour à même les débris de ceux qui les ont précédés (p. 363).

Les phénomènes génésiques secondaires consistent en la formation des premiers linéaments de l'ovule spontané, à même les molécules organiques de la membrane proligère.

L'observation attentive peut, à ce moment, suivre dans ses plus ardus détails, le groupement des granules vitellins (p. 263).

Bientôt après, on voit apparaître les enveloppes de l'œuf, et enfin l'embryon qu'on discerne à travers celles-ci par les premiers battements de l'organe circulatoire (p. 380).

On voit donc que, d'après nous, la genèse primaire suit les mêmes procédés que la génération normale, et que, comme nous le répétons, nos idées à ce sujet diffèrent fondamentalement de celles des physiciens atomistes de l'antiquité et de leurs modernes imitateurs ; puisque, d'après ce qui précède, l'hétérogénie ne produit pas d'organismes de toutes pièces, mais seulement des *ovules spontanés* dans une *membrane proligère*, analogue à un ovaire, et sous l'empire des mêmes forces.

On a prétendu que la température de 100°, dans quelques-unes de nos expériences, avait pu être insuffisante pour tuer les germes, parce que certains animaux résistaient à 120 degrés et plus.

J'ai réfuté cette allégation, soit à l'aide d'expériences dans lesquelles le corps solide fut chauffé à 200 et 300°, et dans lesquelles on n'en vit pas moins se produire des animalcules ; soit en prouvant, par des expériences directes et multipliées, qu'il est absolument faux que des animaux résistent à la température de

100°. D'autres expérimentateurs sont arrivés aux mêmes conclusions que moi (p. 122).

La géologie fournit d'abondants documents en faveur des générations spontanées ; elle démontre que les soulèvements ayant été successifs, les créations ont dû nécessairement suivre la même marche.

L'helminthologie apporte aussi d'évidentes preuves à l'hétérogénie :

Les savants qui ont étudié avec le plus de profondeur l'histoire des vers intestinaux sont presque unanimes sur ce point.

Selon eux, ainsi que selon divers physiologistes, la génération spontanée est seule capable d'expliquer l'apparition de certains Entozoaires (Retzius, Link, Cooper, Rudolphi, Bremser, Tiedemann, Burdach, Bérard, Dugès).

La théorie des migrations des helminthes, émise récemment par quelques zoologistes, est encore loin d'être démontrée positivement. Ses fauteurs sont eux-mêmes en désaccord absolu sur beaucoup de points ; et à l'égard de plusieurs autres, leurs expériences sont absolument nulles.

Le règne végétal, lui-même, nous offre d'amples preuves en faveur de l'hétérogénie.

Les expériences à vaisseaux clos, conduites avec discernement et exécutées avec beaucoup plus de rigueur qu'on ne l'a fait jusqu'alors, donnent presque constamment une abondante végétation cryptogamique (p. 612).

En simplifiant l'expérience de Schultze, et en se contentant de laisser seulement entrer l'air dans les

ballons, à travers notre double tube laveur perpendiculaire, sans le renouveler, l'expérience réussit
parfaitement (p. 616).

Parmi ces expériences, celle dans laquelle on a vu
l'algue de la levûre de bière se développer en aban-
dance dans un liquide absolument soustrait au contact de l'air, et qui avait subi une ébullition de six
heures, nous paraît surtout à l'abri de toute objection, et prouver sans réplique l'hétérogénie végétale
(p. 629).

Les expériences à ciel ouvert, interprétées avec discernement, ne nous ont pas paru moins démonstratives que les autres. Elles ont sur elles un avantage,
c'est que les agents n'étant point violentés par les
opérations préparatoires, et mis dans des conditions
où la vie est gênée ou impossible, la force plastique
s'y manifeste sans entrave.

Ainsi, nous avons vu la genèse spontanée suivre
en quelque sorte les caprices de l'expérimentateur, et
se produire sur les endroits où sa main, sur un sol
préparé, traçait des caractères variés à l'aide d'une
combinaison absolument insolite (p. 608).

Nous avons eu l'occasion de reconnaître que la dissémination végétale, quoique étant un fait bien positif, avait cependant une moindre extension que celle
qu'on lui accorde généralement, et qu'elle était absolument impuissante pour expliquer l'apparition d'une
foule de végétaux.

FIN.

EXPLICATION DES PLANCHES

PLANCHE I.

J'ai accompagné mes figures d'échelles métriques, parce que les infusoires et leurs divers organes internes offrent *constamment* des dimensions fixes, et parce que j'ai procédé après les avoir mesurés rigoureusement. Je ne crains nullement que l'on conteste l'exactitude de mes observations.

Les infusoires offrent, dans leurs formes et dans les proportions de leurs organes, cette symétrie que nous avons figurée. Si celle-ci ne se rencontre pas toujours dans les dessins de certains auteurs, c'est qu'ils ont représenté des individus déformés par la compression, par l'agonie ou par la mort.

Fig. 1re. OEufs ou corps reproducteurs de Vorticelles.

        b. c. d. Œufs plus développés.

        e. Œuf dont l'embryon va bientôt sortir et dans lequel on voit ostensiblement les pulsations du cœur.

        c. Cœur. o. Lieu par lequel sort l'embryon.

Fig. 2. *Vorticella infusionum* (Pouchet), qui est, je crois, la même espèce à laquelle M. Dujardin donne également ce nom, mais qu'il a représentée tout différemment dans ses planches.

        A. Individu dont le cœur vient de se contracter et est devenu absolument invisible. b. Appareil respiratoire branchial, animé de mouvements ciliaires. — Vésicules intestinales gorgées d'aliments, peu nombreuses.

        B. Individu dont le cœur commence à se dilater.

        C. b. Appareil respiratoire. c. Cœur plus dilaté. V. i. Vésicules intestinales gorgées d'aliments, nombreuses.

        D. Cœur encore plus dilaté.

        E. Cœur ayant atteint son maximum de dilatation et permettant d'apercevoir le vaisseau qui en part.

Fig. 3. *Vorticella infusionum.* Individu contracté libre.

Fig. 4. *Kolpoda cucullus.* Mull. — A. Individu sortant de l'œuf. — B. C. D. Individus de plus en plus développés. — E. Individu adulte. b. Bouche. V. i. Vésicules intestinales gorgées d'aliments. c. Cœur. — F. Individu ayant huit vésicules intestinales totalement remplies de carmin, et trois qui le sont seulement en partie. — G. Individu n'ayant que trois vésicules pleines de carmin et une seule qui commence à se remplir.

PLANCHE II.

Fig. 1re. Développement spontané de l'ovule d'une paramécie. Premier état. Groupement des molécules vitellines dans la membrane proligère.

Fig. 2. Suite du développement de la même paramécie. Délimitation de l'œuf. Apparition du chorion.

Fig. 3. Développement plus avancé.

Fig. 4. Embryon plus avancé.

Fig. 5. Jeune paramécie sortant de l'œuf.

Fig. 6. A. *Aspergillus primigenius.* Pouch. formé sur les mots *generatio spontanea,* écrits sur de la colle de farine de blé avec de la noix de galle.

    B. Coupe du fruit.

Fig. 7. A. B. C. Enkystement morbide de la paramécie verte.

Fig. 8. *Aspergillus Pouchetii.* Mont. découvert dans l'oxygène.

    A. Plante entière isolée.

    B. Touffe globuleuse formée par la plante.

    C. Détails de la fructification grossie.

    D. Coupe de la fructification encore plus grossie.

Fig. 9. Développement de la monade lentille. Premier groupement des granules vitellins de l'ovule spontané, dans la membrane proligère.

Fig. 10. Délimitation de l'ovule dans la membrane proligère.

Fig. 11. Suite du même développement.

Fig. 12. Monade lentille adulte.

Fig. 13. Kolpode ayant à l'intérieur un embryon possédant déjà le *punctum saliens* et trois autres embryons plus jeunes.

Fig. 14. Algues de la levûre de bière en voie de fermentation.

Fig. 15. Algues de la levûre de bière tout à fait formée avec sa vésicule centrale.

PLANCHE III.

Fig. 1re. Expérience de Schultze.

Fig. 2. Contre-expérience de Schultze, par M. Pouchet. — Appareil à courant d'air, muni d'un aspirateur destiné à remplacer l'homme, et d'un critérium.

Fig. 3. Appareil pour laver l'air dans l'acide sulfurique et l'eau bouillante.

Fig. 4. Appareil isolé pour l'introduction de grandes masses d'air à l'intérieur des cloches.

Fig. 5. Appareil pour arrêter ou recueillir les corps organisés renfermés dans l'air atmosphérique.

Fig. 6. A. Appareil de M. Pouchet, à simple rentrée d'air et à tube double laveur perpendiculaire, monté sur son réchaud.

Fig. 6. B. Le même en repos.

Fig. 7. Expérience pour démontrer l'absence d'œufs d'infusoires dans l'atmosphère. A. décoction recouverte d'une cloche.

B. La même, protégée par une double cloche.

Fig. 8. Appareil de Schultze, simplifié par M. Pouchet, ou appareil à simple rentrée d'air, avec un double critérium.

Fig. 9. Appareil aspirateur de M. Pouchet pour l'analyse microscopique de l'air. Cet appareil, destiné à tamiser de grandes masses d'air à travers une petite quantité d'eau, est muni de son critérium.

TABLE DES MATIÈRES

FIN DE LA TABLE DES MATIÈRES.

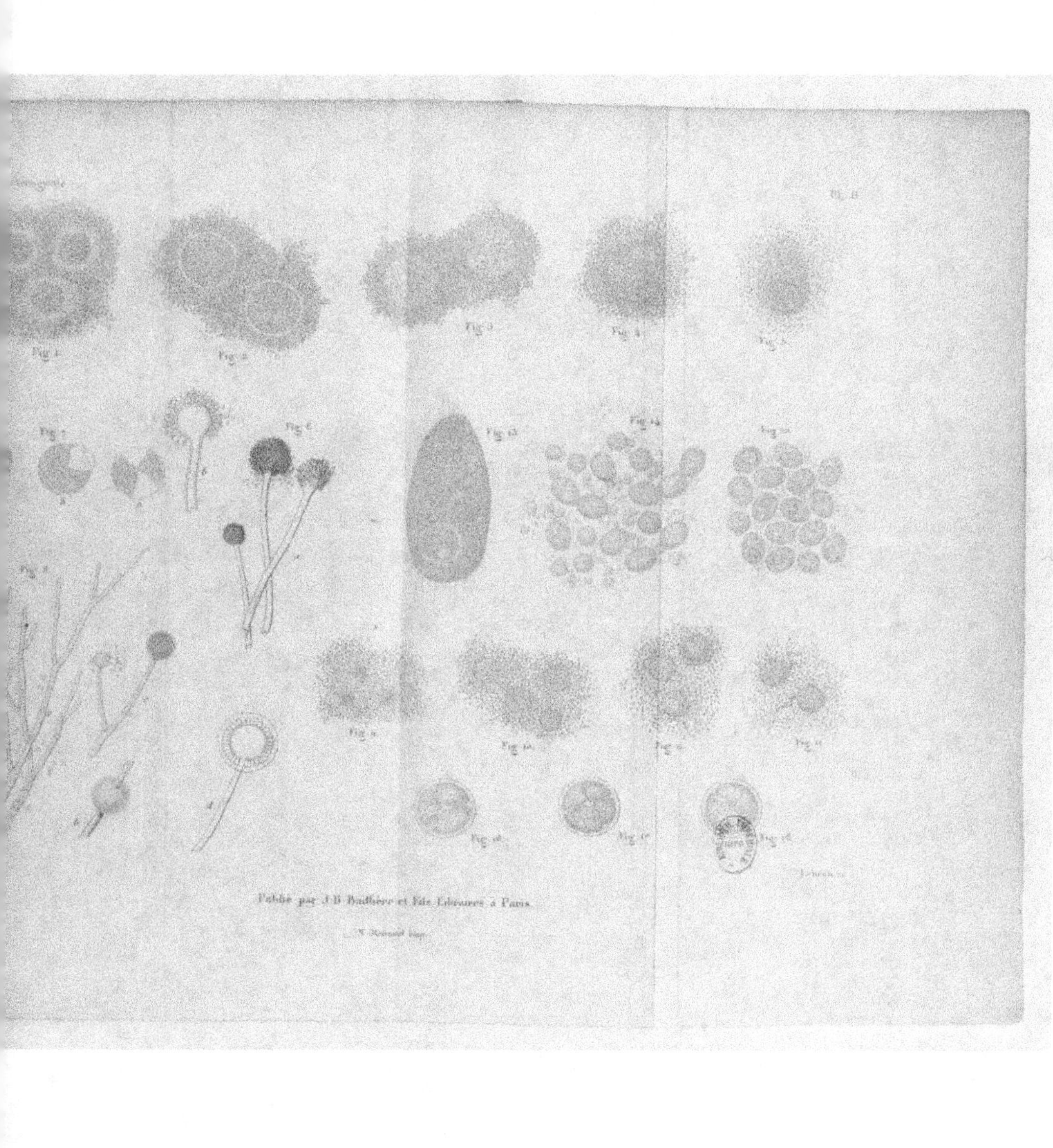

Publié par J.B. Baillière et Fils Libraires à Paris.

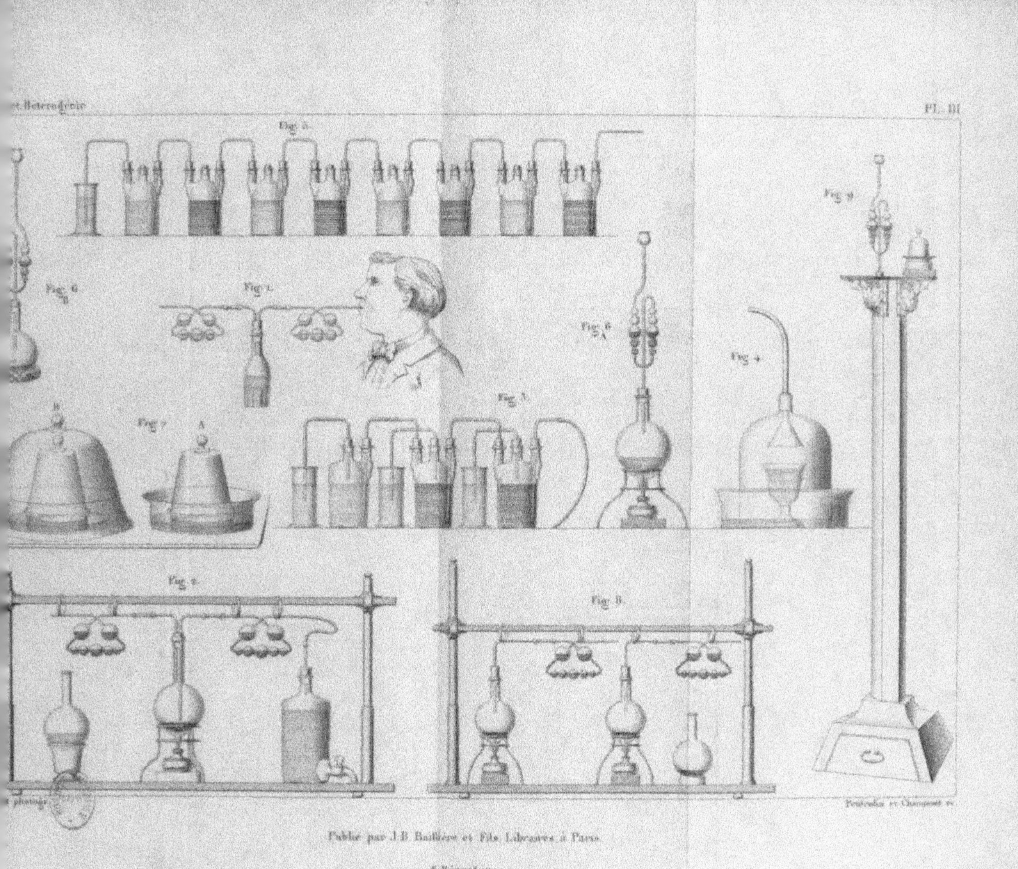

Publié par J.-B. Baillière et Fils, Libraires, à Paris.

S. Rémond 1859